JIXIE ZHIZAO GONGYIXUE YUANLI YU JISHU YANJIU

机械制造工艺学原理与技术研究

主　编　陈　星　李明辉　魏永辉
副主编　龚建春　吕德永　张玉梅　商顺强

内 容 提 要

本书主要包括金属切削原理与刀具、切削物理现象、机床及夹具，机械加工精度及控制、表面质量及控制和加工工艺规程等基础内容。另外还详细阐述了典型零件的工艺简介、机器装配工艺规程、先进制造技术与模式研究以及柔性制造系统技术等内容。本书适用于高等院校机械制造专业、自动化专业、数控技术专业、模具设计与制造专业以及机电一体化专业等机械类专业的学生及教师参考阅读，也可以供有关工程技术人员参考。

图书在版编目(CIP)数据

机械制造工艺学原理与技术研究/陈星，李明辉，魏永辉主编.--北京：中国水利水电出版社，2014.1（2024.8重印）

ISBN 978-7-5170-1748-6

Ⅰ.①机… Ⅱ.①陈…②李…③魏… Ⅲ.①机械制造工艺 Ⅳ.①TH16

中国版本图书馆CIP数据核字(2014)第024088号

策划编辑：杨庆川　责任编辑：杨元泓　封面设计：崔　蕾

书　　名	机械制造工艺学原理与技术研究
作　　者	主　编　陈　星　李明辉　魏永辉 副主编　龚建春　吕德永　张玉梅　商顺强
出版发行	中国水利水电出版社 (北京市海淀区玉渊潭南路1号D座 100038) 网址：www.waterpub.com.cn E-mail：mchannel@263.net(万水) sales@waterpub.com.cn 电话：(010)68367658(发行部)、82562819(万水)
经　　售	北京科水图书销售中心(零售) 电话：(010)88383994、63202643、68545874 全国各地新华书店和相关出版物销售网点
排　　版	北京鑫海胜蓝数码科技有限公司
印　　刷	三河市天润建兴印务有限公司
规　　格	184mm×260mm　16开本　24.75印张　633千字
版　　次	2014年5月第1版　2024年8月第3次印刷
印　　数	0001—3000册
定　　价	86.00元

前　　言

机械制造工业是国民经济最重要的部门之一。它不仅能直接提供人民生活所需的消费品，而且为国民经济各部门提供技术装备，是国民经济的重要基础和支柱产业，其发展规模和水平对国民经济的发展有很大的制约和直接的影响，是一个国家经济实力和科学技术发展水平的重要标志，因而世界各国均把发展机械制造工业作为振兴和发展国民经济的战略重点之一。

机械制造工业的发展和进步，在很大程度上取决于机械制造技术的水平和发展。在科学技术高度发展的今天，现代工业对机械制造技术提出了越来越高的要求，推动着机械制造技术向前不断发展，同时科学技术的发展也为机械制造技术的发展提供了机遇和条件。特别是计算机技术的发展，使得常规机械制造技术与精密检测技术、数控技术、传感技术等有机结合更易于进行，给机械制造领域带来许多新技术、新概念，使产品质量和生产效率大大提高。而机械制造技术的发展又为其他高新技术的发展打下了坚实的基础、提供了可靠的保证，两者互相促进，共同提高，为社会和经济的快速发展做出了极大的贡献。

本书在编写过程中，始终贯彻"实际、实用、实效"的原则，将机械制造的主干知识进行了有机的综合，打破了传统书籍的固有体系。全书共分 11 章，主要内容包括：绪论、金属切削原理与刀具、金属切削机床及其加工方法、机械加工工艺规程的制定、机械加工精度及其控制、机械加工表面质量及其控制、机床夹具的设计方法、典型零件的加工工艺、机器装配工艺规程设计、先进制造技术与模式研究、柔性制造系统技术等。此外，本书还体现出以下几个特点：

(1)综合性。本书对机械制造相关知识进行了有机的综合化处理，体现了多方位知识的相互交叉和融合。

(2)先进性。本书更多地吸收了当前新知识、新技术、新工艺的内容，体现了知识的先进性。

(3)广泛性。本书涵盖了机械制造所涉及的全部内容，具有一定的实用性和实效性。

本书在编写过程中，参考了大量有价值的文献与资料，吸取了许多人的宝贵经验，在此向这些文献的作者表示敬意。由于编者水平有限，加上编写时间仓促，书中难免有不妥与错误之处，恳请专家、同行及广大读者批评指正。

编者
2013 年 12 月

目　录

第 1 章　绪论

1.1　机械制造业的现状及发展

1.1.1　机械制造业的现状

我国正处于经济发展的关键时期，制造技术是我国的薄弱环节，只有跟上先进制造技术的世界潮流，将其放在战略优先地位，并以足够的力度予以实施，才能尽快缩小与发达国家的差距，才能在激烈的市场竞争中立于不败之地。

20 世纪 70 年代以前，产品的技术相对比较简单，一个新产品上市，很快就会有相同功能的产品跟着上市。20 世纪 80 年代以后，随着市场全球化的进一步发展，市场竞争变得越来越激烈。

20 世纪 90 年代初，随着 CIMS 技术的大力推广应用，包括有 CIMS 实验工程中心和 7 个开放实验室的研究环境已建成。在全国范围内，部署了 CIMS 的若干研究项目，诸如 CIMS 软件工程与标准化、开放式系统结构与发展战略，CIMS 总体与集成技术、产品设计自动化、工艺设计自动化、柔性制造技术、管理与决策信息系统、质量保证技术、网络与数据库技术以及系统理论和方法等均取得了丰硕成果，获得不同程度的进展。但因大部分大型机械制造企业和绝大部分中小型机械制造企业主要限于 CAD 和管理信息系统，底层基础自动化还十分薄弱，数控机床由于编程复杂，还没有真正发挥作用。因此，与工业发达国家相比，我国的制造业仍然存在一个阶段性的整体上的差距。

目前，我国已加入 WTO，机械制造业面临着巨大的挑战与新的机遇。因此，我国机械制造业不能单纯地沿着 20 世纪凸轮及其机构为基础采用专用机床、专用夹具、专用刀具组成的流水式生产线发展，而是要全面拓展，面向“五化”发展，即全球化、网络化、虚拟化、自动化、绿色化。

1.1.2　机械制造业的发展

机械制造工业的发展和进步主要取决于机械制造技术水平的发展与进步。制造技术是完成制造活动所施行的一切手段的总和。这些手段包括运用一定的知识、技能，操纵可以利用的物质、工具，采取各种有效的方法等。制造技术是制造企业的技术支柱，是制造企业可持续发展的根本动力。在科学技术飞速发展的今天，现代工业对机械制造技术的要求也越来越高，这也就推动了机械制造技术不断向前发展。所以制造技术作为当代科学技术发展最为重要的领域之一，各发达国家纷纷把先进制造技术列为国家的高新关键技术和优先发展项目，给予了极大的关注。

目前，我国机械制造工业还远远落后于世界工业发达国家，我国制造业的工业增加值仅为美国的 22.4%，日本的 35.34%。科技仍处于较低水平，附加值高和技术含量大的产品生产能力不足，需大量进口，缺乏能够支持结构调整和产业技术升级的技术能力。传统的机械制造技术与国际先进水平相比，差距在 15 年左右。

因此，从事机械制造的技术人员应该不断地进行知识更新、拓宽技能和掌握高新技术，勇于实践，为我国机械制造业的发展奠定基础。

1. 向精密超精密方向发展

精密和超精密加工是在 20 世纪 70 年代提出的，在西方工业发达国家得到了高度重视和快速发展，在尖端技术和现代武器制造中占有非常重要的地位，是机械制造业最主要发展的方向之一。在提高机电产品的性能、质量和发展高新技术中起着至关重要的作用，并且已成为在国际竞争中取得成功的关键技术。

目前，精密和超精密加工已在光电一体化设备仪器、计算机、通信设备、航天航空等工业中得到广泛应用。在许多高新技术产品的设计中已大量提出微米级、亚微米级及纳米级加工精度的要求。当前超精密加工的最高精度已达到了纳米，出现了纳米加工。例如 1 nm 的加工精度已在光刻机透镜等零件的生产中实现。随着超大规模集成电路集成度的增加，生产这种电路光刻机透镜的形位误差加工精度将达到 0.3～0.5 nm。人造卫星仪表轴承的孔和轴的表面粗糙度要求达到 $Ra<1$ nm。某些发动机的曲轴和连杆的加工精度要求也达到微米、亚微米。目前超精密切削技术和机床的研究也取得了许多重要成果。用金刚石刀具和专用超精密机床可实现 1 nm切削厚度的稳定切削。中小型超精密机床达到的精度：主轴回转精度 0.05 μm，加工表面粗糙度 Ra 0.01 μm 以下。

最近新发展的在线电解修整砂轮（ELID）精密镜面磨削是一项磨削新技术，可以加工出 Ra 0.02～0.002 μm 的镜面。精密研磨抛光可以加工出 Ra 0.01～0.002 μm 的镜面。目前，量块、光学平晶、集成电路的硅基片等，都是最后用精密研磨达到高质量表面的。

20 世纪 90 年代初，利用精密特种加工方法发展了微型机械，已广泛应用于生物工程、医疗卫生和国防军事等方面。出现了微型人造卫星、微型飞机、微型电机、微型泵和微型传感器等微型机械，微型电机外径为 420 μm，转子直径为 200 μm，微型齿轮的外径为 120 μm。

精密和超精密加工将从亚微米级向纳米级发展，以纳米技术为代表的超精密加工技术和以微细加工为手段的微型机械技术代表了这一时期精密工程的方向。由于航天、航空、生物化学、地球物理等技术的发展，超精密加工已深入到物质的微观领域，从分子加工、原子加工向量子级加工迈进，制造出更多类型的微型机械。

2. 向高速超高速加工方向发展

切削加工是机械加工应用最广泛的方法之一，而高速是它的重要发展方向，其中包括高速软切削、高速硬切削、高速干切削、大进给切削等。高速切削能大幅度提高生产效率，改善加工表面质量，降低加工费用。高速超高速加工是伴随着高速主轴、高速加工机床结构、高速加工刀具及其润滑系统的不断改进而发展起来的。为了满足高速加工的需要，相继发展了陶瓷轴承主轴、静压轴承主轴、空气轴承主轴、磁浮轴承主轴，使主轴转速可高达 100000 r/min。由于高速切削机床和刀具技术及相关技术的迅速进步，高速切削技术已应用于航空、航天、汽车、模具、机床等行业中。对于大多数工件材料而言，超高速加工是指高于常规加工速度 5 倍以上的加工。目前在工业发达国家采用的超高速切削速度一般为：车削为 700～7000 m/min，铣削为 300～6000 m/min，钻削为 200～1100 m/min，磨削为 5000～10000 m/min。高速切削还在进一步发展中，预计铣削加工铝的切削速度可达到 10000 m/min，加工普通钢也将达到 2500 m/min。这样切削速度大约超出目前普通机床常用切削速度的 10 倍左右。

3. 向自动化方向发展

自动化是先进制造技术的最重要部分之一，是机械制造业的发展方向。20世纪60年代以来，一些工业发达的国家，在达到高度工业化的水平以后，就开始了从工业社会向信息社会过渡的时期。对机械制造业来说，对它的发展影响最大的是电子计算机的应用，出现了所谓机电一体化的新概念。出现了一系列新技术如：机床数字控制、计算机数字控制、计算机直接控制、计算机辅助制造、计算机辅助设计、成组技术、计算机辅助工艺规程编制、工业机器人等新技术。对这些技术的综合运用的结果，在20世纪80年代初已经得到广泛的生产应用，成为制造业中的重中之重，其应用范围在不断扩大。随着FMS技术的发展，现在FMS不仅能完成机械加工，而且还能完成钣金加工、锻造、焊接、铸造、装配、激光、电火花等特种加工。从整个制造业生产的产品看，现在FMS已不再局限于汽车、机床、飞机、坦克、船舶等，还可用于半导体、木制产品、服装、食品以及药品和化工产品等。FMS也是计算机集成制造系统的重要组成部分。计算机集成制造系统将使设计、制造、管理、供销、财务都用计算机统一管理，实现工厂的全盘计算机管理自动化。目前，柔性制造技术重点向快速可重组制造系统和组态式柔性制造单元两个方向发展。在上述系统或单元的基础上，分散在不同地域的企业动态联盟，可利用国际互联网建立制造资源信息网络，以订单为纽带进行资源重组，从而建立分散网络化制造系统。

CAD/CAM一体化技术的发展应用，大大地缩短了产品的研制开发周期，同时也促进了设计思想的变化。设计时考虑制造工艺的思想现已被更多的人接受，在保证产品性能要求的前提下大大减少了制造加工成本。在集成制造系统的基础上发展起来的并行工程，是将设计、工艺准备、加工制造、装配、调试工作从串联作业改成前后衔接的并行作业，大大缩短生产周期，降低了成本。最近提出的敏捷制造技术将柔性自动化技术发展到一个新高度，通过因特网将不同工厂的计算机管理和自动化技术有机地组织起来，发挥各单位的特长，利用计算机仿真和虚拟制造技术，实现异地新产品设计、异地制造和装配，达到产品的快速、高效、优质、低成本的生产。

先进制造技术广泛融合了各种高新技术，正朝着信息化、极限化、绿色化的方向发展。它的发展以及由它生产的产品除了上述特点外，还体现出以下特点：

①柔性化。其自身适应性强，变换灵活，能迅速满足外界变化要求，如柔性夹具、柔性基础、柔性制造系统。

②智能化。它又称傻瓜式，具有一定的“思维”能力，在场境、条件、参数变化时，能模仿人脑功能，自我分析、判断、学习，并能协调和处理发生的问题，自动适应变化，自律运动，因此它对操作人员的要求较低，如智能导航仪、智能机器人等。

③个性化。社会市场正从大众化市场向小众化市场发展，因此产品也必须根据不同的市场和用户需求，敏捷地生产出贴合用户要求、富有个性化的产品，满足用户对产品求新求异的心理。

④人性化。人性化的产品应是技术和艺术、文化的高度完美统一，实现人机和谐。它使用安全、卫生、可靠、舒适、得心应手，能满足人们日益增长的生活、消费和审美情趣的要求。

⑤绿色环保化。产品具有绿色、环保、清洁、节能和可持续发展的理念，它在生产、使用阶段，以及寿命周期后的处理，都突出低污染、低消耗、减量化、再利用、再循环等特点，如资源循环型制造、再制造技术等。

⑥模块化。它综合了功能分割技术、接口技术和可重构技术，科学地将系列产品划分成模块，再选用相应的模块，迅速地重构成能满足用户不同需求的产品。模块化能较好解决多品种、低成本、短周期之间的矛盾；也是在“小批量、多品种”要求下，组织集约型生产的有效途径。

⑦网络化。利用信息网络技术平台，进行异地信息联网，实现资源共享。充分调动各自的积极因素，优势互补，并行作业，远程调控，发挥个体在群体中的协同作用。

1.2 机械制造工艺学的研究对象

一个机械产品的制造过程包括零件制造、整机装配等一系列的工作，零件的加工实质是零件表面的成形过程，这些成形过程是由不同的加工方法来完成的。在一个零件上，被加工表面类型不同，所采用的加工方法也就不同；同一个被加工表面，精度要求和表面质量要求不同，所采用的加工方法和加工方法的组合也不同。因而机械制造技术的主要内容包括：

①各种加工方法和由这些方法构成的加工工艺。

②在机械加工中，由机床、刀具、夹具与被加工工件一起构成了一个实现某种加工方法的整体系统，这一系统称为机械加工工艺系统。工艺系统的构成是加工方法选择和加工工艺设计时必须考虑的问题。

③为了保证加工精度和加工表面质量，需要对加工工艺过程的有关技术参数进行优化选择，实现对加工过程的质量控制。

因而工艺系统、表面成形和切削加工的基本知识是本课程的主体。这部分内容是机械类学生的专业知识结构中机械制造技术知识的重要组成部分。通过本课程的学习，使学生掌握机械制造技术的基本加工技术和基本理论，再通过后续课程的学习，进一步掌握先进制造技术的有关知识，从而为将来胜任不同岗位的专业技术工作、掌握先进制造技术手段应用、具备突出的工程实践能力奠定良好的基础。为实现这一目的，本课程的学习要求主要有以下几方面：

①掌握机械制造过程中工艺系统、表面成形和切削加工的基本知识，掌握常用加工方法及其工艺装备的基本知识。

②掌握常用加工方法的综合应用和机械加工工艺、装配工艺设计的方法，掌握工艺装备选用与设计的方法。

③初步具备解决机械制造过程中工艺技术问题的能力和产品质量控制的能力。

机械制造技术是实践性、实用性、综合性、经验性、专业性、工程性很强的学科。因此，在注意掌握基本概念和基本方法的同时，要注重联系实际，注重积累实际经验和知识；做到学、想、练、做结合，在学习机械制造专业知识、专业技能和职业素质中，不断提升分析、处理、解决实际问题的能力。

第 2 章　金属切削原理与刀具

2.1　刀具的结构

金属切削刀具的种类很多，形状也各不相同，但它们切削部分的几何形状与参数方面却有着共同的内容，因而不论刀具构造多么复杂，也不论是单齿刀具或多齿刀具，就它们单个齿的切削部分而言，可以视为从外圆车刀的切削部分演变而来的。

图 2-1 所示为一把常见的外圆车刀，它由刀杆和刀头两部分组成。刀杆是车刀的夹持部分，刀头是车刀的切削部分，承担切削作用，它由以下几部分组成：

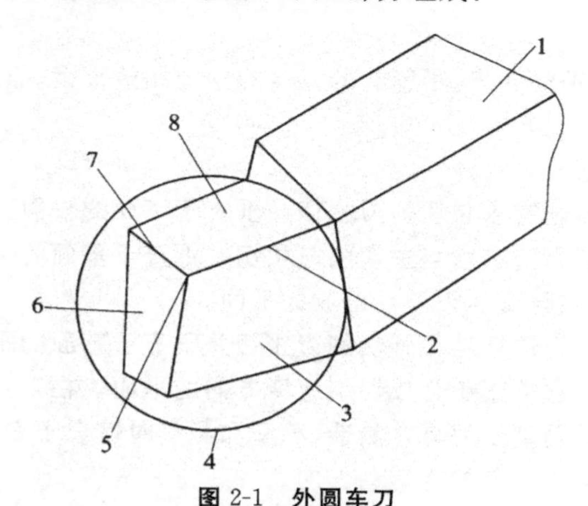

图 2-1　外圆车刀

1—刀杆；2—主切削刃；3—主后刀面；4—切削部分
5—刀尖；6—副后刀面；7—副切削刃；8—前刀面

①前刀面 A_γ：刀具上切屑流出经过的表面，称为前刀面。

②主后刀面 A_α：与工件上过渡表面相对的表面，称为主后刀面。

③副后刀面 A'_α：与工件上的已加工表面相对的表面，称副后刀面。

④主切削刃 S：前刀面与主后刀面的交线称为主切削刃，在切削过程中，它承担主要切削工作。

⑤副切削刃 S'：前刀面与副后刀面的交线，称为副切削刃。它配合主切削刃完成切削工作，并形成工件上的已加工表面。

⑥刀尖：主切削刃和副切削刃的连接部分，或者是主切削刃和副切削刃的交点。但在实际应用中，为了增强刀尖的强度和耐磨性，大多数情况下是在刀尖处磨成一小段直线或圆弧的过渡刀刃。具体可见图 2-2 所示的刀尖的形状。

应该注意：刀具每条切削刃都可以有自己的前刀面和后刀面，但为了制造和刃磨方便。往往是几条切削刃处在同一个前刀面上。

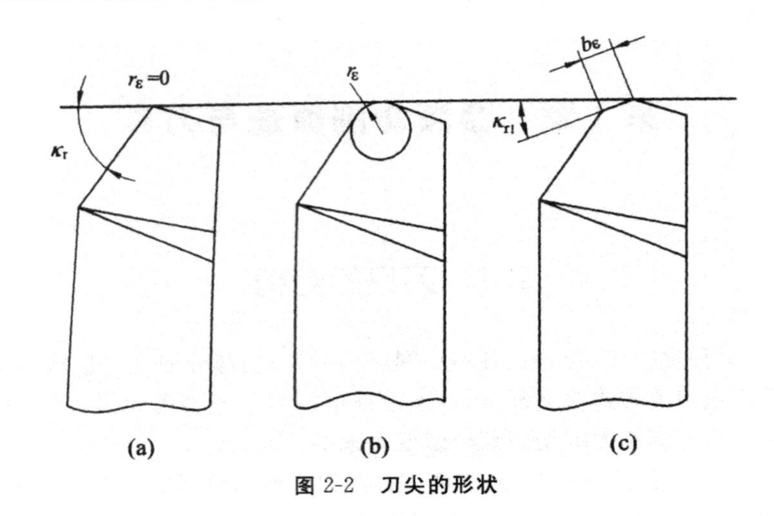

图 2-2　刀尖的形状

2.1.1　刀具几何角度

金属切削加工的刀具种类繁多,尽管有的刀具的结构相差很大,但刀具切削部分却具有相同的几何特征。

(1)刀具角度参考平面

切削平面:通过切削刃选定点与切削刃相切并垂直于基面的平面。

主切削平面:通过切削刃选定点与主切削刃相切并垂直于基面的平面。它切于过渡表面,也就是说它是由切削速度方向与切削刃切线组成的平面。

副切削平面:通过切削刃选定点与副切削刃相切并垂直于基面的平面。

基面:通过切削刃选定点垂直于合成切削速度方向的平面。在刀具静止参考系中,它是过切削刃选定点的平面,平行或垂直于刀具在制造、刃磨和测量时适合于安装或定位的一个平面或轴线,一般说来其方位要垂直于假定的主运动方向。

假定工作平面:在刀具静止参考系中,它是过切削刃选定点并垂直于基面,平行或垂直于刀具在制造、刃磨和测量时适合于安装或定位的一个平面或轴线,一般说来,其方位要平行于假定的主运动方向。

法平面:通过切削刃选定点并垂直于切削刃的平面。

(2)刀具角度参考系

刀具角度参考系包括正交平面参考系和法平面参考系。

1. 刀具标注角度

用于定义和规定刀具角度的各基准坐标平面称为参考系。参考系有两类:

①刀具标注角度参考系或静止参考系:刀具设计、刃磨和测量的基准,用此定义的刀具角度称刀具标注角度。

②刀具工作参考系:确定刀具切削工作时角度的基准,用此定义的刀具角度称刀具工作角度。

为了便于测量车刀,在建立刀具静止参考系时,特作以下假设:

①不考虑进给运动的影响,即 $f=0$。

②安装车刀时,刀柄底面水平放置,且刀柄与进给方向垂直;刀尖与工件回转中心等高。

由此可见,静止参考系是在简化了切削运动和设立标准刀具位置的条件下建立的参考系。

(1)正交平面参考系中刀具标注角度

正交平面参考系由三个平面组成:基面 P_r、切削平面 P_s 和正交平面 P_o,组成一个空间直角坐标系,如图 2-3 所示。

①基面 P_r:指过主切削刃选定点,并垂直于该点切削速度方向的平面。车刀的基面可理解为平行刀具底面的平面。

②切削平面 P_s:指过主切削刃选定点,与主切削刃相切,并垂直于该点基面的平面。

③正交平面 P_o:指过主切削刃选定点,同时垂直于基面与切削平面的平面。

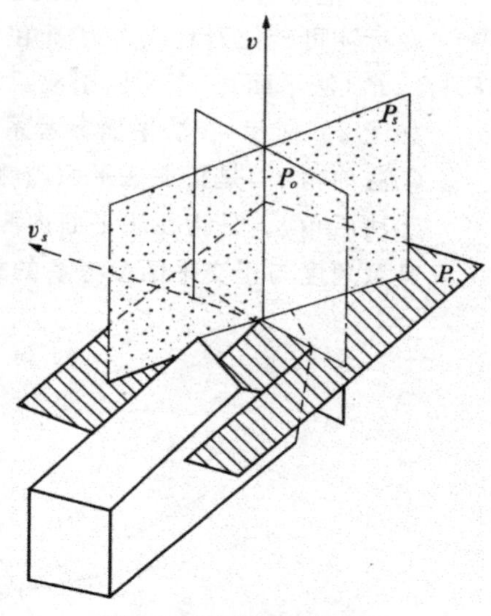

图 2-3　正交平面参考系

如图 2-4 所示,在正交平面参考系内标注角度如下。

在基面内定义的角度有:

①主偏角 κ_r:主切削刃与进给运动方向之间的夹角。主偏角一般在 0°～90°。

②副偏角 κ_r':是指副切削刃在基面上的投影与假定进给反方向之间的夹角。

在切削平面内定义的角度有刃倾角 λ_s,是指主切削刃与基面之间的夹角。切削刃与基面平行时,刃倾角为零;刀尖位于刀刃最高点时,刃倾角为正;刀尖位于刀刃最低点时,刃倾角为负。

过副切削刃上选定点且垂直于副切削刃在基面上投影的平面称为副正交平面。过副切削刃上选定点的切线且垂直于基面的平面称为副切削平面。副正交平面、副切削平面与基面组成副正交平面参考系。

在副正交平面内定义的角度有副后角 α_0',是指副后刀面与副切削平面之间的夹角。

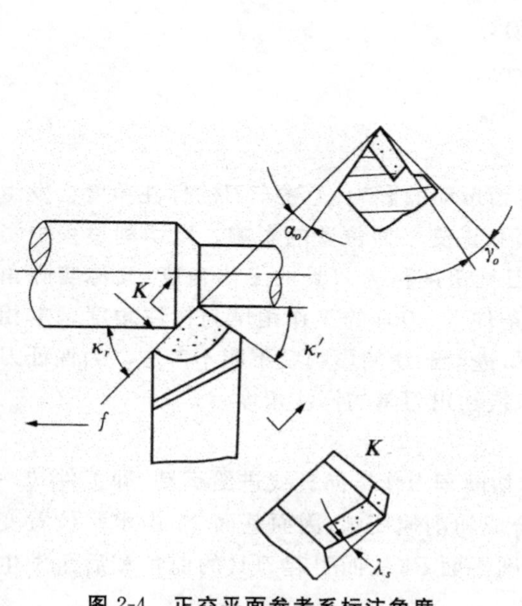

图 2-4　正交平面参考系标注角度

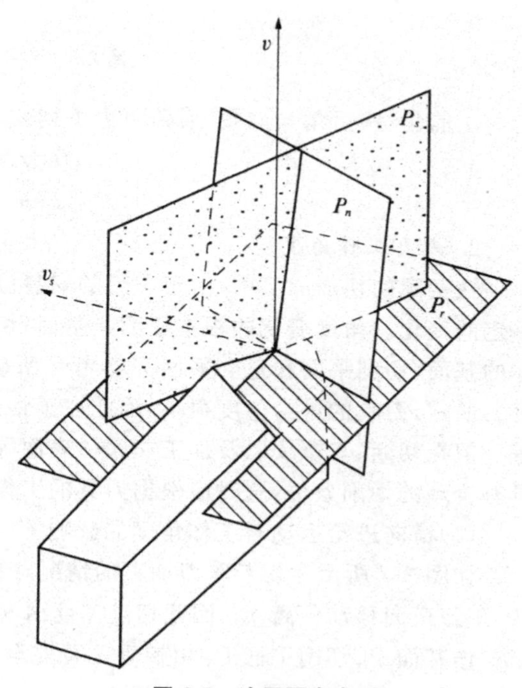

图 2-5　法平面参考系

（2）其他参考系刀具标注角度

在标注可转位刀具或大刃倾角刀具时，常用法平面参考系。如图 2-5 所示，法平面参考系由 P_r、P_s、P_n（法平面）三个平面组成。法平面 P_n 是过主切削刃某选定点并垂直于切削刃的平面。

如图 2-6 所示，在法平面参考系内的标注角度有：

①法前角 γ_n：是指在法平面内测量的前刀面与基面之间的夹角。

②法后角 α_n：是指在法平面内测量的后刀面与切削平面之间的夹角。

其余角度与正交平面参考系的相同。

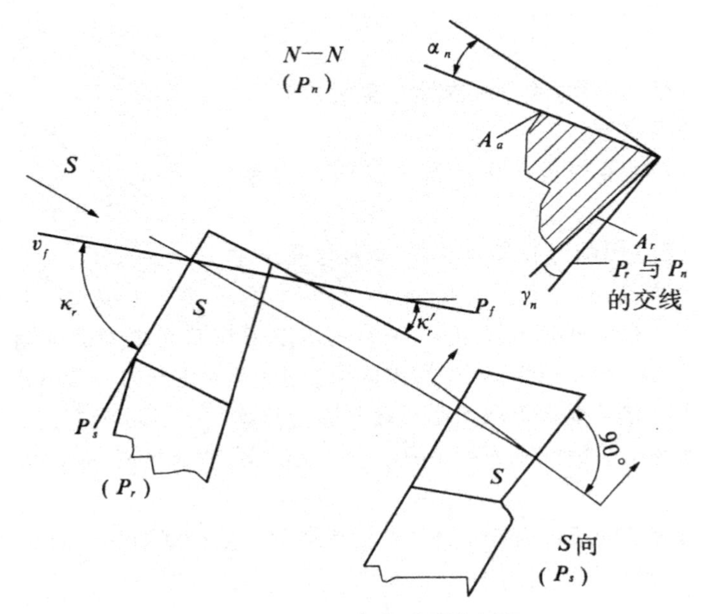

图 2-6　法平面参考系标注角度

法前角、法后角与前角、后角可由下列公式进行换算：

$$\tan\gamma_n = \tan\gamma_o \cos\lambda_s$$

$$\cot\alpha_n = \cot\alpha_o \cos\lambda_s$$

2. 刀具工作角度

在实际的切削加工中，由于车刀的安装位置和进给运动的影响，上述车刀的标注角度会发生一定的变化。角度变化的根本原因是基面、切削平面和正交平面位置的影响。以切削过程中实际的基面、切削平面和正交平面为参考系所确定的刀具角度称为刀具的工作角度，又称实际角度。通常，刀具的进给速度很小，因此在正常的安装条件下，刀具的工作角度与标注角度基本相等。但在切断、车螺纹以及加工非圆柱表面等情况下，进给运动的影响就不能不考虑。为保证刀具有合理的切削条件，这时应根据刀具的工作角度来换算出刀具的标注角度。

（1）横向进给运动对工作角度的影响

如图 2-7 所示为切断车刀加工的情况。加工时，切断车刀作横向直线进给运动，即工件转一转，车刀横向移动距离 f。因此切削速度由 v_c 变至合成切削速度 v_e，因而基面 P_r 由水平位置变至工作基面 P_{re} 切削平面 P_s 由铅垂位置变至工作切削平面 P_{se} 从而引起刀具的前角和后角发生变化：

$$r_{0e}=r_0+\mu \tag{2-1}$$

$$\alpha_{0e}=\alpha_0-\mu \tag{2-2}$$

$$\mu=\arctan\frac{f}{\pi d} \tag{2-3}$$

式中，r_{0e}、α_{0e}——工作前角和工作后角。

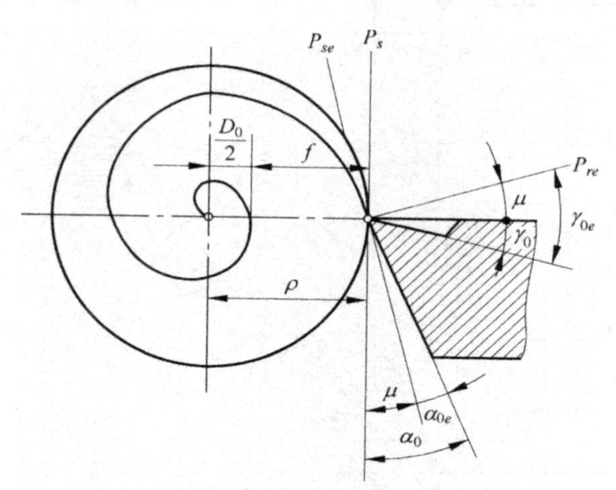

图 2-7　横向进给运动对工作角度的影响

由式(2-3)可知，当进给量 f 增大，则 μ 值增大；当瞬时直径 d 减小，μ 值也增大。

因此，车削至接近工件中心时，μ 值增大很快，工作后角将由正变负，致使工件最后被挤断。

(2)轴向进给运动对工作角度的影响

如图 2-8 所示，车削外圆时，假定车刀 $\lambda_s=0$，如不考虑进给运动，则基面 P_r 平行于刀杆底面，切削平面 P_s，垂直于刀杆底面。若考虑进给运动，则过切削刃上选定点的相对速度是合成切削速度 υ_e，而不是主运动 υ_c，故刀刃上选定点相对于工作表面的运动就是螺旋线。这时基面 P_r 和切削平面 P_s 就会在空间偏转一定的角度 μ，从而使刀具的工作前角 r_{0e} 增大，工作后角 α_{0e} 减小：

$$r_{0e}=r_0+\mu \tag{2-4}$$

$$\alpha_{0e}=\alpha_0-\mu \tag{2-5}$$

$$\tan\mu=\frac{f\sin\kappa_r}{\pi d_w} \tag{2-6}$$

由式(2-6)可知，进给量 f 越大，工件直径 d_w 越小，则工作角度值的变化就越大。一般车削时，由进给运动所引起的 μ 值不超过 $30'\sim1°$，故其影响常可忽略。但是在车削大螺距螺纹或蜗杆时，进给量 f 很大，故 μ 值较大，此时就必须考虑它对刀具工作角度的影响。

(3)刀具安装高低对工作角度的影响

车削外圆时，车刀的刀尖一般与工件轴线是等高的。若车刀的刃倾角为 $\lambda_s=0$，则此时刀具的工作前角和工作后角与标注前角和标注后角相等。如果刀尖高于或低于工件轴线，则此时的切削速度方向发生变化，引起基面和切削平面的位置改变，从而使车刀的实际车削角度发生变化。具体可见图 2-9 所示，刀尖高于工件轴线时，工作切削平面变为 P_{se} 工作基面变为 P_{re}，则工作前角 r_{0e} 增大，工作后角 α_{0e} 减小；刀尖低于工件轴线时，则工作角度的变化正好相反：

$$r_{0e}=r_0\pm\theta$$

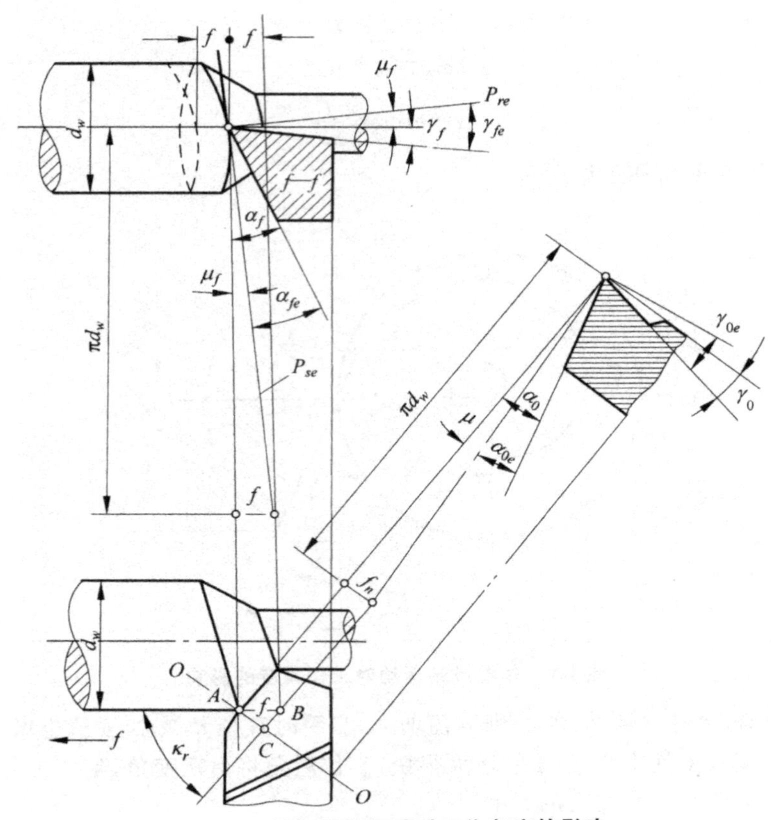

图 2-8　轴向进给运动对工作角度的影响

$$\alpha_{0e}=\alpha_0\mp\theta$$

$$\tan\theta=\frac{h}{\sqrt{\left(\frac{d_w}{2}\right)^2-h^2}}\cos\kappa_r$$

上式中，h——刀尖高于或低于工件轴线的距离（mm）。

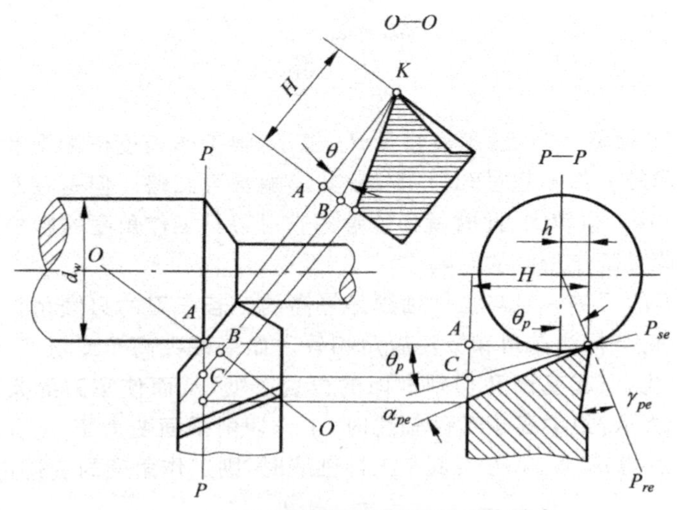

图 2-9　刀具安装高低对工作角度的影响

(4)刀杆中心线偏斜对工作角度的影响

当车刀刀杆的中心线与进给方向不垂直时，车刀的主偏角 κ_r 和副偏角 κ_r' 将发生变化。刀杆右斜，如图 2-10 所示，将使工作主偏角 κ_{re} 增大，工作副偏角 κ_{re}' 减小；如果刀杆左斜，则 κ_{re} 减小，κ_{re}' 增大：

$$\kappa_{re}=\kappa_r\pm\varphi$$
$$\kappa_{re}'=\kappa_r'\mp\varphi$$

式中，φ——进给方向的垂线与刀杆中心线间的夹角。

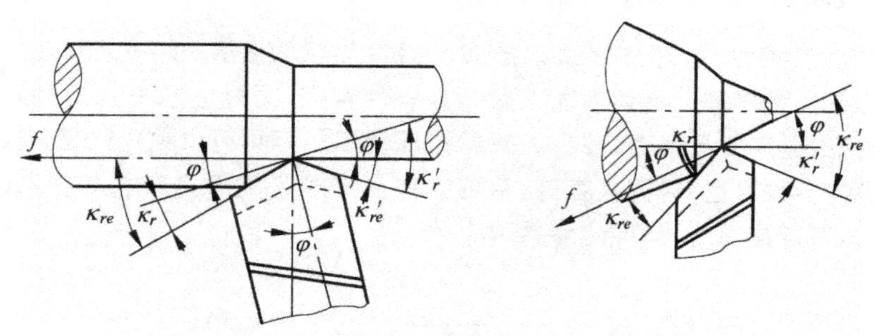

图 2-10　刀杆中心线与进给方向不垂直对工作角度的影响

2.1.2　刀具几何参数的选择

刀具几何参数主要包括刃形、刀面形式、刃口形式和刀具角度等。刀具合理几何参数是指在保证加工质量和刀具寿命的前提下，能达到提高生产效率，降低制造、刃磨和使用成本的刀具几何参数。

1. *刃形、刀面形式与刃口形式*

(1)刃形与刀面形式

刃形是指切削刃的形状，有直线刃和空间曲线刃等刃形。合理的刃形能强化切削刃、刀尖，减小单位刃长上的切削负荷，降低切削热，提高抗振性，提高刀具寿命，改变切屑形态，方便排屑，改善加工表面质量等。

刀面形式主要是前刀面上的断屑槽、卷屑槽等。

(2)刃口形式

刃口形式是切削刃的剖面形式。刀具或刀片在精磨之后，有时需对刃口进行钝化，以获得好的刃口形式，经钝化后的刀具能有效提高刃口强度、提高刀具寿命和切削过程的稳定性。有一个好的刃口形式和刃口钝化质量是刀具优质高效地进行切削加工的前提之一。从国外引进数控机床和生产线所用刀具，其刃口已全部经钝化处理。研究表明，刀具刃口钝化可有效延长刀具寿命200%或更多，大大降低刀具成本，给用户带来巨大的经济效益。图 2-11 所示为几种常用的刃口形式。

①锋刃。锋刃刃磨简便、刃口锋利、切入阻力小，特别适于精加工刀具。锋刃的锋利程度与刀具材料有关，与楔角的大小有关。

②倒棱刃。又称负倒棱，能增强切削刃，提高刀具寿命。加工各种钢材的硬质合金刀具、陶瓷刀具，除了微量切削加工外，都需磨出倒棱刃。一般加工条件下，取 $b_r=(0.3\sim0.8)f$，f 为进给量；$r_{o1}=-10°\sim-15°$；粗加工锻件、铸钢件或断续切削时，$b_r=(1.3\sim2)f$，$r_{o1}=-10°\sim-15°$。

③消振棱刃。消振棱刃能产生与振动位移方向相反的摩擦阻尼作用力，有助于消除切削低频振动。常用于切断刀、高速螺纹车刀、梯形螺纹精车刀以及熨压车刀的副切削刃上。常取 $b_d=0.1\sim1.3$ mm，$\alpha_{o1}=-5°\sim-20°$。

④白刃。又称刃带。铰刀、拉刀、浮动镗刀、铣刀等，为了便于控制外径尺寸，保持尺寸精度，并有利于支承、导向、稳定、消振及熨压作用，常采用白刃的刃区形式。常取 $b_d=0.02\sim0.3$ mm，$\alpha_{o1}=0°$。

⑤倒圆刃。能增强切削刃，具有消振熨压作用。常取 $r_n=\frac{1}{3}f=1$ 或 $r_n=0.02\sim0.05$ mm。

根据不同的加工条件，合理选择刃口形式与刃口形状的参数，实际上就是正确处理好刀具"锐"与"固"的关系。"锐"是刀具切削加工必须具备的特征，同时考虑刃口的"固"也是为了更有效地进行切削加工，提高刀具寿命，减少刀具的消耗费用。刀具刃口钝化就是通过合理选择刃口形式与刃口形状的参数以达"锐固共存"的目的。精加工时刀具刃口"锐"一些，其钝化参数取小值；粗加工时刀具刃口钝一些，其钝化参数取大值。

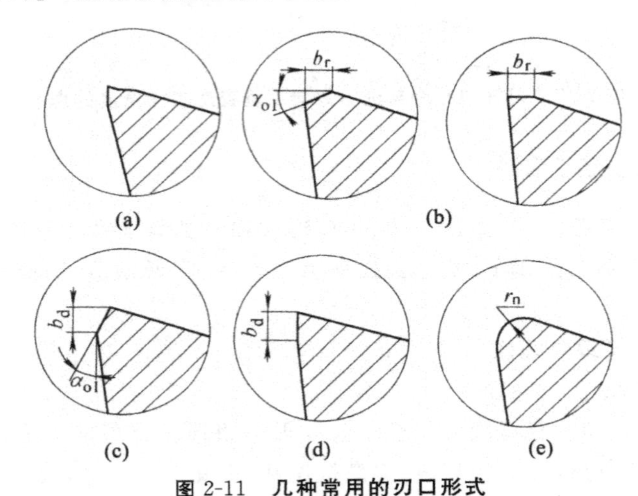

图 2-11　几种常用的刃口形式

(a)锋刃　(b)倒棱刃　(c)消振棱刃　(d)白刃　(e)倒圆刃

2. *刀具角度的选择*

(1)前角的选择

前角的大小将影响切削过程中的切削变形和切削力，同时也影响共建的表面粗糙度和刀具的强度与寿命。增大刀具前角，可以减小前刀面挤压被切削层，达到减小塑性变形、减小切削力和表面粗糙度的目的；但刀具前角过大，会降低切削刃和刀头的强度，刀头散热条件变差，切削时刀头容易崩刃，因此合理前角的选择既要使切削刃锋利，又要有一定的强度和一定的散热体积。

对不同材料的工件，在切削时合理前角值不同，切削钢的合理前角比切削铸铁大，切削中硬钢的合理前角比切削软钢小。

对于不同的刀具材料，由于硬质合金的抗弯强度较低，抗冲击韧性差，所以合理前角就小于高速钢刀具的合理前角。

粗加工、断续切削或切削特硬材料时，为保证切削刃强度，应取较小的前角，甚至负前角。

(2)后角的选择

后角的大小将影响刀具后刀面与已加工表面之间的摩擦。后角增大可减小后刀面与加工表面之间的摩擦，后角越大，切削刃越锋利，但是切削刃和刀头的强度削弱，散热体积减小。

粗加工、强力切削及承受冲击载荷的刀具，为增加刀具强度，后角应取小些；精加工时，增大后角可提高刀具寿命和已加工表面的质量。

工件材料的硬度与强度高，取较小的后角，以保证刀头强度；工件材料的硬度与强度低，塑性大，易产生加工硬化，为了防止刀具后刀面磨损，后角应适当加大。加工脆性材料时，切削力集中在刃口附近，宜取较小的后角。若采用负前角，应取较大的后角，以保证切削刃锋利。

刀具尺寸精度高，取较小的后角，以防止重磨损后刀具尺寸的变化。

(3)主偏角的选择

主偏角和副偏角越小，刀头的强度越高，散热面积越大，刀具寿命越长，而且，主偏角和副偏角减小，工件加工后的表面粗糙度会减小，但是，主偏角和副偏角减小时，会加大切削过程中的背向力，容易引起工艺系统的弹性变形和振动。

主偏角的选择原则与参考值：工艺系统的刚度较好时，主偏角可取小值，如 $\kappa_r=30°\sim45°$，在加工高强度、高硬度的工件材料时，可取 $\kappa_r=10°\sim30°$，以增加刀头的强度。当工艺系统的刚度较差或强力切削时，一般取 $\kappa_r=60°\sim75°$。车削细长轴时，为减小背向力，取 $\kappa_r=90°\sim93°$。在选择主偏角时，还要视工件形状及加工条件而定，如车削阶梯轴时，可取 $\kappa_r=90°$，用一把车刀车削外圆、端面和倒角时，可取 $\kappa_r=45°\sim60°$。

(4)副偏角的选择

副偏角主要根据工件加工表面的粗糙度要求和刀具强度来选择，在不引起振动的情况下，尽量取小值。粗加工时，取 $\kappa_r'=10°\sim15°$，精加工时，取 $\kappa_r'=5°\sim10°$。当工艺系统刚度较差或从工件中间切入时，可取 $\kappa_r'=30°\sim45°$。精车时，可在副切削刃上磨出一段 $\kappa_r'=0°$、长度为(1.2～1.5)f 的修光刃，以减小已加工表面的粗糙度值。

切断刀、锯片铣刀和槽铣刀等，为了保证刀具强度和重磨后宽度变化较小，副偏角宜取 $1°30'$。

(5)刃倾角的选择

刃倾角 λ_s 的正负要影响切屑的排除方向，精车和半精车时刃倾角宜选用正值，使切屑流向待加工表面，防止划伤已加工表面。加工钢和铸铁，粗车时取刃倾角 $0°\sim-5°$；车削淬硬钢时，取 $-5°\sim-15°$，使刀头强固，刀尖可避免受到冲击，散热条件好，提高了刀具寿命。

加大 $30°\sim45°$，使切削刃变得锋利，可以切下很薄的金属层。当微量精车、精刨时，可取 $45°\sim75°$ 大刃倾角刀具，使切削刃加长，切削平稳，排屑顺利，生产效率高，加工表面质量好。工艺系统刚性差，切削时不宜选用负刃倾角。

2.1.3　常见刀具概述

金属切削刀具是完成切削加工的重要工具，它直接参与切削过程，从工件上切除多余的金属层。因为刀具变化灵活、收效显著，所以它是切削加工中影响生产率、加工质量和成本的最关键的因素。图 2-12 所示为各类刀具的示意图。

1. 按照用途和加工方法划分

(1)切刀类：包括车刀、刨刀、插刀、镗刀、成形车刀、自动机床和半自动机床用的切刀以及一些专用切刀。一般多为只有一条切削刃的单刃刀具。

(2)孔加工刀具：是在实体材料上加工出孔或对原有孔扩大孔径(包括提高原有孔的精度和

减小表面粗糙度值)的一种刀具,如麻花钻、扩孔钻、锪钻、深孔钻、铰刀、镗刀等。

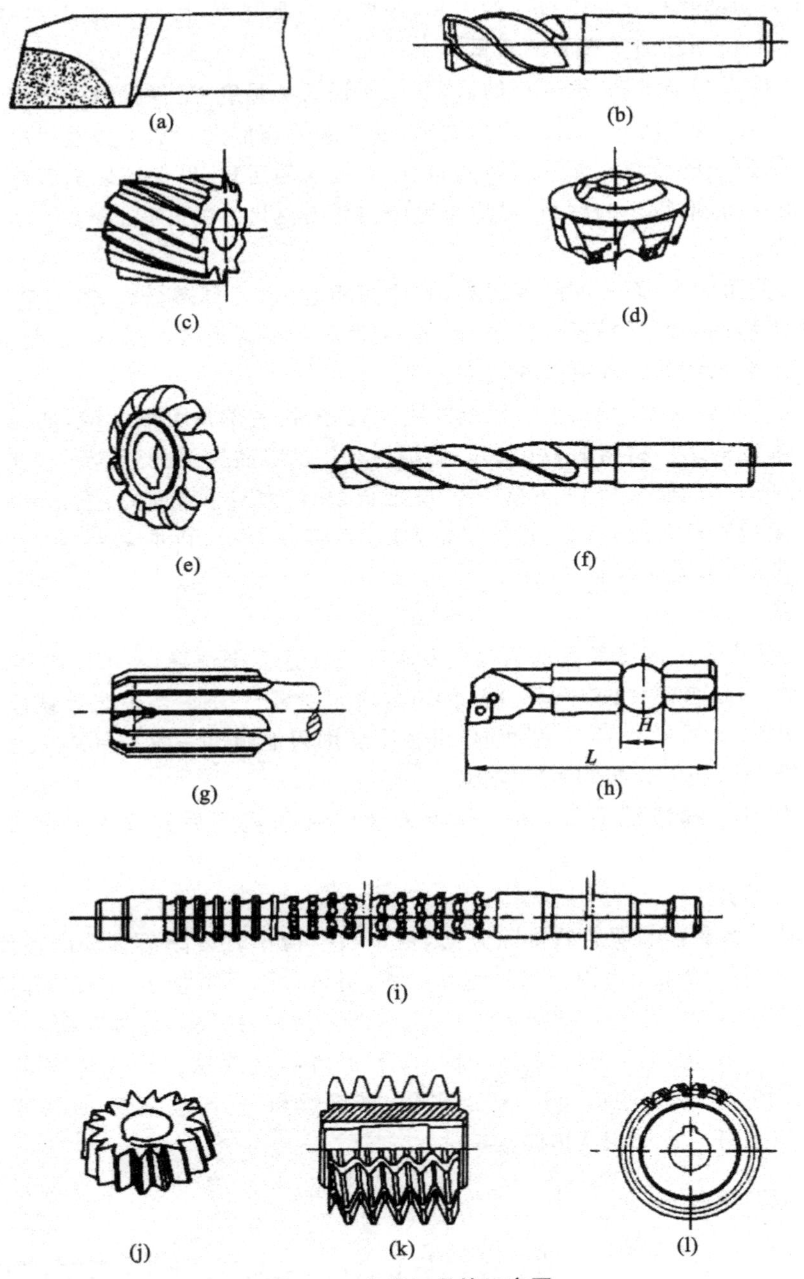

图 2-12 各类刀具的示意图

(a)车刀 (b)立铣刀 (c)圆柱铣刀 (d)端面铣刀 (e)成型铣刀 (f)麻花钻
(g)铰刀 (h)镗刀 (i)拉力 (j)插齿刀 (k)滚刀 (l)剃刀

(3)拉刀类:在工件上拉削出各种内、外几何表面的刀具,生产率高,用于大批量生产,刀具成本高。

(4)铣刀类:是一种应用非常广泛的在圆柱面或端面具有多齿、多刃的工具。它可以用来加工平面、各种沟槽、螺旋表面、轮齿表面和成形表面等。

(5)螺纹刀具:指加工内、外螺纹表面用的刀具。常用的有丝锥、板牙螺纹切头、螺纹滚压工具等。

(6)齿轮刀具:用于加工齿轮、链轮、花键等齿形的一类刀具,如齿轮滚刀、插齿刀、剃齿刀、花键滚刀等。

(7)磨具类:用于表面精加工和超精加工的刀具,如砂轮、砂带、抛光轮等。

(8)组合刀具、自动线刀具:根据组合机床和自动线特殊加工要求设计的专用刀具,可以同时或依次加工若干个表面。

(9)数控机床刀具:其刀具配置根据零件工艺要求而定,有预调装置、快速换刀装置和尺寸补偿系统。

(10)特种加工刀具,如水刀等。

2. 按照刀具材料使用划分

(1)整体式刀具:完全用一种刀具材料制造,对贵重的刀具材料消耗较大,一般只用来制造小尺寸刀具或某些复杂刀具,如中心钻、整体式立铣刀等。

(2)焊接式刀具:刀体用碳钢或低合金钢制造,形成切削刃的小部分用刀具材料,如高速钢和硬质合金等制造。它用焊料焊接在刀体上预先加工出的刀槽中,再进行刀具的制造和刃磨。焊接式刀具结构简单、紧凑、刚性好,使用比较普遍。但硬质合金刀片经高温焊接后切削性能有所下降。

(3)机夹不重磨式刀具:是采用标准的可转位不重磨刀片,用机械夹固方法夹持在刀体上使用的刀具。刀具磨损后,将刀片转过一个角度,使下一个切削刃转到使用位置。不需刃磨又可继续使用。这类刀具有如下特点:刀片不经高温焊接,也不经刃磨,更进一步提高了刀具耐用度;刀片磨损和转位使用,不会改变切削刃相对工件的位置,不需重新调刀,大大缩减了停机时间;由于刀片不需重磨,有利于涂层刀片、陶瓷刀片的推广使用,方便刀体和刀片的标准化,提高了经济性。正是由于这些优越性,机夹不重磨式刀具获得越来越广泛的应用。但机夹不重磨式刀具的夹紧机构要设计合理、制造精良,以保证夹紧的可靠性和刀片转位后刀尖和切削刃的位置精度。

(4)机夹重磨式刀具:系采用普通刀片,用机械夹固方法夹持在刀体上使用的刀具。刀具磨损后,将刀片卸下,经过刃磨又可装上继续使用。这类刀具有如下特点:刀片不经高温焊接,提高了刀具耐用度;刀体可以多次使用,刀片利用率高。

2.2　刀具材料

刀具寿命、刀具消耗、工件加工精度、表面质量和加工成本等,在很大程度上取决于刀具材料。刀具材料的开发、推广和正确选用是推动机械制造技术发展进步的重要动力,也是提高产品质量、降低加工成本和提高生产率的重要手段。

2.2.1　刀具材料应具备的基本特性

切削加工时,机床主电动机运作时所做的功,除了少量被传动系统消耗外,绝大部分都在切削刃附近被转化成切削热。金属切削时产生的较大切削力,只作用在米粒大小面积的刀面上,使刀面上承受很高的压力。刀具在高温、高压下进行切削工作,同时还要承受剧烈的摩擦、切削冲击和振动。为了使刀具能在十分恶劣的工况下顺利工作，刀具切削部分的材料应具备以下基本特性：

1. 高硬度

刀具材料硬度必须高于工件材料硬度，常温硬度必须在 62HRC 以上，并要求保持较高的高温硬度(热硬性)。

2. 高耐磨性

耐磨性表示刀具材料抵抗机械磨损、粘结磨损、扩散磨损、氧化磨损、相变磨损和热电偶磨损的能力，它是刀具材料力学性能、组织结构和化学性能的综合反映。

3. 足够的强度和韧性

刀具材料必须有足够的强度和韧性，以便承受切削力及在承受振动和冲击时不致断裂和崩刀。

4. 良好的导热性

刀具热导率越大，则传出的热量越多，有利于降低切削区温度，提高耐热冲击性能和提高刀具使用寿命。

5. 良好的工艺性与经济性

为了便于制造，要求刀具材料有较好的可加工性，包括锻、轧、焊接、切削加工和可磨锐性、热处理特性等。刀具材料分摊到每个加工工件上的成本低，材料符合本国资源国情，推广容易。

2.2.2 常用刀具材料分类

我国目前应用最多的刀具材料是高速钢和硬质合金，其次是陶瓷刀具材料和超硬材料；碳素工具钢、合金工具钢则主要用在低速手动切削刀具领域。随着材料技术研究的不断深入，国内外新开发的刀具材料也在不断增加，但大多是在高速钢、硬质合金和陶瓷刀具材料基础上的改进。

具体来说刀具材料有碳素工具钢、合金工具钢、高速钢、硬质合金、陶瓷、金刚石、立方氮化硼等，碳素工具钢(如 T10A、T12A)及合金工具钢(如 9SiCr、CrWMn)，因耐热性较差，通常仅用于手工工具和切削速度较低的刀具，陶瓷、金刚石、立方氮化硼虽然性能好，但是由于成本较高，目前并没有广泛使用，刀具材料中使用最广泛的仍然是高速钢和硬质合金。

图 2-13 所示为各类刀具材料所适应的切削范围示意。

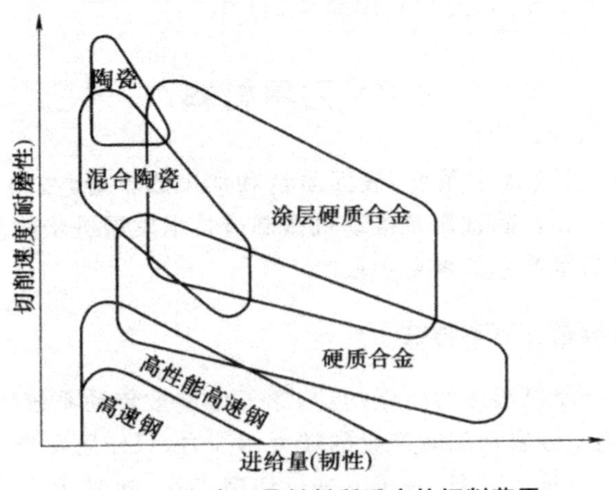

图 2-13 各类刀具材料所适应的切削范围

工具钢耐热性差，但抗弯强度高，价格便宜，焊接与刃磨性能好，故广泛用于中、低速切削的成形刀具，不宜高速切削。硬质合金耐热性好，切削效率高，但刀片强度、韧性不及工具钢，焊接刃磨工艺性也比工具钢差，故多用于制作车刀、铣刀及各种高效切削刀具。

一般刀体均用普通碳钢或合金钢制作。如焊接车、镗刀的刀柄，钻头、绞刀的刀体常用45钢或40Cr制造。尺寸较小的刀具或切削负荷较大的刀具宜选用合金工具钢或整体高速钢制作，如螺纹刀具、成形铣刀、拉刀等。

机夹、可转位硬质合金刀具，镶硬质合金钻头，可转位铣刀等可用合金工具钢制作，如9CrSi或GCr15等。

对于一些尺寸较小的精密孔加工刀具，如小直径镗、绞刀，为保证刀体有足够的刚度，宜选用整体硬质合金制作，以提高刀具的切削用量。

1. 工具钢

用来制造刀具的工具钢主要有三种，即碳素工具钢、合金工具钢和高速钢。

(1)碳素工具钢

由于碳素工具钢在切削温度高于250℃～300℃时，马氏体要分解，使得硬度降低；碳化物分布不均匀，淬火后变形较大，易产生裂纹；淬透性差，淬硬层薄。所以，只适于制造手用和切削速度很低的刀具，如：锉刀、手用锯条、丝锥和板牙等。

常用牌号有：T8A、T10A和T12A，其中以T12A用得最多，其含碳量为1.15%～1.2%，淬火后硬度可达58～64HRC，热硬性较低，允许切削速度可达v_c=5～10 m/min。

(2)合金工具钢

合金工具钢是在高碳钢中加入Si、Cr、W、Mn等合金元素，其目的是提高淬透性和回火稳定性，细化晶粒，减小变形。常用牌号有：9SiCr、CrWMn等。热硬性达325～400℃，允许切削速度可达v_c=10～15 m/min。合金工具钢目前主要用于低速工具，如：丝锥、板牙、铰刀等。

(3)高速钢

高速钢是含有W、Mo、Cr、V等合金元素较多的合金工具钢。

高速钢是综合性能较好、应用范围最广的一种刀具材料。热处理后硬度达62～66HRC，抗弯强度约3.3 GPa，耐热性为600℃左右，此外还具有热处理变形小、能锻造、易磨出较锋利的刃口等优点。高速钢的使用约占刀具材料总量的60%～70%，特别是用于制造结构复杂的成形刀具、孔加工刀具，例如各类铣刀、拉刀、螺纹刀具、切齿刀具等。

①通用型高速钢。这类高速钢应用最为广泛，约占高速钢总量的75%。按钨、钼含量不同，分为钨系、钨钼系。主要牌号有以下几种。

· W9M03Cr4V(钨钼系高速钢)，是根据我国资源研制的牌号。其抗弯强度与韧性均比W6M05Cr4V好。高温热塑性好，而且淬火过热、脱碳敏感性小，有良好的切削性能。

· W18Cr4V(钨系高速钢)，具有较好的综合性能。因含钒量少，刃磨工艺性好。淬火时过热倾向小，热处理控制较容易。缺点是碳化物分布不均匀，不宜做大截面的刀具。热塑性较差。又因钨价高，国内使用逐渐减少，国外已很少采用。

· W6M05Cr4V(钨钼系高速钢)，是国内外普遍应用的牌号。其减少钢中的合金元素，降低钢中碳化物的数量及分布的不均匀性，有利于提高热塑性、抗弯强度与韧度。主要缺点是淬火温度范围窄，脱碳过热敏感性大。

②高性能高速钢。在通用型高速钢中增加碳、钒，是添加钴或铝等合金元素的新钢种。其常

温硬度可达 67～70HRC,耐磨性与耐热性有显著的提高,能用于不锈钢、耐热钢和高强度钢的加工。常用高性能高速钢主要有:高钒高速钢、钴高速钢和铝高速钢。

③粉末冶金高速钢。通过高压惰性气体或高压水雾化高速钢水而得到细小的高速钢粉末,然后压制或热压成形,再经烧结而成的高速钢。粉末冶金高速钢与熔炼高速钢相比有很多优点,如强度与韧性较高,热处理变形小,磨削加工性能好,材质均匀,质量稳定可靠,刀具使用寿命长。可以切削各种难加工材料,适合于制造各种精密刀具和形状复杂的刀具,如精密螺纹车刀、拉刀、切齿刀具等。

2. 硬质合金钢

硬质合金是由硬度和熔点很高的金属碳化物(如碳化钨 WC、碳化钛 TiC、碳化钽 TaC、碳化铌 NbC 等)和金属黏结剂(如钴 Co、镍 Ni、钼 Mo 等)通过粉末冶金工艺制成的。硬质合金的硬度特别是高温硬度、耐磨性、热硬性都高于高速钢,硬质合金的常温硬度可达 89～93HRA,相当于 74～81HRC,热硬性可达 890℃～1000℃。但硬质合金较脆,抗弯强度低,韧性也很低。

(1)钨钴类硬质合金(YG)

一般用于切削铸铁等脆性材料和有色金属及其合金,也适于加工不锈钢、高温合金、钛合金等难加工材料。常用牌号有 YG3、YG6、YG6X、YG8。精加工可用 YG3,半精加工选用 YG6、YG6X,粗加工宜用 YG8。

(2)钨钛钴类硬质合金(YT)

一般用于连续切削塑性金属材料,如普通碳钢、合金钢等。常用牌号有 YT5、YT14、YT15、YT30。精加工可用 YT30,半精加工选用 YT14、YT15,粗加工宜用 YT5。

(3)添加稀有金属碳化物的硬质合金(YA、YW)

在硬质合金中添加适量的稀有金属碳化物(碳化钛 TiC 或碳化铌 NbC),能提高硬质合金的硬度、耐磨性,且具有较好的综合切削性能,但价格较贵,主要适用于切削难加工材料。

(4)镍钼钛类硬质合金(YN)

它以镍、钼作为黏结剂,具有较好的切削性能,因此允许采用较高的切削速度。主要用于碳钢、合金钢等金属材料连续切削时的精加工。

另外,采用细晶粒、超细晶粒硬质合金比普通晶粒硬质合金刀具的硬度与强度高。硬质合金刀具表面若采用 TiC、TiN、Al_2O_3 及其复合材料涂层,有较好的综合性能,其基体强度和韧性较好,表面耐磨、耐高温,多用于普通钢材的精加工或半精加工。

3. 陶瓷

陶瓷主要有结构陶瓷、电子陶瓷、生物陶瓷等。陶瓷刀具属于结构陶瓷。20 世纪 90 年代前主要是氧化铝硼化钛(Al_2O_3/TiB_2)陶瓷刀具、氮化硅基(Si_3N_4/TiC)陶瓷刀具及相变增韧(Al_2O_3/ZrO_2)陶瓷刀具材料;20 世纪 90 年代后,主要在发展晶须增韧陶瓷刀具材料。

陶瓷刀具是将氧化铝(Al_2O_3)等相关原材料粉末在超过 280 MPa 的压强、1649CIC 温度下烧结形成。陶瓷刀具材料具有很高的硬度、高温硬度、耐磨性和化学稳定性以及低摩擦因数,且价格低廉。硬度达 91～95HRA,高于硬质合金刀具材料,其高温硬度在 1200℃时仍能保持 80HRA。耐磨性一般为硬质合金材料的 5 倍。

陶瓷刀具与加工金属的亲合力低,不易粘刀和产生积屑瘤,是精加工和高速加工中的佼佼者。

必须注意的是,因氧化物材料较脆,故要求机床、陶瓷刀具等组成的工艺系统的刚性要高且不能产生振动。

目前我国对陶瓷刀具材料的应用还仅限于制造简单刃形的陶瓷刀片上，如机夹可转位陶瓷车刀、端铣刀和部分孔加工刀具等。

4. 涂层硬质合金

涂层硬质合金是在普通硬质合金刀片表面上，采用化学气相沉积或物理气相沉积的工艺方法，涂覆一薄层（4～12 μm）高硬度难熔金属化合物（TiC、TiN、氧化铝等），使刀片既保持了普通硬质合金基体的强度和韧度，又使其表面有更高的硬度、耐磨损性和耐热性。这种刀片不仅刀具寿命高，而且通用性好，一种涂层刀片可代替几种未涂层刀片使用。

涂层硬质合金刀具主要用于各种钢材、铸铁的精加工和半精加工，负荷较轻的粗加工也可使用。但含 Ti 的涂层材料不适合加工奥氏体不锈钢、高温合金及钛合金等材料。

5. 立方氮化硼(CBN)

立方氮化硼(CBN)是以六方氮化硼（俗称白石墨）为原料，利用超高温高压技术，继人造金刚石之后人工合成的又一种新型无机超硬材料。

其主要性能特点是：硬度高（高达 8000～9000HV），耐磨性好，能在较高切削速度下保持加工精度。热稳定性好，化学稳定性好，且有较高的热导率和较小的摩擦系数，但其强度和韧性较差。主要用于对高温合金、淬硬钢、冷硬铸铁等材料进行半精加工和精加工。

6. 金刚石

金刚石具有极高的硬度、耐磨性、热导率以及较低的热膨胀系数和摩擦因数，是目前已知硬度最高的材料，其硬度高达 10000 HV（硬质合金的硬度仅为 1300～1800 HV），刀具使用寿命比硬质合金高几倍至百倍，热导率为硬质合金和陶瓷的几倍至几十倍，而热膨胀系数只有硬质合金的 1/11 和陶瓷的 1/8。金刚石的这些性质使得金刚石刀具的切削刃钝圆半径可以磨得非常小，刀具表面粗糙度数值可以很低，切削刃非常锋利且不易产生积屑瘤。因此，金刚石是高速、精密和超精密刀具最理想的材料（据报道，日本大阪大学磨制的金刚石刀具其刃口圆角半径可达几纳米，可切下一纳米的连续切屑），用金刚石刀具可以实现镜面加工。

金刚石分为天然和人造两种，其代号分别用 JT 和 JR 表示，都是碳的同素异形体。天然金刚石大多属于单晶金刚石，可用于有色金属及非金属的超精密加工。由于价格十分昂贵，使用较少。人造金刚石可分为单晶金刚石和聚晶金刚石（包括聚晶金刚石复合刀片），可用静压熔煤法或动态爆炸法由纯碳转化而来。

使用金刚石刀具加工有色金属时，应选用相对较低的进给量和很高的切削速度（610～762 m/min），获得满意的表面粗糙度。金刚石刀具的耐磨能力是硬质合金刀片的 20 倍，烧结多晶金刚石刀具用于加工磨削类材料和难加工材料。

金刚石刀具可以用于加工硬质合金、陶瓷、高硅铝合金及耐磨塑料等高硬度、高耐磨的难加工材料以及有色金属及其合金。但它不适于加工铁族材料，因为金刚石中的碳和铁有很强的化学亲和力，高温时金刚石中的碳元素会很快扩散到铁中而失去其切削能力。还须注意的是，金刚石热稳定性差，在切削温度达到 700℃～800℃时即完全失去其硬度。

2.3　金属切削过程及其物理现象

金属切削过程就是利用刀具从工件上切除多余的金属，产生切屑和形成已加工表面的整个过程。在这一过程中会产生许多物理现象，如形成切屑、切削变形、切削力、切削热、刀具磨损等，而它们对加工质量、生产率和生产成本有重要影响。

2.3.1 切屑的形成及控制

金属切屑过程实质上是一种挤压过程。在切削塑性金属过程中，金属在受到刀具前刀面的挤压下，将发生塑性剪切滑移变形。当剪应力达到并超过工件材料的屈服极限时，被切金属层将被切离工件形成切屑。简而言之，被切削的金属层在前刀面的挤压作用下、通过剪切滑移变形形成了切屑。实际上，这种塑性变形——滑移——切离三个过程，会根据工件材料、加工参数等条件的不同，不完全地显示出来。

1. 切屑的种类

由于工件材料、刀具的几何角度、切削用量等条件的不同，切削时形成的切屑形状也就不同，常见的切屑种类可归纳为带状切屑、节状切屑、粒状切屑和崩碎切屑四种类型，可见图 2-14 所示。

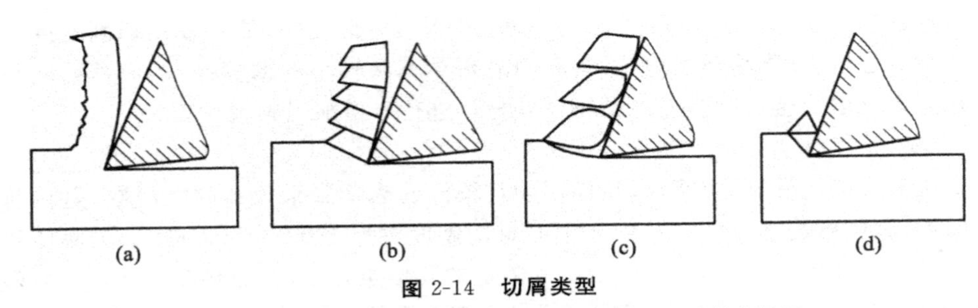

图 2-14　切屑类型

(a)带状切屑　(b)节状切屑　(c)粒状切屑　(d)崩碎切屑

(1)带状切屑

带状切屑是在加工塑性金属、切削速度高、切削厚度较小、刀具前角较大时常见的切屑。出现这种切屑时，切削过程最平稳，已加工表面粗糙度数值最低。但若不经处理，它容易缠绕在工件、刀具和机床上，划伤工件、机床设备，打坏切削刃，甚至伤人。

(2)节状切屑

节状切屑又称挤裂切屑，其外表面呈锯齿形，内表面基本上仍相联，有时出现裂纹。当切削速度较低和切削厚度较大时易得到此种切屑。

(3)粒状切屑

粒状切屑又称单元切屑，呈梯形的粒状。出现这种切屑时，切削力波动大，切削过程不平稳。

(4)崩碎切屑

崩碎切屑是用较大切削厚度，切削脆性金属时，容易产生的一种形状不规则的碎块状切屑。出现这种切屑时，切削过程很不平稳，加工表面凹凸不平，切削力集中在切削刃附近。

2. 卷屑和断屑

带状切屑和节状切屑是切削过程中遇到最多的切屑。为了生产安全和生产过程的正常进行，为了便于对切屑进行收集、处理、运输，还需要对前刀面流出的切屑进行卷屑和断屑。卷屑和断屑取决于切屑的种类、变形的大小、材料性质等。

在刀具上的断屑措施主要有：减小前角、开设断屑槽、增设断屑台等。硬质合金刀片上开设好各种形式的断屑槽，可供用户选择使用。断屑台是在机夹车刀的压板前端附一块硬质合金。切削刃到断屑台的距离，可根据工件材料和切削用量进行调整，断屑范围较广。

3. 切屑方向的控制

合理选择车刀的刃倾角和前刀面的形状，能控制切屑的流出方向，如图 2-15 所示。取 0°刃倾角时，切屑流向前刀面上方，适于切断车刀、切槽车刀和成形车刀，如图 2-15(a)所示；取负刃倾角时，切屑流向已加工表面，如图 2-15(b)所示，适于粗加工（粗车、粗镗时 $\lambda_s=-4°$）；若车刀上取正刃倾角，车削时切屑流向待加工表面，如图 2-15(c)所示，适于精加工（精车、精镗时 $\lambda_s=+4°$）。

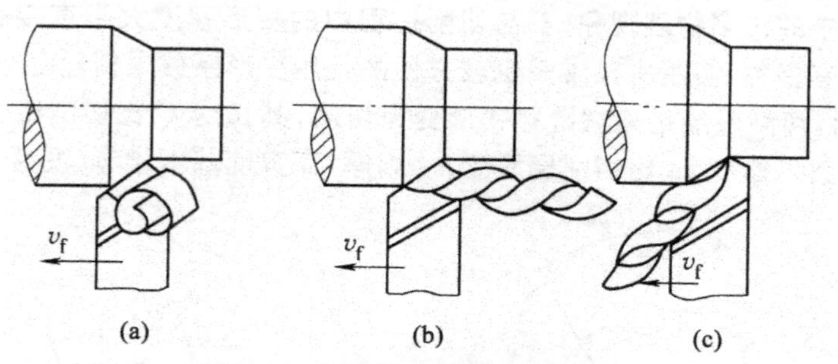

图 2-15　刃倾角对切屑流向的影响

(a)$\lambda_s=0$　(b)$\lambda_s<0$　(c)$\lambda_s>0$

2.3.2　切削变形

金属切削过程是刀具在工件上切除多余的金属，产生切屑和形成已加工表面的整个过程。图 2-16 是根据金属切削实验绘制的金属切削过程中的变形滑移线和流线。由图可知，工件上的被切削层在刀具的挤压作用下，沿切削刃附近的金属首先产生弹性变形，接着由剪应力引起的应力达到金属材料的屈服极限以后，切削层金属便沿倾斜的剪切面变形区滑移，产生塑性变形，然后在沿前刀面流出去的过程中，受摩擦力作用再次发生滑移变形，最后形成切屑。这一过程中，会出现一些物理现象，如切削变形、切削力、切削热、刀具磨损等。

根据切削过程中的不同变形情况，通常把切削区域划分为三个变形区。如图 2-17 所示。第Ⅰ变形区在切削刃前面的切削层内的区域；第Ⅱ变形区在切屑底层与前刀面的接触区域；第Ⅲ变形区发生在后刀面与工件已加工表面接触的区域。但这三个变形区并非截然分开、互不相关，而是相互关联、相互影响、互相渗透。

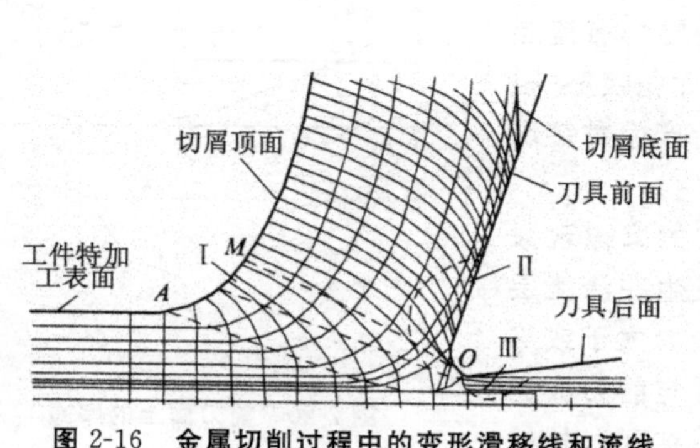

图 2-16　金属切削过程中的变形滑移线和流线

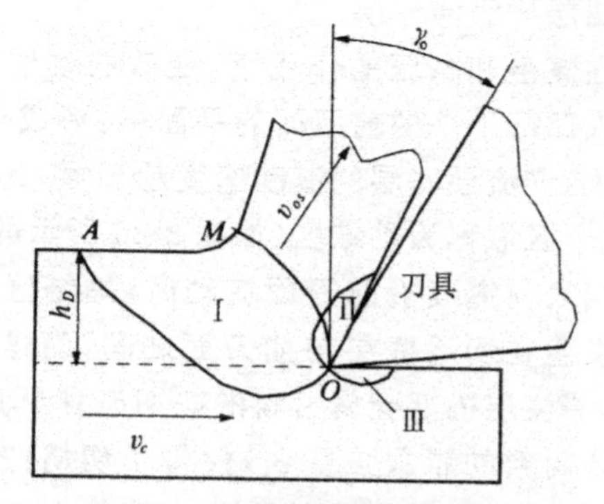

图 2-17　切削时的三个变形区

1. 第Ⅰ变形区

(1)变形特点

第Ⅰ变形区是指在切削层内产生剪切滑移的塑性变形区。切削过程中的塑性变形主要发生在这里,所以它是主要变形区。

由于此变形区一般是很窄的,因此在实际中常用一个剪切面 OM 来代替。如图 2-18 所示的 OM 剪切面。

(2)变形程度的衡量

金属切削过程中的许多物理现象,都与切削过程中的变形程度大小直接有关。衡量切削变形程度大小的方法有多种,实用中较常用也较方便的是用变形系数来衡量变形程度大小。

如图 2-19 所示,切削层经过剪切滑移变形变为切屑,其长度 l_c 比切削层长度 l 缩短(l 与 l_c 的比值称为变形系数),厚度 h_{ch} 比切削层厚度 h_D 增厚,而宽度基本相等(设为 b_D)。

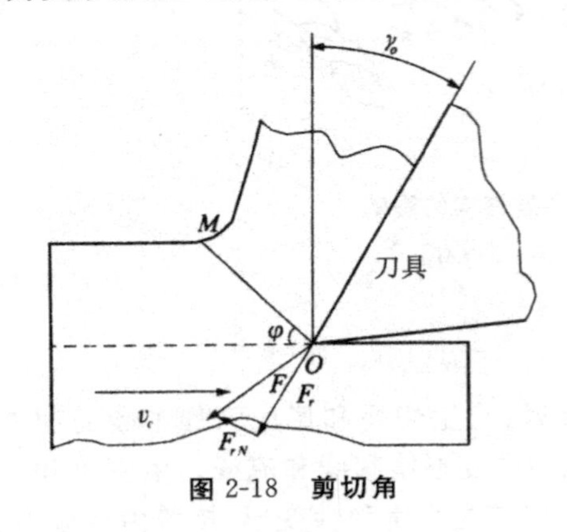

图 2-18　剪切角

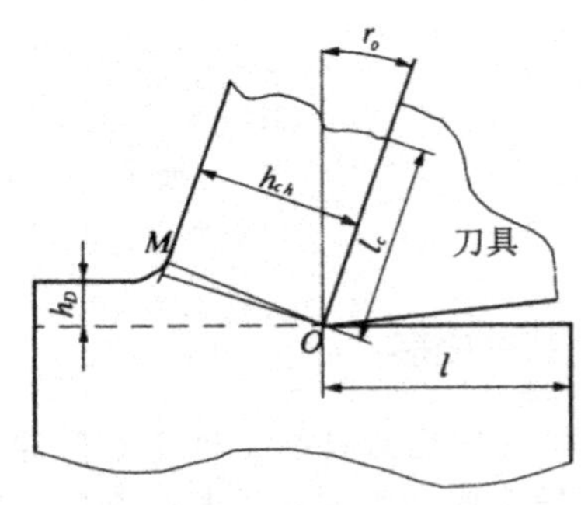

图 2-19　变形系数

2. 第Ⅱ变形区

当切屑沿前刀面流出时,切屑与前刀面接触的区域,切屑与前刀面挤压摩擦,进一步产生剪切滑移,这就是第Ⅱ变形区。

在第Ⅱ变形区内,沿前刀面流出的切屑,其底层受到刀具的挤压和接触面间强烈的摩擦,继续进行剪切滑移变形,使切屑底层的晶粒趋向与前刀面平行而成纤维状,其接近前刀面部分的切屑流动速度降低。这层流速较慢的金属层称为滞流层。

在高温和高压的作用下,变软的切屑底层的滞流层会嵌入凹凸不平的前刀面的平面中,形成全面积接触,阻力增大,滞流层底层的流动速度趋于零,此时产生黏结现象,这个区域称为黏结区(如图 2-20 所示的 l_{f1})。

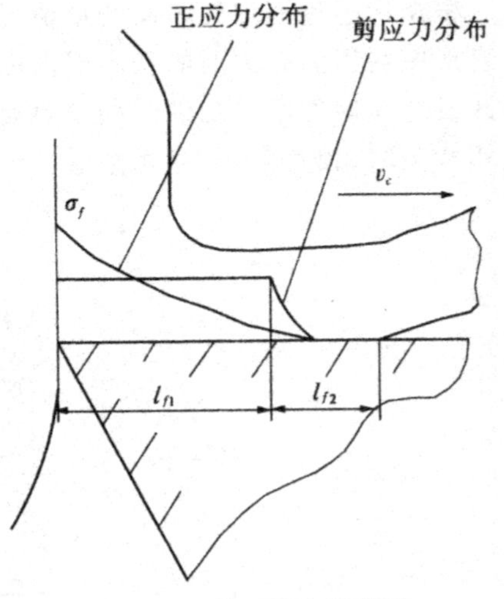

图 2-20　前刀面上的摩擦

当切屑继续沿前刀面流动时,黏结区内的摩擦现象不是发生在切屑底层与前刀面之间,而是发生在滞流层内部,滞流层内部金属材料的剪切滑移(剪应力大于或等于金属材料的屈服强度 σ_s)代替了切屑底层与前刀面之间的相对滑移,这种摩擦称为内摩擦。在黏结区以外的范围内，如图 2-20 所示的 l_{f2}，由于切削温度降低，切屑底层金属塑性变形减小，切屑与前刀面接触面积减小，进入滑动区。该区域的摩擦称为滑动摩擦，即外摩擦。

综上所述，第Ⅱ变形区由黏结区和滑动区组成。实验证明，黏结区产生的摩擦力远超过滑动区的摩擦力，即第Ⅱ变形区的摩擦特性应以黏结摩擦（内摩擦）为主。

3. 第Ⅲ变形区

(1)变形特点

工件已加工表面和刀具后刀面的接触区域，称为第Ⅲ变形区。

如图 2-21 所示，切削刀具刃口并不是非常锋利的，而存在刃口圆弧半径 r_n，切削层在刃口钝圆部分 O 处存在复杂的应力状态。切削层金属经剪切滑移后沿前刀面流出成为切屑，O 点之下的一薄金属 Δh_D 不能沿 OM 方向剪切滑移，被刃口向前推挤或被压向已加工表面，这部分金属首先受到压应力。此外，由于刃口磨损产生后角为零的小棱面（BE）及已加工表面的弹性恢复 EF（Δh），使被挤压的 Δh_D 层再次受到后刀面的拉伸摩擦作用，进一步产生塑性变形。因此，已加工表面是经过多次复杂的变形而形成的。它存在着表面加工硬化和表面残余应力。

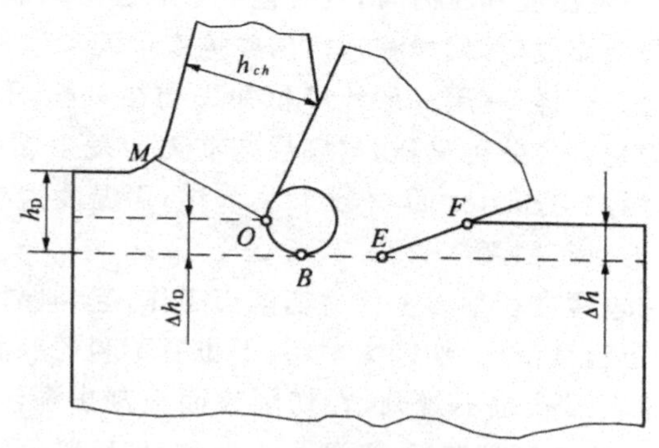

图 2-21　已加工表面变形

(2)表面加工硬化和残余应力

①加工硬化。加工后已加工表面层硬度提高的现象称为加工硬化。切削时在形成已加工表面过程中，由于表层金属经过多次复杂的塑性变形，硬度显著提高；另一方面，切削温度又使加工硬化减弱——弱化；更高的切削温度将引起相变。已加工表面的加工硬化就是这种强化、弱化、相变作用的综合结果。加工中变形程度愈大，则硬化程度愈高，硬化层深度也愈深。工件表面的加工硬化将给后续工序切削加工增加困难，如切削力增大、刀具磨损加快、影响表面质量。加工硬化在提高工件耐磨性的同时，也增加了表面的脆性，从而降低了工件的抗冲击能力。

②残余应力。残余应力是指在没有外力作用的情况下，物体内存在的应力。由于切削力、切削变形、切削热及相变的作用，已加工表面常存在残余应力，有残余拉应力和残余压应力之别。残余应力会使已加工表面产生裂纹，降低零件的疲劳强度，工件表面残余应力分布不均匀也会使工件产生变形，影响工件的形状和尺寸。这对精密零件的加工是极为不利的。

2.3.3　积屑瘤的产生及影响

如图 2-22 所示，在一定的条件下切削钢、黄铜、铝合金等塑性金属时，由于前刀面挤压及摩擦的作用，切屑底层中的一部分金属停滞和堆积在切削刃口附近，形成硬块，能代替切削刃进行切削，这个硬块称为切屑瘤。

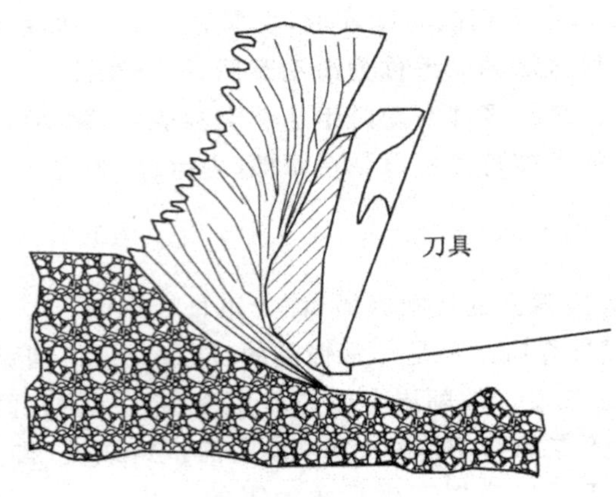

图 2-22　切屑瘤

如前所述，由于切屑底面是刚形成的新表面，而它对前刀面强烈的摩擦又使前刀面变得十分洁净，当两者的接触面达到一定温度和压力时，具有化学亲和性的新表面易产生黏结现象。这时切屑从黏结在刀面上的底层上流过(剪切滑移)，因内摩擦变形而产生加工硬化，又易被同种金属吸引而阻滞在黏结的底层上。这样，一层一层地堆积并黏结在一起，形成积屑瘤，直至该处的温度和压力不足以造成黏结为止。由此可见，切屑底层与前刀面发生黏结和加工硬化是积屑瘤产生的必要条件。一般说来，温度与压力太低，不会发生黏结；而温度太高，也不会产生积屑瘤。因此，切削温度是积屑瘤产生的决定因素。

积屑瘤有利的一面是它包覆在切削刃上代替切削刃工作，起到保护切削刃的作用，同时还使刀具实际前角增大，切削变形程度降低，切削力减小；但也有不利的一面，由于它的前端伸出切削刃之外，影响尺寸精度，同时其形状也不规则，在切削表面上刻出深浅不一的沟纹，影响表面质量。此外，它也不稳定，成长、脱落交替进行，切削力易波动，破碎脱落时会划伤刀面，若留在已加工表面上，会形成毛刺等，增加表面粗糙度。因此，在粗加工时，允许有积屑瘤存在，但在精加工时，一定要设法避免。

控制切屑瘤的方法主要有以下几种：

①提高工件材料的硬度，减少塑性和加工硬化倾向。

②控制切削速度，以控制切削温度。图 2-23 为积屑瘤高度与切削速度关系的示意图。由于切削速度是切削用量中影响切削温度最大的因素，所以该图反映了积屑瘤高度与切削温度的关系。低速时低温，高速时高温，都不产生积屑瘤。在积屑瘤生长阶段，其高度随 v_c 增高而增大；在消失阶段则随 v_c 增大而减小。因此，控制积屑瘤可选择低速或高速切削。

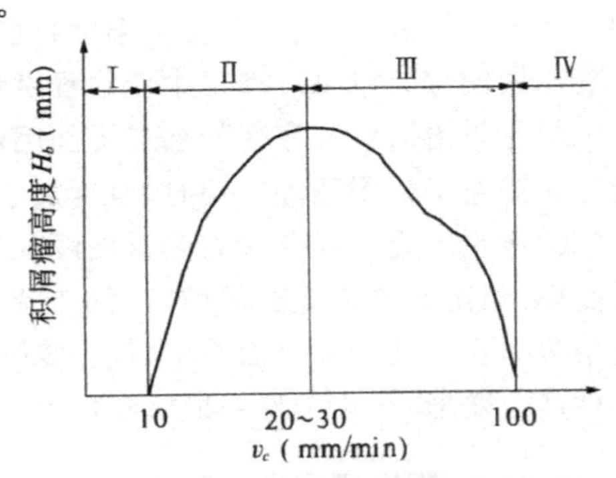

图 2-23　积屑瘤高度和切削速度的关系

③采用润滑性能良好的切削液，减小摩擦。

④增大前角，减小切削厚度，都可使刀具切屑接触长度减小，积屑瘤高度减小。

2.4　切削力与切削功率

2.4.1　切削力概述

1. 切削力的来源

研究切削力，对进一步弄清切削机理，对计算功率消耗，对刀具、机床、夹具的设计，对制定合理的切削用量，优化刀具几何参数等，都具有非常重要的意义。金属切削时，刀具切入工件，使被加工材料发生变形并成为切屑所需的力，称为切削力。如图 2-24 所示，切削力来源于以下三个方面：

①克服被加工材料对弹性变形的抗力。

②克服被加工材料对塑性变形的抗力。

③克服切屑对前刀面的摩擦力和刀具后刀面对过渡表面与已加工表面之间的摩擦力。

2. 切削力的分解

如图 2-25 所示，切削力可分解为三个相互垂直的分力 F_c、F_p、F_f。主切削力 F_c 是切削力 F 在主运动方向上的分力；背向力 F_p 是切削力 F 在垂直于假定工作平面上的分力；进给力 F_f 是切削力在进给运动方向上的分力。各个力之间的关系为：

$$F^2=F_c^2+F_p^2+F_f^2$$

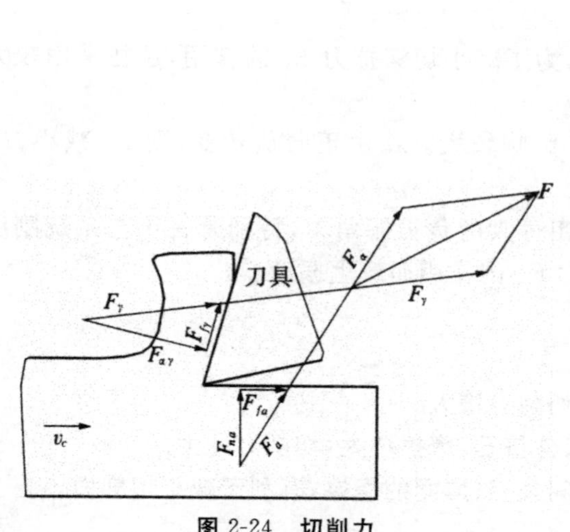

图 2-24　切削力

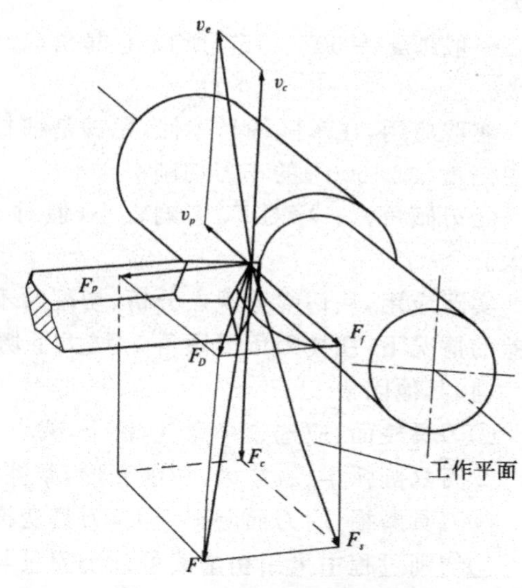

图 2-25　车外圆时力的分解

在切削过程中，主切削力 F_c 最大，消耗机床功率最多，是计算机床主运动机构强度、刀杆和刀片强度以及设计机床夹具的主要依据。背向力 F_p 通常作用在工件和机床刚性最差的方向上。以车外圆为例，F_p 作用在工件和主轴的径向，虽然从理论上讲不消耗功率，但可使工件产生变形，影响加工精度，并引起振动。进给力 F_f 作用在机床的进给机构上，是校核进给机构强度的主要依据。

3. 影响切削力的主要因素

实践证明，切削力的影响因素很多，主要有工件材料、切削用量、刀具几何角度、刀具材料、刀具磨损状态和切削液等。

(1)工件材料

工件材料是决定切削力大小的主要因素之一。一般情况下,金属材料的强度、硬度越高,剪切屈服强度增大,切削力就越大。同时,切削力还受材料的其他力学性能、物理性能及金相组织、化学成分等多种因素的影响。

(2)切削用量

①背吃刀量(切削深度)进给量增大,切削层面积增大,变形抗力和摩擦力增大,切削力增大。由于背吃刀量对切削力的影响比进给量对切削力的影响大(通常 $x_{F_z}=1$,$y_{F_z}=0.75\sim0.9$),所以在实践中,当需切除一定量的金属层时,为了提高生产率,采用大进给切削比大切深切削较省力又省功率。

②切削速度。加工塑性金属时,切削速度对切削力的影响规律如同对切削变形影响一样,它们都是通过积屑瘤与摩擦的作用造成的。切削脆性金属时,因为变形和摩擦均较小,故切削速度改变时切削力变化不大。

(3)刀具几何角度

①前角:前角增大,变形减小,切削力减小。

②主偏角:主偏角 κ_r 在 30°～60°范围内增大,由切削厚度的影响起主要作用,使主切削力 F_z 减小;主偏角 κ_r 在 60°～90°范围内增大,刀尖处圆弧和副前角的影响更为突出,故主切削力 F_z 增大。

一般地 $\kappa_r=60°\sim75°$,所以主偏角,κ_r 增大,主切削力 F_z 增大。κ_r 增大,使 F_y 减小、F_x 增大。

实践应用,在车削轴类零件,尤其是细长轴时,为了减小切深抗力 F_y 的作用,往往采用较大的主偏角($\kappa_r>600°$)的车刀切削。

③刃倾角 λ_s。λ_s 对 F_z 影响较小,但对 F_x、F_y 影响较大。λ_s 由正向负转变,则 F_x 减小、F_y 增大。

实践应用,从切削力观点分析,切削时不宜选用过大的负刃倾角 λ_s,特别是在工艺系统刚度较差的情况下,往往因负刃倾角 λ_s 增大了切深抗力 F_y 的作用而产生振动。

(4)其他因素

①刀具棱面:应选较小宽度,使 F,减小。

②刀具圆弧半径:增大,切削变形,摩擦增大,切削力增大。

③刀具磨损:后刀面磨损增大,刀具变钝,与工件挤压、摩擦增大,切削力增大。

④切削过程中采用切削液可减小刀具与工件间及刀、屑间的摩擦,有利于减小切削力。

2.4.2 切削力与切削功率的计算

1. 切削力的计算

切削力的计算,目前采用较多的是实验公式计算法。实验公式有指数公式和单位切削力公式两种形式。

(1)车削指数公式

主切削力

$$F_c=9.18C_{F_c}\cdot a_p^{x_{F_c}}\cdot f^{y_{F_c}}\cdot v^{n_{F_c}}\cdot K_{F_c} \tag{2-7}$$

背向力

$$F_p=9.18C_{F_p}\cdot a_p^{x_{F_p}}\cdot f^{y_{F_p}}\cdot v^{n_{F_p}}\cdot K_{F_p} \tag{2-8}$$

进给力

$$F_f=9.18C_{F_f}\cdot a_p^{x_{F_f}}\cdot f^{y_{F_f}}\cdot v^{n_{F_f}}\cdot K_{F_f} \tag{2-9}$$

式中　a_p——背吃刀量，mm；

f——进给量，mm/r。

(2)单位切削力公式

主切削力：

$$F_c=k_c\cdot a_p\cdot f=k_c-h_D\cdot b_D \tag{2-10}$$

式中　h_D——切削厚度，mm；

k_c——单位切削力，N/mm²；

b_D——切削宽度，mm。

单位切削力 k_c 是指切削面积上的主切削力，即

$$k_c=\frac{F_c}{A}=\frac{F_c}{(a_p\cdot f)}=\frac{F_c}{(h_D\cdot b_D)}$$

式中 A——切削面积，mm²。

2. 切削功率的计算

消耗在切削过程中的功率称为切削功率。它是主切削力 F_c 与进给力 F_f 消耗的功率之和。背向力 F_p 理论上是不做功的。由于 F_f 消耗的功率所占的比例很小，约为总功率的 1%～5%，故通常略去不计。于是，当 F_c 及 v_c 已知时，切削功率 P_c 为

$$P_c=\frac{(F_c\cdot v_c)}{(60\times1000)} \tag{2-11}$$

式中　P_c——切削功率，kw；

v_c——切削速度，m/min。

则机床电动机所需功率 P_E(kw)为

$$P_E=\frac{P_c}{\eta} \tag{2-12}$$

式中　η——机床传动的效率，一般为 $\eta=0.75\sim0.85$。

式(2-12)是校验和选择机床电动机的主要依据。

2.5　切削热和切削温度

切削热与切削温度是切削过程中产生的又一重要物理现象。切削时做的功，可转化为等量的热。切削热和由它产生的切削温度，会使加工工艺系统产生热变形，不但影响刀具的磨损和耐用度，而且影响工件的加工精度和表面质量。因此，研究切削热和切削温度的产生及其变化规律有很重要的意义。

2.5.1　切削热的来源与传导

在切削过程中，由于切削层金属的弹性变形、塑性变形以及摩擦而产生的热，称为切削热。

切削热通过切屑、工件、刀具以及周围的介质传导出去，如图 2-26 所示。在第一变形区内切削热主要由切屑和工件传导出去，在第二变形区内切削热主要由切屑和刀具传导出去，在第三变形区内切削热主要由工件和刀具传出。加工方式不同，切削热的传导情况也不同。不用切削液时，切削热的 50%～86% 由切屑带走，10%～40%传入工件，3%～9%传入刀具，1%左右传入空气。

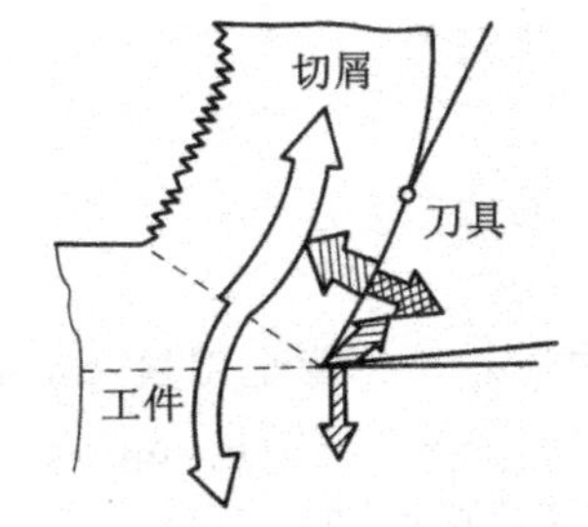

图 2-26　切削热的来源与传导

不同的加工方法所产生切削热传出情况是不同的，具体可见表 2-1 所示。

表 2-1　切削热传出比例对比

加工方法	切屑	刀具	工件	周围介质
车削	50%～86%	10%～40%	3%～9%	10%
钻削	28%	14.5%	52.5%	5%
磨削	4%	12%	84%	

切削温度对工件、刀具和切削过程的影响如下：

切削温度高是刀具磨损的主要原因，它将限制生产率的提高；切削温度还会使加工精度降低，使已加工表面产生残余应力以及其他缺陷。

(1)切削温度对工件材料强度和切削力的影响。切削时的温度虽然很高，但是切削温度对工件材料硬度及强度的影响并不是很大；剪切区域的应力影响不很明显。

(2)对刀具材料的影响。适当地提高切削温度，对提高硬质合金的韧性是有利的。

(3)对工件尺寸精度的影响。

(4)利用切削温度自动控制切削速度或进给量。

(5)利用切削温度与切削力控制刀具磨损。

2.5.2　切削温度及影响因素

所谓切削温度一般是指切屑与刀具前刀面接触区域的平均温度。切削温度可用仪器测定，也可通过切屑的颜色大致判断。如切削碳素钢，切屑的颜色从银白色、黄色、紫色到蓝色，则表明切削温度从低到高。切削温度的高低，取决于该处产生热量的多少和传散热量的快慢。因此，凡是影响切削热产生与传出的因素都影响切削温度的高低。

根据理论分析和大量的实验研究可知，切削温度主要受工件材料、切削用量、刀具几何角度、刀具磨损和切削液的影响，以下对这几个主要因素加以分析。

1. 工件材料的影响

对切削温度影响较大的是材料的强度、硬度及热导率。材料的强度和硬度越高，单位切削力越大，切削时所消耗的功率就越大，产生的切削热也多，切削温度就越高。热传导率越小，传导的热越少，切削区的切削温度就越高。

2. 切削用量的影响

切削用量是影响切削温度的主要因素。通过测温实验可以找出切削用量对切削温度的影响规律。通常在车床上利用测温装置求出切削用量对切削温度的影响关系，并可整理成下列一般公式：

$$\theta = C_\theta a_p^{x_\theta} f^{y_\theta} v_c^{z_\theta} k_\theta$$

式中，x_θ、y_θ、z_θ——切削用量 a_p、f 和 v_c 对切削温度影响程度的指数。

C_θ——与实验条件有关的影响系数。

k_θ——切削条件改变后的修正系数。

切削速度对切削温度影响最大，随切削速度的提高，切削温度迅速上升。进给量对切削温度影响次之，而背吃刀量 a_p 变化时，散热面积和产生的热量亦作相应变化，故 a_p 对切削温度的影响很小。

3. 刀具几何参数的影响

刀具的前角和主偏角对切削温度影响较大。增大前角，可使切削变形及切屑与前刀面的摩擦减小，产生的切削热减少，切削温度下降。但前角过大（≥20°）时，刀头的散热面积减小，反而使切削温度升高。减小主偏角，可增加切削刃的工作长度，增大刀头的散热面积，降低切削温度。

4. 刀具磨损的影响

在后刀面的磨损值达到一定数值后，对切削温度的影响增大；切削速度愈高，影响就愈显著。合金钢的强度大，导热系数小，所以切削合金钢时刀具磨损对切削温度的影响，就比切碳素钢时大。

5. 切削液的影响

切削液也称冷却润滑液，是为了提高金属切削加工效果而在加工过程中注入工件与刀具或磨具之间的液体。尽管近几年干切削（磨）技术发展很快，但目前仍将切削液的使用作为提高刀具切削效能的重要方法。

（1）切削液作用

①冷却作用。切削液能吸收切削热，降低切削温度。

②润滑作用。切削液能在切屑、工件与刀具界面之间形成边界润滑膜。

③浸润作用。切削液的浸润作用能有效降低切削脆性材料时的切削力。

④清洗作用。把切屑或磨屑等冲走。

⑤除尘作用。在进行磨削时切削液能湿润磨削粉尘，降低环境中的含尘量。

⑥吸振作用。切削液尤其是切削油的阻尼性能，具有良好的吸振作用，使加工表面光洁。

⑦防锈作用。减轻工件、机床、夹具、刀具被周围介质（水、空气等）腐蚀的程度。

⑧热力作用。切削液在高热的切削区受热膨胀产生的热力，进一步“炸开”晶界中的裂纹。使切削过程省力，获得能量再利用。

（2）切削液添加剂

为改善切削液的性能而加入的一些化学物质，称为切削液的添加剂。常用的添加剂有以下几种。

①极压添加剂。它是含有硫、磷、氯、碘等元素的有机化合物，在高温下与金属表面起化学反应，形成耐较高温度和压力的化学吸附膜，能防止金属界面直接接触，减小摩擦。

②油性添加剂。它含有极性分子，能与金属表面形成牢固的吸附膜，主要起润滑作用。常用于低速精加工。常用油性添加剂有动物油、植物油、脂肪酸、胺类、醇类和脂类等。

③防锈添加剂。它是一种极性很强的化合物，与金属表面有很强的附着力，吸附在金属表面上形成保护膜，或与金属表面化合形成钝化膜，起到防锈作用。常用的防锈添加剂有碳酸钠、三

乙醇胺、石油磺酸钡等。

④表面活性剂(乳化剂)。它是使矿物油和水乳化而形成稳定乳化液的添加剂。表面活性剂是一种有机化合物,由可溶于水的极性基团和可溶于油的非极性基团组成,可定向地排列并吸附在油水两相界面上,极性端向水,非极性端向油,将水和油连接起来,使油以微小颗粒稳定地分散在水中,形成乳化液。表面活性剂还能吸附在金属表面上,形成润滑膜,起油性添加剂的润滑作用。常用的表面活性剂有石油磺酸钠、油酸钠皂等。

(3)切削液种类与选用

常见的切削液的种类有:

①水溶液(合成切削液)。它的主要成分是水,并根据需要加入一定量的水溶性防锈添加剂、表面活性剂、油性添加剂、极压添加剂。

②乳化液。它是以水为主(占 95%～98%)加入适量的乳化油(矿物油+乳化剂)而成的乳白色或半透明的乳化液。

③切削油。其主要成分是矿物油,少数采用植物油或复合油。

具体可见表 2-2 所示。

表 2-2 切削液的种类及选用

序号	名称	组成	主要用途
1	水溶液	以硝酸钠、碳酸纳等为主溶于水的溶液,用 100～200 倍的水稀释而成	磨削
2	乳化液	①矿物油很少,主要为表面活性剂的乳化油,用 40～80 倍的水稀释而成,冷却和清洗性能好	车削、钻孔
		②以矿物油为主,少量表面活性剂的乳化油,用 10～20 倍的水稀释而成,冷却和润滑性能好	车削、攻螺纹
		③在乳化液中加入极压添加剂	高速车削、钻孔
3	切削油	①矿物油(L—AN15 或 L—AN32 全损耗系统用油)单独使用	滚齿、插齿
		②矿物油加植物油或动物油形成混合油,润滑性能好	精密螺纹车削
		③矿物油或混合油中加入极压添加剂形成极压油	高速滚齿、插齿、车螺纹等
4	其他	液态的二氧化碳	主要用于冷却
		二硫化钼+硬脂酸+石蜡——做成蜡笔,涂于刀具表面	攻螺纹

注:切削钢及灰铸铁时刀具耐用度为 60～90 min。

切削液对切削温度的影响,与切削液的导热性能、比热、流量、浇注方式以及本身的温度有很大的关系。从导热性能来看,油类切削液不如乳化液,乳化液不如水基切削液。

2.6　刀具磨损与刀具寿命

2.6.1　刀具磨损

1. 刀具磨损形式

刀具磨损有正常磨损与非正常磨损之分。在切削过程中切削区域有很高的温度和压力，刀具在高温和高压条件下，受到工件、切屑的剧烈摩擦，使刀具的前刀面和后刀面都会产生磨损。随着切削加工的延续，磨损逐渐扩大的现象称为刀具正常磨损。切削刃出现塑性流动、崩刃、碎裂、断裂、剥落、裂纹等破坏失效，称作刀具非正常磨损即破损。

当刀具磨损到一定程度或出现破损后，会使切削力急剧上升，切削温度急剧升高，伴有切削振动，加工质量下降。

如图 2-27 所示，刀具正常磨损时，按其发生的部位不同可分为三种形式，即前刀面磨损、后刀面磨损、前后刀面同时磨损。

(1)前刀面磨损

前刀面磨损以月牙洼的深度 KT 表示，如图 2-27(b)所示，用较高的切削速度和较大的切削厚度切削塑性金属时常见这种磨损。

(2)后刀面磨损

后刀面磨损以平均磨损高度 VB 表示，如图 2-27(b)所示。切削刃各点处磨损不均匀，刀尖部分(C 区)和近工件外表面处(N 区)因刀尖散热差或工件外表面材料硬度较高，故磨损较大，中间处(B 区)磨损较均匀。加工脆性材料或用较低的切削速度和较小的切削厚度切削塑性金属时常见这种磨损。

(3)前后刀面同时磨损

前后刀面同时磨损，在以中等切削用量切削塑性金属时易产生此种磨损。

刀具允许的磨损限度，通常以后刀面的磨损程度 VB 作标准。但是，在实际生产中，不可能经常测量刀具磨损的程度，而常常是按刀具进行切削的时间来判断。

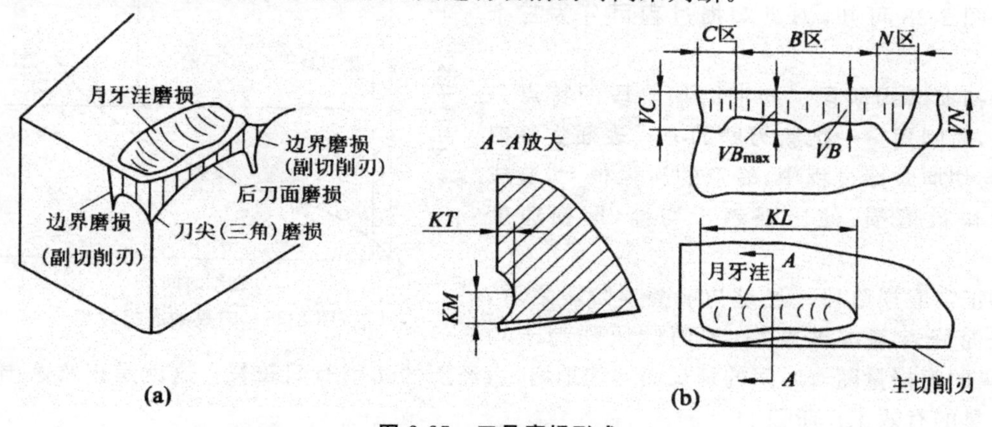

图 2-27　刀具磨损形式

2. 刀具磨损的主要原因

刀具磨损的原因很复杂，主要有以下几个方面。

(1)硬质点磨损

硬质点磨损是由于工件材料中的硬质点或积屑瘤碎片对刀具表面的机械划伤,从而使刀具磨损。各种刀具都会产生硬质点磨损,但对于硬度较低的刀具材料,或低速刀具,如高速钢刀具及手工刀具等,硬质点磨损是刀具的主要磨损形式。

(2)黏结磨损

黏结磨损是指刀具与工件(或切屑)的接触面在足够的压力和温度作用下,达到原子间距离而产生黏结现象。因相对运动,黏结点的晶粒或晶粒群受剪或受拉被对方带走而造成的磨损。黏结点的分离面通常在硬度较低的一方,即工件上。但也会造成刀具材料组织不均匀,产生内应力以及疲劳微裂纹等缺陷。

(3)扩散磨损

扩散磨损是指刀具表面与被切出的工件新鲜表面接触,在高温下,两摩擦面的化学元素获得足够的能量,相互扩散,改变了接触面双方的化学成分,降低了刀具材料的性能,从而造成刀具磨损。例如,硬质合金车刀加工钢料时,在800℃～1000℃高温时,硬质合金中的Co、WC和C等元素迅速扩散到切屑、工件中去;工件中的Fe则向硬质合金表层扩散,使硬质合金形成新的低硬度高脆性的复合化合物层,从而加剧刀具磨损。刀具扩散磨损与化学成分有关,并随着温度的升高而加剧。

(4)化学磨损

化学磨损又称为氧化磨损,指刀具材料与周围介质(如空气中的氧,切削液中的极压添加剂硫、氯等),在一定的温度下发生化学反应,在刀具表面形成硬度低、耐磨性差的化合物,加速刀具的磨损。化学磨损的强弱取决于刀具材料中元素的化学稳定性以及温度的高低。

3. 刀具磨损过程及磨钝标准

(1)刀具的磨损过程

在正常条件下,随着刀具的切削时间增大,刀具的磨损量将增加。通过实验得到如图2-28所示的刀具后刀面磨损量与切削时间的关系曲线。由图2-28可知,刀具磨损过程可分为三个阶段。

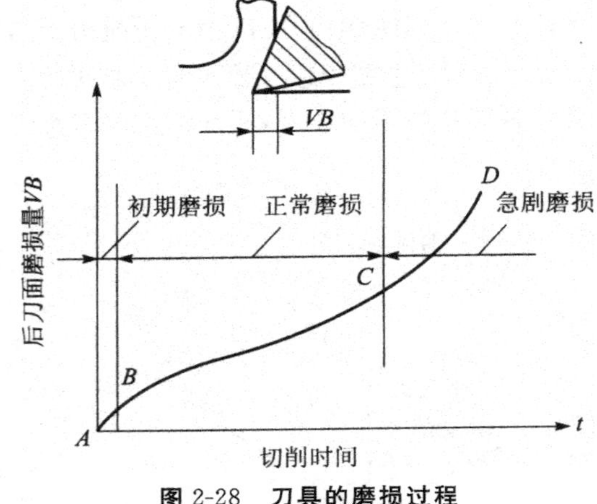

图2-28 刀具的磨损过程

①初期磨损阶段。初期磨损阶段的特点是磨损快,时间短。一把新刃磨的刀具表面尖峰突出,在与切屑摩擦过程中,峰点的压强很大,造成尖峰很快被磨损,使压强趋于均衡,磨损速度减慢。

②正常磨损阶段。经过初期磨损阶段之后,刀具表面峰点基本被磨平,表面的压强趋于均衡,刀具的磨损量随着时间的延长而均匀地增加,经历的切削时间较长。这就是正常磨损阶段,也是刀具的有效工作阶段。

③急剧磨损阶段。当刀具磨损量达到一定程度,切削刃已变钝,切削力、切削温度急剧升高,磨损量剧增,刀具很快失效。为合理使用刀具及保证加工质量,应在此阶段之前及时更换刀具。

(2)刀具的磨钝标准

刀具磨损后将影响切削力、切削温度和加工质量,因此必须根据加工情况规定一个最大的允许磨损值,这就是刀具的磨钝标准。国际标准 ISO 统一规定以 1/2 背吃刀量处后刀面磨损带宽度作为刀具的磨钝标准。磨钝标准的具体数值可查阅有关手册。表 2-3 所示为高速钢车刀与硬质合金车刀的磨钝标准。

表 2-3　高速钢车刀与硬质合金车刀的磨钝标准

工件材料	加工性质	磨钝标准 VB/mm	
		高速钢	硬质合金
碳钢、合金钢	粗车	1.5～2.0	1.0～1.4
	精车	1.0	0.4～0.6
灰铸铁、可锻铸铁	粗车	2.0～3.0	0.8～1.0
	半精车	1.5～2.0	0.6～0.8
耐热钢、不锈钢	粗、精车	1.0	1.0
钛合金	粗、半精车	—	0.4～0.5
淬火钢	精车	—	0.8～1.0

2.6.2 刀具寿命

所谓刀具寿命,刀具刃磨后,从开始切削,到后刀面磨损达到规定的磨钝标准为止,所经过的总切削时间 T。

1. 影响刀具寿命的主要因素

(1)切削用量。实验得出刀具寿命与切削用量的关系为

$$T=\frac{C_T}{v_c^{\frac{1}{m}} f^{\frac{1}{n}} a_p^{\frac{1}{p}}}$$

上式中,C_T——与工件材料、刀具材料、切削条件等有关的常数;m、n、p——反映 v_c、f、a_p 对刀具寿命 T 影响程度的指数。

当用硬质合金车削抗拉强度 $R_m=0.75$ GPa 的碳钢时,上式中 $\frac{1}{m}=5$,$\frac{1}{n}=2.25$,$\frac{1}{p}=0.75$。

由此看出,切削速度 v_c 对刀具寿命 T 影响最大,背吃刀量 a_p 对刀具寿命 T 影响最小。

(2)刀具材料。在高速切削领域内,立方氮化硼刀具寿命最长,其次是陶瓷刀具,再次是硬质合金刀具,刀具寿命最低的是高速工具钢刀具。

(3)刀具几何参数。前角增大,切削变形减小,刀尖温度下降,刀具寿命提高(前角过大,又会使强度下降、散热困难,降低刀具寿命);主偏角变小,有效切削刃长度增大,使切削刃单位长度上的负荷减少,刀具寿命提高;刀尖圆弧半径增大,有利于刀尖散热,刀尖处应力集中减少,刀具寿命提高(刀尖圆弧半径过大,会引起振动)。

(4)工件材料。材料微观硬质点多,刀具容易磨损,刀具寿命下降;材料硬度高、强度大,切削能耗大,切削温度高,刀具寿命下降;材料延展性好,切屑不易从工件上分离,切削变形增大,切削

温度上升，刀具寿命下降。

(5)切削液。起冷却作用，能降低切削温度，提高刀具寿命(对高速钢刀具尤为明显)；其润滑作用，能降低切削过程中的平均摩擦应力，减少切削变形，提高刀具寿命；其浸润作用，能降低切削力，延长刀具寿命。

2. 刀具寿命的选用

从刀具寿命 T 与切削用量关系式后可知：当切削速度过高，刀具寿命会缩短，这样会大大增加换刀次数，生产率会受影响。若把刀具寿命定得过长，刀具磨损速度放慢，换刀时间延长，也节约了刀具材料，但切削速度却大大降低，这样做，生产率也会受到影响。因此，刀具寿命必须选用最佳值。

不同的追求目标(如最大生产率、最低工序成本、最大利润)，便有不同的刀具寿命。一般说来，刃磨简便、成本较低的刀具(车刀、刨刀、钻头)，T 取得低些；刃磨复杂、成本较高的刀具(铣刀、拉刀、齿轮刀具)，T 取得高些；多刀机床的刀具因装刀调整复杂，换刀时间长，T 取得高些；精加工大型工件时，为免于中途换刀，T 取得高些；对薄弱的关键工序，为平衡生产需要，T 取得低些。

3. 刀具破损及防止

刀具破损的形式有塑性破损和脆性破损。塑性破损是由于高切削热造成切削刃处塑性流动而失效，多见于高速钢刀具。脆性破损分为早期脆性破损和后期脆性破损。早期脆性破损主要是因切削时的机械冲击力超出刀具材料强度极限；后期脆性破损多半是由机械疲劳和热疲劳造成的。

实践生产中，硬质合金刀具有 50%～60%是因为破损而不能正常进行切削工作。因此，防止刀具破损具有积极意义。防止刀具破损的措施主要有：

(1)合理选用刀具材料。粗加工、断续切削工件时，选用韧性高的刀具材料；高速切削工件时，选用热稳定性好的刀具材料。

(2)合理选择刀具几何参数。调整前角(减小或采用负前角)、主偏角(减小主偏角)、刃倾角(取负刃倾角)、刀尖圆弧(采用过渡刃，提高刀尖强度)，采用负刀棱，使刀具切削部分压应力区加大。

(3)提高刀具刃磨质量。刃磨的纹理方向应与切屑在刀面上流动方向一致。刃磨后应进一步研磨抛光。采用电解磨削，它能消除刃磨应力，去除微裂纹，不产生磨削软化，没有毛刺，表面很光滑，增强了锐度、张力强度和刚性刃口的弹性，因此可显著延长刀具寿命(1～5 倍)。

(4)合理选择切削用量。若选用较小的背吃刀量，切削冲击载荷也小，应力集中在切削刃附近，主要是压力；若选用较大的背吃刀量，则切削冲击载荷也会增大，同时也会使刀具上的拉应力区扩大，拉应力值也会加大。

(5)正确使用刀具，不受意外冲击、振动的影响。

2.7 切削用量的选择及工件材料加工性

切削用量不仅是在机床调整前必须确定的重要参数，而且其数值合理与否对加工质量、加工效率、生产成本等有着非常重要的影响。所谓“合理的”切削用量是指充分利用刀具切削性能和机床动力性能(功率、扭矩)，在保证质量的前提下，获得高的生产率和低的加工成本的切削用量。

切削用量选择原则：能达到零件的质量要求（主要指表面粗糙度和加工精度）并在工艺系统强度和刚性允许下及充分利用机床功率和发挥刀具切削性能的前提下选取一组最大的切削用量。

2.7.1　切削用量对生产率的影响

在切削加工中，金属切除率与切削用量三要素 a_p、f、v_c 均保持线性关系，即其中任一参数增大 1 倍，都可使生产率提高 1 倍。然而由于刀具寿命的制约，当任一参数增大时，其他两参数必须减小。因此，在制定切削用量时，三要素获得最佳组合，此时的高生产率才是合理的。一般情况下尽量优先增大 a_p，以求一次进刀全部切除加工余量。

2.7.2　切削用量对刀具寿命的影响

切削用量三要素对刀具寿命影响的大小，按顺序为 v_c、f、a_p。因此，从保证合理的刀具寿命出发，在确定切削用量时，首先应采用尽可能大的背吃刀量 a_p，然后再选用大的进给量 f，最后求出切削速度 v_c。

2.7.3　切削用量对加工质量的影响

精加工时，增大进给量将增大加工表面粗糙度值。因此，它是精加工时抑制生产率提高的主要因素。在较理想的情况下，提高切削速度 v_c，能降低表面粗糙度值；背吃刀量 a_p 对表面粗糙度的影响较小。

综上所述，合理选择切削用量，应该首先选择一个尽量大的背吃刀量 a_p，其次选择一个大的进给量最后根据已确定的 a_p 和 f，并在刀具耐用度和机床功率允许条件下选择一个合理的切削速度 v_c。

2.7.4　切削用量的确定与优化

1. 切削用量的确定

粗加工的切削用量，一般以提高生产效率为主，但也应考虑经济性和加工成本；半精加工和精加工的切削用量，应以保证加工质量为前提，并兼顾切削效率、经济性和加工成本。

（1）背吃刀量 a_p 的选择。根据加工余量多少而定。除留给下道工序的余量，其余的粗车余量尽可能一次切除，以使走刀次数最小；当粗车余量太大或加工的工艺系统刚性较差时，则加工余量分两次或数次走刀后切除。

（2）进给量 f 的选择。可利用计算的方法或查手册资料来确定进给量 f 的值。

（3）切削速度 v_c 的确定。按刀具的耐用度 T 所允许的切削速度 v_T 来计算。除了用计算方法，生产中还经常按实践经验和有关手册资料选取切削速度。

2. 切削用量的优化

（1）采用切削性能更好的新型刀具材料。

（2）在保证工件机械性能的前提下，改善工件材料加工性。

（3）改善冷却润滑条件。

（4）改进刀具结构，提高刀具制造质量。

2.7.5 工件材料切削加工性

1. 切削加工性

所谓工件材料的切削加工性是指在一定条件下，对某一种材料进行切削加工的难易程度。特别需要指出的是切削加工性的好坏是相对的，需要看加工条件。例如，在普通车床上加工低碳钢，切削加工性好，但在自动车床上加工时，因断屑困难，切削加工性差；在加工铜、铝及其合金等有色金属时，切削加工比较轻快，但若采用磨削加工，因易堵塞砂轮不能获得较好的表面粗糙度，所以磨削加工性差。

2. 切削加工性的指标

工件材料的切削加工性，与材料的成分、金相组织、力学性能、物理和化学性能以及加工条件等有关。衡量切削加工性的指标可用刀具耐用度、保证刀具耐用度允许的切削速度在各项切削加工性指标中同时达到所有的要求，也很难用一个简单的指标来表达工件材料的切削加工性，常常只能用某一项指标来反映切削加工的某一侧面。一般生产条件下，用保证刀具耐用度所允许的切削速度 v_t(m/min)，来做衡量切削加工性的指标。

3. 影响材料切削加工性的因素

(1)工件材料力学性能的影响

①常温硬度。工件材料硬度越高，加工性越差。这是因硬度越高，切削力越大，切削温度越高，刀具磨损加快所造成的。

②高温硬度。工件材料高温硬度越高，加工性越差。这是因切削温度对切削过程材料软化的影响，对高温硬度高的材料不起作用所造成的。

③加工硬化。加工硬化越严重，加工性越差。这是因其表面层硬度比原来高出几倍，使刀具磨损加快所造成的。

④强度。工件材料强度提高，加工性一般下降。这是因强度越高，切削力越大，切削温度越高，刀具磨损加快所造成的。

⑤塑性。工件材料塑性越高，加工性越差。这是因塑性越大，达到断裂的塑性变形也越大，消耗于变形的功也越多，切削温度就高，刀具容易产生黏结和扩散磨损，加工断屑困难所造成的。

⑥韧性。工件材料韧性越高，加工性越差。这是因韧性越大，在断裂前吸收的能量多，切削力就大，加工断屑困难所造成的。

(2)工件材料物理性能的影响

在工件材料物理性能中，导热系数对切削加工性有直接的影响，导热系数越低，切削加工性越差。这是因为在切削加工过程中，所产生的切削热向切屑、工件和刀具传导，导热系数越低，传导给切屑及工件的热量就越少，相对应的刀具与工件及切屑的摩擦面上的温度就高些，使刀具磨损加剧，故切削加工性差。

(3)材料金相组织的影响

金属材料经过淬火等热处理后，其金相组织发生变化，可能得到马氏体、奥氏体和片状珠光体等，这些组织硬度高、强度大，在切削加工时，易使刀具磨损，故切削加工性差。

4. 改善切削加工性的措施

(1)进行适当热处理

通过热处理改变材料的组织和力学性能，从而改善切削加工性。

①将硬度较高的高碳钢、工具钢等材料进行退火处理，以降低硬度，改善切削加工性。

②将塑性较高的低碳钢材料进行正火或冷拔工艺，以降低塑性，提高硬度，改善切削加工性。

③中碳钢的组织常常不均匀，有时表面有硬皮，通过正火可使其组织均匀，硬度适中，从而改善切削加工性。

(2)调整金属材料的化学成分

通过在钢中适当添加一些元素，变成力学性能不降低的易切削钢，可以提高刀具耐用度，减少切削力，易断屑，加工表面质量好。

第3章 金属切削机床及其加工方法

3.1 金属切削机床概述

各种机械产品的用途和零件结构的差别虽然很大，但它们的制造工艺却有着共同之处，即都是构成零件的各种表面的成形过程。机械零件表面的切削加工成形过程是通过刀具与被加工零件的相对运动完成的。这一过程要在由切削机床、刀具、夹具及工件构成的机械加工工艺系统中完成。机床是加工机械零件的工作机械，刀具直接对零件进行切削，夹具用来装夹工件。如图3-1所示为机械加工工艺系统的构成及相互关系。

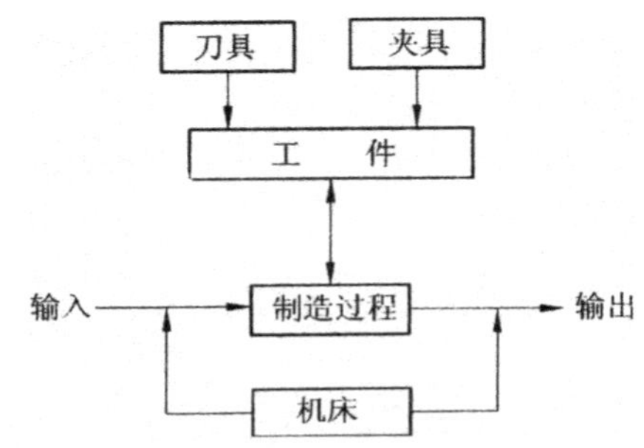

图3-1 机械加工工艺系统的构成及相互关系

金属切削机床是用切削的方法将金属毛坯加工成机器零件的机器，也可以说是制造机器的机器，因此又称为“工作母机”或“工具机”，习惯上简称为机床。在机械制造工业中，切削加工是将金属毛坯加工成具有一定尺寸、形状和精度的零件的主要加工方法，尤其是在加工精密零件时，目前主要是依靠切削加工来达到所需的加工精度和表面粗糙度。因此，金属切削机床是加工机器零件的主要设备，它所担负的工作量，在一般情况下约占机器总制造工作量的40%～60%，它的先进程度直接影响到机器制造工业的产品质量和劳动生产率。

机床的质量和性能直接影响机械产品的加工质量和经济加工的适用范围，随着机械工业工艺水平的提高和科学技术的进步而发展。机床品种不断扩大。机床不仅要满足使用性能要求，还要考虑艺术性、宜人性、工业环境的美化等，使人机关系达到最佳状态。

目前我国已形成了布局比较合理且相对完整的机床工业体系，机床的产量与质量不断上升，除满足国内建设的需要外，还有一部分已远销国外。我国已制定了完整的机床系列型谱。我国生产的机床品种也日趋齐全，能生产出从小型仪表机床到重型机床等上千个品种的各种机床，也能生产出各种精密的、高度自动化的以及高效率的机床和自动线。我国所生产机床的性能也在逐步提高，有些机床已经接近世界先进水平。我国数控技术近年来也有较快的发展，目前已能生产上百种数控机床。

3.1.1 机床类型

1. 机床的分类

金属切削机床的品种和规格繁多，为了便于区别、使用和管理，须对机床加以分类和编制型号。一般根据需要，可从不同的角度对机床作如下分类：

(1)按机床的加工性质和结构特点分类

根据国家标准(GB/T1537－94)，我国机床分为11大类：车床、钻床、镗床、铣床、刨插床、拉床、磨床、齿轮加工机床、螺纹加工机床、锯床和其他机床。

(2)按机床的通用程度分类

①通用机床。这类机床是可以加工多种工件、完成多种工序、工艺范围较广的机床，主要适用于单件小批量生产。例如，卧式车床、卧式铣镗床和万能升降台铣床等。

②门化机床。这类机床是用于完成形状类似而尺寸不同的工件的某一种工序的加工的机床，其工艺范围较窄，主要适用于成批生产。例如，曲轴车床、凸轮轴车床等。

③专用机床。这类机床是用于完成特定工件的特定工序的加工的机床，其工艺范围最窄，主要适用于大批量生产。例如，专用镗床、专用铣床等。

此外，在同一种机床中，根据加工精度不同，可分为普通机床、精密机床和高精度机床；按机床质量不同，可分为仪表机床、中型机床、大型机床、重型机床和超重型机床；按机床自动化程度的不同，可分为手动、机动、半自动和自动机床；按机床运动执行件的数目不同，可分为单轴的与多轴的、单刀架的与多刀架的机床等。

2. 机床型号的编制

机床型号是为了方便管理和使用机床，而按一定规律赋予机床的代号(即型号)，用于表示机床的类型、通用和结构特性、主要技术参数等。

机床型号是机床产品的代号，用以简明地表示机床的类型、通用和机构特性、主要技术参数等。我国的机床型号现在是按照 2008 年颁布的国家标准 GB/T15375—2008《金属切削机床型号编制方法》编制的。此标准规定，机床型号由汉语拼音字母和阿拉伯数字按一定的规律组合而成，它适用于新设计的各类通用机床、专用机床和回转体加工自动线(不包括组合机床、特种加工机床)。

通用机床的型号由基本部分和辅助部分组成，中间用“/”隔开，读作“之”。基本部分需统一管理，辅助部分纳入型号与否由生产厂家自定。

通用机床的型号构成如图 3-2 所示。

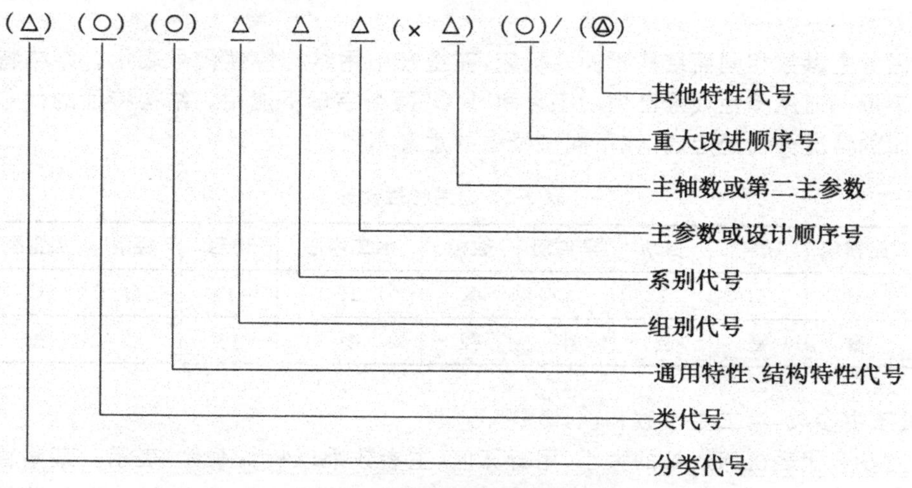

图 3-2　通用机床的型号构成

有“()”的代号或数字，当无内容时，则不表示；有内容时，则不带括号。

有“○”符号者，为大写的汉语拼音字母。

有“△”符号者，为阿拉伯数字。

有“◎”符号者，为大写的汉语拼音字母或阿拉伯数字，或两者兼有之。

(1)机床类、组、系的划分及其代号

机床的类代号用汉语拼音大写字母表示。例如“车床”的汉语拼音是“Che Chuang”,所以用“C”表示。必要时,每类又可分为若干分类,分类代号用阿拉伯数字表示,放在类代号之前,居于型号的首位,但第一分类不予表示。例如,磨床类分为M、2M、3M三类。机床的类别代号及其读音见表3-1。

表3-1 普通机床类别和分类代号

类别	车床	钻床	镗床	磨床			齿轮加工机床	螺纹加工机床	铣床	刨插床	拉床	特种加工机床	锯床	其他机床
代号	C	Z	T	M	2M	3M	Y	S	X	B	L	D	G	Q
读音	车	钻	镗	磨	二磨	三磨	牙	丝	铣	刨	拉	电	割	其

机床的组别和系列代号用两位数字表示。每类机床按其结构性能和使用范围划分为10个组,用数字0～9表示。每组机床又分若干个系列,系列的划分原则是:在同一组机床中,主参数相同,主要结构及布局形式相同的机床,即为同一系列。

(2)机床的特性代号

机床的特性代号表示机床具有的特殊性能,包括通用特性和结构特性。当某类型机床除有普通型外,还具有如表3-2所列的某种通用特性,则在类别代号之后加上相应的特性代号。例如“CK”表示数控车床。如同时具有两种通用特性,则可用两个代号同时表示,如“MX”表示半自动、高精度磨床。如某类型机床仅有某种通用特性,而无普通型式,则通用特性不必表示,如C1312型单轴转塔自动车床,由于这类自动车床没有“非自动”型,所以不必用“Z表示”通用特性。

为了区分主参数相同而结构不同的机床,在型号中用结构特性代号表示。结构特性代号为汉语拼音字母。通用特性代号已用的字母和“I、O”两个字母不能用。结构特性的代号字母是根据各类机床的情况分别规定的,在不同型号中的意义不同。

表3-2 通用特性代号

通用特性	高精度	精密	自动	半自动	数控	加工中心	仿形	轻型	加重型	简式
代号	G	M	Z	B	K	H	F	Q	C	J
读音	高	密	自	半	控	换	仿	轻	重	简

(3)机床主参数、第二主参数和设计顺序号

机床主参数代表机床规格的大小,用折算值(主参数乘以折算系数)表示。某些普通机床当无法用一个主参数表示时,则在型号中用设计顺序号表示。设计顺序号由1起始,当设计顺序号小于10时,则在设计号之前加“O”。

第二主参数一般是主轴数、最大跨距、最大工件长度、工作台工作面长度等等。第二主参数也用折算值表示。

(4)机床重大改进顺序号

当对机床的结构、性能有更高的要求,需要按新产品重新设计、试制和鉴定机床时,在原机床型号的尾部,加重大改进顺序号,以区别于原机床型号。序号按A、B、C、…字母(但“I、O”两个字母不得选用)的顺序选用。

(5)同一型号机床的变型代号

根据不同的加工需要,某些机床在基本型号机床的基础上仅改变机床的部分性能结构时,则在机床基本型号之后加1、2、3、…变型代号。

专用机床型号由设计单位代号和设计顺序号构成。例如,B1—100表示北京第一机床厂设计制造的第100种专用机床——铣床。

3.1.2　机床传动

1. *机床的组成*

机床的切削加工是由刀具与工件之间的相对运动来实现的,其运动可分为表面形成运动和辅助运动两类。如车削外圆时刀架溜板沿机床导轨的移动等;切入运动是使刀具切入工件表面一定深度的运动,其作用是在每一切削行程中从工件表面切去一定厚度的材料,如车削外圆时刀架的横向切入运动。辅助运动主要包括刀具或工件的快速趋近和退出、机床部件位置的调整、工件分度、刀架转位、送料、启动、变速、换向、停止和自动换刀等运动。

各类机床结构通常由下列基本部分组成:支撑部件,用于安装和支撑其他部件与工件,承受其重量和切削力,如床身和立柱等;变速机构,用于改变主运动的速度;进给机构,用于改变进给量;主轴箱,用以安装机床主轴;还有刀架、刀库、控制和操纵系统、润滑系统、冷却系统等。

机床附属装置包括机床上下料装置、机械手、工业机器人等机床附加装置,以及卡盘、吸盘弹簧夹头、虎钳、回转工作台和分度头等机床附件。

金属切削机床一般由四部分组成:

①机床框架结构。连接机床上各部件,定位并支撑刀具和工件,并使刀具与工件保持正确的静态位置关系。

②运动部分。为加工过程提供所需的刀具与工件的相对运动,保证形成合格加工表面应有的刀具与工件间正确的动态位置关系。

③动力部分。为加工过程及辅助过程提供必要的动力。

④控制部分。操纵和控制机床的各个动作。

2. *传动原理*

(1)机床的传动链

在机床上,为了得到所需要的运动,需要通过一系列的传动件把执行件和动力源(例如把主轴和电动机),或者把执行件和执行件(例如把主轴和刀架)之间联系起来,以构成一个传动联系。构成一个传动联系的一系列传动件,称为传动链。根据传动联系的性质,传动链可以分为内联系传动链和外联系传动链两类。

外联系传动链是联系动力源和执行件之间的传动链。它的作用是给机床的执行件提供动力和转速,并能改变运动速度的大小和转动方向。但它不要求动力源和执行件之间有严格的传动比关系。例如用普通车床车削螺纹时,从电动机到主轴之间由一系列零部件构成的传动链就是外联系传动链。它没有严格的传动比要求,可以采用皮带和皮带轮等摩擦传动或采用链传动。

内联系传动链是联系复合运动各个分解部分之间的传动链，因此传动链所联系执行件之间的相对关系(相对速度和相对位移量)有严格的要求。例如用普通车床车削螺纹时，主轴和刀架的运动就构成了一个复合成形运动，所以联系主轴和刀架之间由一系列零部件构成的传动链就是内联系传动链。设计机床内联系传动链时，各传动副的传动比必须准确，不应有摩擦传动(带传动)或瞬时传动比变化的传动件(如链传动)。

(2)转动原理

通常在传动链中有各种传动机构，大致分为传动比固定不变的定比传动机构和传动比可变的换置机构。前者有齿轮副、丝杠螺母副及蜗杆蜗轮副等，后者有变速箱、挂轮架和数控机床中的数控系统。

如图 3-3 所示，传动原理图是用一些简单的符号把动力源和执行件或不同执行件之间的传动联系表示出来的示意图。传动原理图中常使用的一部分符号，其中表示执行件的符号还没有统一的规定，一般可用较直观的简单图形来表示。

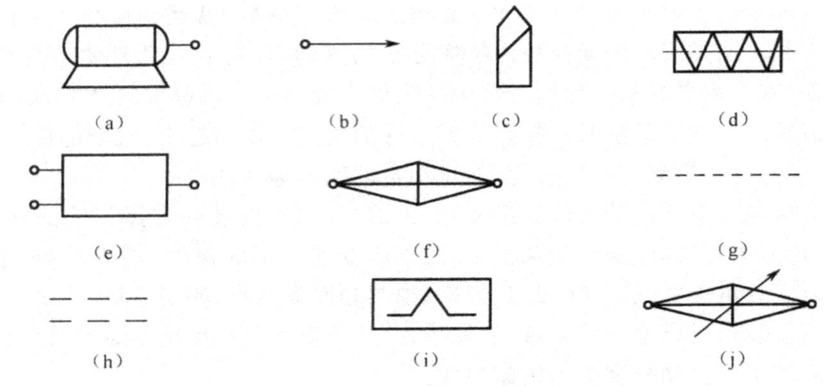

图 3-3 传动原理图的常用符号

(a)电动机 (b)主轴 (c)车刀 (d)滚刀 (e)合成机构 (f)传动比可变换的换置机构
(g)传动比不变的传动联系 (h)电的联系 (i)脉冲发生器 (j)伺服系统

如图 3-4 所示，以用螺纹车刀在卧式车床上车削螺纹为例，说明传动原理图的画法。

第一步，画出机床上的执行件和动力源。该机床的执行件共有两个，范成运动的两末端件——主轴(夹持工件)与螺纹车刀，为运动提供动力的电动机。

第二步，画出相应的换置机构，并标出相应的传动比。由于机床上可以加工不同螺距的螺纹，因此，在主轴和刀具之间应有一换置机构 i_x；由于刀具和工件的材料、尺寸不同以及加工时所要求的精度和表面粗糙度不同等因素的影响，范成运动的速度也是不一样的，因此，在电动机和主轴之间也应有一换置机构 i_v。

第三步，用代表传动比不变的虚线将执行件和换置机构之间相关联的部分连接起来。如电动机至 i_v，i_v 至主轴、主轴至 i_x、i_x 至丝杠之间的传动用虚线连接起来。

由于其他的中间传动件一概不画，所得到的传动原理图简单明了，表达了机床传动最基本的特征。对于同一种类型的机床来说，不管它们在具体结构上有多大的差别，它们的传动原理图却是完全相同的。因此，用它来研究机床的运动时，很容易找出不同类型的机床之间最根本的区别。

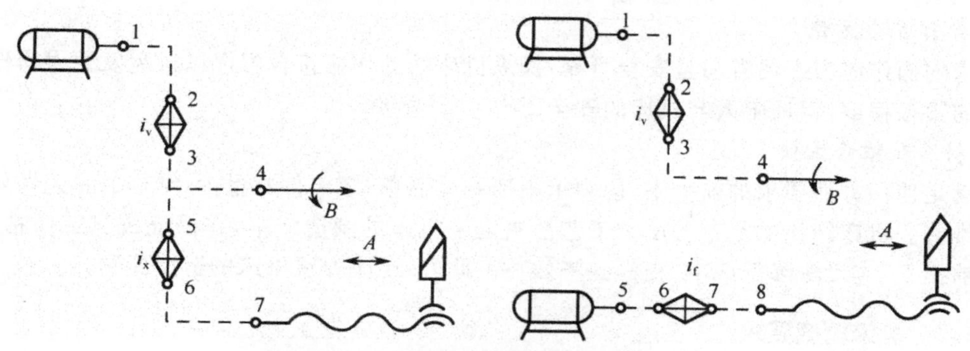

图 3-4 用螺纹车刀车削螺纹的传动原理

3.1.3 机床性能要求

机床为机械制造的工作母机，其性能与技术水平直接关系到机械制造产品的质量与成本，关系到机械制造的劳动生产率。因此，机床首先应满足使用方面的要求，其次应考虑机床制造方面的要求。现将这两方面的基本要求简述如下。

1. 工作精度良好

机床的工作精度是指加工零件的尺寸精度、形状精度和表面粗糙度。根据机床的用途和使用场合，各种机床的精度标准都有相应的规定。尽管各种机床的精度标准不同，但是评价一台机床的质量都以机床工作精度作为最基本的要求。机床的工作精度不仅取决于机床的几何精度与传动精度，还受机床弹性变形、热变形、振动、磨损以及使用条件等许多因素的影响，这些因素涉及机床的设计、制造和使用等方面的问题。

机床的工作精度不但要求具有良好的初始精度，而且要求具有良好的精度保持性，即要求机床的零部件具有较高的可靠性和耐磨性，使机床有较长的使用期限。

2. 生产率和自动化程度要高

生产率常用单位时间内加工工件的数量来表示。机床生产率是反映机械加工经济效益的一个重要指标，在保证机床工作精度的前提下，应尽可能提高机床生产率。要提高机床生产率，必须减少切削加工时间和辅助时间。前者在于增大切削用量或采用多刀切削，并相应地提高机床的功率、刚度和抗振性；后者在于提高机床自动化程度。

提高机床自动化程度的另一目的是，改善劳动条件以及使加工过程不受操作者的影响，并使加工精度保持稳定。因此，机床自动化是机床发展趋势之一，特别是对大批量生产的机床和精度要求高的机床，提高机床自动化程度更为重要。

3. 噪声小、传动效率高

机床噪声是危害人们身心健康、影响正常工作的一种环境污染。机床传动机构的运转、某些结构的不合理以及切削过程都将产生噪声，尤其是速度高、功率大和自动化程度高的机床更为严重。所以，现代机床噪声的控制应予以十分重视。

机床的传动效率反映了输入功率的利用程度，也反映了空转功率的消耗和机构运转的摩擦损失。摩擦功变为热会引起热变形，这对保证机床工作精度很不利。高速运转的零件和机构越多，空转功率也越大，同时产生的噪声也越大。为了节省能源、保证机床工作精度和降低机床噪声，应当设法提高机床的传动效率。

4. 操作安全方便

机床的操作应当方便省力且安全可靠，操纵机床的动作应符合习惯以避免发生误操作，以减轻工人的紧张程度，保证工人与机床的安全。

5. 制造和维修方便

在满足使用方面要求的前提下，应力求机床结构简单、零部件数量少、结构的工艺性好、便于制造和维修。机床结构的复杂程度和工艺性决定了机床的制造成本，在保证机床工作精度和生产率的前提下，应设法降低成本、提高经济效益。此外，还应力求机床的造型新颖。

3.1.4 机床精度要求

机床的加工精度是衡量机床性能的一项重要指标。影响机床加工精度的因素很多，有机床本身的精度因素，还有因机床及工艺系统变形、加工中产生振动、机床的磨损以及刀具磨损等因素。在上述各因素中，机床本身的精度是一个重要的因素。例如在车床上车削圆柱面，其圆柱度主要取决于工件旋转轴线的稳定性、车刀刀尖移动轨迹的直线度以及刀尖运动轨迹与工件旋转轴线之间的平行度，即主要取决于车床主轴与刀架的运动精度以及刀架运动轨迹相对于主轴的位置精度。

机床的精度包括几何精度、定位精度、工作精度以及传动精度等，不同类型的机床对这些方面的要求是不一样的。

1. 几何精度

机床的几何精度是指机床某些基础零件工作面的几何精度，它指的是机床在不运动(如主轴不转、工作台不移动)或运动速度较低时的精度。几何精度规定了决定机床精度的各主要零部件的精度以及这些零部件的运动轨迹之间的相对位置允差，例如床身导轨的直线度、工作台面的平面度、主轴的回转精度、刀架溜板移动方向与主轴轴线的平行度等。在机床上加工的工件表面形状，是由刀具和工件之间的相对运动轨迹决定的。而刀具和工件是由机床的执行件直接带动的，所以机床的制造精度是保证加工精度最基本的条件。

2. 定位精度

机床定位精度是指机床主要部件在运动终点所达到的实际位置的精度。实际位置与预期位置之间的误差称为定位误差。对于主要通过试切和测量工件尺寸来确定运动部件定位位置的机床，如卧式车床、万能升降台铣床等，对定位精度的要求并不太高。但对于依靠机床本身的测量装置、定位装置或自动控制系统来确定运动部件定位位置的机床，如各种自动化机床、数控机床、坐标测量机床等，对定位精度必须有很高的要求。

机床的几何精度、传动精度和定位精度通常是在没有切削载荷以及机床不运动或运动速度较低的情况下检测的，故一般称为机床的静态精度。静态精度主要取决于机床上主要零部件，如主轴及其轴承、丝杠螺母、齿轮以及床身等的制造精度以及它们的装配精度。

3. 工作精度

静态精度只能在一定程度上反映机床的加工精度，因为机床在实际工作状态下，还有一系列因素会影响加工精度。例如，由于切削力、夹紧力的作用，机床的零部件会产生弹性变形；在机床内部热源(如电动机、液压传动装置的发热，轴承、齿轮等零件的摩擦发热等)以及环境温度变化的影响下，机床零部件将产生热变形；由于切削力和运动速度的影响，机床会产生振动；机床运动部件以工作速度运动时，由于相对滑动面之间的油膜以及其他因素的影响，其运动精度也与低速下测得的精度不同。所有这些都将引起机床静态精度的变化，从而影响工件的加工精度。机床在外载荷、温升及振动等工作状态作用下的精度称为机床的动态精度。动态精度除与静态精度有密切关系外，还在很大程度上取决于机床的刚度、抗振性和热稳定性等。目前，生产中一般通过切削加工出的工件精度来考核机床的综合动态精度(称为机床的工作精度)。工作精度是各种因素对加工精度影响的综合反映。

4. *传动精度*

机床的传动精度是指机床内联系传动链两末端件之间的相对运动精度。这方面的误差就称为该传动链的传动误差。例如车床在车削螺纹时，主轴每转一转，刀架的移动量应等于螺纹的导程。但是实际上，由于主轴与刀架之间的传动链中，齿轮、丝杠及轴承等存在着误差，使得刀架的实际移动距离与要求的移动距离之间有了误差，这个误差将直接造成工件的螺距误差。为了保证工件的加工精度，不仅要求机床有必要的几何精度，而且还要求内联系传动链有较高的传动精度。

上述精度为机床的静态精度，而机床还有动态精度，即机床在载荷、温升、振动等作用下的精度。机床在实际工作状态F，由于切削力、夹紧力等的作用，机床的零、部件会产生弹性变形；在机床内部热源(如电动机、液压传动装置的发热，齿轮、轴承、导轨等的摩擦发热)以及环境温度变化的影响下，机床零、部件将产生热变形；由于切削力和运动速度的影响，机床会产生振动；机床运动部件以工作状态的速度运动时，由于相对滑动面之间的油膜以及其他因素的影响，其运动精度也与低速运动时不同；所有这些，都将引起机床静态精度的变化，影响工件的加工精度。因此，动态精度除了与静态精度密切有关外；还在很大程度上取决于机床的刚度，抗振性和热稳定性等。

各类机床的功能不同，精度标准不同，检测项目、检验方法和允许的误差范围也不同，各生产厂家根据国家标准和行业标准进行检验。

3.2　车削加工

3.2.1　车床与车刀

1. *车床*

车床类机床主要是用于进行车削加工。通常由工件旋转完成主运动，而由刀具沿平行或垂直于工件旋转轴线移动完成进给运动。与工件旋转轴线平行的进给运动称为纵向进给运动；垂直的称为横向进给运动。

在一般机器制造厂中，车床在金属切削机床中所占的比重为最大，约占金属切削机床总台数的20%～35%。由此可见，车床的应用是很广泛的。

(1)车床的主要类型、工作方法和应用范围

车床的种类很多，按其用途和结构的不同，可分为下列几类：

①卧式车床及落地车床。

②立式车床。

③转塔车床。

④多刀半自动车床。

⑤仿形车床及仿形半自动车床。

⑥单轴自动车床。

⑦多轴自动车床及多轴半自动车床。

⑧车削加工中心。

具体可见表 3-3 所示。

表 3-3　车床主要类型、工作方法和应用范围

主要类型	工作方法和应用范围
卧式车床	主轴水平布置，主轴转速和进给量调整范围大，主要由工人手工操作，用于车削圆柱面、圆锥面、端面、螺纹、成型面和切断等。其使用范围广，生产效率低，适于单件小批生产和修配车间
立式车床	主轴垂直布置，工件装夹在水平面内旋转的工作台上，刀架在横梁或立柱上移动，适于加工回转直径较大、较重、难于在卧式车床上安装的工件
回轮车床	机床上有回转轴线与主轴线平行的多工位回轮刀架，刀架上可安装多把刀具，并能纵向移动。在工件一次装夹中，由工人依次用不同刀具完成多种车削工序，适用于成批生产中加工尺寸不大且形状较复杂的工件
转塔车床（六角车床）	机床上具有回转轴线与主轴轴线垂直或倾斜的转塔刀架，另外还带有横刀架。刀架上安装多把刀具，在工件一次装夹中，由工人依次使用不同刀具完成多种车削工序。它适用于成批生产中加工形状较复杂的工件
单轴自动车床	机床只有一根主轴，经调整和装料后，能按一定程序自动上下料、自动完成工件的多工序加工循环，重复加工一批同样的工件。它主要用于对棒料或盘状线材进行加工，适用于大批大量生产
车削加工中心（自动换刀数控车床）	机床具有刀库。它对一次装夹的工件，能按预先编制的程序，由控制系统发出数字信息指令，自动选择更换刀具，自动改变车削切削用量和刀具相对工件的运动轨迹以及其他辅助机能，依次完成多工序的车削加工。它适用于工件形状较复杂、精度要求高、工件品种更换频繁的中小批量生产

(2)卧式车床的分类、工艺范围及其组成部件

①分类。卧式车床是一种品种较多的车床。根据对卧式车床功能要求的不同，这类车床可分为卧式车床(普通车床)、马鞍车床、精整车床、无丝杠车床、卡盘车床、落地车床和球面车床等。

根据卧式车床结构的不同，可分成普通型、万能型和轻型，或分成基型和变型；根据被加工工件的加工精度要求不同，可分为普通级、精密级和高精度级；根据被加工工件的大小或卧式车床的自重，可分为小型、中型和重型等。

②工艺范围。卧式车床的工艺范围很广，能进行多种表面的加工，如图 3-5 所示。车削内外圆柱面、圆锥面、成形面、端面、各种螺纹、切槽、切断；也能进行钻孔、扩孔、铰孔、攻丝和滚花等工作。如果再添加一些特殊附件，那么卧式车床的工艺范围还能进一步扩大。

卧式车床的工艺范围广，还反映在它对同一类加工的加工方法多。例如，车削外圆锥面时，在卧式车床上可利用溜板箱纵向运动和滑板横向运动的进给合成运动来实现。还可将工件在两顶尖内用鸡心夹夹紧，尾座顶尖横向移动一定距离，车刀仍正常作纵向进给来实现。此外，利用特殊的车锥度仿形附件来实现外锥面的车削。

卧式车床主要是对各种轴类、套类和盘类零件进行加工。

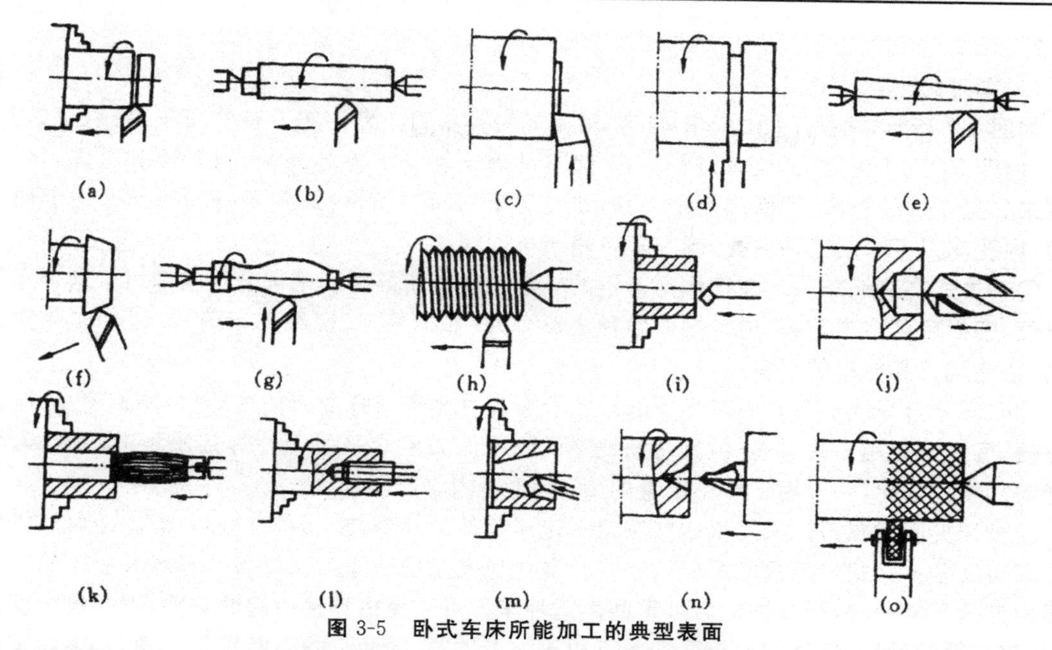

图 3-5　卧式车床所能加工的典型表面

(a)、(b)车外圆柱面　(c)劈端面　(d)割槽切断　(e)、(f)车外圆锥面　(g)车成形回转表面　(h)车外螺纹　(i)镗内圆柱孔　(j)钻孔　(k)铰孔　(l)攻丝　(m)镗内锥孔　(n)打中心孔　(o)滚花

③主要组成部件。中小型卧式车床与重型卧式车床，虽然在外形结构上有较大的区别，但其主要部件的功能是相近的。下面以常用的中小型卧式车床为例介绍其主要组成部件。图 3-6 为 CA6140 型车床的外形，它主要由床身、主轴箱、进给箱、溜板箱、刀架和床鞍、尾座等部件组成。此外，卧式车床上还有底座、交换齿轮装置、电气、冷却、防护罩、中心架和跟刀架等部件。

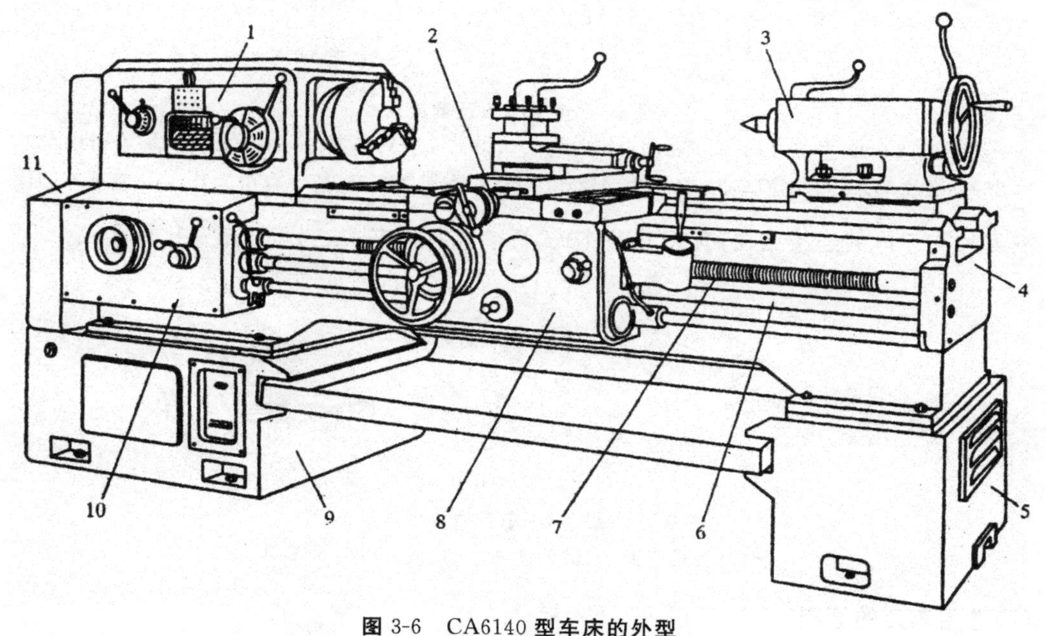

图 3-6　CA6140 型车床的外型

1—主轴箱；2—刀架；3—尾座；4—床身；5、9—床腿；6—光杠
7—丝杠；8—溜板箱；10—进给箱；11—挂轮变速机构

2. 车刀

(1)车刀的分类

如图 3-7 所示,根据不同的车削内容,需不同种类车刀。常用车刀有外圆车刀、端面车刀、切断刀、内孔车刀、圆头刀、螺纹车刀等。90°偏刀可用于加工工件的外圆、台阶面和端面;45°弯头刀用来加工工件的外圆、端面和倒角;切断刀可用于切断或切槽;圆头刀(R 刀)则可用于加工成形面;内孔车刀可车削工件内孔;螺纹车刀用于车削螺纹。

①整体式高速钢车刀。在整体高速钢的一端刃磨出所需的切削部分形状即可。这种车刀刃磨方便,磨损后可多次重磨,适宜制作各种成形车刀(如切槽刀、螺纹车刀等)。刀杆亦同样是高速钢,会造成刀具材料的浪费。

②硬质合金焊接车刀。一定形状的硬质合金刀片焊于刀杆的刀槽内即可,结构简单,制造刃磨方便,可充分利用刀片材料;但其切削性能受到工人刃磨水平及刀片焊接质量的限制,刀杆亦不能重复用。因此,一般用于中小批量的生产和修配生产。

③机械夹固式车刀。采用机械方法将一定形状的刀片安装于刀杆中的刀槽内即可。机械夹固式车刀又分重磨式和不重磨式(可转位)。其中机夹重磨式车刀通过刀片刃磨安装于倾斜的刀槽形成刀具所需角度,刃口钝化后可重磨。这种车刀可避免由焊接引起的缺陷,刀杆也能反复使用,几何参数的设计、选用均比较灵活。可用于加工外圆、端面、内孔,特别是车槽刀、螺纹车刀及刨刀方面应用较广。

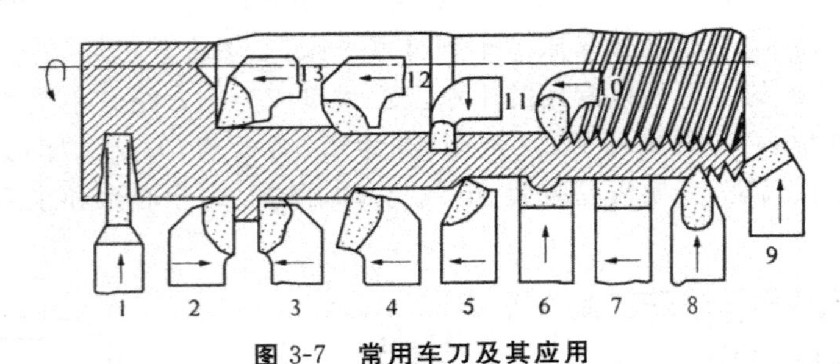

图 3-7 常用车刀及其应用

1—切断刀;2—90°左偏刀;3—90°右偏刀;4—弯头车刀;5—直头车刀;6—成形车刀;7—宽刃槽车刀
8—外螺纹车刀;9—端面车刀;10—内螺纹车刀;11—内切槽车刀;12—通孔车刀;13—盲孔车刀

按刀片与刀体的连接结构,车刀有整体式、焊接式及机夹式之分,如图 3-8 所示。

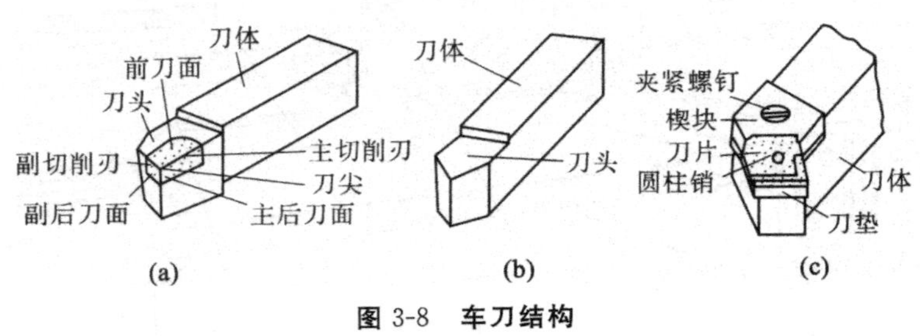

图 3-8 车刀结构

(a)焊接式车刀 (b)整体式车刀 (c)机夹式车刀

(2)选用车刀的原则

在特定条件下,选用一把较好的刀具进行切削加工,可以达到优质、高产、低消耗的目的。在对一些高效率车刀的特点和使用效果进行具体分析后,大致可归纳出以下选用车刀的基本原则:

①断屑性能好，断屑良好，排屑顺利。

②加工质量好，能保证或提高零件的精度和粗糙度要求。

③切削效率高，能在最短的时间内完成零件的加工。

④辅助时间少，具有合理的刀具耐用度，刃磨方便，换刀（或更换切削刃）快。

⑤经济效果好，刀具制造方便，成本低，充分利用刀具切削部分的材料。

3. 车刀的维护

车刀（指整体车刀与焊接车刀）用钝后重新刃磨是在砂轮机上刃磨的。磨高速钢车刀用氧化铝砂轮（白色），磨硬质合金刀头用碳化硅砂轮（绿色）。

①砂轮的选择。砂轮的特性由磨料、粒度、硬度、结合剂和组织 5 个因素决定。

我们应根据刀具材料正确选用砂轮。刃磨高速钢车刀时，应选用粒度为 46 号到 60 号的软或中软的氧化铝砂轮。刃磨硬质合金车刀时，应选用粒度为 60 号到 80 号的软或中软的碳化硅砂轮，两者不能搞错。

②车刀刃磨的步骤如下：

磨主后刀面，同时磨出主偏角及主后角，如图 3-9(a)所示；

磨副后刀面，同时磨出副偏角及副后角，如图 3-9(b)所示；

磨前面，同时磨出前角，如图 3-9(c)所示；

修磨各刀面及刀尖，如图 3-9(d)所示。

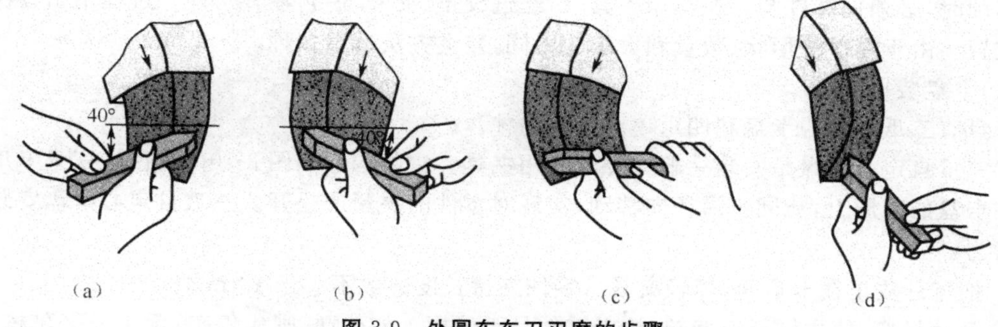

图 3-9　外圆车车刀刃磨的步骤

③刃磨车刀的姿势及方法如下：

· 人站立在砂轮机的侧面，以防砂轮碎裂时，碎片飞出伤人。

· 两手握刀的距离放开，两肘夹紧腰部，以减小磨刀时的抖动。

· 磨刀时，车刀要放在砂轮的水平中心，刀尖略向上翘约 3°～8°，车刀接触砂轮后应作左右方向水平移动。当车刀离开砂轮时，车刀需向上抬起，以防磨好的刀刃被砂轮碰伤。

· 磨后刀面时，刀杆尾部向左偏过一个主偏角的角度；磨副后刀面时，刀杆尾部向右偏过一个副偏角的角度。

· 修磨刀尖圆弧时，通常以左手握车刀前端为支点，用右手转动车刀的尾部。

3.2.2　车削概述

1. 车削的工艺特点

①车削是在机械制造中使用最广泛的一种加工方法，主要用于加工各种内、外回转表面。车削的加工精度范围为 IT13～IT6，表面粗糙度值为 12.5～0.8 μm。

②易于保证零件各加工面的位置精度。

③车刀结构简单、制造容易，便于根据加工要求对刀具材料、几何角度进行合理选择。车刀刃磨及装拆也较方便。

④除了切削断续表面外，一般情况下车削过程是等截面连续进行的，切削力基本上不发生变化，因此切削过程平稳，可采用较大的切削用量，生产效率高。

⑤对零件的结构、材料、生产批量等有较强的适应性，应用广泛。除可车削各种钢材、铸铁、有色金属外，还可以车削玻璃钢、夹布胶木、尼龙等非金属。对于一些不适合磨削的有色金属可以采用金刚石车刀进行精细车削，能获得很高的加工精度和很小的表面粗糙度值。

2. 车刀的装夹

为了使车刀正常工作和保证加工质量，必须正确安装车刀，其基本要求如下：

①车刀的伸出长度不宜太大。伸出刀架的长度一般应不超过刀杆高度的1～2倍。

②车刀刀尖一般应与车床主轴轴线等高，但在粗车外圆时刀尖应略高于零件轴线，精车细长轴外圆时刀尖应略低于零件轴线。

③车刀刀杆应与主轴轴线垂直。

④刀杆下面的垫片要平整，垫片要和刀架对齐，应尽可能用厚的垫片，以减少垫片数目，防止产生振动。

3. 零件的装夹

车削时，必须把零件装夹在车床夹具上，经过校正、夹紧，使它在整个加工过程中始终保持正确的位置。由于零件的形状、数量和大小的不同，装夹方法有很多种。

(1)卡盘装夹

卡盘有三爪自定心卡盘和四爪单动卡盘两种。

①三爪自定心卡盘是安装一般零件的通用夹具。它的构造如图3-10(a)所示，三只卡爪均匀分布在卡盘的圆周上，能同步沿径向移动，实现对零件的夹紧或松开。三爪自定心卡盘安装零件的步骤为：

a. 把零件放正在卡爪间，轻轻夹紧。零件夹持长度一般不小于10 mm。

b. 开动机床，使主轴低速旋转，检查零件是否偏摆。如偏摆，则应停车，用小锤轻敲校正后，将零件固紧。

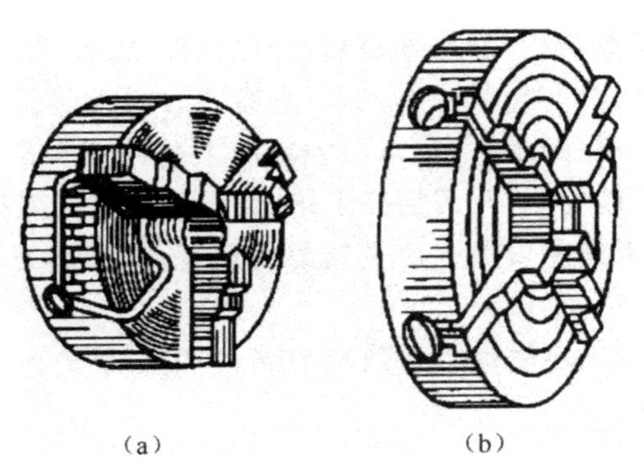

图3-10　CA6140型卧式车床卡盘

(a)三爪自定心卡盘　(b)四爪单动卡盘

②四爪单动卡盘的构造如图3-10(b)所示，四个卡爪沿圆周方向均匀分布，卡爪能逐个单独

径向移动，装夹零件时，可通过调节卡爪的位置对零件位置进行校正。四爪单动卡盘的夹紧力较大，但校正零件位置麻烦、费时，适宜于单件、小批量生产中装夹非圆形零件。

(2)顶尖装夹

对于较长的或必须经过多次装夹才能加工完成的零件，或在车削加工后还有铣、磨等工序的零件，为了保证重复定位精度的要求，这时可采用两顶尖装夹零件的方法，如图 3-11 所示。前顶尖插入主轴锥孔，尾顶尖插入尾座套筒锥孔，两顶尖支撑定位预制有中心孔的零件，零件由安装在主轴上的拨盘通过鸡心夹头带动回转。由于顶尖工作部位细小，支撑面较小，装夹不够牢靠，不宜采用大的切削用量加工。

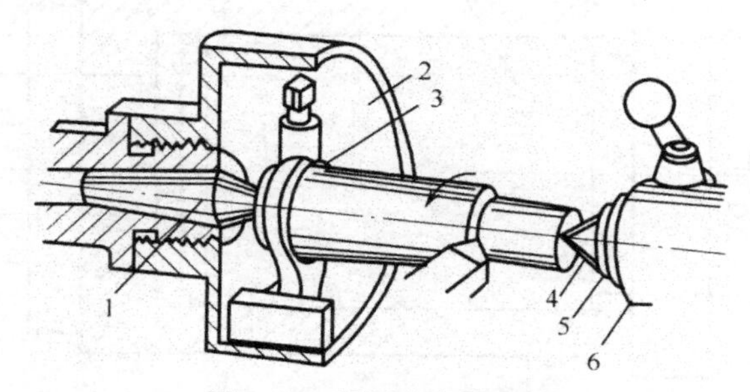

图 3-11　用顶尖安装零件

1—前顶尖；2—拨盘；3—鸡心夹头

4—尾顶尖；5—尾座套筒；6—尾座

在粗加工时，为提高生产效率，常采用大的切削用量，切削力很大，而粗加工时零件的位置精度要求不高，这时常采用主轴端用卡盘，尾座端用顶尖的“一夹一顶”的装夹方法。

(3)中心架、跟刀架辅助支撑

当车削 $l/d>10$ 的细长轴时，为了增加零件的刚度，避免零件在加工中弯曲变形，常使用中心架或跟刀架作辅助支撑。

图 3-12(a)所示为中心架及其使用示意图。使用时，中心架固定在床身导轨的适当位置，调节三个支撑爪支撑在零件的已加工表面上。中心架除用于加工外圆，还可以用于较长轴的车端平面、钻孔或车孔。

图 3-12(b)所示为跟刀架及其使用示意图。跟刀架安装在床鞍上，车削时随床鞍和刀架一起纵向移动，两个可调节的支撑块支撑在零件的已加工表面上。

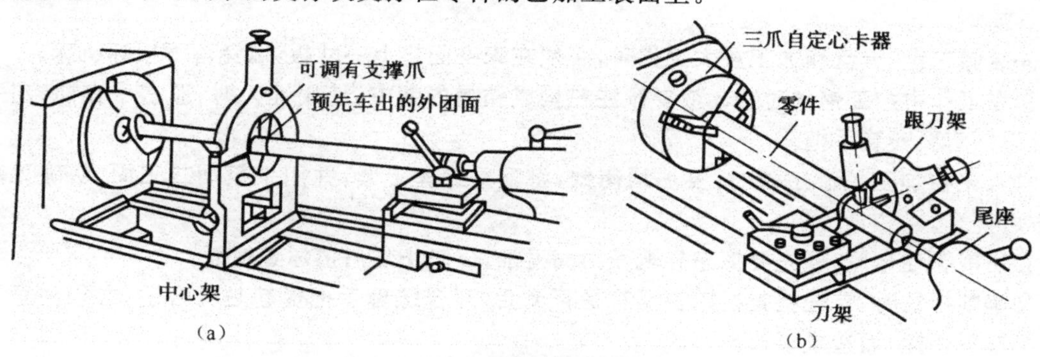

图 3-12　中心架、跟刀架的应用

(a)中心架的应用　(b)跟刀架的应用

(4)心轴装夹

当盘套类零件的内外圆同轴度和端面对轴线垂直度要求较高，且不能在同一次装夹中加工时，可采用心轴装夹。其方法是：先精加工内孔，再以内孔定位将零件安装在心轴上，然后再把心轴安装在前后顶尖之间，如图 3-13 所示。采用这种装夹方法时，零件内孔精加工的尺寸精度愈高，则加工后外圆与内孔间的位置精度就愈高。

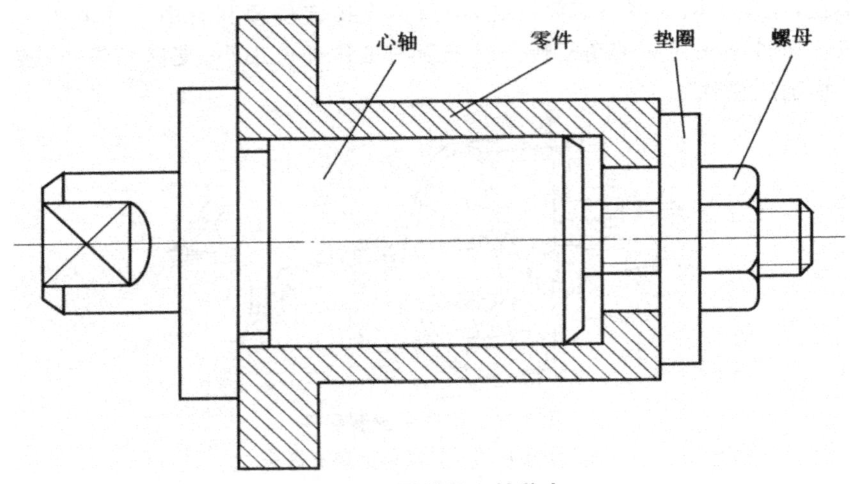

图 3-13 零件用心轴装夹

4. 车削安全操作规程

①工作前必须束紧服装、套袖、戴好工作帽，工作时应检查各手柄位置的正确性，应使变换手柄保持在定位位置上，严禁戴围巾、手套操作。

②经常注意机床的润滑情况，必须按润滑表规定进行润滑工作，必须保持油标线的高度符合要求。

③工作中必须经常从透明油标中察看输往主轴承及床头箱的油是否畅通。

④不许在卡盘上、顶尖间及导轨上面敲打校直和修正工作。

⑤用卡盘卡工件及部件时，必须将扳手取下，方可开车。

⑥不许将加工工件工具或其他金属物品放在床身导轨上。

⑦在工作中严禁开车测量工件尺寸，如要测量工件时，必须将车停稳，否则会发生人身事故和量具损坏。

⑧装卸花盘、卡盘和加工重大工件时，必须在床身面垫上一寸板，以免落下损坏机床。

⑨在工作中加工钢件时冷却液要倾注在构成铁屑的地方，使用锉刀时，应右手在前，左手在后，锉刀一定要安装手把。

⑩机床在加工偏心工件时，要加均衡铁，将配重螺丝上紧，并用手扳动二三周，明确无障碍时，方可开车。

⑪切削脆性金属，事先要擦净导轨面的润滑油，以防止切屑擦坏导轨面。

⑫车削螺纹时，首先检查机床正反车是否灵活，开合螺母手把提起是否合适，必须注意不使刀架与车头相撞，而造成事故。

⑬工作中严禁用手清理铁屑，一定要用清理铁屑的专用工具以免发生事故。

⑭严禁使用带有铁屑、铁末的脏棉纱揩擦机床，以免拉伤机床导轨面。

⑮操作者在工作中不许离开工作岗位，如需离开时无论时间长短，都应停车，以免发生事故。

3.2.3　车削方法

1. 车外圆

在车削加工中，车外圆是最常见、最基本的加工方法，可分为粗车和精车。图 3-14 为几种常用的外圆车刀。

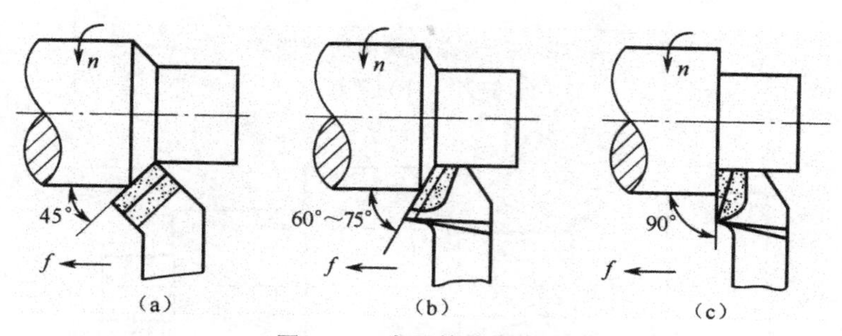

图 3-14　常用的外圆车刀

(a)45°弯头车刀　(b)60°～75°外圆车刀　(c)90°偏刀

(1)粗车

粗车的主要目的是尽快地切除毛坯上大部分的加工余量，使零件接近图样要求的形状和尺寸，以提高生产效率，所以应采用较大的背吃刀量和进给量，而为防止车床过载和车刀的过早磨损，应选取较低的切削速度。切削用量的选择应根据刀具和零件材料等因素，在机床功率及工艺系统刚度足够的条件下，首先选取较大的背吃刀量，其次取较大的进给量，最后确定切削速度。为了保证操作安全，初学车削时，其切削用量取为 $a_p=0.5\sim1.5$ mm；$f=0.1\sim0.3$ mm/r；用高速工具钢车刀，$v_c=0.3\sim0.8$ m/s. 用硬质合金车刀，$v_c=0.6\sim1$ m/s。粗车外圆常采用 45°弯头车刀或 75°偏刀。

(2)精车

精车是切去留下的少量金属层，从而获得图样所要求的精度和表面粗糙度。其切削用量一般取：$a_p=0.2\sim0.5$ mm；$f=0.1\sim0.3$ mm/r，$v_c<0.1$ m/s 或 $v_c>1.6$ m/s。精车外圆常采用 90°偏刀或宽刃精车刀。

2. 车端面及台阶

(1)车端面

车端面常采用偏刀或 45°弯头车刀，如图 3-15 所示。车刀安装时，刀尖高度一定要与零件回转轴线等高，以免车出的端面中心留有凸台。车端面时，车刀一般是由外往中心切削。但当用偏刀车削且背吃刀量较大时，进给方向的切削力会使车刀扎入零件，形成凹面，这时可采用从中心向外走刀。为了降低端面的表面粗糙度值，精车端面时，应用偏刀由外向中心进刀。

(2)车台阶

台阶的车削实际上是车外圆和车端面的综合，在车削时需要兼顾外圆的尺寸精度和台阶长度的要求。车削低台阶时，可用 90°右偏刀一次走刀车出，为了保证车刀的主切削刃垂直于零件轴线，装刀时要用角尺对准，以获得直角阶台，如图 3-16(a)所示。车削高台阶时，应分层切削，先用 75°的车刀切除阶台的大部分加工余量，然后用 90°～95°。

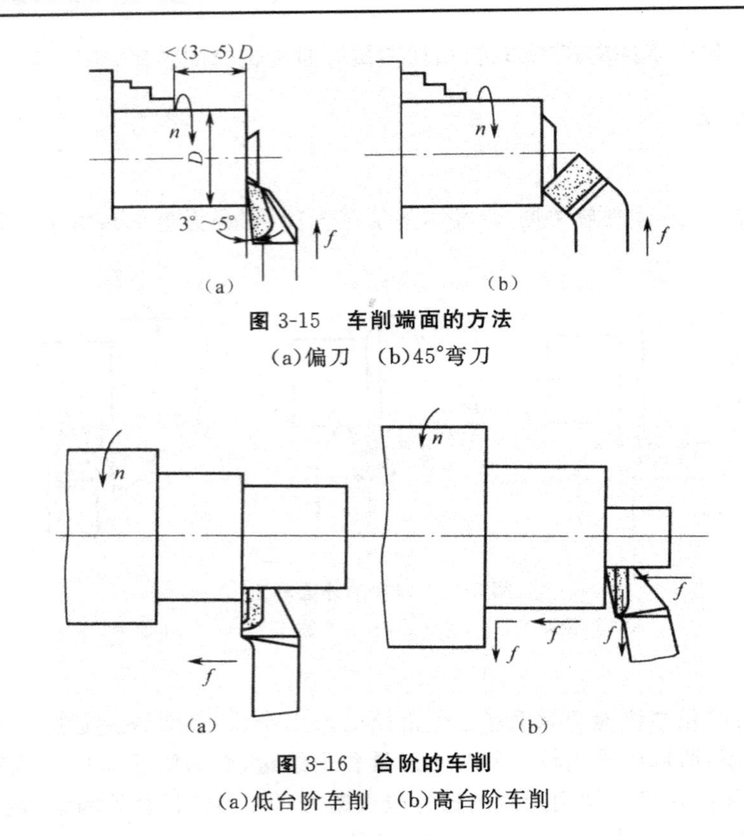

图 3-15　车削端面的方法

(a)偏刀　(b)45°弯刀

图 3-16　台阶的车削

(a)低台阶车削　(b)高台阶车削

3. 车孔

车孔是指用车削方法扩大零件的孔或加工空心零件的内表面，是一种常用的加工方法之一，常见的车孔方法如图 3-17 所示。车孔时用车孔刀，车孔刀有通孔车刀和阶台孔（或不通孔）车刀两类，其主要区别是阶台孔车刀或不通孔车刀的主偏角大于°0°，以保证阶台平面或不通孔底面的平行度。车孔刀杆应尽可能粗些，安装时，其伸出刀架的长度应尽量小些，以免颤振，其刀尖与孔轴线等高或略高，刀杆中心线应大致平行于进给方向。车不通孔和阶台孔时，车刀先纵向进给，当车到孔的根部时再横向从外向中心进给车端面或阶台端面。

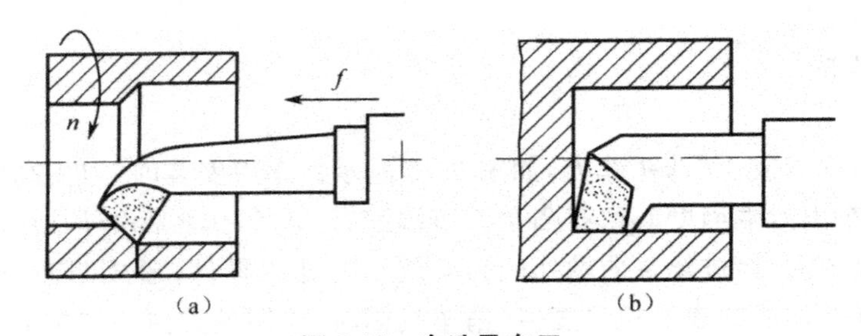

图 3-17　车孔及车刀

(a)车削通孔　(b)车削不通孔

4. 车圆锥面

圆锥面加工是一项难加工的工作，它除了对尺寸精度、形位精度和表面粗糙度有要求外，还有角度或锥度精度要求。对于要求较高的圆锥面，要用圆锥量规进行涂色法检验，以接触面大小评定其精度。

在车床上加工圆锥面常用以下三种方法。

(1)小滑板转位法

小滑板转位法如图 3-18 所示，当内、外锥面的圆锥角为 α 时，将小刀架扳转 $\alpha/2$ 即可加工。此法操作简单，可加工任意锥角的内、外圆锥面。但它只能手动进给，加工长度较短。

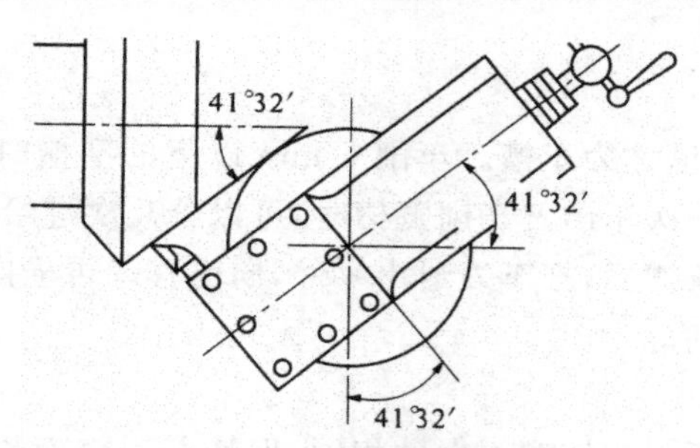

图 3-18　小滑板转位法

其优点是滑板校准后一批工件的锥度能一致，且大小锥度都能车；缺点是锥面长度受上滑板行程的限制，且多为手动进给。因此，在批量不大时用以车削较短内、外圆锥面。

(2)尾座偏移法

尾座偏移法如图 3-19 所示，只能加工轴类零件或者安装在心轴上的盘套类零件的锥面。将工件或心轴安装在前、后顶尖之间，把后顶尖向前或向后偏移一定距离，使工件回转轴线与车床主轴轴线的夹角等于圆锥斜角除以 2，即可自动走刀车削。这种方法只适宜加工长度较长、锥度较小、精度要求不高的工件，而且不能加工内锥面。

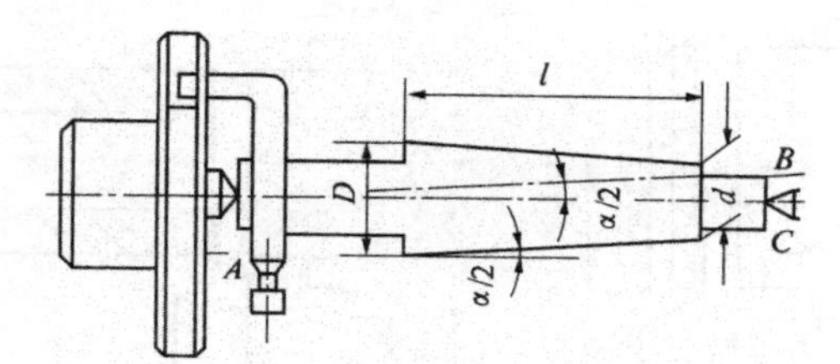

图 3-19　尾座偏移法

其优点是能在自动进给条件下车长锥面的工件。缺点是尾座偏距不能大；中心孔与顶尖配合不良；一批工件的锥度受中心孔深浅的影响，很难一致。

(3)靠模法车锥面

其优点是既方便又准确，中心孔接触良好，质量较高，可机动进给车削内、外圆锥面，斜角一般在 12°以下，适合于成批生产。

5. 精车与镜面车

精车是指直接用车削方法获得 IT6～IT7 级公差、Ra 为 1.6～0.04 μm 的外圆加工方法。生产中采用精车的主要原因有三个方面：一是有色金属、非金属等较软材料不宜采用砂轮磨削(易堵塞砂轮)；二是某些特殊零件(如精密滑动轴承的轴瓦等)，为防止磨粒等嵌入较软的工件表面而影响零件使用，不允许采用磨削加工；三是当生产现场未配备磨床，无法进行磨削时，采用精车获得零件所需的高精度和高表面质量。

镜面车是用车削方法获得工件尺寸公差不大于 1 μm、$Ra\leqslant 0.04$ μm 的外圆加工方法。

生产中采用精车、镜面车获得高质量工件，需注意两个关键问题：一是有精密的车床保证刀具、工件间精密位置关系及高精度运动；二是有优质刀具材料及良好刃具（一般为金刚石刀具），使其具备锋利刃口（r_ε=1.6～4 μm），均匀去除工件表面极薄层余量。除此之外，还应有良好、稳定及净化的加工环境，工艺条件亦应具备，如精车前，工件表面需经半精车，精度达 IT8 级，$Ra\leqslant3.2$ μm；而镜面车前，工件需经精车，表面不允许有缺陷，加工中采用酒精喷雾进行强制冷却。

6. 车槽和切断

(1)车槽

用车削方法加工零件的槽称为车槽。车削 5 mm 以下的窄槽时，可用主切削刃宽度等于槽宽的切槽刀，在横向进给中一次车出。车削宽槽时，可以分几次进给来完成，车第一刀时，先用钢尺量好距离，横向进给车一条槽后，把车刀退出零件，向前移动再横向进给继续车削，最后一次横向进给后再纵向进给精车槽底。

(2)切断

切断时使用切断刀，切断刀与切槽刀大致相同，但切断刀窄而长，容易折断。其刀头的长度 L 应稍大于实心零件的半径或空心零件、管料的壁厚，如图 3-20 所示，刀头宽度应适当，太窄刀头强度低，容易折断，太宽则容易引起振动和增大材料消耗。切断实心零件时，其刀尖应与零件轴线等高，切断空心零件、管料时，其刀尖应稍低于零件轴线。在切断过程中，车刀散热条件差，刚度低，且排屑不畅，因此应适当减小切削用量，并采用切削液。以使切削加工顺利进行。零件切断时一般用卡盘装夹，切断位置离卡盘要近些，以免引起零件振动。切断时用手均匀缓慢进给，即将切断时应减慢进给速度，以防止刀头折断。

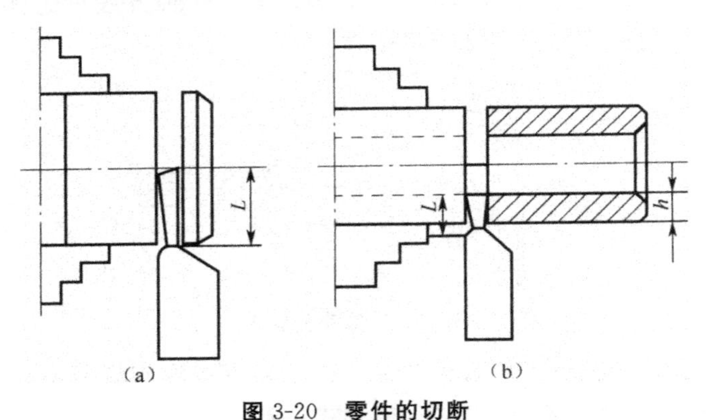

图 3-20　零件的切断

(a)实心零件的切断　(b)空心零件的切断

7. 车螺纹

(1)传动链

CA6140 型普通车床可以车削米制、英制、模数和径节四种螺纹。车削螺纹时，主轴与刀架之间必须保持严格的传动比关系，即主轴每转一转，刀架应均匀地移动一个导程。由此可列出车削螺纹传动链的运动平衡方程式为：

$$1\times u\times L_{丝}=L_{工}$$

式中　u——从主轴到丝杠之间全部传动副的总传动比。

$L_{丝}$——机床丝杠的导程（CA6140 型车床 $L_{丝}$=12 mm）。

$L_{工}$——被加工工件的导程，mm。

1——表示主轴旋转 1 转。

加工标准螺纹时，一般不需要进行交换齿轮计算。根据工件导程，查进给箱上的铭牌表，就可知道更换齿轮应有的齿数和有关手柄应调整的位置。

车削非标准螺纹和精密螺纹时需将进给箱中的齿式离合器 M_1、M_4 和 M_5 全部啮合，被加工螺纹的导程 $L_工$ 依靠调整挂轮的传动比 $\mu_挂$ 来实现。其运动平衡式为：

$$L_工=1\times\frac{58}{58}\times\frac{33}{33}\times\mu_挂\times12$$

所以，挂轮的换置公式为

$$\mu_挂=\frac{a}{b}\times\frac{c}{d}=\frac{L_工}{12}$$

适当地选择挂轮 a、b、c 及 d 的齿数，就可车出所需要的非标准螺纹。同时，由于螺纹传动链不再经过进给箱中任何齿轮传动，减少了传动件制造和装配误差对被加工螺纹导程的影响。若选择高精度的齿轮作挂轮，则可加工精密螺纹。对于精密螺纹，除采用“直连丝杠”法以缩短传动链、减小加工误差外，尚需将原有丝杠拆下，换上精密等级足够的丝杠。

(2)螺纹刀刃磨时的注意事项

车削三角形螺纹时，为了获得正确的螺纹牙型，必须正确刃磨螺纹车刀和装刀。因为螺纹车刀是属于成形刀具，所以必须保证车刀的形状，否则就要影响加工质量。刃磨时应注意以下几点：

①车刀的刀尖角应等于牙形角，车普通螺纹车刀刀尖角应等于 60°；车英制三角形螺纹时，车刀刀尖角应等于 55°。

②刀具的径向前角 γ_P 应该等于零度，刀刃要刃磨成直线。

③车刀的后角因为螺纹升角的影响而不同，但螺距较小的螺纹可不考虑。

(3)螺纹车削要领

车削单线右旋普通螺纹的操作过程及要领与其他螺纹的车削过程大同小异，现以车削普通螺纹为例，介绍车螺纹要领。

①车螺纹前用样板仔细装刀。

②工件要装牢，伸出不宜过长，避免工件松动或变形。

③为了便于退刀，主轴转速不宜太高。

④为减小螺纹表面粗糙度值，保证合格的中径，即将完成牙形的车削时，应停车用螺纹环规或标准螺母旋入检查，并细心地调整背吃刀量，直至合格。

⑤如果在切削过程中换刀或磨刀，均应重新对刀。

(4)进刀方式

车削普通螺纹时进刀方式如图 3-21 所示，(a)为径向直进法，(b)为径向轴向联进法，(c)为径向及正反轴向交替联进法。

径向直进法，可获得较准确的牙型，但在低速切削下刀尖全部参与切削，不易车光且易扎刀，适用于高速切削加工刚性好的丝杠(螺距为 $P\leqslant3$ 时)。

径向轴向联进法，左边刀刃承担主要切削任务，避免两刃出屑的相互干扰。粗车后，继续用直进法精车。

径向及正反轴向交替联进法，轴向正反方向交替切削，两刃负担较均匀，刀具耐用，但操作较

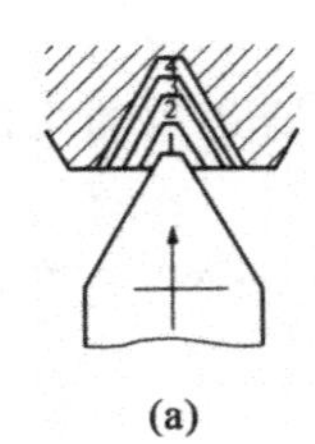

(a)

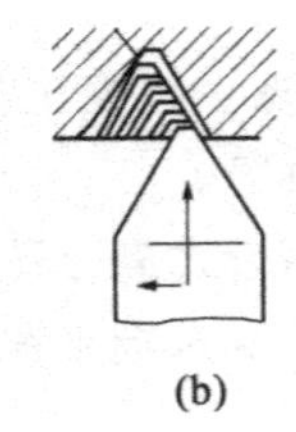
(b)

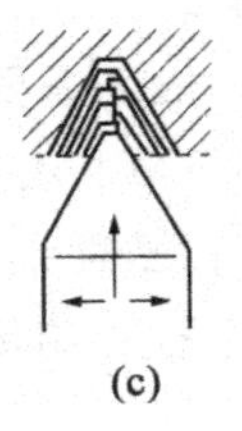
(c)

图 3-21　车削普通螺纹进刀方式

(a)径向直进法　(b)径向轴向联进法　(c)径向及正反轴向交替联进法

复杂。在加工 $P \leqslant 8$ 的梯形螺纹时，首先用比牙型角约小 2°的粗车刀径向进刀至底径，再用精车径向进刀精车，必要时附加轴向进刀，左右交替进行。

8. 车成形面

车成形面的方法主要有靠模法和成形车刀。

(1)靠模法

采用靠模车削除了正常的进给运动外，还要增加一个辅助的进给运动。如图 3-22 所示，在尾座上装上一只标准工件(即靠模)，而在刀架上装一个特制刀夹，在它上面装有车刀和靠模杆。车削时，用两手操纵横滑板、斜滑板，使靠模杆始终顶住并沿着靠模表面移动，车刀即在工件表面上车出形状相同的特形面。在床身外端固定一靠模，靠模上有一条与工件表面母线相同的沟槽。车削时抽掉横滑板螺杆，用连杆将横滑板上层滑块与靠模槽中的滚子相连。当纵滑板纵向移动时，车刀就随着靠模曲线的变化，在工件上车出合乎要求的特形面。

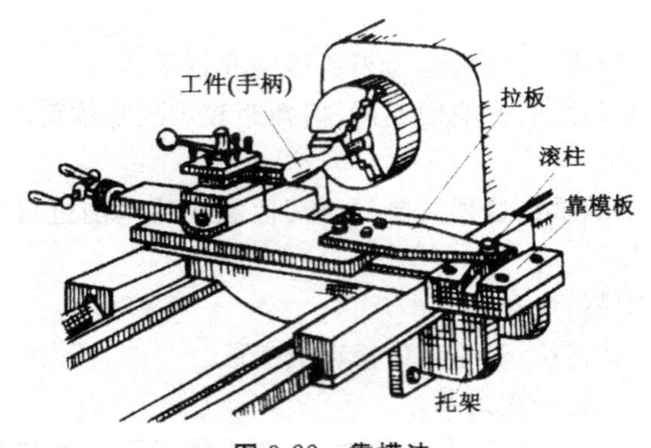

图 3-22　靠模法

(2)成形车刀的种类及应用

成形车刀是用刀刃形状直接加工出回转体、成形表面的专用刀具。刀刃刃形及其质量决定工件廓形。采用成形车刀加工工件不受操作者水平限制，可获稳定的质量，其加工精度一般可达 IT9～IT10，表面粗糙度 Ra 达 0.63～3.2 μm。

如图 3-23 所示，成形车刀按形状结构的不同有平体、棱体和圆体成形车刀三种；按进给方式的不同又有径向、切向、轴向成形车刀之分(生产中径向成形车刀应用最多)。平体成形车刀形状结构简单，易制造，但可重磨次数少，一般用于加工批量不大的外成形表面；棱体成形车刀可重磨次数多，刀具寿命长，且成形精度较高，但亦只能加工外成形表面；圆体成形车刀可重磨次数多，刀具易制造，并可加工内成形表面，生产中应用较多。

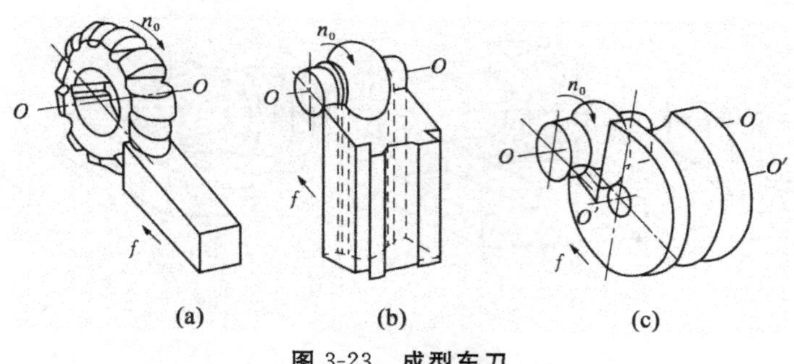

图3-23　成型车刀
(a)平体　(b)棱体　(c)圆体

3.3　铣削加工

铣削是最常用的加工方法之一，可以加工平面、沟槽、螺旋表面和各种回转体表面。铣削加工的效率较高，获得广泛应用。

铣削加工是以铣刀的旋转运动为主运动，工件在垂直于铣刀轴线方向的直线运动为进给运动的切削加工方式。为适应加工不同形状和尺寸的工件，工件与铣刀之间可在相互垂直的三个方向上调整位置，并根据加工要求，在其中任一方向实现进给运动。

3.3.1　铣床和铣刀

1. 铣床

铣削加工是目前应用最广泛的切削加工方法之一，适用于平面、台阶、沟槽、成形表面和切断等加工。其加工表面形状及所用刀具如图3-24(a～k)所示。铣削加工生产率高，加工表面粗糙度值较小，精铣表面粗糙度 Ra 值可达3.2～1.6 μm，两平行平面之间的尺寸精度可达IT9～IT7，直线度可达0.08～0.12 mm/m。

铣床是用铣刀进行切削加工的机床。它的特点是以多齿刀具的旋转运动为主运动，而进给运动可根据加工要求，由工件在相互垂直的三个方向中作某一方向运动来实现。在少数铣床上，进给运动也可以是工件的回转或曲线运动。由于铣床上使用多齿刀具，加工过程中通常有几个刀齿同时参与切削，因此可获得较高的生产率。就整个铣削过程来看是连续的，但就每个刀齿来看切削过程是断续的，且切入与切出的切削厚度不相等，因此作用在机床上的切削力相应地发生周期性的变化，这就要求铣床在结构上具有较高的静刚度和动刚度。

铣床的类型很多，主要类型有升降台铣床、工作台不升降铣床、龙门铣床、工具铣床，此外还有仿形铣床、仪表铣床和各种专门化铣床(如键槽铣床、曲轴铣床)等。

升降台式铣床又包括卧式升降台铣床、万能升降台铣床和立式升降台铣床三类，适用于单件、小批及成批生产中加工小型零件。

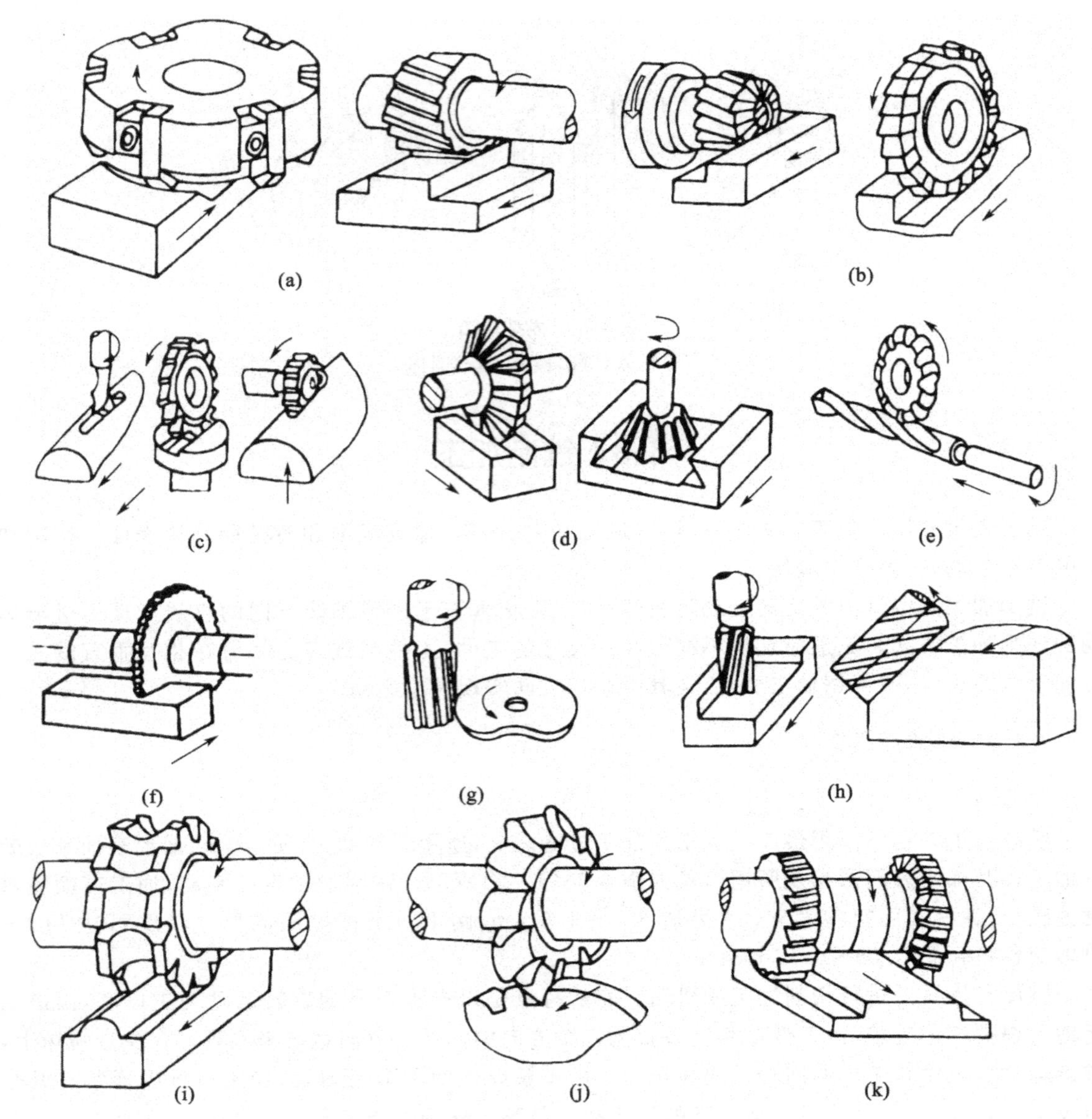

图 3-24 铣床的主要加工范围

(a)铣平面 (b)铣台阶 (c)铣槽 (d)铣成形槽 (e)铣螺旋槽 (f)切断
(g)铣凸轮 (h)立铣刀铣台阶和斜面 (i)铣成形面 (j)铣齿轮 (k)组合铣刀铣台刨

2. 铣刀

(1)铣刀的分类

铣刀的种类很多,一般按铣刀的用途分类,可分为以下几类,具体可见图 3-25 所示。

①圆柱铣刀。多用高速钢制造,仅在圆柱表面上有切削刃,没有副切削刃,用于卧式铣床上加工平面。

②端铣刀。多采用硬质合金刀齿,有效生产率高,用于立式铣床上加工平面。

③盘形铣刀。图 3-25(c),(g)。有槽铣刀、两面刃铣刀、三面刃铣刀、错齿三面刃铣刀和锯片铣刀等,主要用于加工槽或台阶面,锯片铣刀还可用于切断材料。

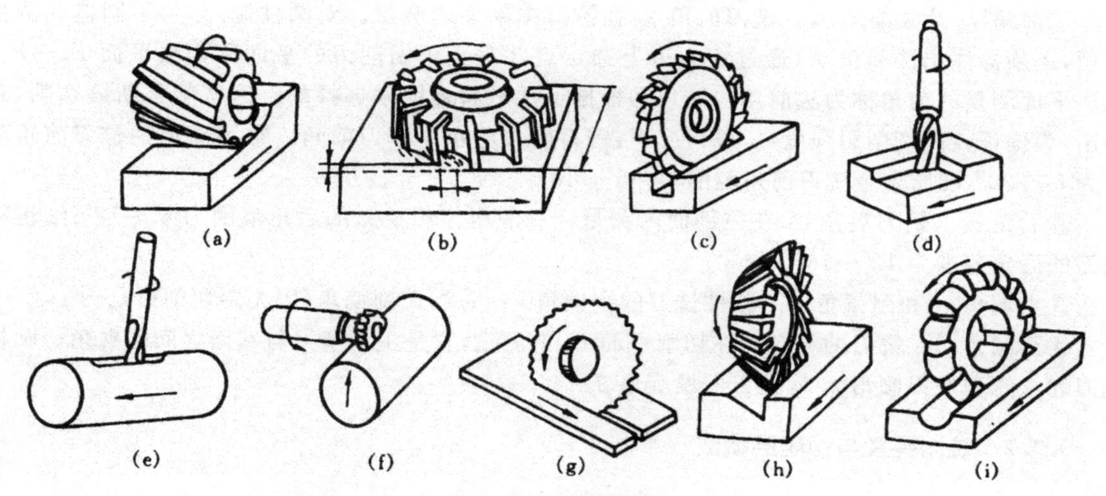

图 3-25　铣刀的类型

(a)圆柱形铣刀　(b)端铣刀　(c)三面刃铣刀　(d)立铣刀　(e)键槽铣刀
(f)半圆键槽铣刀　(g)锯片铣刀　(h)角度铣刀　(i)成形铣刀

④立铣刀。其圆柱表面上的切削刃是主切削刃，端刃是副切削刃，用于加工平面、台阶、槽和相互垂直的平面。利用锥柄或直柄紧固在机床主轴中。

⑤键槽铣刀。仅有两个刃瓣，既像立铣刀又像钻头，可轴向进给对工件钻孔，然后沿键槽方向铣出键槽全长。

⑥半圆键槽铣刀。用于加工半圆键槽。

⑦角度铣刀。有单角铣刀和双角铣刀之分，用于铣削沟槽与斜面。

⑧成形铣刀。用于加工成形表面，其刀齿廓形要根据被加工工件的廓形来确定。

铣刀按齿背加工形式还可分为尖齿铣刀和铲齿铣刀。尖齿铣刀齿背经铣制而成，用钝后只需刃磨后刀面；铲齿铣刀齿背是铲制而成，用钝后刃磨前刀面，适用于切削刃廓形复杂的工件。图 3-25(a)～图 3-25(h)均为尖齿铣刀，图 3-25(i)为铲齿成形铣刀。

(2)刀的几何参数及选择

铣刀的型式虽多，但以圆柱铣刀和端铣刀为基本型式。如图 3-26 所示，以圆柱铣刀为例分析其几何参数。

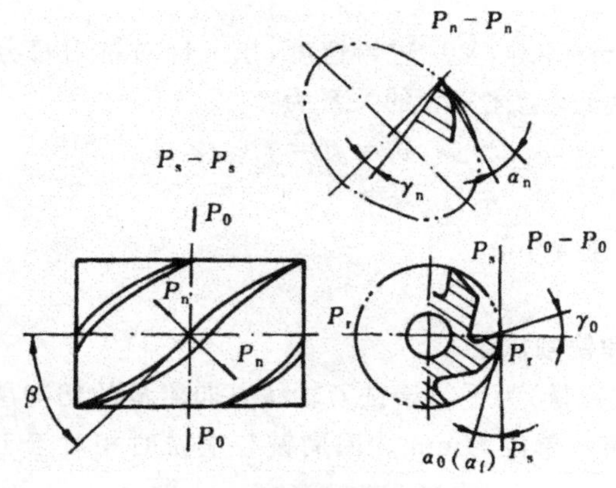

图 3-26　圆柱铣刀几何角度

①前角 γ_0 及法前角 γ_n。铣刀前角 γ_0 在铣刀主剖面内测量。对圆柱铣刀，为了制造和测量方便，还须标注出法前角 γ_n（通过切削刃上选定点并垂直于切削刃的平面称为法平面 $P_n—P_n$，在法平面测量的前角称为法前角），前角是根据工件材料强度来选择的。因铣削是断续切削，有冲击，为保证较高切削刃强度，一般情况下，铣刀前角应小于车刀前角。常用高速钢铣刀前角范围为 5°～20°，硬质合金铣刀前角范围为－5°～10°。

②后角 α_0。铣刀后角 α_0 在主剖面内测量。一般粗齿粗铣刀的后角范围为 6°～12°；细齿精铣刀的后角范围为 12°～16°。

③主偏角 κ_r 和副偏角 κ_r'。圆柱铣刀的主偏角 $\kappa_r=90°$，无副偏角（因无副切削刃）。

④刃倾角 λ_s。铣刀的刃倾角在切削平面 P_s 中测量，它是主切削刃与基面之间的夹角。圆柱铣刀和立铣刀的刃倾角 λ_s 就是刀齿螺旋角 β。

3.3.2 铣削要素与切削层参数

1. 铣削要素

铣削时的铣削用量由切削速度、进给量、背吃刀量（铣削深度）和侧吃刀量（铣削宽度）四要素组成。

（1）切削速度 v_c

切削速度即铣刀最大直径处的线速度，可由下式计算：

$$v_c=\frac{\pi dn}{1000}$$

式中 v_c——切削速度，m/min。

d——铣刀直径，mm。

n——铣刀每分钟转数，r/min。

（2）进给量 f

铣削时，工件在进给运动方向上相对刀具的移动量即为铣削时的进给量。由于铣刀为多刃刀具，计算时按单位时间不同，有以下三种度量方法：

①每齿进给量 f_z(mm/z)，指铣刀每转过一个刀齿时，工件与铣刀的相对位移量（即铣刀每转过一个刀齿，工件沿进给方向移动的距离）。

②每转进给量 f(mm/r)，指铣刀每转一圈，工件对铣刀的相对位移量（即铣刀每转一圈，工件沿进给方向移动的距离）。

③每分钟进给量 v_f(mm/min)，又称进给速度，指工件对铣刀每分钟相对位移量（即每分钟工件沿进给方向移动的距离）。上述三者的关系为：

$$v_f=f_n=f_z zn$$

式中 z——铣刀齿数。

n——铣刀每分钟转速，r/min。

（3）吃刀量

吃刀量包含铣削宽度和铣削深度。

铣削深度 a_p（又称背吃刀量）为平行于铣刀轴线方向测量的切削层尺寸（切削层是指工件上正被刀刃切削着的那层金属），单位为 mm。因周铣与端铣时相对于工件的方位不同，故铣削深度的表示也有所不同。

铣削宽度 a_c(又称侧吃刀量)是垂直于铣刀轴线方向测量的切削层尺寸,单位为 mm。

周铣时 a_c 为待加工表面和已加工表面间的垂直距离;端铣时 a_c 恰为工件宽度,不是待加工表面和已加工表面间的垂直距离。

(4)切削用量选择的原则

通常粗加工为了保证必要的刀具耐用度,应优先采用较大的侧吃刀量或背吃刀量,其次是加大进给量,最后才是根据刀具耐用度的要求选择适宜的切削速度,这是因为切削速度对刀具耐用度影响最大,进给量次之,侧吃刀量或背吃刀量影响最小;精加工时为减小工艺系统的弹性变形,必须采用较小的进给量,同时可以抑制积屑瘤的产生。对于硬质合金铣刀应采用较高的切削速度,对高速钢铣刀应采用较低的切削速度,如铣削过程中不产生积屑瘤,也应采用较大的切削速度。

2. 切削层参数

(1)切削厚度 h_D

切削厚度是指铣刀上相邻两个刀齿主切削刃形成的过渡表面间的垂直距离。

铣削时切削厚度是随时变化的。如图 3-27(a)所示圆柱铣刀铣削,刀齿在起始位置 H 点时,$h_D=0$,为最小值,刀齿即将离开工件到达 A 点时,切削厚度为最大值。端铣时刀齿的切削厚度在刚切入工件时为最小值,切入中间位置时为最大值,以后又逐渐减小。

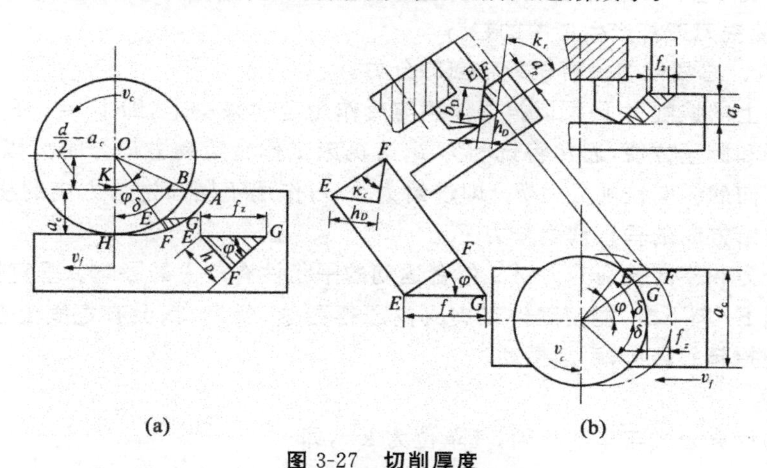

图 3-27　切削厚度

(a)圆周铣削　(b)端面铣削

(2)切削宽度 b_D

切削宽度为主切削刃参加工作的长度。如图 3-27(b)所示,直齿圆柱铣刀的切削宽度等于背吃刀量 a_p;而螺旋齿圆柱铣刀的切削宽度是变化的,如图 3-28 所示 a_w 值。随着刀齿切入切出工件,切削宽度逐渐加大,然后又逐渐减小。因此铣削过程较为平稳。端铣时,切削宽度保持不变。

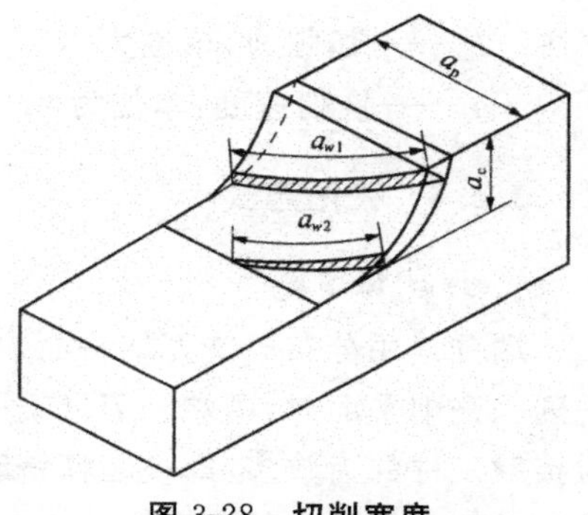

图 3-28　切削宽度

(3)切削层横截面积 A_{Dav}

铣刀同时有几个刀齿参加切削,铣刀的总切削层横截面积应为同时参加切削的刀齿切削层横截面积之和,但是由于切削时切削厚度、切削宽度和同时工作的齿数均随时间变化，为了计算简便，常采用平均切削总面积代替。

3.3.3 铣削力和铣削功率

1. 铣削力

如果把各个参与切削的刀齿上所受的切削力矢量相加，所得的合力就是铣刀上的铣削力 F_r。在铣削过程中，由于切削面积是随时变化的，因此铣削力也是变化的力。为分析方便，通常假定各刀齿上的铣削力的合力 F_r 作用于某一个刀齿上如图 3-29 所示。作用于铣刀上的铣削合力 F_r（又称总切削力，简称铣削力）可以分解为三个互相垂直的分力：

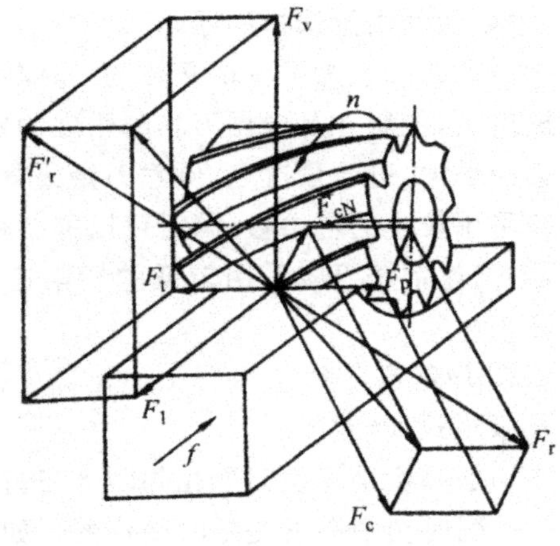

图 3-29 圆柱形铣刀铣削力

①切削力 F_c。总切削力在主运动方向上的分力，也就是作用于铣刀圆周的切线方向上的切向铣削分力，它消耗了机床电动机的大部分功率，故也称为主切削力。

②垂直切削力 F_{cN}。工作平面内，总切削力在垂直于主运动方向的分力。由于它作用于铣刀半径方向，会使铣刀刀杆产生弯曲的趋势。

③背向力 F_p。总切削力沿着铣刀轴向的分力。

作用于工件上的铣削力 F'_r 可以根据作用与反作用定律来决定，即 $F'_r=-F_r$。但为了机床、夹具设计的需要和测量方便，通常将铣削力 F'_r 沿机床工作台运动方向分解为以下三个分力：作用于纵向进给方向的纵向铣削分力 F_1（即进给力 F_1）；作用于横向进给方向的横向铣削分力 F_t 及作用于垂直进给方向的垂直铣削分力 F_v。

纵向铣削分力和横向铣削分力对工作台运动的平稳性有较大的影响。垂直铣削分力能影响工件的夹紧。当 Fv 向下时，能使工件在夹具内压得更紧；反之，就会有把固定在夹具内的工件连同工作台一起抬起的趋势，引起振动。

2. 铣削功率

铣削功率的计算公式与车削相同，其单位为 kw，即

$$P_c \approx F_c \cdot \frac{v_c}{1000}$$

式中 F_c——切削力，单位为 N。

v_c——铣削速度，单位为 m/s。

3.3.4 铣削方式

1. 端铣和周铣

端铣是用分布于铣刀端平面上的刀齿进行铣削；周铣是用分布于铣刀圆柱面上的刀齿进行铣削。铣削平面时，用端铣刀端铣平面一般比圆柱铣刀周铣好，其原因在于用端铣刀铣削时，同时接触工件的齿数多，即使在精铣时也能保持较多的刀齿同时参加切削；每个刀齿切入和切离工件时对整个铣削力的变动影响小，切削力均匀；同时端铣刀刀齿上有副切削刃，亦可对加工表面起修光作用。

周铣对被加工表面的适应性较强，不但适于铣狭长的平面，还能铣削台阶面、沟槽和成形表面等。周铣时，由于同时参加切削的刀齿数较少，切削过程中切削力变化较大，铣削的平稳性较差；刀尖与工件表面强烈摩擦（用圆柱铣刀逆铣），降低了刀具的耐用度；周铣时，只有圆周刀刃进行铣削，已加工表面实际上是由无数浅的圆沟组成，表面粗糙度较大。具体可见图3-30所示。

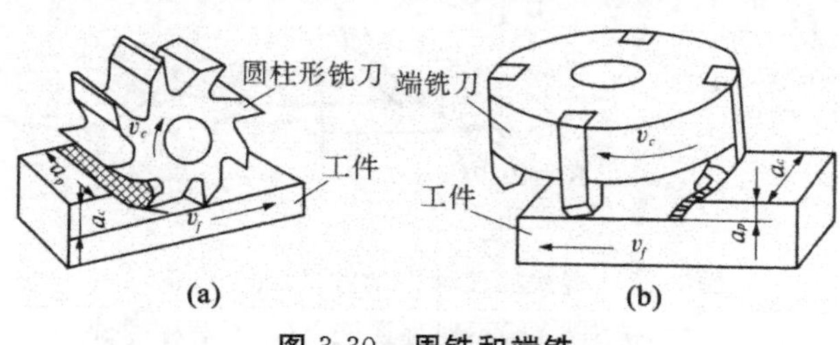

图3-30　**周铣和端铣**

(a)周铣　(b)端铣

2. 逆铣与顺铣

用圆柱铣刀、盘铣刀等进行圆周铣削时，有逆铣和顺铣两种铣削方式，具体可见图3-31所示。

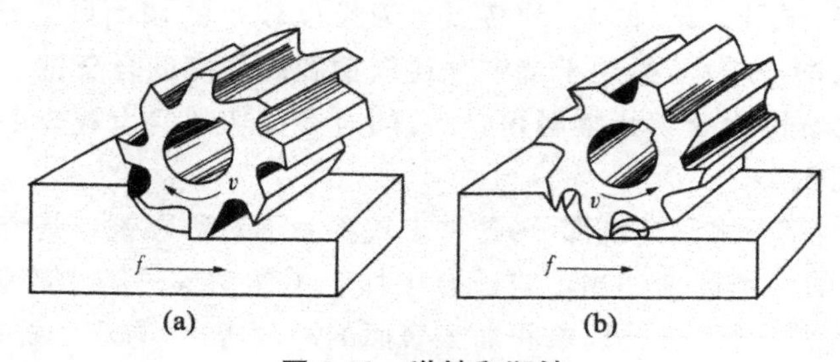

图3-31　**逆铣和顺铣**

(a)逆铣　(b)顺铣

逆铣。铣刀切削速度与工件进给速度的方向相反。逆铣时，平均切削厚度较小，刀刃在切入工件时，切削厚度从零开始，此时刀齿与切削表面发生挤压与摩擦，刀具容易磨损，已加工表面的表面质量差，并有严重加工硬化。此外，工件所受垂直铣削分力向上，不利工件的夹紧。但逆铣时，工作台所受纵向分力与进给运动方向相反，使铣床工作台丝杠与螺母传动始终贴紧，工作台不会发生纵向窜动，进给平稳。

顺铣。铣刀切削速度与进给速度方向相同。顺铣时平均切削厚度较大，机床动力消耗低，铣刀耐用度比逆铣时可提高2～3倍，加工表面粗糙度也可降低。但刀具切入工件时，刀齿先接触工件外表面，不宜用于铣削带硬皮的工件。顺铣时工作台所受纵向分力与进给运动方向相同，由于丝杠与螺母之间存在间隙，会造成工作台窜动，使铣削进给量不匀，甚至会打刀或造成机床损坏。

综上所述，顺铣优于逆铣，但采用顺铣须满足一定条件：一是工作台丝杠螺母副中应具有消除轴向间隙的机构；二是工件表面没有硬皮；三是工艺上许可。若不具备这些条件，则不宜采用顺铣。

3. 对称铣削与不对称铣削

端铣时根据铣刀与工件之间的相互位置，有对称铣削、不对称逆铣和不对称顺铣之分，如图3-32所示。

对称铣削。铣削过程中，端铣刀轴线始终位于铣削弧长的对称中心位置，上面的顺铣部分等于下面的逆铣部分，此种铣削方式称为对称铣削。采用该方式时，由于铣刀直径大于铣削宽度，

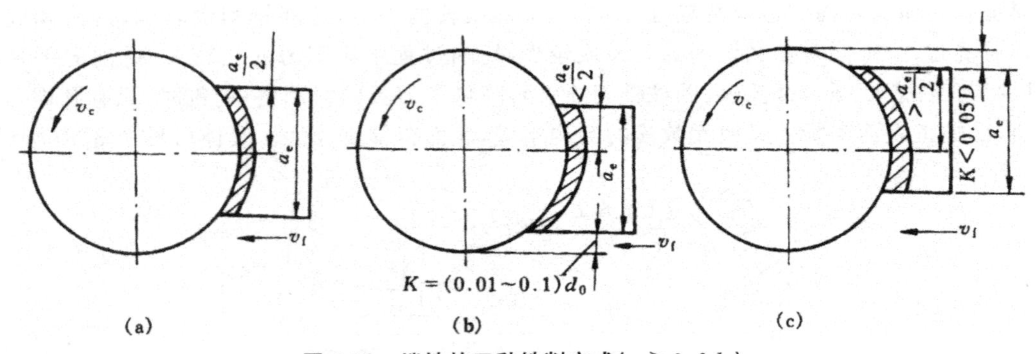

图 3-32 **端铣的三种铣削方式**($a_e \geqslant 0.6d_0$)

(a)对称铣削 (b)不对称逆铣 (c)不对称顺铣

故刀齿切入和切离工件时切削厚度均大于零,这样可以避免下一个刀齿在前一刀齿切过的冷硬层上工作。一般端铣多用此种铣削方式,尤其适用于铣削淬硬钢。

不对称逆铣。当端铣刀轴线偏置于铣削弧长对称中心的一侧,且逆铣部分大于顺铣部分,这种铣削方式称为不对称逆铣。该种方式的特点是刀齿以较小的切削厚度切入,又以较大的切削厚度切出。这样,切入冲击较小,适用于端铣普通碳钢和高强度低合金钢。这时刀具耐用度较前者可提高一倍以上。此外,由于刀齿接触角较大,同时参加切削的齿数较多,切削力变化小,切削平稳,加工表面粗糙度较小。

不对称顺铣。顺铣部分大于逆铣部分,这种方式称为不对称顺铣。其特点是刀齿以较大的切削厚度切入,而以较小的切削厚度切出。它适合于加工不锈钢等一类中等强度和高塑性的材料。这样可减小逆铣时刀齿的滑行、挤压现象和加工表面的冷硬程度,有利于提高刀具的耐用度。

3.4 钻削、铰削和镗削加工

孔是各种机器零件上出现最多的几何表面之一,按照它和其他零件之间的连接关系来区分,可分为非配合孔和配合孔。前者一般在毛坯上直接钻、扩出来;而后者则必须在钻孔、扩孔等粗加工的基础上,根据不同的精度和表面质量的要求,以及零件的材料、尺寸、结构等具体情况做进一步的加工。无论后续的半精加工和精加工采用何种方法,总的来说,在加工条件相同的情况下,加工一个孔的难度要比加工外圆大得多,这主要是由于孔加工刀具有以下一些特点。

①大部分孔加工刀具为定尺寸刀具,刀具本身的尺寸精度和形状精度不可避免地对孔的加工精度有着重要的影响。

②孔加工刀具切削部分和夹持部分的有关尺寸受被加工孔尺寸的限制,致使刀具的刚性差,容易产生弯曲变形和对正确位置的偏离,也容易引起振动。孔的直径越小,深径比(孔的深度与直径之比的值)越大,这种“先天性”的消极影响越显著。

③孔加工时,刀具一般是被封闭或半封闭在一个窄小的空间内进行的,切削液难以被输送到切削区域,切屑的折断和及时排出也较困难,散热条件不佳,对加工质量和刀具耐用度都产生不利的影响。此外,在加工过程中对加工情况的观察、测量和控制,都比外圆和平面加工麻烦得多。

孔加工的方法很多,常用有钻孔、扩孔、锪孔、铰孔、镗孔、拉孔、磨孔,还有金刚镗、珩磨、研磨、挤压以及孔的特种加工等。

3.4.1　钻削加工

用钻头作回转运动，并使其与工件作相对轴向进给运动，在实体工件上加工孔的方法称为钻孔。用扩孔钻对已有孔（铸孔、锻孔、预钻孔）孔径扩大的加工称为扩孔。钻孔和扩孔统称为钻削，两者的加工精度范围分别为 IT13～IT12 和 IT12～IT10，表面粗糙度的范围为 Ra 12.5～6.3 μm 和 Ra 6.3～3.2 μm。

钻削可以在各种钻床上进行，也可以在车床、镗床、铣床和组合机床、加工中心上进行，但在大多数情况下，尤其是大批量生产时，主要还是在钻床上进行。

1. 钻床

如图 3-33 所示，钻床通常以刀具的回转为主运动，刀具的轴向移动为进给运动。钻床的主要加工方法可见图 3-33 所示。

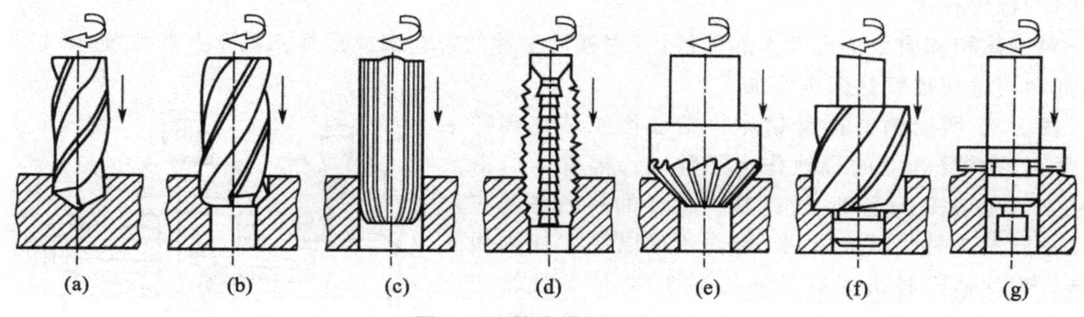

图 3-33　钻床的加工方法

(a)钻孔　(b)扩孔　(c)铰孔　(d)攻螺纹　(e)锪埋头孔　(f)锪埋头孔　(g)锪端面

钻床分为坐标镗钻床、深孔钻床、摇臂钻床、台式钻床、立式钻床、卧式钻床、铣钻床、中心孔钻床八组，它们中的大部分以最大钻孔直径为其主参数值，其中应用最广泛的是立式钻床和摇臂钻床。

(1)立式钻床

立式钻床的特点是机床的主轴是垂直布置的，并且其位置固定不动，被加工孔位置的找正必须通过工件的移动，具体可见图 3-34 所示。

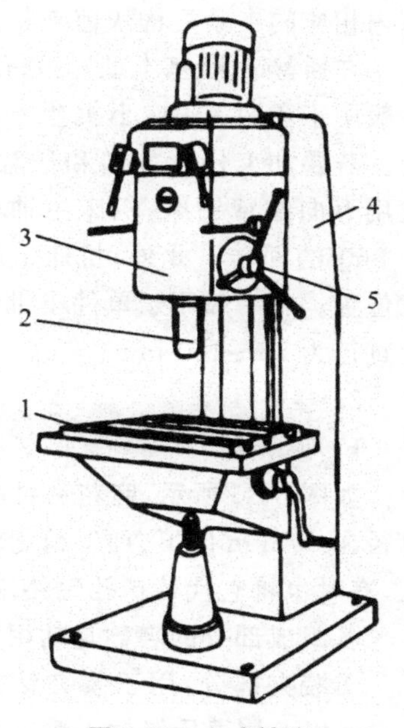

图 3-34　立式钻床

1—工作台；2—主轴；3—主轴箱
4—立柱；5—进给操纵机构

立柱的作用类似于车床的床身，是机床的基础件，必须有很好的强度、刚度和精度的长期保持性。其他各主要部件与立柱保持正确的相对位置。立柱上有垂直导轨，主轴箱和工作台上有垂直的导轨槽，可沿立柱上下移动来调整它们的位置，以适应不同高度工件加工的需要。调整结束并开始加工后，主轴箱和工作台的上下位置就不能再变动了。由于立式钻床主轴转速和进给量的级数比卧式车床等类型的机床要少得多，而且功能比较简单，所以把主运动和进给运动的变速传动机构、主轴部件以及操纵机构等都装在主轴箱中。钻削时、主轴随同主轴套筒在主轴箱中作直线移动，以实现进给运动。利用装在主轴箱上的进给操纵机构，可实现主轴的快速升降、手动进给，以及接通和断开机动进给。

主轴回转方向的变换，靠电动机的正、反转来实现。钻床的进给量是用主轴每转一转时主轴的轴向位移来表示，符号也是 f，单位 mm/r。

工件(或通过夹具)置于工作台上。工作台在水平面内既不能移动，也不能转动。因此，当钻头在工件上钻好一个孔而需要钻第二个孔时，就必须移动工件的位置，使被加工孔的中心线与刀具回转轴线重合。由于这种钻床固有的弱点，致使其生产率不高，大多用于单件小批生产的中、小型工件加工，钻孔直径为 16～80 mm。

若在工件上需钻削的是一个平行孔系(轴线相互平行的许多孔)，而且生产批量较大，则可考虑使用可调多轴立式钻床。加工时，动力由主轴箱通过主轴使全部钻头(钻头轴线位置可按需要进行调节)一起转动，并通过进给系统带动全部钻头同时进给。一次进给可将孔系加工出来，具有很高的生产率，且占地面积小。

(2)摇臂钻床

对于体积和质量都比较大的工件，若用移动工件的方式来找正其在机床上的位置，则非常困难，此时可选用摇臂钻床进行加工。

图 3-35 所示为一摇臂钻床。主轴箱 4 装在摇臂上，并可沿摇臂 3 上的导轨作水平移动。摇臂 3 可沿立柱 2 作垂直升降运动，设计这一运动的目的是适应高度不同的工件需要。此外，摇臂还可以绕立柱轴线回转。为使钻削时机床有足够的刚性，并使主轴箱的位置不变，当主轴箱在空间的位置调整好后，应对产生上述相对移动和相对转动的立柱、摇臂和主轴箱用机床内相应的夹紧机构快速夹紧。

在摇臂钻床(基本型)上钻孔的直径为 25～125 mm，一般用于单件和中、小批生产时在大、中型工件上钻削。若要加工任意方向和任意位置的孔或孔系，可以选用万向摇臂钻床，机床主轴可在空间绕两特定轴线作 360°的回转。此外，机床上端的吊环可以吊放在任意位置。它一般用于单件小批生产的大、中型工件，钻孔直径为 25～100 mm。

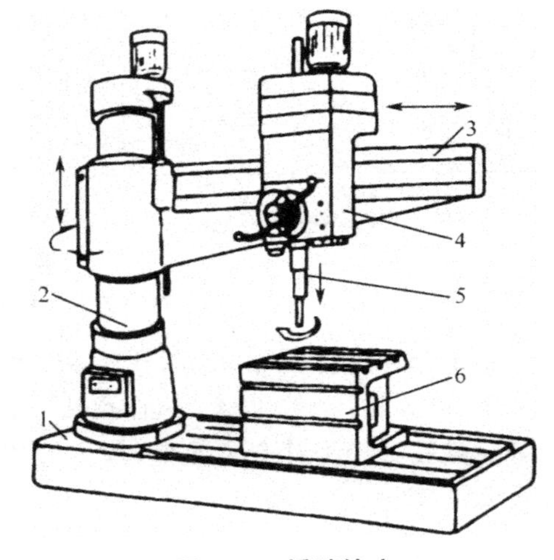

图 3-35　摇臂钻床

1—底座；2—立柱；3—摇臂；4—主轴箱
5—主轴；6—工作台

2. 钻头

(1)麻花钻

如图 3-36 所示，麻花钻目前是孔加工中应用最广泛的刀具。它主要用来在实体材料上钻削直径在 80 mm 以下、加工精度较低和表面较粗糙的孔，或者对加工质量要求较高的孔进行预加工，有时也将它代替扩孔钻使用。麻花钻的典型结构如图 3-36 所示。

各组成部分的名称与功用如下。

①装夹部分：用于装夹钻头和传递动力，包括柄部和颈部，直径 13 mm 以下多用圆柱柄，13 mm以上用莫氏锥柄。锥柄后端做出扁尾，用于传递扭矩和使用斜铁将钻头从钻套中取出。颈部是柄部与工作部分的连接部分，可供磨削外径时砂轮退刀，钻头标志也打印在此处。

②工作部分：即钻头上螺旋部分，它起导向排屑作用，也是切削的后备部分。其中螺旋槽是

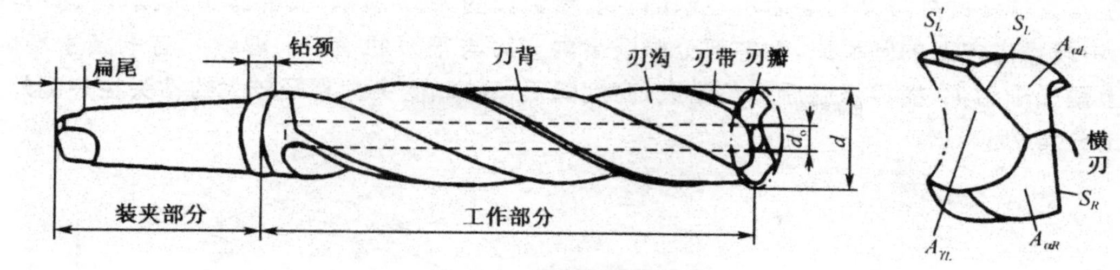

图 3-36　麻花钻的结构

流入切削液、排出切屑的通道，其靠近切削刃部分即是前刀面。钻体芯部有钻芯，用于连接两刃瓣。外圆柱上两条螺旋形棱面称刃带。由它们控制孔的廓形，保持钻头进给方向。麻花钻钻心为前小后大的正锥。

③切削部分：具有切削刃的部分，由两个前刀面、两个后刀面和两个副后刀面组成。其中前刀面为螺旋槽面，后刀面随刃磨法不同可为圆锥面或其他表面，副后刀面即刃带棱面，可近似认为是圆柱面。前、后面相交形成主切削刃，两后刀面在钻芯处相交形成的切削刃为横刃，前刀面与刃带相交的棱边称副切削刃。标准参数麻花钻的主切削刃呈直线，横刃近似为直线，副切削刃是一条螺旋线。

(2)扁钻

扁钻切削部分磨成一个扁平体，主切削刃磨出顶角、后角，并形成横刃，副切削刃磨出后角与副偏角，并控制钻孔的直径。扁钻前角小，没有螺旋槽，但由于制造简单、成本低，至今仍被使用在仪表车床上加工黄铜等脆性材料，以及在钻床上加工 0.1～0.5 mm 小孔。

(3)深孔麻花钻

图 3-37 所示为近年来国内外使用的深孔麻花钻。它可以在普通设备上一次进给加工孔深与孔径之比为 5～20 的深孔；在结构上，通过加大螺旋角、增大钻芯厚度、改善刃沟槽形、选用合理的几何角度和修磨形式，较好地解决了排屑、导向、刚度等深孔加工时的问题。

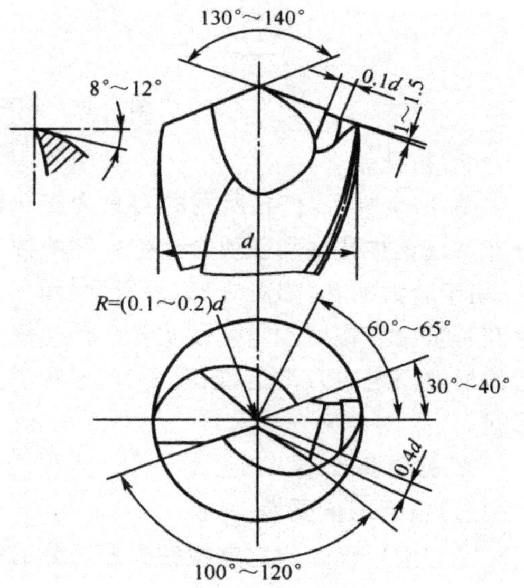

图 3-37　深孔麻花钻

(4)群钻

群钻是针对普通麻花钻结构所存在的缺点，综合各种修磨方式，经合理修磨而出现的先进钻型，它与普通麻花钻比较有以下优点：

①钻削轻快，轴向抗力可下降约 35%～50%，转矩下降 10%～30%。

②可采用大进给量钻孔，每转进给量比普通麻花钻提高两倍多，钻孔效率提高。

③钻头寿命延长，耐用度提高约 2～3 倍。

④钻孔尺寸精度提高，形位误差缩小，加工表面粗糙度减小。

⑤使用不同钻型，可改善对不同材料如铜、铝合金、有机玻璃等的钻孔质量，并能满足薄板、斜面、扩孔等多种情况的加工要求。

基本型群钻的外形及刃磨后需控制的主要参数如图 3-38 所示，其外缘刃磨出较大锋角的外直刃，中段磨出内凹的圆弧刃，钻芯部分修磨出内直刃与很短的横刃。群钻共有七条主切削刃，外形上呈三个钻尖，横刃修磨后前角增大，高度降低，变窄、变尖。直径较大的钻头在一侧外刃上再开出分屑槽。

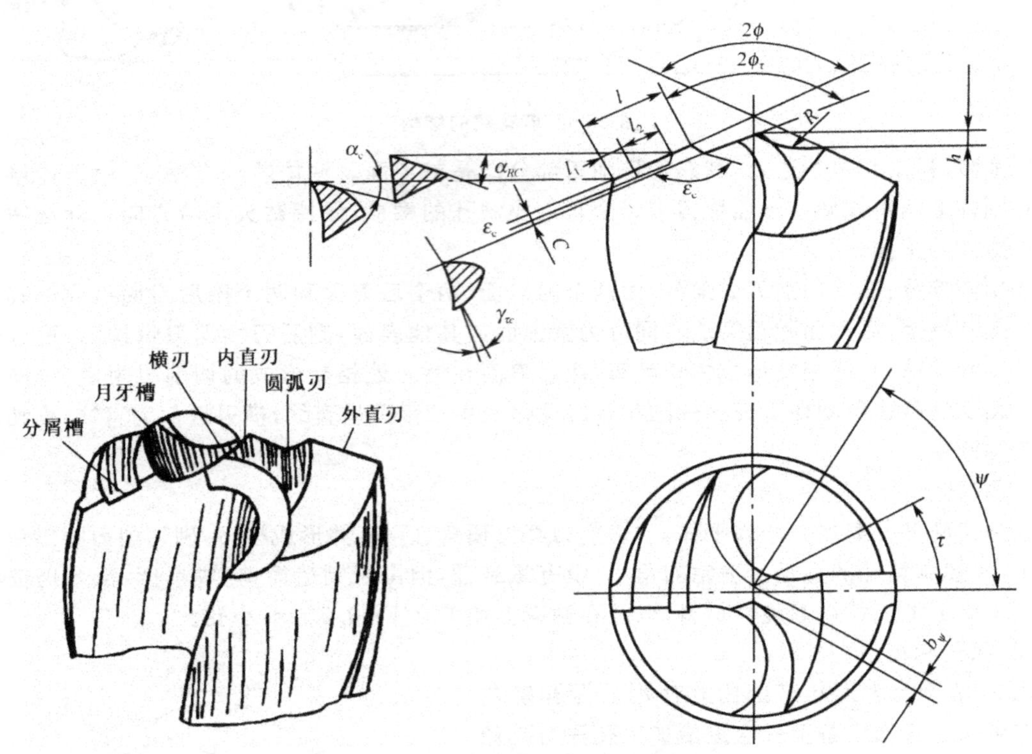

图 3-38　基本型群钻的外形及主要参数

(5)扩孔钻

图 3-39 所示，扩孔所用的刀具为扩孔钻，一般有 3～4 条主切削刃，按刀具切削部分材料来分有高速钢扩孔钻和硬质合金扩孔钻两种。高速钢扩孔钻有整体直柄(用于较小的孔)、整体锥柄[用于较大的孔，如图 3-39(a)所示]和套式[用于更大的孔，如图 3-39(b)所示]三种，在小批量生产时常用麻花钻改制。硬质合金扩孔钻除了有直柄、锥柄、套式[硬质合金刀片采用焊接或镶齿的形式固定在刀体上，如图 3-39(c)所示]等形式外，对于大直径的扩孔钻，常采用机夹可转位形式。

3. 钻削要素

(1)钻削用量要素

①切削速度 v_c。它是指钻头外缘处的线速度，单位为 m/s。

$$v_c=\frac{\pi d_o \cdot n}{60000}$$

上式中：d_o 为钻头外径，单位为 mm；n 为钻头或工件转速，单位为 r/min。

②进给量 f。钻头或工件每转一周，两者之间轴向相对位移量，称每转进给量 f，单位 mm/r；钻头每钻一个刀齿，钻头与工件之间的相对轴向位移量称每齿进给量 f_z，单位为 mm/z；每秒钟

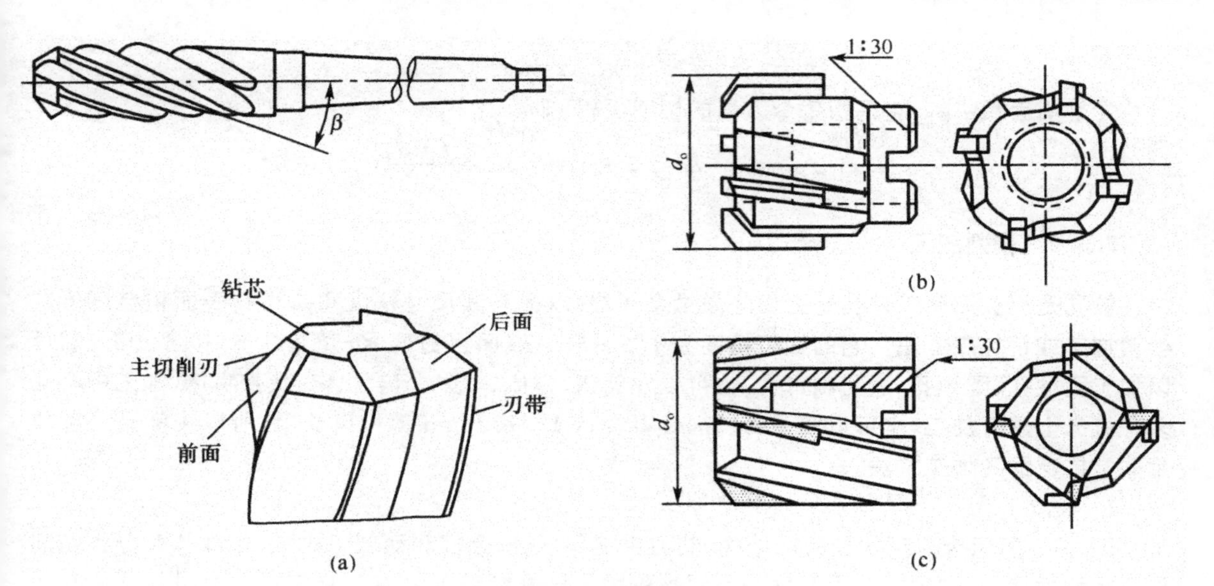

图 3-39 扩孔钻

内,钻头与工件之间的轴向位移量称进给速度研,单位为 mm/s。它们之间的关系为:

$$v_f = nf = \frac{2nf_z}{60}$$

式中:n 为钻头或工件转速,单位为 r/min。

③背吃刀量 a_pp。如图 3-40 所示,背吃刀量 $a_p = d_o/2$(mm)。

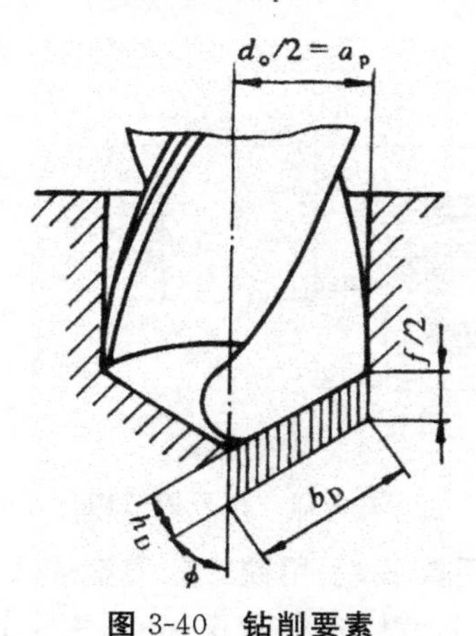

图 3-40 钻削要素

(2)钻削切削层几何要素

图 3-40 所示,切削层要素在钻头的基面中度量,包括切削厚度 h_D、切削宽度 b_D 和切削面积 A_D。

①切削厚度 h_D。它是指垂直于主切削刃在基面上投影方向测出的切削层断面尺寸,即

$$h_D = f_z \cdot \sin\kappa_r = \frac{f \cdot \sin\kappa_r}{2}$$

切削刃上各点的主偏角是不等的,各点的切削厚度也是不相等的。

②切削宽度 b_D。它是指在基面上所量出的主切削刃参加工作的长度,即

$$b_D=\frac{a_p}{\sin\kappa_r}=\frac{d_o}{2\sin\kappa_r}$$

③切削面积 A_D。它是指每个刀齿的切削面积，即

$$A_D=h_D\cdot b_D=f_z\cdot a_p=\sin\kappa_r=\frac{f\cdot d_o}{4}$$

3.4.2 铰削加工

铰孔是用铰刀从工件孔壁上切除微量金属层，以提高其尺寸精度和减小其表面粗糙度值的半精加工或精加工方法。它的加工精度为IT9～IT6，表面粗糙度 Ra 值为1.6～0.4 μm。它可以加工圆柱孔、圆锥孔、通孔和盲孔，也可以在钻床、镗床、车床、组合机床、数控机床、加工中心等多种机床上进行加工，也可以用手工铰削。直径从1～100 mm都可以铰削，所以铰削是一种应用非常广泛的孔加工方法。

1. 铰刀

图3-41所示为典型的铰刀的结构，铰刀由工作部分、颈部和柄部组成，工作部分又分为切削部分和校准部分，切削部分由导锥和切削锥组成。导锥对手用铰刀仅起便于铰刀引入预制孔的作用，而切削锥则起切削作用。对于机用铰刀，导锥亦起切削作用，一般把它作为切削锥的一部分。校准部分包括圆柱部分和倒锥，圆柱部分主要起导向、校准和修光的作用，倒锥主要起减少与孔壁的摩擦和防止孔径扩大的作用。

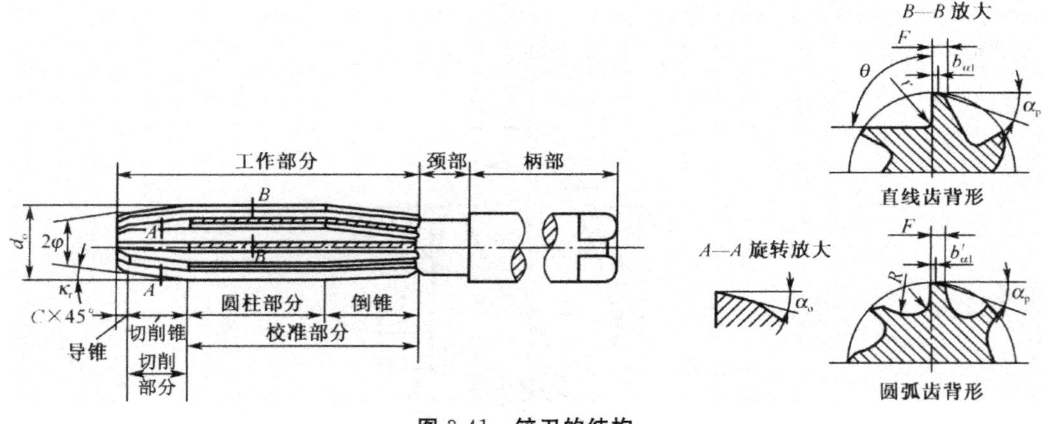

图3-41 铰刀的结构

铰刀一般分为手用铰刀和机用铰刀，手用铰刀分为整体式和可调式两种，前者径向尺寸不能调节，后者可以调节。机用铰刀分为带柄式和套式，分别用于直径较小和直径较大的场合，带柄式又分为直柄和锥柄两类，直柄用于小直径铰刀，锥柄用于大直径铰刀。铰刀按刀具材料可分为高速钢(或合金工具钢)铰刀和硬质合金铰刀。高速钢铰刀切削部分的材料一般为W18Cr4V或W6M05Cr4V2。硬质合金铰刀按照刀片在刀体上的固定方式分为焊接式、镶齿式和机夹可转位式。此外，还有一些用于专门用途的铰刀。

2. 铰削工艺特点

铰削加工余量一般小于0.1 mm，铰刀的主偏角 κ_r 一般都小于45°，因此铰削时切削厚度 a_c 很小，约为0.01～0.03 mm。除主切削刃正常的切削作用外，还对工件产生挤刮作用，如图3-42所示。铰削过程是个复杂的切削和挤压摩擦过程。

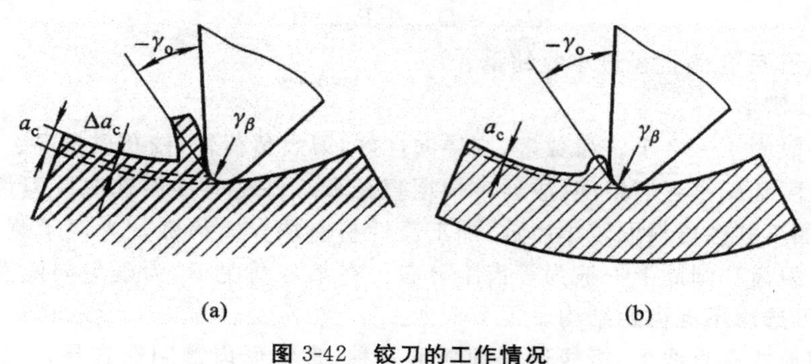

图 3-42　铰刀的工作情况

(a)　切削作用　(b)挤压使用

(1)加工质量高

铰削的加工余量很小。粗铰余量一般为 0.15～0.25 mm,精铰余量为 0.05～0.15 mm。为避免产生积屑瘤和振动,铰削的切削速度一般较低。粗铰时,v=4～10 m/min;精铰时,v=1.5～5 m/min。机铰进给量可以大些,f=0.5～1.5 mm/r(比手铰孔时高 3～4 倍)。由于铰削切削力及切削变形很小,再加上本身有导向、校准和修光作用,因此在合理使用切削液(钢件采用乳化液,铸铁件用煤油)的条件下,铰削可以获得较高的加工质量。但是,铰削不能校正底孔的轴线偏斜,因此,机铰时铰刀采用浮动连接。

(2)铰刀是定直径的精加工刀具

铰削的生产效率比其它精加工方法高,但是其适应性较差,一种铰刀只能用于加工一种尺寸的孔、台阶孔和盲孔。此外,铰削对孔径也有所限制,一般应小于 80 mm。

3. 铰刀的结构参数

(1)直径及公差

铰刀是定尺寸刀具,直径及其公差的选取主要取决于被加工孔的直径及其精度。同时,也要考虑铰刀的使用寿命和制造成本。

铰刀的公称直径是指校准部分的圆柱部分直径,它应等于被加工孔的基本尺寸 d_w,而其公差则与被铰削孔的公差、铰刀的制造公差 G、铰刀磨耗备量 N 和铰削过程中孔径的变形性质有关。

根据加工中孔径的变形性质不同,铰刀的直径确定方法如下:

①加工后孔径扩大。铰孔时,由于机床主轴间隙产生的径向圆跳动,铰刀刀齿的径向圆跳动、铰孔余量不均匀而引起的颤动、铰刀的安装偏差、切削液和积屑瘤等因素的影响,会使铰出的孔径大于铰刀校准部分的外径,即产生孔径扩张。这时,铰刀直径的极限尺寸可由下式计算:

$$d_{0\max}=D_{\max}-P_{\max}$$
$$d_{0\min}=D_{\max}-P_{\max}-G$$

式中,$d_{0\max}$、$d_{0\min}$——分别为铰刀的最大、最小极限尺寸。

$D_{\max}$——孔的最大极限尺寸。

$P_{\max}$——铰孔时孔的最大扩张量。

②加工后孔缩小。铰削力较大或工件孔壁较薄时,由于工件的弹性变形或热变形的恢复,铰孔后孔经常会缩小。此时选用的铰刀的直径应该增大一些。

$$d_{0\max}=D_{\max}+P_{\max}$$

$$d_{0\min}=D_{\max}+P_{\min}-G$$

式中，$P_{\min}$——铰孔后孔的直径最小收缩量。

(2)齿数 z 及槽形

铰刀齿数一般为4～12个。齿数多，则导向性好，刀齿负荷轻，铰孔质量高。但齿数过多，会降低铰刀刀齿强度和减小容屑空间，故通常根据直径和工件材料性质选取铰刀齿数。大直径铰刀取较多齿数；加工韧性材料取较小齿数；加工脆性材料取较多齿数。为便于测量直径，铰刀齿数一般取偶数。刀齿在圆周上一般为等齿距分布。在某些情况下，为避免周期性切削载荷对孔表面的影响，也可选用不等齿距结构。

铰刀的齿槽形式有直线形、折线形和圆弧形三种，直线形齿槽制造容易，一般用于 $d_o=1\sim20$ mm 的铰刀；圆弧形齿槽具有较大的容屑空间和较好的刀齿强度，一般用于 $d_o>20$ mm 的铰刀。折线形齿槽常用于硬质合金铰刀，以保证硬质合金刀片有足够的刚性支撑面和刀齿强度。

铰刀齿槽方向有直槽和螺旋槽两种。直槽铰刀刃磨，检验方便，生产中常用；螺旋槽铰刀切削过程平稳。螺旋槽铰刀的螺旋角根据被加工材料选取。

(3)铰刀的几何角度

①前角 γ_o 和后角 α_o。铰削时由于切削厚度小，前角对切削变形的影响不显著。为了便于制造，一般取 $\gamma_o=0°$粗铰塑性材料时，为了减少变形及抑制积屑瘤的产生，可取 $\gamma_o=5°\sim10°$，硬质合金铰刀为防止崩刃，取 $\gamma_o=0°\sim5°$。为使铰刀重磨后直径尺寸变化小些，取较小的后角，一般取 $6°\sim8°$。

切削部分的刀齿刃磨后应锋利不留刃带，校准部分刀齿则必须留有0.05～0.3 mm宽的刃带，以起修光和导向作用，也便于铰刀制造和检验。

②切削锥角 2ϕ。主要影响进给抗力的大小、孔的加工精度和表面粗糙度以及刀具耐用度。2ϕ 取得小时，进给力小，切入时的导向性好；但由于切削厚度过小产生较大的切削变形，同时切削宽度增大使卷屑、排屑产生困难，并且切入切出时间增长。为了减轻劳动强度，减小进给力及改善切入时的导向性，手用铰刀取较小的 2ϕ 值，通常 $\phi=1°\sim3°$。对于机用铰刀，工作时的导向由机床及夹具来保证，故可选较大 ϕ 值，以减小切削刃长度和机动时间。加工钢料时 $\phi=30°$，加工铸铁等脆性材料时 $\phi=6°\sim10°$，加工盲孔时 $\phi=90°$。

③刃倾角 λ_s。在铰削塑性材料时，高速钢直槽铰刀切削部分的切削刃，沿轴线倾斜 $15°\sim20°$ 形成刃倾角 λ_s，它适用于加工余量较大的通孔。为便于制造硬质合金铰刀，一般取 $\lambda_s=0°$。铰削盲孔时仍使用带刃倾角的铰刀，但在铰刀端部开一沉头孔以容纳切屑，如图3-43中虚线所示。

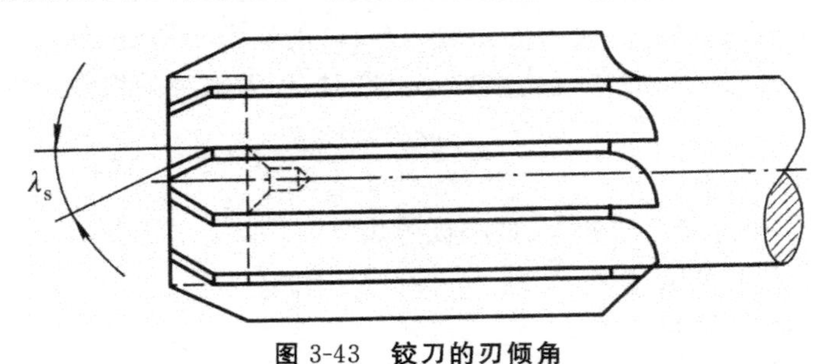

图 3-43 铰刀的刃倾角

除了常见的整体高速钢铰刀和硬质合金焊接式铰刀外，对于较大的孔，还有装配式铰刀、可调式铰刀等。可以用一把铰刀加工不同直径或不同公差要求的孔。

3.4.3　镗削加工

镗削是一种用镗刀对已有孔进一步加工的精加工方法。可以加工机座、箱体、支架等外形复杂的大型零件上的直径较大的孔，特别是有位置精度要求的孔和孔系。在镗床上利用坐标装置和镗模较容易保证加工精度。镗削加工有如下特点：

①镗削加工灵活性大，适应性强。在镗床上除加工孔和孔系外，还可以车外圆、车端面、铣平面。加工尺寸可大亦可小，对于不同的生产类型和精度要求的孔都可以采用这种加工方法。

②镗削加工操作技术要求高，生产率低。要保证工件的尺寸精度和表面粗糙度，除取决于所用的设备外，更主要的是与工人的技术水平有关，同时机床、刀具调整时间较多。镗削加工时参加工作的切削刃少，所以一般情况下，镗削加工生产效率较低。使用镗模可以提高生产率，使成本增加，一般用于大批量生产。

镗孔和钻孔、扩张、铰孔工艺相比，孔径尺寸不受刀具尺寸的限制，而且能使所镗孔与定位表面保持较高的位置精度。镗孔与车外圆相比，由于刀杆系统的刚性差、变形大，散热排屑条件不好，工件和刀具的热变形比较大，因此，镗孔的加工质量与生产效率不如车外圆高。

镗孔的加工范围广，可以加工不同尺寸和不同精度要求的孔。对于孔径较大、尺寸和位置精度要求较高的孔和孔系，镗孔几乎是唯一的加工方法。

镗孔可以在镗床、车床、铣床等机床上进行，具有机动灵活的优点，生产中应用十分广泛。在大批量生产中，为提高镗孔效率，常使用镗模。

1. 镗刀

根据加工对象的不同，镗床上使用的镗刀也有所不同，其分类也是多种多样。按切削刃数量可分为单刃镗刀、双刃镗刀和多刃镗刀；按工件的加工表面可分为通孔镗刀、盲孔镗刀、阶梯孔镗刀和端面镗刀；按刀具结构可分为整体式、装配式和可调式。

图 3-44 所示为单刃镗刀类型。

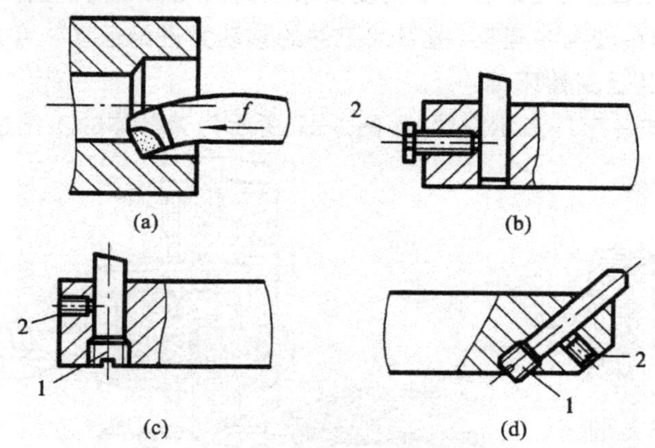

图 3-44　单刃镗刀类型

(a)整体式单刃镗刀　(b)机夹式单刃镗刀(一)　(c)机夹式单刃镗刀(二)　(d)机夹式单刃镗刀(二)

1—调节螺钉；2—压紧螺钉

其中，整体式常用于加工小直径孔；大直径孔一般采用机夹式。在镗盲孔或阶梯孔时，为使镗刀头在镗杆内有较大的安装长度，并具有足够的位置安置压紧螺钉 2 和调节螺钉 1，常将镗刀头在镗杆内倾斜安装，如图 3-44(d)所示。镗通孔时，镗刀头安装如图 3-44(b)、(c)所示。

微调镗刀。机夹式单刃镗刀尺寸调节费时，调节精度不易控制。图 3-45 所示为一种坐标镗床和数控机床上常用的微调镗刀。它具有调节尺寸容易，尺寸精度高的优点，主要用于精加工。

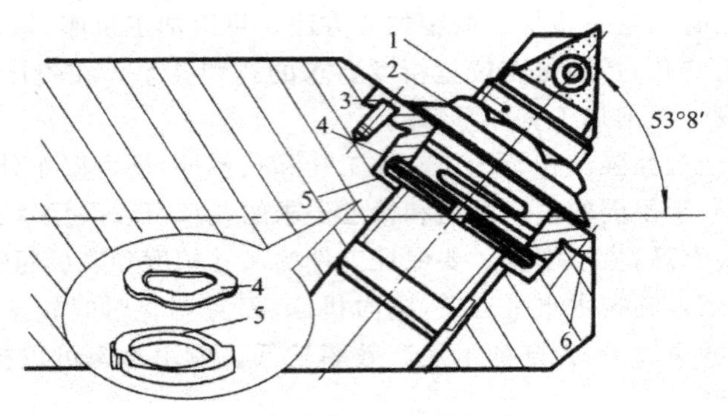

图 3-45　微调镗刀

1—镗刀头　2—微调螺母；3—螺钉；4—波形垫圈；5—调节螺母；6—固定座墓

双刃镗刀是定尺寸的镗孔刀具，通过改变两刀刃之间距离，实现对不同直径孔的加工。常用的双刃镗刀有固定式镗刀块和浮动镗刀两种。

浮动镗刀的特点是镗刀块自由地装人镗杆的方孔中，不需夹紧，通过作用在两个切削刃上的切削力来自动平衡其切削位置，因此它能自动补偿由刀具安装误差、机床主轴偏差而造成的加工误差，能获得较高的孔的直径尺寸精度（IT7～IT6）。但它无法纠正孔的直线度误差和位置误差，因而要求预加工孔的直线性好，表面粗糙度不大于 Ra 3.2 μm。主要适用于单件、小批生产加工直径较大的孔，特别适用于精镗孔径大（d>200 mm）而深（L/d>5 mm）的筒件和管件孔。

2. 镗床

镗床是一种主要用镗刀在工件上加工孔的机床，通常用于加工尺寸较大、精度要求较高的孔，特别是分布在不同表面上、孔距和位置精度要求较高的孔，如各种箱体、汽车发动机缸体等零件上的孔。一般镗刀的旋转为主运动，镗刀或工件的移动为进给运动。常用的镗床有立式镗床、卧式铣镗床、坐标镗床及金刚镗床等。

图 3-46 所示为卧式镗床外形示意图，而图 3-47 所示为其具体的工作过程。

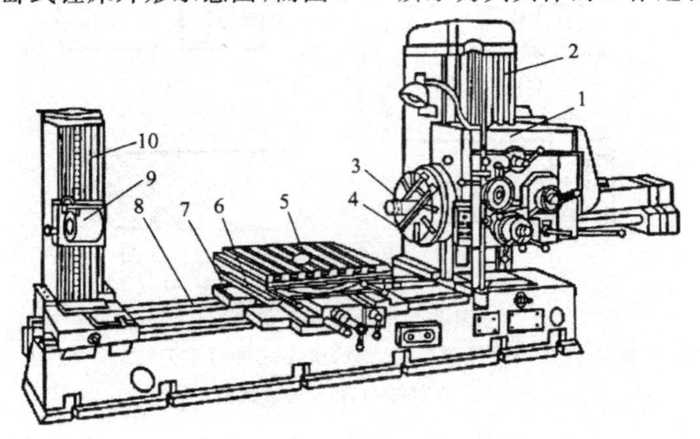

图 3-46　卧式镗床外形示意图

1—主轴箱；2—主立柱；3—主轴；4—平旋盘；5—工作台

6—上滑座；7—下滑座；8—床身；9—镗刀杆支承座；10—尾立柱

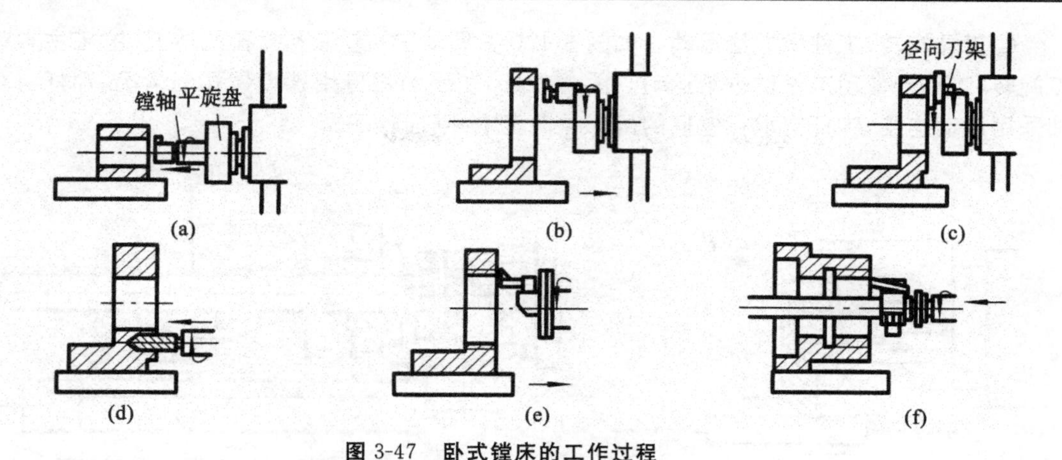

图 3-47　卧式镗床的工作过程

(a)用主轴安装镗刀杆镗不大的孔　(b)用平旋盘上镗刀镗大直径孔　(c)用平旋盘上径向刀架镗平面
(d)钻孔　(e)用工作台进给镗螺纹　(f)用主轴进给镗螺纹

卧式镗床因其工艺范围非常广泛和加工精度高而得到普通应用。卧式镗床除了镗孔外，还可以铣平面及各种形状的沟槽，钻孔、扩孔和铰孔，车削端面和短外圆柱面，车槽和车螺纹等。

坐标镗床是一种高精度机床，主要用于加工精密的孔(IT5 级或更高)和位置精度要求很高的孔系，如钻模、镗模等精密孔。它具有测量坐标位置的精密测量装置，而且这种机床的主要零部件的制造和装配精度很高，并有良好的刚性和抗振性。

坐标镗床的工艺范围很广，除镗孔、钻孔、扩孔、铰孔、精铣平面和沟槽外，还可进行精密划线，以及孔距和直线尺寸的精密测量等工作。

3. 镗削加工方法

镗削加工既可以对平面进行加工，也可以对孔进行加工，但最主要的功能还是对孔实行精加工。镗孔既可以在车床上进行加工，也可以在镗床上进行加工，但最主要的还是在镗床上进行加工。

(1)镗孔的加工方式

镗孔有三种不同的加工方式。

①工件旋转，刀具做进给运动。在车床上镗孔大都属于这类镗孔方式，如图 3-48 所示。

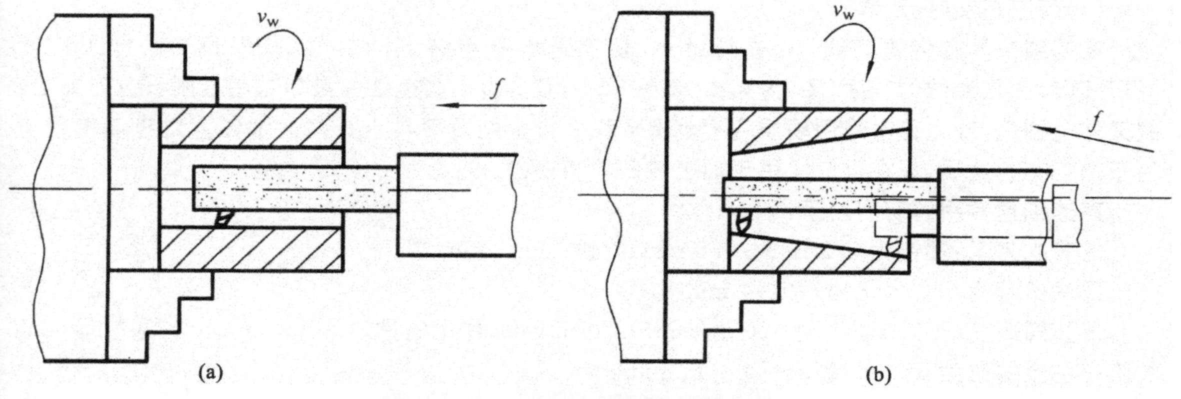

图 3-48　工件旋转，刀具做进给的镗孔方式

(a)镗圆柱孔　(b)镗圆锥孔

②刀具旋转，工件做进给运动。如图3-49(a)所示为在镗床上镗孔的情况，镗床主轴带动镗刀旋转，工作台带动工件作进给运动。图3-49(b)所示为用专用镗模镗孔的情况，镗杆与机床主轴采用浮动连接，镗杆支承在镗模的两个导向套中，刚性较好。

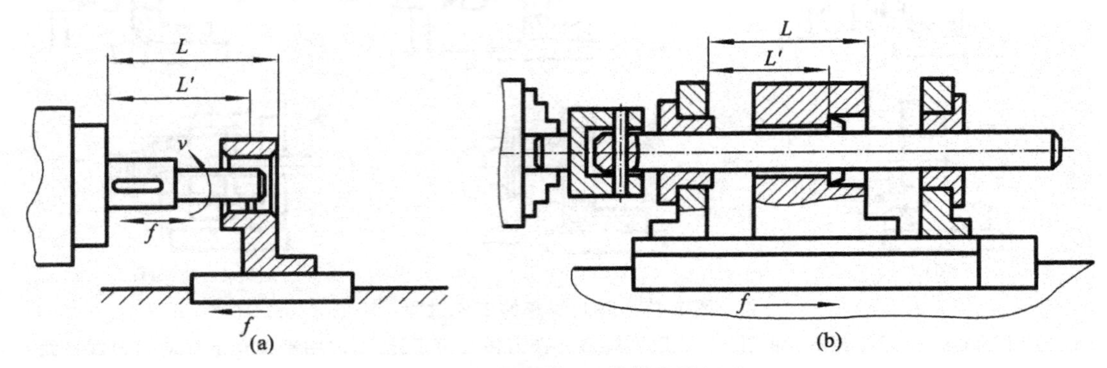

图3-49 刀具旋转，工件做进给运动

(a)镗床镗孔 (b)专用镗模镗

③工件不动、刀具旋转并作进给运动。采用这种镗孔方式镗孔时，镗杆的悬伸长度是变化的，镗杆的受力变形也是变化的，镗出来的孔必然会产生形状误差，靠近主轴箱处的孔径大，远离主轴箱处的孔径小，形成锥孔。此外，镗杆悬伸长度增大，主轴因自重引起的弯曲变形也增大，孔轴线将产生相应的弯曲。这种镗孔方式只适合于加工较短的孔，如图3-50所示。

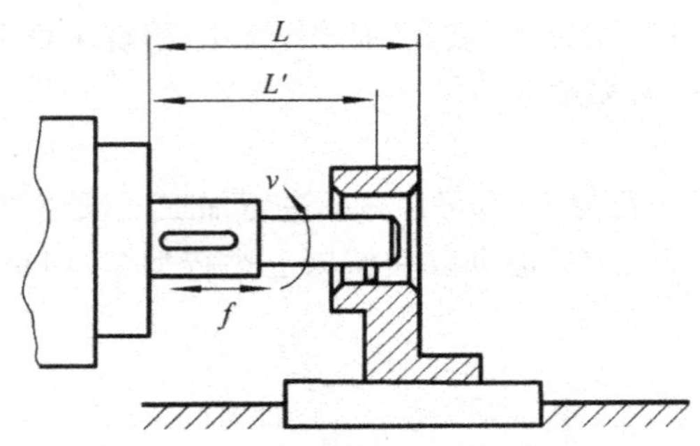

图3-50 刀具既回转又进给的镗孔方式

(2)高速细镗(金刚镗)

高速细镗具有背吃刀量小、进给量小、切削速度高等特点，它可以获得很高的加工精度(IT7-IT6)和很光洁的表面(Ra为0.4 μm～0.5 μm)。由于高速细镗最初是用金刚石镗刀加工，故又称金刚镗，现在普遍采用硬质合金、CBN和人造金刚石刀具进行高速细镗。高速细镗最初用于加工有色金属，现在也广泛用于加工铸铁件和钢件。

高速细镗常用的切削用量：

①背吃刀量：预镗为0.2 mm～0.6 mm，终镗为0.1 mm。

②进给量为0.01 mm/r～0.14 mm/r。

③切削速度：加工铸铁时为100 m/min～250 m/min，加工钢件时为150 m/min～300 m/min，加工有色金属时为300 m/min～2000 m/min。

为了保证高速细镗能达到较高的加工精度和表面质量，所用机床(金刚镗床)需具有较高的几何精度和刚度，机床主轴支承常用精密的角接触球轴承或静压滑动轴承，高度旋转零件须经精确平衡。此外，进给机构的运动必须十分平稳，保证工作台能作平稳低速进给运动。

高速细镗加工质量好，生产效率高，在大批大量生产中它被广泛用于精密孔的最终加工。

3.5　磨削加工

磨削是用于零件精加工和超精加工的切削加工方法。在磨床上应用各种类型的磨具为工具，可以完成内外圆柱面、平面、螺旋面、花键、齿轮、导轨和成形面等各种表面的精加工。它除能磨削普通材料外，尤其适用于一般刀具难以切削的高硬度材料的加工，如淬硬钢、硬质合金和各种宝石的加工等。磨削加工精度可达 IT6～IT4，表面粗糙度 Ra 值可达 0.02～1.25 μm。

除了用各种类型的砂轮进行磨削加工外，还可采用做成条状、块状(刚性的)、带状(柔性的)的磨具或用松散的磨料进行磨削。这些加工方法主要有珩磨、砂带磨、研磨和抛光等。

3.5.1　磨床

用磨料或磨具(砂轮、砂带、油石和研磨料)作为切削工具进行切削加工的机床通称为磨床。磨床广泛应用于零件的精加工，尤其是淬硬钢件、高硬度特殊材料及非金属材料(如陶瓷)的精加工。随着科学技术的发展，特别是精密铸造与精密锻造工艺的进步，使得磨床可直接将毛坯磨成成品。此外，高速磨削和强力磨削工艺的发展，进一步提高了磨削效率，因此，磨床的使用范围日益扩大。磨床的主要类型如下：

(1)外圆磨床：包括万能外圆磨床、普通外圆磨床、无心外圆磨床等。

(2)内圆磨床：包括普通内圆磨床、行星内圆磨床、无心内圆磨床等。

(3)平面磨床：包括卧轴矩台平面磨床、立轴矩台平面磨床、卧轴圆台平面磨床、立轴圆台平面磨。

(4)工具磨床：包括工具曲线磨床、钻头沟槽磨床等。

(5)刀具刃具磨床：包括万能工具磨床、车刀刃磨磨床、滚刀刃磨磨床等。

(6)专门化磨床：包括花键轴磨床、曲轴磨床、齿轮磨床、螺纹磨床等。

(7)其他磨床：包括珩磨机、研磨机、砂带磨床、超精加工机床等。

3.5.2　磨削原理

1. 磨削过程

磨削过程是由磨具上的无数个磨粒的微切削刃对工件表面的微切削过程构成的。如图 3-51 所示，磨料磨粒的形状是很不规则的多面体，不同粒度号磨粒的顶尖角多为 90°～120°并且尖端均带有半径 r_β 的尖端圆角。经修整后的砂轮，磨粒前角可达－80°～－85°，因此，磨削过程与其它切削方法相比具有自己的特点。

单个磨粒的典型磨削过程可分为三个阶段

(1)滑擦阶段

如图 3-51 所示，磨粒切削刃开始与工件接触，切削厚度由零开始逐渐增大，由于磨粒具有绝对值很大的实际负前角和相对较大的切削刃钝圆半径，所以磨粒并未切削工件，而只是在其表面滑擦而过，工件仅产生弹性变形。这一阶段称为滑擦阶段。在这一阶段的特点是磨粒与工件之间的相互作用主要是摩擦作用，其结果是磨削区产生大量的热，使工件的温度升高。

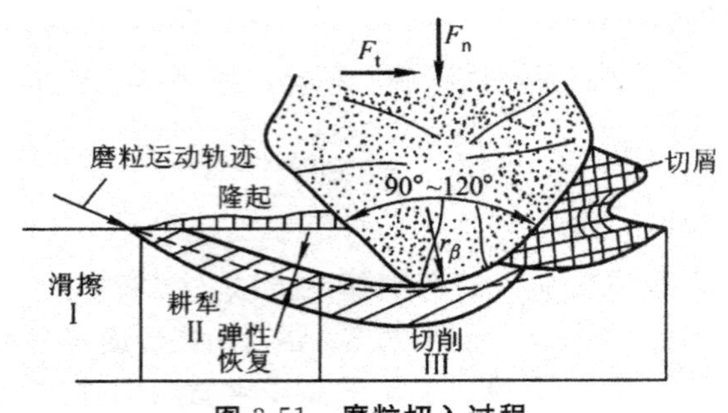

图 3-51 磨粒切入过程

(2)耕犁阶段

当磨粒继续切入工件,磨粒作用在工件上的法向力 F_n 增大到一定值时,工件表面产生塑性变形,使磨粒前方受挤压的金属向两边塑性流动,在工件表面上耕犁出沟槽,而沟槽的两侧微微隆起,如图 3-52 所示。此时磨粒和工件间的挤压摩擦加剧,热应力增加。这一阶段称为耕犁阶段,也称刻画阶段。这一阶段的特点是工件表面层材料在磨粒的作用下,产生塑性变形,表层组织内产生变形强化。

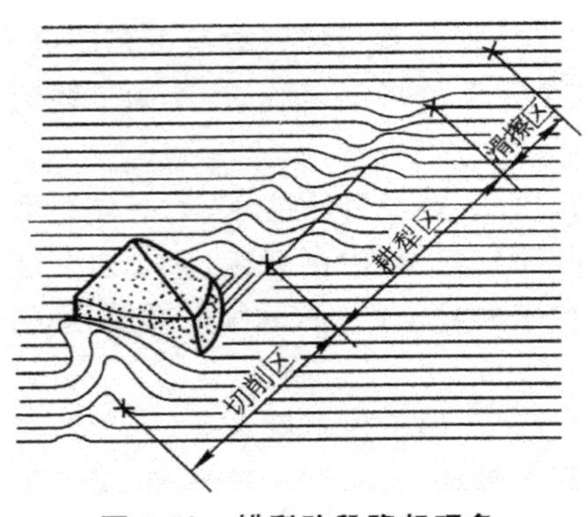

图 3-52 耕犁阶段隆起现象

(3)切削阶段

随着磨粒继续向工件切入,切削厚度不断增大,当其达到临界值时,被磨粒挤压的金属材料产生剪切滑移而形成切屑。这一阶段以切削作用为主,但由于磨粒刃口钝圆的影响,同时也伴随有表面层组织的塑性变形强化。

2. 磨削过程

磨削时,由于径向分力 F_n 的作用,致使磨削时工艺系统在工件径向产生弹性变形,使实际磨削深度与每次的径向进给量有所差别。所以,实际磨削过程如图 3-53 所示,可分为三个阶段。

(1)初磨阶段

在砂轮的最初的几次径向进给中,由于工艺系统的弹性变形,实际磨削深度比磨床刻度所显示的径向进给量要小。工艺系统刚性愈差,此阶段愈长。

(2)稳定阶段

随着径向进给次数的增加,机床、工件、夹具工艺系统的弹性变形抗力也逐渐增大。直至上述工艺系统的弹性变形抗力等于径向磨削力时,实际磨削深度等于径向进给量,此时进入稳定阶段。

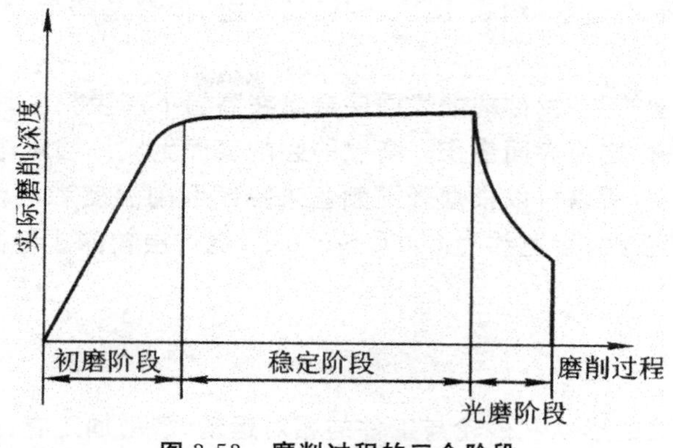

图 3-53　磨削过程的三个阶段

(3)光磨阶段

当磨削余量即将磨完时,径向进给运动停止。由于工艺系统的弹性变形逐渐恢复,实际径向进给量并不为零,而是逐渐减小。为此,在无切入情况下,增加进给次数,是磨削深度逐渐趋于零,磨削火花逐渐消失。与此同时,工件的精度和表面质量在逐渐提高。

因此,在开始磨削时,可采用较大的径向进给量,压缩初磨和稳定阶段以提高生产效率;适当增长光磨时间,可更好地提高工件的表面质量。

3. 磨削力

图 3-54 所示,磨削力可分解为互相垂直的三个分力:切向分力 F_y、径向分力 F_x 和轴向分力 F_z。由于磨削时切削厚度很小,磨粒上的刃口钝圆半径相对较大,绝大多数磨粒均呈负前角,故三分力中,径向分力 F_x 最大,约为 F 的 2～4 倍。各个磨削分力的大小随磨削过程的各个磨削阶段而变化。径向磨削力对磨削工艺系统的变形和磨削加工精度有直接的影响。

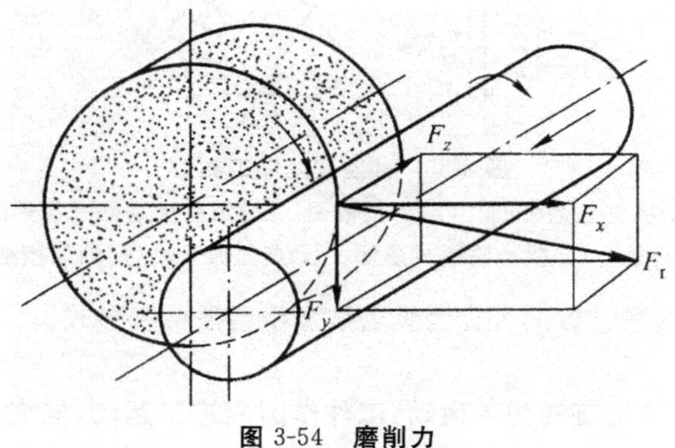

图 3-54　磨削力

4. 磨削热

磨削时,由于磨削速度很高,切削厚度很小,切削刃很钝,所以切除单位体积切削层所消耗的功率为车、铣等切削方法的 10～20 倍,磨削所消耗能量的大部分转变为热能,使磨削区形成高温。

磨削温度常用磨粒磨削点温度和磨削区温度来表示。磨削点温度是指磨削时磨粒切削刃与工件、磨屑接触点温度。磨削点温度非常高(可达 1000℃～1400℃),它不但影响表面加工质量,而且对磨粒磨损以及切屑熔着现象也有很大的影响。砂轮磨削区温度就是通常所说温度,是指砂轮与工件接触面上的平均温度，约在400℃～1000℃之间，它是产生磨削表面烧伤，残余应力和表面裂纹的原因。

磨削过程中产生大量的热，使被磨削表面层金属在高温下产生相变，从而其硬度与塑性发生变化，这种表层变质现象称之为表面烧伤。高温的磨削表面生成一层氧化膜，氧化膜的颜色决定于磨削温度和变质层深度，所以可以根据表面颜色来推断磨削温度和烧伤程度。如淡黄色约为400℃～500℃，烧伤深度较浅；紫色约为800℃～900℃，烧伤层较深。轻微的烧伤需经酸洗才会显示出来。

3.5.3 磨削类型

根据工件被加工表面的形状和砂轮与工件的相对运动，磨削加工有：外圆磨削、内圆磨削、平面磨削、无心磨削等几种主要加工类型。

1. 外圆磨削

如图3-55所示，外圆磨削是用砂轮外圆周面来磨削工件的外回转表面的磨削方法。它不仅能加工圆柱面，还能加工圆锥面、端面、球面和特殊形状的外表面等。

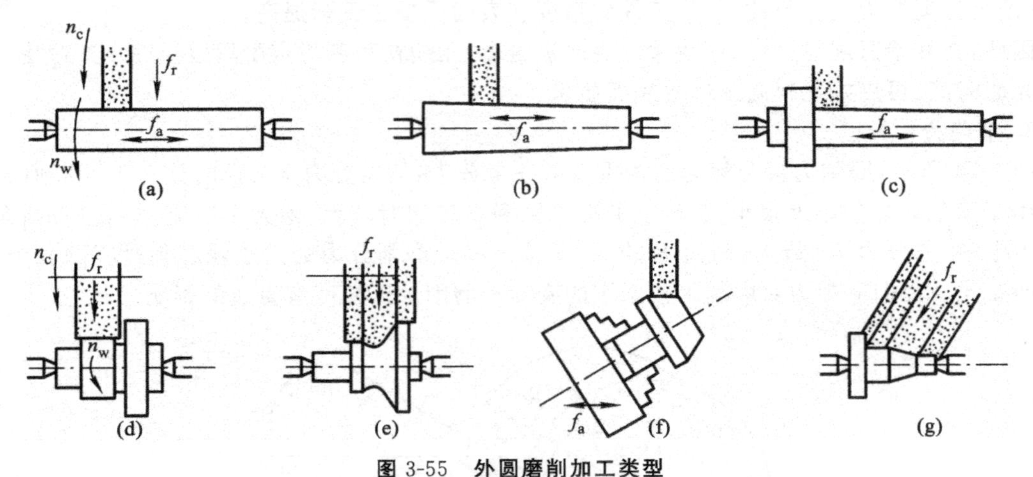

图3-55 外圆磨削加工类型

(a)纵磨法磨外圆 (b)磨长锥面 (c)纵磨法磨外圆靠端面

(d)横磨法磨外圆 (e)横磨法磨成形面 (f)磨短锥面 (g)斜向横磨法磨成形面

外圆磨削按照不同的进给方向可分为纵磨法和横磨法两种形式。

(1)纵磨法

磨削外圆时，砂轮的高速旋转为主运动，工件作圆周进给运动，同时随工作台沿工件轴向作纵向进给运动。每单行程或每往复行程终了时，砂轮作周期的横向进给运动，从而逐渐磨去工件的全部余量。采用纵磨法每次的横向进给量少，磨削力小，散热条件好，并且能以光磨次数来提高工件的磨削精度和表面质量，是目前生产中使用最广泛的一种方法。

(2)横磨法

采用这种磨削形式，在磨削外圆时工件不需作纵向进给运动，砂轮以缓慢的速度连续或断续地沿工件径向作横向进给运动，直至达到精度要求。因此就要求砂轮的宽度比工件的磨削宽度大，一次行程就可完成磨削加工的全过程，所以加工效率高，同时它也适用于成形磨削。然而，在磨削过程中，砂轮与工件接触面积大，磨削力大，必须使用功率大、刚性好的机床。此外，磨削热集中，磨削温度高，势必影响工件的表面质量，必须用充分的切削液来降低磨削温度。

2. 内圆磨削

如图 3-56 所示为普通内圆磨削方法，砂轮高速旋转作主运动 n_c，工件旋转作圆周进给运动 n_w，同时砂轮或工件沿其轴线往复运动作纵向进给运动，工件沿其径向作横向进给运动 f_a。

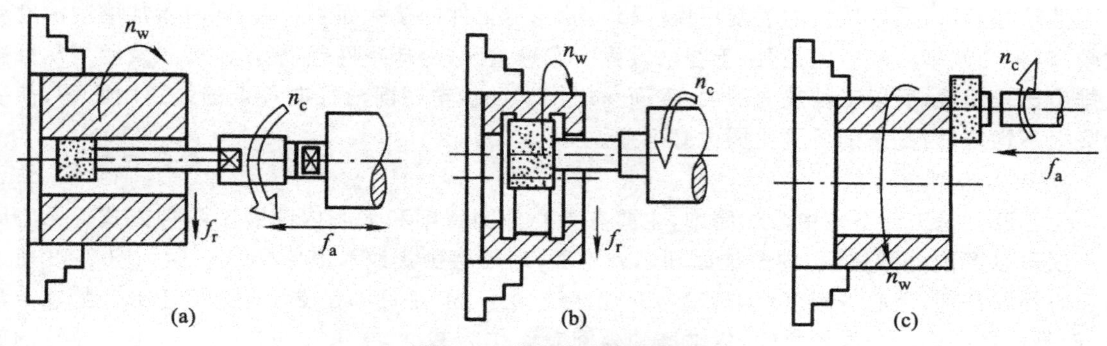

图 3-56　普通内圆磨削方法

(a)纵磨法磨内孔　(b)横磨法磨内孔　(c)磨端面

3. 平面磨削

常见的平面磨削方式如图 3-57 所示。

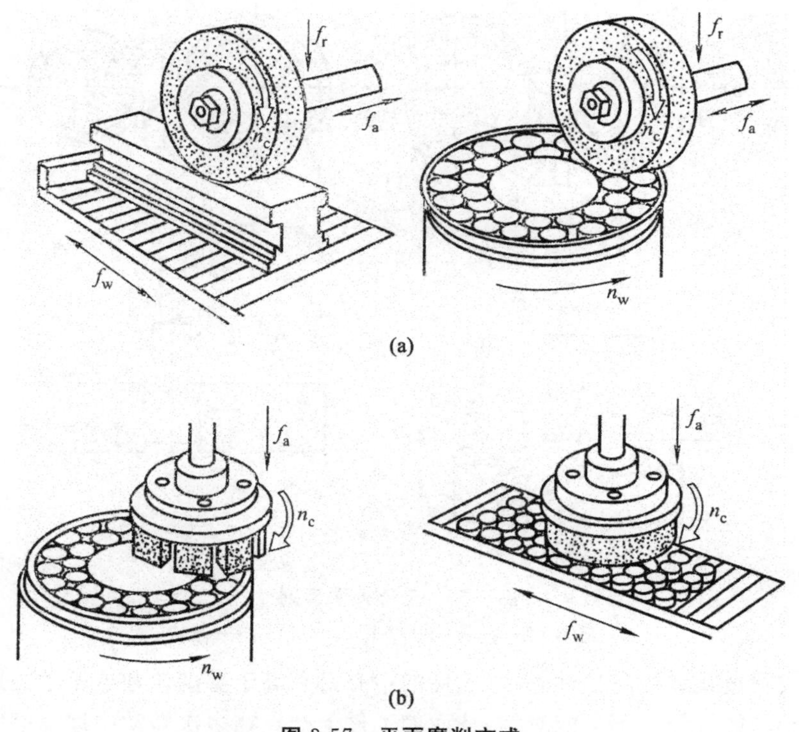

图 3-57　平面磨削方式

(a)周边磨削　(b)端面磨削

(1)周边磨削

用砂轮的周边作为磨削工作面，砂轮与工件的接触面积小，摩擦发热小，排屑及冷却条件好，工件受热变形小，且砂轮磨损均匀，所以加工精度较高。但是，砂轮主轴处于水平位置，呈悬臂状态，刚性较差。不能采用较大的磨削用量，生产效率较低。

(2)端面磨削

用砂轮的端面作为磨削工作面。端面磨削时，砂轮轴伸出较短，磨头架主要承受轴向力，所以刚性较好，可以采用较大的磨削用量；另外，砂轮与工件的接触面积较大，同时参加磨削的磨粒数较多，生产效率较高。但是，由于磨削过程中发热量大，冷却条件差，脱落的磨粒及磨屑从磨削区排出比较困难，所以工件热变形大，表面易烧伤。且砂轮端面沿径向各点的线速度不等，使砂轮磨损不均匀，因此磨削质量比周边磨削差。

4. 无心磨削

无心磨削是工件不定中心的磨削，主要有无心外圆磨削和无心内圆磨削两种方式。无心磨削不仅可以磨削外圆柱面、内圆柱面和内外锥面，还可磨削螺纹和其它形状表面。图 3-58 所示为无心外圆磨削，无心外圆磨削与普通外圆磨削方法不同，工件不是支承在顶尖上或夹持在卡盘上，而是放在磨削轮与导轮之间，以被磨削外圆表面作为基准、支承在托板上。砂轮与导轮的旋转方向相同，由于磨削砂轮的旋转速度很大，但导轮(用摩擦系数较大的树脂或橡胶作结合剂制成的刚玉砂轮)则依靠摩擦力限制工件的旋转，使工件的圆周速度基本等于导轮的线速度，从而在砂轮和工件间形成很大的速度差，产生磨削作用。

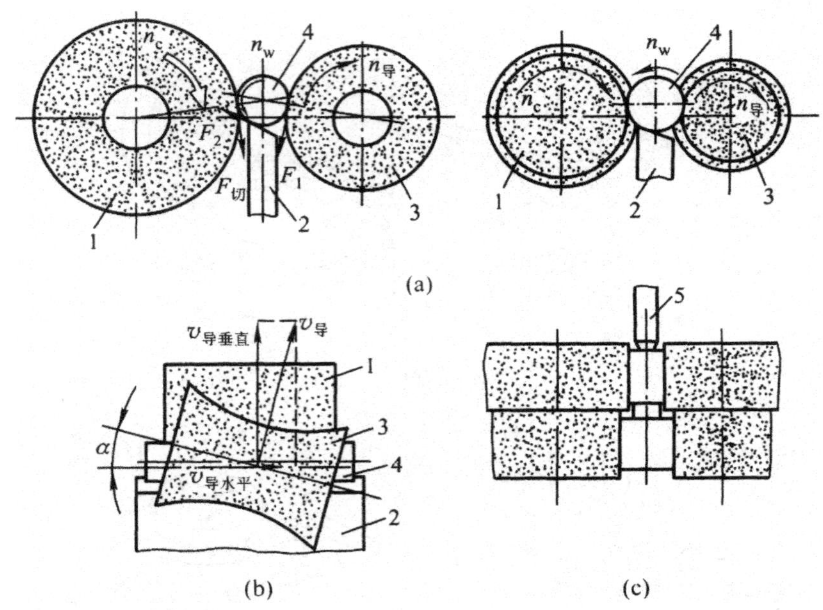

图 3-58 无心外圆磨削

1—砂轮；2—托板；3—导轮；4—工作；5—挡块

为了加快成圆过程和提高工件圆度，工件的中心必须高于磨削轮和导轮中心连线，这样工件与磨削砂轮和导轮的接触点不可能对称，从而使工件上凸点在多次转动中逐渐磨圆。实践证明：工件中心越高，越易获得较高圆度，磨削过程越快；但高出距离不能太大，否则导轮对工件的向上垂直分力会引起工件跳动。

在无心外圆磨床上磨削外圆，工件不需打中心孔，装卸简单省时；用贯穿磨削时，加工过程是连续不断运行；工件支承刚性好，可用较大的切削用量进行切削，而磨削余量可较小(没有因中心孔偏心而造成的余量不均现象),故生产效率较高。

由于工件定位面为外圆表面,消除了工件中心孔误差、外圆磨床工作台运动方向与前后顶尖的连线不平行以及顶尖的径向跳动等项误差的影响,所以磨削出来的工件尺寸精度和几何精度都比较高,表面粗糙度值也较小。但无心磨削调整费时,只适于成批及大量生产;又因工件的支承及传动特点,只能用来加工尺寸较小,形状比较简单的零件。此外无心磨削不能磨削不连续的外圆表面,如带有键槽、小平面的表面,也不能保证加工面与其它被加工面的相互位置精度。

3.6 齿轮加工

齿轮是机械传动中的重要零件,它具有传动比准确、传动力大、效率高、结构紧凑、可靠性好等优点,应用极为广泛。随着科学技术的发展,人们对齿轮的传动精度和圆周速度等方面的要求越来越高,因此齿轮加工在机械制造业中占有重要的地位。

3.6.1 齿轮加工原理

齿轮的加工方法有无切削加工和切削加工两类。

1. 无切削加工

齿轮的无切削加工方法有铸造、热轧、冷挤、注塑等方法。无切削加工具有生产率高、材料消耗小和成本低等优点。铸造齿轮的精度较低,常用于农机和矿山机械。近十几年来,随着铸造技术的发展,铸造精度有了很大的提高,某些铸造齿轮已经可以直接用于具有一定传动精度要求的机械中。冷挤法只适用于小模数齿轮的加工,但精度较高,尤其是近十年,齿轮的精锻技术在国内得到了较快的发展。对于用工程塑料制造的齿轮来说,注塑加工是成形的较好的方法。

2. 切削加工

对于有较高传动精度要求的齿轮来说,切削加工仍是目前主要的加工方法。通常要通过切削和磨削加工来获得所需的齿轮精度。根据所用的加工装备不同,齿轮的切削加工有铣齿、滚齿、插齿、刨齿、磨齿、剃齿、珩齿等多种方法。

按齿轮齿廓的成形原理不同,齿轮的切削加工又可分为成形法和展成法两种。

(1)成形法

成形法的特点是所用刀具的切削刃形状与被切削齿轮齿槽的形状相同。用成形法原理加工齿形的方法有:用模数铣刀在铣床上利用万能分度头铣齿轮等方法。这些方法由于存在分度误差及刀具的制造安装误差,所以加工精度较低,一般只能加工出9~10级精度的齿轮。此外,加工过程中需多次不连续分度,生产率也很低,因此主要用于单件小批量生产及修配工作中加工精度不高的齿轮。

成形法加工齿轮的方法有铣削、拉削、插削及成形法磨削等,其中最常用的方法是在普通铣床上用成形铣刀铣削齿形,具体可见图3-59所示。

成形法铣齿的优点是可以在普通铣床上加工,但由于刀具的近似齿形误差和机床在分齿过程中的转角误差影响,加工精度一般较低,为IT9~IT12级,表面粗糙度值为Ra6.3~3.2 μm,生产效率不高,一般用于单件小批量生产加工直齿、斜齿和人字齿圆柱齿轮,或用于重型机器制造中加工大型齿轮。

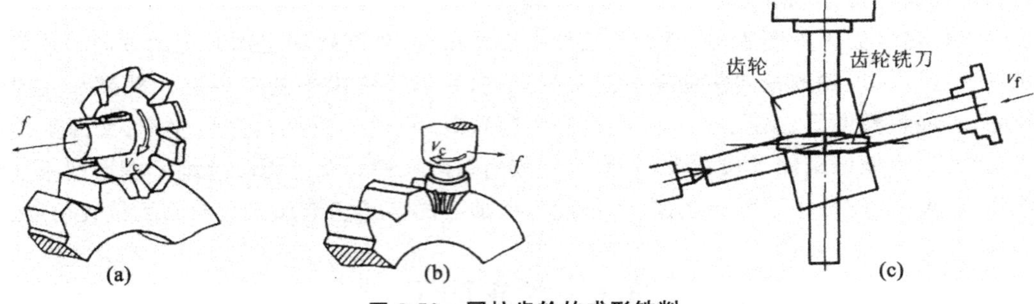

图 3-59　圆柱齿轮的成形铣削

(a)盘形齿轮铣刀铣削　(b)指形齿轮铣刀铣削　(c)斜齿圆柱齿轮铣削

(2)展成法

如图 3-60 所示,展成法是利用一对齿轮啮合的原理进行加工的。刀具相当于一把与被加工齿轮具有相同模数的特殊齿形的齿轮。加工时刀具与工件按照一对齿轮(或齿轮与齿条)的啮合传动关系(展成运动)作相对运动。在运动过程中,刀具齿形的运动轨迹逐步包络出工件的齿形。同一模数的刀具可以在不同的展成运动关系下,加工出不同的工件齿形。所以用一把刀具就可以切出同一模数而齿数不同的各种齿轮。展成法加工时能连续分度,具有较高的加工精度和生产率,是目前齿轮加工的主要方法。滚齿、插齿、剃齿、磨齿等都属于展成法加工。

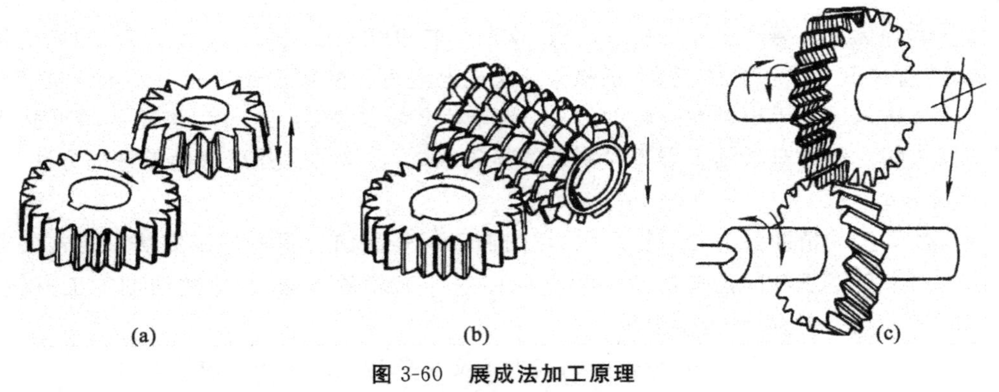

图 3-60　展成法加工原理

(a)插齿加工　(b)滚齿加工　(c)剃齿加工

3.6.2　齿轮加工

1. 滚齿加工

滚齿加工过程实质上是一对交错轴螺旋齿轮的啮合传动过程。如图 3-61 所示,其中一个斜齿圆柱齿轮齿数较少(通常只有一个),螺旋角很大(近似 90°),牙齿很长,因而变成为一个蜗杆(称为滚刀的基本蜗杆)状齿轮。该齿轮经过开容屑槽、磨前后刀面,做出切削刃,就形成了滚齿用的刀具,称为齿轮滚刀。用该刀具与被加工齿轮按啮合传动关系做相对运动就实现了齿轮滚齿加工。

滚齿过程如图 3-62 所示。当滚刀旋转时,在其螺旋线的法向剖面内的刀齿,相当于一个齿条做连续移动。根据啮合原理,其移动速度与被切齿轮在啮合点的线速度相等,即被切齿轮的分度圆与该齿条的节线做纯滚动。由此可知,滚齿时,滚刀的转速与齿坯的转速必须严格符合如下

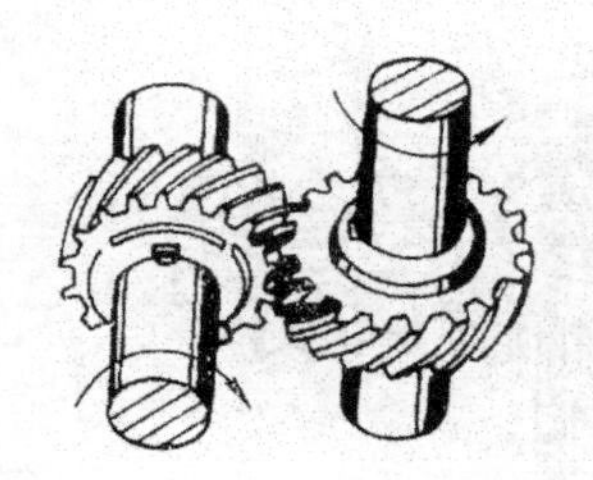
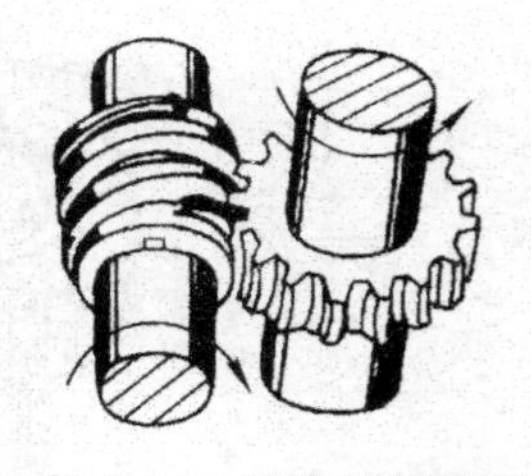
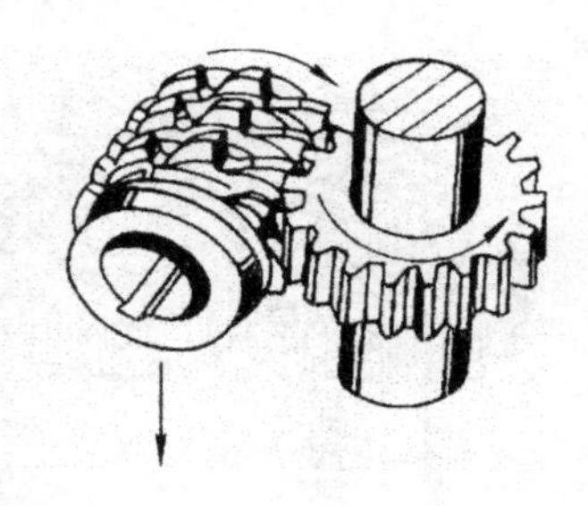

图 3-61　滚齿加工原理

$$\frac{n_{刀}}{n_{工}}=\frac{z_{工}}{K}$$

式中，$n_{刀}$、$n_{工}$——分别为滚刀和工件的转速，r/min。

$z_{工}$——工件的齿数。

K——滚刀的头数。

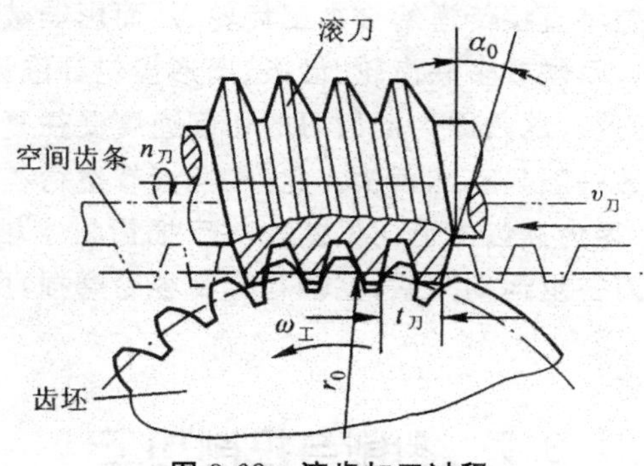

图 3-62　滚齿加工过程

在滚齿加工时，滚刀的旋转与工件的旋转运动之间是一个具有严格传动关系要求的内联系传动链。这一传动链是形成渐开线齿形的传动链，称为展成运动传动链。其中滚刀的旋转运动是滚齿加工的主运动。工件的旋转运动是圆周进给运动。除此之外，还有切出全齿高所需的径向进给运动和切出全齿长所需的垂直进给运动。

滚齿加工采用展成原理，适应性好，解决了成形法铣齿时齿轮铣刀数量多的问题，并解决了由于刀号分组而产生的加工齿形误差和间断分度造成的齿距误差，精度比铣齿加工高；滚齿加工是连续分度，连续切削，无空行程损失，加工生产率高。由于滚刀结构的限制，容屑槽数量有限，滚刀每转切削的刀齿数有限，加工齿面的表面粗糙度大于插齿加工。主要用于直齿、斜齿圆柱齿轮、蜗轮的加工，不能加工多联齿轮。

2. 插齿加工

如图 3-63 所示，插齿加工的原理相当于一对圆柱齿轮的啮合传动过程，其中一个是工件，而另一个是端面磨有前角，齿顶及齿侧均磨有后角的插齿刀。插齿时，插齿刀沿工件轴向作直线往复运动以完成切削主运动，在刀具与齿坯作无间隙啮合运动的过程中，在齿坯上渐渐切出齿廓。在加工的过程中，刀具每往复一次，切出工件齿槽的一小部分，齿廓曲线是在插齿刀切削刃多次相继切削中，由切削刃各瞬时位置的包络线所形成的。

插齿加工的特点如下。

(1)由于插齿刀在设计时没有滚刀的近似齿形误差，在制造时可通过高精度磨齿机获得精确

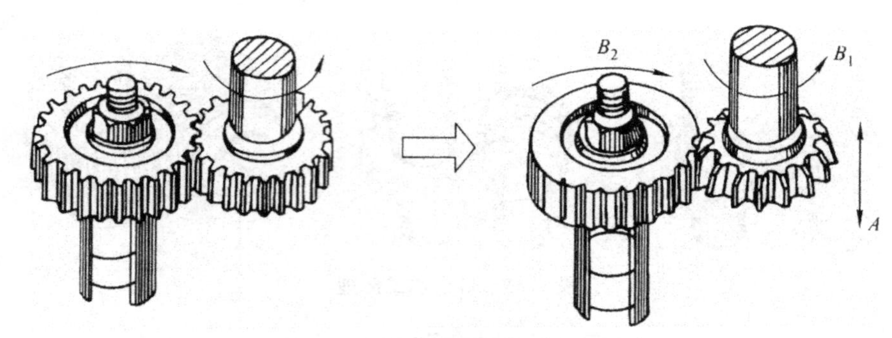

图 3-63　插齿加工原理及其成形运动

的渐开线齿形，所以插齿加工的齿形精度比滚齿高。

(2)齿面的表面粗糙度值小。这主要是由于插齿过程中参与包络的刀刃数远比滚齿时多。

(3)运动精度低于滚齿。由于插齿时，插齿刀上各个刀齿顺次切削工件的各个齿槽，所以刀具制造时产生的齿距累积误差将直接传递给被加工齿轮，从而影响被切齿轮的运动精度。

(4)插齿可以加工内齿轮、双联或多联齿轮、齿条、扇形齿轮等滚齿无法完成的加工。

(5)插齿的生产率比滚齿低。这是因为插齿刀的切削速度受往复运动惯性限制难以提高，目前插齿刀每分钟往复行程次数一般只有几百次。此外，插齿有空行程损失。

(6)齿向偏差比滚齿大。因为插齿的齿向偏差取决于插齿机主轴回转轴线与工作台回转轴线的平行度误差。由于插齿刀往复运动频繁，主轴与套筒容易磨损，所以齿向偏差常比滚齿加工时要大。

3.7　刨削与拉削加工

3.7.1　刨削加工

1. 刨削加工工作范围

在刨床上使用刨刀对工件进行切削加工，称为刨削加工。刨削加工主要用于加工各种平面(如水平面、垂直面和斜面等)和沟槽(如T形槽、燕尾槽、V形槽等)。刨削加工的典型表面见图3-64(图中的切削运动是按牛头刨床加工时标注的)。

2. 刨床与刨刀

刨削加工是在刨床上进行的，刨床的主运动是刀具或零件所做的直线往复运动。它只在一个运动方向上进行切削，称为工作行程，返回时不进行切削，称为空行程。进给运动由刀具或工件完成，其方向与主运动方向相垂直，它是在空行程结束后的短时间内进行的，因而是一种间歇运动。

刨床类机床所用的刀具和夹具都比较简单，加工方便，且生产准备工作较为简单。但由于这类机床的进给运动是间歇进行的，所以在每次工作行程中当刀具切入工件时要发生冲击，其主运动改变方向时还需克服较大的惯性力，这些因素限制了切削速度和空行程速度的提高。因此，在大多数情况下，其生产率较低。这类机床一般适用于单件小批量生产，特别是在机修和工具车间是常用的设备。刨床类机床主要有牛头刨床、龙门刨床和插床三种类型。在大批量生产中被铣床和拉床所代替。

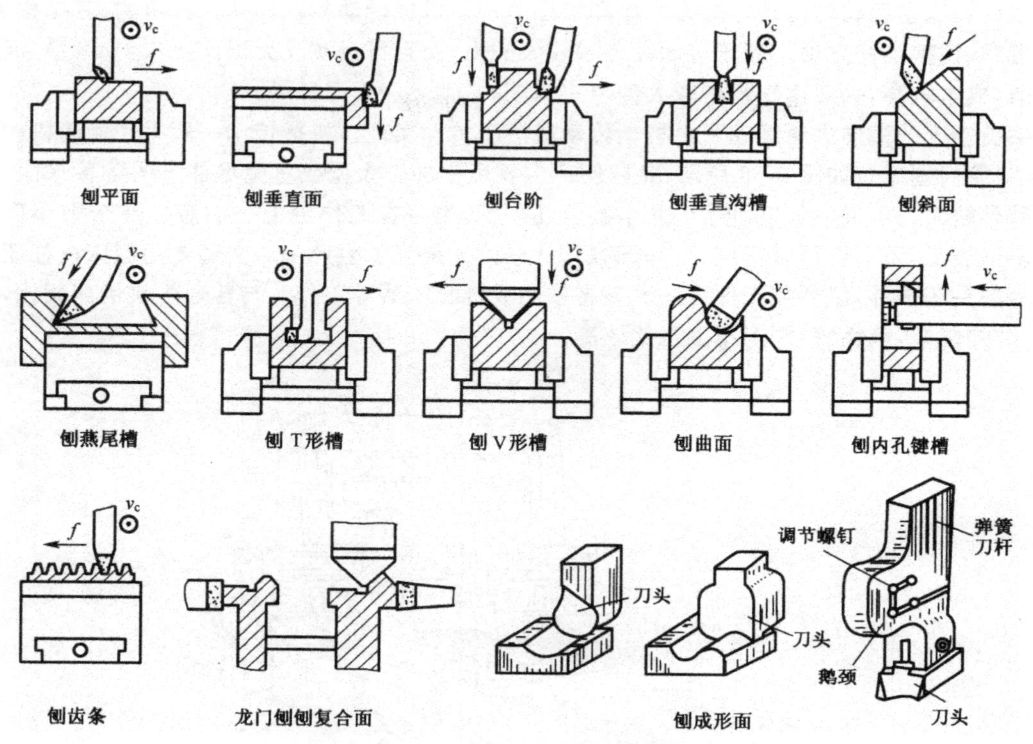

图 3-64　刨削加工的典型表面

刨床类机床主要有牛头刨床、龙门刨床和插床三种类型。

(1)牛头刨床。牛头刨床主要用于加工小型零件。其外形如图 3-65 所示。

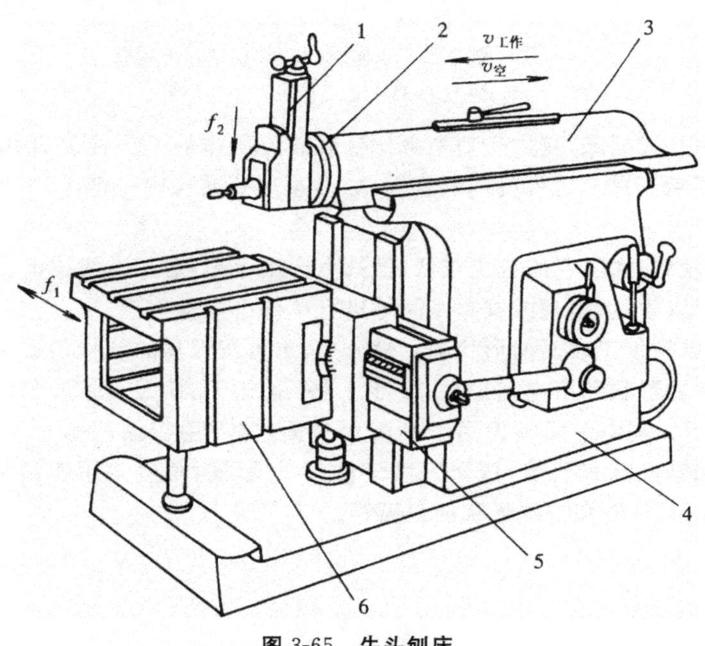

图 3-65　牛头刨床

1—刀架;2—刀架座;3—滑枕;4—床身;5—横梁;6—工作台

牛头刨床主运动的传动方式有机械和液压两种。机械传动常用曲柄摇杆机构，其结构简单、工作可靠、调整维修方便。液压传动能传递较大的力，而且可以实现无级调速，运动平稳，但结构较复杂，成本较高，一般用于规格较大的牛头刨床。

牛头刨床的横向进给运动可由机械传动或液压传动实现。机械传动一般采用棘轮机构。

(2)龙门刨床。如图 3-66 所示，龙门刨床主要用于加工大型或重型零件上的各种平面、沟槽和各种导轨面。工件的长度可达十几米甚至几十米，也可在工作台上一次装夹数个中小型零件进行多件加工，还可以用多把刨刀同时刨削，从而大大提高了生产率。大型龙门刨床往往还附有铣头和磨头等部件，以便使工件在一次装夹中完成刨、铣、磨等工作。与普通牛头刨床相比，其形体大，结构复杂，刚性好，加工精度也比较高。

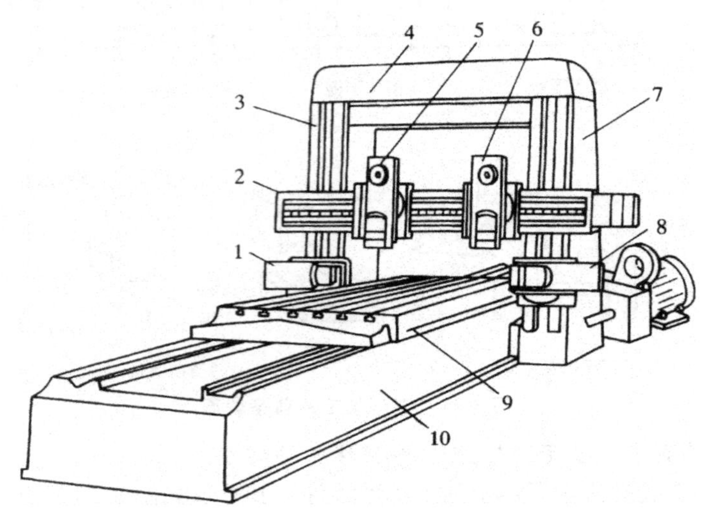

图 3-66　龙门刨床

1、8—左右侧刀架；2—横梁；3、7—立柱；4—顶梁

5、6—垂直刀架；9—工作台；10—床身

(3)插床。也称立式刨床，其主运动是滑枕带动插刀所作的上下往复直线运动，具体可见图 3-67 所示，插床主要用于加工工件的内部表面，如多边形孔或孔内键槽等，有时候也用于加工成形内外表面。

插床加工范围较广，加工费用也比较低，但其生产率不高，对工人的技术要求较高。因此，插床一般适用于在工具、模具、修理或试制车间等进行单件小批量生产。

刨刀的种类可以按加工表面的形状和用途分类，也可按刀具的形状和结构分类。

(1)按加工表面的形状和用途，刨刀一般可分为平面刨刀、偏刀、切刀、弯切刀、角度刀和样板刀等，如图 3-68 所示。其中平面刨刀用于刨削水平面，偏刀用于刨削垂直面、台阶面和外斜面等，切刀用于切断和刨削垂直面等，弯切刀用于刨削 T 形槽，角度刀用于刨削燕尾槽和内斜面等，样板刀用于刨削 V 形槽和特殊形状的表面等。

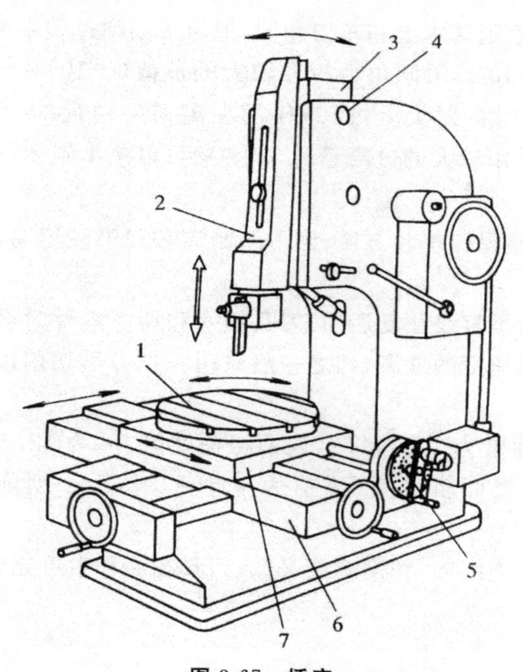

图 3-67 插床

1—圆工作台；2—滑枕；3—滑枕导轨座
4—销轴；5—分度装置；6—床鞍；7—溜板

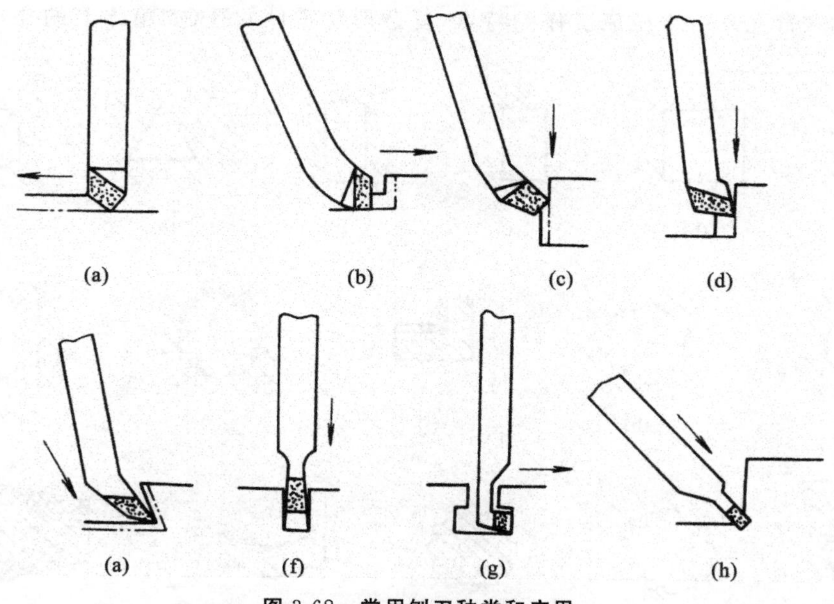

图 3-68 常用刨刀种类和应用

(a)平面刨刀 (b)、(d)台阶偏刀 (c)普通偏刀 (e)角度刀
(f)切刀 (g)弯切刀 (h)切槽刀

(2)按刀具的形状和结构，刨刀一般可分为左刨刀和右刨刀、直头刨刀和弯头刨刀、整体刨刀和组合刨刀等。

刨刀的几何角度选取原则基本上和车刀相同，但由于刨削过程中冲击较大，所以刨刀的前角比车刀要小（一般约小 5°～10°），刃倾角也应取较大的负值（－10°～－20°），以使刨刀切入工件时所产生的冲击力不是作用在刀尖上，而是作用在离刀尖稍远的刀刃上。主偏角 κ_r 一般在 45°～75°范围内选取。当采用较大的进给量时，κ_r 一般可以减小到 20°～30°。

3. 刨削工艺特点

（1）刨床结构简单，调整操作都较方便；刨刀的制造和刃磨较容易，价格低廉，所以刨削加工的生产成本较低。

（2）由于刨削的主运动是直线往复运动，刀具切入和切离零件时会产生冲击与振动，所以加工质量较低，也限制了切削速度的提高，加之一般只用一把刀具切削以及空行程的影响，刨削的生产率较低。

（3）刨削的加工精度通常为 IT9～IT7，表面粗糙度值 Ra 为 12.5～3.2 μm；采用宽刃刀精刨时，加工精度可达 IT6，表面粗糙度 Ra 值为 1.6～0.4 μm。刨削加工能保证一定的位置精度。

（4）由于刨削过程是不连续的，切削速度又低，刀具在回程中可充分冷却，所以刨削时一般不用切削液。

3.7.2 拉削加工

如图 3-69 所示，拉削是一种高效率的加工方法。拉削可以加工各种截面形状的内孔表面及一定形状的外表面。拉削的孔径一般为 8～125 mm，孔的深径比一般不超过 5 mm。但拉削不能加工台阶孔和盲孔。由于拉床工作的特点，复杂形状零件的孔（如箱体上的孔）也不宜进行拉削。

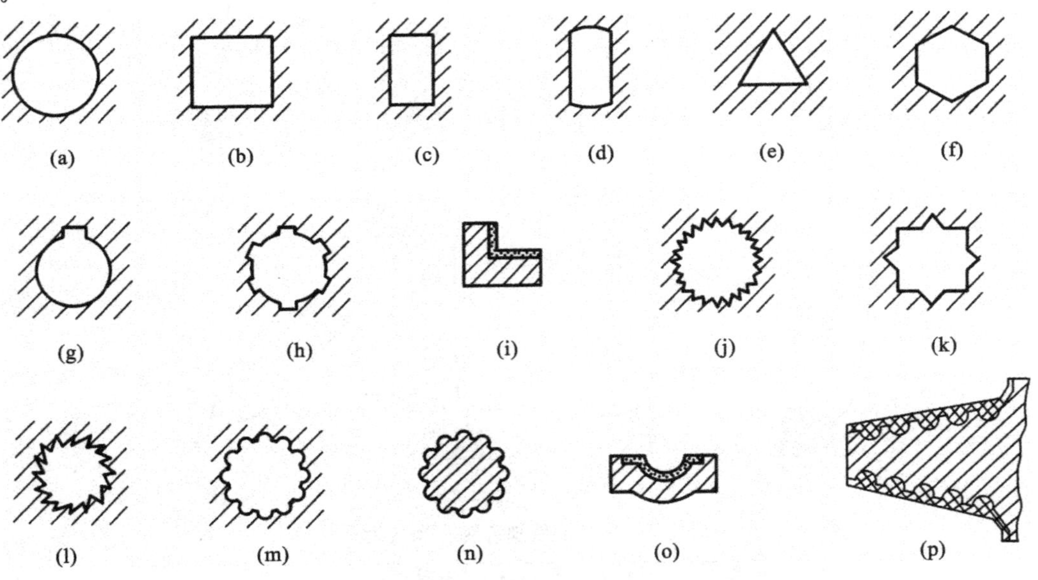

图 3-69　拉削加工的典型工件截面形状

（a）圆孔　（b）方孔　（c）长方孔　（d）鼓形孔　（e）三角孔　（f）六角孔
（g）键槽　（h）花键槽　（i）相互垂直平面　（j）齿纹孔　（k）多边形孔
（l）棘爪孔　（m）内齿轮孔　（n）外齿轮孔　（o）成形表面　（p）涡轮叶片根部的槽形

1. 拉削过程及特点

(1)拉削过程

图 3-70 所示为拉削过程示意,拉刀是加工内外表面的多齿高效刀具,它依靠刀齿尺寸或廓形变化切除加工余量,以达到要求的形状尺寸和表面粗糙度。拉削时,拉刀先穿过工件上已有的孔,将工件的端面靠在拉床的挡壁上,然后由机床的刀夹将拉刀前柄部夹住,并将拉刀从工件孔中拉过。由拉刀上一圈圈不同尺寸的刀齿,分别逐层地从工件孔壁上切除金属,而形成与拉刀最后的刀齿同形状的孔。拉刀刀齿的直径依次增大,形成齿升量 a_f。拉孔时从孔壁切除的金属层的总厚度就等于通过工件孔表面的所有切削齿的齿升量之和。由此可见,拉削的主切削运动是拉刀的轴向移动,而进给运动是由拉刀各个刀齿的齿升量来完成的。因此,拉床只有主运动,没有进给运动。拉削时,拉刀作平稳的低速直线运动。拉刀的主运动通常由液压系统驱动。

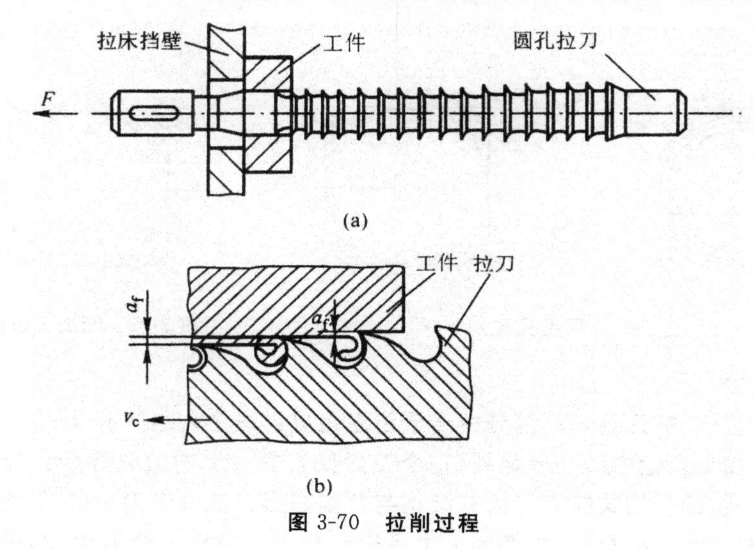

图 3-70 拉削过程

(2)拉削的特点

拉削的特点如下:

①生产率高。由于拉削时,拉刀同时工作的刀齿数多、切削刃长,且拉刀的刀齿分粗切齿、精切齿和校准齿,在一次工作行程中就能够完成工件的粗、精加工及修光,机动时间短。

②较高的加工质量。拉刀为定尺寸刀具,具有校准齿进行校准、修光工作;拉床采用液压系统,传动平稳;拉削速度低,不会产生积屑瘤,精度可以达 IT8～IT7 级,表面粗糙度值为 1.6～0.4 μm。

③拉刀制造复杂,成本高。一把拉刀只适用于加工一种规格尺寸的型孔或槽。

④拉削属于封闭式切削,容屑、排屑和散热均较困难,应重视对切屑的妥善处理。通常在刀刃上磨出分屑槽,并给出足够的齿间容屑空间及合理的容屑槽形状,以便切屑自由卷曲。

⑤拉刀耐用度高,使用寿命长。拉削时,切削速度低、切削厚度小;在每次拉削过程中,每个刀齿只切削一次,工作时间短,拉刀磨损慢。另外,拉刀刀齿磨钝后,还可刃磨几次。

2. 拉削方式

所谓拉削方式是指用拉刀把加工余量从工件表面切下来的方式。它决定每个刀齿切下的切削层的截面形状,在拉削加工中称之为拉削图形。拉削方式有分层拉削和分块拉削两大类。分层拉削包括同廓式和渐成式两种，分块拉削目前常用的有轮切式和综合轮切式两种。

(1)分层拉削法

①同廓式拉削。按同廓式拉削法设计的拉刀，各刀齿的廓形与被加工表面的最终形状一样。它们一层层地切去加工余量，最后由拉刀的最后一个切削齿和校准齿切出工件的最终尺寸和表面，如图 3-71 所示。采用这种拉削方式能达到较小的表面粗糙度值。但单位切削力大，且需要较多的刀齿才能把余量全部切除，拉刀较长，刀具成本高，生产率低，并且不适于加工带硬皮的工件。

②渐成式拉削法。按渐成式拉削法设计的拉刀，各刀齿可制成简单的直线或圆弧，它们一般与被加工表面的最终形状不同，被加工表面的最终形状和尺寸是由各刀齿切出的表面连接而成，如图 3-72 所示。这种拉刀制造比较方便，但它不仅具有同廓式的同样缺点，而且加工出的工件表面质量较差。

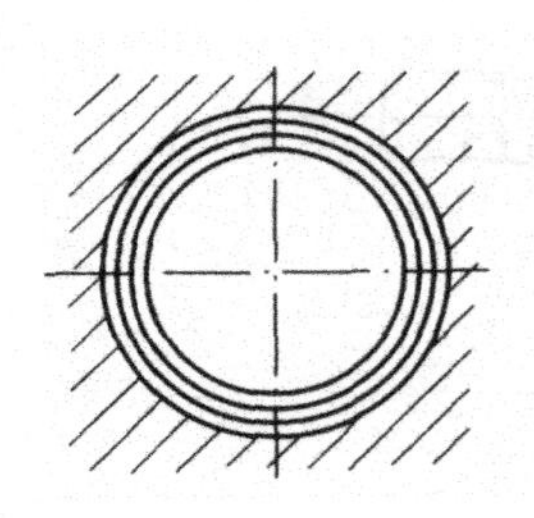

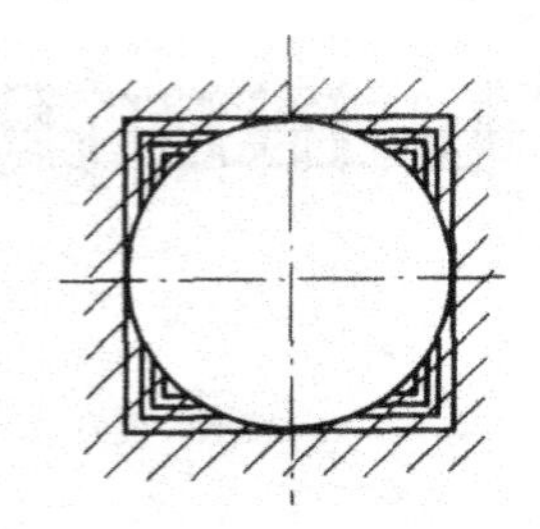

图 3-71　同廓式拉削

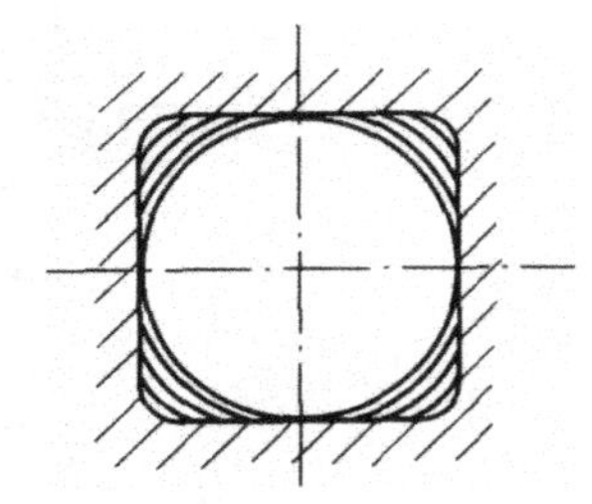

图 3-72　渐成式拉削法

(2)分块拉削法

①轮切式拉削法。拉刀的切削部分由若干齿组组成。每个齿组中有 2～5 个刀齿，它们的直径相同，共同切下加工余量中的一层金属，每个刀齿仅切去一层中的一部分。如图 3-73(a)所示为三个刀齿列为一组的轮切式拉刀刀齿的结构与拉削图形。前两个刀齿(1、2)无齿升量，在切削刃上磨出交错分布的大圆弧分屑槽，切削刃也呈交错分布。最后一个刀齿(3)呈圆环形，不磨出大圆弧分屑槽，但为了避免第三个刀齿切下整圈金属，其直径应较同组其它刀齿直径略小。

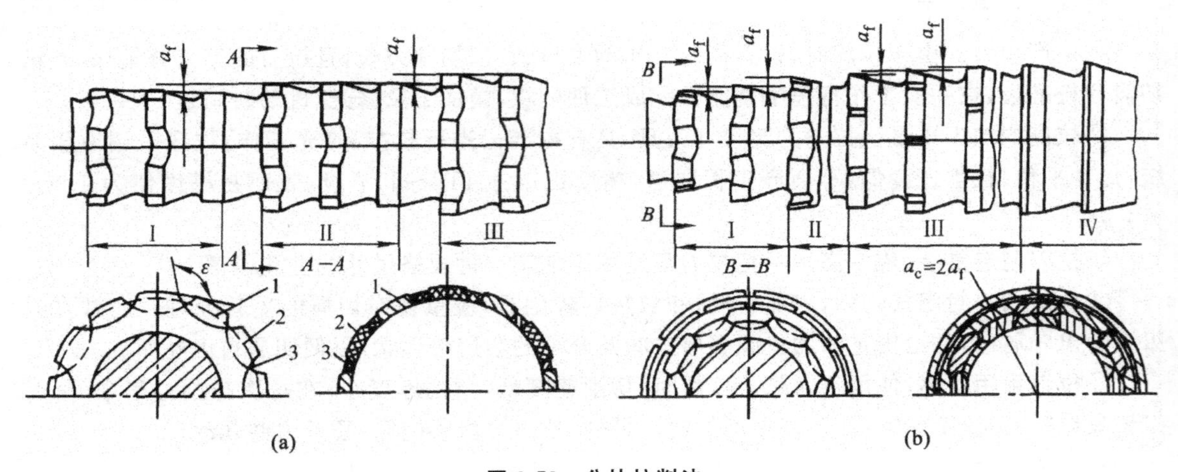

图 3-73　分块拉削法

(a)轮切式　(b)综合轮切式

轮切式与分层拉削方式比较,它的优点是每一个刀齿上参加工作的切削刃的宽度较小,但切刑厚度较分层拉削方式要大得多。因此在同一拉削量下,所需刀齿的总数减少了许多,拉刀长度大大缩短,不仅节省了贵重的刀具材料,生产率也大大提高。在刀齿上分屑槽的转角处,强度高、散热良好,故刀齿的磨损量也较小。

轮切式拉刀主要适用于加工尺寸大、余量多的内孔,并可以用来加工带有硬皮的铸件和锻件。但轮切式拉刀的结构较复杂,拉后工件的表面粗糙度较大。

②综合轮切式。综合轮切式拉刀集中了同廓式与轮切式的优点,粗切齿制成轮切式结构,精切齿则采用同廓式结构,这样既缩短了拉刀长度,提高生产率,又能获得较好的工件表面质量。如图 3-73(b)所示为综合轮切式拉刀刀齿的结构与拉削图形。拉刀上粗切齿Ⅰ与过渡齿Ⅱ采用轮切式刀齿结构,各齿均有较大的齿升量。过渡齿齿升量逐渐减小。精切齿Ⅲ采用同廓式刀齿的结构,其齿升量较小。校正齿Ⅳ无升量。

综合轮切式拉刀刀齿齿升量分布较合理,拉削较平稳,加工表面质量高,但综合轮切式拉刀的制造较困难,我国生产的圆孔拉刀多采用此结构。

第4章 机械加工工艺规程的制定

4.1 概述

机械加工工艺规程的制定与生产实际有着密切的联系，它要求工艺规程制定者具有一定的生产实践知识和专业基础知识。

在实际生产中，由于零件的结构形状、几何精度、技术条件和生产数量等要求不同，一个零件往往要经过一定的加工过程才能将其由图样变成成品零件。因此，机械加工工艺人员必须从工厂现有的生产条件和零件的生产数量出发，根据零件的具体要求，在保证加工质量、提高生产效率和降低生产成本的前提下，对零件上的各加工表面选择适宜的加工方法，合理地安排加工顺序，科学地拟定加工工艺过程，才能获得合格的机械零件。

4.1.1 生产过程及工艺过程

1. 生产过程

机械产品的生产过程是指将原材料转变为成品的全过程。具体包括以下过程。

①生产技术准备过程。如市场需求情况的预测、产品的开发和设计、工艺设计、专用工艺装备的设计和制造、生产资料的准备、生产计划的编制等。

②毛坯制造过程。如铸造、锻造、冲压和焊接等。

③零件的各种加工过程。如机械加工、热处理、焊接和其他表面处理等。

④产品的装配过程。如部装、总装、检验、调试和油漆等。

⑤生产服务过程。如原材料、工具、协作件和配套件的订购、供应、运输、保管、试验与化验，以及产品的包装、销售、发运和售后服务等。

现代机械工业的发展趋势是组织专业化生产，即一种产品的生产是分散在若干个专业化企业进行，最后集中再由一个企业制成完整的机械产品。

2. 工艺过程

在生产过程中改变生产对象的形状、尺寸、相对位置和性质等，使其成为成品或半成品的过程称为工艺过程。如毛坯制造、机械加工、热处理、装配等过程，均为工艺过程。工艺过程是生产过程的重要组成部分。

机械加工工艺过程是指用机械加工的方法直接改变毛坯的形状、尺寸和表面质量，使之成为零件或部件的生产过程，分为机械加工工艺过程和机器装配工艺过程。

采用机械加工方法，直接改变毛坯的形状、尺寸和表面质量，使之成为合格零件的过程称为机械加工工艺过程。

把零件装配成机器并达到装配要求的过程称为装配工艺过程。

3. 工艺系统的组成

在机械加工过程中，一个零件的加工要经过多道工序、多种加工方法才能完成。在加工过程中的被加工对象称为工件。工件在每道工序上加工时，总是通过夹具来被安装在机床上。要保证工件的加工尺寸精度和相互位置精度，必须保证机床、刀具、工件和夹具各环节之间具有正确的几何位置。由机床、刀具、工件和夹具组成的系统称为机械加工工艺系统，简称工艺系统。

随着计算机和自动控制、检测等技术引入机械加工领域，出现了数字控制和适应控制等新型的控制系统。为实现系统最佳化的目标，除了要考虑物质流，即毛坯的各工序加工、存储和检测的物质流动过程外，还要十分重视合理编制工艺文件、数控程序和适应控制模型等控制物质系统工作的信息流，如图 4-1 所示为机械加工工艺系统图。

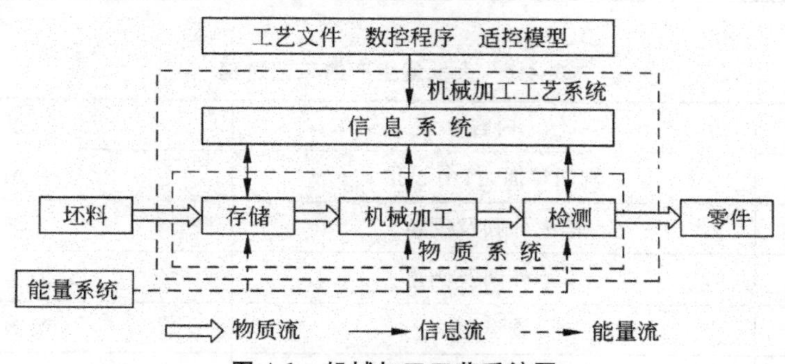

图 4-1　机械加工工艺系统图

机床向机械加工过程提供刀具与工件之间的相对位置和相对运动，提供工件表面成形所需的成形运动。

在机械加工过程中，刀具直接参与切削过程，从工件上切除多余金属层。它对保证加工质量，提高劳动生产率起着重要的作用。

工件是工艺系统的核心。各种加工方法都是根据工件的被加工表面类型、材料和技术要求等确定的。

夹具是一种工艺装备。它的作用一是保证工件相对于机床和刀具具有正确的位置，这一过程称为“定位”；二是要保证工件在外力的作用下仍能保持其正确位置，这一过程称为“夹紧”。

要保证工艺系统各环节之间正确的几何位置，应保证工件在夹具中有正确的定位、夹具对机床具有正确的相互位置关系和夹具对刀具的正确调整。

4.1.2　机械加工工艺过程的组成

要制定工艺过程，就要了解工艺过程的组成。

1. 工序

一个或一组工人在一个工作地点，对一个或同时对几个工件连续完成的那一部分工艺过程称为工序。工序是组成工艺过程的基本单元。当加工对象（工件）更换时，或设备和工作地点改变时，或完成工艺工件的连续性有改变时，则形成另一道工序。这里的连续性是指工序内的工作需连续完成。

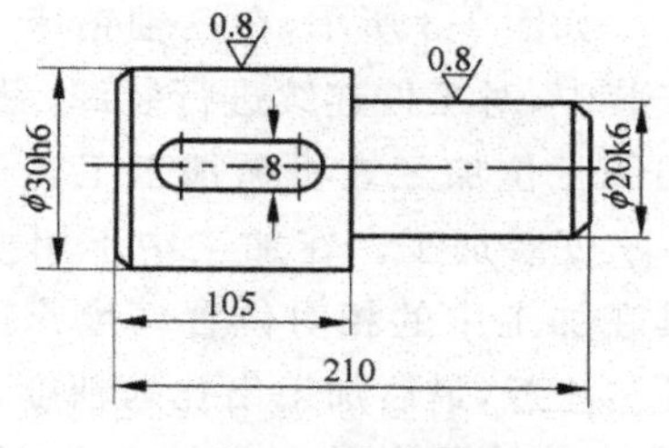

图 4-2　阶梯轴

生产规模不同，加工条件不同，其工艺过程及工序的划分也不同。如图 4-2 所示的阶梯轴，如果各个表面都需要进行机械加工，则根据其生产量和生产车间的不同，应采用不同的方案来加工。属于单件、小批量生产时可按表 4-1 方案来加工；如果属于大批、大量生产，则应改为用表 4-2 方案加工。

表 4-1　单件、小批量生产的工艺过程

工序	内容	设备
1	车端面，打中心孔，调头车另一端面，打中心孔	车床
2	车大外圆及倒角，调头车小外圆及倒角	车床
3	铣键槽，去毛刺	铣床

表 4-2　大批量生产的工艺过程

工序	内容	设备
1	铣两端面，打中心孔	专用铣床
2	车大外圆及倒角	车床
3	车小外圆及倒角	车床
4	铣键槽	键槽铣床
5	去毛刺	钳工台

2. 安装

工件经一次装夹后所完成的那一部分工序称为安装。在一道工序中，工件在加工位置上至少要装夹一次，有时也可能装夹几次。如上例中的车削工序就要进行两次装夹：先夹一端，车端面、钻中心孔，称为安装 1；再掉头装夹，车另一端面、钻中心孔，称为安装 2。

工件在加工中，应尽可能减少装夹次数，因为多一次装夹就多一次误差，同时增加了装卸工件的时间。因此，在生产中常采用不需重新装夹工件而又能改变工件在机床上位置以加工不同表面的分度夹具或机床回转工作台。

3. 工位

工位是指为完成一定的工序部分，一次装夹工件后，工件与夹具或设备的可动部分一起相对刀具或设备的固定部分所占据的每一个位置。为了减少工件的装夹次数，常采用各种回转工作台、回转夹具或移动夹具，使工件在一次装夹中，先后处于几个不同的位置进行连续加工。

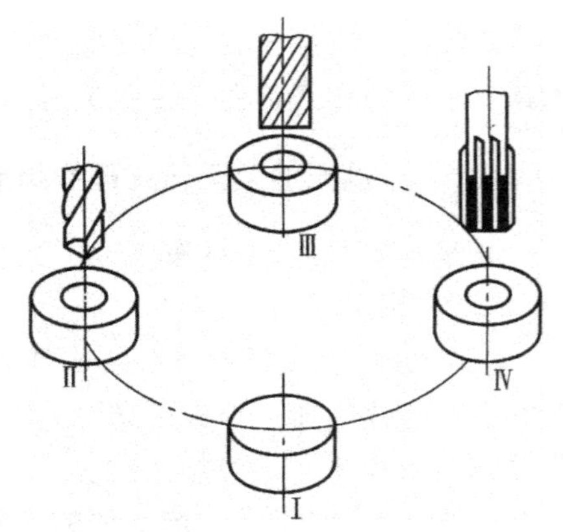

图 4-3　多工位加工

工位Ⅰ—装卸工件　工位Ⅱ—钻孔
工位Ⅲ—扩孔　工位Ⅳ—铰孔

如图 4-3 所示，在三轴钻床上利用回转工作台在一次安装中，对工件连续进行装卸、钻孔、扩孔和铰孔。这样利用四工位加工在机械加工工艺过程中属于一道工序下的一次安装加工。在加工中不用换机床、夹具和刀具，各刀具在加工中的相对位置精度靠回转工作台的转位精度保证。注意，最后加工出孔的精度将不受回转工作台的精度限制，因为最后精加工是铰孔，孔的最后位置只取决于铰刀的位置（当然，条件是回转工作台的转角误差小于铰孔的加工余量，这点一般是容易满足的）。

利用多工位加工的最大优点是可以大大提高生产率。

4. 工步与复合工步

在加工表面、切削刀具和切削用量(仅指转速和进给量)都不变的情况下,所连续完成的那部分工艺过程,称为一个工步。图 4-4 所示为底座零件的孔加工工序,它由钻、扩、锪三个工步组成。

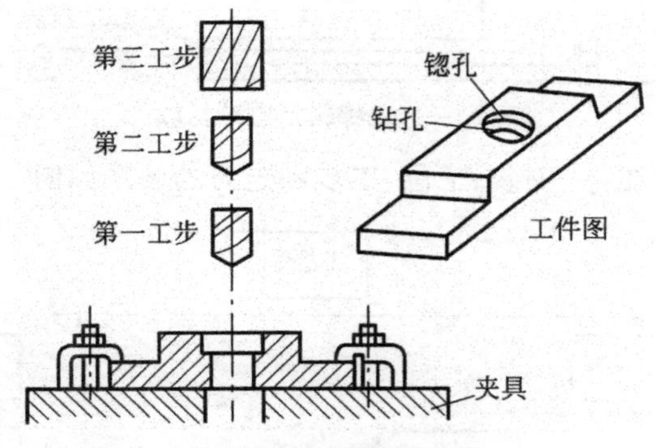

图 4-4　底座零件的孔加工工序

对于转塔自动车床的加工工序来说,转塔每转换一个位置,切削刀具、加工表面及车床的转速和进给量一般均发生改变,这样就构成了不同的工步,如图 4-5 所示。

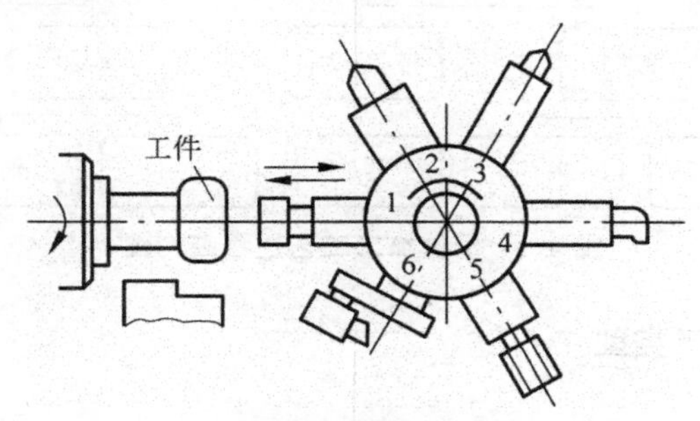

图 4-5　转塔自动车床的不同工步

有时为了提高生产效率,经常把几个待加工表面用几把刀具同时进行加工,这可看作为一个工步,并称为复合工步,如图 4-6 所示。

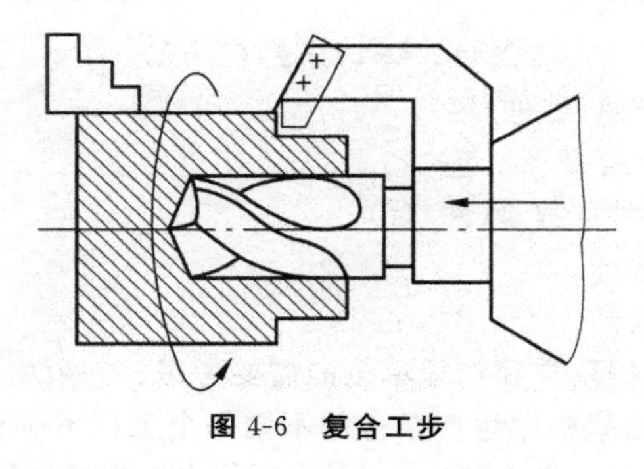

图 4-6　复合工步

5. 走刀

有些工步,由于余量较大或其他原因,需要同一切削用量(仅指转速和进给量)下对同一表面进行多次切削,这样刀具对工件的每一次切削就称为一次走刀,如图 4-7 所示。

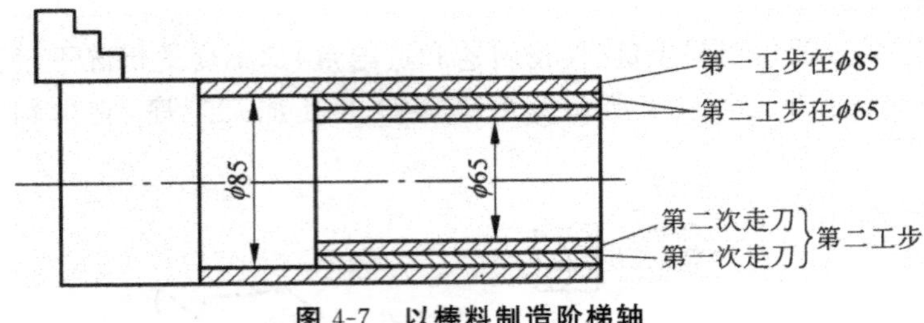

图 4-7　以棒料制造阶梯轴

机械加工工艺过程中,工序、安装、工位、工步和走刀的关系如图 4-8 所示。

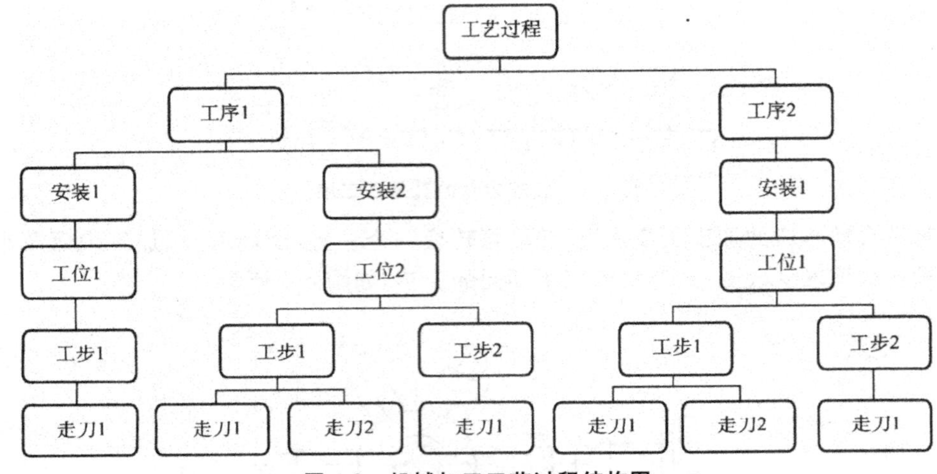

图 4-8　机械加工工艺过程结构图

4.1.3　生产纲领与生产类型

1. 生产纲领

企业在计划期内应当生产的成品产量和进度计划,称为该产品的生产纲领。企业的计划期常定为一年,因此,生产纲领常被理解为企业一年内生产的产品数量,即年产量。机械产品中某零件的年生产纲领 N 可按下式计算

$$N=Q\cdot n(1+\alpha)(1+\beta)$$

式中,N——某零件的年生产纲领(件/年)。

Q——某产品的年生产纲领(台/年)。

n——每台产品中该零件的数量(件/台)。

α——备品率,以百分数计。

β——废品率,以百分数计。

其中备品率的多少要根据用户和修理单位的需要考虑。一般由调查及检验确定,可在 0~100%内变化。零件平均废品率根据生产条件的不同每个工厂不一样。生产条件稳定,产品定型,如汽车、机床等产品生产废品率一般为 0.5%~1%;当生产条件不稳定,新产品试制,废品率可高达 50%。

2. 生产类型

生产类型是指企业(或车间、工段、班组、工作地)生产专业化程度的分类。各种机械产品的

结构、技术要求差异很大，但它们的制造工艺则存在着很多共同的特征。这些共同的特征取决于企业的生产类型，而企业的生产类型又是由企业的生产纲领决定的。

根据生产纲领的大小、产品本身的大小以及产品结构的复杂性，产品的制造可分为三种生产类型，即单件小批生产，成批生产，以及大批量生产。

(1)单件小批生产

产品品种很多且不固定，同一产品的产量很少，各个工作地的加工对象经常改变，而且很少重复生产。例如，重型机械制造、专用设备制造和新产品试制都属于单件小批生产。

(2)成批生产

产品品种基本固定，但数量适中，品种多，需要周期性地轮换生产，工作地的加工对象作周期性的重复。例如，机床、电机和纺织机械的制造常属于成批生产。

(3)大批量生产

产品的品种不多且产量很大，大多数工作地按照一定的生产节拍(即在流水生产中，相继完成两件产品加工之间的时间间隔)进行某种零件某道工序的重复加工。例如，汽车、拖拉机、自行车、缝纫机和手表的制造常属于大批量生产。

生产类型决定于生产纲领，但也和产品的大小和复杂程度有关。生产类型与生产纲领的关系可以参照表 4-3。

表 4-3　生产类型与生产纲领的关系

生产类型		同类零件的年产量/件		
		重型零件	中型零件	小型零件
单件生产		5 以下	10 以下	100 以下
成批生产	小批	5～100	10～200	100～500
	中批	100～300	200～500	500～5000
	大批	300～1000	500～5000	5000～50000
大量生产		1000 以上	5000 以上	50000 以上

所采用的生产类型不同，产品的制造工艺、工装设备、技术措施、经济效果也不同。其工艺特征如表 4-4 所示。机械制造技术就是根据不同生产类型的要求和被加工零件的结构及技术要求选择合理的加工方法，确定合理的加工工艺，以保证加工质量、提高生产率、降低加工成本的一门综合技术学科。

表 4-4　各种生产类型的工艺特征

	生产类型		
	单件小批生产	成批生产	大批量生产
机床设备	通用设备	部分采用专用设备	广泛采用高效率专用设备
夹具	通用夹具	部分采用专用夹具	广泛采用高效率专用夹具
刀具	标准刀具	部分采用专用刀具	部分采用专用刀具
量具	通用量具	部分采用专用量具	广泛采用高效率专用量具

续表

	生产类型		
	单件小批生产	成批生产	大批量生产
毛坯	木模铸造和自由锻	部分采用金属模铸造和模锻	机器造型、压力铸造、模锻等
对工人的技术要求	需要技术熟练的工人	需要技术比较熟练的工人	调整工要求技术熟练，操作工不要求技术熟练
生产效率	低	中	高
生产成本	高	中	低

4.1.4 工艺规程

工艺规程是规定产品和零部件制造工艺过程和操作方法等的工艺文件，它是指导工人进行生产和企业生产部门、物质供应部门组织生产和物质供应的重要技术依据。它们是在具体的生产条件下，确定最合理或较合理的制造过程、方法，并按规定的形式书写成工艺文件，指导制造过程。企业没有工艺规程就无法有效地组织生产，所以工艺规程设计和产品设计同等重要。

工艺规程是制造过程的纪律性文件。工艺规程一旦制定实施，一切生产人员都不能擅自更改。但在执行过程中可根据实施的效果，对工艺规程进行修改和补充，以使之更加合理、完善，以便更好地指导生产。

1. 工艺规程的作用

(1)工艺规程是指导生产的重要技术文件

机械加工车间生产的计划、调度，工人的操作，零件的加工质量检验，加工成本的核算，都是以工艺规程为依据的。处理生产中的问题，也常以工艺规程作为共同依据。

(2)工艺规程是生产组织和生产准备工作的依据

生产计划的制定，产品投产前原材料和毛坯的供应、工艺装备的设计、制造与采购、机床负荷的调整、作业计划的编排、劳动力的组织、工时定额的制定以及成本的核算等，都是以工艺规程作为基本依据的。

(3)工艺规程是新建和扩建工厂或车间的技术依据

在新建和扩建工厂或车间时，生产所需要的机床和其他设备的种类、数量和规格，车间的面积，机床的布置，生产工人的工种、技术等级及数量，辅助部门的安排等都是以工艺规程为基础，根据生产类型来确定。

此外，先进的工艺规程也起着推广和交流先进经验的作用，典型工艺规程可指导同类产品的生产。

2. 工艺规程制定的原则

工艺规程制定的原则是优质、高产、低成本，即在保证产品质量的前提下，争取最好的经济效益。

①确保加工质量是制定工艺规程的首要原则。编制工艺规程应以保证零件加工质量，达到设计图纸规定的各项技术要求为前提。

②较高的生产郊率和较低的成本。在保证加工质量的基础上，应使工艺过程有较高的生产

效率和较低的成本。在一定的生产下，可能会出现几种能够保证零件技术要求的工艺方案。此时应通过成本核算相互对比，选择经济上最合理的方案，使产品生产成本最低。

③均衡生产。应充分考虑和利用现有生产条件，尽可能做到均衡生产。

④工人的劳动条件。尽量减轻工人劳动强度，保证安全生产，创造良好、文明劳动条件。在工艺方案上要尽量采取机械化或自动化措施，以减轻工人繁重的体力劳动。

⑤合适的工艺和工艺装备。了解国内外本行业工艺技术的发展，通过必要的工艺试验，尽可能采用先进适用的工艺和工艺装备。

3. 制定工艺规程的原始资料

①产品全套装配图和零件图。

②产品验收的质量标准。

③产品的生产纲领和生产类型。

④毛坯资料，包括：各种毛坯制造方法的技术经济特征；各种型材的品种和规格，毛坯图等；在无毛坯图的情况下，需要实际了解毛坯的形状、尺寸及机械性能等。

⑤现场的生产条件，包括：毛坯的生产能力、技术水平或协作关系，现有加工设备及工艺装备的规格、性能、新旧程度及现有精度等级，操作工人的技术水平，辅助车间制造专用设备、专用工艺装备及改造设备的能力等。

⑥各种有关手册、图册、标准等技术资料。

⑦国内外新技术、工艺的应用与发展情况。

4. 制定机械加工工艺规程的步骤

①分析零件工作图和产品装配图。

②对零件图和装配图进行工艺审查。

③根据产品的生产纲领确定零件的生产类型。

④确定毛坯的种类及制造方法。

⑤拟定工艺路线，选择定位基准，划分加工阶段。

⑥确定各工序所用机床设备、工艺装备（刀具、夹具、量具、辅具等），对需要改装或重新设计的专用工艺装备要提出设计任务书。

⑦确定各工序的余量，计算工序尺寸和公差。

⑧确定各工序的切削用量和时间定额。

⑨确定各工序的技术要求和检验方法。

⑩填写工艺文件。

4.2　零件的工艺性分析及毛坯的选择

4.2.1　零件的工艺性分析

零件图是制定工艺规程最基本的原始资料之一。对零件图分析得是否透彻，将直接影响所制定工艺规程的科学性、合理性和经济性。分析零件图，主要从以下两个方面进行。

1. 零件结构及其工艺性分析

由于各种零件的应用场合和使用要求不同，所以在结构和尺寸上差异很大。但只要仔细地观察和分析，各种零件从其结构上看，大都是由一些基本表面和特形表面所组成。基本表面主要有内外圆柱面、圆锥面、球面、圆环面和平面等;特形表面主要有螺旋面、渐开线齿形表面及其他一些成形表面。将组成零件的基本表面和特形表面分析清楚之后,便可针对每一种基本表面和特形表面,选择出相应的加工方法。如对于平面,可以选择刨削、铣削、拉削或磨削等方法进行加工;对于孔,可以选择钻削、车削、镗削、拉削或磨削等方法进行加工。

对零件进行结构分析的另一个方面,就是分析组成零件的基本表面和特形表面的组合情况和尺寸大小。组合情况和尺寸大小的不同,形成了各种零件在结构特点上和加工方案选择上的差别。在机械制造业中,通常按零件的结构特点和工艺过程的相似性,将零件大体上分为轴类、套筒类、盘环类、叉架类和箱体类零件等。仍以平面和孔的加工为例,对于箱体零件上的平面,一般多选择刨削、铣削、磨削等方法加工,而车削应用较少;盘类零件上的平面,则多采用车削的方法进行加工;箱体零件上的孔,一般选择钻削、铰削、镗削等方法加工,很少选择车削和磨削;但盘类零件的内孔,大都采用车削、磨削的方法进行加工。

在对零件进行结构分析时,还应注意一个重要问题,即零件的结构工艺性。所谓零件的结构工艺性,是指零件的结构在保证使用要求的前提下,能否以较高的生产率和最低的成本方便地制造出来的特性。结构工艺性所涉及的问题比较广泛,既有毛坯制造工艺性、机械加工工艺性,又有热处理工艺性和装配工艺性等多方面。零件结构工艺性是否合理,直接影响零件制造的工艺过程。例如,两个零件的功能和用途完全相同,但结构有所不同,则这两个零件的加工方法与制造成本往往会相差很大。所以,必须认真地对零件的结构工艺性进行分析,发现不合理之处,应要求设计人员进行必要的修改。表 4-5 列出了部分零件切削加工工艺性对比的示例。

表 4-5　零件机械加工工艺性实例

工艺性内容	不合理的结构	合理的结构	说明
加工面积应尽量小	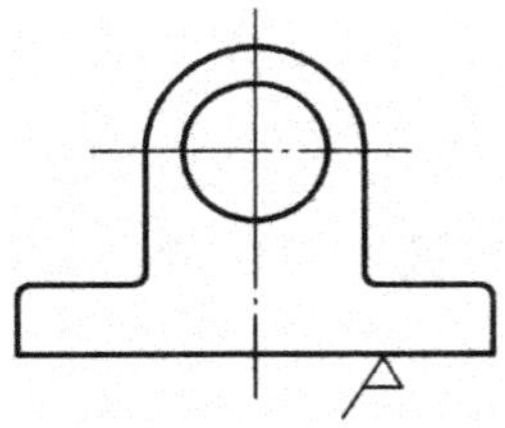	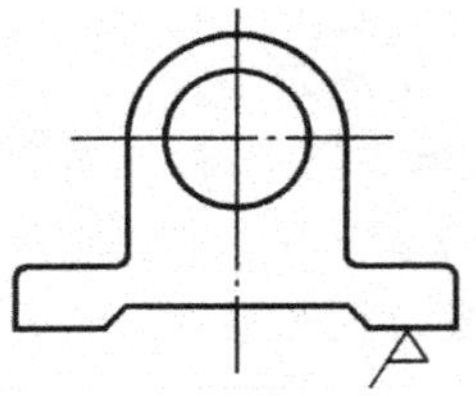	减少加工、减少刀具及材料的消耗量
钻孔的入端和出端应避免斜面	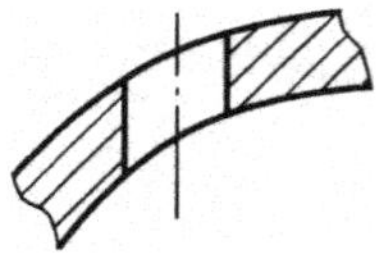	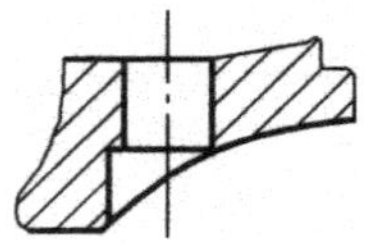	避免刀头折断、提高生产率、保证精度
槽宽应一致	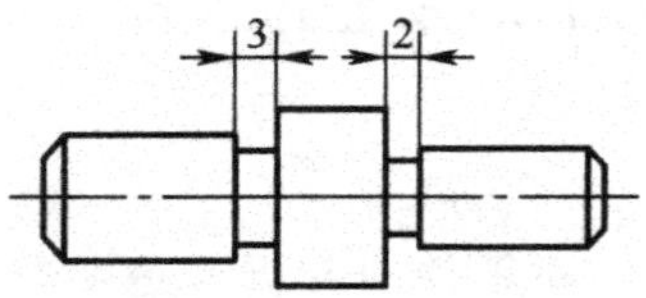 3　2	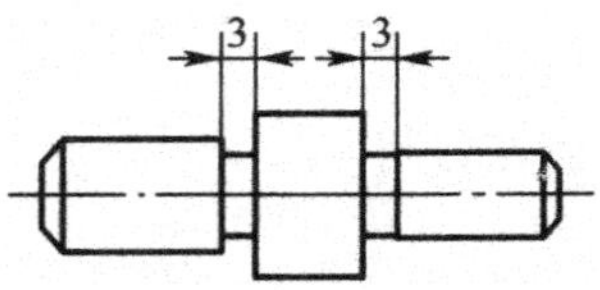 3　3	减少换刀次数、提高生产率
键槽布置在同一方向	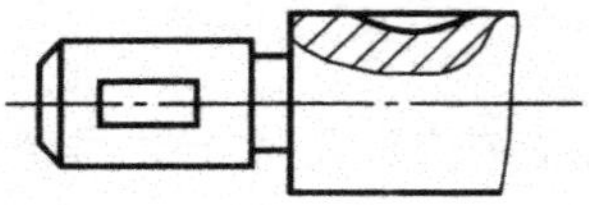	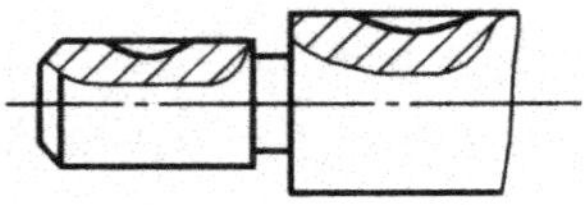	减少调整次数、保证位置精度

续表

工艺性内容	不合理的结构	合理的结构	说明
孔的位置不能距壁太近	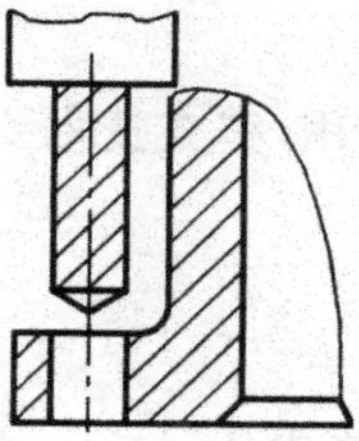	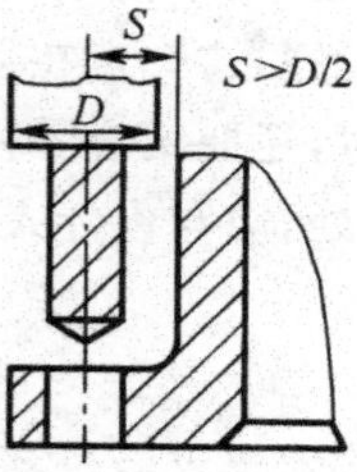 S　S>D/2　D	可以采用标准刀具、保证加工精度
槽的底面不应与其他加工面重合	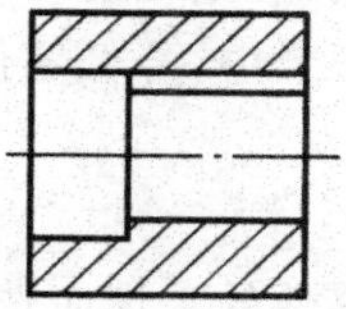	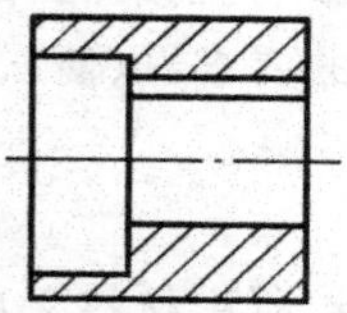	便于加工、避免操作加工表面
凸台表面位于同一平面上	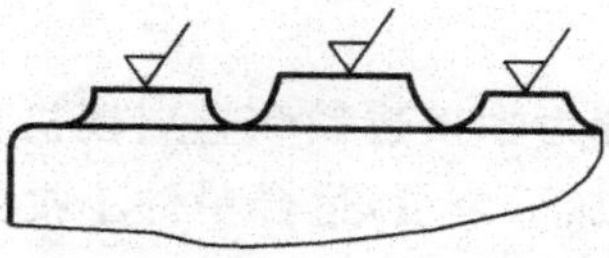	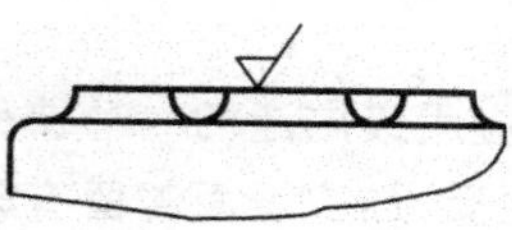	生产率高、易保证精度
轴上两相接精加工表面间应设刀具越程槽	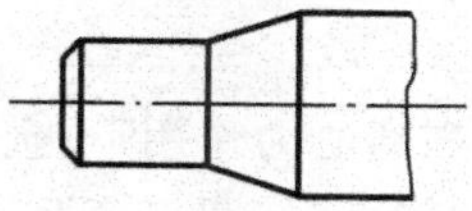	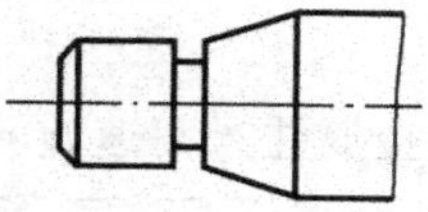	生产率高、易保证精度
螺纹根部应有退刀槽	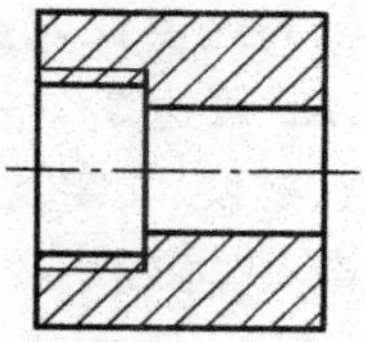	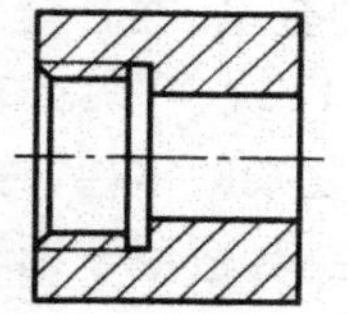	避免操作刀具、提高生产率

2. 零件技术要求分析

零件的技术要求分析，是制定工艺规程的重要环节。只有认真地分析零件的技术要求，分清主、次后，才能合理地选择每一加工表面应采用的加工方法和加工方案，以及整修零件的加工路线。零件技术要求分析主要有以下几个方面的内容。

①精度分析，包括被加工表面的尺寸精度、形状精度和相互位置精度的分析。

②表面粗糙度及其他表面质量要求的分析。

③热处理要求和其他方面要求(如动平衡、去磁等)的分析。

在认真分析了零件的技术要求后，结合零件的结构特点，对零件的加工工艺过程便有一个初步轮廓。加工表面的尺寸精度、表面粗糙度和有无热处理要求，决定了该表面的最终加工方法，进而得出中间工序和粗加工工序所采用的加工方法。例如，轴类零件上的IT7级精度、表面粗糙度 $Ra=1.6\ \mu m$ 的轴颈表面，若不淬火，可用粗车、半精车、精车最终完成；若淬火，则最终加工方法选磨削，磨削前可采用粗车、半精车(或精车)等方法加工。表面间的相互位置精度，基本上决定了各加工表面的加工顺序，这一点在以后叙述。

分析零件的技术要求时，还要结合零件在产品中的作用，审查技术要求规定得是否合理，有无遗漏和错误，发现不妥之处，应与设计人员协商解决。

4.2.2 毛坯的选择

零件是由毛坯按照其技术要求经过各种加工而最后形成的。毛坯选择的正确与否，不仅影响毛坯制造的经济性，而且影响机械加工的经济性。所以在制定毛坯时，既要考虑热加工方面的因素，也要兼顾冷加工方面的要求，以便从确定毛坯这一环节中，降低零件的制造成本。

1. 毛坯的种类及选择

(1)铸件

当零件的结构比较复杂，所用材料又具备可铸性时，零件的毛坯应选择铸件。生产中所用的铸件，大都采用砂型铸造，少数尺寸较小的优质铸件，可采用特种铸造方法铸造，如压力铸造、金属型铸造、离心铸造等。

①砂型铸造。这是应用最广泛的一种铸件，它分为木模造型和金属模机器造型。木模手工造型铸件生产率低，精度低，加工表面需留有较大的加工余量，适合单件小批生产或大型零件的铸造。金属模机器造型生产效率高，铸件精度也高，但设备费用高，铸件的重量也受限制，适用于大批量生产的中小型铸件。砂型铸造铸件材料不受限制，以铸铁应用最广，铸钢、有色金属铸造也有应用。

②离心铸造。将熔融金属注入高速旋转的铸型内，在离心力作用下，金属液充满型腔而形成的铸件。这种铸件结晶细，金属组织致密，零件的力学性能好，外圆精度及表面质量高，但内孔精度差，需要专门的离心浇注机，适用于批量较大黑色金属和有色金属的旋转体铸件。

③压力铸造。将熔融的金属，在一定压力作用下，以较高速度注入金属型腔内而获得的铸件。这种铸件精度高，可达IT11～IT13，表面粗糙度值小，Ra 可达 $3.2\sim0.4\ \mu m$，铸件的力学性能好，同时可铸造各种结构复杂的零件，铸件上的各种孔眼、螺纹、文字及花纹图案均可铸出。但需要一套昂贵的设备和型腔模，适用于批量较大的形状复杂、尺寸较小的有色金属铸件。

④精密铸件。将石蜡通过型腔模压制成与工件一样的制件，再在蜡制工件周围粘上特殊型砂，后将其烘干焙烧，石蜡被蒸化而放出，留下工件形状的模壳，用来浇铸。精密铸造铸件精度高，表面质量好。一般用来铸造形状的铸钢件，可节省材料，降低成本，是一项先进的毛坯制造工艺。

(2)锻件

机械强度要求高的钢制件，一般要用锻件毛坯。锻件有自由锻件和模锻件两种。

①自由锻件。由于采用手工操作锻造成形，精度低、加工余量大，加之自由锻造生产率不高，所以适用于单件小批生产中，生产结构简单的锻件。

②模锻件。采用锻模在压力机上锻出来的锻件。模锻件的精度、表面质量及综合力学性能都比自由锻件高，结构可以比自由锻件的结构复杂，模锻的生产率较高。但需要专用的模具，且锻锤的吨位要比自由锻造大。主要适用于批量较大的中小型零件。

(3)型材

型材有热轧和冷拉两类钢材,按截面形状可分为圆钢、方钢、扁钢、角钢、槽钢及其他特殊截面的型材。热轧的型材精度低,但价格便宜,用于一般零件的毛坯;冷拉的型材尺寸较小、精度高,易于实现自动送料,但价格较高,多用于批量较大的生产,适用于自动机床加工。

(4)焊接件

将型钢或钢板焊接成所需的结构,其优点是制造简单,周期短,毛坯重量轻;缺点是焊接件抗振性差,由于内应力重新分布引起的变形大,因此在进行机械加工前需经时效处理。适于单件小批生产中制造大型毛坯。

(5)冲压件

用冲压的方法制成的工件或毛坯。冲压件的精度较高(尺寸误差为 0.05～0.50 mm,表面粗糙度 Ra=1.25～5 μm),冲压的生产率也较高,适用于加工形状复杂、批量较大的中小尺寸板料零件。

(6)冷挤压件

冷挤压零件的精度可达 IT6～IT7 级,表面粗糙度尺寸可达 0.16～2.5 μm。可挤压的金属材料有碳钢、低碳合金钢、高速钢、不锈钢以及有色金属(铜、铝及其合金),适用于批量大、形状简单、尺寸小的零件或半成品的加工,不少精度要求较高的仪表、航空发动机的小零件经挤压后,不需要再经过切削加工便可使用。

(7)粉末冶金件

以金属粉末为原料,用压制成形和高温烧结来制造金属制品和金属材料,其尺寸精度可达 IT6 级,表面粗糙度 Ra=0.08～0.63 μm;成形后无需切削,材料损失少,工艺设备较简单,适用于大批量生产,但金属粉末冶金生产成本高,结构复杂的零件以及零件的薄壁、锐角等成形困难。

2. 毛坯形状和尺寸确定

毛坯的形状和尺寸,基本上取决于零件的形状和尺寸。零件和毛坯的主要差别在于,在零件需要加工的表面上,加上一定的机械加工余量,即毛坯加工余量。毛坯制造时,同样会产生误差,毛坯制造的尺寸公差称为毛坯公差。毛坯加工余量和公差的大小,直接影响机械加工的劳动量和原材料的消耗,从而影响产品的制造成本。所以现代机械制造的发展趋势之一,便是通过毛坯精化,使毛坯的形状和尺寸尽量与零件一致,力求作到少切屑、无切屑加工。毛坯加工余量和毛坯公差的大小,与毛坯的制造方法有关,生产中可根据有关工艺手册或有关的企业、行业标准来确定。

在确定了毛坯的加工余量以后,毛坯的形状和尺寸,除了将毛坯加工余量附加在零件相应的加工表面上之外,还要考虑毛坯制造、机械加工和热处理等多方面工艺因素的影响。下面仅从机械加工工艺角度,分析确定毛坯的形状和尺寸时应考虑的问题。

(1)工艺搭子的设置

有些零件,由于结构的原因,加工时不易装夹稳定,为了装夹方便迅速,可在毛坯上制出凸台,即所谓的工艺搭子,如图 4-9 所示。工艺搭子只在装夹工件时用,零件加工完成后,一般都要切掉,但如果不影响零件的使用性能和外观质量时,可以保留。

(2)整体毛坯的采用

在机械加工中,有时会遇到像磨床主轴部件中的三块瓦轴承、发动机的连杆和车床的开合螺母等类零件。为了保证这类零件的加工质量和加工时方便，常做成整体毛坯，加工到一定阶段后再切开，如图 4-10 所示的连杆整体毛坯。

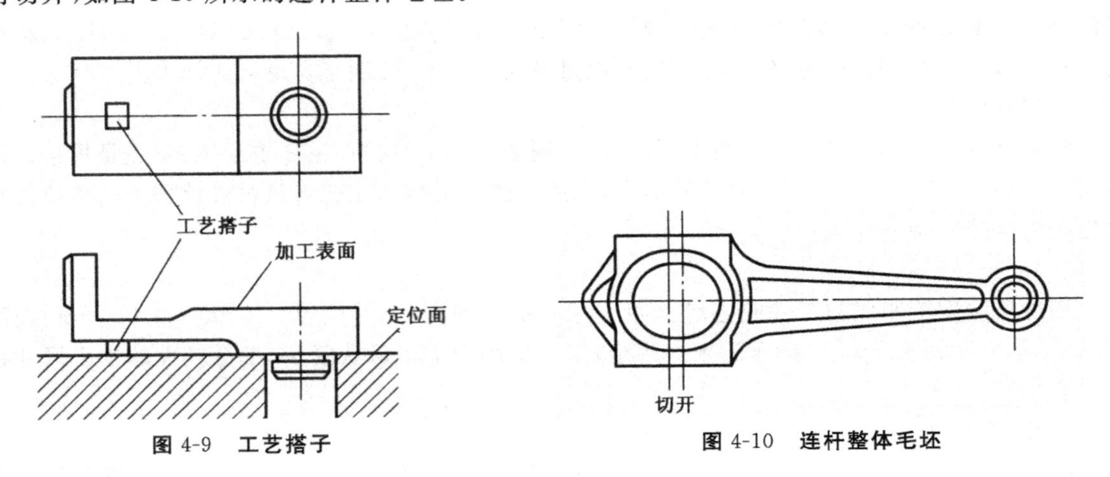

图 4-9　工艺搭子　　　　图 4-10　连杆整体毛坯

(3)合件毛坯的采用

为了便于加工过程中的装夹，对于一些形状比较规则的小形零件，如 T 形键、扁螺母、小隔套等，应将多件合成一个毛坯，待加工到一定阶段后或者大多数表面加工完毕后，再加工成单件。图 4-11(a)为 T815 汽车上的一个扁螺母。毛坯取一长六方钢，图 4-11(b)表示在车床上先车槽、倒角；图 4-11(c)表示在车槽及倒角后，用 $\phi 24.5$ mm 的钻头钻孔。钻孔的同时也就切成若干个单件。合件毛坯在确定其长度尺寸时，要考虑切成单件后，切割的端面是否需要进一步加工，若要加工，还应留有一定的加工余量。

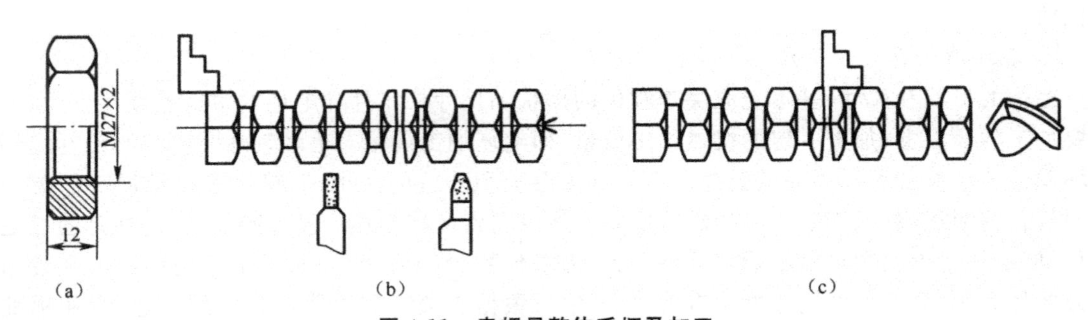

图 4-11　扁螺母整体毛坯及加工

在确定了毛坯种类、形状和尺寸后，还应绘制一张毛坯图，作为毛坯生产单件的产品图样。绘制毛坯图，是在零件图的基础上，在相应的加工表面上加上毛坯余量。但绘制时还要考虑毛坯的具体制造条件，如铸件上的孔、锻件上的孔和空挡、法兰等的最小铸出和锻出条件；铸件和锻件表面的起模斜度(拔模斜度)和圆角；分型面和分模面的位置等。并用双点划线在毛坯图中表示出零件的表面，以区别加工表面和非加工表面。图 4-12(a)为齿轮毛坯图，图 4-12(b)为轴毛坯图。

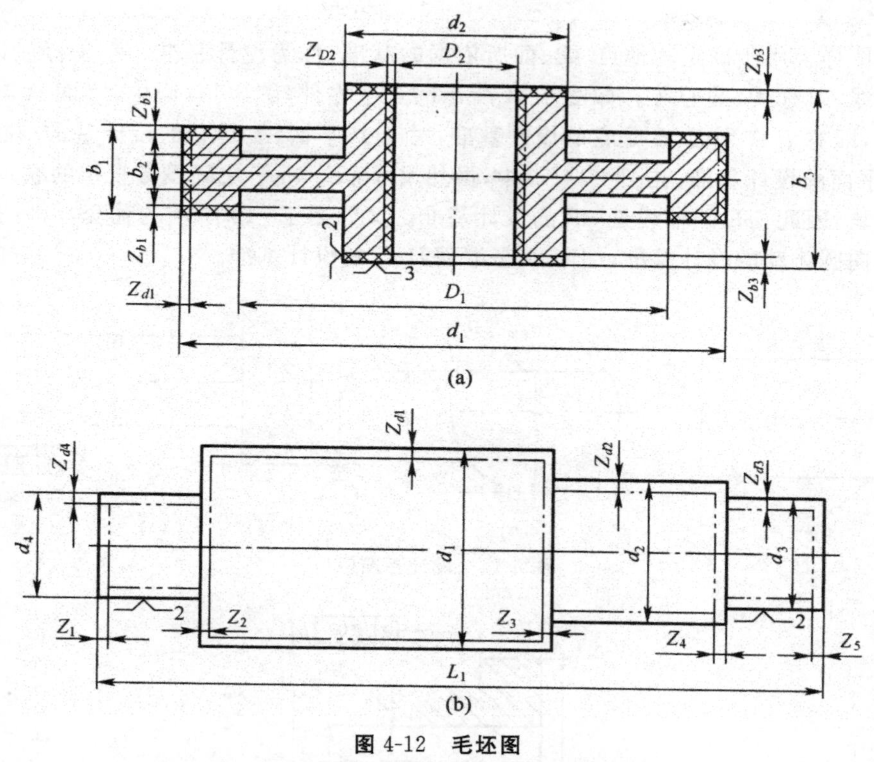

图 4-12　毛坯图

(a)齿轮毛坯—零件综合图　(b)轴毛坯—零件综合图

4.3　定位基准的选择

在制定机械加工工艺规程时，选择出合适的定位基准是至关重要的。它是继对零件作结构工艺性审查后要考虑的重要问题，因为它直接关系到零件的加工精度能否得到保证，关系到加工顺序如何安排，关系到机床、夹具、刀具和量具的复杂程度。

4.3.1　基准的概念及其分类

基准是用来确定生产对象上几何要素间几何关系所依据的那些点、线和面。在零件图或实际零件上，每个尺寸的标注、加工、测量都有一个参考点、线或面，这些参考点、线和面就是所谓的基准，如图 4-13 所示。根据功用的不同，基准可以分为设计基准和工艺基准两大类。

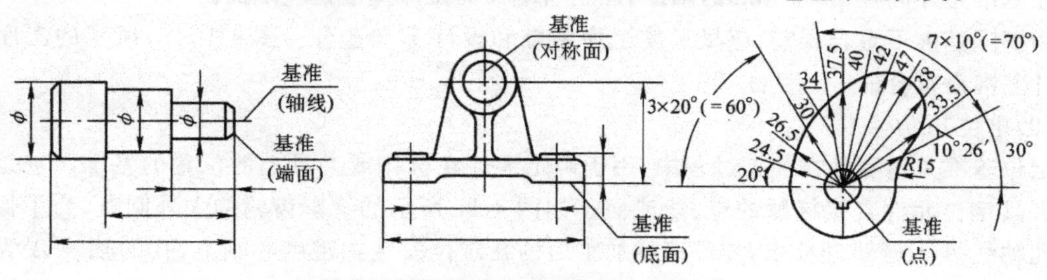

图 4-13　零件的尺寸基准(点、线和面)

1. 设计基准

在零件图样上用于确定其他点、线、面所依据的基准，称为设计基准。它是标注设计尺寸的起点或中心线、对称线、圆心等。如图 4-14 所示的三个零件，图 4-14(a)中，平面 A 与平面 B 互为设计基准，即对于 A 平面，B 是它的设计基准，对于 B 平面，A 是它的设计基准；在图 4-14(b)中，C 是 D 平面的设计基准；在图 4-14(c)中，虽然尺寸 φE 与 φF 之间没有直接的联系，但它们有同轴度的要求，因此，φE 的轴线是 φF 的设计基准。又如图 4－15 所示的轴套零件，孔的中心线是外圆与径向圆跳动的设计基准；端面 A 是端面 B、C 的设计基准。

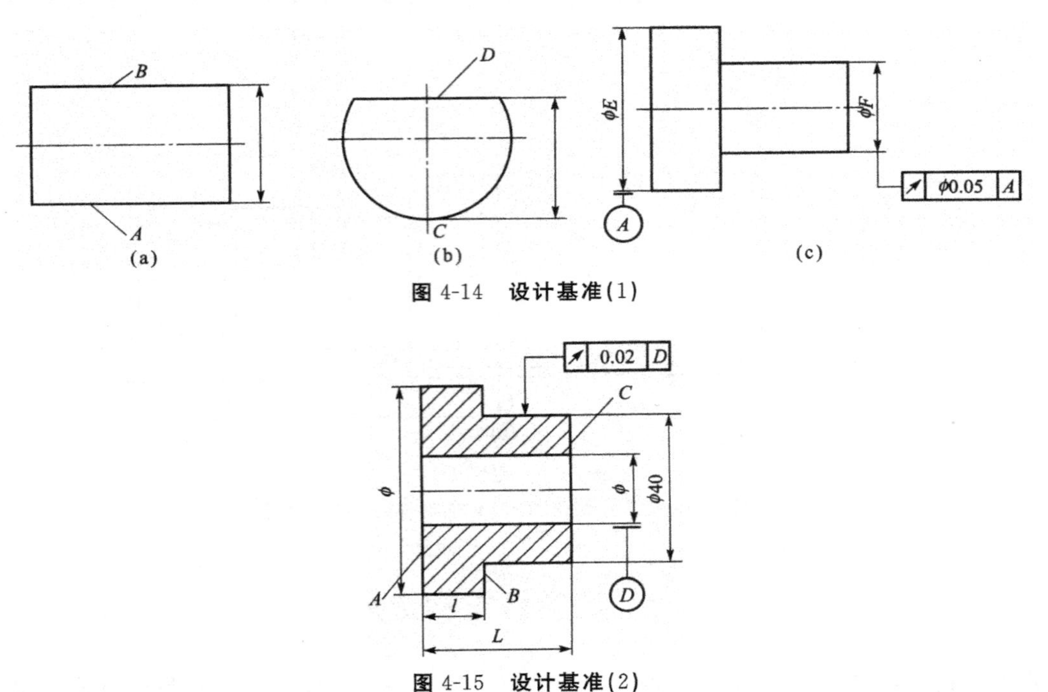

图 4-14 设计基准(1)

图 4-15 设计基准(2)

2. 工艺基准

零件在加工、测量、装配等工艺过程中所使用的基准统称为工艺基准。工艺基准可分为工序基准、定位基准、测量基准、装配基准。

(1)工序基准

工序基准是在工序图上用来确定本工序上零件加工表面尺寸、形状和位置所依据的基准。图 4-16(a)所示是一个在车床上加工法兰盘内孔和右端面的工序简图，从图中可看出，加工内孔的工序基准是外圆柱 ϕ100 mm 的轴线，加工右端面的工序基准是左端面。

为消除基准不重合误差，应尽量使工序基准和设计基准重合。图 4-16(b)所示的工序基准和设计基准是重合的。

(2)定位基准

定位基准是指零件在加工过程中，用于确定零件在机床或夹具上的位置的基准。它是零件上与夹具定位元件直接接触的点、线或面。如图 4-17 所示的精车齿轮的大外圆时，为了保证它们对孔轴线 A 的圆跳动要求，零件以精加工后的孔定位安装在锥度心轴上，孔的轴线 A 为定位基准。定位基准又可分为粗基准和精基准。用作定位基准的表面，如果是没有经过切削加工的

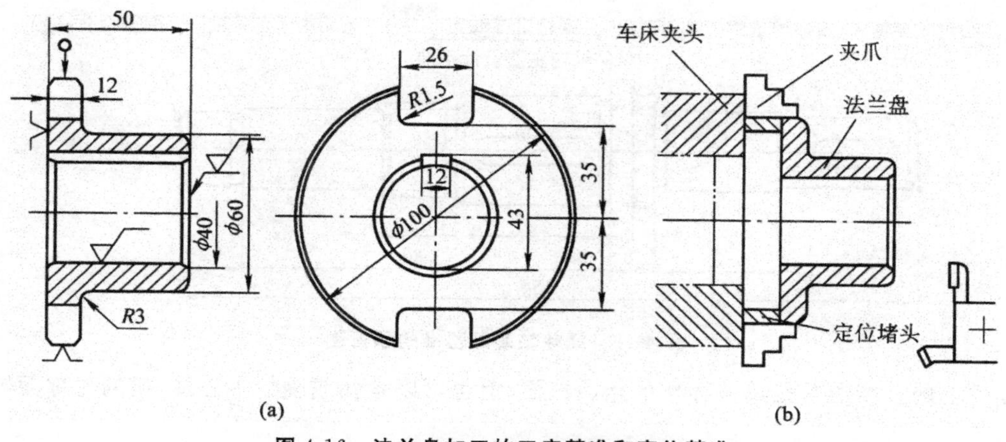

图 4-16　法兰盘加工的工序基准和定位基准

毛坯面,则称为粗基准。用作定位基准的表面,如果是经过切削加工的表面,则称为精基准。

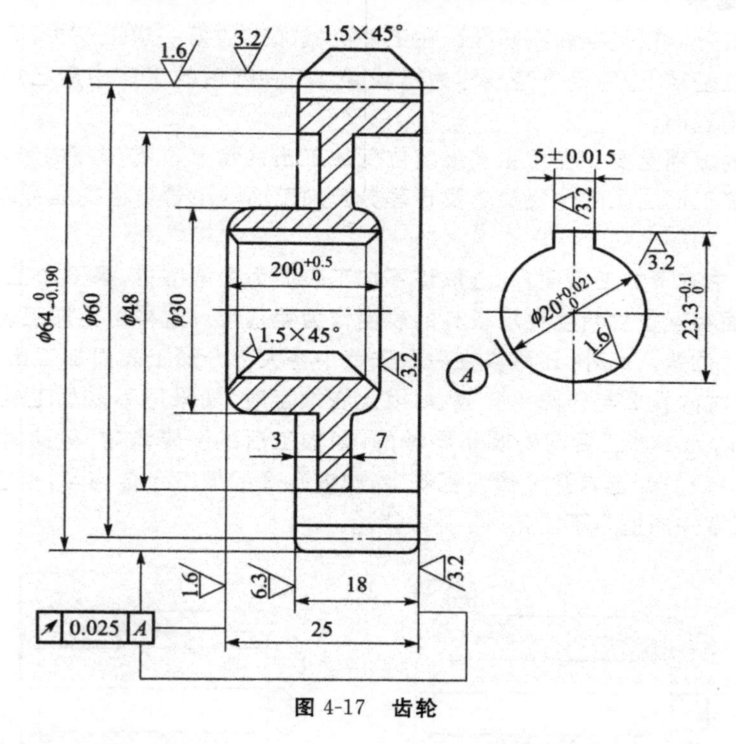

图 4-17　齿轮

(3)测量基准

测量基准是零件在加工中和加工后,测量尺寸、形位误差时所依据的基准。同样,测量基准不一定和设计基准重合,测量基准面所产生的测量基准与设计基准面间的位置差值就是测量原理误差。

(4)装配基准

装配基准是用来确定零件或部件在机器中位置的基准。图 4-18 所示为蜗轮轴装配基准的示意图,从图中看出蜗轮定位轴肩与轴向主要设计基准是重合的。

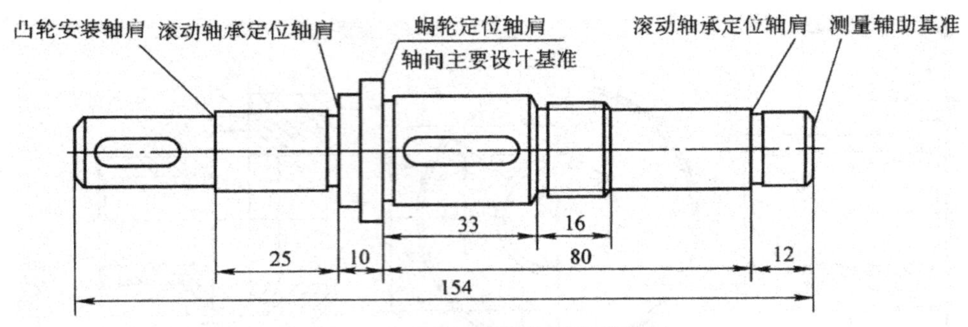

图 4-18　蜗轮轴装配基准的示意图

零件上的基准通常是具体存在的点、线、面，但也可以是孔或轴的中心线、槽的对称面等。

4.3.2　定位基准的选择

1. 粗基准的选择

定位基准一般分为粗基准和精基准。在工件机械加工的第一道工序中，只能用毛坯上未经加工的表面作定位基准，这种定位基准称为粗基准。而在随后的工序中用已加工过的表面来作定位的基准则为精基准。

选择粗基准的原则是要保证用粗基准定位所加工出的精基准有较高的精度；粗基准应能够保证加工面和非加工面之间的位置要求及合理分配加工面的余量。粗基准可以按照下列原则进行选择。

(1)如果工件中有不加工表面，则选取该不加工表面为粗基准；如果不加工表面较多，则应选取其中与加工表面相互位置精度要求较高的表面作为粗基准。这样可使加工表面与不加工表面有更加正确的相对位置。此外，还可以在一次安装中将大部分加工表面加工出来。如图 4-19 所示的毛坯，在铸造时内孔 2 与外圆 1 有偏心，因此在加工时，如果用不需加工的外圆 1 作为粗基准加工内孔 2，则内孔 2 加工后与外圆是同轴的，即加工后的壁厚均匀，但此时内孔 2 的加工余量不均匀[图 4-19(a)]；若选内孔 2 作为粗基准，则内孔 2 的加工余量均匀，但它加工后与外圆 1 不同轴，加工后该零件的壁厚不均匀[图 4-19(b)]。

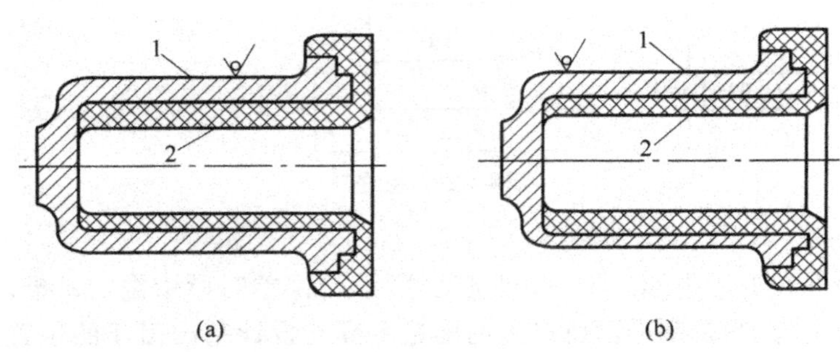

图 4-19　选择不同粗基准时的不同加工方程

1—外圆；2—内孔

(2)如果工件所有表面都需要进行加工，在选择粗基准时，应考虑合理分配各加工表面的加法余量。一般按照以下原则选取：

①余量足够原则。应以余量最小的表面作为粗基准，以保证各表面都有足够的加工余量。

如图 4-12 所示的锻轴毛坯大小端外圆的偏心达 5 mm，如果以大端外圆为粗基准，则小端外圆可能无法加工出来，所以应选择加工余量较小的小端外圆作粗基准。

②余量均匀原则。应选择零件上重要表面作粗基准。图 4-20 所示为床身导轨加工，先以导轨面 A 作为粗基准来加工床脚的底面 B[图 4-20(a)]，然后再以底面 B 作为精基准来加工导轨面 A[图 4-20(b)]，这样才能保证床身的重要表面——导轨面加工时所切去的金属层尽可能薄且均匀，以便保留组织紧密、耐磨的金属表层。

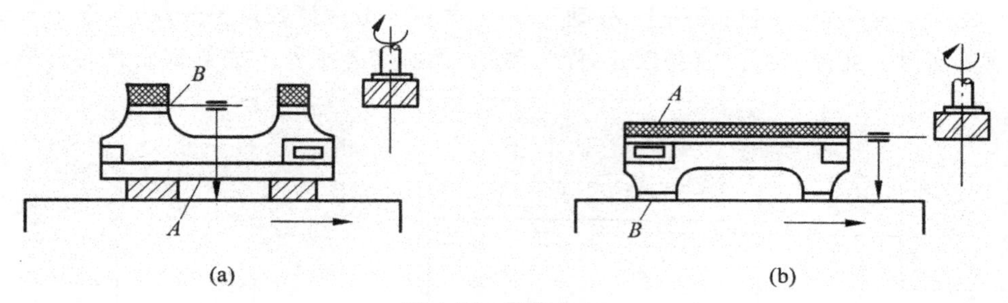

图 4-20　床身加工

③切除总余量最小原则。选择零件上那些平整的、足够大的表面作粗基准，以使零件上总的金属切削量减少。例如，上例中以导轨面作粗基准就符合此原则。

(3)选择毛坯上平整光滑的表面作为粗基准，以便使定位准确，夹紧可靠。

(4)粗基准应尽量避免重复使用，原则上只能使用一次。因为粗基准未经加工，表面较为粗糙，在第二次安装时，其在机床上(或夹具中)的实际位置与第一次安装时可能不一样。如图 4-21 所示阶梯轴，如果在加工 A 面和 C 面时均用未经加工的 B 表面定位，对工件调头的前后两次装夹中，加工中的 A 面和 C 面的同轴度误差难以控制。

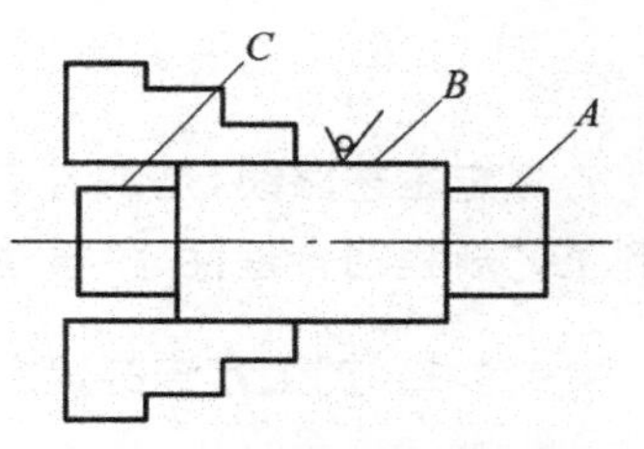

图 4-21　重复使用粗基准引起同轴度误差

对粗基准不重复使用这一原则，在应用时不要绝对化。如果毛坯制造精度较高，而工件加工精度要求不高，则粗基准也可重复使用。

2. 精基准的选择

当以粗基准定位加工了一些表面以后，在后续的加工中，就应以精基准作为主要定位基准。选择精基准时，主要考虑的问题是如何便于保证零件的加工精度和装夹方便、可靠。一般会遵循如下原则。

(1)基准重合原则。基准重合原则是要尽可能选择所加工表面的设计基准为精基准。当精基准与设计基准不重合时，会产生基准不重合的定位误差。因此对位置精度要求较高表面的加工，应遵循基准重合原则。

(2)基准统一原则。基准统一原则为在工件的整个加工过程中，尽可能地采取统一的定位基准。采用基准统一原则便于保证各加工表面间的位置精度。这样可避免由基准转换所产生的误差，并简化夹具的设计和制造。例如，加工轴类零件时，一般都采用两个顶尖孔作为统一的精基准来加工轴类零件上所有的外圆表面和端面。这样可以保证各外圆柱表面间的同轴度和端面对轴心线的垂直度。有些工件可能找不到合适的表面作为统一基准，必要时可在工件上加工出专供定位用的工艺表面。如可在箱体零件上加工出供一面两销定位用的工艺孔等。

(3)互为基准原则。互为基准原则是对于相互位置精度要求高的表面,可以采用互为基准、反复加工的方法。例如,车床主轴的主轴颈与主轴锥孔的同轴度要求高,一般先以轴颈定位加工锥孔,再以锥孔定位加工轴颈,如此反复加工来达到同轴度要求。

(4)自为基准原则。自为基准原则为在加工精度和表面粗糙度要求较高,而加工余量又较小的表面时,直接用该加工表面为定位基准进行加工。

图 4-22 所示是一个在导轨磨床上磨削床身导轨面的加工示意图,被加工床身通过垫块支承在工作台上,测量千分表指针装在磨头上,移动工作台,根据千分表读数调整垫块,直至千分表读数为零,然后磨削床身。此外,拉孔、浮动铰孔、浮动镗孔、无心磨外圆及珩磨等都是自为基准的例子。

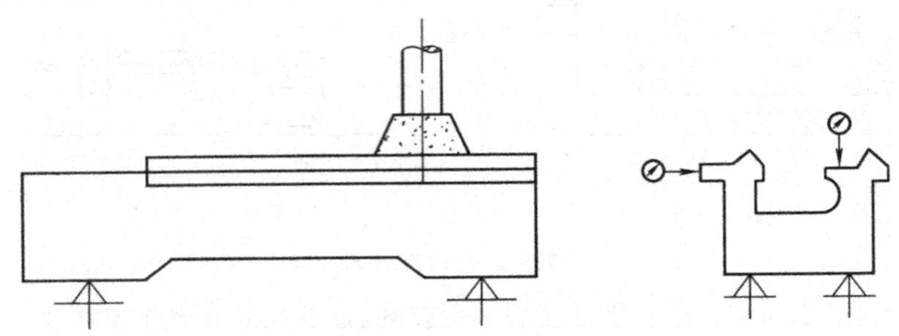

图 4-22 磨削床身导轨面的加工示意图

4.4 工艺路线的拟订

拟定工艺路线,是制定工艺规程时一项很重要的工作。工艺路线拟定得是否合理,直接影响到工艺规程的合理性、科学性和经济性。

4.4.1 加工方法的选择

加工方法的选择,就是为零件上每一个有质量要求的表面,选择一套合理的加工方法。选择时既要满足零件加工质量的要求,也要兼顾生产率和经济性。由于机械加工中可供选用的加工方法很多,即使对同样精度(同样表面粗糙度)要求的同类表面,可供选择的加工方法也较多,所以在具体选择时,应充分了解各种加工方法所能达到的经济精度,以便在多种可供选择的加工方法中,选择成本较低的那种,从而降低零件的制造成本。图 4-23 表示了几种加工方法的加工精度和加工成本关系。由图可知:如果加工误差低于 Δ_1 时,应选择磨削,这时刨削和铣削的加工成本显然高于磨削;如果加工误差大于 Δ_2,应选择刨削,其加工成本最低。选择加工方法时,除应保证加工表面的精度和粗糙度要求之外,还应综合考虑下列因素。

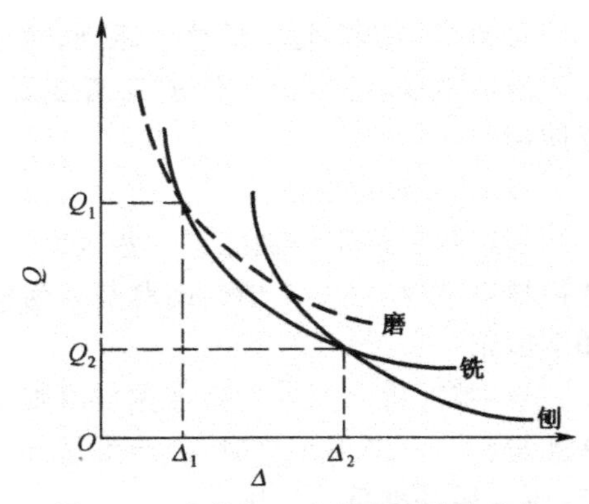

图 4-23 几种加工方法加工成本比较

(1)工件的材料因素

例如,淬硬钢制零件的精加工,应采用磨削类的加工方法;有色金属零件的精加工,应采用精细车或精细镗等加工方法,而不应采用磨削。

(2)工件的结构和尺寸

例如,对于IT7级精度的孔,常采用拉削、铰削和磨削等方法来加工。如果是箱体上的孔,一般采用铰削或镗削,而不采用拉削和磨削,同样是箱体上的孔,孔径较小时,宜采用铰削,孔径较大时,则采用镗削。

(3)生产类型和现场生产条件

大批量生产时,降低零件制造成本的主要途径是提高生产率,故应选用高生产率和质量稳定的加工方法。例如,对孔和平面的加工,在大批量生产中广泛采用拉削;在单件小批量生产中,主要根据生产现场的设备情况,可采用钻、扩、铰及刨削平面或铣削平面。在了解了各种加工方法的经济精度和综合考虑以上因素后,便可根据加工表面的技术要求,选择出该表面的最终加工方法;然后根据经验或工艺手册确定出加工方案。

4.4.2 加工阶段的划分

1. 加工阶段的划分

零件上精度和表面质量要求较高的表面,一般很难用一道工序的加工来满足其要求,而且也不应采用一道工序来完成,而应分阶段达到应有的加工精度。机械加工路线,按工序的性质不同,一般可分为粗加工、半精加工和精加工三个阶段。表面质量要求特别高时,还应增加光整加工阶段。

(1)粗加工阶段

主要任务是尽快切去各表面上的大部分加工余量,加工精度要求不高,可采用大功率、高强度的机床,采用较大的切削用量进行加工,尽量提高生产率。

(2)半精加工阶段

在粗加工的基础上,可完成一些次要表面的终加工,同时为主要表面的精加工做好准备(使主要表面在精加工前达到一定的精度和控制加工余量)。

(3)精加工阶段

达到零件上各个表面上设计要求。

(4)光整加工阶段

达到个别精度和表面粗糙度要求特别高的表面的质量要求。

2. 划分加工阶段的主要原因

(1)有利于保证零件的加工质量

粗加工时,由于切削用量较大,会产生很大的受力变形、热变形,以及内应力重新分布带来的变形,加工误差很大。这些误差,可以在半精加工和精加工中得到纠正,保证达到应有的精度和表面粗糙度。

(2)合理安排加工设备和操作工人

设备的精度和生产率一般成反比。在粗加工时,可以选择生产率较高的设备,对设备的精度和工人的技术水平要求不高,精加工时,主要应达到零件的精度要求,这时可选用精度较高的设备和较高技术水平的工人。划分加工阶段后,可以充分地发挥各类设备的优点,合理利用资源。

(3)便于热处理工序的安排,使冷热加工工序搭配得更合理

粗加工后,内应力较大,应安排时效处理;淬火后,变形较大,且有氧化现象,一般应安排在半精加工之后、精加工之前进行,以便在精加工中消除淬火时所产生的各种缺陷。

此外,划分加工阶段后,能在粗加工中及时发现毛坯的缺陷,如裂纹、夹砂、气孔和余量不足

等，根据具体情况决定报废或修补，避免对废品再加工造成浪费。各表面的精加工放在最后进行，还可以防止损伤加工精确的表面。

划分加工阶段也不是绝对的，要根据零件的质量要求、结构特点和生产纲领灵活掌握。例如，对于精度要求不高、余量不大、刚性较好的零件，如生产纲领不大，可不必严格地划分加工阶段。有些刚性较好的重型零件，由于运输和装夹都很困难，应尽可能在一次装夹中完成粗、精加工，粗加工完成以后，将夹紧机构松开一下，停留一段时间，让工件充分变形，然后用较小的夹紧力夹紧，再进行精加工。

划分加工阶段，对零件整个机械加工工艺过程而言，通常是以零件上主要表面的加工来划分，而次要表面的加工穿插在主要表面加工过程之中。在有些情况下，次要表面的精加工是在主要表面的半精加工，甚至是粗加工中就可完成的，而这时并没有进入整个加工过程的精加工阶段；相反，有些小孔，如箱体上轴承孔周围的螺纹连接孔，常常安排在精加工之后进行钻削，这对小孔本身来讲，仍属于粗加工。这点在划分加工阶段时应引起注意。

4.4.3 工序集中与工序分散

对于一个特定的零件，在拟定其工艺路线时，究竟安排多少工序，涉及工序集中和工序分散的问题。如果零件的加工集中在少数几道工序内完成，则每一工序的加工内容比较多，称其为工序集中，反之则称为工序分散。

1. 工序集中的特点

①便于采用高生产率的专用设备和工艺装备及数控加工技术进行生产，减少了工件的装夹次数，缩短了辅助时间，可有效地提高劳动生产率。

②由于工序数目少、工艺路线短，便于制定生产计划和生产组织。

③使用的设备数量少，减少了操作工人和车间面积。

④由于在一次装夹中可以加工出较多的表面，有利于保证这些表面间相互位置精度。

⑤工序集中时所需设备和工艺装备结构复杂，调整和维修困难，投资大、生产准备工作量大且周期长，不利于转产。

2. 工序分散的特点

使用的设备和工艺装备结构简单，调整和维修方便，工人容易掌握操作技术，生产准备简单，便于产品品种的更新。

设备数量多，操作工人多，车间面积大，生产组织工作量大。拟定工艺路线时，应根据零件的生产类型、产品本身的结构特点、零件的技术要求等来确定采用工序集中还是分散。一般批量较小或采用数控机床、多刀、多轴机床、各种高效组合机床和自动机床加工时，常用工序集中原则。而大批量生产时，常采用工序分散的原则。

由于机械产品层出不穷，市场寿命也越来越短，产品多呈现中小批量的生产模式。随着数控技术的发展，数控加工不但高效，还能灵活适应加工对象的经常变化，工序集中将成为现代化生产的发展趋势。

4.4.4 加工顺序的安排

零件的加工顺序包括机械加工工序顺序、热处理先后工序及辅助工序。在拟定工艺路线时，工艺人员要全面地把三者放在一起加以考虑。

1. 机械加工工序顺序的安排原则

零件上需要加工的表面很多,往往不是一次加工就能达到要求。表面的加工顺序对基准的选择及加工精度有很大的影响,在安排加工顺序时一般应遵循以下原则。

(1)基准先行

除第一道工序外,选作基准的表面,必须在前面已加工,即从第二道工序开始就必须用精基准作主要定位面。所以,前工序必须为后工序准备好基准。

(2)先粗后精

是指先安排各表面的粗加工,后安排半精加工、精加工和光整加工。从而逐步提高被加工表面的精度和表面质量。

(3)先主后次

是指先安排主要表面的加工,再安排次要表面的加工。次要表面的加工可适当穿插在主要表面的加工工序之间进行。当次要表面与主要表面之间有位置精度要求时,必须将其加工安排在主要表面的加工之后。

(4)先面后孔

当零件上有平面和孔要加工时,应先加工面,再加工孔。这样,不仅孔的精度容易保证,还不会使刀具引偏。对于箱体类零件尤为重要。

2. 热处理工序的安排

在制定工艺路线时,应根据零件的技术要求和材料的性质,合理地安排热处理工序。常用的热处理工序有:退火、正火、调质、时效、淬火、渗碳、渗氮、表面处理等。按照热处理的目的,分为预备热处理和最终热处理。

(1)预备热处理

①正火和退火。在粗加工前通常安排退火或正火处理,消除毛坯制造时产生的内应力,稳定金属组织和改善金属的切削性能。例如,对含碳量低于0.5%的低碳钢和低碳合金钢,应安排正火处理以提高硬度;而对含碳量高于0.5%的碳钢和合金钢,应安排退火处理;对于铸铁件,通常采用退火处理。

②调质。就是淬火后高温回火。经调质的钢材,可得到较好的综合力学性能。调质可作为表面淬火和化学热处理的预备热处理,也可作为某些硬度和耐磨性要求不高零件的最终热处理。调质处理通常安排在粗加工之后,半精加工之前进行,这也有利于消除粗加工中产生的内应力。

③时效处理。时效处理的主要目的,是消除毛坯制造和机械加工中产生的内应力。对于形状复杂的大型铸件和精度要求较高的零件(如精密机床的床身、箱体等),应安排有时效处理,以消除内应力。

(2)最终热处理

①淬火。淬火可提高零件的硬度和耐磨性。零件淬火后,会出现变形,所以淬火工序应安排在半精加工后、精加工前进行,以便在精加工中纠正其变形。

②渗碳淬火。对于用低碳钢和低碳合金钢制造的零件,为使零件表面获得较高的硬度及良好的耐磨性,常用渗碳淬火的方法提高表面硬度。渗碳淬火容易产生零件变形,应安排在半精加工和精加工之间进行。

③渗氮。渗氮是向零件的表面渗入氮原子的过程。渗氮不仅可以提高零件表面的硬度和耐磨性,还可提高疲劳强度和耐腐蚀性。渗氮层很薄且较脆,故渗氮处理安排尽量靠后,另外,为控

制渗氮时零件变形，应安排去应力处理。渗氮后的零件最多再进行精磨或研磨。

④表面处理。表面处理（表面镀层和氧化）可以提高零件的抗腐蚀性和耐磨性，并使表面美观。通常安排在工艺路线最后。

零件机械加工的一般工艺路线为：毛坯制造—退火或正火—主要表面的粗加工—次要表面加工—调质（或时效）—主要表面的半精加工—次要表面加工—淬火（或渗碳淬火）—修基准—主要表面的精加工—表面处理。

3. 辅助工序的安排

辅助工序包括检验、去毛刺、清洗、防锈、去磁、平衡等。其中检验工序是主要的辅助工序，对保证加工质量，防止继续加工前道工序中产生的废品，起着重要的作用。除了在加工中各工序操作者自检外，在粗加工阶段结束后、关键工序前后、送往外车间加工前后、全部加工结束后，一般均应安排检验工序。

4.5 加工余量的确定

毛坯尺寸与零件尺寸越接近，毛坯的精度越高，加工余量就越小，虽然加工成本低，但毛坯的制造成本高。零件的加工精度越高，加工的次数越多，加工余量就越大。因此，加工余量的大小不仅与零件的精度有关，还要考虑毛坯的制造方法。

4.5.1 加工余量的概念

加工余量是指某一表面加工过程中应切除的金属层厚度。同一加工表面相邻两工序尺寸之差称为工序余量。而同一表面各工序余量之和称为总余量，也就是某一表面毛坯尺寸与零件尺寸之差。

$$Z_{\Sigma} = \sum_{i=n}^{n} Z_i$$

式中 Z_{Σ}——总加工余量；

Z_i——第 i 道工序的加工余量；

n——形成该表面的工序总数。

图 4-24 表示了工序加工余量与工序尺寸的关系。图 4-24(a)、图 4-24(b)所示平面的加工余量是单边余量，它等于实际切除的金属层厚度。

对于外表面：

$$Z_b = a + b$$

对于内表面：

$$Z_b = b - a$$

式中，Z_b——本工序的加工余量（公称余量）；

a——前工序的工序尺寸；

b——本工序的工序尺寸。

上述表面的加工余量为非对称的单边余量。

对图 4-24(c)、图 4-24(d)所示的回转表面，其加工余量为对称的双边余量。

对于外圆表面：

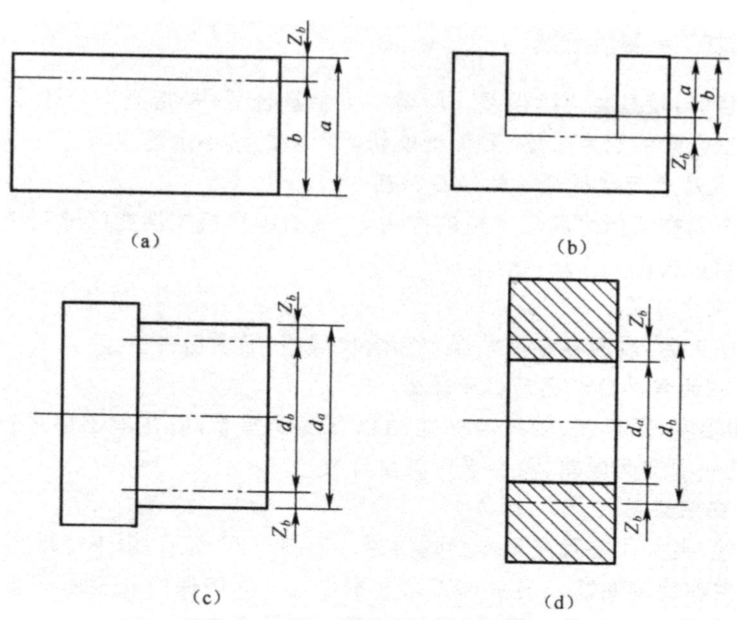

图 4-24　加工余量与加工尺寸关系

$$2Z_b = d_a - d_b$$

对于内圆表面：

$$2Z_b = d_b - d_a$$

式中，Z_b——直径上的加工余量（公称余量）；

d_a——前工序的工序尺寸；

d_b——本工序的工序尺寸。

由于毛坯制造和零件加工时都有尺寸公差，所以各工序的实际切除量是变动的。即有最大加工余量和最小加工余量，图 4-25 表明了余量与工序尺寸及其公差的关系。为了简单起见，工序尺寸的公差都按“入体原则”标注，即对被包容面，工序尺寸的上偏差为零；对包容面，工序尺寸的下偏差为零；毛坏尺寸的公差一般按双向标注。

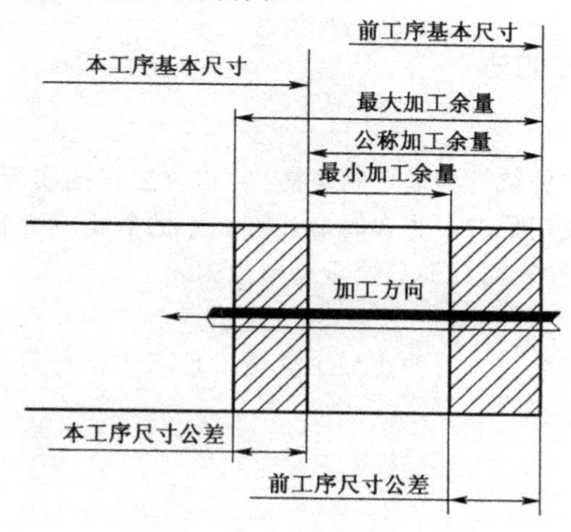

图 4-25　工序加工余量及公差

4.5.2 影响加工余量的因素

机械加工的目的，就是要切除误差。所谓加工余量合适，是指既能切除误差，又不致加工成本过高。影响加工余量的因素较多，要保证能切除误差的最小余量应该包括以下 4 项内容。

1. 前工序形成的表面粗糙度和缺陷层深度

由于表面层金属在切削力和切削热的作用下，其组织和机械性能已遭到破坏，应当切去。表面的粗糙度也应当切去。

2. 前工序的尺寸公差

由于前工序加工后，表面存在尺寸误差和形状误差，必须切去。

3. 前工序形成的需单独考虑的位置偏差

如直线度、同轴度、平行度、轴线与端面的垂直度误差等，应在本工序进行修正。位置偏差 ρ_a 具有方向性，是一项空间误差，需要采用矢量合成。

4. 本工序的安装误差

包括定位误差、夹紧误差及夹具本身的误差。如图 4-26 所示，由于三爪自定心卡盘的偏心，使工件轴线偏离主轴旋转轴线 e，造成加工余量不均匀。为确保内孔表面都能磨到，直径上的余量应增加 $2e$。安装误差 ε_b 也是空间误差，与 ρ_a 采用矢量合成。

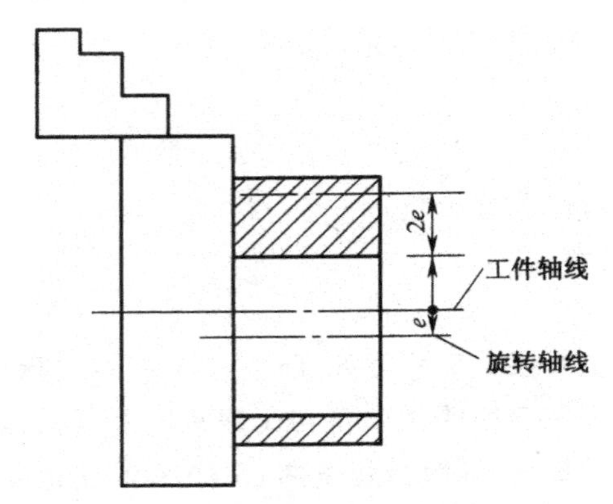

图 4-26 安装误差对加工余量的影响

4.5.3 确定加工余量的方法

1. 查表修正法

根据工艺手册或工厂中的统计经验资料查表，并结合工厂的实际情况进行适当修正来确定加工余量。这种方法目前应用最广。查表时应注意表中的数据为公称值，对称表面（轴孔等）的加工余量是双边余量，非对称表面的加工余量是单边的。

2. 经验估计法

根据实践经验确定加工余量。为防止加工余量不足而产生废品，往往估计的数值偏大，因而这种方法只适用于单件、小批生产。

4.6　工序设计

零件的加工工艺路线拟定以后，下一步应该进行工序内容的设计。工序内容包括为每一工序选择机床和工艺装备，划分工步，确定加工余量、工序（工步）尺寸和公差，确定切削用量和工时定额，确定工序要求的检测方法等。

4.6.1　机床和工艺装备的选择

1. 机床的选择

在拟定工艺路线时，已经同时确定了各工序所用机床的类型，是否需要设计专用机床等。在具体确定机床型号时，还必须考虑以下基本原则。

①机床的加工规格范围应与零件的外部形状、尺寸相适应。

②机床的精度应与工序要求的加工精度相适应。

③机床的生产率应与工件的生产类型相适应。一般单件小批生产宜选用通用机床，大批大量生产宜选用高生产率的专用机床、组合机床或自动机床。

④采用数控机床加工的可能性。在中小批量生产中，对于一些精度要求较高、工步内容较多的复杂工序，应尽量考虑采用数控机床加工。

⑤机床的选择还应结合现场的实际情况。选择机床应当尽量考虑到现有的生产条件，除了新厂投产以外，原则上应尽量发挥原有设备的作用，并尽量使设备负荷平衡。

2. 工艺装备的选择

工艺装备主要包括夹具、刀具和量具，选择时应按如下原则进行参考。

(1)夹具的选择

单件小批生产，应尽量选用通用夹具或组合夹具。在大批大量生产中，则应根据加工要求设计制造专用夹具。专用夹具的设计和使用在后面的章节中将有详细的介绍。

(2)刀具的选用

合理地选用刀具，是保证产品质量和提高切削效率的重要条件。刀具的选择主要取决于所确定的加工方法和机床类型。在选择刀具形式和结构时，需要考虑的因素如下。

①生产类型和生产率单件小批生产时，一般尽量选用标准刀具；大批大量生产中广泛采用专用刀具、复合刀具等，以获得高的生产率。

②工艺方案和机床类型不同的工艺方案，必然要选用不同类型的刀具，例如孔的加工，可以采用钻—扩—铰，也可以采用钻—粗镗—精镗等，显然所选用的刀具类型是不同的。机床的类型、结构和性能，对刀具的选择也有重要的影响。如立式铣床加工平面一般选用立铣刀或面铣刀，而不会用圆柱铣刀等。

③工件的材料、形状、尺寸和加工要求　刀具的类型确定以后，根据工件的材料和加工性质确定刀具的材料。工件的形状和尺寸有时将影响刀具结构及尺寸，例如一些特殊表面（如 T 形槽）的加工，就必须选用特殊的刀具（如 T 形槽铣刀）。此外，所选的刀具类型、结构及精度等级必须与工件的加工要求相适应，如粗铣时应选用粗齿铣刀，而精铣时则选用细齿铣刀等。

(3)量具的选择

量具的选择主要根据检验要求的准确度和生产批量的大小来确定。在选择量具前首先要确定各工序加工要求如何进行检测。工件的形位精度要求一般是依靠机床和夹具的精度而直接获得的，操作工人通常只检测工件的尺寸精度和部分形位精度，而表面粗糙度一般是在该表面的最终加工工序用目测方法来检验。但在专门安排的检验工序中，必须根据检验卡片的规定，借助量仪和其他的检测手段全面检测工件的各项加工要求。

选择量具时应使量具的精度与工件加工精度相适应，量具的量程与工件的被测尺寸大小相适应，量具的类型与被测要素的性质（孔或外圆的尺寸值还是形状位置误差值）和生产类型相适应。一般说来，单件小批生产广泛采用游标卡尺、千分尺等通用量具，大批大量生产则采用极限量规和高效专用量仪等。

各种通用量具的使用范围和用途，可查阅有关的专业书籍或技术资料，并以此作为选择量具时的参考依据。

当需要设计专用设备或专用工艺装备时，应依据工艺要求提出专用设备或专用工装设计任务书。设计任务书是一种指示性文件，其上应包括与加工工序内容有关的必要参数、所要求的生产率、保证产品质量的技术条件等内容，作为设计专用设备或专用工艺装备的依据。

4.6.2 切削用量的确定

1. 切削用量与切削时间的关系

切削用量的大小直接影响生产率、加工质量、加工成本、刀具耐用度、机床功率、切削力引起的工艺系统的变形和振动等。

选择切削用量，就是在已经选择好刀具材料和刀具几何角度的基础上，确定背吃刀量、进给量和切削速度。切削用量的选择将直接影响到工件的切削时间，从而影响到劳动生产率。切削时间与背吃刀量、进给量和切削速度的关系为

$$t_j=\frac{l}{nf}\frac{Z_b}{a_p}=\frac{lZ_b\pi d}{1000vfa_p}$$

式中 t_j——切削时间，即基本时间(min)；

l——每次进给的行程长度(mm)；

Z_b——单边加 35，总余量(mm)；

n——转速(r/min)；

f——进给量(mm/r)；

a_p——背吃刀量(mm)；

d——工件直径(mm)；

v——切削速度(mm/min)。

2. 切削用量的选择原则

①粗加工应首先尽可能选取较大的背吃刀量粗加工时，切削用量的选取要考虑提高零件的生产率。从切削时间与切削用量的关系可知，切削时间与切削用量成反比。因此，从提高生产率角度考虑，应使用较大的背吃刀量、进给量和切削速度。

从刀具寿命的角度可知，对刀具寿命影响最小的是背吃刀量，其次是进给量，最大是切削速度，这是因为切削速度对切削温度影响最大。温度升高，刀具磨损加快，刀具寿命明显下降。但背吃刀量也不能太大，它受机床、夹具、刀具和工件的合成刚度制约，所以，粗加工时，首先应根据工艺系统刚度的允许，尽可能选取较大的背吃刀量；其次按工艺装备与技术条件的允许选择较大

的进给量；最后根据刀具寿命的允许选取切削速度。

②精加工应首先选取合适的进给量。精加工时，切削用量的选取要考虑达到零件的加工精度和表面粗糙度。对加工精度和表面粗糙度影响最大的是进给量，其次是背吃刀量，最小是切削速度。但进给量与生产率成反比，进给量太大会成倍降低生产率。所以，精加工时，应首先在保证加工精度和表面粗糙度的前提下，选取合适的进给量和背吃刀量；其次适当提高切削速度，以提高生产率。

4.6.3　时间定额的确定

1. 时间定额的概念

时间定额是在一定生产条件下，规定完成单件产品（如一个零件、一个部件等）或某项工作（如一个工序）所需的时间。时间定额是安排生产计划、进行成本核算的主要依据。在设计新厂时，时间定额是计算设备数量、布置车间、计算工人数量的依据。

时间定额定的过紧，容易忽视产品质量，也会影响工人的主动性、创造性和积极性。时间定额定的过松，就起不到指导生产和促进生产发展的积极作用。因此，合理地制定时间定额，对保证产品质量、提高劳动生产率、降低生产成本，都是十分重要的。

时间定额的确定一般有两种方式：一种是工艺人员与熟练技术工人相结合，通过总结过去加工实践的经验，并参考有关的技术资料综合估计确定；另一种是工艺人员以同类产品的工艺或工序时间为依据，进行类比分析后推算出来，并参考熟练技术工人的意见确定。

2. 时间定额的组成

单件时间定额，就是完成单件产品或一个工序所消耗的时间，由下列各部分组成。

(1)基本时间 t_j

基本时间是指改变生产对象的尺寸、形状、相对位置、表面状态或材料性质等工艺过程所消耗的时间。对于切削加工来说，基本时间就是切削时间，是切除金属所消耗的机动时间（包括刀具切入和切出时间）。

(2)辅助时间 t_f

它是为完成工艺过程所用于各种辅助动作而消耗的时间。它包括装卸工件、开停机床、改变切削用量、对刀、试切、测量、刀具的趋近等所消耗的时间。

(3)工作地服务时间 t_b

指工人在工作时为照管工作地点及保持正常工作状态所消耗的时间。例如，在加工过程中调整、更换和刃磨刀具，润滑和擦拭机床和清除切屑等所消耗的时间。工作地服务时间可取基本时间和辅助时间之和的 2%～7%。

(4)休息与生理需要时间 t_x

指工人在工作时间内为恢复体力和满足生理需要所消耗的时间。一般可取基本时间和辅助时间之和的 2%。

上述时间的总和称为单件时间 t_d，即

$$t_d = t_j + t_f + t_b + t_x$$

(5)准备与终结时间 t_z

指工人为了生产一批产品或零、部件，进行准备和结束工作所消耗的时间。这里所说的准备和终结时间包括：在进行加工前熟悉工艺文件、领取毛坯、安装刀具和夹具、调整机床和刀具等必

须准备的工作，加工一批工件终了后需要拆下和归还工艺装备，发送成品等工作。因该时间对一批产品或零、部件（批量为Ⅳ）只消耗一次，故分摊到每个零件上的时间为 t_z/N。

这样单件时间为单件定额时间加上准备与终结时间，即

$$t_{dj}=t_j+t_f+t_b+t_x+\frac{t_z}{N}$$

这种时间定额的计算方法，目前在成批和大量生产中广泛应用。对基本时间的确定，是以手册上给出的各类加工方法的计算办法进行计算。辅助时间的确定，在大批量生产中，将辅助动作分解，再分别查表计算；在成批生产中，可根据以往统计资料核定。

4.7 工艺尺寸链

机械制造的精度，主要决定于尺寸和装配精度。在机械制造过程中，运用尺寸链原理去解决并保证产品的设计与加工要求，合理地设计机械加工工艺和装配工艺规程，以保证加工精度和装配精度、提高生产率、降低成本，是极其重要而有实际意义的。

4.7.1 工艺尺寸链的基本概念

在机器装配和零件加工过程中所涉及的尺寸，一般来说都不是孤立的，而是彼此之间有一定的内在联系。往往一个尺寸的变化会引起其他尺寸的变化，或是一个尺寸的获得要靠其他尺寸来保证。机械产品设计时，就是通过各个零件有关尺寸（或位置）之间的相互联系和相互依存关系而确定出零件上的尺寸（或位置）公差的。这些问题的研究和解决，都需要借助于尺寸链的基本知识和计算方法。

1. 尺寸链的定义

工艺尺寸链是在机械加工和装配过程中，从零件的加工面或装配面之间找到的互相联系，并按一定顺序连接而成的封闭尺寸组合。如图 4-27 所示，尺寸 A_1 是底面到顶面的尺寸，尺寸 A_2 是底面到中间台阶的尺寸，尺寸 A_3 是中间台阶面到顶面的尺寸，尺寸 A_1、尺寸 A_2 和尺寸 A_3 构成了一个首尾相接的封闭线性尺寸链，可用图 4-28 所示的单箭头尺寸链图表示（初始箭头向上或向下都可以）。

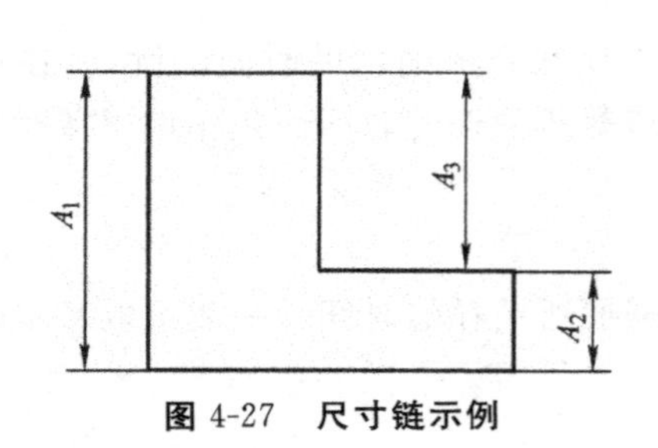

图 4-27 尺寸链示例

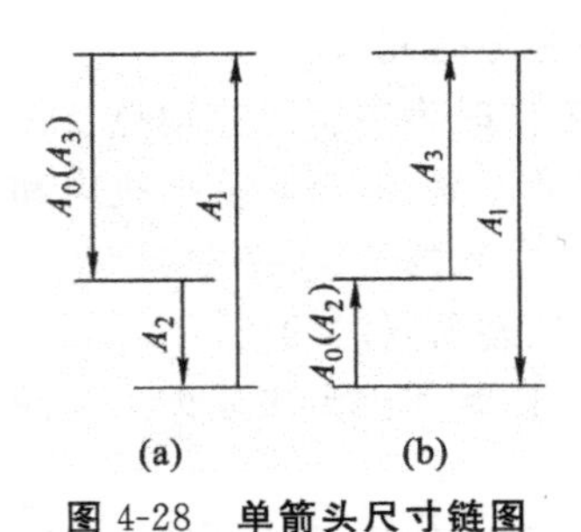

图 4-28 单箭头尺寸链图

2. 工艺尺寸链的组成

(1)环

列入尺寸链中的每一尺寸简称为尺寸链中的环，如图 4-27 中的 A_1、A_2、A_3 等，环可分为封闭环和组成环。

(2)封闭环

封闭环是在尺寸链在装配过程或加工过程最后形成的一环,其尺寸是在加工或装配过程中最后自然或间接得到的。在尺寸链中仅有一个最后得到的尺寸,该尺寸就是封闭环。封闭环的尺寸用 A_0 表示。加工次序不同,最后得到的尺寸不同,因而封闭环的尺寸也不同。对于同一个尺寸链,选择不同的加工次序,得到不同的封闭环。如图 4-27 中的零件,如果先加工底面,然后以底面为基准加工顶面,再以底面为基准加工中间台阶面,最后间接得到的尺寸 A_3 是封闭环 A_0 [图 4-28(a)]。如果先加工顶面,然后以顶面为基准加工底面,再以顶面为基准加工中间台阶面,则最后间接得到的尺寸 A_2 是封闭环 A_0[图 4-28(b)]。

(3)组成环

尺寸链中对封闭环有影响的全部环都称为组成环,组成环是除封闭环以外构成尺寸链的各个尺寸。图 4-28(a)中尺寸 A_1 和尺寸 A_2 是尺寸链的组成环,图 4-28(b)中尺寸 A_1 和尺寸 A_3 都是尺寸链的组成环。

(4)增环

在其他组成环不变的条件下,如果某一组成环的尺寸增大,封闭环的尺寸也随之增大,如果该环尺寸减小,封闭环的尺寸也随之减小,则该组成环称为增环。

(5)减环

减环是在尺寸链中这样的组成环,其尺寸的增大将使最后间接得到的封闭环尺寸相应减少。如图 4-27 中的零件,如果封闭环是 A_3,则 A_2 是减环。

对环数较多的尺寸链,如果用定义来逐个判别各环的增减性很费时并且容易出错。为能迅速判别增减环,可绘制尺寸链图。尺寸链图是将尺寸链中各组成环尺寸按大致比例,用首尾相接的单箭头顺序画出的尺寸图。对于图 4-27 所示零件可画出图 4-28 所示的单箭头尺寸链图。一般可先画出封闭环尺寸,然后从封闭环的箭头端开始找出首尾相接的组成环尺寸并连接,直至连接到封闭环尺寸的起始段为止。从单箭头尺寸链图可方便地确定增环和减环,即与封闭环箭头方向一致的组成环为减环,与封闭环箭头方向相反的组成环为增环。

3. 工艺尺寸链的分类

(1)按环的几何特征区分

①长度尺寸链。全部环为长度尺寸的尺寸链。

②角度尺寸链。全部环为角度尺寸的尺寸链,如图 4-29 所示。

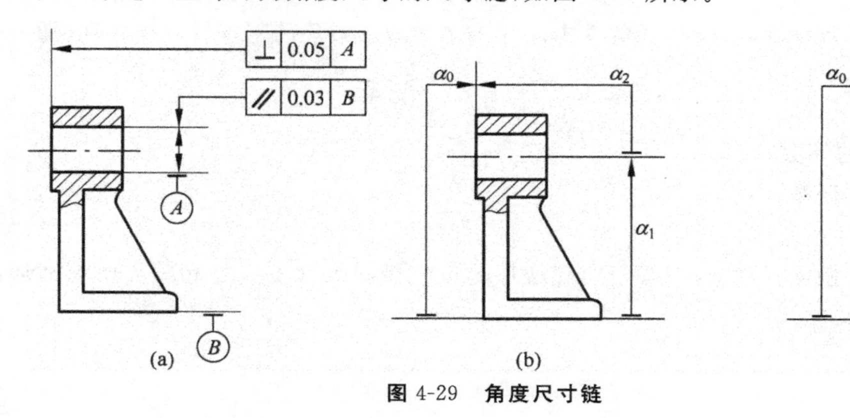

图 4-29　角度尺寸链

(2)按尺寸链的应用场合区分

①装配尺寸链。全部组成环为不同零件设计尺寸所形成的尺寸链,如图 4-30 所示。

②工艺尺寸链。全部组成环为同一零件工艺尺寸所形成的尺寸链。

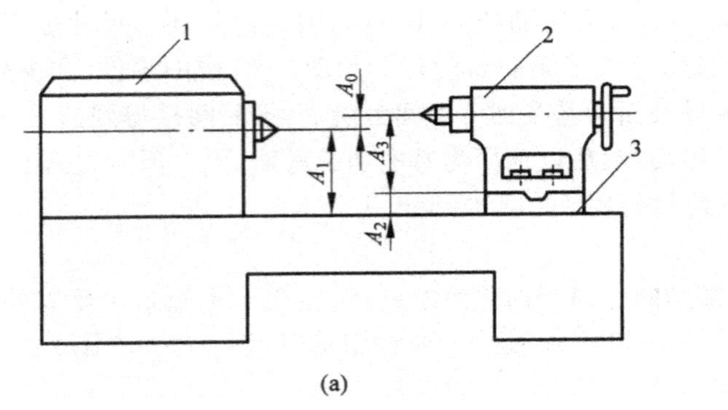

图 4-30　装配尺寸链示例

(3)按空间位置区分

①直线尺寸链。全部组成环平行于封闭环的尺寸链。

②平面尺寸链。全部组成环位于一个或几个平行平面内,但某些组成环不平行于封闭环的尺寸链。图 4-31 所示的尺寸链就是平面尺寸链。

③空间尺寸链。组成环位于几个不平行平面内的尺寸链。

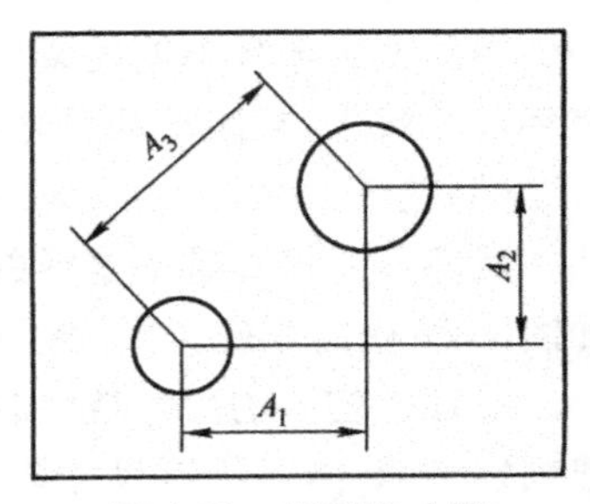

图 4-31　平面尺寸链

4.7.2　工艺尺寸链的计算方法

在尺寸链的计算中,关键要正确找出封闭环。计算工艺尺寸链的目的是要求出工艺尺寸链中某些环的基本尺寸及其上、下偏差。计算方法有极值法和概率法两种。

1. *极值法*

用极值法解算工艺尺寸链,是以尺寸链中各环的最大极限尺寸和最小极限尺寸为基础进行计算的。

(1)基本尺寸

封闭环的基本尺寸 A_{Σ} 等于增环的基本尺寸 $\overrightarrow{A_i}$ 之和减去减环的基本尺寸 $\overleftarrow{A_i}$ 之和,即

$$A_{\Sigma} = \sum_{i=1}^{m} \overrightarrow{A_i} - \sum_{i=m+1}^{n-1} \overrightarrow{A_i} \tag{4-1}$$

式中,m——增环的环数;

n——减环的环数。

(2)极限尺寸

封闭环的最大极限尺寸 $A_{\Sigma max}$ 等于所有增环的最大极限尺寸 $\overrightarrow{A}_{i\max}$ 之和减去所有减环的最小极限尺寸 $\overleftarrow{A}_{i\min}$ 之和,即

$$A_{\Sigma\max} = \sum_{i=1}^{m} \overrightarrow{A}_{i\max} - \sum_{i=m+1}^{n-1} \overleftarrow{A}_{i\min} \tag{4-2}$$

封闭环的最小极限尺寸 $A_{\Sigma\min}$ 等于所有增环的最小极限尺寸 $\overrightarrow{A}_{i\min}$ 之和减去所有减环的最大

极限尺寸$\overleftarrow{A}_{i\max}$之和，即

$$A_{\Sigma\min} = \sum_{i=1}^{m} \overrightarrow{A}_{i\min} - \sum_{i=m+1}^{n-1} \overleftarrow{A}_{i\max} \tag{4-3}$$

(3)各环上、下偏差

封闭环的上偏差ESA_{Σ}等于所有增环的上偏差$ES\overrightarrow{A}_i$之和减去所有减环的下偏差$EI\overleftarrow{A}_i$之和减去所有减环的下偏差$EI\overleftarrow{A}_i$之和，即

$$ESA_{\Sigma} = \sum_{i=1}^{m} ES\overrightarrow{A}_i - \sum_{i=m+1}^{n-1} EI\overleftarrow{A}_i \tag{4-4}$$

封闭环的下偏差EIA_{Σ}等于所有增环的下偏差$EI\overrightarrow{A}_i$之和减去所有减环的上偏差$ES\overleftarrow{A}_i$之和，即

$$EIA_{\Sigma} = \sum_{i=1}^{m} EI\overrightarrow{A}_i - \sum_{i=m+1}^{n-1} ES\overleftarrow{A}_i \tag{4-5}$$

(4)封闭环的公差

封闭环的公差TA_{Σ}等于各组成环的公差TA_i之和，即

$$TA_{\Sigma} = \sum_{i=1}^{n-1} T(A_i) \tag{4-6}$$

由式(4-6)可知，封闭环的公差比任何一个组成环的公差都大。如果要减小封闭环的公差，即提高加工精度，而又不增加加工难度，即不减小组成环的公差，那就要尽量减少尺寸链中组成环的环数，这就是尺寸链最短原则。

(5)组成环的平均公差

组成环的平均公差等于封闭环的公差除以组成环的数目所得的商，即

$$T_{av} = \frac{TA_{\Sigma}}{n-1} \tag{4-7}$$

极值法解算尺寸链的特点是简便、可靠。但在封闭环公差较小，组成环数目较多时，由式(4-7)可知，分摊到各组成环的公差过小，使加工困难，制造成本增加。而实际生产中各组成环都处于极限尺寸的概率很小，所以极值法主要用于组成环的环数很少，或组成环数虽多，但封闭环的公差较大的场合。

2. 概率法

当封闭环的尺寸公差较小、用极值法计算出的组成环公差太小时，可根据概率统计原理和加工误差分布的实际情况，采用概率法计算直线尺寸链。

(1)封闭环尺寸平均数和均方差的计算公式

根据概率理论，如果将各组成环的尺寸取值看成随机变量，则封闭环尺寸(其他组成环尺寸的代数和)的取值也为随机变量。各组成环尺寸取值的随机变量是相互独立的，这样封闭环尺寸的数学期望(平均数)A_{0M}为其他组成环尺寸方差或均方差σ_i平方的代数和，即

$$A_{0M} = \sum_{i=1}^{m} \overrightarrow{A}_{im} - \sum_{i=m+1}^{n-1} \overleftarrow{A}_{iM} \tag{4-8}$$

$$\sigma_0^2 = \sum_{i=1}^{n-1} \sigma_i^2 \tag{4-9}$$

式中，m——增环的个数；

n——尺寸链中总的环数。

(2)组成环尺寸接近正态分布时封闭环尺寸公差的计算公式

当各组成环尺寸接近正态分布时，组成环尺寸的公差 T_i 可以看成是 $6\sigma_i$（其概率为99.73%）。此时封闭环尺寸也接近正态分布，封闭环尺寸的公差 T_0 也可以看成是 $6\sigma_0$（其概率为99.73%）。即

$$T_0 = 6\sigma_0 = 6\sqrt{\sum_{i=1}^{n-1}\sigma_i^2} = 6\sqrt{\sum_{i=1}^{n-1}\left(\frac{T_i}{6}\right)^2} = \sqrt{\sum_{i=1}^{n-1}T_i^2} \tag{4-10}$$

4.7.3 工艺尺寸链的应用

1. 定位基准与设计基准不重合时的尺寸换算

零件调整法加工时，如果加工表面的定位基准与设计基准不重合，就要进行尺寸换算，重新标注工序尺寸。

【例 4-1】图 4-32 所示为一幅设计图样的简图，(b)为相应的零件尺寸链。A、B 两平面已在上一工序中加工好，且保证了工序尺寸为 mm 的要求。本工序中采用 B 面定位加工 C 面，调整机床时需按尺寸进行[图 4-32(c)]。C 面的设计基准是 A 面，与其定位基准 B 面不重合，所以需要进行尺寸换算。

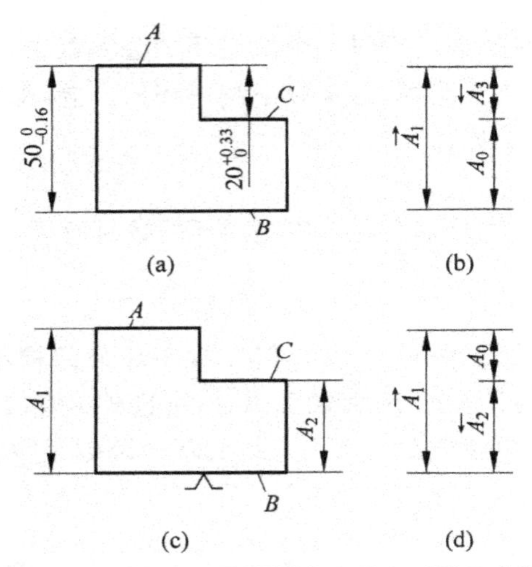

图 4-32 定位基准与设计基准不重合时的尺寸换算

①确定封闭环。设计尺寸 $20_{0}^{+0.33}$ 是本工序加工后间接保证的，所以封闭环为 A_0。

②查明组成环。根据组成环的定义，尺寸 A_1 和 A_2 均对封闭环产生影响，所以 A_1 和 A_2 为该尺寸链的组成环。

③绘制尺寸链图及判定增、减环。工艺尺寸链如图 4-32(d)所示，其中 A_1 为增环，A_2 为减环。

④计算工序尺寸及其偏差。

由 $$A_0 = \overrightarrow{A}_1 - \overleftarrow{A}_2$$

得 $$\overleftarrow{A}_2 = \overrightarrow{A}_1 - A_0 = 50 - 20 = 30\ \text{mm}$$

由 $$EIA_0 = EI\overrightarrow{A}_1 - ES\overleftarrow{A}_2$$

得 $$ES\overleftarrow{A}_2 = EI\overrightarrow{A}_1 - EIA_0 = -0.6 - 0 = -0.16\ \text{mm}$$

由
$$ESA_0 = ES\overleftarrow{A}_1 - EI\overleftarrow{A}_2$$
得
$$EI\overleftarrow{A}_2 = ES\overrightarrow{A}_1 - ESA_0 = 0 - 0.33 = -0.33\ \text{mm}$$
所求工序尺寸
$$A_2 = 20^{-0.16}_{-0.33}\ \text{mm}$$

⑤验算。根据题意及尺寸链可知 $T\overrightarrow{A}_1 = 0.16$ mm，$TA_0 = 0.33$ mm，由计算知 $T\overleftarrow{A}_2 = 0.17$ mm。因 $TA_0 = T\overrightarrow{A}_1 + T\overleftarrow{A}_2$，因此计算正确。

2. 测量基准与设计基准不重合时的尺寸换算

在加工中，有时会遇到某些加工表面的设计尺寸不便测量，甚至无法测量的情况，为此需要在工件上另选一个容易测量的测量基准，通过对该测量尺寸的控制来间接保证原设计尺寸的精度。这就产生了测量基准与设计基准不重合时测量尺寸及公差的计算问题。

【例 4-2】如图 4-33 所示零件，C 面的设计基准是 B 面，设计尺寸为 A_0。在加工完成后，为方便测量，以 A 面为测量基准，测量尺寸为 A_2。建立尺寸链如图 4-33(b)所示，其中 A_0 是封闭环，A_2 是增环，A_1 是减环。

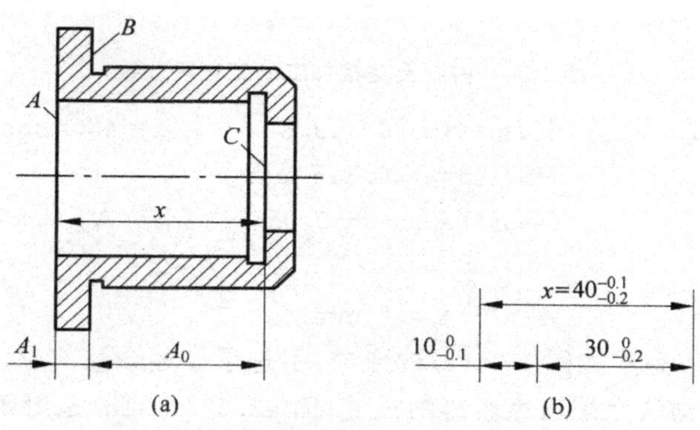

图 4-33　测量基准与设计基准不重合时的尺寸换算

图中 $A_0 = 30^{0}_{-0.2}$ mm，$A_1 = 10^{0}_{-0.1}$ mm。

由
$$A_0 = \overrightarrow{A}_2 - \overleftarrow{A}_1$$
得
$$\overrightarrow{A}_2 = A_0 + \overleftarrow{A}_1 = 30 + 10 = 40\ \text{mm}$$
由
$$ESA_0 = ES\overrightarrow{A}_2 - EI\overleftarrow{A}_1$$
得
$$ES\overrightarrow{A}_2 = ESA_0 + EI\overleftarrow{A}_1 = 0 + (-0.1) = -0.1\ \text{mm}$$
由
$$EIA_0 = EI\overrightarrow{A}_2 - ES\overleftarrow{A}_1$$
得
$$EI\overrightarrow{A}_2 = EIA_0 + ES\overleftarrow{A}_1 = -0.2 + 0 = -0.2\ \text{mm}$$
最后得
$$A_2 = 40^{-0.1}_{-0.2}\ \text{mm}$$

显然，基准不重合时虽然方便了加工和测量，同时使工艺尺寸的精度要求也提高了。但增加了加工的难度，因此在实际生产中应尽量避免基准不重合。

3. 工序基准是尚待继续加工的表面

在有些加工中，会出现要用尚待继续加工的表面为基准标注工序尺寸的情况。该工序尺寸及其偏差也要通过工艺尺寸计算来确定。

【例 4-3】如图 4-34(a)所示为齿轮内孔的局部简图，设计要求为：孔径 $\phi 40^{+0.05}_{0}$ mm，键槽深度尺寸为 $43.6^{+0.34}_{0}$ mm，其加工顺序为：

①镗内孔至 $\phi 39.6^{+0.1}_{0}$ mm。

②插件槽至尺寸 A。

③淬火处理。

④磨内孔，同时保证内孔直径 $\phi40_{0}^{+0.05}$ mm 和键槽深度 $43.6_{0}^{+0.34}$ mm 两个设计尺寸的要求。试确定中间工序尺寸 A 及其公差。

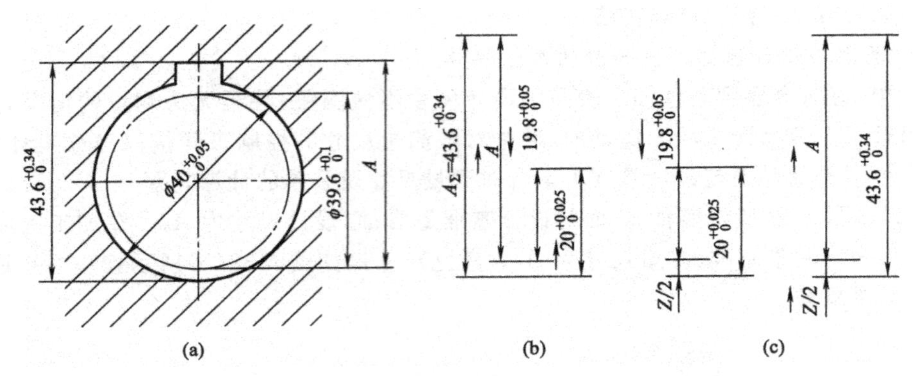

图 4-34　内孔及键槽加工的工艺尺寸链

图中基本尺寸计算	$43.6=A+20-19.8$	$A=43.4$ mm
上偏差计算	$ES(\mathrm{A})=+0.315$ mm	
下偏差计算	$0=EI(\mathrm{A})+0-0.05$	$EI(\mathrm{A})=+0.05$ mm

所以

按入体原则标注为　　$A=43.4_{0}^{+0.265}$ mm

另外，尺寸链还可以列成如图 4-34(c)的形成，引进了半径余量 $Z/2$，图 4-34(c)左图中 $Z/2$ 是封闭环，右图中 $Z/2$ 则认为是已经获得的尺寸，而 $43.6_{0}^{+0.34}$ mm 是封闭环。其结果与尺寸连图 4-34(b)相同。

4. 保证渗氮、渗碳层深度的工艺计算

有些零件的表面需要进行渗氮或渗碳处理，并要求精加工后仍能保证一定含氮或含碳的深度。为此要根据要求的渗氮或渗碳层的深度、精加工前后的加工的工序尺寸，确定热处理时渗氮或渗碳的深度。

【例 4-4】一批圆轴如图 4-35 所示，其加工过程为：车外圆至 $\phi20.6_{-0.04}^{0}$ mm；渗碳淬火；磨外圆至 $\phi20_{-0.02}^{0}$ mm。试计算保证磨后渗碳层深度为 0.7～1.0 mm 时，渗碳工序的渗入深度及其公差。

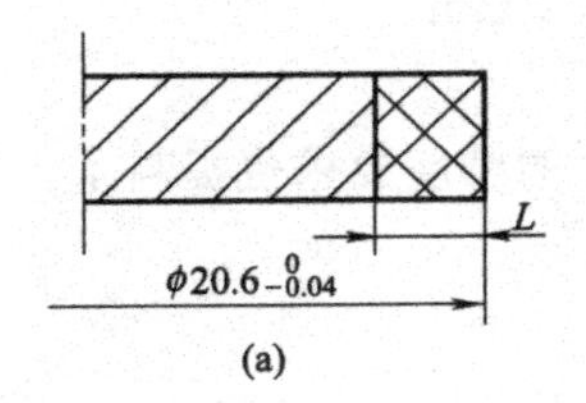

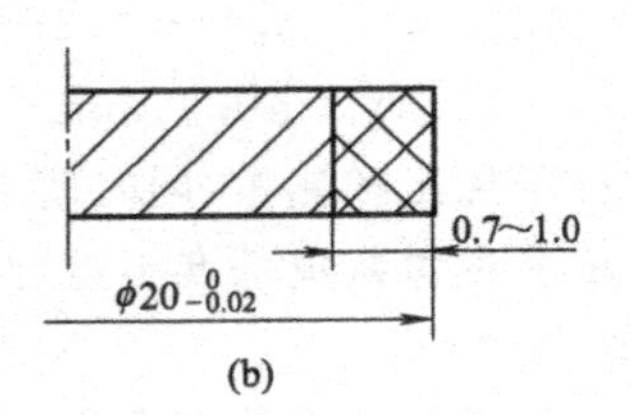

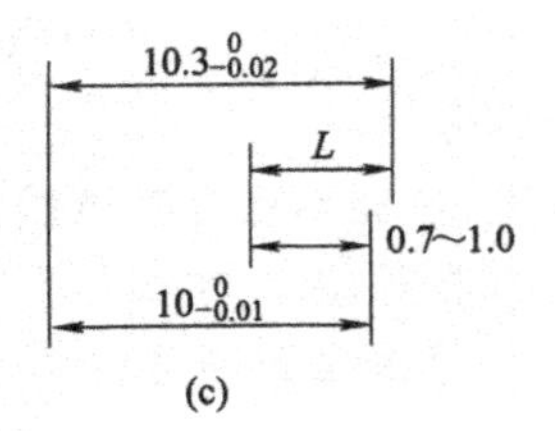

图 4-35　保证渗碳层深度的尺寸换算

由题意可知，磨后保证的渗碳层深度 0.7～1.0 mm 是间接获得的尺寸，为封闭环。其中尺寸 L 和 $10_{-0.01}^{0}$ mm 为增环，尺寸 $10.3_{-0.02}^{0}$ mm 为减环。

基本尺寸计算　　$0.7=\mathrm{L}+10-10.3$　　$\mathrm{L}=1$ mm

上偏差计算　　$0.3=ES(L)+0-(-0.02)$　　$ES(L)=+0.28$ mm

下偏差计算　　$0=EI(L)+(-0.01)-0$　　$EI(L)=+0.01$ mm

因此

$$L=1_{+0.01}^{+0.28}\ \text{mm}$$

4.8　机械加工生产率和技术经济分析

制定工艺规程的根本任务在于保证产品质量的前提下，提高劳动生产率和降低成本，即做到高产、优质、低消耗。

在制定工艺规程时，在保证质量的前提下，还必须对工艺过程认真开展技术经济分析，有效地采取提高机械加工生产率的工艺措施。

4.8.1　时间定额

1. 时间定额的概念

所谓时间定额，是指在一定生产条件下，规定生产一件产品或完成一道工序所需耗用的时间。时间定额衡量劳动生产率的高低，同时也是安排作业计划、核算生产成本、确定设备数量、人员编制以及规划生产面积的重要依据。

2. 时间定额的组成

(1)基本时间 T_m

基本时间是指直接改变生产对象的尺寸、形状、相对位置以及表面状态或材料性质等工艺过程所消耗的时间。对于切削加工来说，基本时间就是切除金属所消耗的时间(包括刀具的切入和切出时间在内)。

(2)辅助时间 T_a

辅助时间是为实现工艺过程所必须进行的各种辅助动作所消耗的时间，包括装卸工件、开停机床、引进或退出刀具、改变切削用量、试切和测量工件等所消耗的时间。

作业时间为基本时间和辅助时间的总和。是直接用于制造产品或零部件所消耗的时间。

辅助时间的确定方法随生产类型而异。大批大量生产时，为使辅助时间规定得合理，需将辅助动作分解，再分别确定各分解动作的时间，最后予以综合；中批生产则可根据以往统计资料来确定；单件小批生产常用基本时间的百分比进行估算。

(3)布置工作地时间 T_s

布置工作地时间是为了使加工正常进行，工人照管工作地(如更换刀具、润滑机床、清理切屑、收拾工具等)所消耗的时间。其并不直接消耗在每个工件上的。而是消耗在一个工作班内的时间，再折算到每个工件上。一般按作业时间的 2%～7%估算。

(4)休息与生理需要时间 T_r

休息与生理需要时间是工人在工作班内恢复体力和满足生理上的需要所消耗的时间。其按一个工作班为计算单位，再折算到每个工件上。对机床操作工人一般按作业时间的 2%～4%估算。

以上四部分时间的总和即为单件时间 T_t，即

$$T_t=T_m+T_a+T_s+T_r$$

(5)准备与终止时间 T_e

准备与终止时间是指工人为了生产一批产品或零部件，进行准备和结束工作所耗用的时间。

在单件或成批生产中，每当开始加工一批工件时，工人需要熟悉工艺文件，领取毛坯、材料、工艺装备、安装刀具和夹具，调整机床和其他工艺装备等所消耗的时间以及加工一批工件结束后，需拆下和归还工艺装备，送交成品等所消耗的时间。T_e既不是指直接消耗在每个工件上，也不是指消耗在一个工作班内的，而是消耗在一批工件上的时间。因而分摊到每个工件的时间为$\frac{T_e}{n}$，其中 n 为批量。所以单件和成批生产的单件工时定额的计算公式 T_t应为

$$T_t = T_m + T_a + T_s + T_r + \frac{T_e}{n}$$

在大批量生产时，因 n 的数值很大，$\frac{T_e}{n} \approx 0$，所以不考虑准备终结时间。

4.8.2 工艺方案的技术经济分析

制定机械加工工艺规程时，在同样能满足工件的各项技术要求下，一般可以拟定出几种不同的加工方案，而这些方案的生产效率和生产成本会有所不同。为了选取最佳方案就需进行技术经济分析。所谓技术经济分析，就是通过比较不同工艺方案的生产成本，选出最经济的加工工艺方案。

1. 表示产品工艺方案技术经济特性的指标

(1)产品工艺方案技术经济特性主要指标

常常从花费的劳动量、设备构成、工艺装备、工艺过程的分散程度、材料消耗及占用生产面积几个方面来评价产品工艺方案的优劣。

①劳动消耗量。以工时数和台时数表示，说明消耗劳动的多少，标志生产率的高低。

②设备构成比。所采用的各种设备占设备总数的比例。高生产率设备占的比例大，活劳动消耗小，但设备负荷系数小，会导致产品成本增加。

③工艺装备系数。采用的专用夹具、量具、刀具的数目与所加工零件的个数之比。这个系数大，加工所用劳动量就少，但会引起投资与使用费用的增加和生产准备时间的延长。产品产量不大时，可能引起工艺成本增加。

④工艺过程的集中分散程度。用每个零件的平均工时数表示。通常单件小批生产中用分散工序的方法可获得较好的经济效果；在大批大量生产时，用自动、多刀、多轴等机床可获得良好的经济效益。

⑤金属消耗量。取决于选用毛坯的种类和毛坯车间工艺过程的特征。计算金属消耗量时，需要把毛坯生产的工艺方案和机械加工工艺方案综合起来进行分析。

⑥占用生产面积。在设计新车间或改建现有车间时，厂房面积与选择合理的工艺过程方案密切相关。

(2)机械加工工艺过程技术特性指标

机械加工工艺过程技术特性指标包括出产量(件/年)，毛坯种类，毛坯质量，制造毛坯所需金属质量，毛坯净重，毛坯的成品率，材料的成品率，机械加工工序总数(调整工序、自动工序、手动工序的数目)，各类机床总数(专用机床、自动机床数量)，机床负荷系数，设备总功率，机动时间系数，专用夹具数量(其中包括多工位夹具、自动化夹具)，专用夹具装备系数，机床工作总台时，操作工人的平均等级，钳工修整劳动量及其占机床工作量的比例，生产面积总数、总面积，平均每台机床占用生产面积，平均每台机床占用总面积。

对不同工艺方案进行概略评价时,应综合分析上述指标,只有当其他指标没有明显差异时,才可集中分析某一有限制差异的指标。如果认为这样的概略分析没有把握说明工艺方案的经济合理性时,就应再作工艺成本分析。

2. 工艺成本的构成与计算

(1)工艺成本的构成

工艺成本由可变费用和不变费用两大部分组成。

①可变费用。可变费用是与年产量有关并与之成正比的费用,用 V 表示(元/件)。包括材料费、操作工人的工资、机床电费、通用机床折旧费、通用机床修理费、刀具费、通用夹具费。

②不变费用。不变费用是与年产量的变化没有直接关系的费用。当产量在一定范围内变化时,全年的费用基本上保持不变,用 S 表示(元/年)。包括机床管理人员、车间辅助工人、调整工人的工资、专用机床折旧费、专用机床修理费、专用夹具费。

(2)工艺成本的计算

由以上分析可知,有如下工艺成本的计算。

①零件的全年工艺成本。

$$E=V\cdot N+S$$

式中,E——零件(或零件的某工序)全年的工艺成本(元/年);

V——可变费用(元/年);

N——年产量(件/年);

S——不变费用(元/年)。

图 4-36 表示全年工艺成本 E 和年产量 N 的关系。由上述公式可知,全年工艺成本 E 和年产量 N 成线性关系,在图中也可体现。即全年工艺成本与年产量成正比。直线的斜率为零件的可变费用 V,直线的起点为零件的不变费用 S。S 为投资定值,不论生产多少,其值不变。

②零件的单件工艺成本。

图 4-37 表示单件工艺成本 E_d 与年产量 N 的关系。由图可知,E_d 与 N 呈双曲线关系,当 N 增大时,E_d 逐渐减小,极限值接近于可变费用 V。

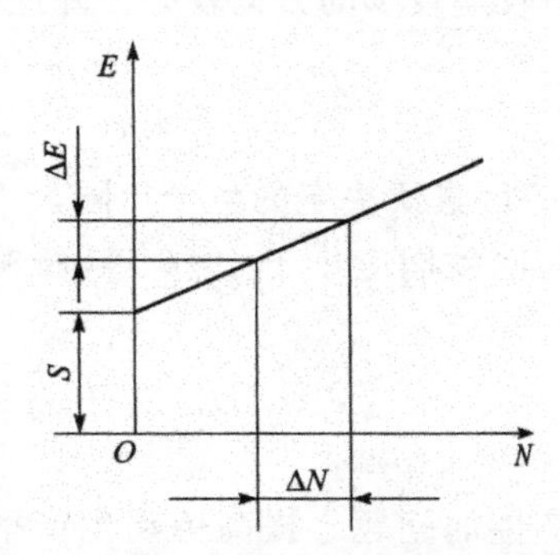

图 4-36　全年工艺成本与年产量的关系

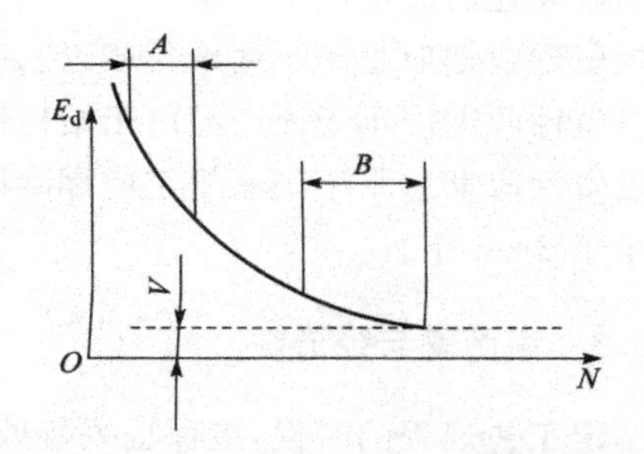

图 4-37　单件工艺成本与年产量的关系

以上两式也可用于计算单个工序的成本。

3. 工艺方案的技术经济评比

对不同方案的工艺过程进行评比时,常用零件的全年工艺成本进行比较,这是因为全年工艺成本与年产量成线性关系,容易比较。对不同的零件加工工艺方案进行技术经济比较时,有以下两种情况。

(1)使用现有设备的情况

此时,可按零件全年的工艺成本 E 来比较工艺方案的优劣。如果有两种零件加工工艺方案,其零件全年的工艺成本 E 与年产量 N 的关系如图 4-38 所示。从图 4-38 中可以看出:当零件的年产量为临界年产量 N_k时,工艺方案Ⅰ和工艺方案Ⅱ的工艺成本相同;当零件的年产量小于临界年产量 N_k时,工艺方案Ⅱ比工艺方案Ⅰ的工艺成本低,即年产量较小时宜采用不变工艺费用 C_2的工艺方案。当零件的年产量大于临界年产量 N_k时,工艺方案Ⅰ比工艺方案Ⅱ的工艺成本低,即年产量较大时宜采用不变工艺费用 C_1的工艺方案。

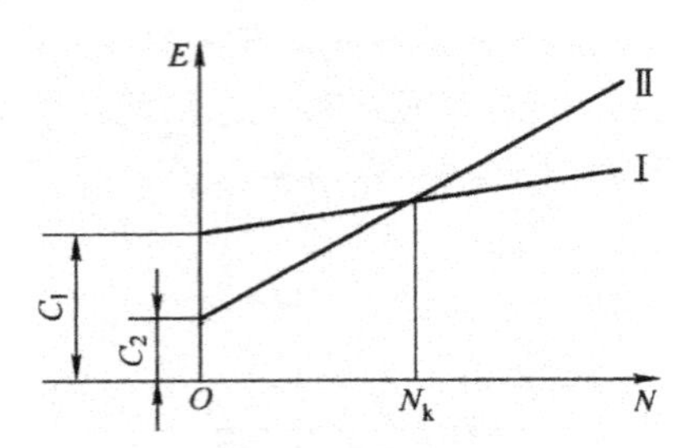

图 4-38　两种工艺方案的工艺成本比较

(2)追加基本投资的情况

当年产量较大时,追加基本投资较多的工艺方案其工艺成本较低,但此时不能单纯比较工艺成本,还需考虑不同方案基本投资的回收期。回收期是新旧工艺方案的投资差值与新旧工艺方案的工艺成本差值之比,即多余的投资需要几年方能收回,其计算公式为

$$\tau=\frac{\Delta K}{\Delta E}$$

式中,τ——投资回收期(年);

ΔK——新旧工艺方案的投资差值(元);

ΔE——新旧工艺方案的工艺成本差值(元/年)。

如果有两种追加基本投资的零件加工工艺方案,投资回收期较少的方案较好。除此之外,一般投资回收期还需满足以下要求。

①投资回收期应小于所用设备或工艺装备的使用年限。

②投资回收期应小于该产品由于结构性能或市场需求等因素所决定的生产年限。

③投资回收期应小于国家规定的标准回收期(新设备的回收期应小于 4～6 年,新夹具的回收期应小于 2～3 年)。

4.8.3　生产率与经济性

在制定工艺规程的时候,应保证妥善处理生产率与经济性的问题。提高劳动生产率涉及产品设计、制造工艺、生产组织及管理等多方面的因素。这里仅就通过缩短单件时间来提高机械加工生产率的工艺途径作简要分析。

1. 缩短基本时间

在大批大量生产时,由于基本时间在单位时间中所占比重较大,因此通过缩短基本时间即可提高生产率。缩短基本时间的主要途径有以下几种。

(1)提高切削用量、增大切削速度、进给量和背吃刀量

这些都是可行方法,但切削用量的提高受到刀具耐用度和机床功率、工艺系统刚度等方面的制约。随着新型刀具材料的出现,切削速度得到了迅速的提高,目前硬质合金车刀的切削速度可达 200 m/min,陶瓷刀具的切削速度达 500 m/min。近年来出现的聚晶人造金刚石和聚晶立方氮化硼刀具切削普通钢材的切削速度达 900 m/min。

在磨削方面,近年来发展的趋势是高速磨削和强力磨削。国内生产的高速磨床和砂轮磨削速度已达 60 m/s,国外已达 90～120 m/s;强力磨削的切入深度已达 6～12 mm,从而使生产率大大提高。

(2)采用多刀同时切削

如图 4-39 所示,(a)每把车刀实际加工长度只有原来的 1/3;(b)每把刀的切削余量只有原来的 1/3;(c)用三把刀具对同一工件上不同表面同时进行横向切入法车削。显然,采用多刀同时切削比单刀切削的加工时间大大缩短。

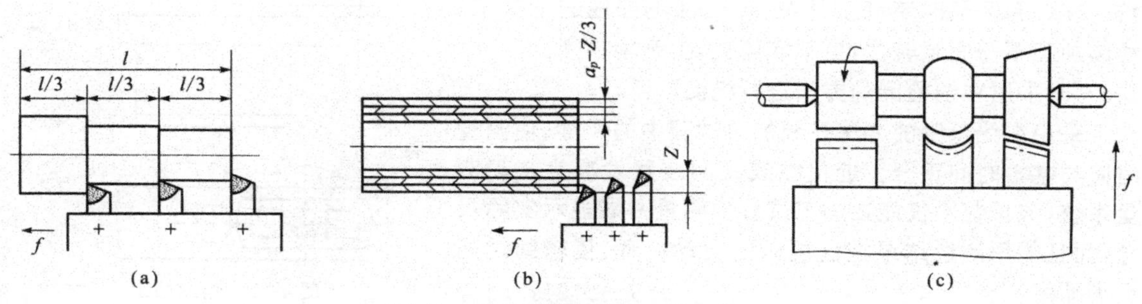

图 4-39　多把刀具同时加工几个表面

(3)多件加工

通过减少刀具的切入、切出时间或者使基本时间重合,从而缩短每个零件加工的基本时间来提高生产率。多件加工有以下三种方式。

①顺序多件加工,即工件顺着走刀方向一个接着一个地安装,如图 4-40(a)所示。这样减少了刀具切入和切出的时间,也减少了分摊到每一个工件上的辅助时间。

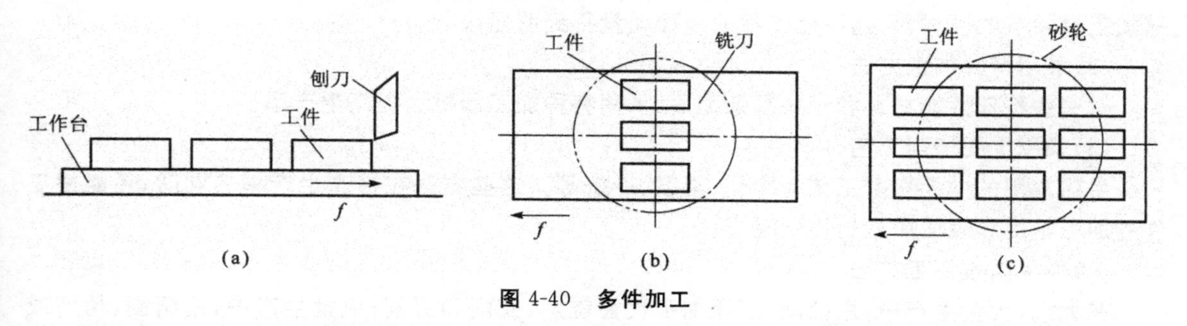

图 4-40　多件加工

②平行多件加工,即在一次走刀中同时加工 n 个平行排列的工件。加工所需基本时间和加工一个工件相同,所以分摊到每个工件的基本时间就减少到原来的 $1/n$,其中 n 是同时加工的工件数。这种方式常见于铣削和平面磨削,如图 4-40(b)所示。

③平行顺序多件加工。这种方法为顺序多件加工和平行多件加工的综合应用,如图 4-40(c)所示,该方法适用于工件较小、批量较大的情况。

(4)减少加工余量

采用精密铸造、压力铸造、精密锻造等先进工艺提高毛坯制造精度,减少机械加工余量,以缩短基本时间,有时甚至无需再进行机械加工,这样可以大幅度提高生产效率。

2. 缩短辅助时间

随着基本时间的减少,辅助时间在单件时间中所占比重越来越大。这时应采取措施缩短辅助时间。

(1)采用先进夹具

在大批、大量生产中,采用气动、液动、电磁等高效夹具,中、小批量采用成组工艺、成组夹具、组合夹具都能减少找正和装卸工件时间。

(2)采用连续加工方法

使辅助时间与基本时间重合或大部分重合。如图 4-41 所示,在双轴立式铣床上采用连续加工方式进行粗铣和精铣。在装卸区及时装卸工件,在加工区不停地进行加工。连续加工不需间隙转位,更不需停机,生产率很高。

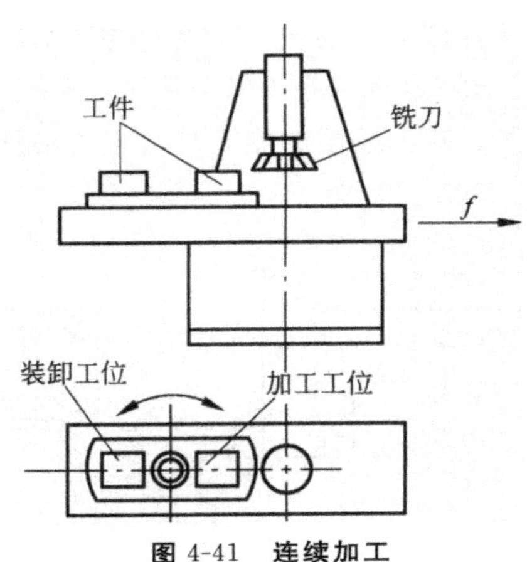

图 4-41 连续加工

(3)采用在线检测的方法进行检测

采用在线检测的方法控制加工过程中的尺寸,使测量时间与基本时间重合。近代在线检测装置发展为自动测量系统,该系统不仅能在加工过程中测量并能显示实际尺寸,而且能用测量结果控制机床的自动循环,使辅助时间大大缩短。

3. 采用先进制造工艺方法

采用先进制造方法是提高劳动生产率的另一有效途径,有时能取得较好的经济效果。工艺设计人员应密切注视国内外机械加工工艺的发展动向,获取先进工艺信息,开展工艺试验,不断探索提高生产率的途径。

(1)采用先进的毛坯制造新工艺

精铸、精锻、粉末冶金、冷挤压、热挤压和快速成形等新工艺,能有效地提高毛坯精度,减少机械加工量并节约原材料,还可使工件的表面质量得到明显改善。

(2)采用特种加工方法

对一些特殊性能材料和一些复杂型面,采用特种加工能极大提高生产率。

(3)采用少无切削工艺

目前常用的少无切削工艺有冷轧、辊锻、冷挤等。这些方法在提高生产率的同时,还能使工件的加工精度和表面质量也得到提高。

(4)采用高效加工方法

在大批、大量生产中,用拉削、滚压加工代替铣削、铰削和磨削;成批生产中,用精刨、精磨或金刚镗代替刮研等都可提高生产率。

4. 进行高效、自动化加工

随着机械制造中属于大批、大量生产品种种类的减少,多品种中、小批量生产将是机械加工工业的主流,成组技术、计算机辅助工艺规程、数字控制机床(NC)、柔性制造单元(FMC)及柔性制造系统(FMS)与计算机集成制造系统等现代制造技术,不仅适应了多品种中、小批量生产的特点，又能大大地提高生产率，是机械制造业的发展趋势。

4.9　制定机械加工工艺规程的实例

4.9.1　零件工艺过程编制的任务要求

图 4-42 为减速器传动轴，该轴在工作时要承受扭矩。该轴采用材料为 45 号钢，调质处理 HRC 28～32。现按中批生产，拟定加工工艺。

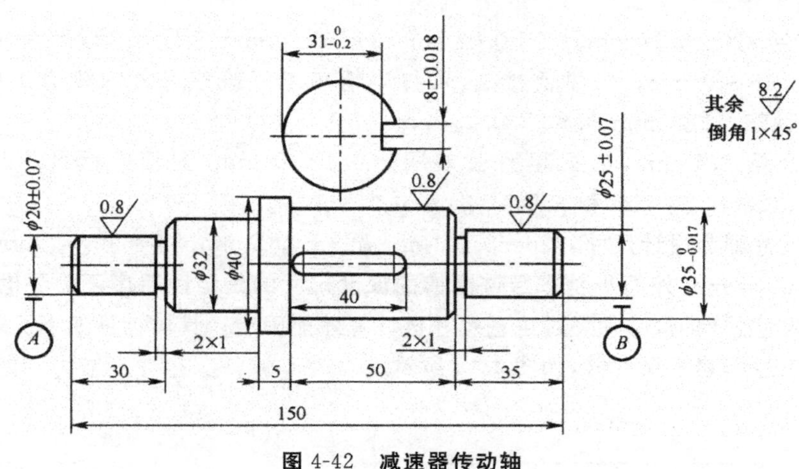

图 4-42　减速器传动轴

4.9.2　工艺过程编制步骤

1. 零件工艺分析

该零件是减速器的一个主要零件，其结构呈阶梯状，属于阶梯轴。

从该传动轴零件图可知，两支承轴分别为 $\phi20\pm0.07$ mm 和 $\phi25\pm0.07$ mm，配合轴径 $\phi35_{-0.017}^{0}$ mm，是零件的 3 个重要表面。该零件的主要技术要求如下。

①两支承轴径分别为 $\phi20\pm0.07$ mm 和 $\phi25\pm0.07$ mm，表面粗糙度 $Ra\leqslant0.8$ μm。

②配合轴径 $\phi35_{-0.017}^{0}$ mm，表面粗糙度 $Ra\leqslant0.8$ μm，且与支承轴径的同轴度公差为 $\phi0.02$ mm。

③键槽 8 ± 0.018 mm，表面粗糙度 $Ra\leqslant1.6$ μm，键槽深度为 $31_{-0.2}^{0}$ mm。

2. 毛坯的选择

由于该零件为一般传动轴，强度要求不高，工作时受力相对稳定，台阶尺寸相差较小，所以选择 $\phi45$ mm 冷轧圆钢作毛坯。

3. 定位基准的选择

选择两中心孔作为统一的精基准。选毛坯的外圆为粗基准。

4. 工艺路线的拟定

(1)加工方法的选择和加工阶段的划分

由于两支承轴径向配合轴径的精度要求较高，最终加工方法为磨削。磨外圆前要进行粗车、半精车，并完成其他次要表面的加工。

键槽的加工，虽然精度要求不高，但表面粗糙度的要求较高，要粗、精铣来达到要求。

(2)工艺路线的拟定

根据以上分析，该零件的加工工艺路线为：

下料—车一端端面、打中心孔，调头车另一端端面、打中心孔—粗车外圆、车槽和倒角—调质—修研中心孔—半精车各外圆—铣键槽—粗、精磨3个主要表面外圆。

5. 工序余量和工序尺寸的确定

由《机械加工工艺人员手册》可查得：

(1)调质后半精车余量2.5～3 mm，本例取3 mm。

(2)半精车后$\phi20\pm0.07$ mm、$\phi25\pm0.07$ mm和$\phi35_{-0.017}^{0}$ mm三段外圆留磨削余量0.4 mm，半精车公差取−0.15～0 mm。根据倒推法，可得半精车工序该三尺寸的相应工序尺寸分别为$\phi20.4_{-0.12}^{0}$ mm、$\phi25.4_{-0.15}^{0}$ mm和$\phi35.4_{-0.15}^{0}$ mm。

粗磨后留余量0.1 mm，如果粗磨公差取−0.1～0 mm，则相应粗磨工序尺寸分别为$\phi20.1_{-0.10}^{0}$ mm、$\phi25.1_{-0.10}^{0}$ mm和$\phi35.1_{-0.10}^{0}$ mm。

精磨工序尺寸即为设计尺寸：$\phi20\pm0.07$ mm、$\phi25\pm0.07$ mm和$\phi35_{-0.017}^{0}$ mm。

(3)在$\phi35_{-0.017}^{0}$ mm外圆半精车后铣键槽的深度尺寸的确定因后序还需要磨削，$31_{-0.2}^{0}$ mm的保证涉及多尺寸的保证，必须经过工艺尺寸链计算才能确定。具体计算如下。

①根据加工过程建立尺寸链，如图4-43所示。

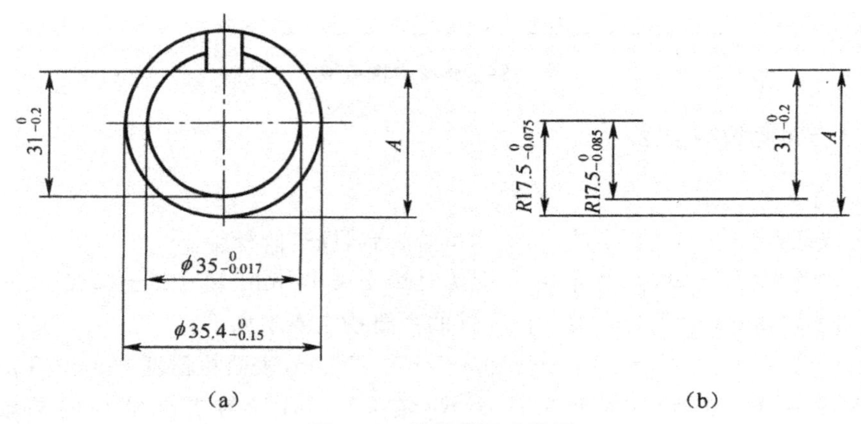

图4-43 铣键槽尺寸链图

②判断组成环的性质。尺寸$31_{-0.2}^{0}$ mm是磨削加工后最后得到的，所以为封闭环；$R\ 17.5_{-0.0085}^{0}$和A为增环，$R\ 17.7_{-0.075}^{0}$ mm为减环。

③尺寸链计算。由工艺尺寸链的基本公式可得

$$A=17.7+31-17.5=31.2\ (\text{mm})$$

$$ES(A)=0+0-(-0.075)=0.075\ (\text{mm})$$

$$EI(A)=0-0.2-0.0085=-0.2085\ (\text{mm})$$

故$A=30.3_{-0.1915}^{+0.075}$ mm，按“入体原则”标注为$A=30.375_{-0.2665}^{0}$。

综合以上各项可得传动轴的工艺过程如表4-6所示。

表 4-6　传动轴加工工艺过程

序号	工序名称	工序内容	定位基面	设备
10	备料	ϕ45 mm×160 mm	ϕ45 mm 外圆毛坯	锯床
20	车	三爪夹持，车一端端面、钻中心孔 B2，调头三爪夹持，车一端面，钻中心孔 B2	两端中心孔	车床
30	车	双顶尖装夹，车一端外圆、车槽和倒角，粗车 $\phi25\pm0.07$ mm，$\phi35^{0}_{-0.017}$ mm 外圆，留余量 3 mm	两端中心孔	车床
40	车	双顶尖装夹，调头车另一端外圆、车槽和倒角，ϕ32 mm 到尺寸，粗车 ϕ32 mm 到尺寸，粗车 $\phi20\pm0.07$ mm，留余量 3 mm		车床
50	热处理	调质 HRC25～28		
60	车	修研中心孔	外圆	车床
70	车	半精车 $\phi25\pm0.07$ mm、$\phi35^{0}_{-0.017}$ mm、$\phi20\pm0.07$ mm 外圆，留磨削余量 0.4 mm	两端中心孔	车床
80	铣	粗、精铣键槽，保证尺寸 8 ± 0.018 mm 和表面粗糙度 $Ra=1.6\ \mu m$，$31^{0}_{-0.2}$ 键槽深度	$\phi20\pm0.07$ mm 外圆和另一端中心孔	铣床
90	磨	双顶尖装夹，粗磨外圆 $\phi20\pm0.07$ mm、$\phi25\pm0.07$ mm 和 $\phi35^{0}_{-0.017}$ mm，留精磨余量 0.1 mm，精磨到尺寸，靠磨三外圆台肩	两端中心孔	外圆磨床

第5章　机械加工精度及其控制

5.1　概述

随着机器速度、负载的增高以及自动化生产的需要，对机器性能的要求也不断提高，因此保证机器零件具有更高的加工精度也越发显得重要。我们在实际生产中经常遇到和需要解决的工艺问题，多数也是加工精度问题。研究机械加工精度的目的是研究加工系统中各种误差的物理实质，掌握其变化的基本规律，分析工艺系统中各种误差与加工精度之间的关系，寻求提高加工精度的途径，以保证零件的机械加工质量。

5.1.1　加工精度与加工误差

机械加工精度（又称加工精度）是指零件加工后的实际几何参数（尺寸、形状和位置）与理想几何参数相符合的程度，它们之间的差异称为加工误差。加工误差的大小反映了加工精度的高低，它们之间成反比关系。

1. *加工精度*

加工精度是加工质量的重要组成部分，它直接影响机器的工作性能和使用寿命。加工精度包含三个方面。

①零件的尺寸精度：加工后零件的实际尺寸与零件理想尺寸相符的程度。

②零件的形状精度：加工后零件的实际形状与零件理想形状相符的程度。

③零件的位置精度：加工后零件的实际位置与零件理想位置相符的程度。

2. *获得加工精度的方法*

(1)获得尺寸精度的方法

①试切法。通过试切—测量—调整—再试切，直到被加工尺寸达到要求为止的加工方法称为试切法。试切法的生产率低，但它无需复杂的装置，加工精度取决于工人的技术水平，故常用于单件小批生产，特别是新产品试制。

②调整法。按工件预先规定的尺寸调整好机床、刀具、夹具和工件之间的相对位置，并在一批工件的加工过程中保持这个位置不变，以保证获得一定尺寸精度的方法称为调整法。影响调整法精度的因素有：测量精度、调整精度、重复定位精度等。调整法对调整工的要求高，对机床操作工的要求不高。这种方法广泛使用于多刀车床、六角车床、自动车床及组合机床与自动线上，常用于成批大量生产。

③定尺寸刀具法。用刀具的相应尺寸（如钻头、铰刀、扩刀等）来保证工件被加工部位尺寸的方法称为定尺寸刀具法。影响尺寸精度的因素有：刀具的尺寸精度、刀具与工件的位置精度等。定尺寸刀具法操作方便，生产率高，加工尺寸的精度也较稳定，几乎与操作者技术水平无关，适用于成批生产。

④自动控制法。此法把测量装置、进给装置和控制系统组成一个自动加工系统，加工过程由

系统自动完成，多数在数控机床上使用。自动控制法加工质量稳定，生产率高，加工柔性好，能适应多品种生产，是目前机械制造的发展方向和计算机辅助制造（CAM）的基础。

（2）获得形状精度的方法

①轨迹法。利用切削运动中刀尖的运动轨迹形成被加工表面形状精度的方法称为轨迹法。刀尖的运动轨迹取决于刀具和工件的相对成形运动，因而所获得的形状精度取决于成形运动的精度。普通车削、铣削、刨削和磨削等均属刀尖轨迹法。

②仿形法。刀具按照仿形装置（即靠模）进给对工件进行加工的方法称为仿形法。仿形法所得到的形状精度取决于仿形装置的精度及其成形运动的精度。仿形车、仿形铣等均属仿形法加工。

③成形法。利用成形刀具对工件进行加工的方法称为成形法。成形刀具替代一个成形运动。成形法所获得的形状精度取决于刀刃的形状精度和其他成形运动精度。用成形刀具或砂轮的车、铣、刨、磨、拉等均属成形法。

④展成法。利用工件和刀具作展成切削运动进行加工的方法称为展成法。展成法所得被加工表面是刀刃和工件作展成运动过程中所形成的包络面，刀刃形状必须是被加工表面的共轭曲线，而作为成形运动的展成运动，则必须保持确定的速比关系。展成法所获得的形状精度取决于刀刃和展成运动的精度。滚齿、插齿、磨齿、滚花键等均属于展成法。

（3）获得位置精度的方法

工件的位置要求的保证取决于工件的装夹方法及其精度。工件的装夹方式有：

①直接找正装夹。将工件直接放在机床上，用划针、百分表和直角尺或通过目测直接找正工件在机床上的正确位置之后再夹紧。图 5-1(a)所示为用四爪卡盘装夹套筒，先用百分表按工件外圆 A 找正，再夹紧工件进行加工外圆 B，保证 A、B 圆柱面的同轴度。此法生产效率极低，对工人技术水准要求高，一般用于单件小批量生产中。

②划线找正装夹。工件在切削加工前，预先在毛坯表面上划出加工表面的轮廓线，然后按所划的线将工件在机床上找正（定位）再夹紧。如图 5-1(b)所示的车床床身毛坯，为保证床身各加工面和非加工面的位置尺寸及各加工面的余量，可先在钳工台上划好线，然后在龙门刨床工作台上用千斤顶支承床身毛坯，用划针按线找正并夹紧，再对床身底平面进行刨削加工。由于划线找正既费时，又需技术水准高的划线工，定位精度较低，故划线找正装夹只用于批量不大、形状复杂而笨重的工件，或毛坯尺寸公差很大而无法采用夹具装夹的工件。

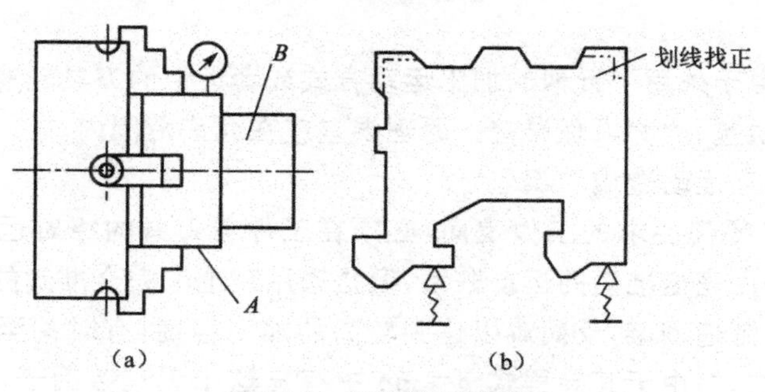

图 5-1　工件找正装夹

(a)直接找正　(b)划线找正

③用夹具装夹。夹具是用于装夹工件的工艺装备。夹具固定在机床上，工件在夹具上定位、

夹紧以后便获得了相对刀具的正确位置。因此工件定位方便，定位精度高而稳定，生产率高，广泛用于大批和大量生产中。

3. 影响加工精度的原始误差

在机械加工中，机床、夹具、工件和刀具构成了一个完整的系统，称为工艺系统。由于工艺系统本身的结构和状态、操作过程以及加工过程中的物理力学现象而使刀具工件之间的相对位置关系发生偏移所产生的误差称为原始误差，从而影响零件的加工精度。一部分原始误差与切削过程有关；另一部分原始误差与工艺系统本身的初始状态有关。这两部分误差又受环境条件、操作者技术水平等因素的影响。

(1)与工艺系统本身初始状态有关的原始误差

①原理误差，即加工方法原理上存在的误差。

②工艺系统几何误差，它可归纳为以下两类：

· 工件与刀具的相对位置在静态下存在的误差，如刀具和夹具的制造误差、调整误差以及安装误差。

· 工件与刀具的相对位置在运动状态下存在的误差，如机床的主轴回转运动误差、导轨的导向误差、传动链的传动误差等。

(2)与切削过程有关的原始误差

①工艺系统力效应引起的变形，如工艺系统受力变形、工件内应力引起的变形及振动等。

②工艺系统热效应引起的变形，如机床、刀具、工件的热变形等。

4. 研究机械加工精度的方法

因素分析法：通过分析、计算或实验、测试等方法，研究某一确定因素对加工精度的影响。一般不考虑其他因素的同时作用，主要是分析各项误差单独的变化规律。

统计分析法：运用数理统计方法对生产中一批工件的实测结果进行数据处理，用以控制工艺过程的正常进行。主要是研究各项误差综合的变化规律，只适合于大批量的生产条件。

在实际生产中，常把两种方法结合起来使用。单因素分析方法可以帮助获得误差因素的影响规律。统计分析法寻找判断产生加工误差的可能原因，然后运用单因素分析法，找出影响加工精度的主要原因，以便采取有效的工艺措施提高加工精度。

5.1.2 影响加工误差的因素

1. 加工原理误差

加工原理误差是由于采用了近似的加工运动方式或者近似的刀具轮廓而产生的误差。因为它在加工原理上存在误差，故称原理误差。原理误差应在允许范围内。

(1)采用近似的加工运动造成的误差

在许多场合，为了得到要求的工件表面，必须在工件与刀具的相对运动之间建立一定的联系。从理论上讲，应采用完全准确的运动联系，但是采用理论上完全准确的加工原理有时使机床或夹具极为复杂，致使制造困难，反而难以达到较高的加工精度，有时甚至是不可能做到的。如在车削或磨削模数螺纹时，由于其导程式 $p=\pi m$ 中有 π 这个无理数因子，在用配换齿轮来得到导程数值时，就存在原理误差。

(2)采用近似的刀具轮廓造成的误差

用成形刀具加工复杂的曲面时，要使刀具刃口做得完全符合理论曲线的轮廓，有时非常困难，往往采用圆弧、直线等简单近似的线型代替理论曲线。如用滚刀滚切渐开线齿轮时，为了滚刀的制造方便，多用阿基米德蜗杆或法向直廓基本蜗杆来代替渐开线基本蜗杆，从而产生了加工原理误差。

2. 机床调整误差

用试切法加工时，要根据对工件的检测结果调整工件、夹具和刀具之间的相互位置，所以量具等检测仪器的制造误差、测量方法误差及测量时的主客观因素（温度、接触力等）都会直接对测量精度产生影响。在低速测量进给中，由于受摩擦系数变化和系统刚度的影响进给系统经常出现"爬行"现象，使刀具的实际进给量与刻盘所示的数值不符，造成加工误差。

用调整法加工时，调整误差的大小取决于形成挡块、靠模及凸轮等机构的制造精度和刚度以及与其配合使用的控制元件的灵敏度。当使用样板或样板调整时，调整误差的大小取决于样板或样板的制造、安装和对刀精度。

机床调整是指刀具的切削刃与定位基准保持正确位置的过程。主要包括：

①进给机构的调整误差：主要指进刀位置误差。

②定位组件的位置误差：使工件与机床之间的位置不正确，而产生误差。

③范本（或样板）的制造误差：使对刀不准确。

3. 装夹误差

工件在装夹过程中产生的误差，为装夹误差。装夹误差包括定位误差和夹紧误差。

定位误差是指一批工件采用调整法加工时因定位不准确而引起的尺寸或位置的最大变动量。定位误差由基准不重合误差和定位副制造不准确误差造成。

(1)基准不重合误差

在零件图上用来确定某一表面尺寸、位置所依据的基准称为设计基准。在工序图上用来确定本工序被加工表面加工后的尺寸、位置所依据的基准称为工序基准。通常工序基准应与设计基准重合。在机床上对工件进行加工时，须选择工件上若干几何要素作为加工（或测量）时的定位基准（或测量基准），一旦所选用的定位基准（或测量基准）与设计基准不重合，就会产生基准不重合误差。基准不重合误差等于定位基准相对于设计基准在工序尺寸方向上的最大变动量。

定位基准与设计基准不重合时所产生的基准不重合误差，只有在采用调整法加工时才会产生，在试切法加工中不会产生。

(2)定位副制造不准确误差

工件在夹具中的正确位置是由夹具上的定位组件来确定的。夹具上的定位组件不可能按基本尺寸制造得绝对准确，它们的实际尺寸（或位置）都允许在分别规定的公差范围内变动。同时，工件上的定位基准面也会有制造误差。工件定位面与夹具定位组件共同构成定位副，因定位副制造得不准确和定位副间的配合间隙引起的工件最大位置变动量，称为定位副制造不准确误差。

基准不重合误差的方向和定位副制造不准确误差的方向可能不相同，定位误差取为基准不重合误差和定位副制造不准确误差的向量和。

4. 工艺系统几何误差

工艺系统的几何误差包括机床的几何误差、刀具和夹具的几何误差，这部分内容在 5.2 中会详细介绍。

5.2 工艺系统的几何误差对加工精度的影响

工艺系统中的各组成部分(包括机床、刀具、夹具)的制造误差、安装误差、使用中的磨损都直接影响工件的加工精度。这里着重分析对工件加工精度影响较大的主轴回转运动误差、导轨导向误差和传动链传动误差和刀具、夹具的制造误差及磨损等。

5.2.1 机床的几何误差

1. 主轴回转运动误差

(1)主轴回转精度的概念

主轴回转时,在理想状态下,主轴回转轴线在空间的位置应是稳定不变的,但是由于主轴、轴承、箱体的制造和装配误差以及受静力、动力作用引起的变形、温升热变形等,主轴回转轴线任一瞬时都在变化(漂移),通常以各瞬时回转轴线的平均位置作为平均轴线来代替理想轴线。主轴回转精度是指主轴的实际回转轴线与平均回转轴线相符合的程度,它们的差异就称为主轴回转运动误差。主轴回转运动误差可分解为三种形式:轴向窜动、纯径向跳动和纯角度摆动,如图 5-2 所示。

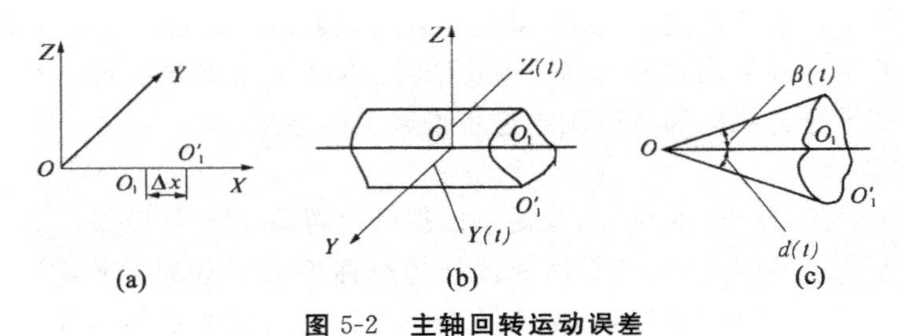

图 5-2 主轴回转运动误差

(a)轴向窜动 (b)纯径向跳动 (c)纯角度摆动

(2)影响主轴回转精度的主要因素

实践和理论分析表明,影响主轴回转精度的主要因素有主轴的误差、轴承的误差、床头箱体主轴孔的误差以及与轴承配合零件的误差等。当采用滑动轴承时,影响主轴回转精度的因素有:主轴轴颈和轴瓦内孔的圆度误差以及主轴轴颈和轴瓦内孔的配合精度。

对于车床类机床,轴瓦内孔的圆度误差对加工误差影响很小。因为切削力方向不变,回转的主轴轴颈总是与轴瓦内孔的某固定部分接触,如图 5-3(a)所示,因而轴瓦内孔的圆度误差对主轴回转运动误差影响几乎为零。

对于镗床类机床,因为切削力方向是变化的,轴瓦内孔总是与主轴轴颈的某一固定部分接触。因而,轴瓦内孔的圆度误差对主轴回转精度影响较大,主轴轴颈的圆度误差对主轴回转精度影响较小,如图 5-3(b)所示。

采用滚动轴承的主轴部分影响主轴回转精度的因素很多,如轴承内圈与主轴轴颈的配合精度,轴承外圈与箱体孔配合精度,外圈、内圈滚道的圆度误差,内圈孔与滚道的同轴度,以及滚动体的形状精度和尺寸精度等。

床头箱体的轴承孔不圆,使外圈滚道变形;主轴轴颈不圆,使轴承内圈滚道变形,都会产生主轴回转运动误差。主轴前后轴颈之间,床头箱体前后轴承孔之间存在同轴度误差,会使滚动轴承

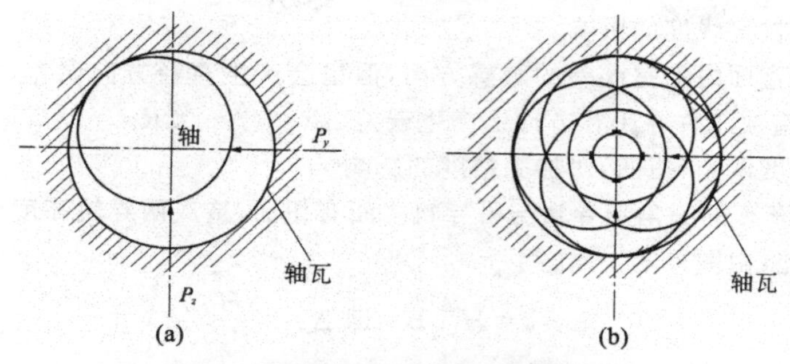

图 5-3 滑动轴承对主轴回转精度的影响

(a)车床类 (b)镗床类

内外圈相对倾斜,主轴产生径向跳动和端面跳动。此外,主轴上的定位轴套、锁紧螺母端面的跳动等也会降低主轴的回转精度。

(3)提高主轴回转精度的措施

①提高主轴及主轴箱体的制造精度。主轴回转精度只有20%决定于轴承精度,而80%取决于主轴及其箱体的精度和装配质量。

②高速主轴部件要进行动平衡,以消除激振力。

③滚动轴承采取预紧措施。轴向施加适当的预加载荷(约为径向载荷的20%~30%),消除轴承间隙,使滚动体产生微量弹性变形,可提高刚度、回转精度和使用寿命。

④采用多油楔动压滑动轴承(限于高速主轴)。

⑤采用静压轴承。静压轴承由于是纯液体摩擦,摩擦系数为0.0005,因此,摩擦阻力较小,可以均化主轴颈与轴瓦的制造误差,具有很高的回转精度。

⑥采用固定顶尖结构。如果磨床前顶尖固定,不随主轴回转,则工件圆度只和一对顶尖及工件顶尖孔的精度有关,而与主轴回转精度关系很小,主轴回转只起传递动力带动工件的作用。

2. 导轨导向误差

导轨在机床中起导向和承载作用。它既是确定机床某些主要部件相对位置的基准,也是运动的基准。导轨的各项误差直接影响工件的加工质量。

(1)水平面内导轨直线度的影响

由于车床的误差敏感方向在水平面如图5-4所示,所以这项误差对加工精度影响极大,导轨误差为Δy,使刀尖在水平面内产生位移Δy,造成工件在半径方向上的误差$\Delta d=2\Delta y$。当导轨形状有误差时,造成圆柱度误差,如当导轨中部向前凸出时,工件产生鞍形(中凹形);当导轨中部向后凸出时,工件产生鼓形(中凸形)。

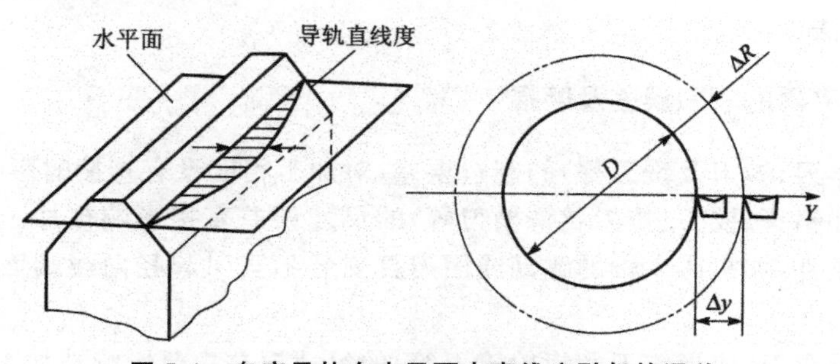

图 5-4 车床导轨在水平面内直线度引起的误差

(2)垂直面内导轨直线度的影响

对车床来讲,垂直面内不是误差的敏感方向,但也会产生直径方向误差,如图 5-5 所示。刀尖产生 Δz 的位移,造成工件在半径方向上产生误差 $\Delta R=(\Delta z)^2 2R$。

(3)两导轨平行度误差(扭曲)对加工精度的影响

如图 5-6 所示,车床的三角形导轨与平导轨之间有扭曲,造成两导轨高度差,使刀架倾斜,工件半径方向产生误差,由图可知:

$$\Delta y:\delta=H:B \quad 即\ \Delta y=\frac{\delta H}{B}$$

车床类导轨跨距:$B=(1.2\sim2.0)H$,

所以 $\Delta y=\dfrac{\delta}{(1.2\sim2.0)=(0.5\sim0.8)}\delta$。

如果 $\delta=0.1$ mm,则 $\Delta y=0.05\sim0.08$ mm。可见两条导轨不平行对加工精度的影响大于垂直面内导轨的直线度的影响,使工件产生形状误差(锥度)。

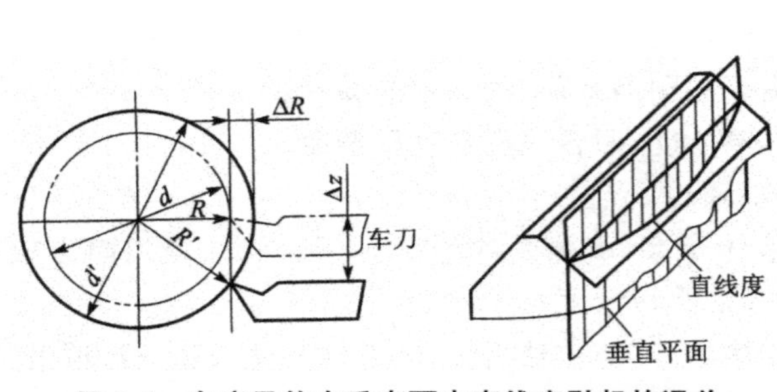

图 5-5 车床导轨在垂直面内直线度引起的误差

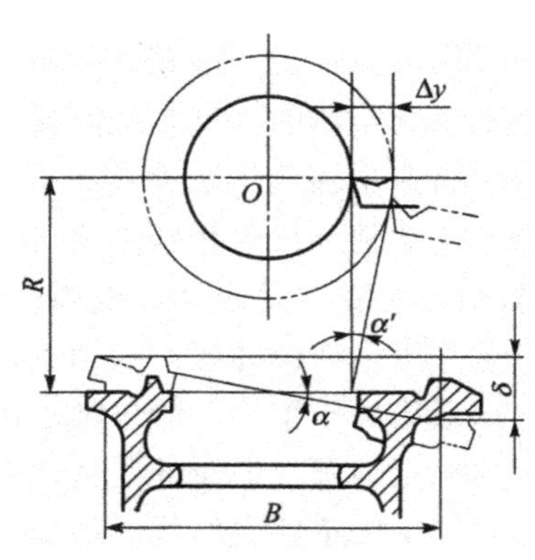

图 5-6 车床导轨平行度误差

3. 传动链传动误差

切削过程中,工件表面的成形运动是通过一系列的传动机构来实现的。传动机构的传动元件有齿轮、丝杆、螺母、蜗轮及蜗杆等。这些传动元件由于在加工、装配和使用过程中磨损而产生误差,这些误差就构成了传动链的传动误差。传动机构越多,传动路线越长,传动链误差就越大。整个传动链的总转角误差是各传动元件所引起末端元件转角误差的叠加,即

$$\Delta\phi=\sum_{i=1}^{n}\Delta\phi_{in} \tag{5-1}$$

为了减小这一误差,除了提高传动机构的制造精度和安装精度外,还可采取缩短传动路线或附加校正装置的方法。

5.2.2 刀具、夹具的制造误差及磨损

一般刀具(如车刀、镗刀及铣刀等)的制造误差,对加工精度没有直接的影响。

定尺寸刀具(如钻头、铰刀、拉刀及铣槽刀等)的尺寸误差直接影响被加工零件的尺寸精度。同时,刀具的工作条件,如机床主轴的跳动或因刀具安装不当引起径向或端面跳动等,都会影响加工面的尺寸扩大。

成形刀具(成形车刀、成形铣刀及齿轮滚刀等)的尺寸误差主要影响被加工面的形状精度。

夹具的制造误差一般指定位元件、导向元件及夹具等零件的加工和装配误差。这些误差对被加工零件的精度影响较大。所以，在设计和制造夹具时，凡影响零件加工精度的尺寸都控制较严。

刀具的磨损会直接影响刀具相对被加工表面的位置，造成被加工零件的尺寸误差；夹具的磨损会引起工件的定位误差。所以，在加工过程中，上述两种磨损均应引起足够的重视。

5.3　工艺系统的受力变形对加工精度的影响

5.3.1　基本概念

由机床、夹具、工件、刀具所组成的工艺系统是一个弹性系统，在加工过程中由于切削力、夹紧力、传动力、惯性力以及重力的作用，会产生相应的弹性变形，从而破坏了刀具和工件之间的准确位置，产生加工误差，使工件的加工精度下降。例如，车削细长轴时，在切削力的作用下，工件因弹性变形而出现“让刀”现象。随着刀具的进给，在工件的全长上切削深度将会由多变少，然后由少变多，结果使零件产生腰鼓形，如图 5-7 所示。

弹性系统在外力作用下抵抗变形的能力称为刚度。切削加工过程中，工艺系统各部分在各种外力作用下，将在各个受力方向产生相应的变形，如图 5-8 所示，其中，对加工精度影响最大的那个方向上的力和变形的分析计算更有意义。因此，工艺系统刚度 K 定义为零件加工表面法向分力 F_y(N)与刀具在切削力作用下，相对工件在该方向上位移 Y_s(mm)的比值，即

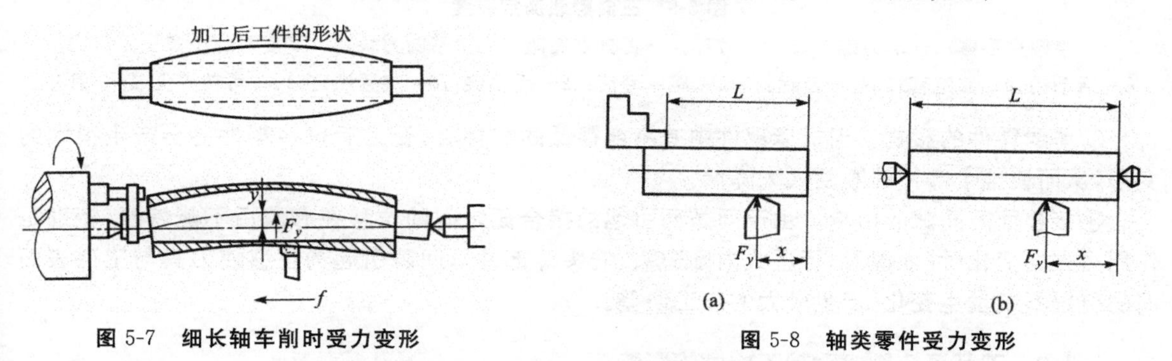

图 5-7　细长轴车削时受力变形　　图 5-8　轴类零件受力变形

机床刚度的测定方法通常有静刚度单向测定法、三向静载测定法、生产测定法。现以三向静载测定法为例，介绍机床刚度的测定方法。

图 5-9 所示为三向静载测定装置。测量对机床处于静止状态，在半圆弓形体 1 上每隔 15°有一螺孔，依照实际加工时切削分力和的比例，把加力螺杆 2 旋入相应的螺孔。螺杆 2 与可转刀头 14 之间放置测力环 3。再按照所模拟的和的比例，将测力装置旋转到相应的位置。然后连续施加载荷并由床头、尾座及刀架上的三个百分表分别测出相应的变形量，绘制出各有关部件的刚度曲线，求出在一定载荷范围内的平均刚度。

影响机床部件刚度的主要因素有以下几个方面：

①连接表面的接触变形。

②接合面间摩擦力的影响。机床部件受力变形时，零件间的连接表面要产生错动，接触面间产生摩擦力。加载时摩擦力阻碍变形的发生，卸载时阻碍变形的恢复。

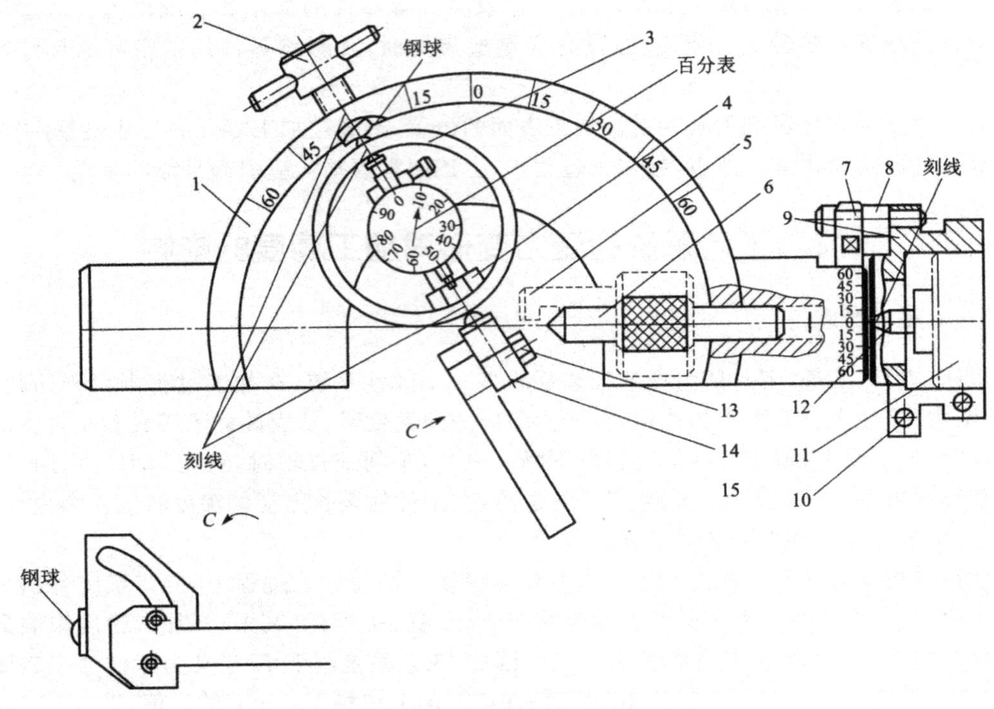

图 5-9　三向静载测定装置

1—半圆弓形体；2—加力螺杆；3—测力环；4—百分表底座；5—水平对刀块；6—高度对刀块；7—固定销
8—活动销；9—固定套；10—固定螺钉；11—尾座套筒；12—后顶尖；13—夹紧螺钉；14—可转刀头；15—刀杆

③薄弱零件的影响。当机床部件中有刚度很低的零件时，受力后这些零件将会产生很大的变形，从而使整个部件的刚度大大降低。

④接合面间间隙的影响。由于间隙而引起的接合面之间的位移在卸载后不能恢复，特别是作用力方向变化时(如镗刀、行星式内圆磨头、铣头等部件)，间隙引起的位移使刀具与工件表面间的位置不断发生变化，产生较大的加工误差。

5.3.2　工艺系统刚度对加工精度的影响

1. 切削过程中受力点位置变化引起的加工误差

切削过程中，工艺系统的刚度会随切削力作用点位置的变化而变化，因此使工艺系统受力变形亦随之变化，引起工件形状误差。下面以在车床顶尖间加工光轴为例来说明。

(1)机床的变形

由于工艺系统刚度随总切削力作用点的变化而变化，使得随着总切削力作用点位置的变化，机床的总变形量也是变化的。经理论分析，总切削力作力点位于工件中部时，机床总变形量较小，位于两端时，总变形量相应较大。变形大的地方，从工件上切去的金属层薄；变形小的地方，切去的金属层厚。最终机床受力变形而使加工出来的工件呈两端粗，中间细的鞍形。

(2)工件的变形

若在两顶尖间车削刚性很差的细长轴，则必须考虑工艺系统中的工件变形。假设此时不考虑机床和刀具的变形。当切削点在工件两端时，变形最小；切削点在工件中间时，工件变形最大，加工后的工件呈鼓形。

(3)工艺系统的总变形

当同时考虑机床和工件的变形时,工艺系统的总变形为两者的叠加。

工艺系统刚度随受力点位置变化而变化的例子很多,例如立式车床、龙门刨床、龙门铣床等的横梁及刀架等,其刚度均随刀架位置不同而异,导致工件的加工误差。

2. *切削力大小变化引起的加工误差——误差复映规律*

工件的毛坯外形虽然具有粗略的零件形状,但它在尺寸、形状以及表面层材料硬度上都有较大的误差。毛坯的这些误差在加工时使切削深度不断发生变化,从而导致切削力的变化,进而引起工艺系统产生相应的变形,使得零件在加工后还保留与毛坯表面类似的形状误差或尺寸误差。当然,工件表面残留的误差比毛坯表面误差要小得多。由于毛坯的误差而引起工件产生相应的加工误差的现象,称为“误差复映”,引起的加工误差称为“复映误差”。

工件加工后的圆度误差与加工前的圆度误差之比称为误差复映系数 ε。误差复映系数与工艺系统刚度有关,k_{xt} 愈大,则 ε 就愈小,即毛坯误差复映到工件上的部分就愈小。

当一次走刀不能满足加工精度要求时,则可采用多次走刀法,使毛坯误差不断缩小。若经过 n 次走刀,则复映误差为

$$\Delta_g = \varepsilon_1 \varepsilon_2 \cdots \varepsilon_n \Delta_m$$

可见,n 次走刀后,工件的加工误差逐渐减小,最后达到允许值。

3. *减少工艺系统受力变形的措施*

减小工艺系统受力变形,不仅可以提高零件的加工精度,而且有利于提高生产率。因此,生产中必须采取有力措施,减小工艺系统受力变形。

(1)提高工艺系统各部分的刚度

①提高工件加工时的刚度。有些工件因其自身刚度很差,加工中将产生变形而引起加工误差,因此必须设法提高工件自身刚度。

例如车削细长轴时,为提高细长轴刚度,可采用如下措施。

·采用跟刀架或中心架及其他支承架,以减小工件支承长度 l。例如在工件中部安装一中心架,则工件刚度可提高8倍。

·减小工件所受法向切削力 F_y。通常可采取增大前角 r_0,主偏角 κ_r 选为 $90°$,以及适当减小进给量 f 和切削深度 a_p 等措施减小 F_y。

·采用反向走刀法。使工件从原来的轴向受压变为轴向受拉。

②提高工件安装时的夹紧刚度。对薄壁件,夹紧时应选择适当的夹紧方法和夹紧部位,否则会产生很大的形状误差。如图5-10所示的薄板工件,由于工件本身有形状误差,用电磁吸盘吸紧时,工件产生弹性变形,磨削后松开工件,因弹性恢复,工件表面仍有形状误差(翘曲)。解决办法是在工件和电磁吸盘之间垫入一薄橡皮(0.5 mm以下)。当吸紧时,橡皮被压缩,工件变形减小,经几次反复磨削逐渐修正工件的翘曲,将工件磨平。

③提高机床部件的刚度。机床部件的刚度在工艺系统中占有很大的比重,在机械加工时常用一些辅助装置提高其刚度。图5-11(a)所示为六角车床上提高刀架刚度的装置。该装置的导向加强杆与辅助支承套或装于主轴孔内的导套配合,从而使刀架刚度大大提高,如图5-11(b)所示。

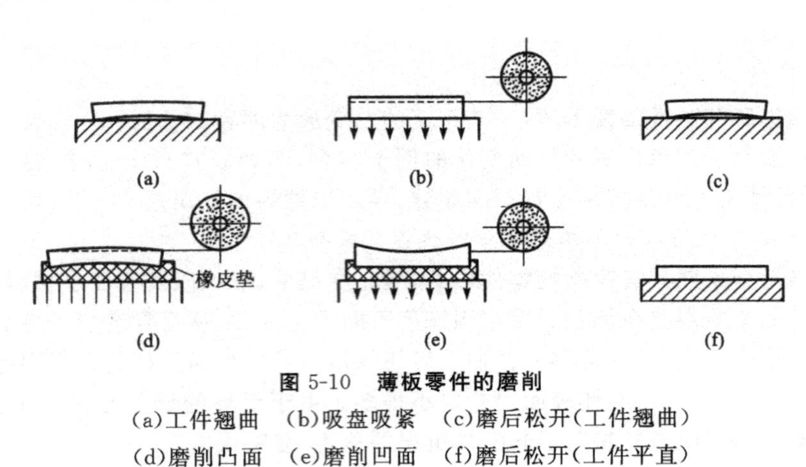

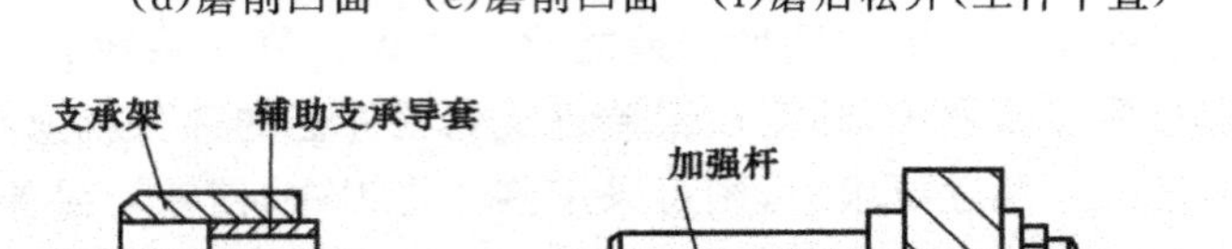

图 5-10 薄板零件的磨削

(a)工件翘曲 (b)吸盘吸紧 (c)磨后松开(工件翘曲)

(d)磨削凸面 (e)磨削凹面 (f)磨后松开(工件平直)

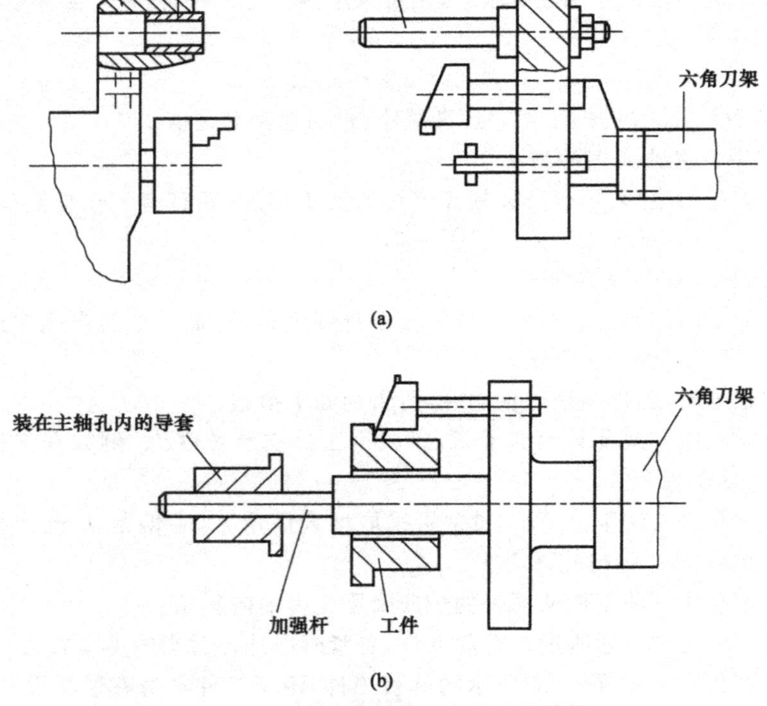

图 5-11 六角车床提高刀架刚度的装置

(2)提高接触刚度

由于部件的接触刚度远远低于实体零件本身的刚度,因此提高接触刚度是提高工艺系统刚度的关键,常用的方法有:

①改善工艺系统主要零件接触面的配合质量。如机床导轨副、锥体与锥孔、顶尖与顶尖等配合表面采用刮研与研磨,以提高配合表面的形状精度、降低表面粗糙度。

②预加载荷。由于配合表面的接触刚度随所受载荷的增大而不断增大,所以对机床部件的各配合表面施加预紧载荷不仅可以消除配合间隙,而且还可以使接触表面之间产生预变形,从而

大大提高接触刚度。例如,为了提高主轴部件的刚度,常常对机床主轴轴承进行预紧等。

5.4 工艺系统的热变形对加工精度的影响

机械加工中,工艺系统在各种热源的作用下产生一定的热变形。由于工艺系统热源分布的不均匀性及各环节结构、材料的不同,使工艺系统各部分的变形产生差异,从而破坏了刀具与工件的准确位置及运动关系,产生加工误差。尤其对于精密加工,热变形引起的加工误差占总加工误差的一半以上。

1. 工艺系统的热源

加工过程中,工艺系统的热源主要有两大类:内部热源和外部热源。

(1)内部热源

内部热源来自切削过程,主要包括以下方面。

①切削热。切削过程中,切削金属层的弹性、塑性变形及刀具、工件、切屑间摩擦消耗的能量绝大多数转化为切削热。这些热能量以不同的比例传给工件、刀具、切屑及周围的介质。切削热 Q(J)的大小与加工材料的性质、切削用量及刀具几何参数等有关。通常按下式计算:

$$Q=P_c vt \tag{5-2}$$

式中,P_c——主切削力,N;

v——切削速度,m/min;

t——切削时间,min。

②摩擦热。机床中的各种运动副,如导轨副、齿轮副、丝杠螺母副、蜗轮副、蜗杆副、摩擦离合器等,在相对运动时因摩擦而产生热量。机床的各种动力源,如液压系统、电机、马达等,工作时也要产生能量损耗而发热。这些热量是机床热变形的主要热源。

③派生热源。切削中的部分切削热由切屑、切削液传给机床床身,摩擦热由润滑油传给机床各处,从而使机床产生热变形,这部分热源称为派生热源,此外也是机床变形的主要热源。

(2)外部热源

①环境温度。一般来说,工作地周围环境随气温而变化,而且不同位置处的温度也各不相同,这种环境温度的差异有时也会影响加工精度。如加工大型精密件往往需要较长的时间(有时甚至需要几个昼夜)。由于昼夜温差使工艺系统热变形不均匀,从而产生加工误差。

②热辐射。阳光、照明灯、暖气设备及人体等。

2. 工艺系统的热平衡

工艺系统受各种热源影响,其温度逐步上升。但同时,它们也通过各种传热方式向周围散发热量。当单位时间内传入和散发的热量相等时,则认为工艺系统达到热平衡。如图 5-12 所示为一般机床的温度和时间曲线。由图可见,机床温度变化比较缓慢。机床开始工作后一段时间(约 2～6 h)里,温升才逐渐趋于稳定。当机床各点温度都达到稳定值时,则被认为处于热平衡,此时的温度场是比较稳定的温度场,其热变形也相应地趋于稳定。此时引起的加工误差是有规律的。

当机床处于平衡之前的预热期,温度随时间而升高,其热变形将随温度的升高而变化,故对加工精度的影响比较大。因此,精密加工应在热平衡之后进行。

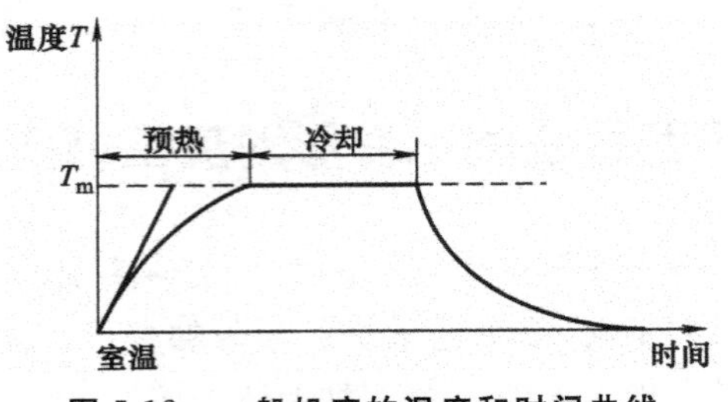

图 5-12 一般机床的温度和时间曲线

3. 工艺系统热变形对加工精度的影响

(1)机床热变形对加工精度的影响

由于机床的结构和工作条件差别很大,因此引起热变形的主要热源也不相同,大致分为以下三种。

①主要热源来自于机床的主传动系统,如普通机床、六角机床、铣床、卧式镗床、坐标镗床等。

②主要热源来自于机床导轨的摩擦,如龙门刨床、立式车床等。

③主要热源来自于液压系统,如各种液压机床。

热源的热量,一部分传给周围介质,一部分传给热源近处的机床零部件和刀具,以致产生热变形,影响加工精度。由于机床各部分的体积较大,热容量也大,因此机床热变形进行得缓慢(车床主轴箱一般不高于 60℃)。实践表明,车床部件中受热最多、变形最大的是主轴箱,其他部分如刀架、尾座等温升不高,热变形较小。

对于龙门刨床、导轨磨床等大型机床,由于床身较长,如导轨面与底面间稍有温差,就会产生较大的弯曲变形,故床身的热变形是影响加工精度的主要因素,摩擦热和环境温度是其主要热源。例如一台长 12 m、高 0.8 m 的导轨磨床的床身,如果导轨面与床身底面温差为 1℃时,其弯曲变形量可达 0.22 mm。床身上下表面产生温差的原因,不仅是由于工作台运动时导轨面摩擦发热所致,环境温度的影响也是主要原因之一。例如在夏天,地面温度一般低于车间室温,因此床身中凸,冬天则地面温度高于车间室温,因此床身中凹。

对于车、铣、钻、镗类机床,主轴箱中的齿轮、轴承的摩擦发热、主轴箱中油池的发热是其主要热源,使主轴箱及与其相结合的床身或立柱的温度升高而产生较大的热变形,图 5-13 所示为常见的几种机床的热变形趋势,图 5-13(a)是车床的热变形趋势,图 5-13(b)是铣床的热变形趋势,图 5-13(c)是平面磨床的热变形趋势,图 5-13(d)是双端面铣床的热变形趋势。

(2)工件热变形引起的加工误差

工件在加工中所受的热源,主要是切削热;对于大型精密工件,外部热源也不容忽视。对不同形状的工件和不同的加工方法,工件的受热变形是不同的。

①工件均匀受热。当加工比较简单的轴、套、盘类零件的内外圆表面时,切削热比较均匀地传给工件,工件产生均匀热变形。

加工细长轴时,工人经常车一刀后转一下后顶尖,再车下一刀,或后顶尖改用弹簧顶尖,目的是消除工件热应力和弯曲变形。

对于轴向精度要求较高的工件(如精密丝杠),其热变形引起的轴向伸长将产生螺距误差。因此,加工精密丝杠时必须采用有效冷却措施,减少工件的热伸长。

②工件不均匀受热。当工件进行铣、刨、磨等平面的加工时,工件单侧受热,上下表面温升不

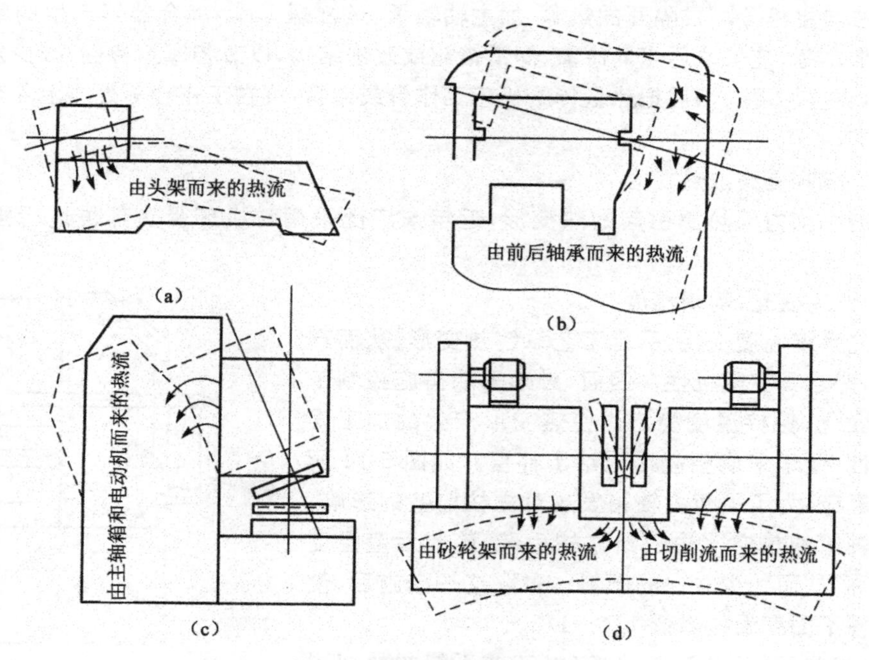

图 5-13　常见机床受热变形

(a)车床　(b)铣床　(c)立式平面磨床　(d)双端面铣床

等,从而导致工件向上凸起,中间切去的材料较多。冷却后被加工表面呈凹形。这种现象对于加工薄片类零件尤为突出。为了减小工件不均匀变形对加工精度的影响,应采取有效的冷却措施,减小切削表面温升。

(3)刀具热变形对加工精度的影响

切削热虽然大部分被切屑带走,传入刀具的热量不多,但因刀具工作部分体积小,其热容量有限,所以刀具切削部分的温度急剧升高,可达 1000℃以上,从而引起刀具热伸长产生加工误差。

①刀具连续工作时的热变形引起的加工误差。当刀具连续工作时,如车削长轴或在立式车床车大端面,传给刀具的切削热随时间不断增加,刀具产生热变形而逐渐伸长,工件产生圆度误差或平面度误差。

②刀具间歇工作。当采用调整法加工一批短轴零件时,由于每个工件切削时间较短,刀具的受热与冷却间歇进行,故刀具的热伸长比较缓慢。

总的来说,刀具能够迅速达到热平衡,刀具的磨损又能与刀具的受热伸长进行部分的补偿,故刀具热变形对加工质量的影响并不显著。

4. 减少工艺系统热变形的主要措施

(1)减少热源及其发热量

加工过程中机床的热变形主要由内部热源产生,因此,为减少机床的热变形,首先应减少热源。

例如,将机床上的变速箱、电机、液压装置、油池、冷却箱等热源尽可能与主机分离,成为独立的单元,如不能分离出来则采用隔热材料将其与主机隔开。

对于无法与主机分离或隔开的热源，如主轴轴承、丝杠螺母副、离合器等产生的摩擦热以及切削热和外部热源，应采取适当的冷却、润滑措施或改进结构，以改善摩擦特性，减少发热。

此外，为防止切下的切屑把热量传给机床工作台或床身，可在工作台等处放上隔热塑料板并及时清理切屑。

(2)加强冷却，提高散热能力

为了抑制机床内部热源引起的热变形，近年来广泛采用对机床受热部位进行强制冷却的方法。

(3)控制温度变化，均衡温度

由于工艺系统温度变化，引起工艺系统热变形，从而产生加工误差，并且具有随机性。因而，必须采取措施控制工艺系统温度变化，保持温度稳定。使热变形产生的加工误差具有规律性，便于采取相应措施给予补偿。如图 5-14 所示立轴平面磨床，为了平衡主轴箱发热对立柱前壁的影响，用管道将主轴箱的热空气输送给立柱后壁，使前后壁温度分布均匀对称，从而减少立柱的倾斜。采取这一措施后，使被加工的工件平面度误差降低 1/4～1/3。

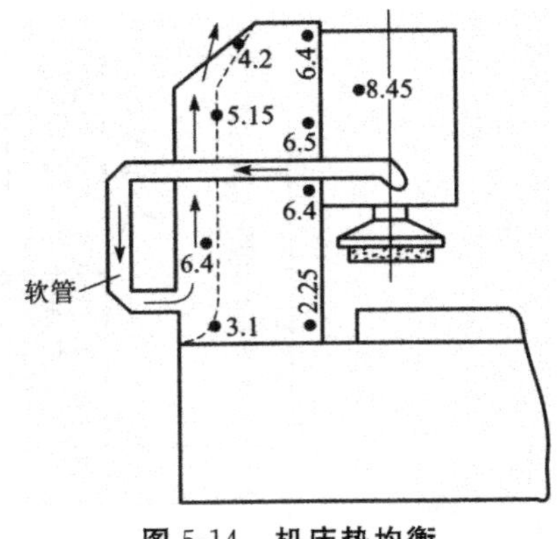

图 5-14　机床热均衡

当机床(工艺系统)达到热平衡时，工艺系统的热变形趋于稳定，因此，设法使工艺系统尽快达到热平衡，既可控制温度变化，又能提高生产率。缩短预热期的方法有两种：一种方法是加工前让机床高速空转，使机床迅速达到热平衡，然后采用工作转速进行加工；另一种方法是在机床适当部位增设附加热源，在预热期内人为向机床供热，加快其热平衡，然后采用工作转速进行加工。

对于精密机床，如数控机床、螺纹磨床、齿轮磨床等，还应安装在恒温室使用，以减小环境温度变化对加工精度的影响。

(4)采用补偿措施

当加工中工艺系统热变形不可避免地存在时，常采取一些补偿措施予以消除。例如数控机床中，滚珠丝杠工作时产生的热变形可采用"预拉法"予以消除。即丝杠加工时，螺距小于其规定值，装配时对丝杠施加拉力，使其螺距增大到标准值。由于丝杠内的拉应力大于其受热时的压力(热应力)，故丝杠不产生受热变形。

(5)改进机床结构

机床大件的结构和布局对机床的热态特性有很大影响。除上述措施外，还应注意改善机床结构，减小其热变形。首先考虑结构的对称性。一方面，传动元件(轴承、齿轮等)在箱体内安装应尽量对称，使其传给箱壁的热量均衡，变形相近；另一方面，有些零件(如箱体)应尽量采用热对称结构，以便受热均匀。以加工中心为例，在热源的影响下，单立柱结构的机床会产生相当大的扭曲变形，而双立柱结构的机床由于左右对称，仅产生垂直方向的热位移，很容易通过调整的方法予以补偿。因此，双立柱结构的机床的热变形比单立柱结构的机床小得多。

此外，还应注意合理选材，对精度要求高的零件尽量选用膨胀系数小的材料。

5.5　加工误差的统计分析

前述对影响加工精度的各种主要因素进行了讨论，从分析方法上来讲，是属于局部的、单因素的，而生产实际中影响加工精度是多因素的、是错综复杂的。由于多种误差同时作用，有的可以互相补充或抵消，有的则互相叠加，不少原始误差又带来一定的随机性，因此，很难用前述单因素的估算方法来分析，为此，生产中常采用统计分析法，通过对一批工件进行检查测量，将所测得的数据运用数理统计的方法加以处理和分析，从中找出误差的规律，从而找出解决问题的途径，加以控制和消除。这就是加工误差的统计分析法。它也是全面质量管理的基础。

5.5.1　加工误差的类型

由各种工艺因素所产生的加工误差可分为两大类，系统误差和随机误差（也称偶然误差）。

1. *系统性误差*

在顺次加工一批工件中，误差的大小和方向保持不变，或按一定规律变化。前者称为常值系统性误差，后者称为变值系统性误差。

加工原理误差，机床、刀具、夹具的制造误差，机床的受力变形等引起的加工误差均与加工时间无关，其大小和方向在一次调整中也基本不变，故都属于常值系统性误差。机床、夹具、刀具等磨损引起的加工误差，在一次调整后的加工中也均无明显的差异，故也属于常值系统性误差。

机床、刀具未达到热平衡时热变形过程中所引起的加工误差，是随加工时间而有规律地变化的，故属于变值系统性误差。

2. *随机性误差*

在依次加工一批工件时，加工误差的大小或方向成不规则地变化的误差称为随机性误差。如毛坯误差（加工余量不均匀，材料硬度不均匀等）的复映、工件的残余应力引起变形产生的加工误差、夹紧误差（夹紧力时大时小）都属于随机性误差。随机误差虽然是不规则地变化的，但只要统计的数量足够多，仍可找出一定的变化规律来。

5.5.2　加工误差的统计分析法

利用统计分析方法进行综合分析，才能较全面地找出产生误差的原因，掌握其变化的基本规律，进而采取相应的解决措施。

常用的统计分析方法是分布曲线法。

1. *实际分布图*

用调整法加工出来的一批工件，尺寸总是在一定范围内变化的，这种现象称为尺寸分散。尺寸分散范围就是这批工件最大和最小尺寸之差。如果将这批工件的实际尺寸逐一测量出来，并按一定的尺寸间隔分成若干组，然后，以组的尺寸间隔宽度（组距）为底，以频数（同一间隔组的零件数）或频率（频数与该批零件总数之比）为高做出若干矩形，即直方图。以每个区间的中点（中心值）为横坐标，以每组频数或频率为纵坐标得到的一些相应的点连成的折线即为分布折线图。当所测零件数量增多，尺寸间隔很小时，此折线便非常接近于一条曲线，这就是实际分布曲线。

图 5-15 为一批 $\phi28^{0}_{-0.015}$ mm 活塞销孔直径尺寸的直方图和分布折线图。它根据表 5-1 数据绘制。

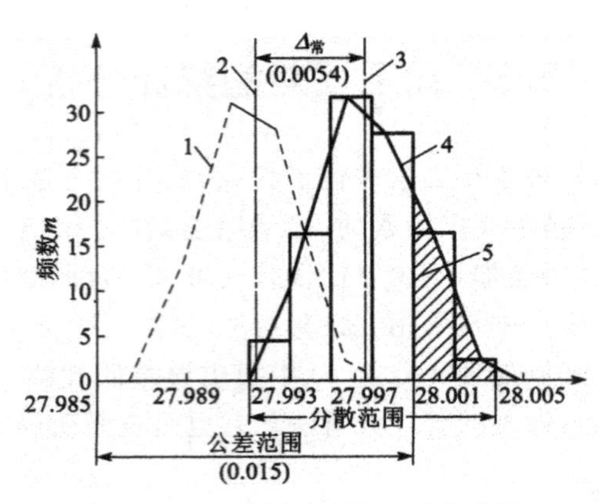

图 5-15 **活塞销孔直径尺寸分布图**

1—理论分布位置；2—公差范围中心(27.9925)

3—分散范围中心(27.9979)；4—实际分布位置；5—废品区

①尺寸分散范围(28.004 mm－27.992 mm＝0.012 mm)，小于公差带宽度(T＝0.015 mm)，表示本工序能满足加工精度要求。

②部分工件超出公差范围(阴影部分)成为废品，究其原因是尺寸分散中心(27.9979 mm)与公差带中心(27.9925 mm)不重合，存在较大的常值系统性误差($\Delta_{常}=0.0027$ mm)。如果使尺寸分散中心与公差带中心重合，把镗刀伸出量调短 0.0027 mm 使分布折线左移到理想位置，则可消除常值系统性误差，使全部尺寸都落在公差带内。

表 5-1 活塞销孔直径频数统计表

组别	尺寸范围/mm	组中心值/mm	频数/m	频率 m/n
1	27.992～27.994	27.993	4	4/100
2	27.994～27.996	27.995	16	16/100
3	27.996～27.998	27.997	32	32/100
4	27.998～28.000	27.999	30	30/100
5	28.000～28.002	28.001	16	16/100
6	28.002～28.004	28.003	2	2/100

2. 直方图和分布折线图的作法

①收集数据。通常在同一批次的工作中取 100 件(称样本容量)。测量各工件的实际尺寸或实际误差，并找出其中的最大值 X_{max} 和最小值 X_{min}。

②分组。将抽取的工件按尺寸大小分成 k 组。通常每组至少有 4～5 件。

③计算组距。

组距
$$h=\frac{X_{max}-X_{min}}{k-1}$$

④计算组界。

各组组界： $X_{min}\pm(j-1)h\pm h/2 \quad (j=1、2、3、4、\cdots、k)$

各组的中值： $X_{min}+(j-1)h$

⑤统计频数 m_j。

⑥绘制直方图和分布折线图。

3. 正态分布曲线

当一批工件总数极多时，零件又是在正常的加工状态下进行，没有特殊或意外的因素影响，如加工中刀具突然崩刃等，则这条分布曲线将接近正态分布曲线。因此，生产中，常用正态分布曲线代替实际分布曲线进行分析研究。正态分布曲线的数学关系式为

$$Y=\frac{1}{\sigma\sqrt{2\pi}}e^{\frac{-(X-\overline{X})^2}{2\sigma}}$$

当采用正态分布曲线代替实际分布曲线时，上述方程的各个参数分别为

X——分布曲线的横坐标，表示各零件的实际尺寸；

$\overline{X}$——一批零件的尺寸的算术平均值，它表示加工零件的尺寸分散中心，$\overline{X}=\frac{1}{n}\sum_{i=1}^{k}x_i=\frac{1}{n}\sum_{j=1}^{k}m_jx_j$；

Y——零件尺寸为 X 时所出现的概率，即出现尺寸为 X 的零件数占全部零件数的百分比；

σ——一批零件的均方差，6σ 表示这批零件加工尺寸的分布范围，$\sigma=\sqrt{\frac{1}{n}\sum_{i=1}^{n}(X_i-\overline{X})^2}$；

n——样本总数；

X_j——组中心值；

k——组数；

e——自然对数底(e=2.7189)。

如图 5-16 所示的正态分布曲线。曲线下面所包含的全部面积代表了全部工件，即 100%。

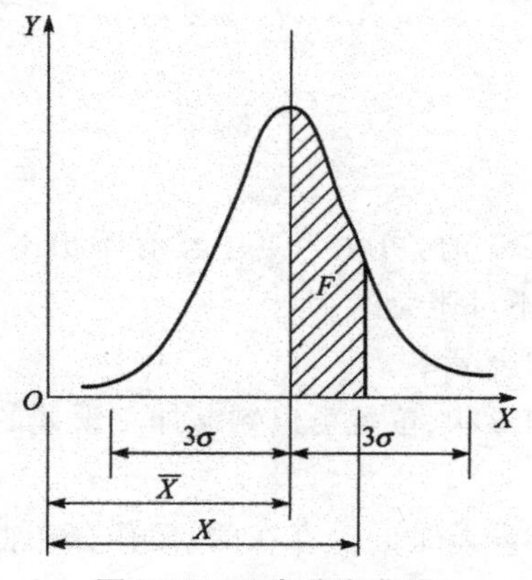

图 5-16　正态分布曲线

$$\int\frac{1}{\sigma\sqrt{2\pi}}e^{-\frac{(X-\overline{X})^2}{2\sigma}}dx=1$$

令
$$\frac{X-\overline{X}}{\sigma}=Z$$

则
$$F=\tilde{\omega}(Z)=\frac{1}{\sqrt{2\pi}}\int_0^z e^{-\frac{Z^2}{2}}dZ$$

(1)正态分布曲线的特点

①曲线呈钟形,中间高,两边低;这表示尺寸靠近分散中心的工件占大部分,而尺寸远离分散中心的工件是极少数。

②曲线以 $X=\overline{X}$的竖线为轴对称分布,表示工件尺寸大于$\overline{X}$和小于$\overline{X}$的频率相等。

③均方根差 σ 是决定曲线形状的重要参数。如图 5-17 所示,σ 越大,曲线越平坦,尺寸越分散,也就是加工精度越低;σ 越小,曲线越陡峭,尺寸越集中,加工精度越高。

④曲线分布中心$\overline{X}$改变时,整个曲线将沿 X 轴平移,但曲线的形状保持不变,如图 5-18 所示。这是常值系统件误差影响的结果。

⑤工件尺寸在$\pm 3\sigma$ 的频率占 99.7%,故一般取 6σ 为正态分布曲线的尺寸分散范围。

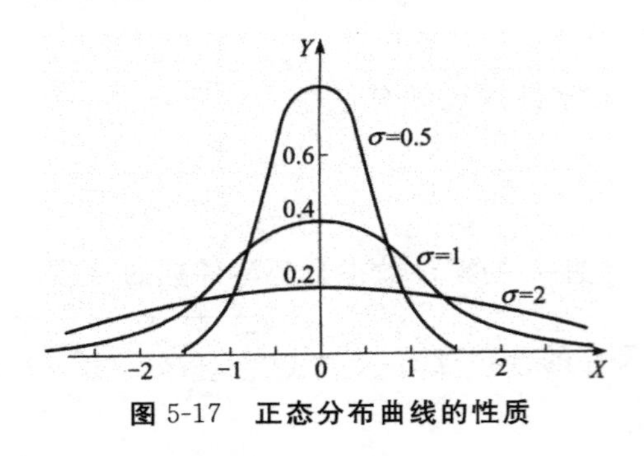

图 5-17 正态分布曲线的性质

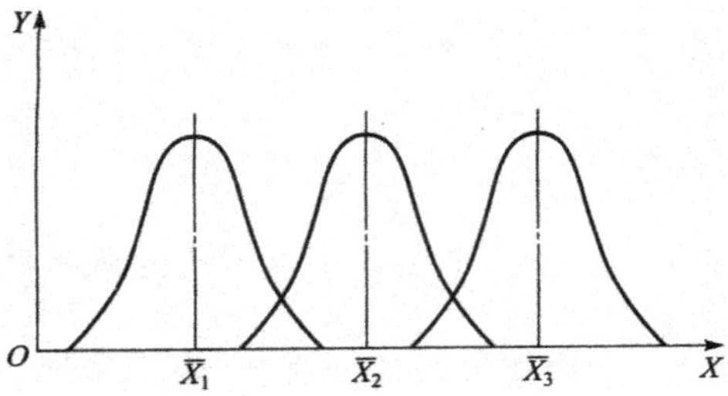

图 5-18 σ 不变时$\overline{X}$使分布曲线移动

(2)正态分布曲线的应用

①判断工序的工艺能力能否满足加工精度的要求。所谓工艺能力是指处于控制状态加工工艺达到产品质量要求的实际能力。可以用工序的尺寸分散范围来表示其工艺能力。大多数加工工艺的分布都接近正态分布,而正态分布的尺寸分散范围是 6σ。因此工艺能力能否满足加工精度要求,可以用下式判断:

$$C_p=\frac{T}{6\sigma}$$

式中,T——工件公差。

C_P为工艺能力系数。当 $C_P\geqslant 1$ 时,可认为工序具有不出不合格产品的必要条件;当 $C_P<1$ 时,那么该工序产生不合格品是不可避免的。

②计算一批零件的合格率和废品率。

③误差分析。从分布曲线的形状、位置可以判断加工误差的性质,分析各种误差的影响。

(3)分布曲线法分析的缺点

由于加工中随机误差和系统误差是同时存在的,而作分布曲线的样本必须是一批工件加工完毕后随机抽取的,是没有考虑工件加工的先后顺序,故很难把随机误差和变值系统误差区别开来,也不能在加工过程中及时提供控制精度的资料。

4. 点图分析法

(1)点图分析法的应用

在点图上做出中心线和控制线后,就可根据图中点的分布情况来判断工艺过程是否稳定,因此在质量管理中广泛应用。点图上点的波动有两种不同的情况。第一种情况只有随机性波动,其特点是波动的幅值一般不大,而引起这种随机性波动的原因往往很多,有时甚至无法知道,有时即使知道也无法或不值得去控制它们，这种情况为正常波动，说明该工艺过程是稳定的。第二种情况是点图具有明显的上升或下降倾向，或出现幅度很大的波动，这种情况为异常波动，说明该工艺过程是不稳定的。图 5-19 所示点图中的第 20 点，超出了下控制线，说明工艺过程发生了异常变化，可能有不合格品出现。一旦出现异常波动，就要及时寻找原因，消除产生不稳定的因素。

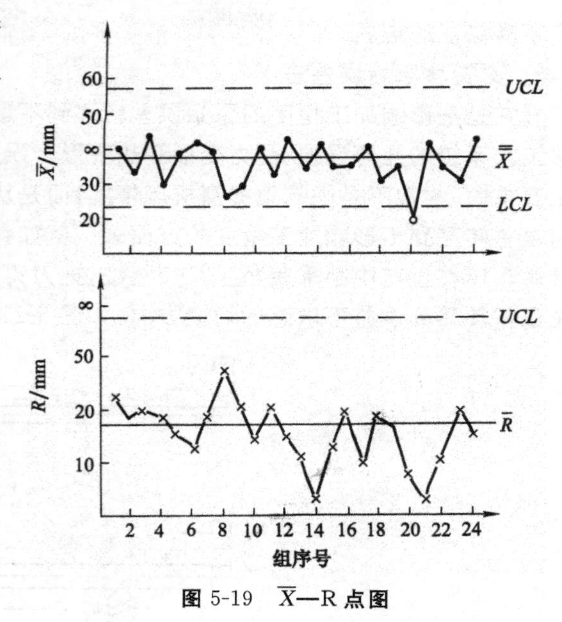

图 5-19　$\overline{X}$—R 点图

(2)点图分析法的特点

所采用的样本为顺序小样本，可以看出变值系统误差和随机综合误差的变化趋势，因而能在工艺过程中及时提供控制工艺过程的信息。且计算简单，图形直观，因此在质量管理中广泛应用。

(3)相关分析法

由于工艺过程受大量因素的影响，而这些因素本身又具有随机性质，所以，在工艺因素的自变量 X(误差因素)和函数 y(精度指标)之间具有非确定性的依赖关系，即所谓的相关关系。可见，相关分析主要是用来分析某些因素之间是否有关联，若两因素之间有关联称之为有相关关系或有相关性，若两因素之间没有关联称之为不相关或无相关性。通过相关分析法，可找出工艺因素与误差之间的关系，为改善工艺过程、提高加工精度指出了途径。

(4)加工误差的分析计算法

无论是分布曲线法还是点图法均不能定量分析对加工精度的影响，而分析计算法则是根据具体加工情况来定量分析影响加工精度的各项因素，其具体方法是：首先根据加工具体情况分析影响加工精度的主要因素，舍去次要因素；然后分项计算误差，并判别是系统误差还是随机误差；最后按数理统计方法将各项误差综合起来，就可以得到总误差。分析计算法的计算工作量较大，而且要有相应的资料，因此多用于大批大量生产中或单件小批生产中的关键零件，一般都是在精加工工序，精度太低就没有必要了。

5.6　提高和保证加工精度的措施

保证和提高加工精度的方法大致可概括为以下几种：减少误差法、误差补偿法(也称误差抵消法)、误差分组法、误差转移法、就地加工法以及误差平均法等。

1. 误差预防技术

(1)减少原始误差法

主要是在查明影响加工精度的主要原始误差因素之后，设法对其直接进行消除或减小的方法。例如，加工细长轴时，主要原始误差因素是工件刚性差，因而，采用反向进给切削法，并加跟刀架，使工件拉伸，从而达到减小变形的目的，如图 5-20 所示。再如在磨削中，由于采用了弹性加压和树脂胶和加强工件刚度的办法，使工件在自由状态下得到固定，解决了薄片零件加工平面度不易保证的难题。

(2)转移原始误差法

它是把影响加工精度的原始误差转移到不影响或少影响加工精度的方向上。实际上就是转移工艺系统的几何误差、受力变形和热变形。误差转移的实例很多,如当机床精度达不到零件加工要求时,常常不是一味地提高机床精度,而是从工艺上或夹具上想办法,创造条件,使机床的几何误差转移到不影响加工精度的方面去。例如,车床的误差敏感方向是工件的直径方向,所以,转塔车床在生产中都采用“立刀”安装法,把刀刃的切削基面放在垂直平面内,这样可把刀架的转位误差转移到误差不敏感的切线方向,如图 5-21 所示。

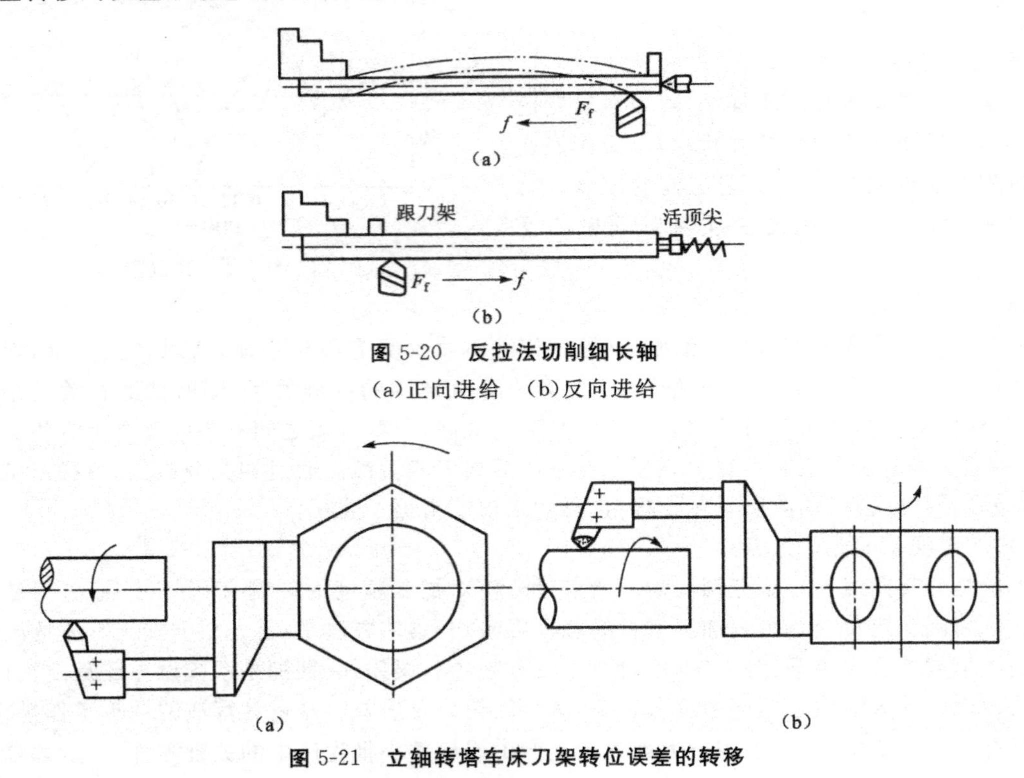

图 5-20 反拉法切削细长轴

(a)正向进给 (b)反向进给

图 5-21 立轴转塔车床刀架转位误差的转移

(3)误差分组法

在加工中,由于毛坯或上道工序误差的存在,往往造成本工序的加工误差,或者由于工件材料性能的改变,或者上道工序的工艺改变(如毛坯精化后,把原来的切削加工工序取消),引起毛坯误差发生较大的变化,这种毛坯误差的变化,对本道工序的影响主要有两种,一是误差复映,二是定位误差扩大。如果采用分组调整,把误差均分:即把工件安误差大小分组,若分成 n 组,则每组零件的误差就缩小 $1/n$,然后按各组分别调整加工就能减少加工误差。

(4)均化原始误差

对配合精度要求很高的轴和孔,常采用研磨工艺。研具本身并不要求具有高精度,但它却能在和工件作相对运动过程中对工件进行微量切削,高点逐渐被磨掉(当然,模具也被工件磨去一部分)最终使工件达到很高的精度。这种表面间的摩擦和磨损的过程,就是误差不断减少的过程。这就是误差均化法。它的实质就是利用有密切联系的表面相互比较,相互检查从对比中找出差异,然后进行相互修正或互为基准加工,使工件被加工表面的误差不断缩小和均化。

在生产中，许多精密基准件（如平板、直尺、角度规、端齿分度盘等）都是利用误差均化法加工出来的。

2. 误差补偿技术

误差补偿法是人为地造出一种新的误差，去抵消原来工艺系统中固有的原始误差。当原始误差是负值时人为的误差就取正值；反之，取负值。尽量使两者大小相等、方向相反。或者利用一种原始误差去抵消另一种原始误差，也是尽量使两者大小相等、方向相反，从而达到减少加工误差、提高加工精度的目的。图 5-22 所示为通过导轨凸起补偿横梁变形。图 5-23 所示为螺纹加工校正机构。

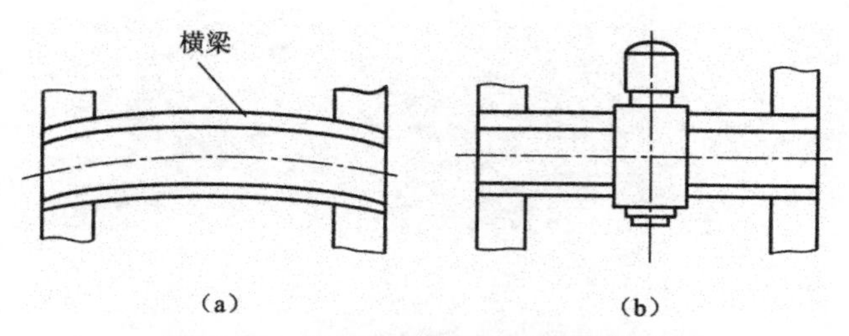

图 5-22　通过导轨凸起补偿横梁变形

1—工件；2—丝杠螺母；3—车床丝杠；4—杠杆；5—校正尺；6—滚柱；7—工作尺面

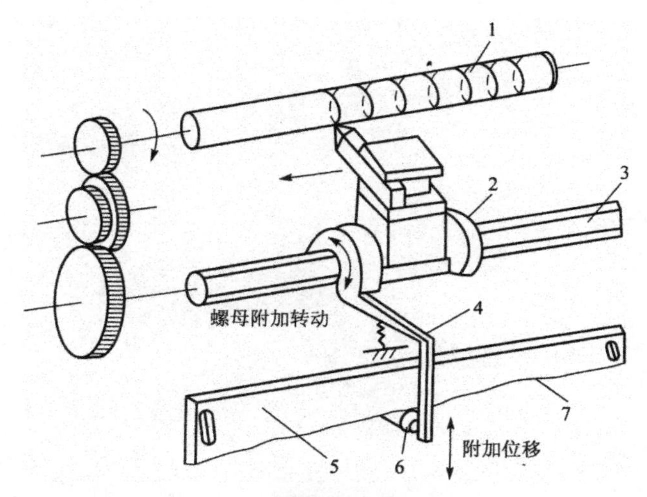

图 5-23　螺纹加工校正机构

如用预加载荷法精加工磨床床身导轨，借以补偿装配后受部件自重而产生的变形。磨床床身是一个狭长结构，刚性比较差。虽然在加工时床身导轨的各项精度都能达到要求，但装上横向进给机构、操纵箱以后，往往发现导轨精度超差。这是因为这些部件的自重引起床身变形。为此，某些磨床厂在加工床身导轨时采取用“配重”代替部件重量，或者采用先将该部件装好再磨削的办法，使加工、装配和使用条件一致，以保持导轨具有较高的精度，如图 5-24 所示。

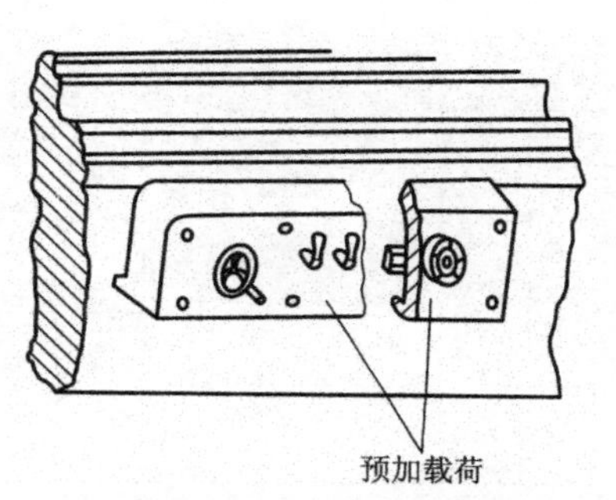

图 5-24　“配重”加工床身导轨

3. 就地加工法

在加工和装配中有些精度问题，牵涉到零件或部件间的

相互关系，相当复杂，如果一味提高零部件本身精度，有时不仅困难，甚至不可能，若采用“就地加工”的方法，就可能方便的解决看起来非常困难的精度问题。

例如：车床尾架顶尖孔的轴线要求与主轴轴线重合，采用就地加工，把尾架装配到机床上后进行最终精加工。又如六角车床制造中，转塔上六个安装刀架的大孔，其轴心线必须保证和主轴旋转中心线重合，而六个面又必须和主轴中心线垂直。如果把转塔作为单独零件，加工出这些表面后再装配，就包含了很复杂的尺寸链关系。

第6章　机械加工表面质量及其控制

6.1　概述

零件的机械加工质量不仅包括加工精度的影响，还包括表面质量的影响。机械加工表面质量，指零件在机械加工后表面层的微观几何形状误差和物理力学性能。零件的表面质量对于产品的工作性能、可靠性和使用寿命有很大程度上的影响与决定性。

机器零件的损坏，在多数情况下都是从表面开始的，这是由于表面是零件材料的直接接触面，常常承受工作负荷的压力与外界介质的侵蚀，所以这些表面直接与机器零件的使用性能有关。现代机器中，许多零件都是在高速、高压、高温和高负荷下工作，这对零件的表面质量都产生了一定的影响，也对零件的表面质量提出了更高的要求。

研究加工机械表面质量的任务就是要掌握机械加工过程中各种因素对表面质量的影响规律，通过这些规律规范加工过程，从而提高零件的加工表面质量，提高产品的使用性能。

6.1.1　机械加工表面质量的含义

任何机械加工方法所获得的加工表面都不可能是绝对理想的表面，总存在着一定的表面粗糙度、表面波度等微观几何形状误差。而表面层使用的材料在加工时还会产生物理和力学性能等方面的变化，以及在某些情况下产生化学性质的变化。如图6-1(a)所示为加工表面层沿深度方向的变化情况。最外层生成了氧化膜或其他化合物，并吸收、渗进了气体、液体和固体的粒子，被称为吸附层，其厚度一般不超过8 nm。压缩层是表示表面塑性变形区，由切削力造成，厚度约为几十至几百微米，随加工方法的不同而变化。其上部为纤维层，是由被加工材料与刀具之间的摩擦力所造成的。另外，产生的切削热也会使表面层发生各种变化，如淬火、回火一样使材料产生相变以及晶粒大小的变化。因此，表面层的物理力学性能不同于基体，产生了如图6-1(b)、(c)所示的显微硬度和残余应力变化。

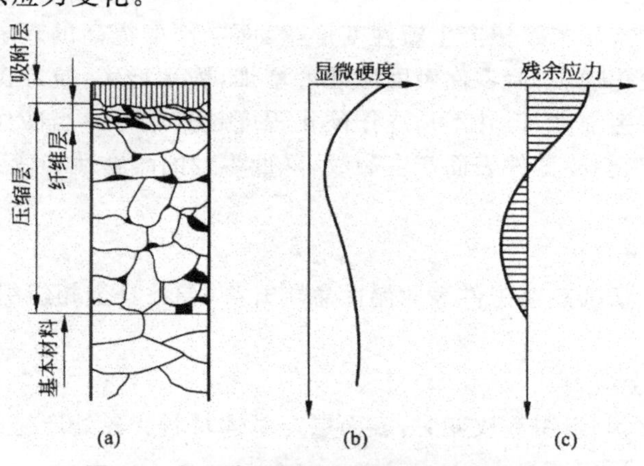

图6-1　加工表面层沿深度方向的变化情况

1. *表面的几何特征*

(1)表面粗糙度

表面粗糙度是指加工表面的微观几何形状误差。是由刀具的形状以及在切削过程中塑性变形和振动等引起的。如图 6-2 所示，其波长 L_3 与波高 H_3 的比值通常小于 50。

我国表面粗糙度现行标准是 GB/T 1031—1995。在确定表面粗糙度时，可在 Ra、R_y、R_z 三项特性参数中选取，推荐优先选用 Ra。

(2)表面波度

表面波度是指介于宏观几何形状误差($L_1/H_1>1000$)与微观表面粗糙度($L_3/H_3<50$)中间周期性几何形状误差。这是由机械加工过程中工艺系统低频振动所引起的，如图 6-2 所示，其波长 L_2 与波高 H_2 的比值通常是 50～1000。以波高为波度的特征参数，用测量长度上 5 个最大的波幅的算术平均值 w 表示：

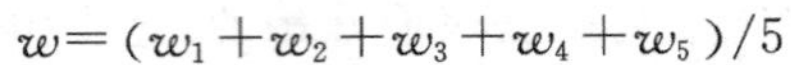

$$w=(w_1+w_2+w_3+w_4+w_5)/5$$

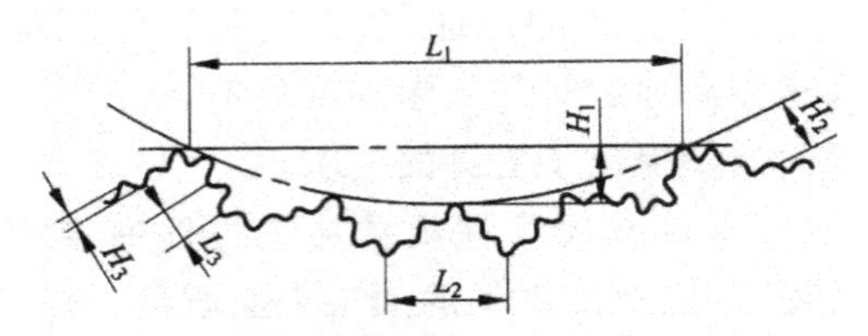

图 6-2　形状误差、表面粗糙度及波度的示意关系

(3)表面纹理方向

表面纹理方向是指表面刀纹的方向，取决于表面形成所采用的机械加工方法及其主运动和进给运动的关系。一般对运动副或密封件要求纹理方向。

(4)伤痕

伤痕是指在加工表面的个别位置上出现的小痕迹，例如砂眼、气孔、裂痕和划痕等。属于随机分布的。

2. *表面层物理力学性能*

由于机械加工中切削力和热因素的综合作用，加工表面层金属的物理力学性能和化学性能发生一定的变化，主要表现在以下几个方面。

(1)表面层加工硬化(冷作硬化)

指已加工表面受到挤压和摩擦产生塑性变形，表面层硬度提高的现象。机械加工过程中会产生不同程度的冷作硬化现象，使零件表面层硬度增加，脆性增大，抗冲击的能力下降。有时能提高零件的耐磨性和疲劳强度，但并不是冷作硬化程度越高越好。当冷作硬化现象达到一定程度再提高冷作硬化程度，会使零件表面产生裂纹，降低零件的耐磨性和疲劳强度。因此应注意不要产生过度的冷作硬化。

(2)表面层金相组织变化

指机械加工中由于切削热使工件表面温度急剧升高，导致其金相组织发生变化，在磨削加工中较为明显。

(3)表面层产生残余应力

工件表面层发生形状、组织等改变时，表面层与基体材料交界处产生的应力。即使引起应力的因素被去除，应力依然存在。

6.1.2　加工表面质量对零件使用性能的影响

1. 表面质量对零件耐磨性的影响

零件的耐磨性与摩擦副的材料、润滑条件和零件的表面质量等因素有关。首先取决于前两个条件，在这些条件已经确定的情况下，零件的表面质量就起着决定性的作用。一般来说，表面粗糙度值越小磨损越小，但表面粗糙度值太小时，磨损又会增加，所以存在最佳粗糙度值。

零件的磨损分为三个阶段。第Ⅰ阶段为初期磨损阶段。由于摩擦副开始工作时，两个零件表面互相接触，一开始只是在两表面波峰接触，实际的接触面积只是名义接触面积的一小部分。当零件受力时，波峰接触部分将产生很大的压强，因此磨损非常显著。经过初期磨损后，实际接触面积增大，磨损变缓，进入磨损的第Ⅱ阶段，称为正常磨损期。这一阶段零件的耐磨性最好，持续的时间也较长。最后，由于波峰被磨平，表面粗糙度值变得非常小，不利于润滑油的储存，且使接触表面之间的分子亲和力增大，甚至发生分子粘合，使摩擦阻力增大，从而进入磨损的第Ⅲ阶段，即急剧磨损阶段，如图 6-3 所示。

表面粗糙度对摩擦副的初期磨损影响很大，但并不是表面粗糙度值越小越耐磨。图 6-4 所示是表面粗糙度对初期磨损量影响的实验曲线。存在一个最佳表面粗糙度值，最佳表面粗糙度值 Ra 约为 0.32～1.25 μm。

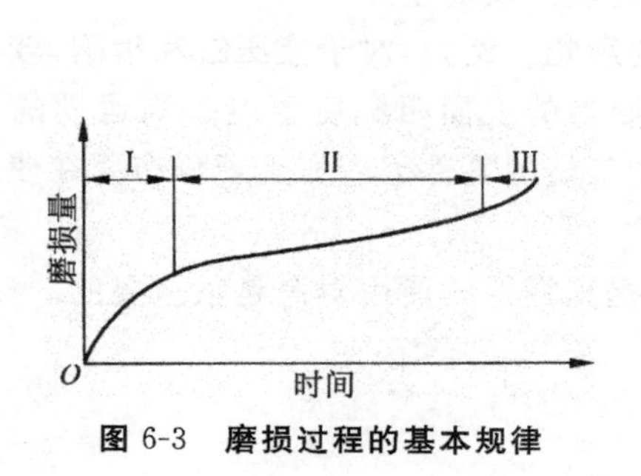

图 6-3　磨损过程的基本规律

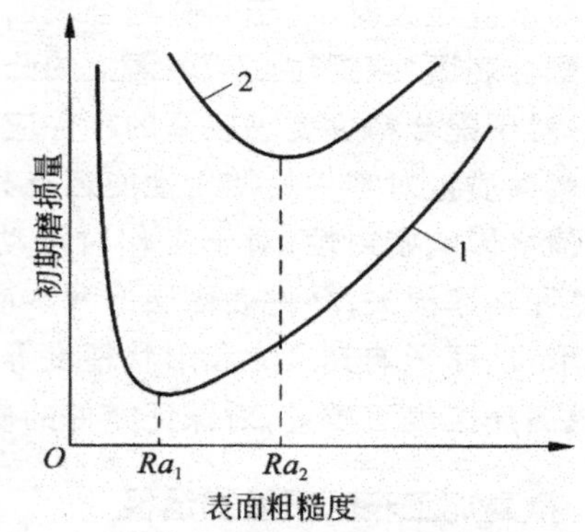

图 6-4　表面粗糙度与初期磨损量的关系

1—轻负荷；2—重负荷

表面纹理方向对耐磨性也有影响，它能影响金属表面的实际接触面积和润滑液的存留情况。轻载时，若两表面的纹理方向与相对运动方向一致，磨损最小；两表面纹理方向与相对运动方向垂直时，磨损最大。但是在重载情况下，由于压强、分子亲和力和润滑液的储存等因素的变化，规律有所不同。

表面层的加工硬化，一般能提高耐磨性 0.5～1 倍。这是因为加工硬化提高了表面层的强度，减少了表面进一步塑性变形和咬焊的可能。但必须控制在一定的范围之内，原因是过度的冷硬会使金属组织疏松而降低耐磨性。

2. 表面质量对零件疲劳度的影响

零件的疲劳破坏主要是在交变载荷的作用下，由于表面微观不平的凹谷、划痕、裂纹等缺陷处发生应力集中而产生。试验表明，减小零件表面粗糙度值可以使零件的疲劳强度有所提高。因此，对于一些承受交变载荷的重要零件，如曲轴其曲拐与轴颈交接处精加工后常进行光整加工,以减小零件的表面粗糙度值,提高其疲劳强度。

表面加工硬化能阻碍表层疲劳裂纹的出现和扩张,它可以在零件表面形成一个硬化层,从而使零件疲劳强度提高。但零件表面层硬化程度过大,反而易于产生裂纹,故也需要控制在一定的范围之内。

表面层的残余应力对零件疲劳强度的影响也较大,当表面层为残余压应力时,能延缓疲劳裂纹的扩展,提高零件的疲劳强度;当表面层为残余拉应力时,容易使零件表面产生裂纹而降低其疲劳强度。

3. 表面质量对零件耐腐蚀性的影响

零件的耐腐蚀性在很大程度上取决于零件的表面粗糙度。零件表面粗糙度越大,越容易积聚腐蚀性物质,凹谷越深,渗透与腐蚀作用越强烈。因此,减小零件表面粗糙度值,可以提高零件的耐腐蚀性能。

零件表面残余压应力使零件表面紧密,腐蚀性物质不易进入,可增强零件的耐腐蚀性,而表面残余拉应力则降低零件的耐腐蚀性。

表面冷硬或金相组织变化时,都会引起表面残余应力以致出现裂纹,因而会降低零件的耐腐蚀性。

4. 表面质量对配合性质及零件其他性能的影响

表面粗糙度值太大时,对于间隙配合表面,因初期磨损严重,使配合间隙增大,降低了配合精度。对过盈配合表面,装配时由于表面上的凸峰会被挤平,使实际过盈量减小,同样降低了配合精度。因此,对于配合精度要求较高的零件应规定较小的表面粗糙度。

零件的表面质量对零件的使用性能还有其他方面的影响。例如,对于液压缸和滑阀,较大的表面粗糙度值会影响密封性;对于工作时滑动的零件,恰当的表面粗糙度值能提高运动的灵活性,减少发热和功率损失;零件表面层的残余应力会使加工好的零件因应力重新分布而在使用过程中逐渐变形,从而影响其尺寸和形状精度等。

总之,提高加工表面质量,对保证零件的使用性能,提高零件的使用寿命是很重要的。

6.1.3 提高加工表面质量的途径

1. 精密加工

精密加工可获得IT5～IT7级的经济加工精度,表面粗糙度值 $Ra<1.25\ \mu m$。

(1)精密车削

精密车削时,切削速度为160 mm/min,背吃刀量为0.02～0.2 mm,进给量为0.03～0.05 mm/r,加工精度可达到IT5～IT6,Ra 值为0.8～0.2 μm。刀具采用细颗粒的硬质合金,当加工精度要求更高时,非铁金属采用金刚石,钢铁材料采用CBN或陶瓷材料。

(2)宽刃精刨

宽刃精刨时,刃宽为60～200 mm,切削速度5～10 mm/min,背吃刀量为0.005～0.1 mm,直线度高,平面度高,表面粗糙度值在0.8 μm 以下。宽刃精刨要求机床有足够的刚度和很高的运动精度。刀具材料常采用YG8、YT5或W18Cr4V。加工中最好可以在刀具的前刀面和后刀面同时浇注切削液。

(3)高速精镗(金刚镗)

金刚镗广泛适用于不适宜用内圆磨销加工的各种结构零件的精密孔,如活塞销孔、连杆孔和箱体孔等。切削速度为 150～500 mm/min，背吃刀量<0.075 mm，进给量为 0.02～0.08 mm/r。采用硬质合金刀具，精度要求高时则采用金刚石刀具。

(4)高精度磨削

高精度磨削能让加工表面获得很高的尺寸精度、位置精度和几何形状精度以及较小的表面粗糙度值。表面粗糙度值在 0.1～0.5 μm 时为精密磨削，表面粗糙度值在 0.012～0.025 μm 时为超精密磨削，表面粗糙度值<0.008 μm 为镜面磨削。

2. 光整加工

光整加工就是一种用粒度很细的磨料对工件表面进行微量切削、挤压和刮擦的加工方法。光整加工工艺的共同特点是没有与磨削深度相对应的磨削用量参数，一般只规定加工时很低的单位切削压力，因此加工过程中的切削力和切削热都很小，因而可以得到很低的表面粗糙度值，表面层不会产生热损伤，并具有残余压应力。所使用的工具都是浮动连接，由加工面自身导向，相对于工件的定位基准没有确定的位置，所使用的机床也不需要具有非常精确的成形运动。这些加工方法的主要作用是降低表面粗糙度值，一般不能纠正形状和位置误差，加工精度主要由前面工序保证。

3. 表面强化工艺

表面强化的目的是改善工件表面的硬度和残余应力，提高零件的物理性能。机械表面强化工艺包括：①挤压加工。②滚压加工。如图 6-5(b)所示，用工具钢淬硬制成的钢滚轮或钢珠在零件上进行滚压，使表层材料产生塑性流动，形成新的光洁表面。③喷丸强化。如图 6-5(a)所示，珠丸材料为铸铁、铝、钢、玻璃，以 35～50 m/s 的速度用压缩空气或者离心力将大量直径细小(0.4～2 mm)的珠丸喷出，使工件表面产生残余压应力和冷硬层。

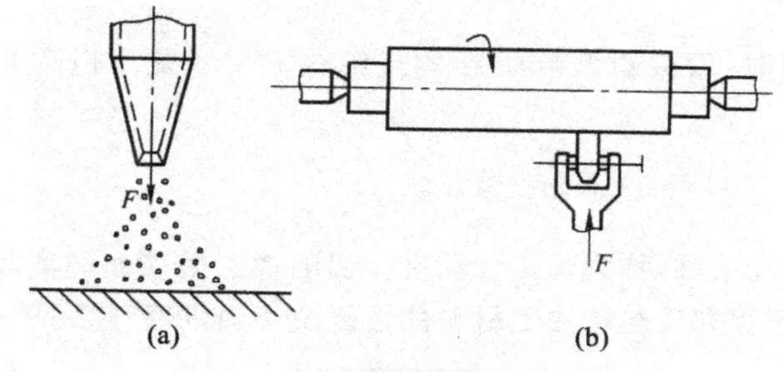

图 6-5 常用的冷压强化工艺方法

(a)喷丸 (b)滚压

4. 减少机械加工过程中的振动

机械加工过程中的振动通常是一种十分有害的现象，对于加工质量和生产效率有很大的影响。这一内容会在 6.4 节详细介绍。

6.2 影响加工表面粗糙度的因素及控制

加工分为切削加工和磨削加工，各有特点，故分别加以论述。

6.2.1 切削加工中影响表面粗糙度的因素

1. 影响因素

切削加工中影响表面粗糙度的主要因素有几何因素、物理因素以及工艺系统的振动。

(1)几何因素

它主要指刀具的形状和几何角度。特别是刀尖圆弧半径 r_ε、主偏角 κ_r 和副偏角 κ_r' 等的影响，其次是进给量 f 和刀刃本身的粗糙度。图 6-6 所示为刀尖圆弧半径为零时，主偏角 κ_r、副偏角 κ_r' 和进给量 f 对残留面积最大高度 $R_{\max}$ 的影响。从图中的几何关系可以推出

$$H=R_{\max}=\frac{f}{(\cot\kappa_\gamma+\cot\kappa_\gamma')}$$

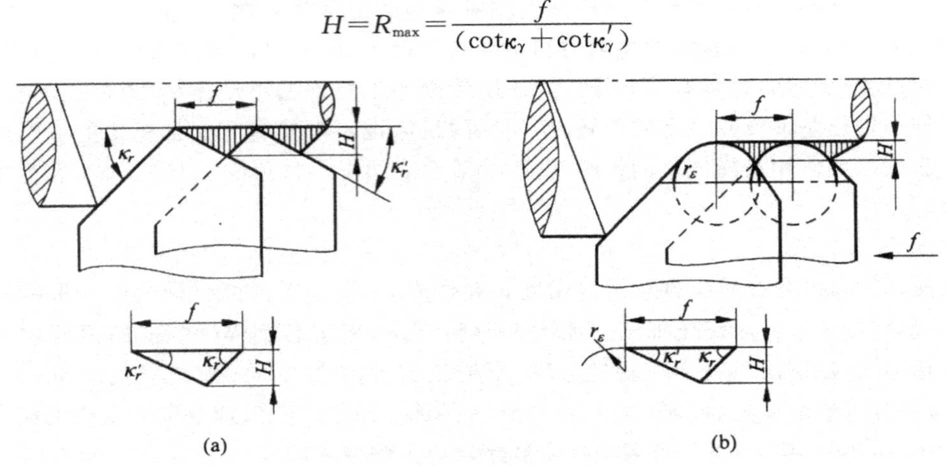

图 6-6 残留面积高度

当用圆弧刀刃切削时，刀尖圆弧半径 r_ε 和进给量 f 对残留面积高度的影响如图 6-6(b)所示，推导可得

$$H=R_{\max}\approx\frac{f^2}{8r_\varepsilon}$$

以上两式为理论计算结果，称为理论粗糙度。切削加工后表面的实际粗糙度与理论粗糙度有较大的差别，这是由于存在着与被加工材料的性能及切削机理有关的物理因素的缘故。

(2)物理因素

切削加工后，表面的实际轮廓与纯几何因素所形成的理论轮廓有较大差异。这主要是由与加工过程有关的物理因素所造成的，如表面层的塑性变形、积屑瘤的生成、鳞刺的产生、工件的材质等。相关的工艺因素主要有以下几个。

①切削用量的影响。在一定的切削速度范围内切削时容易产生积屑瘤或鳞刺，因此合理选择 v_c 是减小粗糙度值的重要条件。

通常减小进给量可以降低表面粗糙度值，但进给量太小，刀具对工件只起挤压作用，反而会增加表面粗糙度值。

切削深度对表面粗糙度的影响不明显，但当 a_p 小于 0.02～0.03 mm 时，刀具对加工表面产生强烈的挤压和摩擦，而不是正常的切削，从而使表面粗糙度值增大。

②刀具的几何角度、材料和刃磨。刀具的前角 γ 增加有利于减小切削力，抑制积屑瘤和鳞刺的产生，使塑性变形减小，从而可减小粗糙度值；但 γ 过大时，刀刃有切入工件的趋向，容易产生

振动，因而粗糙度值反而增加。

后角 α 增加，后刀面与工件摩擦减小，同时当前角一定时，α 增大；刀刃锋利，有利于减小表面粗糙度值；但后角太大时，刀刃强度降低，容易产生振动，且积屑瘤易流到后刀面，因此使表面粗糙度反而增加。

刀具材料与被加工材料的亲和力小，则不易产生积屑瘤。因此，对表面粗糙度的影响而言，目前刀具材料中硬质合金刀具优于高速钢，而金刚石和立方氮化硼刀具又优于硬质合金。

刀具刃磨质量好，刃口锋利，则切削性能好；刃口粗糙度值小，对减小加工表面粗糙度也有一定的作用。

③工件材料和润滑冷却。材料的塑性程度对表面粗糙度影响很大。一般地说，塑性程度越高，积屑瘤和鳞刺越容易生成和长大，所以表面粗糙度值越大。相反，脆性材料易于得到较小的表面粗糙度值。另外，工件材料的晶粒越大，加工后的粗糙度值就越大。为此，可以在加工前对工件进行调质等热处理，以提高材料的硬度，降低塑性，细化晶粒。

合理选用冷却润滑液可以减小变形和摩擦，抑制积屑瘤和鳞刺，降低切削温度，因而有利于减小表面粗糙度值。

(3)工艺系统的振动

由于切削力的作用，使工件相对于刀具发生振动，工艺系统的高频振动，会使刀尖和工件的相对位置频繁变化，使表面粗糙度值增大，表面质量恶化。

2. 改善的工艺措施

(1)选择合理的切削用量

适当地减少进给量 f、选择合适的切削速度 v 以及合适的切削深度 a_p 均可以降低加工表面粗糙度值。

(2)选择适当的刀具几何参数

增大刃倾角 λ_s、减少刀具的主偏角 κ_r 和副偏角 κ_r' 及增大刀尖圆弧半径 r_ε 有利于降低表面粗糙度值。

(3)改善工件材料的性能

采用热处理工艺改善工件材料的性能是减小表面粗糙度值的有效方法。例如，对工件进行正火或回火处理后再加工，工件材料金属组织的晶粒均匀，粒度细，加工时能获得较小的表面粗糙度值。

(4)选择合适的切削液

切削液的冷却和润滑作用均对减小加工表面的粗糙度值有利，其中更直接的是润滑作用。如在铰孔时用煤油（对铸铁工件）或用豆油、硫化油（对钢件）作切削液，均能得到较小的表面粗糙度值。

(5)选择合适的刀具

材料不同的刀具，由于化学成分的不同，在加工时刀面硬度及刀面粗糙度的保持性，刀具材料与被加工材料金属分子的亲和程度，以及刀具前后刀面与切削和加工表面间的摩擦系数等均有所不同。实践证明，相同的切削条件下，用硬质合金刀具加工所获得的表面粗糙度值比用高速钢刀具的要小。

(6)防止或减小工艺系统振动

为了减少振动对机械加工表面质量的影响，可采取减小或消除振源的激振力、隔振、提高工艺系统的刚度及增大阻尼等措施。

6.2.2 磨削加工中影响表面粗糙度的因素

1. 影响因素

(1)磨削用量

提高砂轮速度 v_s,参与切削的磨粒数增多,可以增加工件单位面积上的刻痕数,又加上高速磨削时塑性变形不充分,因而表面粗糙度值小。同时生产率也高,因此目前高速磨削发展很快。

工件速度 v_w 对粗糙度的影响与 v_s 相反,v_w 高会使表面粗糙度值变大。

进给量 f 小,则单位时间内加工的长度短,所以表面粗糙度值小。

背吃刀量 a_p 对表面粗糙度影响很大。减小 a_p 将减小工件材料的塑性变形,从而减小表面粗糙度值。为兼顾磨削效率,通常先采用较大的磨削深度,而后采用小的背吃刀量或光磨。

(2)砂轮

砂轮的粒度号数越大,砂粒越细,参与磨削的磨粒越多,表面粗糙度就越小。但磨粒太细的砂轮容易堵塞,使工件表面温度增高,塑性变形增大,反而会增大表面粗糙度值,还容易引起表面磨削烧伤。

砂轮硬度应适宜,即具有良好的“自砺性”,工件就能获得较细的表面粗糙度。

砂轮组织紧密能获得高精度和小的表面粗糙度值。组织疏松不易堵塞,适合加工较软的材料。砂轮应及时修整。

(3)工件材料

因为工件材料太硬时磨粒很快钝化,工件材料太软又很容易堵塞砂轮,而韧性太大且导热性差的工件材料又容易使磨粒过早崩落。所以,太硬太软太韧的材料都不易磨光。

(4)冷却润滑和其他

磨削冷却润滑对减小磨削力、温度及砂轮磨损等都有良好的效果。因此正确选用冷却液对减小表面粗糙度值有利。

磨削工艺系统的刚度、主轴回转精度、砂轮的平衡、工作台运动的平稳性等方面,都将影响砂轮与工件的瞬时接触状态,从而影响表面粗糙度。

2. 改善的工艺措施

(1)提高砂轮线速度

砂轮线速度越高,单位面积上的沟槽数就越多,同时表面层塑性变形越小,因而表面粗糙度值可显著减小。

(2)选择适当粒度的砂轮

砂轮粒度越细,磨削表面粗糙度值越小。粗粒度的砂轮经过粗细修整,可在一个磨粒上修出许多微刃,也能加工出粗糙度值较小的表面。

(3)精细修整砂轮工作表面

修整砂轮的主要目的是获得锋利和多数等高的磨粒微刃,这样有利于获得较小的表面粗糙度。

(4)减小磨削深度与工件线速度

较小的磨削深度有利于减小表面粗糙度值,但影响生产率。所以,通常在磨削开始时可采用较大的磨削深度以提高生产率,而后采用较小的磨削深度或无进给磨削,以减小表面粗糙度值。

采用较低的工件线速度，可减小表面残留面积，所以粗糙度值较小。

此外工件材料硬度、砂轮硬度、切削液的选择与净化等都是磨削表面粗糙度不容忽视的重要因素。

6.3　影响加工表面物理力学性能的因素及控制

6.3.1　表面层加工硬化

在切削或磨削加工过程中，若加工表面层产生的塑性变形使晶体间产生剪切滑移，晶格严重扭曲，并产生晶粒的拉长、破碎和纤维化，引起表面层的强度和硬度提高的现象，称为冷作硬化现象。

表面层的硬化程度取决于产生塑性变形的力、变形速度及变形时的温度。力越大，塑性变形越大，产生的硬化程度也越大。变形速度越大，塑性变形越不充分，产生的硬化程度也就相应减小。变形时的温度影响塑性变形程度，温度升高，硬化程度减小。采用各种加工方法加工钢件后表面层的冷作硬化情况如表 6-1 所示。

表 6-1　各种加工方法形成的表面层的冷作硬化情况

加工方法	冷硬程度 $N/\%$		冷硬深度 $\frac{h}{\mu m}$	
	平均值	最大值	平均值	最大值
车削	120～150	100	30～50	200
端铣	140～160	100	40～100	200
圆周铣	120～140	80	40～80	110
钻孔和扩孔	160～170		180～200	250
滚齿与插齿	160～200		120～150	
外圆磨中碳钢	140～160		30～60	
外圆磨淬硬钢	125～130		20～40	
研磨	112～117		3～7	

1. 影响表面层加工硬化的因素

(1)切削用量的影响

切削速度 v_c 增大时，切削力减小，摩擦和塑性变形减小，同时因 v_c 的提高使切削温度增加，回复作用就大，因此加工硬化降低。当进给量 f 背吃刀量 a_p 增大，都会增大切削力，使加工硬化严重。

(2)刀具的影响

刀具前角增大，加工表面的塑性变形减小，使冷硬程度减轻。刀尖圆弧半径增大，后刀面磨损量增大，都会使冷硬程度提高。

(3)工件材料和润滑冷却

工件材料塑性愈大，则冷硬现象愈严重。良好的冷却润滑可以使加工硬化减轻。

2. 减小表面加工硬化的措施

以上三方面的影响因素主要是刀具的几何参数、切削用量和被加工材料的力学性能。因此，可从以下几个方面来考虑，减小表面加工硬化的措施。

①合理选择刀具的几何参数。尽量采用较大的前角和后角，并在刃磨时尽可能减小切削刃口圆角半径。

②使用刀具时，应合理限制其后刀面的磨损程度。

③合理选择切削用量。采用较高的切削速度、较小的进给量和较小的背吃刀量。

④合理使用切削液。

⑤采用合理的热处理工艺，适当提高被加工材料的硬度。

6.3.2 表面层金相组织的变化与磨削烧伤

机械加工过程中，在加工区由于加工时所消耗的能量绝大部分转化为热能而使加工表面出现温度的升高。当切削热使加工表面层的温度超过工件材料的相变温度时，就会发生金相组织的变化。就一般切削加工（如车、铣、刨削等）而言，切削热产生的工件加工表面温升还不会达到相变的临界温度，因此不会发生金相组织变化。

磨削加工是一种典型的容易产生加工表面金相组织变化（磨削烧伤）的加工方法，这是由于磨削加工单位面积上产生的切削热比一般切削方法要大十几倍，而且约有70%以上的热量瞬时进入工件，使工件加工表面金属非常易于达到相变点。由于磨粒在高速下进行切削、刻划和滑擦，使工件表面温升很高，常达900℃以上，引起表面层金相组织发生变化，从而使表面层的硬度下降，并伴随出现残余应力甚至产生细微裂纹，这种现象称为磨削烧伤。磨削烧伤将严重地影响零件的使用性能。

1. 影响磨削烧伤的主要因素

（1）磨削用量

背吃刀量 a_p 对表面层温度影响最大。当 a_p 增加时，表层温度增加，表层下各深度的温度都升高，使烧伤增加，故 a_p 不宜过大。增加进给量和工件速度，由于热源作用时间减小，使金相组织来不及变化，因而能减轻烧伤。

（2）砂轮

砂轮硬度太高，自砺性不好，使切削力增加，温度升高，容易产生烧伤。砂轮组织太紧密易堵塞砂轮，易出现烧伤。砂轮结合剂应具有一定的弹性，如树脂橡胶等材料，这可使磨粒在磨削力增大时能产生一定的弹性退让，使背吃刀量减小，从而避免烧伤。

（3）工件材料

工件材料对磨削温度的影响主要取决于它的强度、硬度、韧性和导热系数。材料强度越高，磨削消耗功率越大，发热量越多，磨削温度越高，烧伤越严重；材料硬度越高，磨削热越多，但材料过软，易堵塞砂轮，反而使加工表面温度急剧上升；工件韧性越大，磨削力越大，发热量越多；导热性较差的材料，如轴承钢、不锈钢、耐热钢等，磨削时都容易产生烧伤。

（4）冷却条件

磨削时冷却液若能更多地进入磨削区，就能有效地防止烧伤现象的发生。提高冷却效果的方式有高压大流量冷却、喷雾冷却、内冷却等。

当磨削淬火钢时，若磨削区温度超过了马氏体转变温度而未能超过其相变临界温度，表层马氏体转变为硬度较低的回火屈氏体或索氏体,称之为回火烧伤;若磨削区温度超过了马氏体相变温度,马氏体转变为奥氏体,若这时冷却液充分,则表层速冷形成二次淬火马氏体,其下层因冷却速度较慢仍为硬度较低的回火组织,称为淬火烧伤。否则,若冷却条件不好,或不用冷却液进行干磨时,表层会被退火,称之为退火烧伤。

2. 避免磨削烧伤的措施

无论是何种烧伤,如果比较严重都会使零件使用寿命成倍下降,甚至根本无法使用,所以磨削时要避免烧伤,要减少磨削热的产生和加速磨削热的传出,避免磨削烧伤,具体措施如下。

(1)合理选择磨削用量

减小磨削深度 a_p 可以降低工件表面温度,有利于避免或减轻烧伤,但会影响生产率。

增大工件纵向进给量和工件速度,会使加工表面与砂轮的接触时间相对减少,散热条件得到改善,因而能减轻烧伤,但会导致表面粗糙度值增大,为了减轻烧伤同时又能保持高的生产率和小的表面粗糙度值,应选择较高的工件速度,较小的磨削深度和高的砂轮转速。

(2)合理选择砂轮并及时调整

砂轮硬度太高,自锐性不好,磨削温度就高。砂轮粒度越小,磨粒越容易堵塞砂轮,工件也越容易出现烧伤,因此用大粒度且较软的砂轮较好。

砂轮磨钝后,大多数磨粒只在加工表面挤压和摩擦而不起切削作用,使磨削温度增高,所以应及时修整砂轮。

(3)改进冷却方法,提高冷却效果

使用冷却液可提高冷却效果,避免烧伤。但目前常用的一般冷却方法效果较差,如图 6-7 所示,由于砂轮的线速度很高,实际上没有多少切削液能进入磨削区。比较有效的冷却方法是内冷却法,如图 6-8 所示,切削液进入砂轮中心腔,在离心力作用下,切削液由砂轮孔隙甩出,可直接进入磨削区,发挥有效的冷却作用。

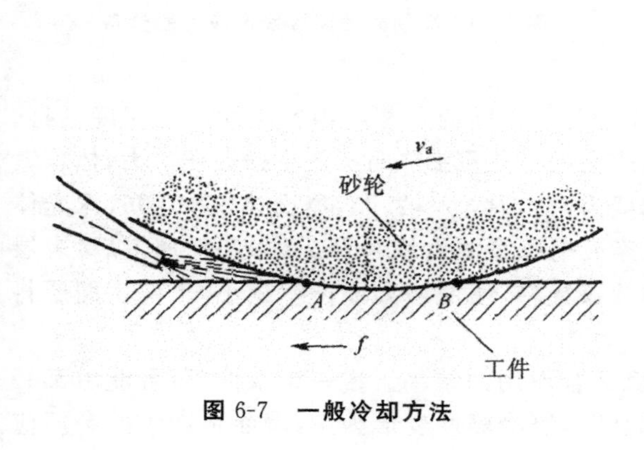

图 6-7 一般冷却方法

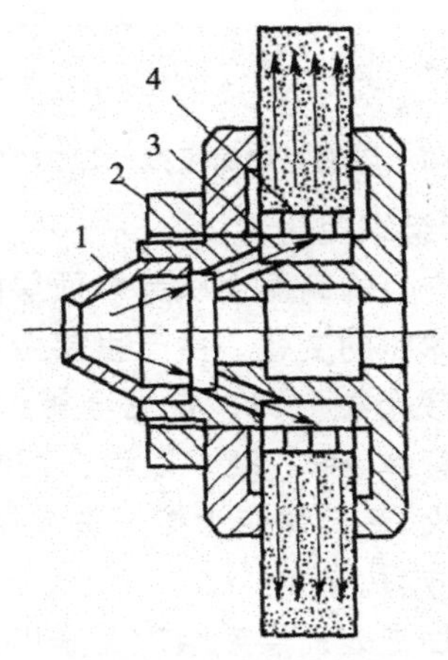

图 6-8 内冷却砂轮结构

1—锥形盖;2—冷却液通孔

3—砂轮中心腔;4—有镜像小孔的薄壁套

6.3.3 影响表面残余应力的因素

切削和磨削加工中,加工表面层材料组织相对基体组织发生形状、体积变化或金相组织变化时，在加工后工件表面层及其与基体材料交界处就会产生相互平衡的应力，即表面层残余应力。残余应力有压应力和拉应力之分。残余压应力可提高工件表面的耐磨性和受拉应力时的疲劳强度，残余拉应力的作用正好相反。若拉应力值超过工件材料的疲劳强度极限时，则使工件表面产生裂纹，加速工件的损坏。引起残余应力的原因有以下三个方面。

(1)冷态塑性变形

切削加工时，由于切削力的作用使工件表面受到很大的冷塑性变形，特别是切削刀具对已加工表面的挤压和摩擦，使表面层金属向两边发生伸长塑性变形，但受到里层金属的限制，因而工件表面产生残余压应力，里层产生残余拉应力，如图 6-9 所示。

(2)热态塑性变形

切削加工时，由于切削热使工件表面局部温度比里层的温度高得多，因此表面层金属产生热膨胀变形也比里层大。当切削过后，表层温度下降也快，因而冷却收缩变形比里层也大，但受到里层金属的阻碍，于是工件表面产生残余拉应力。切削温度越高(如磨削)，表层热塑性变形越大，表层残余拉应力也越大，甚至产生裂纹，如图 6-10 所示。

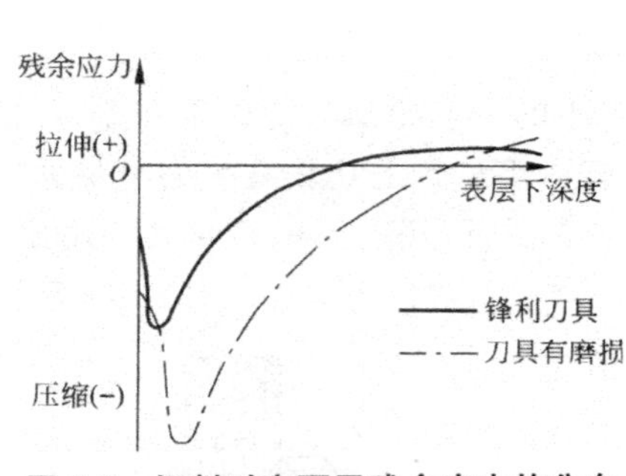

图 6-9 切削时表面层残余应力的分布

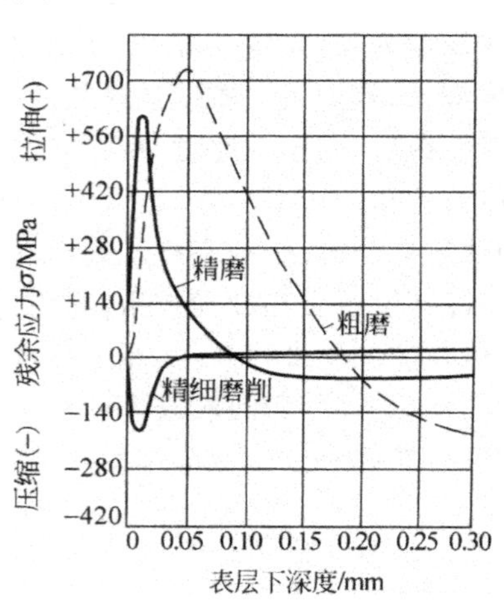

图 6-10 磨削时表面层残余应力的分布

(3)金相组织变化

切削时产生的高温会引起表面层的金相组织变化。不同的金相组织有不同的比密度，因此相变会引起体积的变化。由于里层金属的限制，表面层在体积膨胀时会产生残余压应力，体积缩小时会产生残余拉应力。常见金相组织的比密度为：马氏体 $\gamma \approx 7.75$，奥氏体 $\gamma \approx 7.96$，珠光体 $\gamma \approx 7.78$，铁素体 $\gamma \approx 7.88$。以淬火钢磨削为例，淬火钢原来的组织是马氏体，磨削加工后，表层可能产生回火，马氏体变为接近珠宝体的托氏体或素氏体，密度增大而体积减小，工件表面层将产生残余拉应力。

实际上加工表面层残余应力是以上三个方面综合作用的结果。在一定条件下，可能由某一两种原因起主导作用。如切削加工中，切削热不高时，以冷塑性变形为主，表面将产生残余压应力；而磨削时温度较高，热塑性变形和相变占主导地位，则表面产生残余拉应力。

6.4 机械加工中的振动

切削加工中，由机床、工件、刀具和夹具组成的工艺系统是一个弹性系统。当系统受到干扰时，就会产生振动。工艺系统的振动对工件加工产生极为不利的影响。它不仅使工件的表面质量降低(如工件表面产生振纹等)，机床和刀具寿命缩短，而且使加工生产率的提高受到限制。强烈的振动还可使刀具崩刃，切削加工无法继续进行。振动还会带来噪声，污染环境，影响操作者的身心健康。因此，探索切削振动的规律，找到消除和控制振动的途径，对提高机械加工的质量和生产率具有非常重要的意义。

6.4.1 机械振动的类型

(1)自由振动

在初始干扰力作用下，工艺系统的平衡被破坏后，仅靠弹性恢复力来维持的振动，称为自由振动。机械加工过程中的自由振动往往是由于切削力突然变化或由外界偶然因素引起的。因为振动系统存在阻尼，这种振动一般可以迅速衰减，因此对机械加工的影响不大。

(2)受迫振动

系统在周期性变化的激振力持续作用下所产生的振动称为受迫振动。由于外界激振力不断给振动系统输入能量，受迫振动不会衰减。

(3)自激振动

系统在一定条件下，在没有周期性干扰力作用的情况下，由振动系统本身产生的交变力所激发和维持的振动，称为自激振动。切削过程中产生的自激振动是频率较高的强烈振动，通常又称为颤振。

受迫振动和自激振动都属于不衰减的振动，对机械加工的影响较大，以下分别加以论述。

6.4.2 机械加工中的受迫振动

1. 受迫振动产生的原因

①系统外部的周期性干扰力。如机床附近的振动源经过地基传入正进行加工的机床，从而引起工艺系统的振动。

②机床运动零件的惯性力。如电机皮带轮、齿轮、传动轴、砂轮等的质量偏心在高速回转时产生离心力，往复运动部件换向时的冲击等都将成为引起振动的激振力。

③机床传动件的缺陷。如齿轮啮合时的冲击、平带接头、滚动轴承滚动体的误差、液压系统中的冲击现象等均可能引起振动。

④切削过程的不连续。如铣、拉、滚齿等加工，将导致切削力的周期性改变，从而产生振动。

2. 受迫振动的特征

①受迫振动是由周期性激振力的作用而产生的一种不衰减的稳定振动。

②受迫振动的频率与激振力的频率相同(或整数倍)，而与工艺系统本身的固有频率无关。

③它的振幅 A 取决于激振力 F、阻尼比 ξ 和频率比 λ。当激振力频率接近系统固有频率时，就会发生共振，对工艺系统危害最严重。

3. 控制和消除强迫振动的途径

控制受迫振动的途径，首先要找出引起振动的振源。由于强迫振动的频率 ω 与激振力的频率相同或成倍数，因此可将实测的振动频率与各个可能激振的频率进行比较，确定振源后，可以采取以下措施来控制或消除振动。

(1)减少激振力

对系统中高速的回转零件必须进行静平衡甚至动平衡后使用;尽量减小传动机构的缺陷,提高带传动、链传动、齿轮传动及其他传动装置的稳定性;对于往复运动部件,应采用较平稳的换向机构。

(2)提高工艺系统的刚度和阻尼

提高刚度、增大阻尼是增强系统抗振能力的基本措施,如提高连接部件的接触刚度、预加载荷减小滚动轴承的间隙、采用内阻尼较大的材料制造某些零件都能收到较好的效果。

(3)调节振源频率,避开共振区

调整刀具或工件转速,使其远离工艺系统各部件的固有频率,避开共振区,以免共振。

(4)消振和隔振

消振最有效的方法是找出振源并将其去除。如果不能去除则可采用隔振,即在振动传递路线上设置隔振材料,使由内、外振源所激起的振动不能传到刀具和工件上去。如电机用隔振橡皮与机床分开;油泵用软管连接后,安装在机床外部。为了消除系统外的振源,常在机床周围挖防振沟。工艺系统本身的振源,如加工件余量不均匀或材质不均匀,加工表面不连续或刀齿的断续切削等引起的冲击振动等,可采用阻尼器或吸振器。

6.4.3 机械加工中的自激振动

切削加工时,在没有周期性外力作用的情况下,有时刀具与工件之间也可能产生强烈的相对振动,并在工件的加工表面残留下明显的、有规律的振纹。这种由振动系统本身产生的交变力激发和维持的振动称为自激振动,通常也称为颤振。

1. 自激振动产生的原因

实际切削过程中,工艺系统受到干扰力作用产生自由振动后,必然要引起刀具和工件相对位置的变化,这一变化如果又引起切削力的波动,则会使工艺系统产生波动,因此通常将自激振动看成是由振动系统(工艺系统)和调节系统(切削过程)两个环节组成的一个闭环系统。如图6-11所示,自激振动系统是一个闭环反馈自控系统,调节系统把持续工作所用的能源能量转变为交变力对振动系统进行激振,振动系统的振动又控制切削过程产生激振力,来反馈制约进入振动系统的能量。

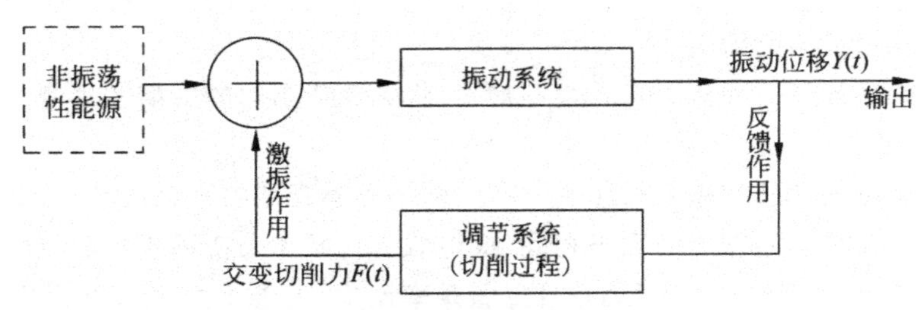

图 6-11　自激振动系统的组成

激励系统产生振动的交变力是由切削过程产生的,而切削过程同时又受到机床系统振动运动的影响。如果切削过程很平稳,即使系统存在产生自激振动的条件,也因切削过程没有交变切削力,从而自激振动不会产生。但在实际加工过程中,偶然性的外界干扰总是存在的,这种偶然性外界干扰所产生的切削力的变化,作用在机床系统上,会使系统产生振动。系统的振动将引起工件、刀具间的相对位置发生周期性变化，使切削过程产生维持振动运动的动态切削力。此时如果工艺系统不存在产生自激振动的条件，将因系统存在阻尼使由偶然性外界干扰引发的振动逐渐衰减；如果工艺系统存在产生自激振动的条件，就会使工艺系统产生持续的振动。

2. 自激振动的特征

自激振动是由系统内部的激振力引起的自激振动。与强迫振动不同，自激振动是在系统内部交变激振力作用下产生的，切削停止时，即使机床仍继续空转，自激振动也会停止。外界干扰力只可能在最初触发振动时起作用，但它不是产生自激振动的真正原因。

自激振动是一种不衰减振动。自激振动与自由振动不同，两者虽都是在没有外界干扰力周期性作用下产生的，但自由振动在阻尼作用下将逐渐衰减而消失；而自激振动系统中，一方面阻尼要消耗能量，另一方面系统本身的反馈特性又向系统不断输入能量。如果系统吸收的能量等于或大于消耗的能量，系统将处于稳定的或不断加强的不衰减振动状态。

自激振动的频率接近或等于系统的固有频率。即频率由系统本身的参数所决定。

6.4.4　机械加工中震动的控制

机械加工中控制振动的途径有三个方面：①消除或减弱产生振动的条件。②改善工艺系统的动态特性，增强工艺系统的稳定性。③采取各种消振、减振装置。

1. 合理选择切削用量

在中等切削速度时(例如车削时 $v=20\sim60$ m/min)最容易发生颤振，因此，选择高速或低速切削可避免颤振。一般多采用高速，既可避免振动，又可提高生产率和降低表面粗糙度值。增大进给量可使振幅减小，因此在加工表面粗糙度允许的情况下，选择较大的进给量有利于抑制颤振。选择背吃刀量时要注意切削宽度对振动的影响，取较小的切深可减小自激振动。

图 6-12 所示是切削速度与振幅的关系曲线。从图中可看出，在低速或高速切削时，振动较小。图 6-13 和图 6-14 所示是切削进给量和切削深度与振幅的关系曲线。它们表明，选较大的进给量和较小的切削深度有利于减小振动。

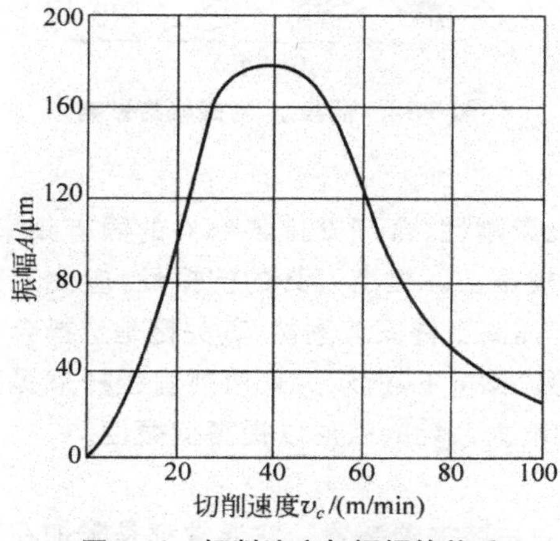

图 6-12　切削速度与振幅的关系

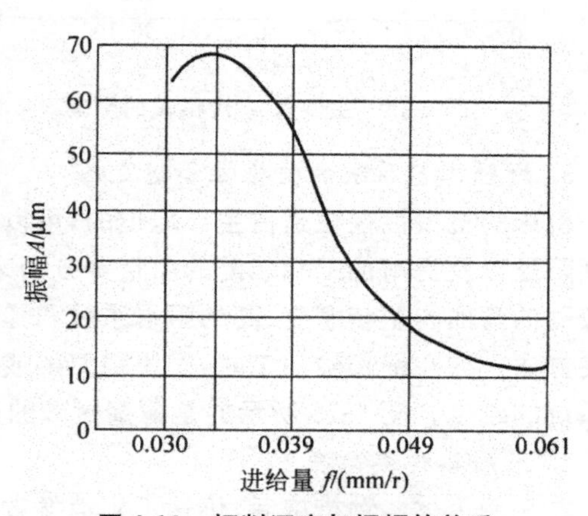

图 6-13　切削深度与振幅的关系

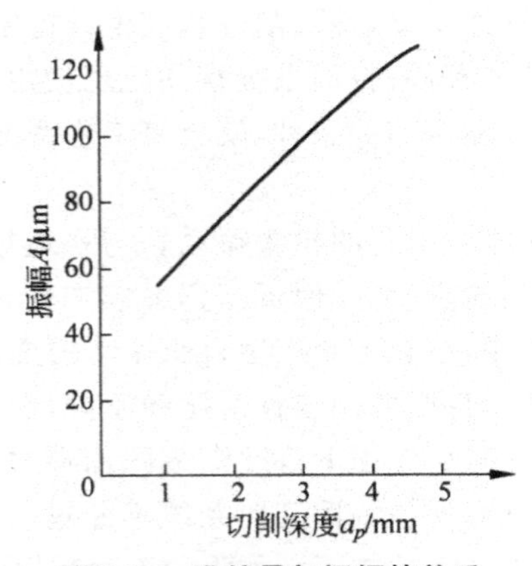

图 6-14　进给量与振幅的关系

2. 合理选择刀具的几何参数

适当地增大前角 γ_0、主偏角 κ_r 能减小振动。但当 $\kappa_r > 90°$后，振幅又有所增大。后角减小使振动有明显地减弱，但不能太小，以免后刀面与加工表面之间产生摩擦，反而引起振动。刀尖圆弧半径增大时切削力随之增大，因此为减小振动，应取较小的刀尖圆弧半径，但这会使刀具耐用度降低和表面粗糙度增大，所以需要综合考虑。如图 6-15 所示，$\kappa_r = 90°$时，振幅最小；$\kappa_r > 90°$时，振幅增大。前角 γ_0 越大，切削力越小，振幅也越小，如图 6-16 所示。

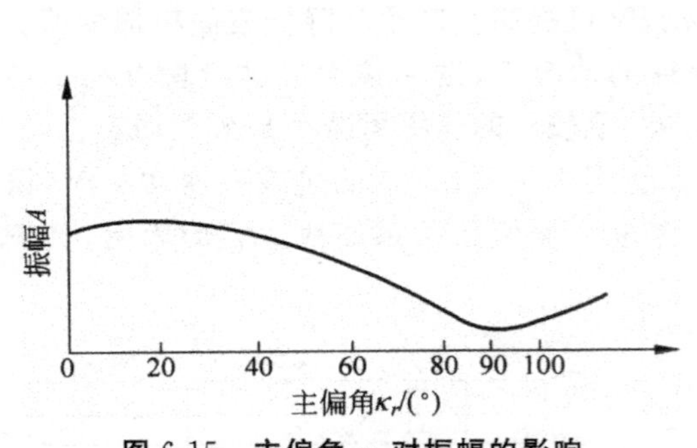

图 6-15　主偏角 κ_r 对振幅的影响

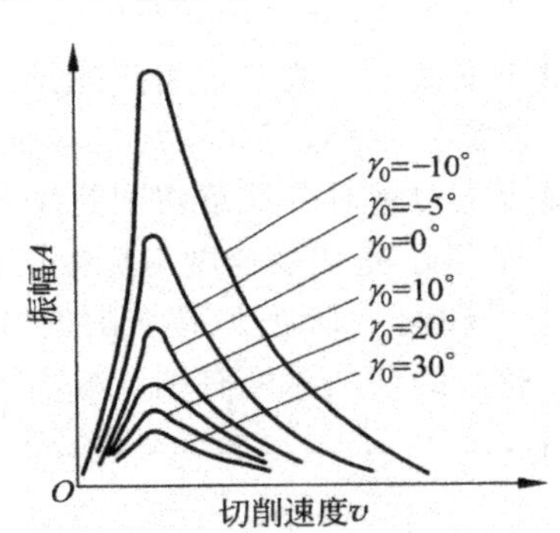

图 6-16　前角 γ_0 对振幅的影响

3. 增强工艺系统的抗振性和稳定性

机床的抗振性往往是占主导地位的，可以从改善机床刚性、合理安排各部件的固有频率、增大其阻尼以及提高加工和装配的质量等方面来提高其抗振性。提高刀具的抗振性，应使刀具具有较高的弯曲与扭转刚度、高的阻尼系数和弹性模数。提高工件安装刚性，其关键是选择合理的装夹方法。如在细长轴加工时，采用跟刀架或中心架等。图 6-17 所示为采用削扁镗杆来提高工艺系统的刚度。图 6-18 所示的是薄壁封砂的床身结构增大系统的阻尼以提高抗振性。

4. 采用各种减振装置

在采用上述各种措施后，仍达不到消振效果时，可使用减振器装置。它通常都是附加在工艺系统中，用来吸收或消耗振动能量，但并不能提高工艺系统的刚度。该装置对强迫振动和自激振动同样有效，现已广泛应用。

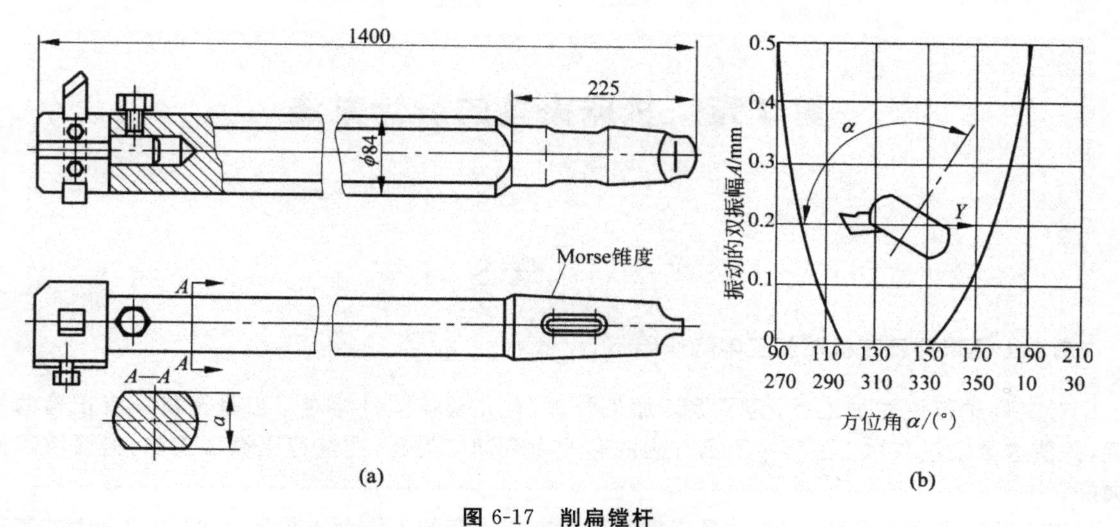

图 6-17　削扁镗杆

(a)削扁镗杆　(b)双振幅与方位角的关系

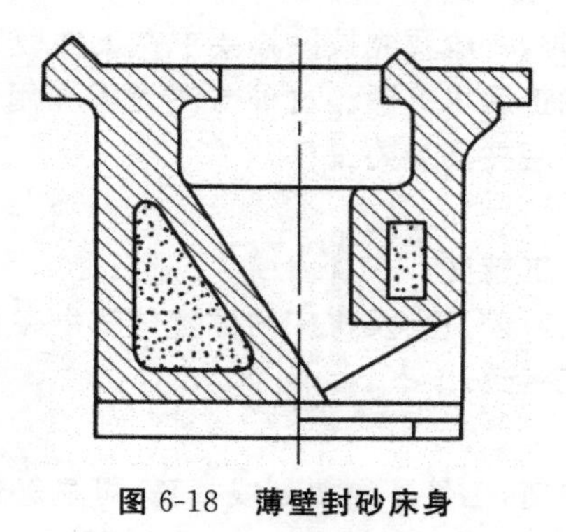

图 6-18　薄壁封砂床身

第7章　机床夹具的设计方法

7.1　概述

7.1.1 机床夹具在机械加工中的作用

对工件进行机械加工时，为了保证加工要求，首先要使工件相对于刀具及机床有正确的位置，并使这个位置在加工过程中不因外力的影响而变动。为此，在进行机械加工前，先要将工件夹好。

工件的装夹方法有两种：一种是工件直接装夹在机床的工作台或花盘上；另一种是工件装夹在夹具上。

采用第一种方法装夹工件时，一般要先按图样要求在工件表面划线，划出加工表面的尺寸和位置，装夹时用划针或百分表找正后再夹紧。这种方法无需专用装备，但效率低，一般用于单件和小批生产。批量较大时，大都用夹具装夹工件。

用夹具装夹工件的优点如下：

(1)能稳定地保证工件的加工精度

用夹具装夹工件时，工件相对于刀具及机床的位置精度由夹具保证，不受工人技术水平的影响，使一批工件的加工精度趋于一致。

(2)能提高劳动生产率

使用夹具装夹工件方便、快速，工件不需要划线找正，可显著地减少辅助工时，提高劳动生产率；工件在夹具中装夹后提高了工件的刚性，因此可加大切削用量，提高劳动生产率；可使用多件、多工位装夹工件的夹具，并可采用高效夹紧机构，进一步提高劳动生产率。

(3)能扩大机床的使用范围

在通用机床上采用专用夹具可以扩大机床的工艺范围，充分发挥机床的潜力，达到一机多用的目的。例如，使用专用夹具可以在普通车床上很方便地加工小型壳体类工件。甚至在车床上拉出油槽，减少了昂贵的专用机床，降低了成本。这对中小型工厂尤其重要。

(4)改善操作者的劳动条件

由于气动、液压、电磁等动力源在夹具中的应用，一方面减轻了工人的劳动强度；另一方面也保证了夹紧工件的可靠性，并能实现机床的互锁，避免事故，保证了操作者和机床设备的安全。

(5)降低成本

在批量生产中使用夹具后，由于劳动生产率的提高、使用技术等级较低的工人以及废品率下降等原因，明显地降低了生产成本。夹具制造成本分摊在一批工件上，每个工件增加的成本是极少的，远远小于由于提高劳动生产率而降低的成本。工件批量越大，使用夹具所取得的经济效益就越显著。

7.1.2　机床夹具的分类

1. 按夹具的通用特性分类

根据夹具在不同生产类型中的通用特性，机床夹具可分为通用夹具、专用夹具、可调夹具、组合夹具和自动线夹具等五大类。

(1)通用夹具

通用夹具是指结构、尺寸已规格化，而且具有一定通用性的夹具，如三爪自动定心卡盘、四爪单动卡盘、台虎钳、万能分度头、顶尖、中心架和电子吸盘等。这类夹具适应性强，可用来装夹一定形状和尺寸范围内的各种工件。这类夹具已商品化，且成为机床附件。其缺点是夹具的加工精度不高，生产率也较低，且较难装夹形状复杂的工件，故一般适用于单件小批量生产中。

(2)专用夹具

这类夹具是指专为零件的某一道工序的加工专门设计和制造的。在产品相对稳定、批量较大的生产中，常用各种专用夹具，可获得较高的生产率和加工精度。专用夹具的设计周期较长、投资较大，本章主要论述这类夹具的设计。

除大批大量生产之外，中小批量生产中也需要采用一些专用夹具。但在结构设计时要进行具体的技术经济分析。

(3)可调夹具

可调夹具是针对通用夹具和专用夹具的缺陷而发展起来的一类新型夹具。对不同类型和尺寸的工件，只需调整或更换原来夹具上的个别定位元件和夹紧元件便可使用。它一般又可分为通用可调夹具和成组夹具两种。前者的通用范围比通用夹具更大；后者则是一种专用可调夹具，它按成组原理设计并能加工一族相似的工件，故在多品种，中、小批量生产中使用有较好的经济效果。

(4)组合夹具

组合夹具是一种模块化的夹具。标准的模块元件具有较高精度和耐磨性，可组装成各种夹具。夹具用毕可拆卸，清洗后留待组装新的夹具。由于使用组合夹具可缩短生产准备周期，元件能重复多次使用，并具有减少专用夹具数量等优点，因此组合夹具在单件，中、小批多品种生产和数控加工中，是一种较经济的夹具。组合夹具也已商品化。

(5)自动线夹具

自动线夹具一般分为两种：一种为固定式夹具，它与专用夹具相似；另一种为随行夹具，使用中夹具随着工件一起运动，并将工件沿着自动线从一个工位移至下一个工位进行加工。

2. 按夹具使用的机床分类

夹具按使用机床可分为车床夹具、铣床夹具、钻床夹具、镗床夹具、齿轮机床夹具、数控机床夹具、自动机床夹具、自动线随行以及其他机床夹具等。

这是专用夹具设计所用的分类方法。设计专用夹具时，机床的组别、型别和主要参数均已确定。它们的不同点是机床的切削成形运动不同，故夹具与机床的连接方式不同。它们的加工精度要求也各不相同。

3. 按夹紧的动力源分类

夹具按夹紧的动力源可分为手动夹具、气动夹具、液压夹具、气液增力夹具、电磁夹具、真空夹具、离心力夹具等。

7.1.3 机床夹具的组成

机床夹具的结构虽然种类繁多，但它们的组成均可概括为以下几个部分。如图 7-1 所示钻夹具。

(1)定位元件

通常，当工件定位基准面的形状确定后，定位元件的结构也就基本确定了。图 7-1 中圆柱销 5、菱形销 9 和支承板 4 都是定位元件，通过它们使工件在夹具中占据正确的位置。

(2)夹紧装置

工件在夹具中定位后，在加工前必须将工件夹紧，以确保工件在加工过程中不因受外力作用而破坏其定位。图 7-1 中的螺杆 8(与圆柱销合成一个零件)、螺母 7 和开口垫圈 6 就起到了上述作用。

(3)夹具体

夹具体是夹具的基体和骨架，通过它将夹具所有元件构成一个整体，如图 7-1 中的件 3。常用的夹具体为铸件结构、焊接结构、组装结构和锻造结构，形状有回转体和底座形等。

以上这三部分是夹具的基本组成部分，也是夹具设计的主要内容。

(4)对刀或导向装置

对刀或导向装置用于确定刀具相对于定位元件的正确位置。图 7-1 中钻套 1 和钻模板 2 组成导向装置，确定了钻头轴线相对定位元件的正确位置。对刀装置常见于铣床夹具中。用对刀块可调整铣刀加工前的位置。

(5)连接元件

连接元件是确定夹具在机床上正确位置的元件。图 7-1 中 3 的底面为安装基面，保证了钻套 1 的轴线垂直于钻床工作台以及圆柱销 5 的轴线平行于钻床工作台。因此，夹具体可兼作连接元件。车床夹具上的过渡盘、铣床夹具上的定位键都是连接元件。

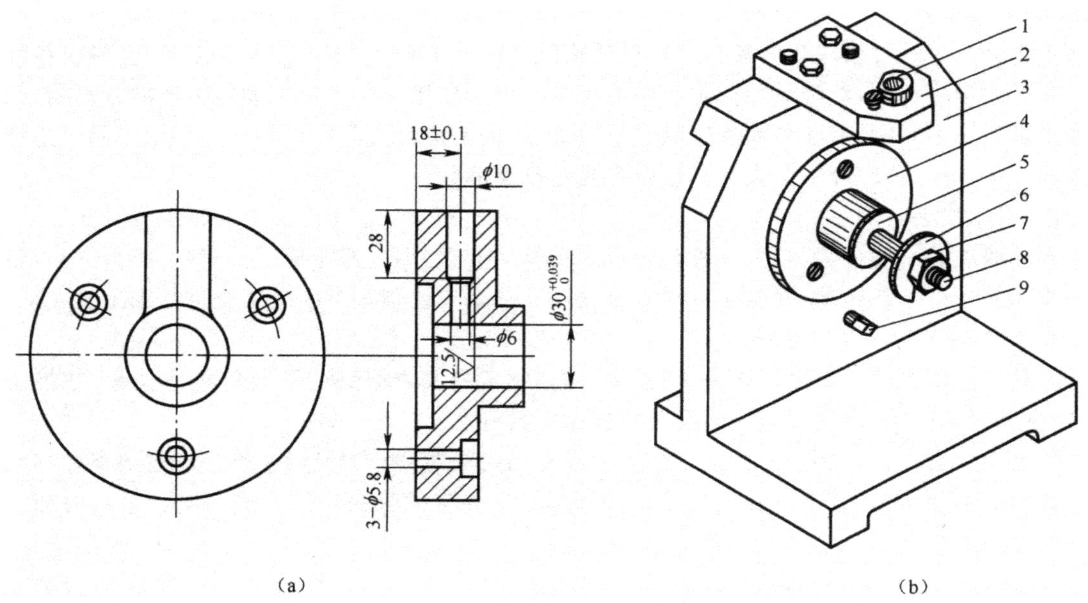

图 7-1 后盖零件钻夹具

1—钻套；2—钻模板；3—夹具体；4—支承板；5—圆柱销；6—开口垫圈；7—螺母；8—螺杆；9—菱形销

(6)其他装置或元件

根据加工需要,有些夹具分别采用分度装置、靠模装置、上下料装置、顶出器和平衡块等。这些元件或装置也需要专门设计。

为了达到工件被加工表面的技术要求,必须保证工件在加工过程中的正确位置。在使用夹具的情况下,就要使机床、刀具、夹具和工件之间保持正确的加工位置。使之满足三个条件:①一批工件在夹具中占有正确位置;②夹具在机床上的正确位置;③刀具相对夹具的正确位置。显然,工件的定位是其中极为重要的一个环节。

7.2　工件在夹具中的定位

7.2.1　六点定位原则

一个尚未定位的工件,其空间位置是不确定的,这种位置的不确定性可用图 7-2 来描述,在空间直角坐标系中,工件可沿 x、y、z 轴有不同的位置,称作工件沿 x、y、z 轴的移动自由度,用$\vec{x}$、$\vec{y}$、$\vec{z}$ 表示;也可以绕 x、y、z 轴回转方向有不同的位置,称作工件绕 x、y、z 轴的转动自由度,用$\overset{\frown}{x}$、$\overset{\frown}{y}$、$\overset{\frown}{z}$表示。因此我们把工件位置的不确定度$\vec{x}$、$\vec{y}$、$\vec{z}$、$\overset{\frown}{x}$、$\overset{\frown}{y}$、$\overset{\frown}{z}$称为工件的六个自由度。工件定位的实质就是要限制对加工有不良影响的自由度。

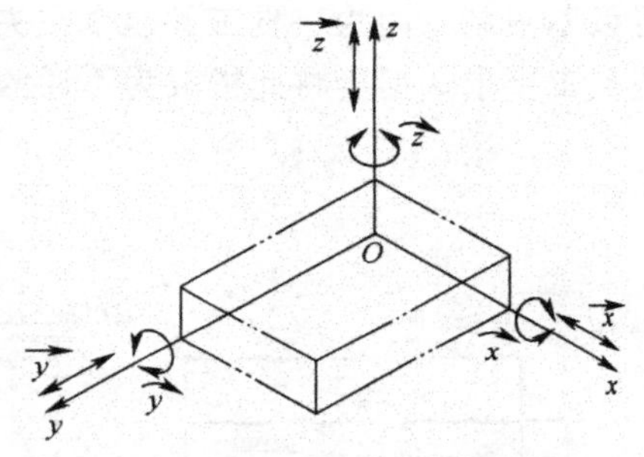

图 7-2　未定位工件的六个自由度

夹具用一个支承点限制工件的一个自由度,用合理分布的六个支承点限制工件的六个自由度,使工件在夹具中的位置完全确定。这就是六点定位原则。

支承点的分布必须合理,否则六个支承点限制不了工件的六个自由度,或不能有效地限制工件的六个自由度。如图 7-3 中工件底面上的三个支承点限制了$\vec{z}$、$\overset{\frown}{x}$、$\overset{\frown}{y}$,它们应放成三角形,三角形的面积越大,定位越稳。工件侧面上的两个支承点限制$\vec{x}$、$\overset{\frown}{z}$,会使它们不能垂直放置,否则,工件绕 z 轴的角度自由度便不能限制。

六点定则是工件定位的基本法则,用于实际生产时,起支承作用的是一定形状的几何体,这些用来限制工件自由度的几何体就是定位元件。

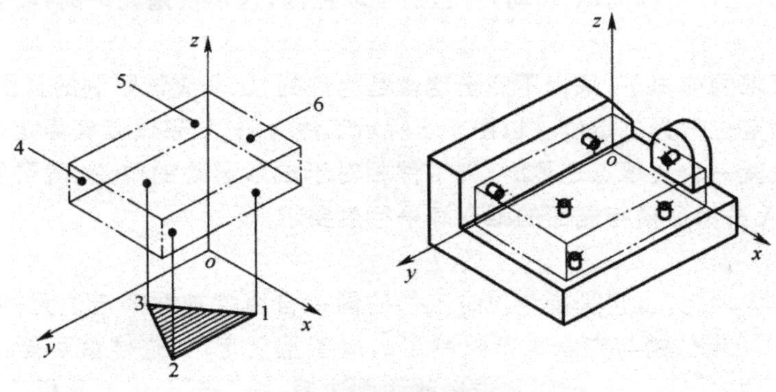

图 7-3　工件定位时支承点的分布

7.2.2 工件的定位方式

工件定位时，影响加工要求的自由度必须限制；不影响加工要求的自由度，有时要限制，有时可不限制，视具体情况而定。

1. 完全定位

用六个支承点限制了工件的全部自由度，称为完全定位。当工件在 x、y、z 三个坐标方向上均有尺寸要求或位置精度要求时，一般采用这种定位方式。

2. 不完全定位

有些工件，根据加工要求，并不需要限制其全部自由度。如图 7-4 所示的通槽，为保证槽底面与 A 面的平行度和尺寸两项加工要求，必须限制 $\overrightarrow{z}$、$\widehat{x}$、$\widehat{y}$ 三个自由度；为保证槽侧面与 B 面的平行度及 30±0.1mm 两项加工要求，必须限制 $\overrightarrow{x}$、$\widehat{z}$ 转两个自由度；至于 $\overrightarrow{y}$ 从加工要求的角度看，可以不限制。因为一批工件逐个在夹具上定位时，即使各个工件沿 y 轴的位置不同，也不会影响加工要求。但若将此槽改为不通的，那么 y 方向有尺寸要求，则 $\overrightarrow{y}$ 就必须加以限制。

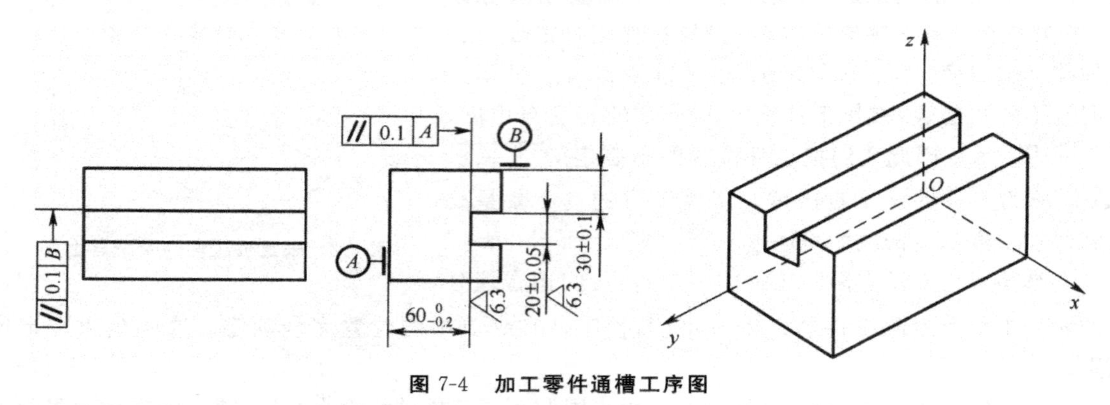

图 7-4　加工零件通槽工序图

图 7-5 所示为几种不完全定位的示例。

在设计定位方案时，对不必要限制的自由度，一般不应布置定位元件，否则将使夹具结构复杂化。但有时为了使加工过程顺利进行，在一些没有加工尺寸要求的方向也需要对该自由度加以限制，如图 7-4 所示的通槽，即使理论分析 y 移动不用被限制，但往往在铣削力相对方向上也设置限制 y 移动的圆柱销，它并不会使夹具结构过于复杂，而且可以减少所需的夹紧力，使加工稳定，并有利于铣床工作台纵向（y 移动）行程的自动控制，这不仅是允许的，而且是必要的。

3. 欠定位

在满足加工要求的前提下，采用不完全定位是允许的，但是应该限制的自由度，没有被限制，是不允许的。这种定位称为欠定位。以图 7-4 所示工件为例，如果仅以底面定位，而不用侧面定位或只在侧面上设置一个支承点定位时，则工件相对于成形运动的位置，就可能偏斜，按这样定位铣出的槽，显然无法保证槽与侧面的距离和平行度要求。

4. 重复定位

重复定位亦称为过定位，它是指定位时工件的同一自由度被数个定位元件重复限制。如图 7-6 所示，图 7-6(b)中定位销与支承板都限制了 $\overrightarrow{z}$，属于重复定位，这样就可能出现安装干涉，需要消除其中一个元件的 $\overrightarrow{z}$，图 7-6(c)将定位销改为削边销；图 7-6(d)将支承板改为楔块。

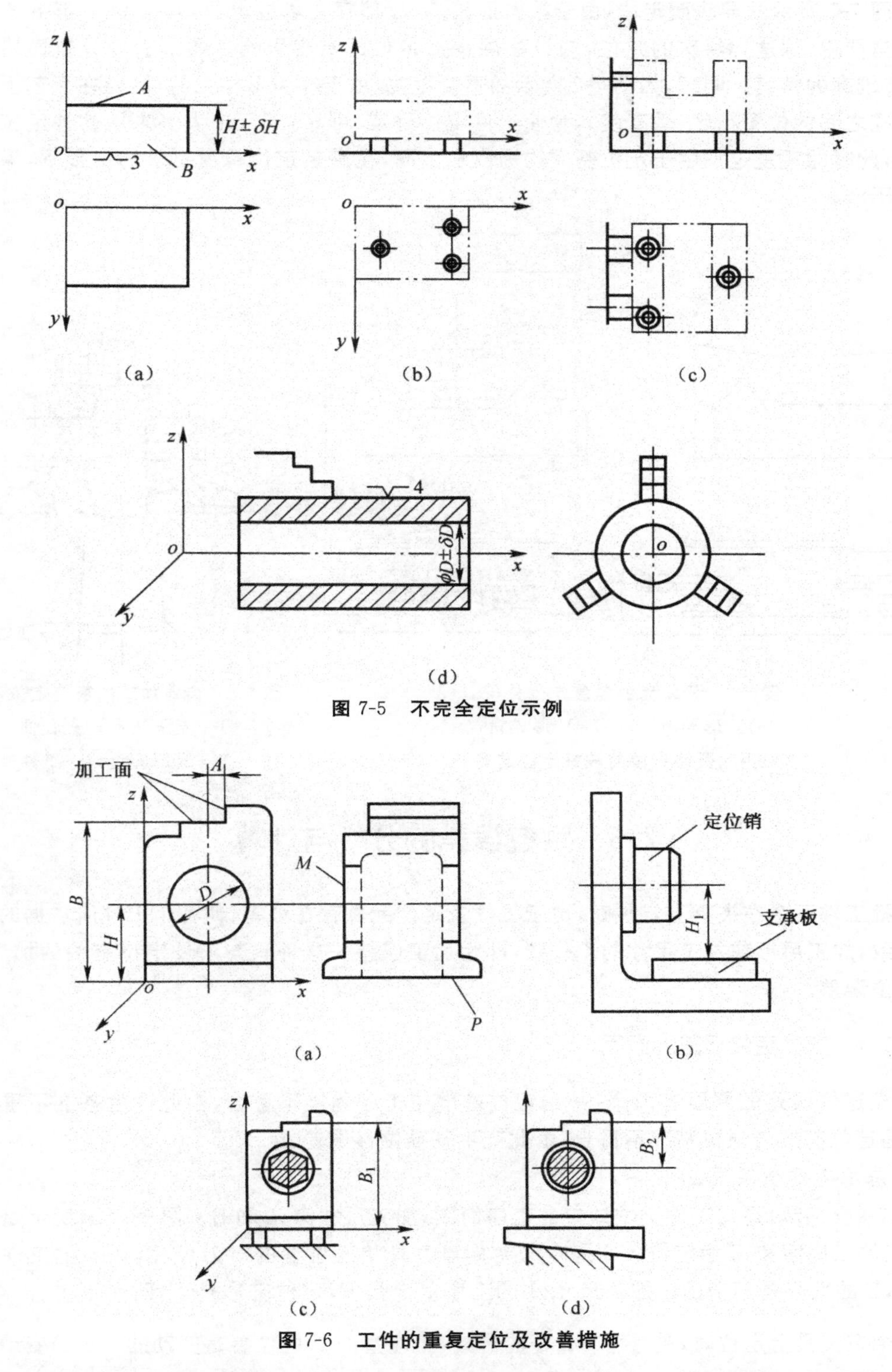

图 7-5　不完全定位示例

图 7-6　工件的重复定位及改善措施

重复定位要视具体情况进行具体分析。应该尽量避免和消除过定位现象。如图 7-6(c)、图 7-6(d)对重复限制的自由度的消除。在机械加工中，一些特殊结构的定位，其过定位是不可避免的。如图 7-7 所示的导轨面定位，由于接触面较多，故都存在着过定位，其中双 V 形导轨的过定位就相当严重，像这类特殊的定位，应设法减少过定位的有害影响。通常上述导轨面均经过配刮，具有较高的精度。同理，如图 7-8 所示的重复定位，由于在齿形加工前，已经在工艺上规定了定位基准之间的位置精度（垂直度），为使工件定位稳定、可靠，工厂中大多采用此种定位方式进行定位，此时的重复定位由于定位基准均为已加工面，在满足定位精度要求的前提下，保证安装不发生干涉。

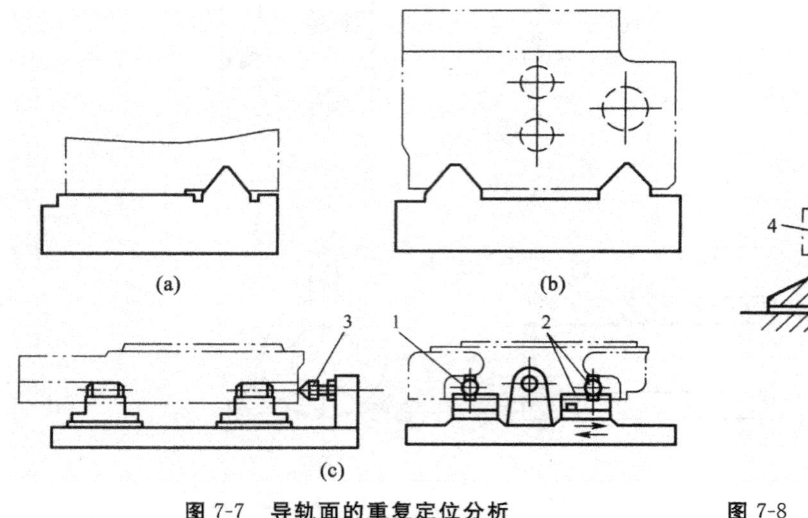

图 7-7　导轨面的重复定位分析

(a)V 形导轨　(b)双 V 形导轨

(c)用双圆柱定位的较好定位结构

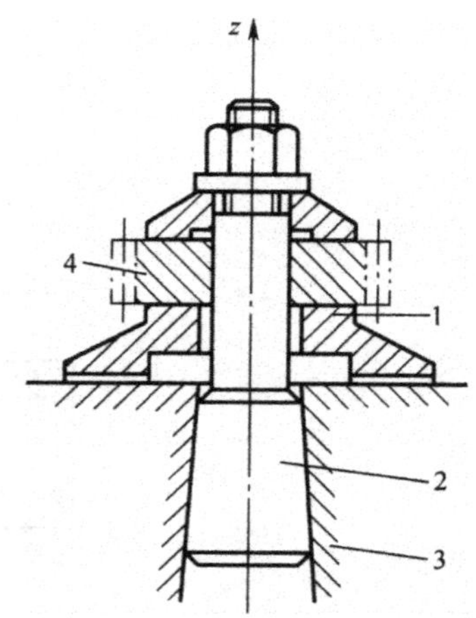

图 7-8　齿轮加工的重复定位示例

1—支承凸台；2—心轴

3—通用底盘；4—工件

7.3　定位误差的分析与计算

一批工件逐个在夹具上定位时，由于工件及定位元件存在公差，使各个工件所占据的位置不完全一致，加工后形成加工尺寸的不一致，即为加工误差。这种只与工件定位有关的加工误差，称为定位误差。

7.3.1　产生定位误差的原因

造成定位误差的原因有两个：一是定位基准与工序基准不重合，由此产生基准不重合误差 Δ_B，二是定位基准与限位基准不重合，由此产生基准位移误差 Δ_Y。

1. 基准不重合误差 Δ_B

图 7-9(a)所示是在工件上铣缺口的工序简图，加工尺寸为 A 和 B。图 7-9(b)所示是加工示意图，工件以底面和 E 面定位。C 是确定夹具与刀具相互位置的对刀尺寸，在一批工件的加工过程中，C 的大小是不变的。加工尺寸 A 的工序基准是 F，定位基准是 E，两者不重合。当一批工件逐个在夹具上定位时，受尺寸 $S\pm\frac{\delta_S}{2}$ 的影响，工序基准 F 的位置是变动的。F 的变动直接影响 A 的大小，造成 A 的尺寸误差，这个误差就是基准不重合误差。

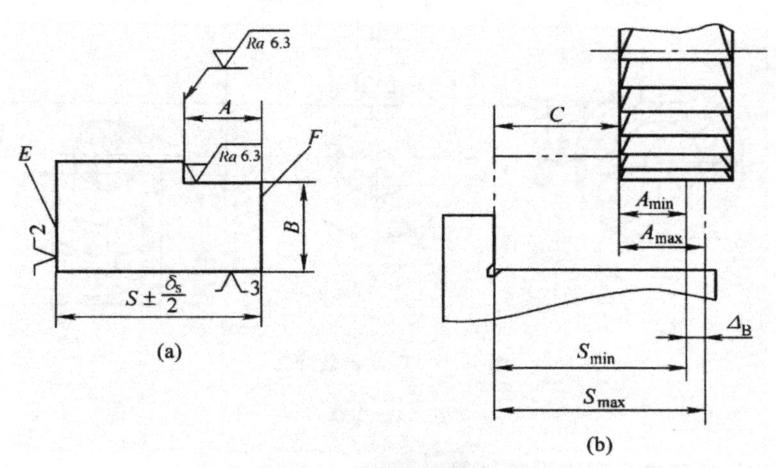

图 7-9　基准不重合误差

显然，基准不重合误差的大小应等于因定位基准与工序基准不重合而造成的加工尺寸的变化范围。由图 7-9 可知

$$\Delta_B = A_{max} - A_{min} = S_{max} - S_{min} = \delta_S$$

S 是定位基准 E 与工件基准 F 间的距离尺寸，称为定位尺寸。这样，便可得到下面的公式。

当工序基准的变动方向与加工尺寸的方向不一致，存在一夹角 α 时，基准不重合误差等于定位尺寸的公差在加工尺寸方向上的投影，即

$$\Delta_B = \delta_S \cos\alpha$$

当工序基准的变动方向与加工尺寸的方向相同时，即 $\alpha=0$，$\cos\alpha=1$，这时基准不重合误差等于定位尺寸的公差。

因此，基准不重合误差 Δ_B 是一批工件逐个在夹具上定位时，定位基准与工序基准不重合而造成的加工误差，其大小为定位尺寸的公差 δ_S 在加工尺寸上的投影。

图 7-9 上加工尺寸 B 的工序基准与定位基准均为底面，基准重合，所以 $\Delta_B=0$。

2. 基准位移误差 Δ_Y

对于有些定位方式，即使基准重合，加工尺寸也不能保持一致。如图 7-10 所示，工件以圆孔在心轴上定位铣键槽。要求保证尺寸 $b_0^{+\delta_b}$ 和 $a_{-\delta_a}^{0}$，其中尺寸 $b_0^{+\delta_b}$ 由铣刀保证，而尺寸 $a_{-\delta_a}^{0}$ 则是按心轴中心调整好铣刀的高度位置来保证的。图 7-10(a)中，孔的中心线是工序基准，内孔表面是定位基面，从理论上分析，如果工件圆孔直径和心轴外圆直径做成完全一样，则内孔表面与心轴表面重合，即作无间隙配合，这时两者的中心线也重合，因此可以看做以内孔中心线为定位基准。如图 7-10(b)所示，故尺寸 a 保持不变，即不存在因定位而引起的误差。

然而，实际上定位副不可能制造得十分准确，有时为了使工件易于安装，须使定位副间有一最小配合间隙。这样就不能像理论上分析的那样，使工件圆孔中心和心轴中心保持同轴。

因此，把这种由于定位副有制造误差及包含定位副间的配合间隙，而引起的定位基准在加工尺寸方向上的最大位置变动范围称为基准位移误差，以 Δ_Y 表示。

综合上述定位误差产生原因分析，无论是基准不重合误差，还是基准位移误差，皆是由定位引起的，因此统称为定位误差。定位误差是基准位移误差和基准不重合误差的综合结果，可表示为

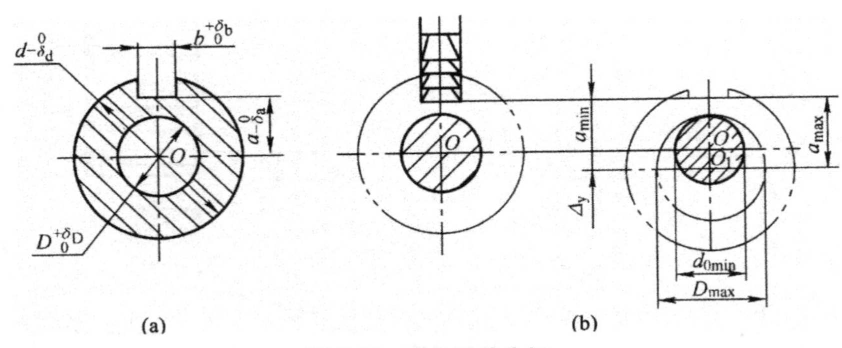

图 7-10　定位误差分析

$$\Delta_D=\Delta_Y\pm\Delta_B$$

7.3.2　常见定位方式的定位误差计算

1. 工件以平面定位

如图 7-11 所示，按图 7-11(a)所示定位方案铣工件上的台阶面 C，要求保证尺寸(20±0.15) mm。下面计算其定位误差。

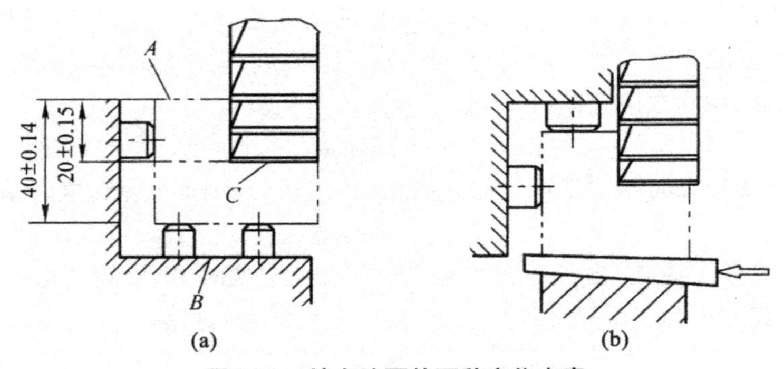

图 7-11　铣台阶面的两种定位方案

由工序简图知，加工尺寸(20±0.15) mm 的工序基准(也是设计基准)是 A 面，而图 7-11(a)中定位基准是 B 面，可见定位基准与工序基准不重合，必然存在基准不重合误差。这时的定位尺寸是(40±0.14) mm，与加工尺寸方向一致，所以基准不重合误差的大小就是定位尺寸的公差，即 $\Delta_B=0.28$ mm。而以 B 面定位加工 C 面时，不会产生基准位移误差，即 $\Delta_Y=0$。所以有

$$\Delta_D=\Delta_Y+\Delta_B=\Delta_B=0.28\ \text{mm}$$

而加工尺寸(20±0.15) mm 的公差为

$$\delta_K=0.3\ \text{mm}$$

此时

$$\Delta_D=0.28>\frac{1}{3}\delta_K=\frac{1}{3}\times 0.3\ \text{mm}=0.1\ \text{mm}$$

由上面分析计算可见，定位误差太大，而留给其他加工误差的允许值就太小了，只有 0.02 mm。所以在实际加工中容易出现废品，因此这一方案在没有其他工艺措施的条件下不宜采用。若改成图 7-11 (b)所示定位方案，使工序基准与定位基准重合，则定位误差为零，但改成新的定位方案后，工件需从下向上夹紧，夹紧方案不够理想，且使夹具结构复杂。

2. 工件以圆柱孔定位

工件以圆柱孔在不同的定位元件上，所产生的定位误差是不同的。现以下面几种情况分析叙述。

(1)工件以圆柱孔在过盈配合圆柱心轴上定位

因为过盈配合时，定位副间无间隙，所以定位基准的位移量为零，即 $\Delta_Y=0$。

若工序基准与定位基准重合[图 7-12(a)]，则定位误差为

$$\Delta_D=\Delta_Y+\Delta_B=0$$

若工序基准在工件定位孔的母线上(图 7-12(c))，则定位误差为

$$\Delta_D=\Delta_B=\frac{1}{2}\delta_D$$

若工序基准在工件外圆母线上[图 7-12(b)]，则定位误差为

$$\Delta_D=\Delta_B=\frac{1}{2}\delta_d$$

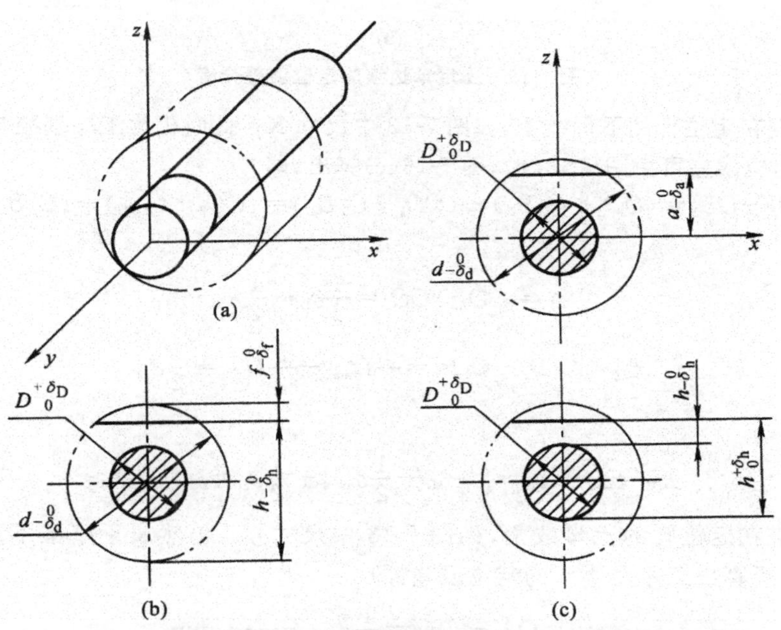

图 7-12　工件以圆柱孔在过盈配合圆柱心轴上定位的定位误差计算

(2)工件以圆柱孔在间隙配合的圆柱心轴(或圆柱销)上定位

如工件在水平放置的心轴上定位，由于工件的自重作用，使工件孔与心轴的上母线单边接触，如图 7-13 所示。由于定位副的制造误差，将产生定位基准的位移误差，即

$$\Delta_Y=\frac{1}{2}(D_{\max}-d_{0\min})=\frac{1}{2}\delta_D+\frac{1}{2}\delta_{d0}$$

为安装方便，有时还增加一最小间隙 $X_{\min}$，由于 $X_{\min}$ 始终是不变的常量，这个数值可以在调整刀具时预先加以考虑，则使 $X_{\min}$ 的影响消除。因此在计算基准位移量时可不计 $X_{\min}$ 的影响。

当工序基准与定位基准重合时，则 $\Delta_B=0$，所以定位误差为

$$\Delta_{Da}=\Delta_Y=\frac{1}{2}\delta_D+\frac{1}{2}\delta_{d0}$$

若工序基准在工件外圆母线上，如图 7-13 所示。此时除基准位移误差外，还有基准不重合误差，所以尺寸 h 的定位误差为

$$\Delta_{Dh}=\Delta_Y+\Delta_B=\frac{1}{2}\delta_D+\frac{1}{2}\delta_{d0}+\frac{1}{2}\delta_d$$

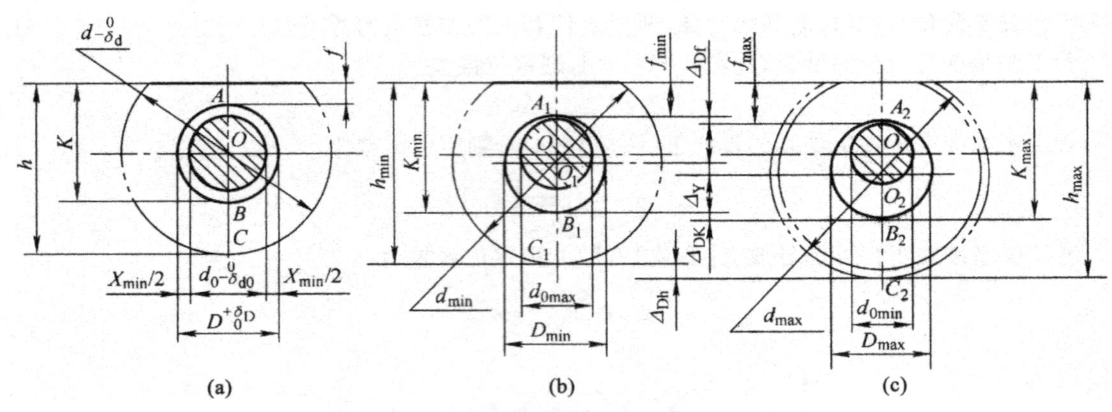

图 7-13　固定单边接触定位误差分析

若工序基准在定位孔的下母线上，如图 7-13 中尺寸 K。此时仍为工序基准与定位基准不重合，尺寸 K 的定位误差可由图 7-13(b)、图 7-13(c)算出，即

$$\Delta_{Dh}=OB_2-OB_1=(OO_2+O_2B_2)-(OO_1+O_1B_1)=(OO_2+OO_1)+(O_2B_2+O_1B_1)$$

因为

$$\Delta_Y=OO_2-OO_1=\frac{1}{2}\delta_D+\frac{1}{2}\delta_{d0}$$

$$\Delta_B=O_2B_2-O_1B_1=\frac{1}{2}D_{max}-\frac{1}{2}D_{min}=\frac{1}{2}\delta_D$$

所以

$$\Delta_{Dh}=\Delta_Y+\Delta_B=\left(\frac{1}{2}\delta_D+\frac{1}{2}\delta_{d0}\right)+\frac{1}{2}\delta_D=\delta_D+\frac{1}{2}\delta_{d0}$$

当工序基准在定位孔的上母线上，如图 7-13 中尺寸 f。仍然属于基准不重合，由图 7-13(b)、图 7-13(c)可算出工序尺寸 f 的定位误差，即

$$\delta_{Df}=OA_1-OA_2=\frac{1}{2}d_{0max}-\frac{1}{2}d_0\min$$

则

$$\Delta_{Df}=\frac{1}{2}\delta_{d0}$$

又因为

$$\Delta_{Df}=\frac{1}{2}\delta_{d0}=\left(\frac{1}{2}\delta_D+\frac{1}{2}\delta_{d0}\right)-\frac{1}{2}\delta_D$$

而且

$$\Delta_{Dh}=\Delta_Y+\Delta_B=\left(\frac{1}{2}\delta_D+\frac{1}{2}\delta_{d0}\right)-\frac{1}{2}\delta_D=\frac{1}{2}\delta_{d0}$$

综合上述分析计算结果可知，当工件以圆柱孔在间隙配合圆柱心轴(或定位销)上定位，且为固定单边接触时，工序尺寸的定位误差值随工序基准的不同而异。其中以孔上母线为工序基准

时，定位误差最小；以孔轴线为工序基准时其次；以孔下母线为工序基准时较大。当以工件外圆母线为工序基准时，定位误差比前几种情况都大。

3. 工件以外圆定位

下面主要分析工件以外圆在 V 形块上定位。如不考虑 V 形块的制造误差，则工件定位基准在 V 形块的对称面上，因此工件中心线在水平方向上的位移为零。但在垂直方向上，因工件外圆有制造误差，而产生基准位移，如图 7-14 所示。其值为

$$\Delta_Y = O_2O_1 = \frac{O_1A}{\sin\frac{\alpha}{2}} = \frac{O_1B}{\sin\frac{\alpha}{2}} = \frac{\frac{1}{2}d}{\sin\frac{\alpha}{2}} - \frac{\frac{1}{2}(d-\delta_d)}{\sin\frac{\alpha}{2}} = \frac{\delta_d}{2\sin\frac{\alpha}{2}}$$

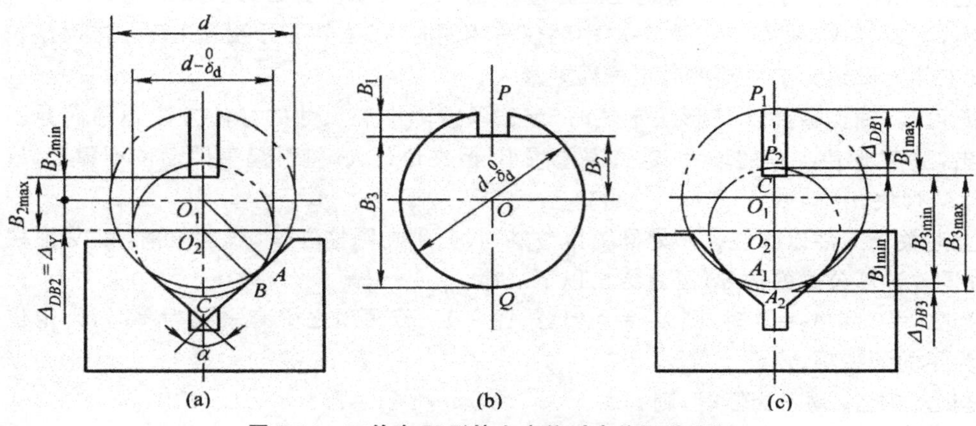

图 7-14　工件在 V 形块上定位时定位误差分析

下面分别计算图 7-14(b)中三种不同的工序尺寸定位误差的大小[见图 7-14(a)、图 7-14(c)]。

(1)工序基准为工件轴心线

此时定位基准与工序基准重合，则基准不重合误差为零，而基准位移的方向又与加工尺寸方向一致，所以加工尺寸 B_2 的定位误差为

$$\Delta_{DB2} = \Delta_Y = \frac{\delta_d}{2\sin\frac{\alpha}{2}} \tag{7-1}$$

(2)工序基准为外圆上母线

此时定位基准与工序基准不重合。不仅有基准位移误差，而且还有基准不重合误差，定位尺寸方向与加工尺寸方向一致，所以加工尺寸 B_1 的定位误差为

$$\Delta_{DB1} = B_{1\max} - B_{1\min} = P_1P_2 = P_1O_2 - O_2P_2$$

$$P_1O_2 = O_1O_2 + O_1P_1 = \frac{\delta_d}{2\sin\frac{\alpha}{2}} + \frac{d}{2};\ O_2P_2 = \frac{d}{2} - \frac{\delta_d}{2}$$

$$\Delta_{DB1} = \left(\frac{\delta_d}{2\sin\frac{\alpha}{2}} + \frac{d}{2}\right) - \left(\frac{d}{2} - \frac{\delta_d}{2}\right);\ \Delta_{DB1} = \frac{\delta_d}{2\sin\frac{\alpha}{2}} + \frac{d}{2} \tag{7-2}$$

(3)工序基准为外圆下母线

此时基准不重合,且基准位移和定位尺寸的方向均与加工尺寸方向一致,故工序尺寸 B_3 的定位误差为

$$\begin{aligned}\Delta_{DB3} &= B_{3\max} - B_{3\min} \\ &= A_1A_2 = CA_2 - CA_1\end{aligned}$$

即

$$\Delta_{DB3} = \frac{\delta_d}{2\sin\frac{\alpha}{2}} + \frac{d}{2} \tag{7-3}$$

上述各工序尺寸的定位误差是在工序基准的两个极端位置时,通过几何关系推导出来的。可以看出,当式(7-1)、式(7-2)、式(7-3)中的仪角相同时,以工件下母线为工序基准时定位误差最小,而以工件上母线为工序基准时定位误差最大。

由此可知,轴类零件以 V 形块定位时,定位误差随加工尺寸的标注方法不同而异。另外还可以看出,随 V 形块夹角的增大,定位误差减小,但夹角过大,将引起工件定位不稳定,故一般采用 90°角 V 形块。

由上述关于工件以圆柱孔和外圆为定位基面,分别在圆柱心轴(或定位销)和 V 形块上定位时,定位误差计算公式的推导,可总结出以下规律:

①当 $\Delta_Y=0$ 和 $\Delta_B=0$ 时,则 $\Delta_D=\Delta_Y\pm\Delta_B\Delta_D=0$。若两项之中有一项为零时,则定位误差就等于不为零的那一项。

②当 Δ_Y 和 Δ_B 均不为零时,则

$$\Delta_D=\Delta_Y\pm\Delta_B$$

基准不重合误差 Δ_B 的正、负号可根据工序基准是否在定位基面上分别判断:

①工序基准在定位基面上,即以定位基面的任一母线为工序基准,且为固定单边接触。当定位副由最大实体状态变为最小实体状态时,由于基准位移和基准不重合分别引起加工尺寸作相同方向变化(即同时增大或同时减少)时,Δ 取正号,如以圆孔下母线或以外圆上母线为工序基准时;而当基准位移和基准不重合分别引起加工尺寸彼此向相反方向变化时,Δ 取负号,如以圆孔上母线或以外圆下母线为工序基准时。

②工序基准不在定位基面上。此时基准不重合误差永远取正号,即定位误差为基准位移误差和基准不重合误差之和。故总有

$$\Delta_D=\Delta_Y+\Delta_B$$

分析和计算定位误差的目的,是为了对定位方案能否保证加工要求,有一个明确的定量概念,以便对不同方案进行分析比较,同时也是在确定定位方案时的一个重要依据。

7.4 工件在夹具中的夹紧

工件在夹具上定位以后,必须采用一些装置将工件夹紧压牢,使其在加工过程中不会因受切削力、惯性力等作用而使工件产生位移或振动。这种将工件夹紧压牢的装置称为夹紧装置。

1. 夹紧装置的组成

夹紧装置的结构形式是多种多样的,一般由三部分组成,包括:

(1)力源装置

它通常是指产生夹紧作用力的装置,所产生的力称为原动力,常用的动力有气动、液动、电动等。

(2)中间传力机构

它是指介于力源和夹紧元件之间传递力的机构。

(3)夹紧元件

它是夹紧装置的最终执行元件,直接作用在工件上完成夹紧作用。

在一些简单的手动夹紧装置中,夹紧元件与中间传力机构往往是混在一起的,很难截然分开,因此常将二者又统称为夹紧机构。

2. 对夹紧装置的基本要求

夹紧装置设计得好坏,对工件的加工质量、生产率以及操作者的劳动强度都有直接影响。夹紧装置的设计要合理地解决以下两个方面的问题:一是正确选择和确定夹紧力的方向、作用点及大小;二是合理选择或设计原动力的传递方式及夹紧机构。因此,在设计夹紧装置时应满足下列基本要求:

①夹紧时不破坏工件的定位,不损伤已加工表面。

②夹紧力的大小要适当,既要夹紧,又不使工件产生不允许的变形。

③夹紧动作准确、迅速,操作方便省力,安全可靠。

④手动夹紧装置要有可靠的自锁性,机动夹紧装置要统筹考虑其自锁性和稳定的原动力。

⑤夹紧装置要具有足够的夹紧行程,以满足工件装卸空间的需要。

⑥夹紧装置的设计应与工件的生产类型一致。

⑦结构简单,制造修理方便,工艺性好,尽量采用标准化元件。

在机械加工过程中,工件会受到切削力、离心力、惯性力等的作用。为了保证在这些外力作用下,工件仍能在夹具中保持已由定位元件所确定的加工位置,而不致发生振动和位移,在夹具结构中必须设置一定的夹紧装置将工件可靠地夹牢。

7.5 夹具的其他元件和装置

根据工件结构特点和生产率的要求,有些夹具要求对一个工件进行多点夹紧,或者需要同时夹紧多个工件。如果分别依次对各点或各工件夹紧,不仅费时,也不易保证各夹紧力的一致性。为提高生产率及保证加工质量,可采用各种联动夹紧机构实现联动夹紧。

联动夹紧是指操纵一个手柄或利用一个动力装置,就能对一个工件的同一方向或不同方向的多点进行均匀夹紧,或同时夹紧若干个工件。前者称为多点联动夹紧,后者称为多件联动夹紧。

7.5.1 多点联动夹紧

最简单的多点联动夹紧机构是浮动压头,图7-15为两种典型浮动压头的示意图。其特点是具有一个浮动元件1,当其中的某一点夹压后,浮动元件就会摆动或移动,直到另一点也接触工件均衡压紧工件为止。

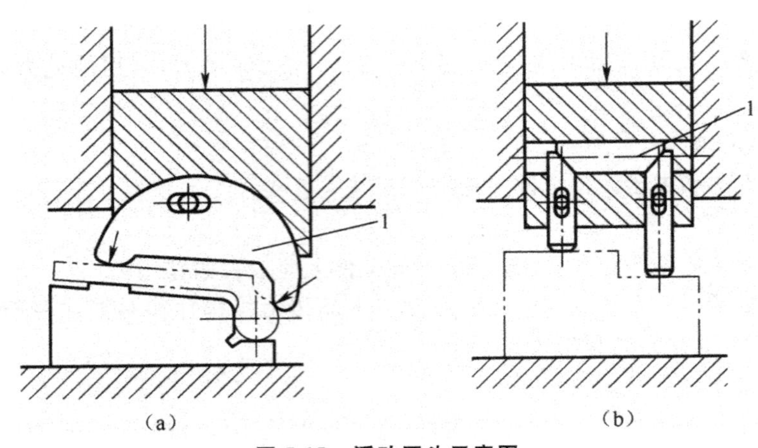

图 7-15　浮动压头示意图

图 7-16 所示为两点对向联动夹紧机构，当液压缸中的活塞杆 3 向下移动时，通过双臂铰链使浮动压板 2 相对转动，最后将工件 1 夹紧。

图 7-17 所示为铰链式双向浮动四点联动夹紧机构。由于摇臂 2 可以转动并与摆动压块 1、3 铰链连接，因此，当拧紧螺母 4 时，便可从两个相互垂直的方向上实现四点联动夹紧。

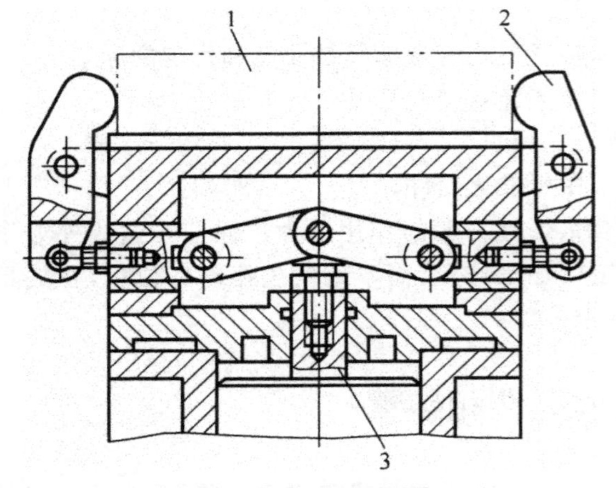

图 7-16　两点对向联动夹紧机构

1—工件；2—浮动压板；3—活塞杆

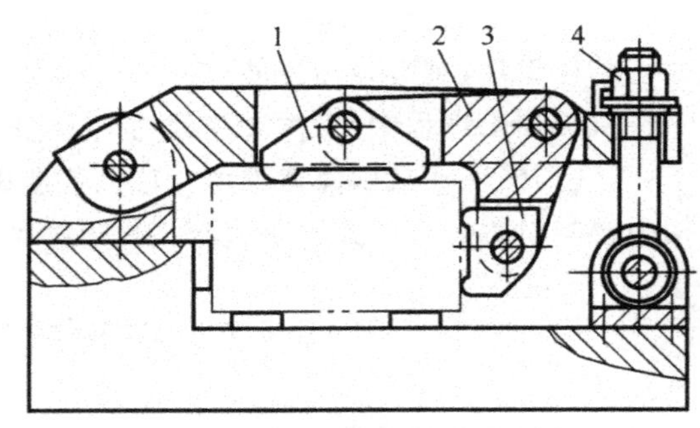

图 7-17　铰链式联动夹紧机构

1、3—摆动压块；2—摇臂；4—螺母

7.5.2　多件联动夹紧机构

多件联动夹紧机构，多用于中、小型工件的加工，按其对工件施加力方式的不同，一般可分为平行夹紧、顺序夹紧、对向夹紧及复合夹紧等方式。

图 7-18(a)为浮动压板机构对工件平行夹紧的示例。由于压板 2、摆动压块 3 和球面垫圈 4 可以相对转动，均是浮动件，故旋动螺母 5 即可同时平行夹紧每个工件。图 7-18(b)所示为液性介质联动夹紧机构。密闭腔内的不可压缩液性介质既能传递力，还能起浮动环节作用。旋紧螺母 5 时，液性介质推动各个柱塞 7，使它们与工件全部接触并夹紧。

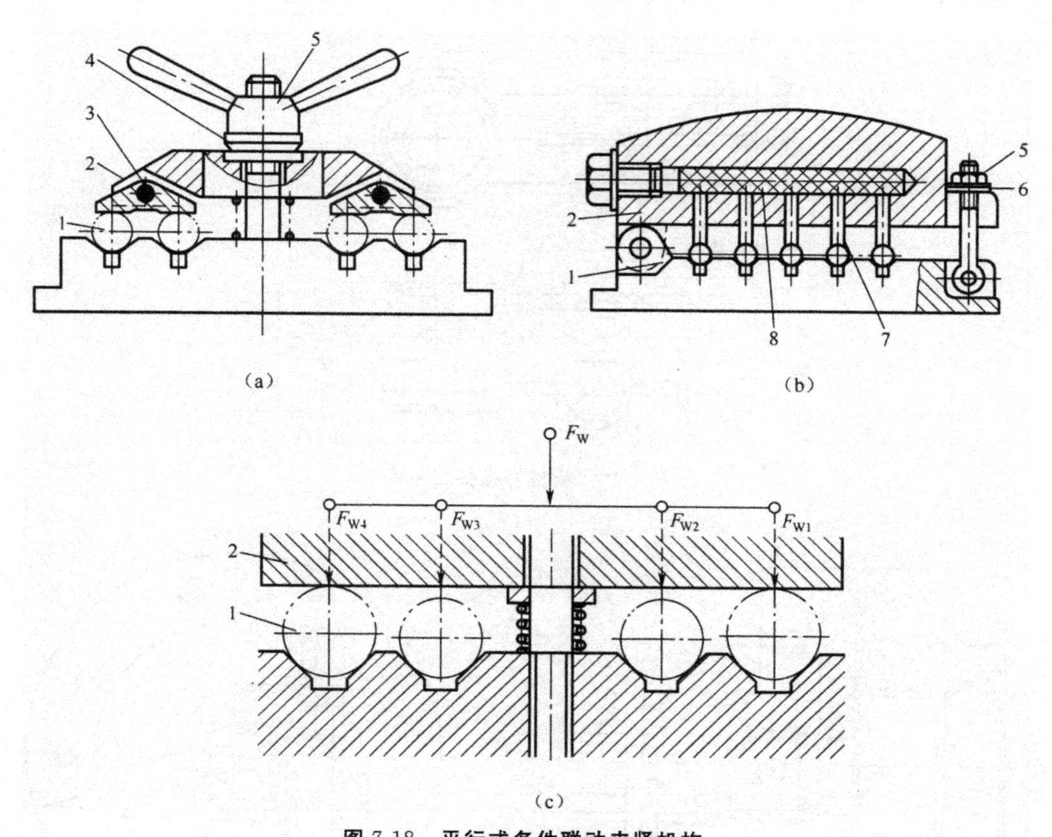

图 7-18　平行式多件联动夹紧机构

1—工件；2—压板；3—摆动压块；4—球面垫圈；5—螺母；6—垫圈；7—柱塞；8—液性介质

7.6　各类机床夹具及其设计特点

7.6.1　车床夹具的设计

1. 角铁式车床夹具

角铁式车床夹具的结构特点是具有类似角铁的夹具体。在角铁式车床夹具上加工的工件形状较复杂。它常用于壳体、支座、接头等类零件上圆柱面及端面加工。当被加工工件的主要定位基准是平面，被加工面的轴线对主要定位基准平面保持一定的位置关系（平行或成一定的角度）时，相应地夹具上的平面定位件设置在与车床主轴轴线相平行或成一定角度的位置上。

图 7-19 为横拉杆接头工序图。工件孔 $\phi34_0^{+0.05}$ mm、M36 mm×1/5 mm-6H 及两端面，均已加工过。本工序的加工内容和要求是：钻螺纹底孔、车出左螺纹 M24 mm×1/5 mm-6H；其轴线与 $\phi34_0^{+0.05}$ 孔轴线应垂直相交，并距端面 A 的尺寸为 27±0.26 mm。孔壁厚应均匀。

图 7-20 所示为本道工序的角铁式车床夹具。工件以 $\phi34_0^{+0.05}$ 孔和端面定位，限制了工件的五个自由度。当拧紧带肩螺母 9 时，钩形压板 8 将工件压紧在定位销 7 的台肩上，同时拉杆 6 向上作轴向移动，并通过连接块 3 带动杠杆 5 绕销钉 4 作顺时针转动，于是将楔块 11 拉下，通过两个摆动压块 12 同时将工件定心夹紧，实现工件的正确装夹。

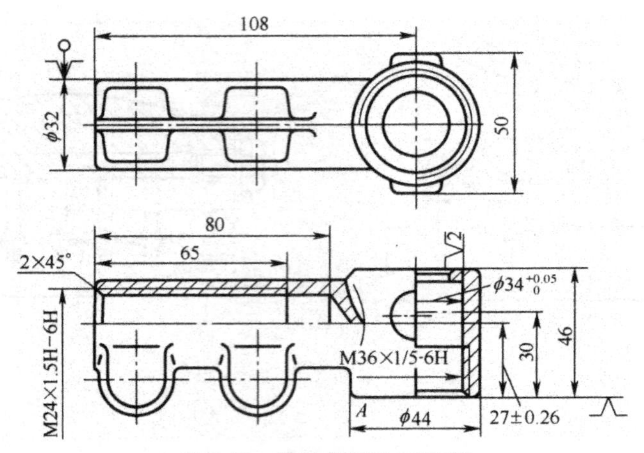

图 7-19 横拉杆接头工序图

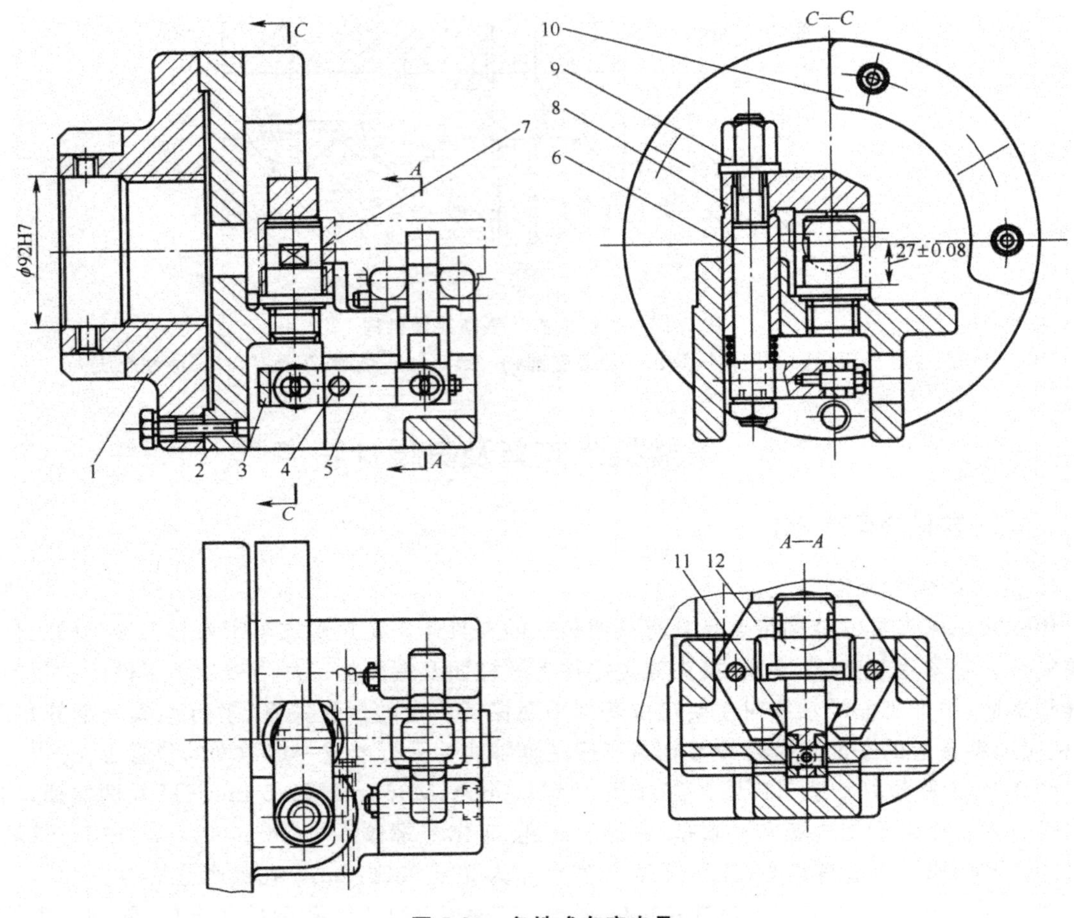

图 7-20 角铁式车床夹具

1—过渡盘；2—夹具体；3—连接块；4—销钉；5—杠杆；6—拉杆

7—定位销；8—钩形压板；9—带肩螺母；10—平衡块；11—楔块；12—摆动压块

2. 车床夹具的设计要点

(1)安装基面的设计

为了使车床夹具在机床主轴上安装正确,除了在过渡盘上用止口孔定位以外,常常在车床夹具上设置找正孔、校正基圆或其他测量元件,以保证车床夹具精确地安装到机床主轴回转中心上。

(2)夹具配重的设计要求

加工时,因工件随夹具一起转动,其重心如不在回转中心上将产生离心力,且离心力随转速的增高而急剧增大,使加工过程产生振动,对零件的加工精度、表面质量以及车床主轴轴承都会有较大的影响。所以车床夹具要注意各装置之间的布局,必要时设计配重块加以平衡。

(3)夹紧装置的设计要求

由于车床夹具在加工过程中要受到离心力、重力和切削力的作用,其合力的大小与方向是变化的。所以夹紧装置要有足够的夹紧力和良好的自锁性,以保证夹紧安全可靠。但夹紧力不能过大,且要求受力布局合理,不破坏工件的定位精度。图7-21所示为在车床上镗轴轴承座孔的角铁式车床夹具。图7-21(a)施力方式是正确的。图7-21(b)所示虽结构比较复杂,但从总体上看更趋合理。图7-21(c)所示尽管结构简单,但夹紧力会引起角铁悬伸部分及工件的变形破坏了工件的定位精度,故不合理。

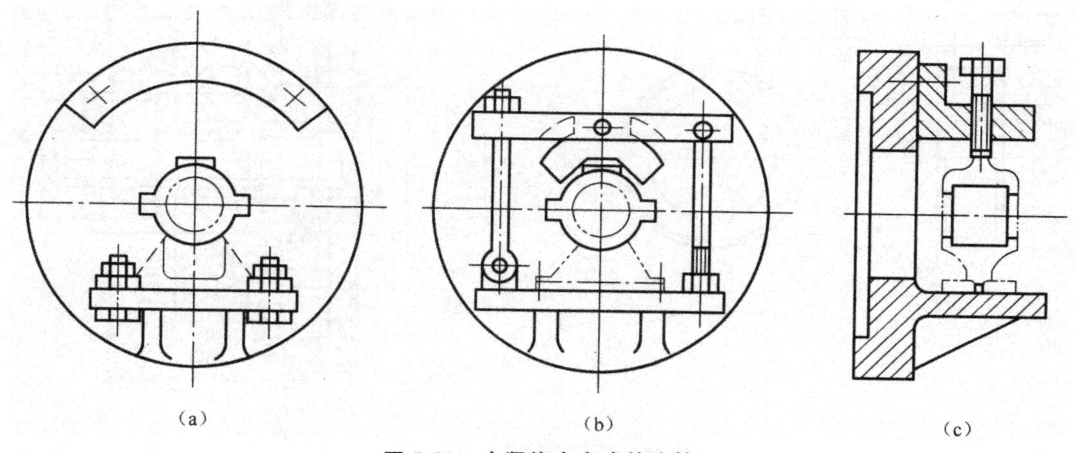

图7-21　夹紧施力方式的比较

(4)夹具总体结构的要求

车床夹具一般都是在悬臂状态下工作的,为保证加工过程的稳定性,夹具结构应力求简单紧凑、轻便且安全,悬伸长度要尽量小,重心靠近主轴前支承。为保证安全,装在夹具上的各个元件不允许伸出夹具体直径之外。此外,还应考虑切屑的缠绕、切削液的飞溅等影响安全操作的问题。

车床夹具的设计要点也适用于外圆磨床使用的夹具。

7.6.2　钻床夹具设计

1. 钻床夹具的类型

钻床上进行孔加工时所用的夹具称钻床夹具,也称钻模。钻模的类型很多,有固定式、回转式、翻转式、盖板式和滑柱式等。

(1)固定式钻模

固定式钻模在使用的过程中,钻模在机床上位置是固定不动的。这类钻模加工精度较高,主要用于立式钻床上加工直径较大的单孔,或在摇臂钻床上加工平行孔系。

图 7-22(a)所示是零件加工孔的工序图,ϕ68H7 孔与两端面已经加工完。本工序需加工 ϕ12H8 孔,N 面为 15±0.1 mm;与 ϕ68H7 孔轴线的垂直度公差为 0.05 mm,对称度公差为 0.1 mm。据此,采用了如图 7-22(b)所示的固定式钻模来加工工件。加工时选定工件以端面 N 和 ϕ68H7 内圆表面为定位基面,分别在定位法兰 4 上 ϕ68h6 短外圆柱面和端面 N' 上定位,限制了工件 5 个自由度。工件安装后扳动手柄 8 借助圆偏心凸轮 9 的作用,通过拉杆 3 与转动开口垫圈 2 夹紧工件。反方向搬动手柄 8,拉杆 3 在弹簧 10 的作用下松开工件。

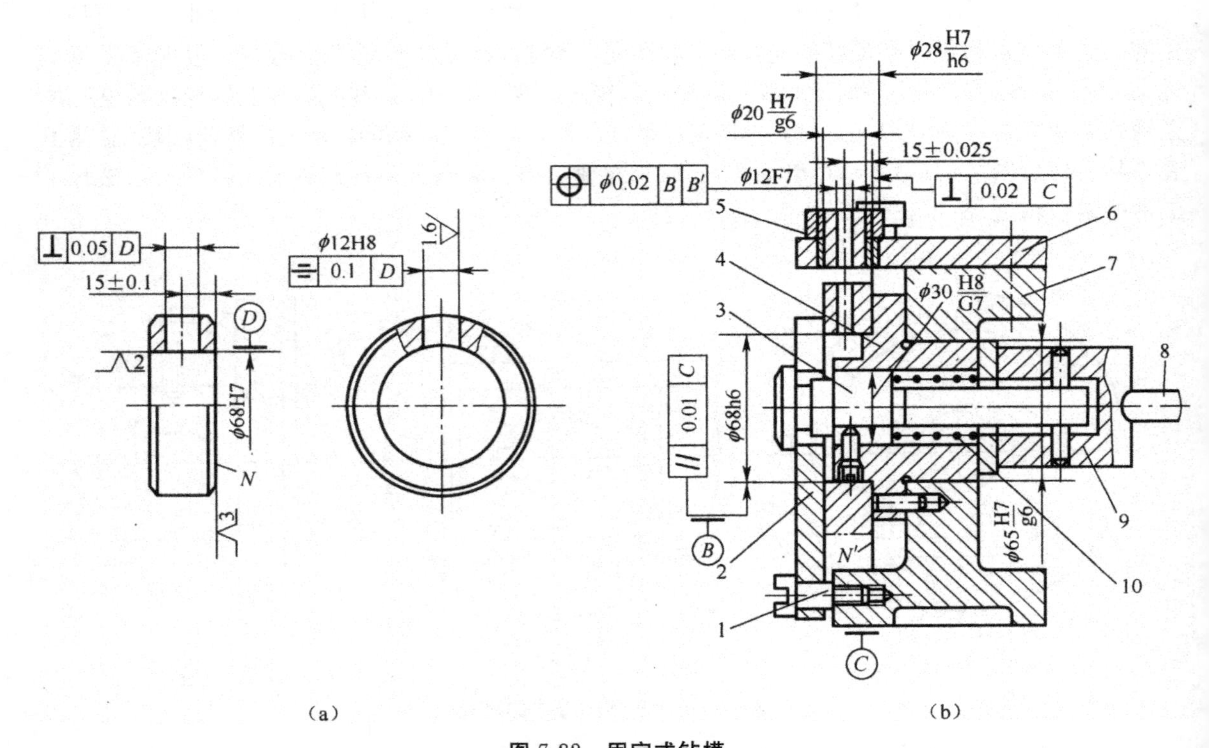

图 7-22　固定式钻模

1—螺钉;2—转动开口垫圈;3—拉杆;4—定位法兰;5—快换钻套

6—钻模板 7—夹具体;8—手柄;9—圆偏心凸轮;10—弹簧

(2)回转式钻模

加工同一圆周上的平行孔系、同一截面内径向孔系或同一直线上的等距孔系时,钻模应设置分度装置。带有回转式分度装置的钻模称为回转式钻模。

图 7-23 所示为一卧轴回转式钻模的结构,用来加工工件上三个径向均布孔。在转盘 6 的圆周上有三个径向均布的钻套孔,其端面上有三个对应的分度锥孔。钻孔前,对定销 2 在弹簧力的作用下插入分度锥孔中,反转手柄 5,螺套 4 通过锁紧螺母使转盘 6 锁紧在夹具体上。钻孔后,正转手柄 5 将转盘松开,同时螺套 4 上的端面凸轮将对定销拔出,进行分度,直至对定销重新插

入第二个锥孔，然后锁紧进行第二个孔的加工。

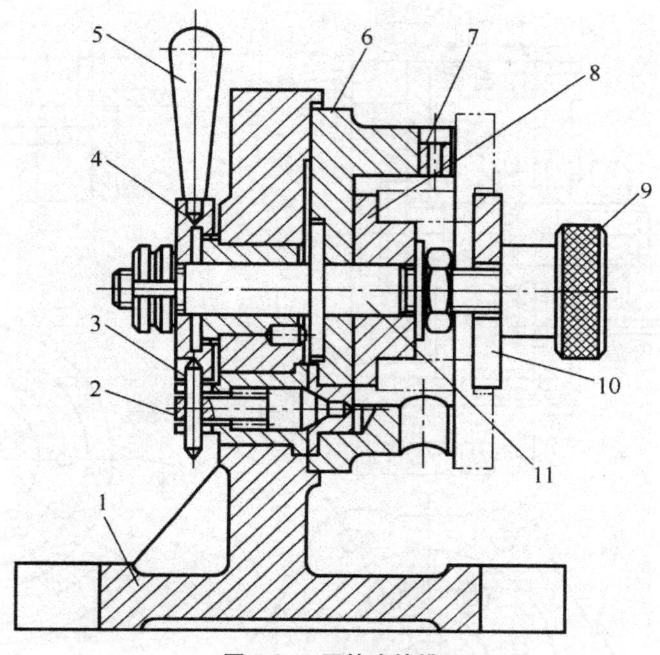

图 7-23　回转式钻模

1—夹具体；2—对定销；3—横销；4—螺套；5—手柄；6—转盘
7—钻套；8—定位件；9—滚花螺母；10—开口垫圈；11—转轴

(3)翻转式钻模

翻转式钻模主要用于加工中、小型工件分布在不同表面上的孔，图 7-24 所示为加工一个套类零件 12 个螺纹底孔所用的翻转式钻模。工件以端面 M 和内孔 $\phi30H8$ 分别在夹具定位件 2 上的限位面 M' 和 $\phi30g6$ 圆柱销上定位，限制工件 5 个自由度，用削扁开口垫圈 3、螺杆 4 和手轮 5 对工件压紧，翻转六次加工圆周上 6 个径向孔，然后将钻模翻转为轴线竖直向上，即可加工端面上的 6 个孔。

(4)盖板式钻模

一些大型、中型的工件上加工孔时，常用盖板式钻模。图 7-25 所示是为加工车床溜板箱上孔系而设计的盖板式钻模。工件在圆柱销 2、削边销 3 和三个支承钉 4 上定位。这类钻模可将钻套和定位元件直接装在钻模板上，无需夹具体，有时也无需夹紧装置，所以结构简单。但由于必须经常搬动，故需要设置手把或吊耳，并尽可能减轻重量。如图 7-25 中所示在不重要处挖出三个大圆孔以减小质量。

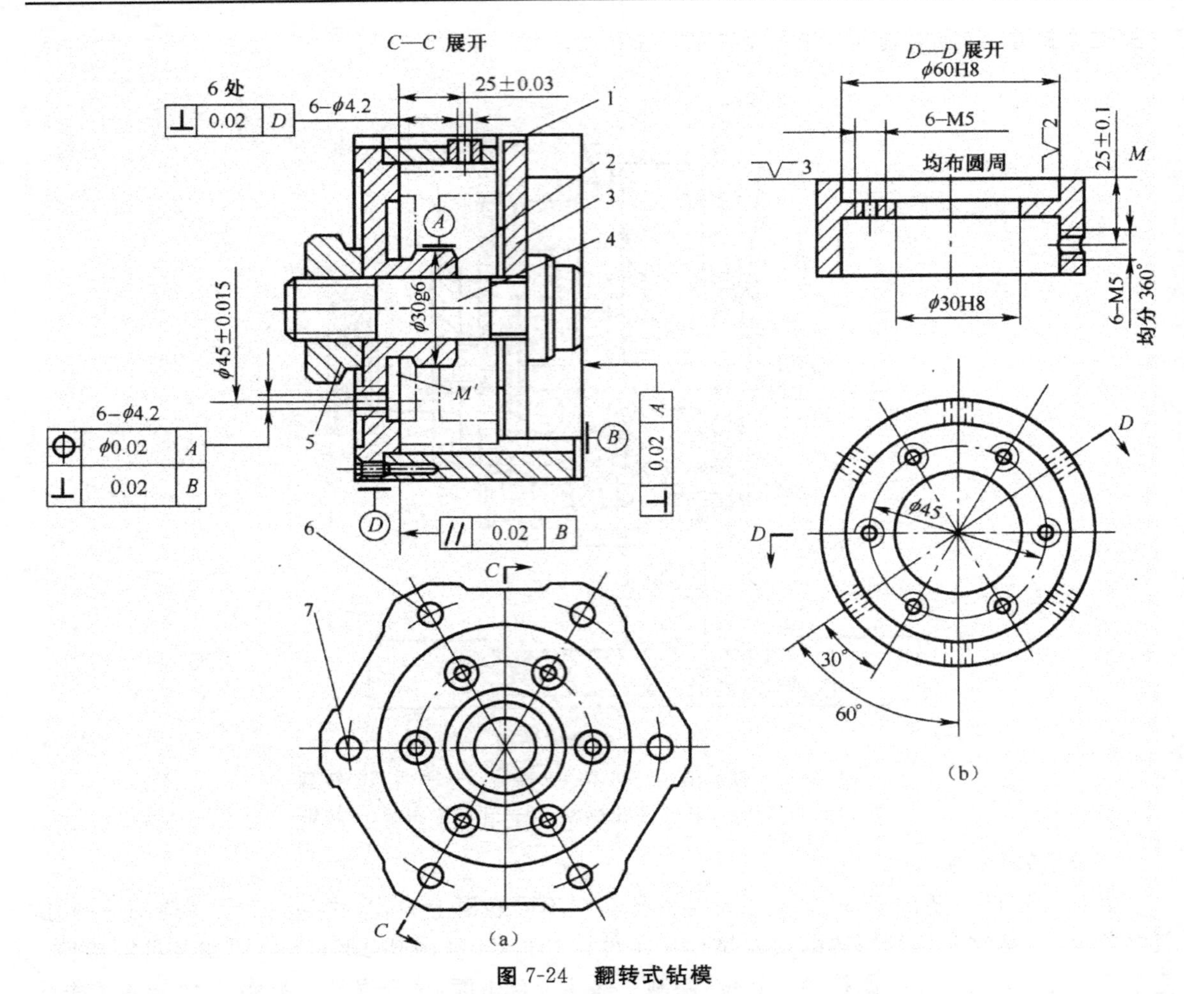

图 7-24　翻转式钻模

1—夹具体；2—定位件；3—削扁开口垫圈；4—螺杆；5—手轮；6—销；7—沉头螺钉

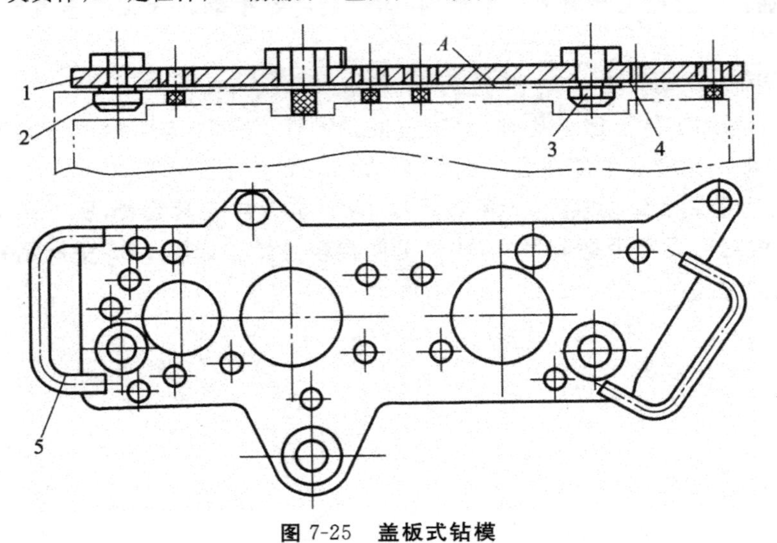

图 7-25　盖板式钻模

1—盖板；2—圆柱销；3—削边销；4—支承钉；5—手把

(5)滑柱式钻模

滑柱式钻模是带有升降钻模板的通用可调夹具，如图 7-26 所示，钻模板 4 上除可安装钻套外，还装有可以在夹具体 3 的孔内上下移动的滑柱 1 及齿条滑柱 2，借助于齿条的上下移动，可对安装在底座平台上的工件进行夹紧或松开。钻模板上下移动的动力有手动和气动两种。

为保证工件的加工与装卸，当钻模板夹紧工件或升至一定高度后要能自锁。图 7-26 右下角所示为圆锥锁紧机构的工作原理。齿轮轴 5 的左端制成螺旋齿，与滑柱上的螺旋齿条相啮合，其螺旋角为 45°。轴的右端制成双向锥体，锥度为 1∶5，与夹具体 3 及套环 7 上的锥孔相配合。当钻模板下降夹紧工件时，在齿轮轴上产生轴向分力使锥体楔紧在夹具体的锥孔中实现自锁。当加工完毕，钻模板上升到一定高度，轴向分力使另一段锥体楔紧在套环 7 的锥孔中，将钻模板锁紧，以免钻模板因本身自重而下降。

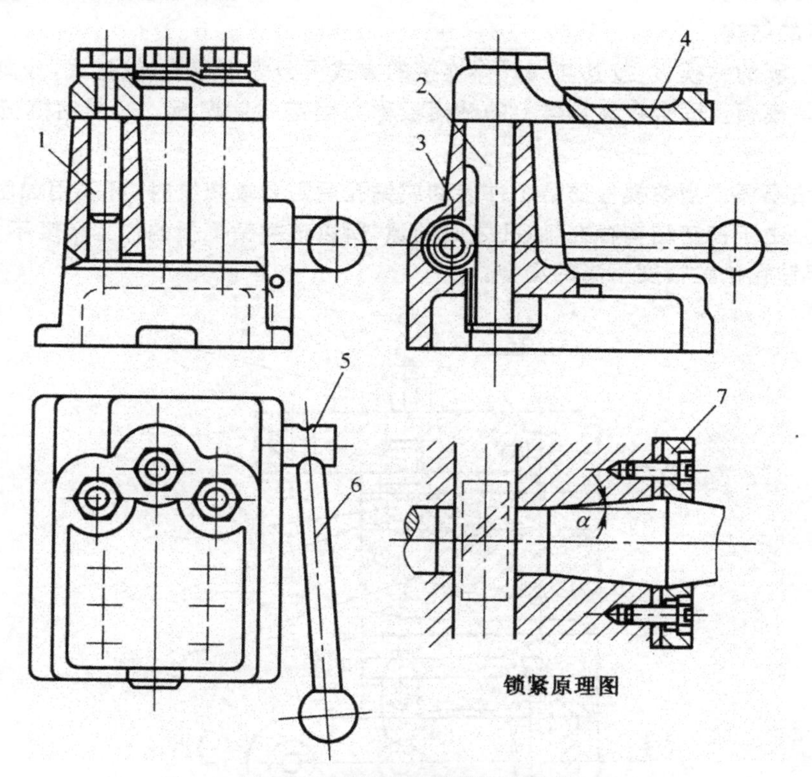

图 7-26　滑柱式钻模的通用结构

1—滑柱；2—齿条滑柱；3—夹具体；4—钻模板；5—齿轮轴；6—手柄；7—套环

2. 钻床夹具设计要点

(1)钻模类型的选择

在设计钻模时，需根据工件的尺寸、形状、质量和加工要求，以及生产批量、工厂的具体条件来考虑夹具的结构类型。设计时注意以下几点。

①工件上被钻孔的直径大于 10 mm 时(特别是钢件)，钻床夹具应固定在工作台上，以保证操作安全。

②翻转式钻模和自由移动式钻模适用中小型工件的孔加工。夹具和工件的总质量不宜超过 10 kg，以减轻操作工人的劳动强度。

③当加工多个不在同一圆周上的平行孔系时，如夹具和工件的总质量超过 15 kg，宜采用固定式钻模在摇臂钻床上加工，若生产批量大，可以在立式钻床或组合机床上采用多轴传动头进行加工。

④对于孔与端面精度要求不高的小型工件，可采用滑柱式钻模。以缩短夹具的设计与制造周期。但对于垂直度公差小于 0.1 mm、孔距精度小于±0.15 mm 的工件，则不宜采用滑柱式钻模。

⑤钻模板与夹具体的连接不宜采用焊接的方法。因焊接应力不能彻底消除，影响夹具制造精度的长期保持性。

⑥当孔的位置尺寸精度要求较高时(其公差小于±0.05 mm)，则宜采用固定式钻模板和固定式钻套的结构形式。

(2)钻模板的结构

用于安装钻套的钻模板，按其与夹具体连接的方式可分为固定式、铰链式、分离式等。

①固定式钻模板。固定在夹具体上的钻模板称为固定式钻模板。这种钻模板简单，钻孔精度高。

②铰链式钻模板。当钻模板妨碍工件装卸或钻孔后需要攻螺纹时，可采用如图 7-27 所示的铰链式钻模板。由于铰链结构存在轴、孔之间的隙，所以该类钻模板的加工精度不如固定式钻模板高，一般用于钻孔位置精度不高的场合。

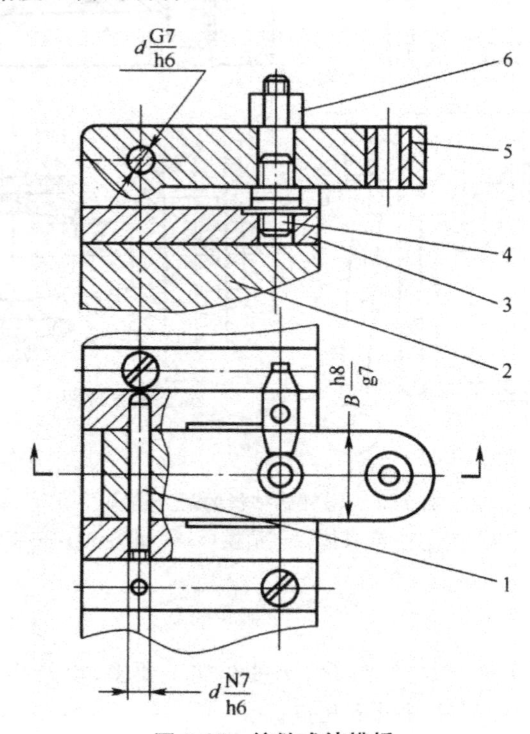

图 7-27 铰链式钻模板

1—铰链销；2—夹具体；3—铰链座；4—支承钉；5—钻模板；6—菱形螺母

③分离式钻模板。工件在夹具中每装卸一次，钻模板也要装卸一次。这种钻模板加工的工件精度高但装卸工件效率低。

(3)钻套的选择和设计

钻套装配在钻模板或夹具体上，钻套的作用是确定被加工件上孔的位置，引导钻头扩孔钻或铰刀，并防止其在加工过程中发生偏斜。按钻套的结构和使用情况，可分为四种类型。

①固定钻套。图 7-28(a)、图 7-28(b)是固定钻套的两种型式。钻套外圆以 H7/h6 或 H7/r6 配合直接压入钻模板或夹具体的孔中，如果在使用过程中不需更换钻套，则用固定钻套较为经济，钻孔的位置也较高。适用于单一钻孔工序和小批生产。

②可换钻套。图 7-28(c)为可换钻套。当生产量较大，需要更换磨损后的钻套时，使用这种钻套较为方便。为了避免钻模板的磨损，在可换钻套与钻模板之间按 H7/r6 的配合压入衬套。可换钻套的外圆与衬套的内孔一般采用 H7/g6 或 H7/h6 的配合，并用螺钉加以固定，防止在加工过程中因钻头与钻套内孔的摩擦使钻套发生转动，或退刀时随刀具升起。

③快换钻套。当加工孔需要依次进行钻、扩、铰时，由于刀具的直径逐渐增大，需要使用外径相同，而孔径不同的钻套来引导刀具。这时使用如图 7-28(d)、图 7-28(e)所示的快换钻套可以减少更换钻套的时间。它和衬套的配合同于可换钻套，但其锁紧螺钉的突肩比钻套上凹面略高，取出钻套不需拧下锁紧螺钉，只需将钻套转过一定的角度，使半圆缺口或削边正对螺钉头部即可取出。但是削边或缺口的位置应考虑刀具与孔壁间摩擦力矩的方向，以免退刀时钻套随刀具自动拔出。

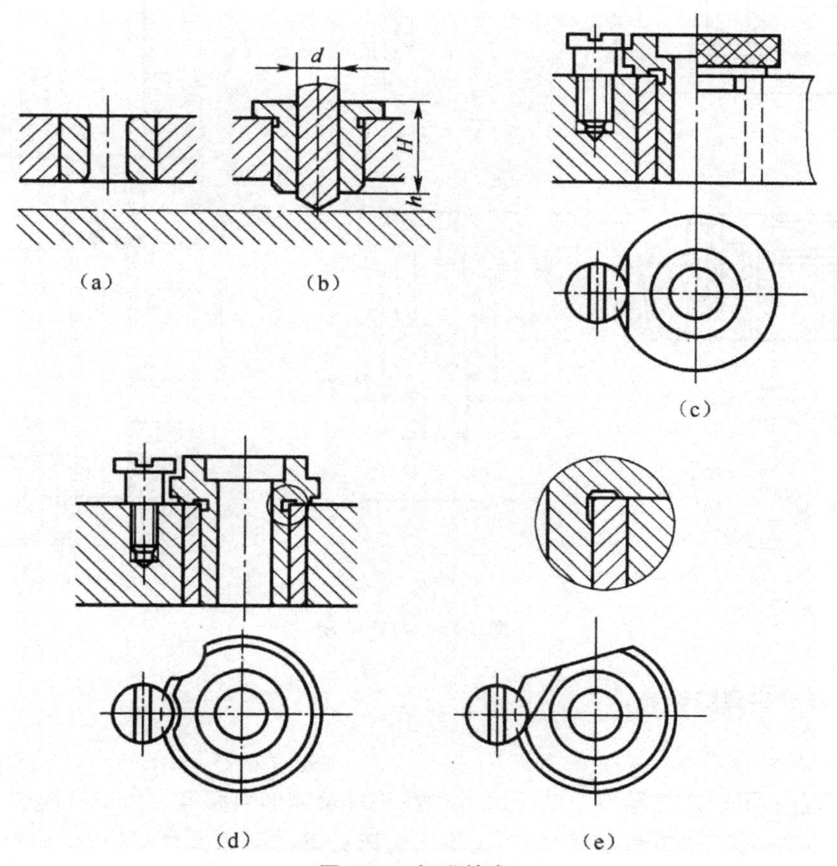

图 7-28　标准钻套

以上三类钻套已标准化，其规格可参阅有关夹具手册。

④特殊钻套。由于工件形状或被加工孔位置的特殊性，需要设计特殊结构的钻套。图 7-29 为几种特殊钻套的结构。

当钻模板或夹具体不能靠近加工表面时，使用图 7-29(a)所示的加长钻套，使其下端与工件加工表面有较短的距离。扩大钻套孔的上端是为了减少引导部分的长度，减少因摩擦使钻头过热和磨损。图 7-29(b)用于斜面或圆弧面上钻孔，防止钻头切入时引偏甚至折断。图 7-29(c)是当孔距很近时使用的，为了便于制造在一个钻套上加工出几个近距离的孔。图 7-29(d)是需借助钻套作为辅助性夹紧时使用。图 7-29(e)为使用上下钻套引导刀具的情况。当加工孔较长或与定位基准有较严的平行度、垂直度要求时，只在上面设置一个钻套 2，很难保证孔的位置精度。对于安置在下方的钻套 4 要注意防止切屑落入刀杆与钻套之间，为此，刀杆与钻套选用较紧的配合(H7/h6)。

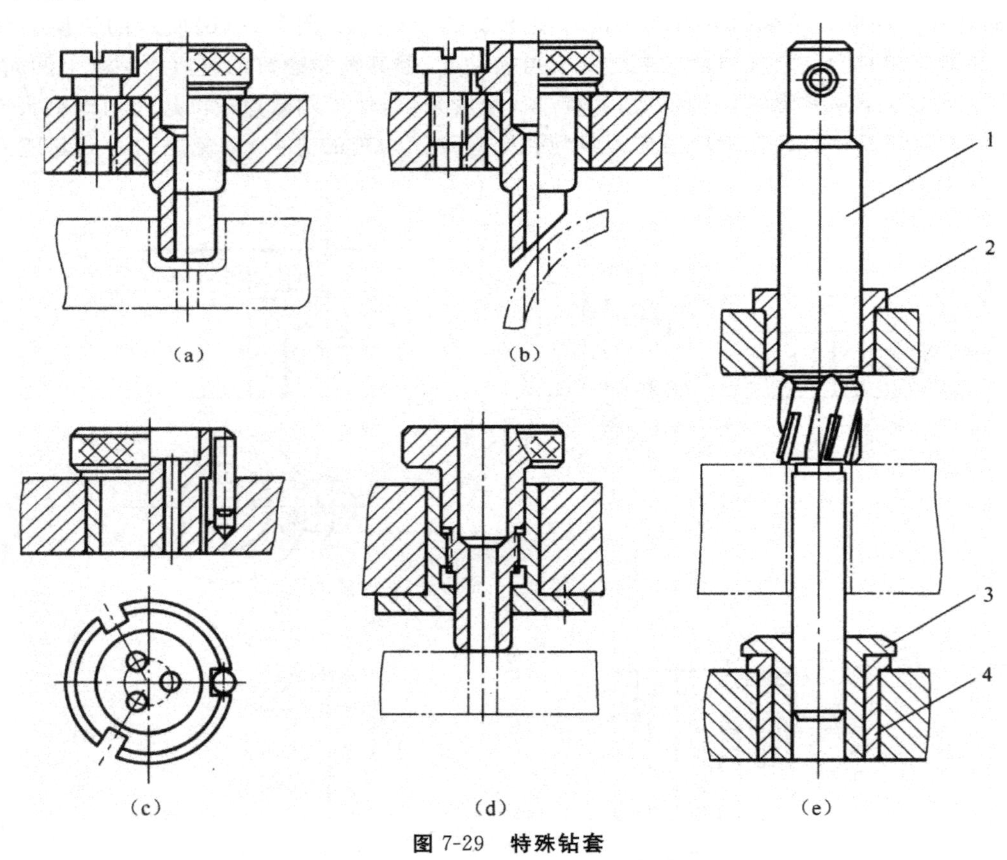

图 7-29　特殊钻套

7.6.3　铣床夹具的设计

1. 铣床夹具的分类

铣床夹具主要用于加工零件上的平面、键槽、缺口及成形表面等。由于铣削加工的切削力较大，又是断续切削，加工中易引起振动，因此要求铣床夹具的受力元件要有足够的强度。夹紧力应足够大，且有较好的自锁性。此外，铣床夹具一般通过对刀装置确定刀具与工件的相对位置，其夹具体底面大多设有定向键，通过定向键与铣床工作台 T 形槽的配合来确定夹具在机床上的方位。夹具安装后用螺栓紧固在铣床的工作台上。

铣床夹具一般按工件的进给方式，分成直线进给与圆周进给两种类型。

(1)直线进给的铣床夹具

在铣床夹具中，这类夹具用得最多，一般根据工件质量和结构及生产批量，将夹具设计成装夹单件、多件串联或多件并联的结构。铣床夹具也可采用分度等形式。

图 7-30 所示轴端铣方头夹具，采用平行对向式多位联动夹紧机构，旋转夹紧螺母 6，通过球面垫圈及压板 7 将工件压在 V 形块上。四把三面刃铣刀同时铣完两侧面后，取下楔块 5，将回转座 4 转过 90°，再用楔块 5 将回转座定位并楔紧，即可铣工件的另两个侧面。

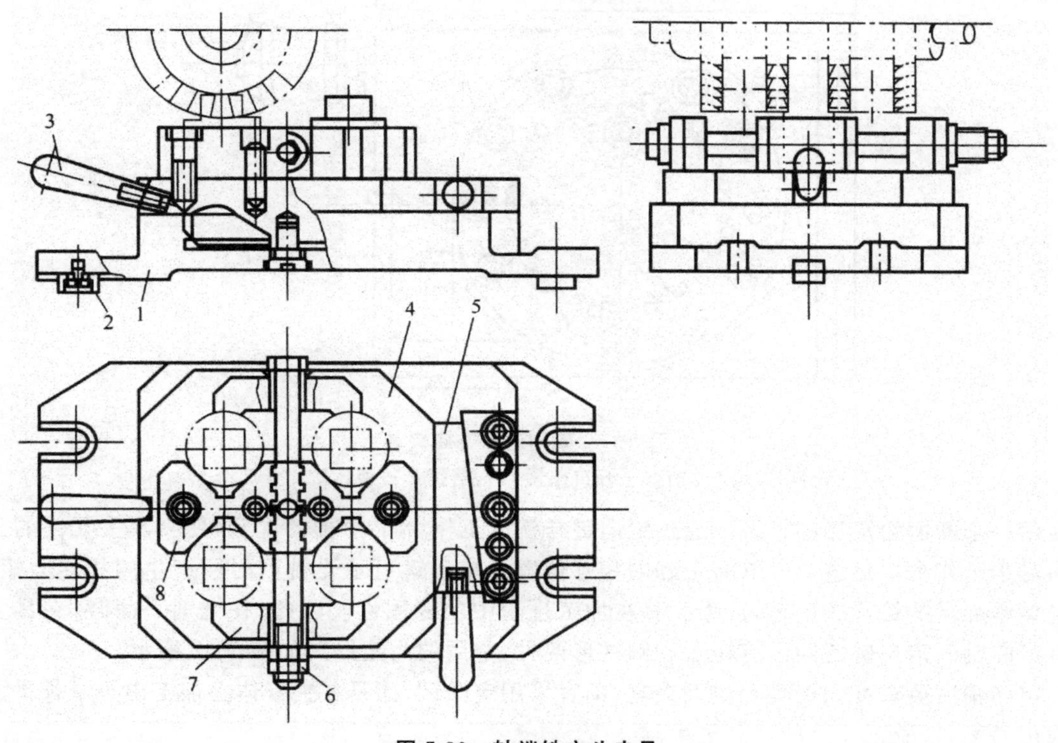

图 7-30 轴端铣方头夹具

(2)圆周进给的铣床夹具

圆周进给铣削方式在不停车的情况下装卸工件，因此生产率高，适用于大批量生产。

图 7-31 所示是在立式铣床上圆周进给铣拨叉的夹具。通过电动机、蜗轮副传动机构带动回转工作台 6 回转。夹具上可同时装夹 12 个工件。工件以一端的孔、端面及侧面在夹具的定位板、定位销 2 及挡销 4 上定位。由液压缸 5 驱动拉杆 1，通过开口垫圈 3 夹紧工件。图中 AB 是加工区段，CD 为工件的装卸区段。

2. 铣床夹具的设计要点

定向键和对刀装置是铣床夹具的特殊元件。

(1)定向键

定向键安装在夹具底面的纵向槽中，一般使用两个，其距离尽可能布置得远些，小型夹具也

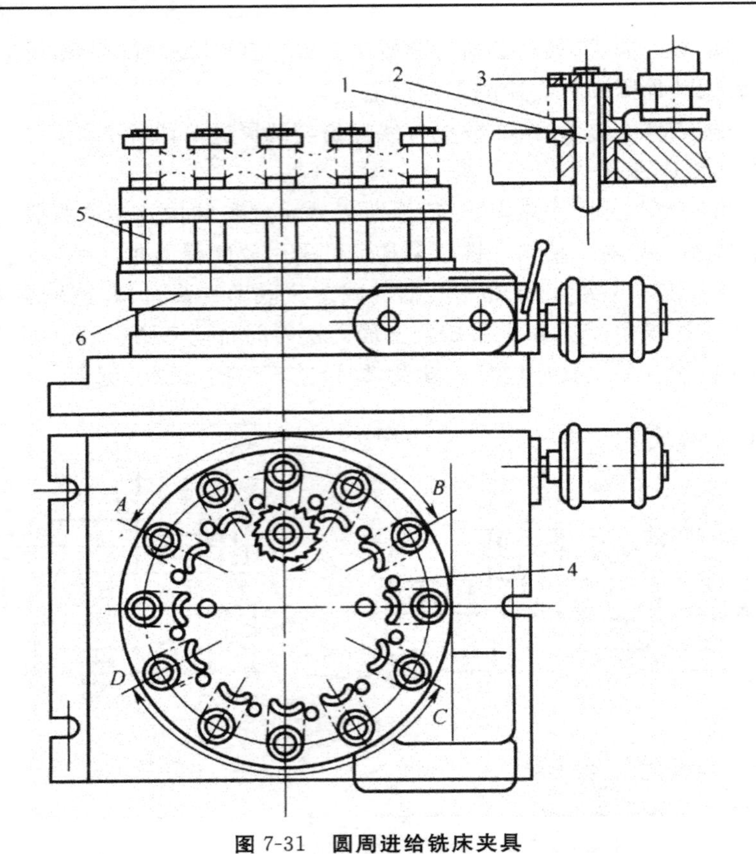

图 7-31　圆周进给铣床夹具

1—拉杆;2—定位销;3—开口垫圈;4—挡销;5—液压缸;6—工作台

可使用一个断面为矩形的长键。通过定向键与铣床工作台 T 形槽的配合,使夹具上元件的工作表面对于工作台的送进方向具有正确的相互位置。定向键可承受铣削时所产生的扭转力矩,可减轻夹紧夹具的螺栓的负荷,加强夹具在加工过程中的稳固性。因此,在铣削平面时,夹具上也装有定向键。定向键的断面有矩形和圆柱形两种,常用的为矩形。如图 7-32 所示。

定向精度要求高的夹具和重型夹具,不宜采用定向键,而是在夹具体上加工出一窄长平面作为找正基面,来校正夹具的安装位置。

(2)对刀装置

对刀装置由对刀块和塞尺组成,用以确定夹具和刀具的相对位置。对刀装置的形式根据加工表面的情况而定,图 7-33 所示为几种常见的对刀块:(a)为圆形对刀块,用于加工平面;(b)为方形对刀块,用于调整组合铣刀的位置;(c)为直角对刀块,用于加工两相互垂直面或铣槽时的对刀;(d)为侧装对刀块,亦用于加工两相互垂直面或铣槽时的对刀。这些标准对刀块的结构参数均可从有关手册中查取。对刀调整工作通过塞尺(平面型或圆柱型)进行,这样可以避免损坏刀具和对刀块的工作表面。塞尺的厚度或直径一般为 3～5 mm,按国家标准 h6 的公差制造,在夹具总图上应注明塞尺的尺寸。

采用标准对刀块和塞尺进行对刀调整时,加工精度不超过 IT8 级公差。当对刀调整要求较高或不便于设置对刀块时,可以采用试切法、标准件对刀法或用百分表来校正定位元件相对于刀具的位置,而不设置对刀装置。

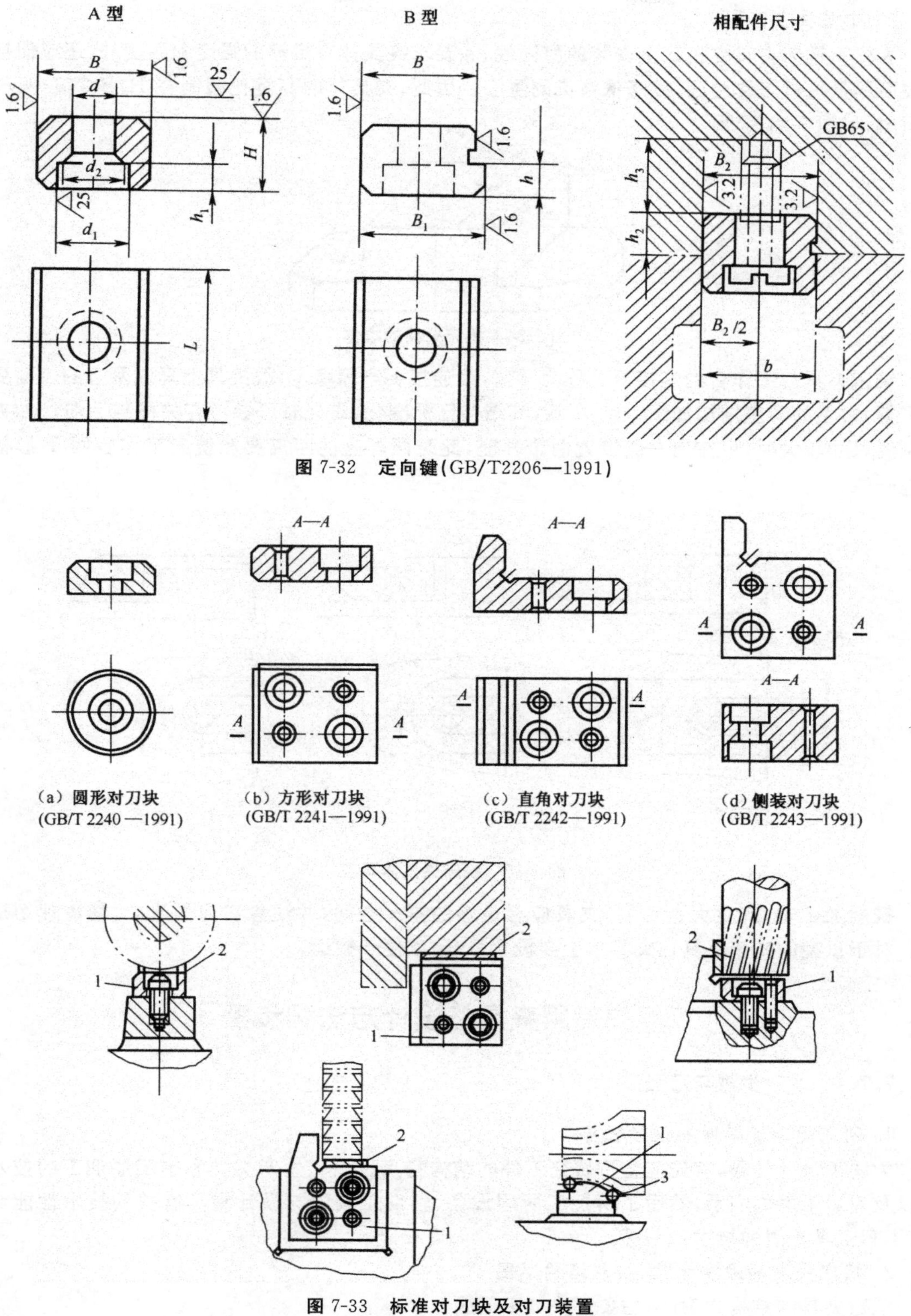

图 7-32　定向键(GB/T2206—1991)

(a) 圆形对刀块 (GB/T 2240—1991)　(b) 方形对刀块 (GB/T 2241—1991)　(c) 直角对刀块 (GB/T 2242—1991)　(d) 侧装对刀块 (GB/T 2243—1991)

图 7-33　标准对刀块及对刀装置

1—对刀块;2—对刀平塞尺;3—对刀圆柱塞尺

(3)夹具体

为提高铣床夹具在机床上安装的稳固性,除要求夹具体有足够的强度和刚度外,还应使被加工表面尽量靠近工作台面,以降低夹具的重心。因此,夹具体的高宽比限制在 H/B≤(1～1.25)范围内,如图 7-34 所示。

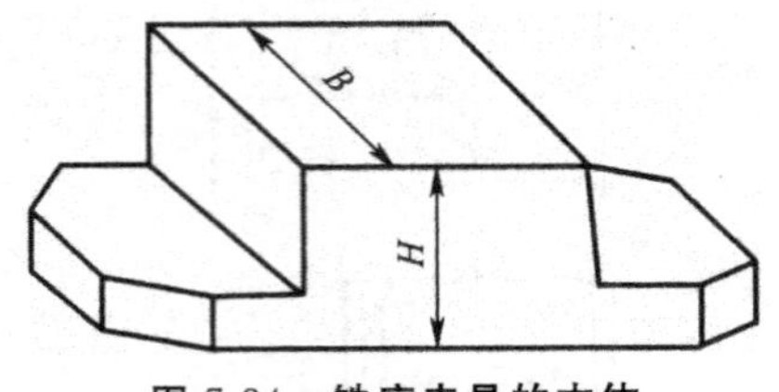

图 7-34 铣床夹具的本体

铣床夹具与工作台的连接部分称为耳座,因连接要牢固稳定,故夹具上耳座两边的表面要加工平整,常见的耳座结构如图 7-35 所示,其结构已标准化,设计时可参考有关标准手册。如夹具体宽度尺寸较大时,可在同一侧设置两个耳座,此时两耳座的距离要和铣床工作台两 T 形槽间距离一致。

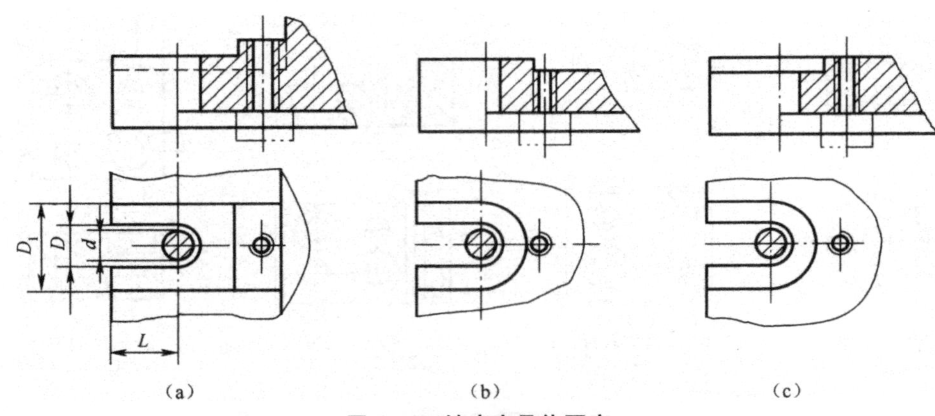

图 7-35 铣床夹具体耳座

铣削加工时,产生大量切屑,夹具应有足够的排屑空间,并注意切屑的流向,使清理切屑方便。对于重型的铣床夹具在夹具体上要设置吊环,以便于搬运。

7.7 专用夹具的设计方法和步骤

7.7.1 设计步骤与方法

1. 研究原始资料明确设计任务

为明确设计任务,首先应分析研究工件的结构特点、材料、生产类型和本工序加工的技术要求以及前后工序的联系;然后了解加工所用设备、辅助工具中与设计夹具有关的技术性能和规格;了解工具车间的技术水平等。

2. 确定夹具的结构方案,绘制结构草图

拟定夹具的结构方案时,主要解决如下问题:

①根据六点定则确定工件的定位方式,并设计相应的定位装置。

②确定刀具的对刀或引导方法，并设计对刀装置或引导元件。

③确定工件的夹紧方式和夹紧装置。

④确定其他元件或装置的结构型式，如定位键、分度装置等。

⑤考虑各种装置、元件的布局，确定夹具体和总体结构。

3. 绘制夹具总图

夹具总图应遵循国家标准绘制，图形比例尽量取 1∶1。夹具总图必须能够清楚地表示出夹具的工作原理和构造，以及各种装置或元件之间的位置关系和装配关系。主视图应选取操作者的实际工作位置。

绘制总图的顺序是：先用双点划线绘出工件的主要部分及轮廓外形，并显示出加工余量；工件按透明体处理，然后按照工件的形状及位置依次绘出定位、导向、夹紧及其他元件或装置的具体结构；最后绘制夹具体。

夹具总图上应标出夹具名称、零件编号，填写零件明细表、标题栏等。

4. 确定并标注有关尺寸和夹具技术要求

夹具总图上应标注轮廓尺寸，必要的装配尺寸、检验尺寸及其公差，标注主要元件、装置之间的相互位置精度要求等。当加工的技术要求较高时，应进行工序精度分析。

5. 绘制夹具零件图

夹具中的非标准零件都必须绘制零件图。在确定这些零件的尺寸、公差或技术要求时，应注意使其满足夹具总图的要求。

7.7.2　技术要求的制定

在夹具总图上标注尺寸和技术要求的目的是为了便于绘制零件图、装配和检验。应有选择地标注以下内容。

1. 尺寸要求

①夹具的外形轮廓尺寸。

②与夹具定位元件、引导元件以及夹具安装基面有关的配合尺寸、位置尺寸及公差。

③夹具定位元件与工件的配合尺寸。

④夹具引导元件与刀具的配合尺寸。

⑤夹具与机床的联结尺寸及配合尺寸。

⑥其他主要配合尺寸。

2. 形状、位置要求

①定位元件间的位置精度要求。

②定位元件与夹具安装面之间的相互位置精度要求。

③定位元件与对刀引导元件之间的相互位置精度要求。

④引导元件之间的相互位置精度要求。

⑤定位元件或引导元件对夹具找正基面的位置精度要求。

⑥与保证夹具装配精度有关的或与检验方法有关的特殊的技术要求。

夹具的有关尺寸公差和形位公差通常取工件相应公差的 1/5～1/2。当工序尺寸未注公差时，夹具公差取为±0.1 mm(或$+10'$)，或根据具体情况确定；当加工表面未提出位置精度要求时，夹具上相应的公差一般不超过(0.02～0.05)/100。

在具体选用时，要结合生产类型、工件的加工精度等因素综合考虑。对于生产批量较大、夹具结构较复杂，而加工精度要求又较高的情况，夹具公差值可取得小些。这样，虽然夹具制造较困难，成本较高，但可以延长夹具的寿命，并可靠保证工件的加工精度，因此是经济合理的；对于批量不大的生产，则在保证加工精度的前提下，可使夹具的公差取得大些，以便于制造。设计时可查阅《机床夹具设计手册》作参考。另外，为便于保证工件的加工精度，在确定夹具的距离尺寸偏差时，一般应采用双向对称分布，基本尺寸应为工件相应尺寸的平均值。

与工件的加工精度要求无直接联系的夹具公差如定位元件与夹具体、导向元件与衬套、镗套与镗杆的配合等，一般可根据元件在夹具中的功用凭经验或根据公差配合国家标准来确定。

7.7.3 精度分析

进行加工精度分析可以帮助我们了解所设计的夹具在加工过程中产生误差的原因，以便探索控制各项误差的途径，为制定验证、修改夹具技术要求提供依据。

用夹具装夹工件进行机械加工时，工艺系统中影响工件加工精度的因素有：定位误差 Δ_D、对刀误差 Δ_T、夹具在机床上的安装误差 Δ_A 和加工过程中其他因素引起的加工误差 Δ_G。上述各项误差均导致刀具相对工件的位置不准确，而形成总的加工误差 $\sum\Delta$。以上各项误差应满足公式 $\sum\Delta=\Delta_D+\Delta_T+\Delta_A+\Delta_G\leqslant$工件的工序尺寸公差（或位置公差）$\delta_K$。此式称误差计算不等式，各代号代表各误差在被加工表面工序尺寸方向上的最大值。

7.8 计算机辅助夹具设计

计算机辅助机床夹具设计属于计算机辅助设计范畴。采用计算机辅助设计，可以大大缩短设计周期，实现优化设计，节省人力物力，降低成本，促进机床夹具的标准化、系列化。

7.8.1 机床夹具计算机辅助设计过程

从夹具设计的阶段来考虑，可将其分为功能设计、结构设计、结构分析、性能评价、夹具图生成等阶段，如图 7-36 所示。

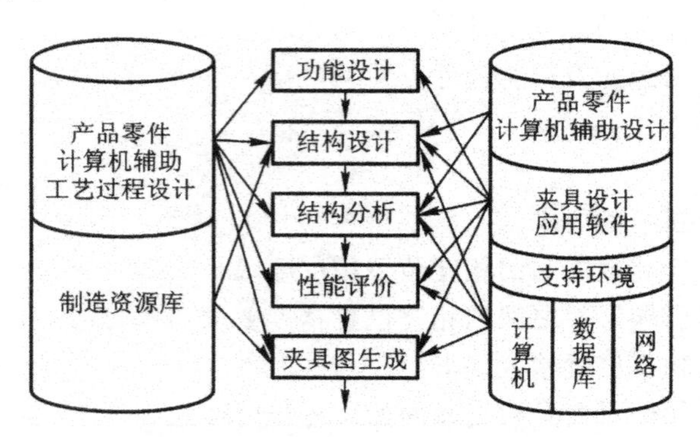

图 7-36 计算机辅助夹具设计过程

功能设计阶段要考虑工件的定位方案、夹紧方案\对刀、夹具与机床的关系等功能是否满足加工要求；结构设计阶段要具体设计定位元件、夹紧元件和装置、对刀元件以及夹具体等总体结构；结构分析阶段主要进行一些必要的工程分析，如利用有限元法分析结构刚度，夹具在进行夹紧时使工件产生的变形，在切削时由于切削力对定位、夹紧等的变形而造成对加工精度的影响，又如定位精度分析，夹紧力的计算校核等；性能评价阶段是指对夹具设计的技术经济分析；夹具图生成阶段是指输出夹具装配图、非标准零件图和标准元件明细表等。

7.8.2　计算机辅助夹具设计系统结构

计算机辅助夹具设计系统如图 7-37 所示，其信息结构可分为支持环境、应用软件和夹具设计过程三部分。

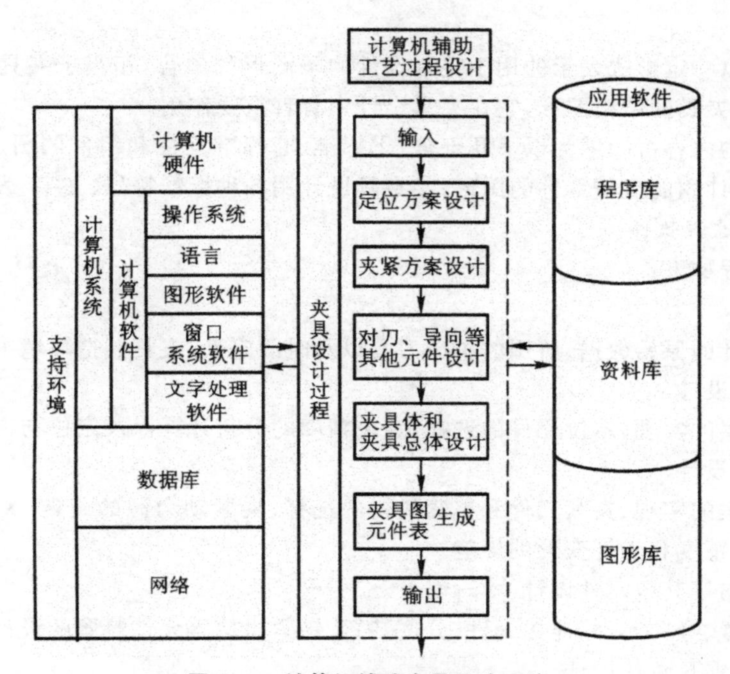

图 7-37　计算机辅助夹具设计系统

1. 计算机辅助夹具设计支持环境

计算机辅助夹具设计支持环境可分为三个方面：

(1)计算机系统

包括计算机硬件和软件。通常多在微型计算机或工作站上开发；计算机软件有计算机操作系统、语言、图形软件、窗口系统软件、文字处理及办公自动化软件等。

(2)数据库

有专用数据库和公共数据库。专用数据库是转为夹具计算机辅助设计用，存放夹具设计数据和中间设计结果；公共数据库存放夹具设计原始资料和夹具设计的最终结果，以便其他系统和环节使用。

(3)网络和通信

在集成制造系统、并行工程中，网络和通信是重要组成部分。

2. 夹具设计的应用软件

这是针对夹具设计，在支持环境提供的条件下进行开发的软件。应用软件分为程序库、资料库和图形库。

(1)程序库

程序库提供夹具设计计算方法。包括:①定位元件的设计计算和定位精度分析计算程序。②夹紧元件、装置的设计计算和夹紧力的计算程序。③夹具的有限元分析程序。④夹具的其他元件、装置的设计计算程序。⑤典型夹具的设计计算程序。⑥用于组合夹具设计的计算程序。

(2)资料库

提供结构设计的分析数据。夹具资料库的内容就是夹具设计手册中的有关资料,归纳起来有两类:①设计分析计算用资料;②结构设计用资料。

(3)图形库

图形库是指以一定形式表示的用于夹具设计的子图形的集合,相当于夹具设计手册中的元件、装置以及完整夹具的结构图形,它在夹具设计中有着重要作用。

夹具图形库的内容可归纳为以下几部分:①标准、非标准元件和组件的图形;②典型夹具结构图形;③夹具设计用的机械零件的图形;④夹具设计用各种标准符号、文字、表格、框格等图形。

3. 夹具设计过程软件

夹具设计过程如下:

(1)输入

输入夹具设计的原始数据、所用的机床刀具以及时间定额、夹具制造环境中的相关资料。

(2)定位方案设计

包括定位方案的实现,定位元件的选择、定位精度的分析计算以及定位与夹紧的关系分析。

(3)夹紧方案设计

包括夹紧方案的实现、夹紧元件和夹紧机构的选择、夹紧动力源的确定,夹紧力的计算和校核、夹紧力对定位精度和工件变形的影响。

(4)对刀、导向等其他元件设计

包括对刀装置、导向元件、连接元件、分度装置、锁紧机构等元件装置的设计与选择。

(5)夹具体和夹具总体设计

将夹具的定位、夹紧、对刀、导向等元件用夹具体连接起来,形成夹具总图。

(6)夹具图及元件表的生成

绘制夹具装配图、非标准零件图,列出标准元件明细表和标准件明细表。

(7)输出

向计算机辅助工艺规程反馈夹具设计结果,若可行,将设计结果存入公共数据库;不可行则重新设计。

夹具设计过程软件就是执行上述夹具设计过程顺序的过程控制软件。

第8章　典型零件的加工工艺

8.1　轴类零件加工工艺

8.1.1　概述

1. 轴类零件功用与结构特点

轴类零件是机械加工中经常遇到的典型零件之一。在机器中，它主要用来支承传动零件、传递运动和扭矩。

轴类零件是回转体零件，其长度大于直径，加工表面通常有内外圆柱面、圆锥面以及螺纹、花键、键槽、横向孔、沟槽等。根据结构形状特点，可将轴分为光滑轴、阶梯轴、空心轴和异形轴（包括曲轴、凸轮轴、偏心轴和十字轴等）。若按轴的长度和直径的比例来分，又可分为刚性轴（$\frac{L}{d}<15$）和挠性轴或细长轴（$\frac{L}{d}>15$）。图8-1所示是轴类零件的常见种类。

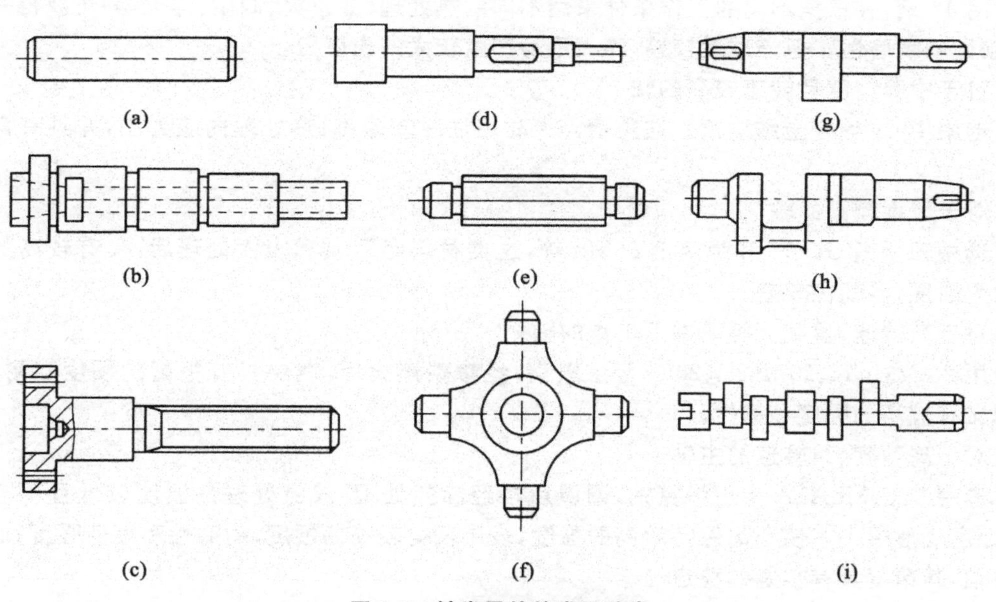

图8-1　轴类零件的常见种类

(a)光轴　(b)空心轴　(c)半轴　(d)阶梯轴　(e)花键轴

(f)十字轴　(g)偏心轴　(h)曲轴　(i)凸轮轴

2. 轴类零件主要技术要求

(1)加工精度

①尺寸精度。轴类零件的尺寸精度主要是指直径和长度的精度。直径方向的尺寸，若有一

定配合要求，比其长度方向的尺寸要求严格得多。因此，对于直径的尺寸常常规定有严格的公差。主要轴颈的直径尺寸精度根据使用要求通常为 IT6～IT9，甚至为 IT5。至于长度方向的尺寸要求则不那么严格，通常只规定其基本尺寸。

②几何形状精度。轴颈的几何形状精度是指圆度、圆柱度。这些误差将影响其与配合件的接触质量。一般轴颈的几何形状精度应限制在直径公差范围之内，对几何形状精度要求较高时，要在零件图上规定形状公差。

③相互位置精度保证配合轴颈（装配传动件的轴颈）对于支承轴颈（装配轴承的轴颈）的同轴度，是轴类零件相互位置精度的普遍要求，其次对于定位端面与轴心线的垂直度也有一定要求。这些要求都是根据轴的工作性能制定的，在零件图上注有位置公差。

普通精度的轴，配合轴颈对支承轴颈的径向圆跳动一般为 0.01～0.03 mm，高精度轴为 0.001～0.005 mm。

（2）表面粗糙度

随着机器运转速度的增快和精密等级的提高，要求轴类零件的表面粗糙度也越来越小。一般支承轴颈的表面粗糙度为 Ra 0.63～0.16 μm，配合轴颈的表面粗糙度为 2.5～0.63 μm。

3. 轴类零件的材料要求及毛坯

（1）轴类零件的材料

轴类零件常用的材料有碳钢、合金钢及球墨铸铁。

①对于一般轴类零件

常用 45 钢，并根据不同的工作条件采用不同的热处理（如正火、调质、淬火等）可获得一定的强度、韧性和耐磨性。但淬透性较差，淬火后易产生较大的内应力。

②对于中等精度且转速较高的轴

可选用 40Cr 等合金结构钢。这类钢淬火时用油冷却即可，热处理内应力小，并具有良好的韧性。

③对于精度较高的轴

可选用轴承钢 GCr15 和弹簧钢 65Mn 等，这类材料经调质和表面处理后，具有较高的耐磨性和疲劳强度，但韧性较差。

④对于高转速、重载荷等条件下工作的轴

选用 20CrMnTi、20Mn2B、20Cr 等渗碳钢，经渗碳淬火后，表层具有很高的硬度和耐磨性，而心部又有较高的强度和韧性。

⑤对于高精度、高转速的主轴

常选用 38CrMoA1A 专用渗氮钢，调质后再经渗氮处理[渗氮处理的温度较低且不需要淬火，热处理变形很小]，使心部保持较高的强度，表层获得较高的硬度、耐磨性和疲劳强度；而且加工后的轴，其精度具有很好的稳定性。

⑥对于形状复杂、力学性能要求高的轴（如曲轴）

可选用 QT900－2，经等温淬火后，表层具有很高的硬度和耐磨性，心部具有一定的韧性，而且加工性很好。

（2）轴类零件的毛坯

轴类零件常用的毛坯有圆棒料和锻件两种。阶梯轴上各外圆直径相差较大时，多采用锻件；相差小时，可直接用圆棒料；重要的轴，一般选锻件。

采用圆棒料，毛坯的准备工作简单，但只适用于截面尺寸差异不大及力学性能要求不高的轴。坯料经过锻压后，表面形成呈流线型分布的纤维组织；内部组织致密、均匀，有效地提高了零件的力学性能。对于中、小批量生产或结构不太复杂的轴，一般都采用自由锻造。大批量生产时，采用模型锻造，既可提高生产率，又可大大减少加工余量，即节省材料又减少后续加工工时。但当工件尺寸和质量较大时，由于受模锻设备的限制而无法采用模锻，所以对于大型且结构复杂的轴，仍采用自由锻造。也有采用分段模锻的方法来制造，如较大的曲轴可设计成装配式。

4. 轴类零件的热处理

轴类零件的使用性能除与所选钢材种类有关外，还与所采用的热处理有关。锻造毛坯在加工前，均需安排正火或退火处理（含碳量大于 $\omega(C)=0.7\%$ 的碳钢和合金钢），以使钢材内部晶粒细化，消除锻造应力，降低材料硬度，改善切削加工性能。

为了获得较好的综合力学性能，轴类零件常要求调质处理。毛坯余量大时，调质安排在粗车之后、半精车之前，以便消除粗车时产生的残余应力；毛坯余量小时，调质可安排在粗车之前进行。表面淬火一般安排在精加工之前，这样可纠正因淬火引起的局部变形。对精度要求高的轴，在局部淬火后或粗磨之后，还需进行低温时效处理（在160℃油中进行长时间的低温时效），以保证尺寸的稳定。

对于氮化钢（如38GrMoAl），需在渗氮之前进行调质和低温时效处理。对调质的质量要求也很严格，不仅要求调质后索氏体组织要均匀细化，而且要求离表面8～10 mm层内铁素体含量不超过 $\omega(C)=5\%$，否则会造成氮化脆性而影响其质量。

5. 轴类零件的预加工

轴类零件在车削加工之前，应对其毛坯进行预加工。预加工包括校正、切断、切端面和钻中心孔。

(1)校正

校正棒料毛坯在制造、运输和保管过程中产生的弯曲变形，以保证加工余量均匀及送料装夹的可靠。校正可在各种压力机上进行。一般情况下多采用冷态下校正，简便、成本低，但有内应力。若在热态下校正，则内应力较小，但费工时，成本高。

(2)切断

当采用棒料毛坯时，应在车削外圆前按所需长度切断。切断可在弓锯床、圆盘锯床上进行，高硬度棒料的切断可在带有薄片砂轮的切割机上进行。

(3)切端面钻中心孔

中心孔是轴类零件加工最常用的定位基准面，为保证钻出的中心孔不偏斜，应先切端面后再钻中心孔。

如果轴的毛坯是自由锻件或大型铸件，则需要进行荒车加工，以减少毛坯外圆表面的形状误差，使后续工序的加工余量均匀。

6. 轴类零件的一般加工工艺

轴类零件的主要表面是各个轴颈的外圆表面，空心轴的内孔精度一般要求不高，而精密主轴上的螺纹、花键、键槽等次要表面的精度要求也比较高。因此，轴类零件的加工工艺路线主要是考虑外圆的加工顺序，并将次要表面的加工合理地穿插其中。下面是生产中常用的不同精度、不同材料轴类零件的加工工艺路线：

①一般渗碳钢的轴类零件加工工艺路线：备料—锻造—正火—钻中心孔—粗车—半精车、精

车—渗碳(或碳氮共渗)—淬火、低温回火—粗磨—次要表面加工—精磨。

②一般精度调质钢的轴类零件加工工艺路线:备料—锻造—正火(退火)—钻中心孔—粗车—调质—半精车、精车—表面淬火、回火—粗磨—次要表面加工—精磨。

③精密氮化钢轴类零件的加工工艺路线:备料—锻造—正火(退火)—钻中心孔—粗车—调质—半精车、精车—低温时效—粗磨—氮化处理—次要表面加工—精磨—光磨。

④整体淬火轴类零件的加工工艺路线:备料—锻造—正火(退火)—钻中心孔—粗车—调质—半精车、精车—次要表面加工—整体淬火—粗磨—低温时效—精磨。

由此可见一般精度轴类零件,最终工序采用精磨就足以保证加工质量。而对于精密轴类零件,除了精加工外,还应安排光整加工。对于除整体淬火之外的轴类零件,其精车工序可根据具体情况不同,安排在淬火热处理之前进行,或安排在淬火热处理之后,次要表面加工之前进行。应该注意的是,经淬火后的部位,不能用一般刀具切削,所以一些沟、槽、小孔等须在淬火之前加工完。

8.1.2 轴类零件的加工工艺分析

1. 轴类零件加工的定位及安装

轴类零件自身的结构特征决定了最常用的定位基面是两中心孔,即以轴线作为定位基准是最理想的。由于轴类零件各外圆表面、螺纹表面的同轴度及端面对轴线的垂直度等这些精度要求,故设计基准一般都是轴的中心线,而大多数的工序加工都是采用中心孔装夹的方式。这样既符合了基准重合原则,又符合了基准统一原则。但在轴类零件粗加工工序中,为了提高工件刚度,常采用轴外圆表面作为定位基面,或以外圆和中心孔同时作定位基面,即一夹一顶的方式。

2. 轴类零件主要加工方法

轴类零件主要加工表面是外圆,加工方法通常采用车削和磨削。轴类零件外圆表面粗加工、半精加工一般在卧式车床上进行。使用液压仿形刀架可实现车削加工的半自动化,更换靠模、调整刀具都比较简单,可减轻劳动强度,提高加工效率。大批生产可采用多刀半自动车床以及数控车床加工。多刀半自动车床加工可缩短加工时间和测量轴向尺寸等辅助时间,从而提高生产率。但是调整刀具花费的时间多,而且切削力大,要求机床的功率和刚度较大。以数控车床为基础,配备简单的机械手及零件输送装置组成的轴类零件自动线,已成为大批量生产轴的重要方法。

磨削外圆是轴类零件精加工的最主要方法,一般安排在最后进行。磨削分粗磨、精磨、细磨及镜面磨削。当生产批量较大时,常采用组合磨削、成形砂轮磨削及无心磨削等高效磨削方法。

花键是轴零件上的典型表面,它与单键比较,具有定心精度高、导向性能好、传递转矩大、易于互换等优点。在单件小批生产中,轴上花键通常在卧式通用铣床上加工,工件装夹在分度头上,用三面刃铣刀进行切削。大批量生产时,可采用花键滚刀在花键铣床上用展成法加工。轴类零件的螺纹可采用车削、铣削、滚压和磨削等加工方法。

另外,轴类零件在外表面加工中,通常以中心孔为基准。成批生产均用铣端面钻中心孔机床来加工中心孔。对于精密轴,在轴加工过程中中心孔还会磨损、拉毛,热处理后产生氧化皮及变形,这需要在精磨外圆之前对中心孔进行修研。修研中心孔可在车床、钻床或专用中心孔磨床上进行。

车削中心加工轴类零件采用工序集中方式加工,车表面、加工沟槽、铣键槽、钻孔、加工螺纹等各种表面能在一次安装中完成,效率高,加工精度也比卧式车床高。

3. 轴类零件加工顺序

除了应遵循加工顺序安排的一般原则，如先粗后精、先主后次等，还应注意外圆表面加工顺序应为，先加工大直径外圆，然后再加工小直径外圆，以免一开始就降低了工件的刚度；轴上的花键、键槽等表面的加工应在外圆精车或粗磨之后，精磨外圆之前。因为如果在精车前就铣出键槽，在精车时由于断续切削而易产生振动，影响加工质量，又容易损坏刀具，也难以控制键槽的尺寸要求。它们的加工也不宜放在主要表面的磨削之后进行，以免划伤已加工好的主要表面；轴上的螺纹一般有较高的精度，如安排在局部淬火之前进行加工，则淬火后产生的变形会影响螺纹的精度。因此螺纹加工宜安排在工件局部淬火之后进行。

在轴类零件的加工过程中，应当安排必要的热处理工序，以保证其力学性能和加工精度，并改善工件的可加工性。一般毛坯锻造后安排正火或退火工序，而调质则安排在粗加工后进行，以便消除粗加工后产生的应力及获得良好的综合力学性能。淬火工序则安排在磨削工序之前。

4. 轴类零件定位基准的选择

轴类零件加工时，为保证各主要表面的相互位置精度，选择定位基准时，应尽可能做到基准统一、基准重合、互为基准，并实现在一次安装中尽可能加工出较多的面。常见的有以下四种：

(1)以工件的中心孔定位

在轴类零件加工中，一般以重要的外圆面作为粗基准定位，加工出中心孔，在以后加工过程中，尽量考虑以轴两端的中心孔为定位精基准。因为轴类零件各外圆表面、螺纹表面的同轴度及端面对轴线的垂直度是相互位置精度的主要项目，而这些表面的设计基准一般都是轴的中心线，采用两中心孔定位符合基准重合原则。而且，多数工序都采用中心孔作为定位基面，能最大限度地加工出多个外圆和端面，这也符合基准统一原则。这样，可以很好地保证各外圆表面的同轴度以及外圆与端面的垂直度，并且能在一次安装中加工出各段外圆表面及其端面，加工效率高并且所用夹具结构简单。

(2)以外圆和中心孔作为定位基准(一夹一顶)

用两中心孔定位虽然定心精度高，但刚性差，尤其是加工较重的工件时不够稳固，切削用量也不能太大。粗加工时，为了提高零件的刚性，可采用轴的外圆表面和一中心孔作为定位基准来加工。这种定位方法能承受较大的切削力矩，是轴类零件常见的一种定位方法。

(3)以两外圆表面作为定位基准

在加工空心轴的内孔时，不能采用中心孔作为定位基准，可用轴的两外圆表面作为定位基准。当工件是机床主轴时，常以两支承轴颈(装配基准)为定位基准，可消除基准不重合误差，保证锥孔相对支承轴颈的同轴度要求。

(4)以带有中心孔的锥堵作为定位基准

在加工空心轴的外圆表面时，往往还采用带中心孔的锥堵作为定位基准，如图 8-2(a)所示。当主轴孔的锥度较大或为圆柱孔时，则用带有锥堵的拉杆心轴，如图 8-2(b)所示。

锥堵或锥堵心轴应具有较高的精度，其上的中心孔既是其本身制造的定位基准，又是空心轴外圆精加工的基准。因此，必须保证锥堵或锥堵心轴上锥面与中心孔有较高的同轴度。在装夹中应尽量减少锥堵的安装次数，减少重复安装误差。故中、小批量生产中，锥堵安装后，中途加工一般不得拆下和更换，直至加工完毕。

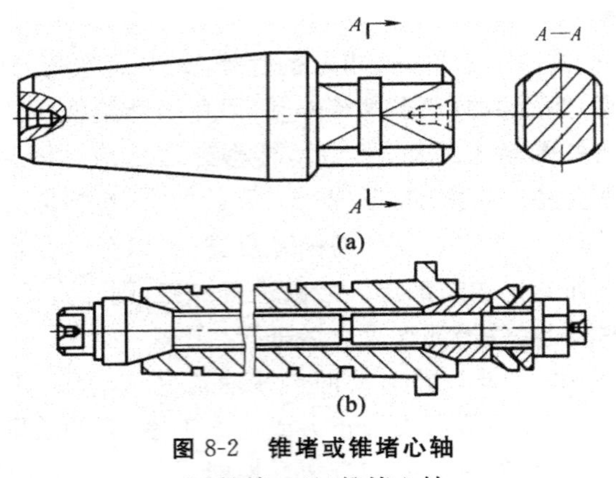

图 8-2 锥堵或锥堵心轴

(a)锥堵 (b)锥堵心轴

8.1.3 典型加工工艺过程

1. 阶梯轴加工工艺过程

轴类零件的加工工艺因其用途、结构形状、技术要求、生产类型的不同而有所不同在生产中经常会遇到轴类零件加工工艺的编制。现以比较常见的阶梯轴为例对轴类零件的加工工艺的编制进行介绍。

由于使用条件的不同,轴类零件的技术要求不完全相同。图 8-3 所示剖分式减速箱传动轴的主要技术要求如下。

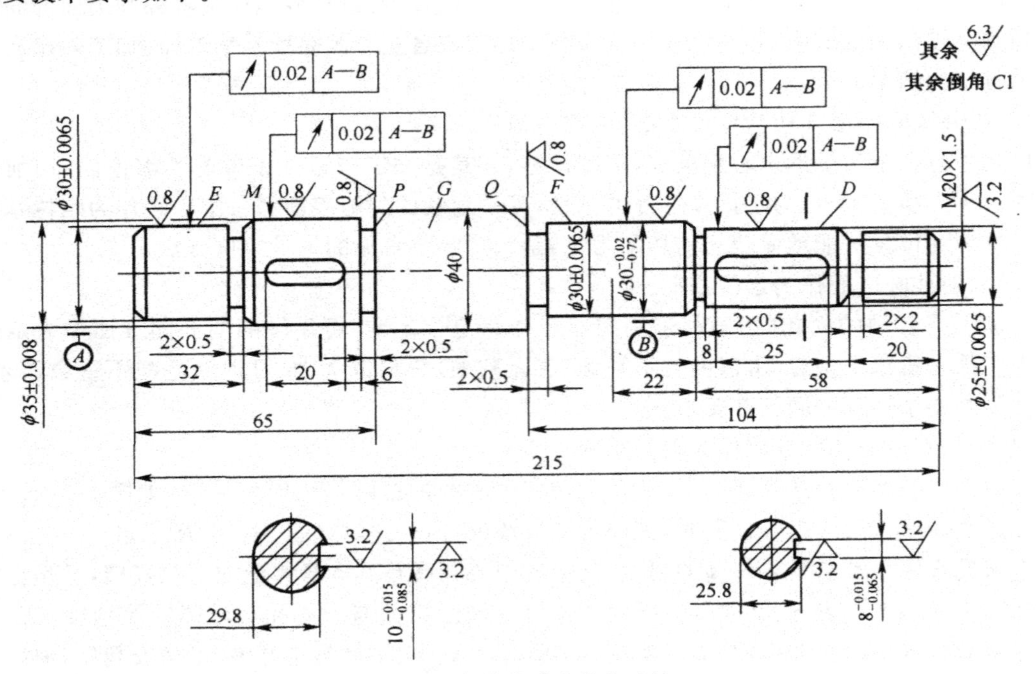

图 8-3 剖分式减速箱传动轴

(1)尺寸精度

传动轴的支承轴颈 E、F 是传动轴的装配基准,它的制造精度直接影响到传动轴部件的旋转精度，故对它提出很高的技术要求，该轴的支承轴颈尺寸精度为 IT6，配合轴颈 M、Ⅳ的尺寸精度也为 IT6。

(2)形状精度

轴颈的形状精度应限制在直径公差范围之内，要求较高的应在工作图上标明，该轴形状公差均未注出。

(3)位置精度

配合轴颈对支承轴颈一般有径向圆跳动或同轴度要求，装配定位用的轴肩对支承轴颈一般有端面圆跳动或垂直度要求。该轴的径向圆跳动和端面圆跳动公差均为 0.02 mm。

(4)表面粗糙度

轴颈的表面粗糙度值 JR 应与尺寸公差等级相适应。该轴的轴颈和定位轴肩 Ra 值均为 0.8 μm，键槽两侧面为 3.2 μm，其余表面为 6.3 μm。

(5)热处理

轴的热处理根据其材料和使用要求确定。对于传动轴，正火、调质和表面淬火用得较多。该轴要求调质处理。

由以上分析可知，传动轴的支承轴颈、配合轴颈的尺寸精度、几何形状精度、与其他表面的相互位置精度要求较高，这是传动轴加工中的关键。

以剖分式减速箱传动轴，可见图 8-3 所示的加工工艺过程为例，介绍阶梯轴的典型工艺过程。该传动轴的材料为 45 钢，由于各外圆直径相差不大，且为小批量生产，其毛坯可选择热轧圆棒料。该传动轴应首先车削成形，对于精度较高，表面粗糙度值尺口较小的外圆 E、F、M、N 和轴肩 P、Q，在车削之后还应磨削。车削和磨削时以两端的中心孔作为精基准定位，中心孔可在粗车之前加工。因此，该传动轴的工艺过程主要有加工中心孔、粗车、半精车和磨削四个阶段。

要求不高的外圆在半精车时加工到规定尺寸。退刀槽、越程槽、倒角和螺纹在半精车时加工。键槽在半精车之后进行划线和铣削。调质处理安排在粗车和半精车之间，调质后要修研一次中心孔，以消除热处理变形和氧化皮。在磨削之前还应修研中心孔，进一步提高定位精基准的精度。

综合上述分析，传动轴的工艺过程如下：下料—车两端面—钻中心孔—粗车各外圆—调质—修研中心孔—半精车各外圆—切槽—倒角—车螺纹—划键槽加工线—铣键槽—修研中心孔—磨削—检验。

2. 精密机床主轴零件的加工

对于精密机床主轴，不仅一些主要表面的精度和表面质量要求很高，而且精度也要求稳定。这就使得精密主轴在材料选择、工艺安排、热处理等方面具有一些特点。

下面以高精度磨床砂轮主轴的加工为例来讨论精密主轴加工的工艺特点。图 8-4 所示为高精度磨床砂轮主轴的简图。主要技术要求如下。

①支承轴颈 $\phi 60^{0.025}_{0.035}$ mm；表面的圆度和圆柱度均为 0.001 mm，两轴颈相对径向圆跳动为 0.001 mm。

②安装砂轮的 1∶5 锥面相对支承轴颈的径向圆跳动为 0.001 mm；锥面涂色检验时，应均匀着色，接触面积不得小于 80%。

③前轴肩的端面圆跳动为 0.001 mm。

④两端螺纹应直接磨出。

⑤材料为 38CrMoAIA,渗氮处理后的硬度为 65HRC。

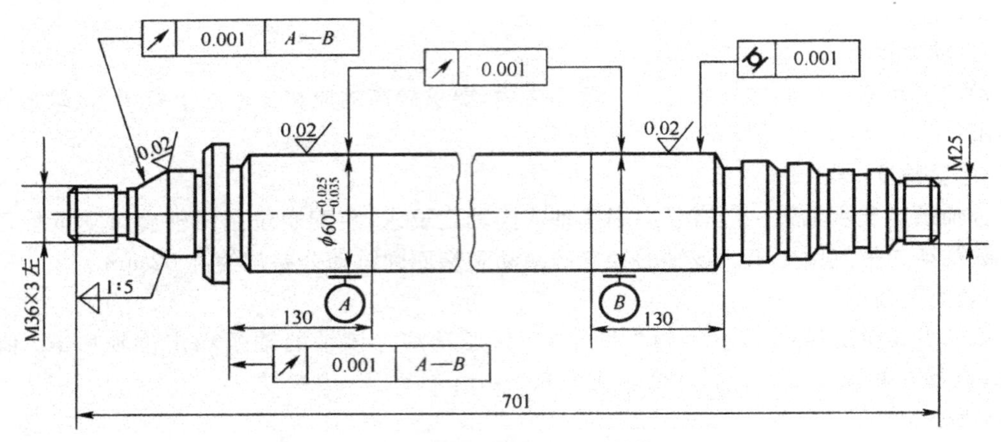

图 8-4　高精度磨床砂轮主轴简图

为满足以上技术要求,采取表 8-1 所示的加工工艺路线。

表 8-1　加工工艺路线

序号	工序内容
1	锻造毛坯
2	毛坯退火处理
3	粗车外圆(外圆径向圆跳动应小于 0.2 mm)
4	调质(外圆径向圆跳动应小于 1 mm)
5	割试样(在 M36×3 左端割取),并在零件端面和试样外圆作相同编号
6	平磨试样两面,将试样送淬火车间进行金相检查,待检查合格后,零件方可转下道工序加工,试样由淬火车间保存,备渗氮检查
7	精车外圆(外圆径向圆跳动小于 0.1 mm),留磨削加工余量 0.7～0.8 mm
8	铣键槽至尺寸深度
9	除应力处理
10	研磨顶尖孔,表面粗糙度 Ra=0.63gm 以下,用标准项尖着色检查,接触面积为 60%
11	粗磨外圆,留精磨加工余量 0.06～0.08 mm
12	渗氮处理硬度达到 65HRC,深度 0.03 mm,渗氮后进行磁力探伤。各外圆径向圆跳动不大于 0.03 mm。键槽应加保护,不使渗氮
13	研磨顶尖孔,表面粗糙度 Ra=0.32gm,接触面积为 65%
14	半精磨外圆,加工余量不大于 0.01 mm
15	磨螺纹
16	精研顶尖孔,表面粗糙度 Ra=0.32 μm,接触面积为 75%
17	精磨外圆(在恒温室内进行),尺寸达公差上限
18	研顶尖孔,表面粗糙度 Ra=0.32 μm,接触面积为 80%(用磨床顶尖检查)
19	终磨外圆(磨削过程中允许研顶尖孔),在恒温室进行,室温 20℃±1℃,充分冷却,表面粗糙度和精度达到图样要求

从上面工艺路线可以看出精密主轴加工有以下特点。

①主要表面的加工工序分得很细。如支承轴颈 $\phi 60$ mm 表面经过粗车、精车、粗磨、精磨和终磨多道加工工序，其中还穿插一些热处理工序，以减少由内应力所引起的变形。

②顶尖孔要多次修研。一般先后安排了 4 次修研顶尖孔工序，而且逐步使顶尖孔的表面粗糙度值减小，以提高接触精度，最后一次以终磨外圆的磨床顶尖来检验顶尖孔的接触精度。

③精密主轴上的螺纹在螺纹磨床上直接磨出。为了避免装卸砂轮和带轮时将螺纹碰伤，一般要求对螺纹部分进行淬火处理。但若对已车好的螺纹进行淬火，则会因应力集中而产生裂纹，故精密主轴上的螺纹多不采用车削，而在淬火、粗磨外圆后用螺纹磨床直接磨出。

④合理安排热处理工序。为保证渗氮处理的质量和主轴精度的稳定，渗氮处理前需安排调质和消除应力两道热处理工序。调质处理对渗氮主轴非常重要，因为对渗氮主轴，不仅要求调质后获得均匀细致的索氏体组织，而且要求离表面 8～10 mm 的表面层内的铁素体含量不得超过 5%。表层铁素体的存在，会造成渗氮脆性，引起渗氮质量下降。故渗氮主轴在调质后，必须每件割试样进行金相组织的检查，不合格者不得转入下道工序加工。渗氮主轴由于渗氮层很薄，渗氮前如果主轴内应力消除不好，渗氮后会出现较大的弯曲变形，以至渗氮层的厚度不够抵消磨削加工时纠正弯曲变形的余量，所以精密主轴渗氮处理前，都要安排除应力工序。对于非渗氮精密主轴，虽然表面淬火前不必安排除应力处理，但是在淬火及粗磨后，为了稳定淬硬钢中的残余奥氏体组织，使工件尺寸稳定和消除加工应力，需要安排低温人工时效。时效的次数视零件的精度和结构特点而定。

3. 细长轴和丝杠加工

(1)细长轴加工

长度与直径之比大于 20($L/D>20$)的轴称为细长轴。细长轴零件由于长径比大，刚性差，在切削过程中极易产生弯曲变形和振动；且加工中连续切削时间长，刀具磨损量大，不易获得良好的加工精度和表面质量。

车削细长轴不论对刀具、机床精度、辅助工具的精度、切削用量的选择，还是工艺安排、具体操作技能等都应有较高的要求。可以说细长轴加工是一项工艺性较强的综合技术。为了保证加工质量，通常在车削细长轴外圆时采取以下措施。

①改进工件的装夹方法。在车削细长轴时，一般均采用一头夹和一头顶的装夹方法。同时在卡盘的卡爪下面垫入直径约为 4 mm 的钢丝，使工件与卡爪之间为线接触，避免工件夹紧时被卡爪夹坏。尾座顶尖采用弹性活顶尖，使工件在受热变形而伸长时，顶尖能轴向伸缩，以补偿工件的变形，减小工件的弯曲。

②采用跟刀架使用三爪支承的跟刀架车削细长轴能大大提高工件刚性，防止工件弯曲变形和抵消加工时径向切削分力的影响，减少振动和工件变形。使用跟刀架必须注意仔细调整，保证跟刀架的支承爪与工件表面保持良好的接触，跟刀架中心高与机床顶尖中心须保持一致，若跟刀架的支承爪在加工中磨损，则应及时调整。

③采用反向进给车削细长轴时改变进给方向，使中滑板由车头向尾座移动，这样，刀具施加于工件上的轴向力方向朝向尾座，工件已加工部位受轴向拉伸，轴向变形则可由尾座弹性顶尖来补偿，减少了工件弯曲变形。

④合理选择车刀的几何形状和角度在不影响刀具强度的情况下，为减少切削力和降低切削热，车削细长轴的车刀前角应选择大些；尽量增大主偏角，车刀前面应开有断屑槽，以便较好地断

屑；刃倾角选择 1°30′～3°为好，这样能使切屑流向待加工表面，并使卷屑效果良好。

切削刃表面粗糙度要求在 $Ra=0.4\ \mu m$ 以下，并应保持锋利。

(2)丝杠加工

丝杠是将旋转运动变成直线运动的传动零件，其螺纹属传动螺纹。丝杠不仅能准确地传递运动，而且能传递一定的转矩。因而对其精度、强度、耐磨性和稳定性都有较高要求。

丝杠按其摩擦特性，可分为滑动丝杠、滚动丝杠及静压丝杠三大类，其中滑动丝杠的结构比较简单，制造方便，故应用较广泛。

表 8-2 所示为成批生产卧式车床母丝杠(图 8-5)和小批生产万能螺纹磨床母丝杠(图 8-6)的工艺过程，在编制丝杠工艺规程时，要考虑如何防止弯曲、减少内应力和提高螺距精度等问题。

表 8-2 丝杠加工过程

零件名称	卧式车床母丝杠(不淬硬丝杠)	万能螺纹磨床母丝杠(淬硬丝杠)
精度等级	8 级	6 级
1	下料	锻造
2	正火，校直(径向圆跳动≤1.5 mm)	球化退火
3	切端面，钻中心孔	车端面，钻中心孔
4	粗车两端及外圆	粗车外圆
5	校直(径向圆跳动≤0.6 mm)	高温时效
6	高温时效(径向回跳动≤1 mm)	车端面，钻中心孔
7	取总长，钻中心孔	半精车外圆
8	半精车两端及外圆	粗磨外圆
9	无心磨粗磨外圆	淬火，中温回火
10	旋风切螺纹	研磨两中心孔
11	校直，低温时效(t=1700℃，12h)(径向圆跳动≤0.1 mm)	粗磨外圆
12	无心磨精磨外圆	粗磨出螺纹槽
13	修研中心孔	低温时效
14	车两端轴颈(车前在车床上检查性校直)	研磨两中心孔
15	精车螺纹至图样尺寸(车后在车床上检查性校直)	半精磨外圆
16		半精磨螺纹
17		低温时效
18		研磨两中心孔
19		精磨外圆，检查
20		精磨螺纹(磨出小径)
21		研磨两中心孔
22		终磨螺纹，检查
23		终磨外圆，检查
24		研磨止推端面，检查

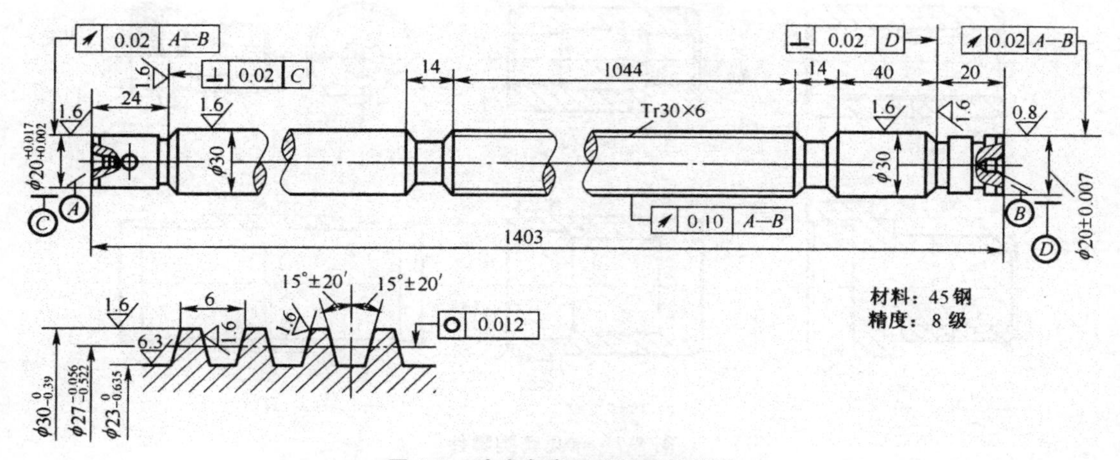

图 8-5　卧式车床母丝杠零件简图

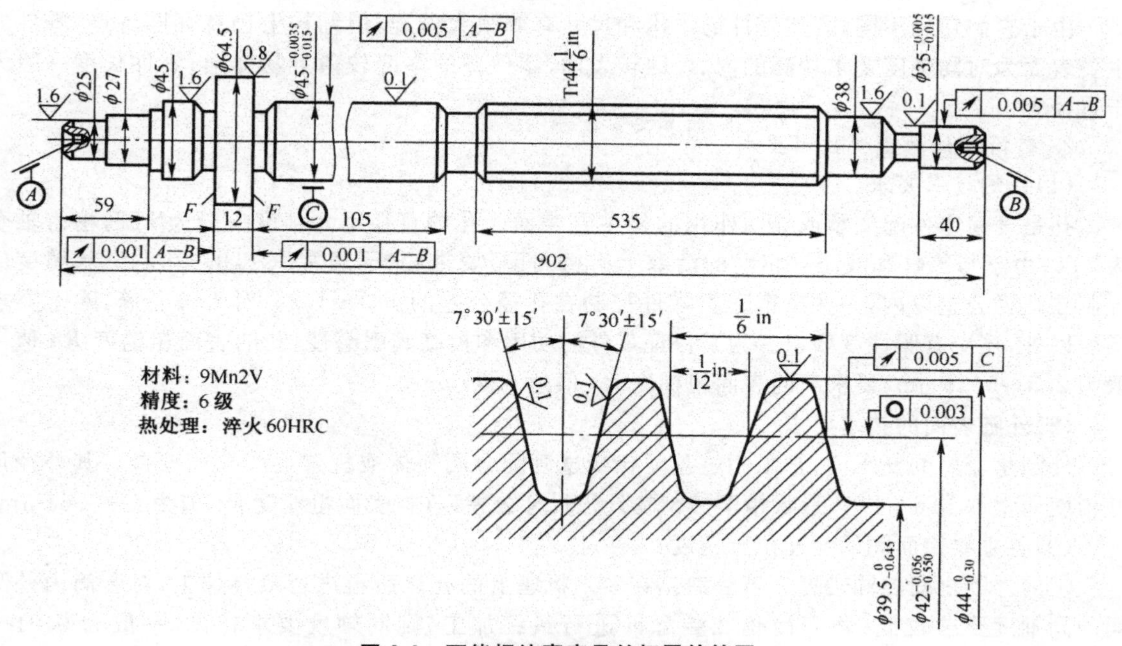

图 8-6　万能螺纹磨床母丝杠零件简图

8.2　套筒零件加工工艺

8.2.1　概述

1. 套筒零件的功用与结构特点

套筒零件是机械中最常见的一种零件，通常起支承或导向作用。它的应用范围很广，如支承旋转轴上的各种形式的轴承、夹具上引导刀具的导向套、模具的导套、内燃机上的气缸套以及液压缸等。图 8-7(a～f)所示为常见的几种套类零件。

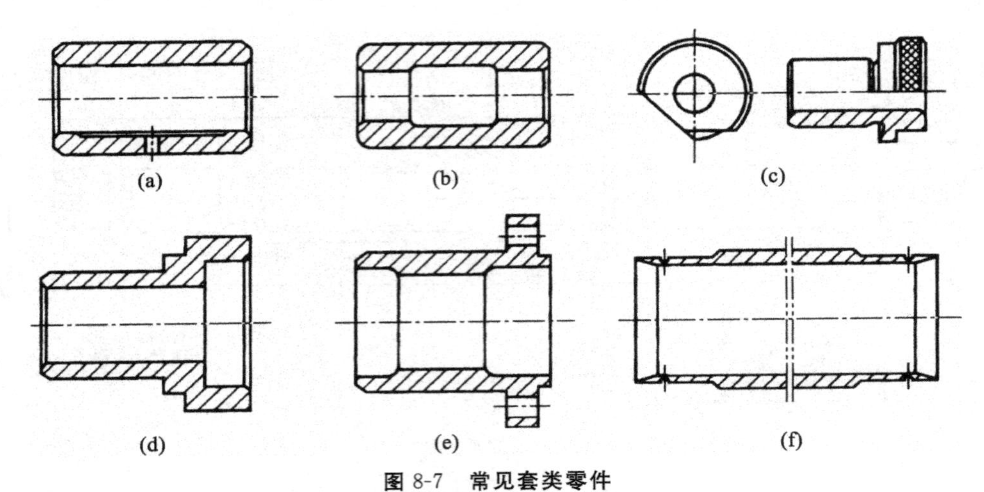

图 8-7　常见套类零件

(a)滑动轴承(一)　(b)滑动轴承(二)　(c)钻套　(d)轴承衬套　(e)缸套　(f)液压缸

由于它们功用不同，套类零件的结构和尺寸有着很大差异，但结构上仍有共同特点：零件的主要表面为对同轴度要求较高的内、外回转表面，零件壁的厚度较薄且易变形，零件长度一般大于直径等。

2. 套筒零件的主要技术要求

(1)孔的技术要求

孔是套筒零件起支承或导向作用的最主要表面。孔的直径尺寸精度一般为 IT7，精密轴套为 IT6；由于与气缸和液压缸相配的活塞上有密封圈，要求较低，通常取 IT9。孔的形状精度应控制在孔径公差以内，一些精密套类零件控制在孔径公差的 1/3～1/2。对于长套筒，除了要求圆度以外，还应有圆柱度要求。为了保证零件的功用和提高其耐磨性，孔的表面粗糙度 Ra 值一般为 2.5～0.16 μm，要求高的表面粗糙度 Ra 值达 0.04 μm。

(2)外圆表面的技术要求

外圆是套筒的支承面，常采用过盈配合或过渡配合同箱体或机架上的孔相连接。其外径尺寸精度通常取 IT6～IT7，形状精度控制在外径尺寸公差以内，表面粗糙度 Ra 值为 5～0.63 μm。

(3)各主要表面间的相互位置精度

①内外圆之间的同轴度。若套筒是在装入机座上的孔之后再进行最终加工，对套筒内外圆间的同轴度要求较低；若套筒是在装配前进行最终加工，则同轴度要求较高，一般为 0.01～0.05 mm。

②孔轴线与端面的垂直度。套筒端面如果在工作中承受轴向载荷，或是作为定位基准和装配基准，这时端面与孔轴线有较高的垂直度或端面圆跳动要求，一般为 0.02～ 0.05 mm。

3. 套筒类零件的材料与毛坯

套筒类零件一般用钢、铸铁、青铜或黄铜制成。有些滑动轴承采用双金属结构，以离心铸造法在钢或铸铁内壁上浇注巴氏合金等轴承合金材料，既可节省贵重的有色金属，又能提高轴承的寿命。

套筒零件毛坯的选择与其材料、结构、尺寸及生产批量有关。孔径小的套筒，一般选择热轧或冷拉棒料，也可采用实心铸件；孔径较大的套筒，常选择无缝钢管或带孔的铸件、锻件；大量生产时，可采用冷挤压和粉末冶金等先进的毛坯制造工艺，既提高生产率又节省材料。

4. 热处理

套筒类零件热处理工序应放在粗、精加工之间，这样可使热处理变形在精加工得到纠正。套筒类零件一般经热处理后变形较大，因此，精加工的余量应适当加大。

8.2.2　套筒类零件加工工艺及其分析

1. 套筒类零件加工的定位和安装

套筒类零件加工的定位和安装根据其功用、结构形状、材料以及尺寸大小的不同而异。就其结构形状来划分，大体可以分为短套筒和长套筒两大类。它们在加工中，其装夹方法和加工方法都有很大的差别，一般在加工短套筒时可以直接用卡盘夹紧外圆，在一次装夹中完成内孔和端面的加工。因卡盘的偏心误差较大，在加工长套筒时需采用定心精度较高的夹具，以保证工件较高的同轴度。加工外圆时，可以用可胀心轴或小锥度心轴以工件的内孔定位，心轴用两顶尖安装，其安装误差很小，可获得较高的位置精度。

2. 短套筒——轴承套的加工工艺分析

加工如图 8-8 所示的轴承套，材料为 ZQSn6－6－3，每批数量为 200 件。

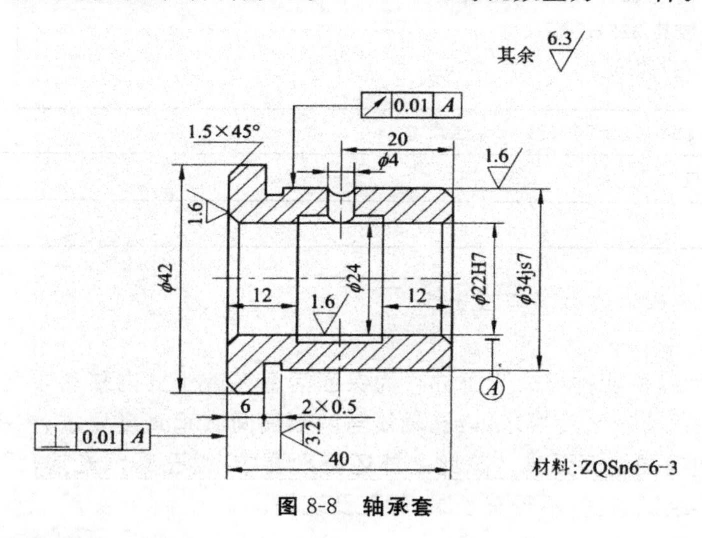

图 8-8　轴承套

(1)轴承套的技术条件

该轴承套属于短套筒，材料为锡青铜。其主要技术要求为：ϕ34js7 外圆对 ϕ22H7 孔的径向圆跳动公差为 0.01 mm；左端面对 ϕ22H7 孔轴线的垂直度公差为 0.01 mm。

轴承套外圆为 IT7 级精度，采用精车可以满足要求；内孔精度也为 IT7 级，采用铰孔可以满足要求。内孔的加工顺序为：钻孔—车孔—铰孔。由于外圆对内孔的径向圆跳动要求在 0.01 mm 内，用软卡爪装夹无法保证。因此精车外圆时应以内孔为定位基准，使轴承套在小锥度心轴上定位，用两顶尖装夹。这样可使加工基准和测量基准一致，容易达到图纸要求。

车、铰内孔时，应与端面在一次装夹中加工出，以保证端面与内孔轴线的垂直度在 0.01 mm 以内。

(2)轴承套的加工工艺

表 8-3 为轴承套的加工工艺过程。粗车外圆时，可采取同时加工 5 件的方法来提高生产率。

表 8-3　轴承套加工工艺过程

序号	工序名称	工序内容	定位与夹紧
10	备料	棒料,按 5 件合一加工下料	
20	钻中心孔	1. 车端面,钻中心孔 2. 调头车另一端面,钻中心孔	三爪夹外圆
30	粗车	车外圆 ϕ42 mm 长度为 6.5 mm,车外圆 ϕ34js7 为 ϕ35 mm,车空刀槽 2×0.5 mm,取总长 40.5 mm,车分割槽 ϕ20×3 mm,两端倒角 1.5×45°,5 件同时加工,尺寸均相同	中心孔
40	钻	钻孔 ϕ22H7 至 ϕ22 mm 成单件	软爪夹 ϕ42 mm 外圆
50	车、铰	1. 车端面取总长 40 mm 至尺寸 2. 车内孔 ϕ22H7 为 $\phi 21.8_{0}^{+0.084}$ mm 3. 内槽 ϕ24×16 mm 至尺寸 4. 铰孔 ϕ22H7 至尺寸 5. 孔两端倒角	软爪夹 ϕ42 mm 外圆
60	精车	车 ϕ34js7(±0.012) mm 至尺寸	ϕ22H7 孔心轴
70	钻	径向油孔 ϕ4 mm	ϕ34 mm 外圆及端面
80	检验		

3. 长套筒——液压缸的加工工艺分析

(1)液压缸的技术条件

图 8-9 所示为无缝钢管材料的液压缸。为保证活塞在液压缸内移动顺利,该液压缸内孔有圆柱度要求,内孔轴线有直线度要求,内孔轴线与两端面间有垂直度要求,内孔轴线对两端支承外圆(ϕ82h6)的轴线有同轴度要求。除此之外还特别要求:内孔必须光洁,无纵向刻痕;若为铸铁材料时,则要求其组织紧密,不得有砂眼、针孔及疏松。

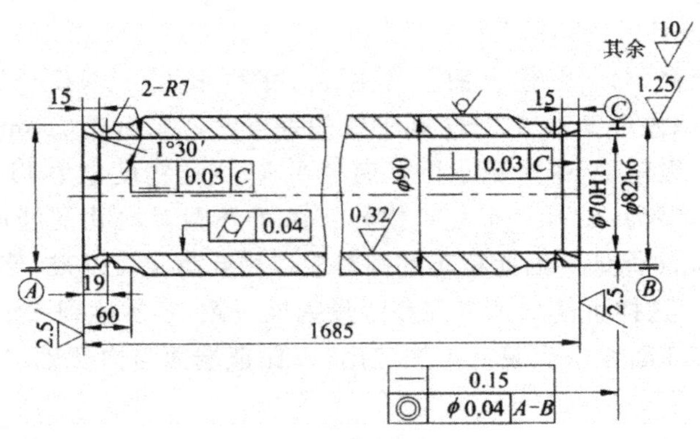

图 8-9　液压缸

(2)表 8-4 所示为液压缸的加工工艺过程。

表 8-4　液压缸的加工工艺过程

序号	工序名称	工序内容	定位与夹紧
10	配料	无缝钢管切断	
20	车	1. 车 ϕ82 mm 外圆到 ϕ88 mm 及 M88×1.5 mm 螺纹(工艺用)	三爪卡盘夹一端,大头顶尖顶另一端
		2. 车端面及倒角	三爪卡盘夹一端,搭中心架托 ϕ88 mm 处
		3. 调头,车 ϕ82 mm 外圆到 ϕ84 mm	三爪卡盘夹一端,大头顶尖顶另一端
		4. 车端面及倒角,取总长 1686 mm(留加工余量 1 mm)	三爪卡盘夹一端,搭中心架托 ϕ88 mm 处
30	深孔推镗	1. 半精推镗孔到 ϕ68 mm	一端用 M88 × 1.5 mm 螺纹固定在夹具中,另一端搭中心架
		2. 精推镗孔到 ϕ69.85 mm	
		3. 精铰(浮动镗刀镗孔)到 $\phi70\pm0.02$ mm,表面粗糙度值 Ra 为 2.5 μm	
40	滚压孔	用滚压头滚压孔至 $\phi70_{0}^{+0.2}$mm,表面粗糙度值 Ra 为 0.32 μm	一端用螺纹固定在夹具中,另一端搭中心架
50	车	1. 车去工艺螺纹,车 ϕ82h6 到尺寸,割 R7 槽	软爪夹一端,以孔定位顶另一端
		2. 镗内锥孔 1°30′及车端面	软爪夹一端,中心架托另一端(百分表找正孔)
		3. 调头,车 ϕ82h6 到尺寸,割 R7 槽	软爪夹一端,顶另一端
		4. 镗内锥孔 1°30′及车端面	软爪夹一端,顶另一端
60	检验		

4. 防止变形的方法

套筒类零件(特别是薄壁套筒)在加工过程中,往往由于夹紧力、切削力和切削热的影响而引起变形,致使加工精度降低。需要热处理的薄壁套筒,如果热处理工序安排不当,也会造成不可校正的变形。防止薄壁套筒的变形,可以采取以下措施:

(1)减小夹紧力对变形的影响

①夹紧力不宜集中于工件的某一部分,应使其分布在较大的面积上,以使工件单位面积上所受的压力较小,从而减少其变形。例如工件外圆用卡盘夹紧时,可以采用软卡爪,用来增加卡爪的宽度和长度,如图 8-10 所示。同时软卡爪应采取自镗的工艺措施,以减少安装误差,提高加工精度。图 8-11 所示为用开缝套筒装夹薄壁工件,由于开缝套筒与工件接触面大,夹紧力均匀分

布在工件外圆上，不易产生变形。当薄壁套筒以孔为定位基准时，宜采用涨开式心轴。

②采用轴向夹紧工件的夹具，如图 8-12 所示，由于工件靠螺母端耳，沿轴向夹紧，故其夹紧力产生的径向变形极小。

③在工件上做出加强刚性的辅助凸边，加工时采用特殊结构的卡爪夹紧，如图 8-13 所示。当加工结束时，将凸边切去。

(2)减少切削力对变形的影响

减小切削力对变形影响的常用方法有以下几种：

①减小径向力，通常可借助增大刀具的主偏角来达到。

②内外表面同时加工，使径向切削力相互抵消。

③粗、精加工分开进行，使粗加工时产生的变形在精加工中得到纠正。

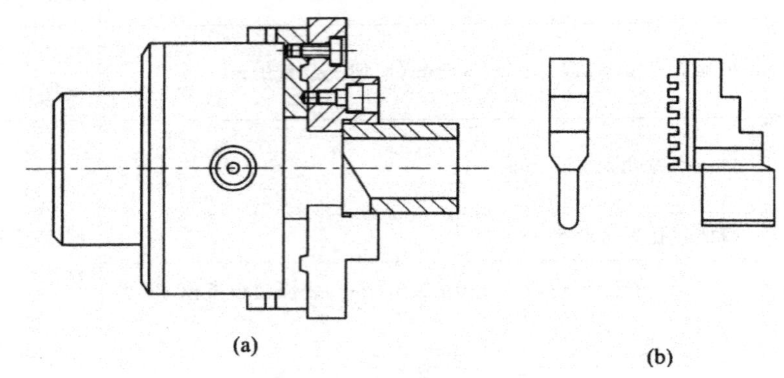

图 8-10 用软卡爪装夹工作

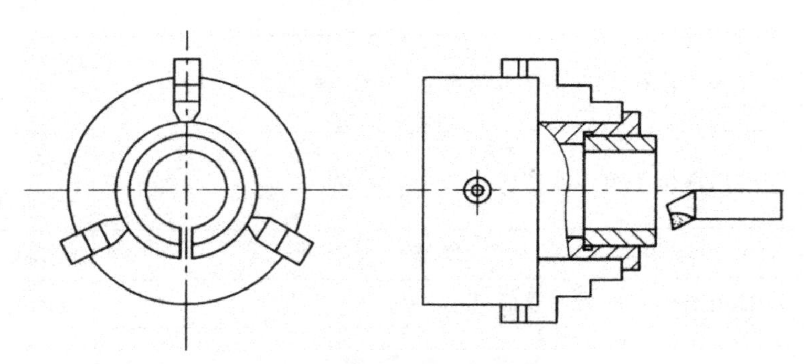

图 8-11 用开缝套筒装夹薄壁工件

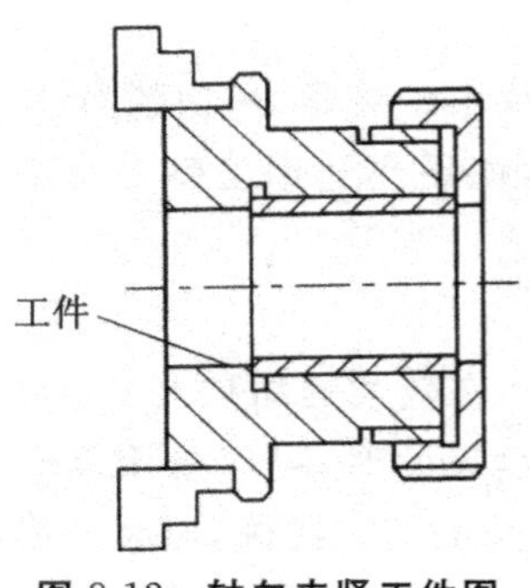

图 8-12 轴向夹紧工件图

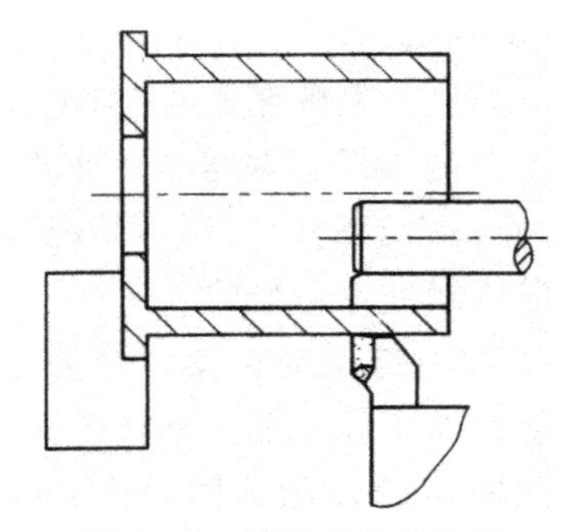

图 8-13 辅助凸边的作用

(3)减少热变形引起的误差

工件在加工过程中受切削热后要膨胀变形,从而影响工件的加工精度。为了减少热变形对加工精度的影响,应在粗、精加工之间留有充分冷却的时间,并在加工时注入足够的切削液。

热处理工序应该安排在精加工之前进行,以使热处理产生的变形在以后的工序中能得到纠正。

8.3 箱体类零件加工工艺

8.3.1 概述

1. 箱体类零件的功用与结构特点

箱体类零件是各类零件的基础零件,它将机器和部件中的轴、套、齿轮等有关零件连接成一个整体,并使之保持正确的位置,以传递转矩或改变转速来完成规定的运动。因此,箱体的加工质量直接影响机器的性能、精度和寿命。

箱体的种类很多,按其功用可分为主轴箱、变速箱、操纵箱、进给箱等。图 8-14(a~f)所示为几种箱体零件的结构简图。

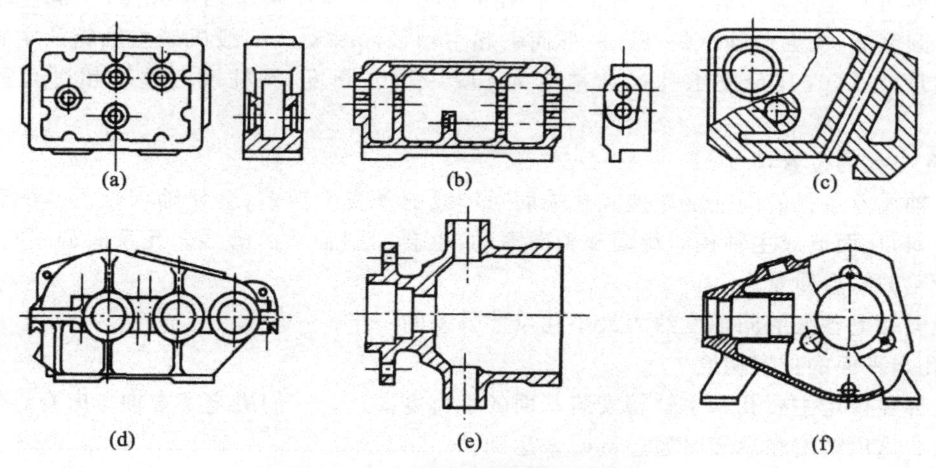

图 8-14 几种箱体零件的结构简图

(a)组合机床主轴箱 (b)车床进给箱 (c)磨床尾座壳体 (d)分离式减速箱 (e)泵壳 (f)曲轴箱

箱体零件由于功用不同,其结构形状往往有较大差别。但各种箱体零件在结构上仍有一些共同点,如其外表面主要由平面构成,结构形状都比较复杂,内部有腔型,箱壁较薄且壁厚不均匀;在箱壁上既有许多精度较高的轴承孔和基准平面需要加工,也有许多精度较低的紧固孔和一些次要平面需要加工。一般说来,箱体零件需要加工的部位较多,且加工难度也较大,因此,精度要求较高的孔、孔系和基准平面构成了箱体类零件的主要加工表面。

(1)平面

平面是箱体、机座、机床床身和工作台类零件的主要表面。根据其作用不同,平面可分为以下几种:

①非接合平面。这种平面不与任何零件相配合,一般无加工精度要求,只有当表面为了增加抗腐蚀和美观时才进行加工,属于低精度平面。

②接合平面。这种平面多数用于零部件的连接面，如车床的主轴箱、进给箱与床身的连接平面，一般对精度和表面质量的要求均较高。

③导向平面。如各类机床的导轨面，这种平面的精度和表面质量要求极高。

④精密工具和量具的工作表面。这种平面如钳工的平台、平尺的测量面和计量用量块的测量平面等。这种平面要求精度和表面质量均很高。

(2)孔系

孔和孔系是由轴承支承孔和许多相关孔组成。由于它们加工精度要求高，加工难度大，因此是机械加工中的关键。

2. 箱体类零件的主要技术要求

箱体类零件中以机床主轴箱的精度要求最高。下面以图8-15所示的车床主轴箱为例，分析箱体类零件的主要技术要求。

根据箱体主要构成表面——平面和孔在机床中功用的不同，可归纳为五方面技术要求。

(1)孔径精度

孔径的尺寸误差和几何形状误差会造成轴承与孔的配合不良。孔径过大会使配合过松，使主轴的回转轴线不稳定，并降低了支承刚性，易产生振动和噪音；孔径过小会使配合过紧，轴承将因外圈变形而不能正常运转，缩短寿命。孔径的形状误差会反映给轴承外圈，引起主轴回转误差。孔的圆度低，也会使轴承的外圈变形而引起主轴径向跳动。一般机床主轴箱的主轴支承孔的尺寸精度为IT6，其余支承孔尺寸精度为IT7～IT6，圆度、圆柱度公差不超过孔径公差的一半。

(2)孔与孔的位置精度

同一轴线上各孔的同轴度误差和孔端面对轴线的垂直度误差，会使轴和轴承装配到箱体内后出现歪斜，从而造成主轴径向跳动和轴向窜动，也会加剧轴承的磨损。孔系间的平行度误差，会影响齿轮的啮合质量。

一般同轴上各孔的同轴度约为最小孔尺寸公差的一半。

(3)孔与平面的位置精度

一般都要规定主要孔和主轴箱安装基面的平行度要求。它们决定了主轴与床身导轨的相互位置关系。这项精度在总装时通过刮研来达到。

(4)主要平面的精度

装配基面的平面度误差主要影响主轴箱与床身连接时的接触刚度。若加工过程中作为定位基准，则会影响主要孔的加工精度。因此，规定安装底面和导向面间必须垂直。图8-15中主要平面的平面度直接影响主轴箱与床身连接时的接触刚度，以此面作为定位基准则会影响主要孔的加工精度。

用涂色法检查接触面积或单位面积上的接触点数来衡量平面的平面度高低。而顶面的平面度则是为了保证箱盖的密封性，防止工作时润滑油的泄漏。

(5)表面粗糙度

重要孔和主要平面的表面粗糙度会影响连接面的配合性质和接触刚度。一般主轴孔的表面粗糙度为 Ra 0.4 μm，其他各纵向孔为 Ra1.6 μm，装配基准面和定位基准面为 Ra 2.5～0.63 μm，其他平面为 Ra 2.5～10 μm。

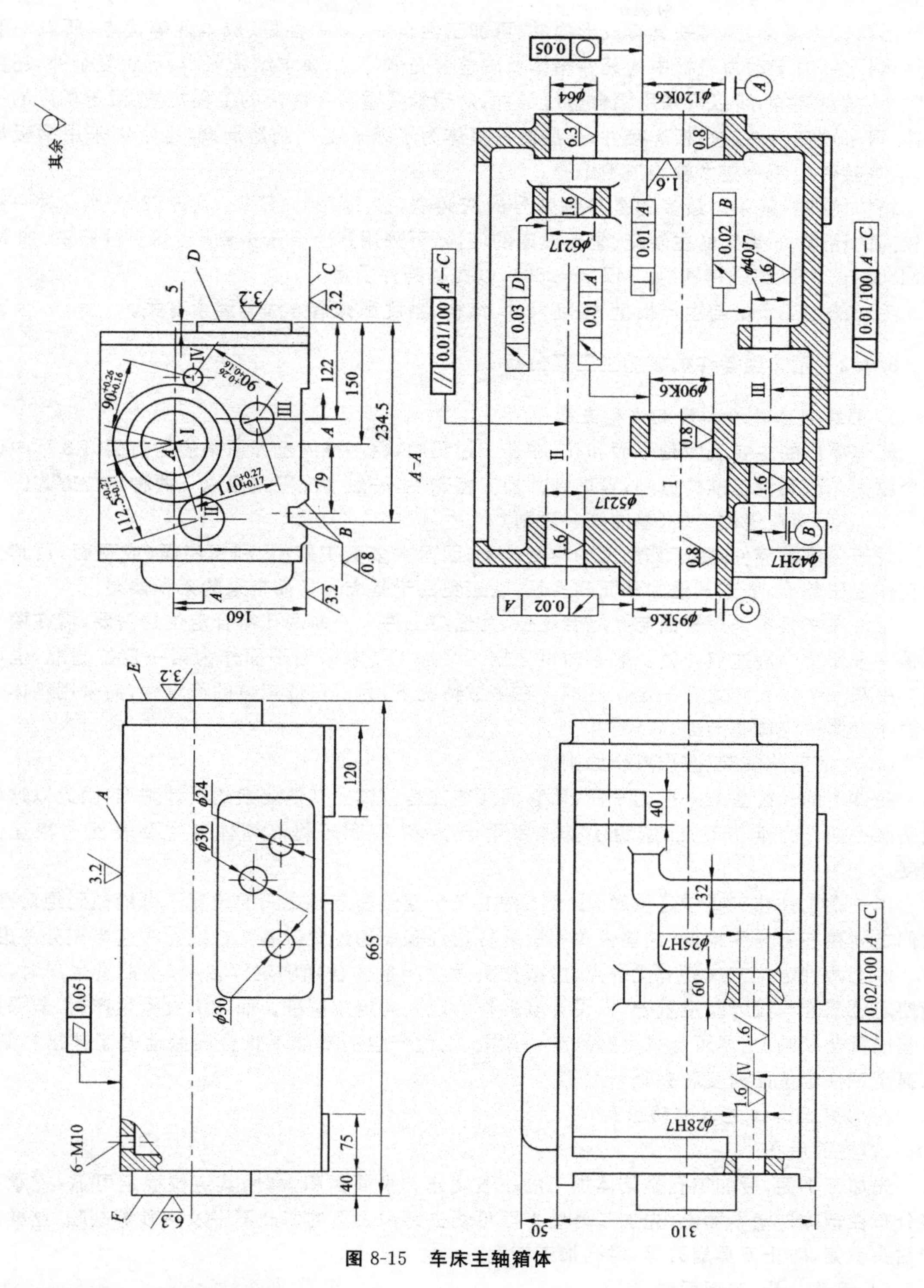

图 8-15　车床主轴箱体

3．箱体零件的材料与毛坯

箱体毛坯制造方法有两种，一种是采用铸造，另一种是采用焊接。对金属切削机床的箱体，由于形状较为复杂，而铸铁具有成形容易、可加工性良好、吸振性好、成本低等优点，所以一般都采用铸铁件；对于动力机械中的某些箱体及减速器壳体等，除要求结构紧凑、形状复杂外，还要求体积小、质量轻等，所以可采用铝合金压铸件；对于承受重载和冲击的工程机械、锻压机床的一些箱体，可采用铸钢件或钢板焊接件；某些简易箱体为了缩短毛坯制造周期，也常常采用钢板焊接件，但焊接件的残余应力较难消除干净。

箱体铸铁材料采用最多的是各种牌号的灰铸铁，如 HT200、HT250、HT300 等。对一些要求较高的箱体，如镗床的主轴箱、坐标镗床的箱体，可采用耐磨合金铸铁（又称密烘铸铁，如 MT-CrMoCu－300）、高磷铸铁（如 MTP－250），以提高铸件质量。

毛坯的加工余量与生产批量、毛坯尺寸、结构、精度和铸造方法等因素有关。

8.3.2 箱体类零件机械加工工艺分析

1. 箱体类零件加工的定位和安装

箱体零件的主要表面是平面和孔，在加工过程中，粗基准的选择原则遵循前面第 3 章中讲的五个原则。而其精基准的原则，考虑到其加工特殊性，一般情况下采用以下两种定位方式。

(1)一面两孔定位安装（基准统一原则）

对于箱体类零件，由于其加工的难度较大，因而在多数工序中，利用底面（或顶面）及其上的两孔作定位基准，加工其他的平面和孔系，以避免由于基准转换而带来的累积误差。

工件在夹具中采用平面与孔组合定位，为适应工件以一面两孔组合定位的需要，需在两个定位销中采用一个削边定位销。装夹时可根据工序加工要求采用平面作为第一定位基准，也可采用其中某一个内孔作为第一定位基准。在多数情况下，为了保证定位的稳定性，而采用箱体上的平面作为第一定位基准面。

(2)三面定位安装（基准重合原则）

箱体上的装配基准一般为平面，而它们又往往是箱体上其他要素的设计基准，因此以这些装配基准平面作为定位基准，避免了基准不重合误差，有利于提高箱体各主要表面的相互位置精度。

当一批工件在夹具中定位时，由于工件上三个定位基准面之间的位置不可能做到绝对准确，它们之间存在着角度偏差，这些偏差将引起各定位基准的位置误差。在设计时应当充分考虑。

以上两种定位方式各有优缺点，应根据实际生产条件合理确定。在中、小批量生产时，尽可能使定位基准与设计基准重合，以设计基准作为统一的定位基准。而在大批量生产时，若采用不了基准重合原则，则尽可能采用基准统一原则，由此产生的基准不重合误差通过工艺措施解决，如提高工件定位面精度和夹具精度等。

2. 拟定箱体工艺过程的原则

(1)先面后孔

先加工平面，后加工孔是箱体加工的一般规律。平面面积大，用其定位稳定可靠；支承孔大多分布在箱体外壁平面上，先加工外壁平面可切去铸件表面的凹凸不平及夹砂等缺陷，这样可减少钻头引偏，防止刀具崩刃等，对孔加工有利。

(2)粗精分开、先粗后精

箱体的结构形状复杂，主要平面及孔系加工精度高，一般应将粗、精加工工序分阶段进行，先进行粗加工，后进行精加工。

（3）基准的选择

箱体零件的粗基准一般都用它上面的重要孔和另一个相距较远的孔作粗基准，以保证孔加工时余量均匀。精基准选择一般采用基准统一的方案，常以箱体零件的装配基准或专门加工的一面两孔为定位基准，使整个加工工艺过程基准统一，夹具结构类似，基准不重合误差降至最小甚至为零（当基准重合时）。

（4）工序集中，先主后次

箱体零件上相互位置要求较高的孔系和平面，一般尽量集中在同一工序中加工，以保证其相互位置要求和减少装夹次数。紧固螺纹孔、油孔等次要工序的安排，一般在平面和支承孔等主要加工表面精加工之后再进行加工。

（5）工艺过程中安排必要的去应力热处理

箱体结构复杂，壁厚不均匀，铸造残余应力较大。为了消除残余应力、减少加工后的变形、保证加工精度的稳定性，铸造之后要安排人工时效处理。人工时效的规范为：加热到500℃～550℃，保温4～6 h，冷却速度小于等于30℃/h，出炉温度低于200℃。

对于普通精度的箱体，一般在铸造之后安排一次人工时效；对一些较高精度的箱体或形状特别复杂的箱体，在粗加工之后还要安排一次人工时效处理，以消除粗加工所产生的内应力；对精度要求不高的箱体毛坯，有时不安排人工时效，而是利用粗、精加工工序间的停放和运输时间使之自然完成时效处理。

（6）组合式箱体应先组装后镗孔

当箱体是两个零件以上的组合式箱体时，若孔系位置精度高，又分布在各组合件上，则应先加工各接合面，再进行组装，然后镗孔，以避免装配误差对孔系精度的影响。

3. 箱体类零件主要表面的加工方法

箱体类零件上有许多表面需要进行加工，各表面的加工精度要求不一样，加工的周期长，而且各主要表面间还有相互位置精度要求，各个表面采用哪种加工方法较合理，需根据零件的形状、尺寸、材料、技术要求、生产类型及工厂现有设备来决定。

平面加工方法有刨、铣、拉、磨等。刨削和铣削常用作平面的粗加工和半精加工，而磨削则用作平面的精加工。此外还有刮研、研磨、超精加工、抛光等光整加工方法。

（1）刨削

刨削是单件小批量生产的平面加工最常用的方法，可加工平面、沟槽。刨削可分为粗刨和精刨。

（2）铣削

铣削是平面加工中应用最普遍的一种方法，是用多刃回转体刀具在铣床上对平面、沟槽、弧形面、螺旋槽、齿轮、凸轮和特形面进行加工的一种切削加工方法。不同坐标方向运动的配合联动和不同形状刀具配合，可以实现不同类型表面的加工。

（3）磨削

磨削是用于零件精加工和超精加工的切削加工方法。它除能磨削普通材料外，尤其适用于一般刀具难以切削的高硬度材料的加工。

平面的光整加工。对于尺寸精度和表面粗糙度要求很高的零件，一般都要进行光整加工。平面的光整加工方法很多，一般有研磨、刮研、超精加工和抛光。

在选择平面加工方法时，不仅要根据机床的加工性质来进行选择，同时还要充分考虑到机床的经济加工精度，以最大可能地降低生产成本。表 8-5 给出了平面加工方法、经济精度和经济粗糙度以及适用范围。

表 8-5　平面加工方法

序号	加工方法	经济精度（公差等级表示）	经济粗糙度 $Ra/\mu m$	适用范围
1	粗车	IT13～IT11	12.5～50	端面
2	粗车—半精车	IT10～IT8	3.2～6.3	
3	粗车—半精车—精车	IT8～IT7	0.8～1.6	
4	粗车—半精车—磨削	IT8～IT6	0.2～0.8	
5	粗刨（或粗铣）	IT13～IT11	6.3～25	一般不淬硬平面（端铣表面粗糙度 Ra 值较小）
6	粗刨（或粗铣）—精刨（或精铣）	IT10～IT8	1.6～6.3	
7	粗刨（或粗铣）—精刨（或精铣）—刮研	IT7～IT6	0.1～0.8	精度要求较高的不淬硬平面，批量较大时宜采
8	以宽刃精刨代替 7 中的刮研	IT7	0.2～0.8	用宽刃精刨方案
9	粗刨（或粗铣）—精刨（或精铣）—磨削	IT7	0.2～0.8	精度要求高的淬硬平面或不淬硬平面
10	粗刨（或粗铣）—精刨（或精铣）—粗磨—精磨	IT7～IT6	0.025～0.4	
11	粗铣—拉	IT9～IT7	0.2～0.8	大批量生产，较小的平面（精度视拉刀精度而定）
12	粗铣—精铣—磨削—研磨	IT5 以上	0.006～0.1（或 Ra 0.05）	高精度平面

4. 孔系的加工方法

箱体上一系列相互位置有精度要求的孔的组合，称为孔系。孔系可分为同轴孔系、平行孔系和交叉孔系。图 8-16(a)所示为同轴孔系，图 8-16(b)所示为平行孔系，图 8-16(c)所示为交叉孔系。

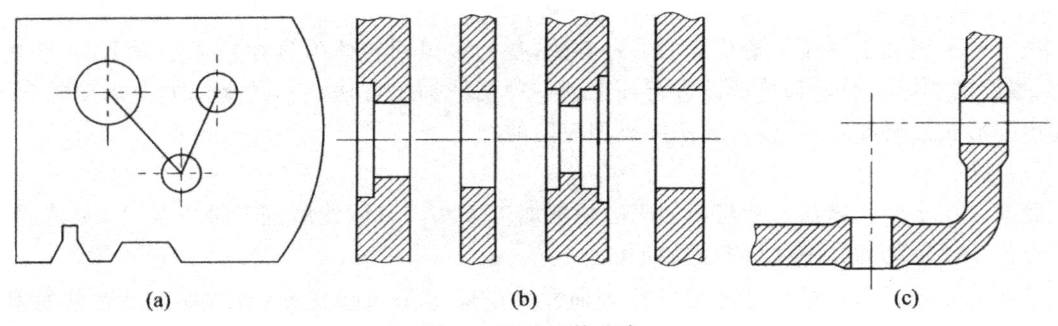

图 8-16　孔系的分类

孔系加工不仅孔本身的精度要求较高，而且孔距精度和相互位置精度的要求也高，因此是箱体加工的关键。

(1)平行孔系加工

平行孔系的主要技术要求是：各平行孔轴心线之间以及轴心线与基面之间的尺寸精度和位置精度。下面介绍保证孔距精度的三种加工方法。

①找正法。找正法包括：

· 划线找正法。加工前在毛坯上按图纸要求划出各孔的加工位置线，加工时按划线找正进行，效率低、误差大，孔距精度仅为±0.3 mm，一般用于单件小批量生产中孔距精度要求不高的孔系加工。为了提高划线找正精度，可以结合试切法进行。即先按划线找正加工出一个孔，然后按划线将机床主轴调到第二个孔中心，试镗出一个比图样尺寸小的孔，测量两孔的实际孔心距，若不符合图纸要求，则根据测量结果调整主轴，再进行试镗、测量、调整。循环进行上述工作，直到满足图样要求，这样孔距精度可达到 0.08～0.25 mm。

· 心轴和块规找正法。具体可见图 8-17 所示，将精密心轴插入镗床主轴孔内，然后根据孔与定位基面的距离用块规、塞尺校正主轴位置，镗第一排孔；镗第二排孔时，将心轴插入已加工孔及镗床主轴孔内，采取相同的方法找正、镗孔。此方法孔距精度可达±0.03 mm，但生产率低，仅适用于单件小批量生产。

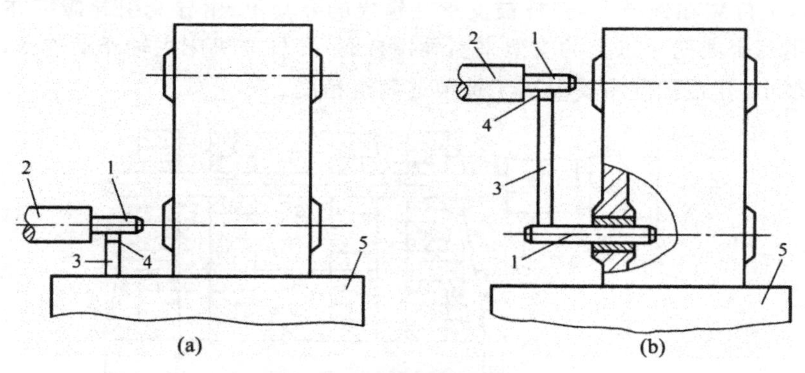

图 8-17　用心轴和块规找正

(a)第一工位　(b)第二工位

1—心轴；2—镗床主轴；3—块规；4—塞尺；5—镗床工作台

· 样板找正法。具体可见图 8-18 所示，按箱体的孔系关系制造出相应样板 1。样板厚 10～20 mm，孔距精度较实际工件孔距精度高(一般为±0.01 mm)；样板孔径较工件的孔径大以便镗杆通过；样板孔的直径精度要求不高，但要有较高的几何形状精度和较小的表面粗糙度值。使用时将样板准确地装到工件上，在机床主轴上装上一个千分表 2，按样板逐个找正主轴位置，换上镗刀即可加工。此法加工中不易出错，找正迅速，孔距精度可达±0.05 mm，且样板成本低，仅为镗模成本的 1/7～1/9，常用于小批量大型箱体的加工。

②坐标法。坐标法镗孔是将被加工孔系间的孔距尺寸，换算为两个相互垂直的坐标尺寸。然后在机床设备上借助测量装置，调整机床主轴与工件在水平与垂直方向的相对位置，来保证孔距精度的一种镗孔方法。

显然，加工前先需将图纸上的孔距尺寸的公差换算为以主轴中心为原点的相互垂直的坐标尺寸及公差(借助三角几何关系及工艺尺寸链规律即可算出)。目前已有相应的坐标转换计算程

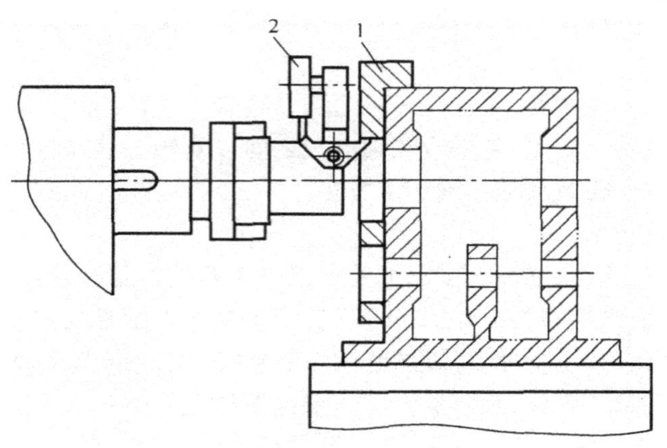

图 8-18 **样板找正法**

1—样板；2—千分表

序，也可以借助计算机完成该项工作。

坐标法镗孔的加工精度取决于机床的坐标位移精度。

③镗模法。镗模法加工孔系是利用撞模板上的孔系保证工件上孔系位置精度的一种方法。如图 8-19 所示，工件装在镗模上，镗杆被支承在镗模的导套里，由导套引导撞杆在工件的正确位置上镗孔。当用两个或两个以上的支架来引导镗杆时，镗杆与机床主轴浮动连接，机床精度对加工精度的影响很小，孔距精度主要取决于镗模的制造精度。

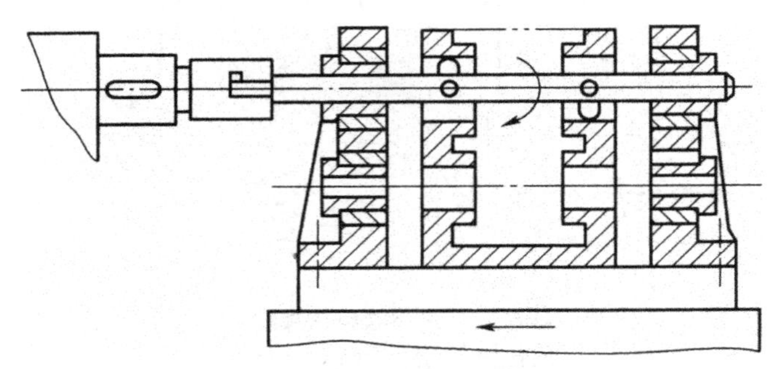

图 8-19 **用镗模加工孔系**

镗模法加工孔系时镗杆刚度大大提高，有利于多刀同时切削，定位夹紧迅速，节省了调整、找正的时间，生产率高，广泛应用于成批及大量生产过程，但由于镗模自身精度差，导套与镗杆之间存在间隙与磨损，所以孔系的加工精度不会很高，孔距精度一般为±0.05 mm，同轴度和平行度从一端加工时可达 0.02～0.03 mm；当分别从两端加工时可达 0.04～0.05 mm。此外镗模的精度高、制造周期长、成本高，对于大型箱体较少采用镗模法。用镗模法加工孔系，既可以在通用机床上加工，也可在专用机床或组合机床上加工。

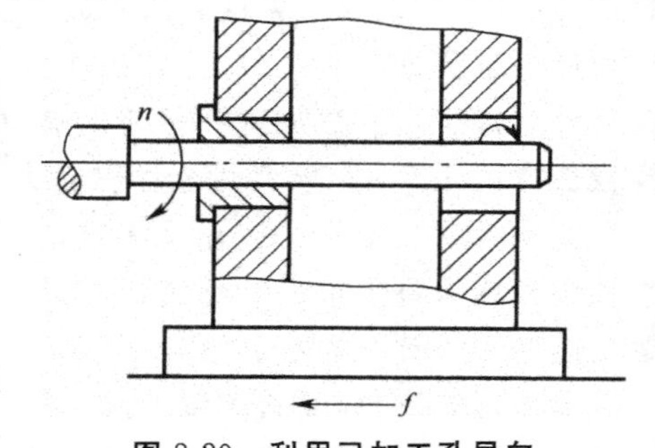

图 8-20 **利用已加工孔导向**

(2)同轴孔系加工

同轴孔系加工主要要保证各孔的同轴度精度。在使用镗模的成批生产中，这一精度由镗模保证。对于单件小批量生产，其同轴度精度可用下面几种方法保证。

①利用已加工孔作支承导向。如图 8-20 所示，当箱体前壁上的孔加工完毕后，在孔内装一导向套，支承和引导镗杆加工后壁上的孔，以保证两孔的同轴度要求，这种方法适用于加工箱壁相距较近的同轴线孔。

②用镗床后立柱上的导向套支承导向。这种方法镗杆为两端支承，刚性好，但调整麻烦，镗杆较长，只适用于加工大型箱体。

③采用调头镗法。当箱体箱壁上的两孔相距较远时，宜采用调头镗。即工件一次装夹完，镗好一端的孔后，将镗床工作台回转 180°，镗另一端的同轴孔。该方法不用夹具和长镗杆，准备周期短，镗杆悬伸长度短，刚性好，但调整工作台回转后会带来误差。该误差调整方法如下：镗孔前用装在镗杆上的百分表对箱体上与所镗孔轴线平行的工艺基面进行校正，使其和镗杆轴线平行，如图 8-21(a)所示。当完成 A 壁上的孔加工后，工作台回转 180°，并用镗杆上的百分表沿此平面重新校正，如图 8-21(b)所示。再以工艺基面为测量基准，使镗杆轴线与 A 壁上的孔轴线重合，再镗箱体 B 壁上的孔。

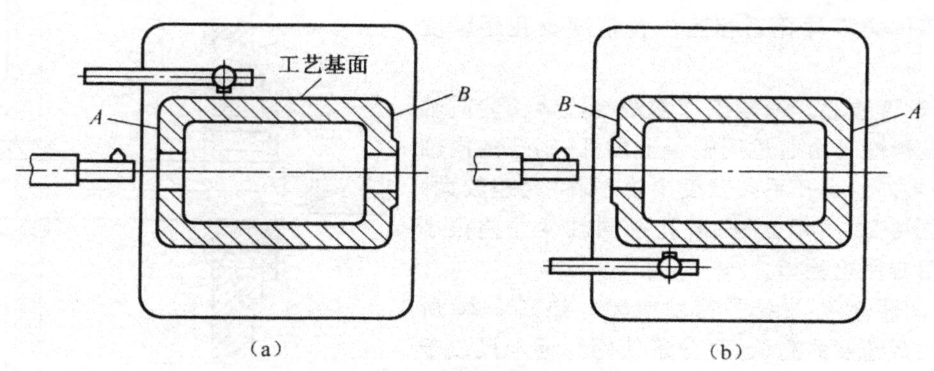

图 8-21　调头镗对工件的校正

(3)交叉孔系的加工

交叉孔系加工的主要技术要求是控制相关孔的垂直度。在单件小批量生产时采用找正法。如图 8-22 所示，在已加工的孔中插入心轴，然后将工作台旋转 90°，移动工作台并用百分表找正。在成批生产时一般采用镗模法，垂直度主要由镗模保证。

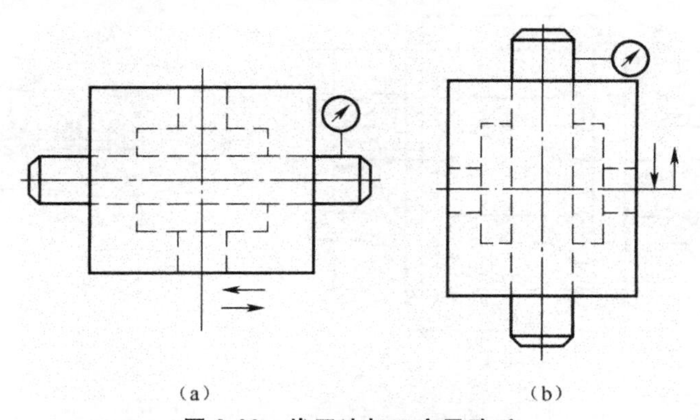

图 8-22　找正法加工交叉孔系

5. 箱体类零件的检验

(1)箱体的主要检验项目

通常箱体类零件的主要检验项目包括:

①各加工表面的表面粗糙度及外观。

②孔与平面尺寸精度及几何形状精度。

③孔距精度。

④孔系相互位置精度(各孔同轴度、轴线间平行度与垂直度、孔轴线与平面的平行度及垂直度等)。

表面粗糙度检验通常用目测或样板比较法,只有当 Ra 值很小时才考虑使用光学量仪。外观检查只需根据工艺规程检查完工情况及加工表面有无缺陷即可。

孔的尺寸精度一般用塞规检验。在需确定误差数值或单件小批量生产时可用内径千分尺或内径千分表检验,若精度要求很高,可用气动量仪检验。平面的直线度可用平尺和厚薄规或水平仪与桥板检验;平面的平面度可用自准直仪或水平仪与桥板检验,也可用涂色检验。

(2)箱体类零件孔系相互位置精度及孔距精度的检验

①同轴度检验。一般工厂常用检验棒检验同轴度,若检验棒能自由通过同轴线上的孔,则孔的同轴度在允差之内。当孔系同轴度要求不高(允差较大)时,可用图 8-23 所示方法;若孔系同轴度允差很小时,可改用专用检验棒。

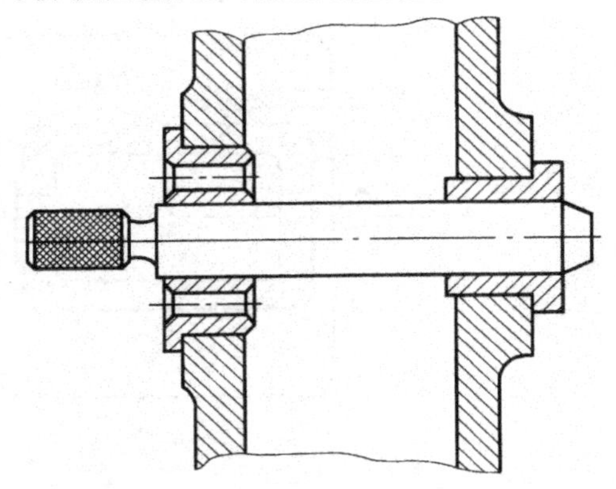

图 8-23　用通用检验棒检验同轴度

②孔间距和孔轴线平行度检验。如图 8-24 所示,根据孔距精度的高低,可分别使用游标卡尺或千分尺。测量出图示 a_1 和 a_2 或 b_1 和 b_2 的大小,即可得出孔距 A 和平行度的实际值。使用游标卡尺时,也可不用心轴和衬套,直接量出两孔母线间的最小距离。孔距精度和平行度要求严格时,也可用块规测量。为提高测量效率,可使用图中 K 向视图所示的装置,其结构与原理类似于内径尺。

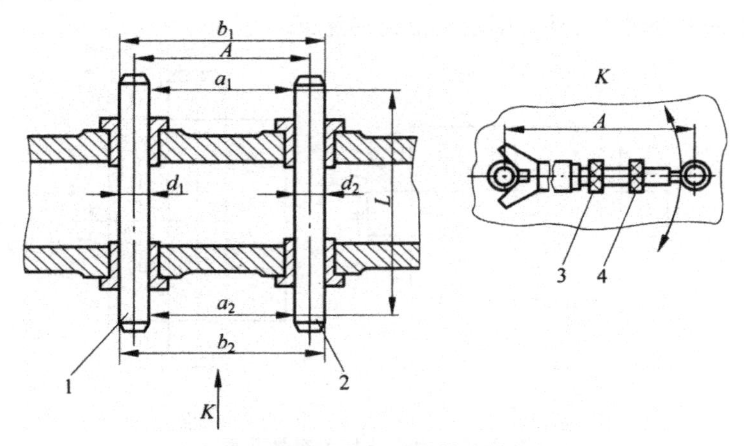

图 8-24　检验孔间距和孔轴线的平行度

1、2—标准量棒;3—锁紧螺母;4—调整螺钉(与量脚固连为一体)

③孔轴线对基准平面的距离和平行度的检验方法如图 8-25 所示。

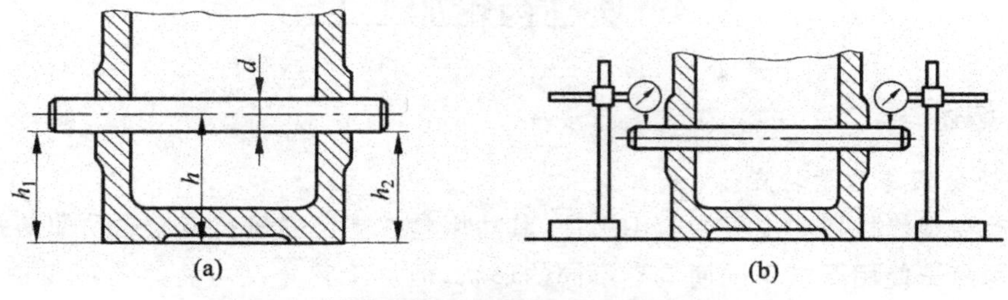

图 8-25　检验孔轴线对基准平面的距离和平行度

(a)距离检验　(b)平行度检验

④两孔轴线垂直度检验可用图 8-26(a)或 8-26 (b)的方法,基准轴线和被测轴线均用心轴模拟。

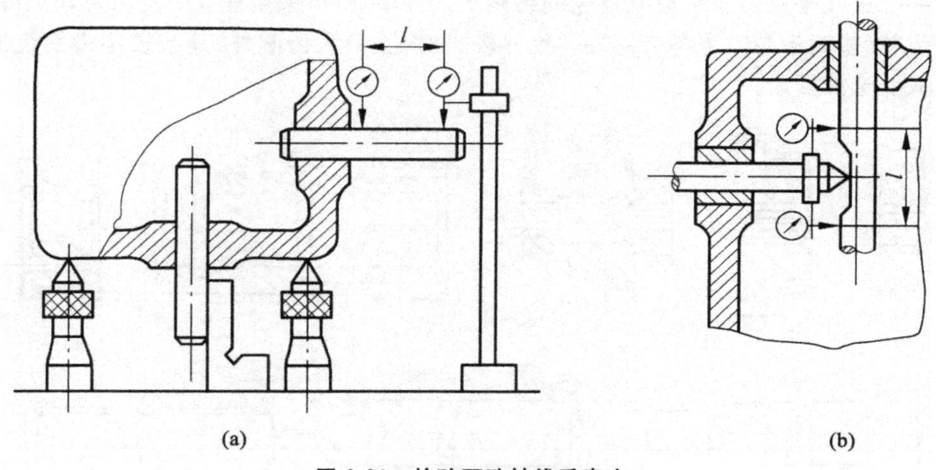

图 8-26　检验两孔轴线垂直度

(a)检验方案一　(b)检验方案二

⑤孔轴线与端面垂直度检验。在被测孔内装模拟心轴,并在其一端装上千分表,使表的测头垂直于端面并与端面接触,将心轴旋转一周即可测出孔与端面的垂直度误差[图 8-27(a)]。将带有检验圆盘的心轴插入孔内,用着色法检验圆盘与端面的接触情况,或用厚薄规检查圆盘与端面的间隙 Δ,也可确定孔轴线与端面的垂直度误差[图 8-27(b)]。

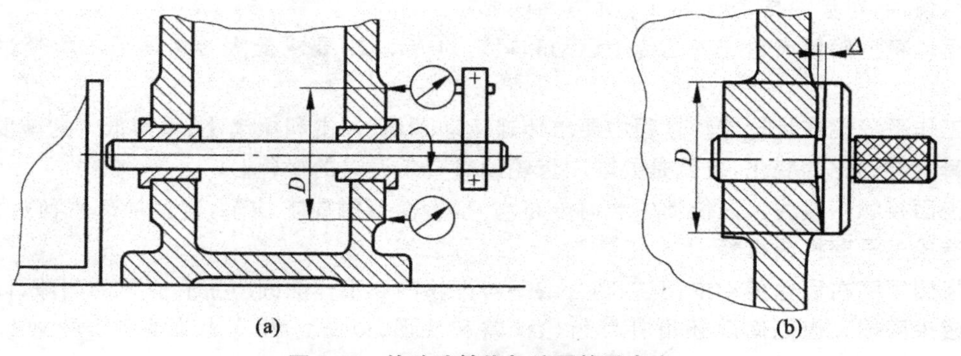

图 8-27　检验孔轴线与端面的垂直度

(a)检验方案一　(b)检验方案二

8.4 圆柱齿轮加工工艺

8.4.1 概述

1. 齿轮的功用与结构特点

齿轮传动在现代机器和仪器中应用极广，其功用是按规定的速比传递运动和动力。

齿轮结构由于使用要求不同而具有不同的形状，但从工艺角度可将其看成是由齿圈和轮体两部分构成。按照齿圈上轮齿的分布形式，齿轮可分为直齿、斜齿和人字齿轮等；按照轮体的结构形式特点，齿轮可大致分为盘形齿轮、套筒齿轮、轴齿轮和齿条等，具体可见图 8-28。

在各种齿轮中以盘形齿轮应用最广。其特点是内孔多为精度要求较高的圆柱孔或花键孔，轮缘具有一个或几个齿圈。单齿圈齿轮的结构工艺性最好，可采用任何一种齿形加工方法加工。对多齿圈齿轮（多联齿轮），当各齿圈轴向尺寸较小时，除最大齿圈外，其余较小齿圈齿形的加工方法通常只能选择插齿。

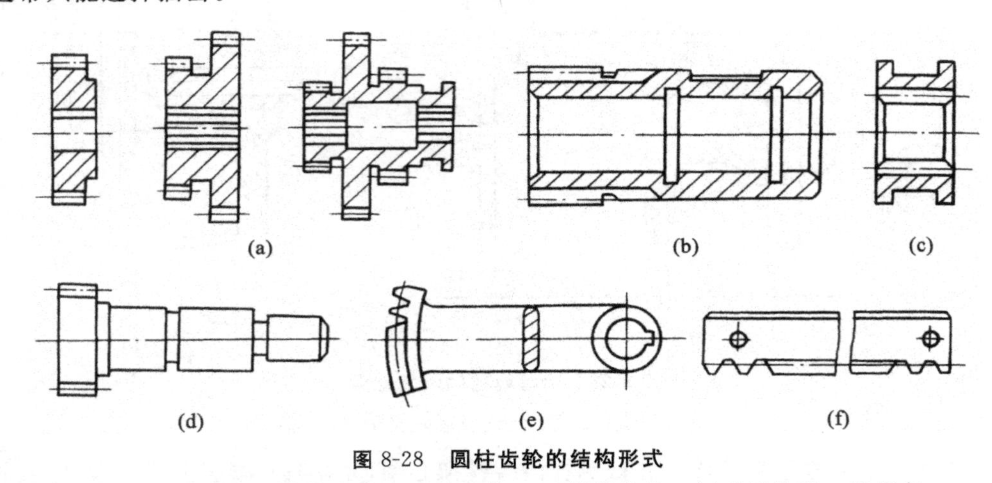

图 8-28 圆柱齿轮的结构形式

(a)盘类零件 (b)套类齿轮 (c)内齿轮 (d)轴类齿轮 (e)扇形齿形 (f)齿条

2. 圆柱齿轮的技术要求

齿轮本身的制造精度，对整个机器的工作性能、承载能力及使用寿命都有很大影响。根据齿轮的使用条件，对齿轮传动提出以下几方面的要求：

①运动精度确保齿轮准确的传递运动和恒定的传动比，要求最大转角误差不能超过相应的规定值。

②工作平稳性在齿轮传动过程中要求传递运动平稳、冲击和振动小、噪声低。这就要限制齿轮传动瞬间传动比的变化，也就是要限制齿轮瞬时转角误差的变化。

③齿面接触精度为保证传动中载荷分布均匀，齿面接触要求均匀，避免局部载荷过大、应力集中等造成过早磨损或折断。

④齿侧间隙在齿轮传动中，互相啮合的一对齿轮的非工作面间应留有一定的间隙，以便储存润滑油减少磨损。齿侧间隙还可补偿齿轮误差和变形，以防止齿轮传动发生卡死或齿面烧蚀现象。

齿轮的制造精度和齿侧间隙主要根据齿轮的用途和工作条件加以规定。对于分度传动用齿轮，主要的要求是齿轮运动精度，使得传递的运动准确可靠；对于高速动力传动用的齿轮，必须要求工作平稳，没有冲击和噪声；对于重载低速传动用的齿轮，则要求齿的接触精度要好，使啮合齿的接触面积大，不致引起齿面过早的磨损；对于换向传动和读数机构，齿侧间隙应严格控制，必要时还需消除间隙。

现行国家标准 GB/T 10095.1—2008 和 GB/T 10095.2—2008 对平行传动的圆柱齿轮规定了 13 个精度等级，其中第 0 级精度最高，第 12 级精度最低，0～2 级为待开发的精度等级，通常称 3、4 级为超精密级，5、6 级为精密级，7、8 级为普通级，8 级以下为低精度级。影响齿轮及齿轮副精度的误差有许多种，根据齿轮各项误差对齿轮传动性能的主要影响，将齿轮各项公差分为三组，可根据齿轮精度等级不同，从三个组中各选定 1、2 项控制和检验齿轮前三项传动精度的项目。

齿坯的内孔和基准端面通常是齿形加工、检验、装配的基准，所以根据齿轮的精度等级对齿坯的加工精度也有相应的要求。

3. 齿轮材料、毛坯和热处理

(1)齿轮的材料

速度较高的齿轮传动，齿面易产生点蚀，应选用硬层较厚的高硬度材料；有冲击载荷的齿轮传动，轮齿易折断，应选用韧性较好的材料；低速重载的齿轮传动，轮齿极易折断又易磨损，应选择机械强度大、经热处理后齿面硬度高的材料。

(2)热处理

当前生产中常用的材料及热处理如下。中碳结构钢(如 45 钢)进行调质或表面淬火，常用于低速、轻载或中载的 7 级精度以下的齿轮。中碳合金结构钢(如 40Cr)进行调质或表面淬火，适用于制造速度较高、载荷较大、精度 6 级以上的齿轮。低碳合金结构钢(如 20Cr)经渗碳后淬火，齿面硬度可达 58～63HRC，而芯部又有较好的韧性，既耐磨又能承受冲击载荷。这种材料适合于制造高速、中载或具有冲击载荷的齿轮。渗氮钢(如 38CrMoAIA)经渗氮处理后，比渗碳淬火齿轮具有更高的耐磨性与耐蚀性，由于变形小，可以不磨齿，常用于制作高速传动的齿轮。铸铁容易铸成形状复杂的齿轮，成本低，但抗弯强度、耐冲击性能差，常用于受力不大、冲击小的低速齿轮。其他非金属材料(如夹布胶木与尼龙等)，这些材料强度低，容易加工，适于制造轻载荷的传动齿轮。

(3)齿轮毛坯

毛坯的选择取决于齿轮的材料、形状、尺寸、使用条件、生产批量等因素。常用的毛坯种类有：

①铸铁件。用于受力小、无冲击、低速的齿轮。

②锻坯。用于高速重载齿轮。

③棒料。用于尺寸小、结构简单、受力不大的齿轮。

④铸钢坯。用于结构复杂、尺寸较大不宜锻造的齿轮。

8.4.2　圆柱齿轮精度要求

圆柱齿轮的精度要求齿轮本身的制造精度，对整个机器的工作性能、承载能力以及实用寿命都有很大影响。根据齿轮的使用条件，对齿轮传动提出以下几方面的要求。

(1)运动精度

要求齿轮能准确地传递运动,传动比恒定,即要求齿轮在一转中,转角误差不超过一定范围。

(2)工作平稳性

要求齿轮传递运动平稳,冲击、振动和噪声要小。这就要求限制齿轮转动时瞬时速比的变化要小,也就是要限制短周期内的转角误差。

(3)接触精度

齿轮在传递动力时,为了不致因载荷分布不均匀使接触应力过大,引起齿面过早磨损,这就要求齿轮工作时齿面接触要均匀,并保证有一定的接触面积和符合要求的接触位置。

(4)齿侧间隙

要求齿轮传动时,非工作齿面间留有一定间隙,以储存润滑油,补偿因温度、弹性变形所引起的尺寸变化和加工、装配时的一些误差。

齿轮的制造精度和齿侧间隙主要根据齿轮的用途和工作条件加以规定。对于分度传动用齿轮,主要的要求是齿轮运动精度,使得传递的运动准确可靠;对于高速动力传动用的齿轮,必须要求工作平稳,没有冲击和噪声;对于重载低速传动用的齿轮,则要求齿的接触精度要好,使啮合齿的接触面积大,不致引起齿面过早的磨损;对于换向传动和读数机构,齿侧间隙应严格控制,必要时还须消除间隙。

8.4.3 圆柱齿轮加工工艺过程

齿轮加工的工艺路线是根据齿轮材质和热处理要求、齿轮结构及尺寸大小、精度要求、生产批量和车间设备条件而定。一般可归纳成如下的工艺路线:

毛坯制造—齿坯热处理—齿坯加工—齿形加工—齿圈热处理—齿轮定位表面精加工—齿圈的精整加工。

1. 定位基准选择

齿轮加工时的定位基准应尽可能与设计基准相一致,以避免由于基准不重合而产生的误差,即要符合“基准重合”原则。在齿轮加工的整个过程中(如滚、剃、珩、磨等)也应尽量采用相同的定位基准,即选用“基准统一”的原则。

对于小直径轴齿轮,可采用两端中心孔或锥体作为定位基准,符合“基准统一”原则;对于大直径的轴齿轮,通常用轴径和一个较大的端面组合定位,符合“基准重合”原则;带孔齿轮则以孔和一个端面组合定位,既符合“基准重合”原则,又符合“基准统一”原则。

2. 齿轮齿坯加工

齿坯加工工艺主要取决于齿轮的轮体结构、技术要求和生产类型。轴类、套类齿轮的齿坯加工工艺和一般轴类、套类零件基本相同。下面讨论盘类齿轮的齿坯加工。

(1)中小批生产的齿坯加工

中小批生产的齿坯加工尽量采用通用机床加工。

①对于圆柱孔齿坯,可采用粗车—精车的加工方案。

· 在卧式车床上粗车齿坯各部分。

· 在一次安装中精车内孔和基准端面,以保证基准端面对内孔的跳动要求。

· 以内孔在心轴上定位,精车外圆,端面及其他部分。

②对于花键孔齿坯,采用粗车—拉—精车的加工方案。

· 在卧式车床上粗车外圆、端面和花键底孔。

· 以花键底孔定位，端面支承，拉花键孔。

· 以花键孔在心轴上定位，精车外圆，端面及其他部分。

(2)大批量生产的齿坯加工

大批量生产，应采用高生产率的机床(如拉床，单轴、多轴自动车床或多刀半自动车床等)和专用高效夹具加工。无论是圆柱孔齿坯或花键孔齿坯，均采用多刀车—拉—多刀车的加工方案。

①在多刀半自动车床上粗车外圆、端面和内孔。

②以端面支承、内孔定位拉花键孔或圆柱孔。

③以孔在可胀心轴或精密心轴上定位，在多刀半自动车床上精车外圆、端面及其他部分，为车出全部外形表面，常分为两个工序在两台机床上进行。

3. 齿轮齿形加工

齿圈上的齿形加工是整个齿轮加工的核心。尽管齿轮加工有许多工序，但都是为齿形加工服务的，其目的在于最终获得符合精度要求的齿轮。

齿形加工方案的选择，主要取决于齿轮的精度等级、结构形状、生产类型和齿轮的热处理方法及生产工厂的现有条件，对于不同精度的齿轮，常用的齿形加工方案如下：

(1)8 级精度以下的齿轮

调质齿轮用滚齿或插齿就能满足要求。对于淬硬齿轮可采用滚(插)齿—剃齿或冷挤—齿端加工—淬火—校正孔的加工方案。根据不同的热处理方式，在淬火前齿形加工精度应提高一级以上。

(2)6～7 级精度齿轮

对于淬硬齿面的齿轮可采用滚(插)齿—齿端加工—表面淬火—校正基准—磨齿(蜗杆砂轮磨齿)，该方案加工精度稳定；也可采用滚(插)齿—剃齿或冷挤—表面淬火—校正基准—内啮合珩齿的加工方案，这种方案加工精度稳定，生产率高。

(3)5 级以上精度的齿轮

一般采用粗滚齿—精滚齿—齿端加工—表面淬火—校正基准—粗磨齿—精磨齿的加工方案。磨齿是目前齿形加工中精度最高、表面粗糙度值最小的加工方法，最高精度可达 3～4 级。

4. 齿端加工

齿轮的齿端加工方式有倒圆、倒尖、倒棱和去毛刺，如图 8-29 所示。经倒圆、倒尖、倒棱后的齿轮，沿轴向移动时容易进入啮合。齿端倒圆应用最多，图 8-30 是表示用指状铣刀倒圆的原理图。

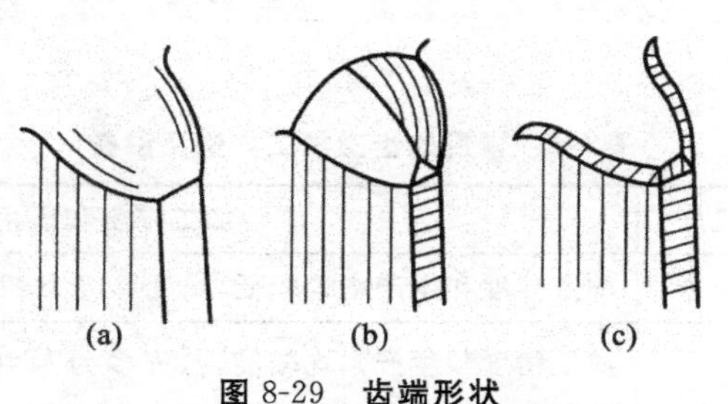

图 8-29　齿端形状

(a)倒圆　(b)倒尖　(c)倒棱

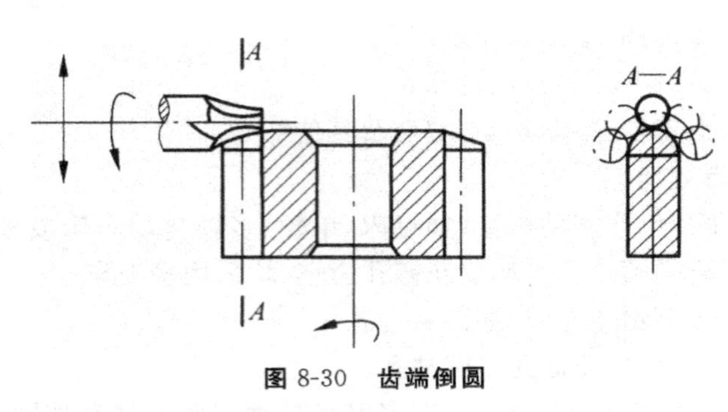

图 8-30 齿端倒圆

齿端加工必须安排在齿形淬火之前、滚(插)齿之后进行。

5. 精基准的修整

齿轮淬火后其孔常发生变形,孔直径可缩小 0.01～0.05 ram。为确保齿形精加工质量,必须对基准孔予以修整。修整的方法一般采用磨孔或推孔。对于成批或大批大量生产的未淬硬的外径定心的花键孔及圆柱孔齿轮,常采用推孔。推孔生产率高,并可用加长推刀前导引部分来保证推孔的精度。对于以小径定心的花键孔或已淬硬的齿轮,以磨孔为好,可稳定地保证精度。磨孔应以齿面定位,符合互为基准原则。

如图 8-31 所示,磨孔时应以齿轮分度圆定心,这样可使磨孔后的齿圈径向跳动较小,对以后进行磨齿或珩齿有利。为提高生产率,有的工厂以金钢镗代替磨孔也取得了较好效果。采用磨孔(或镗孔)修正基准孔时,齿坯加工时内孔应留加工余量;采用推孔修正时,一般可不留加工余量。

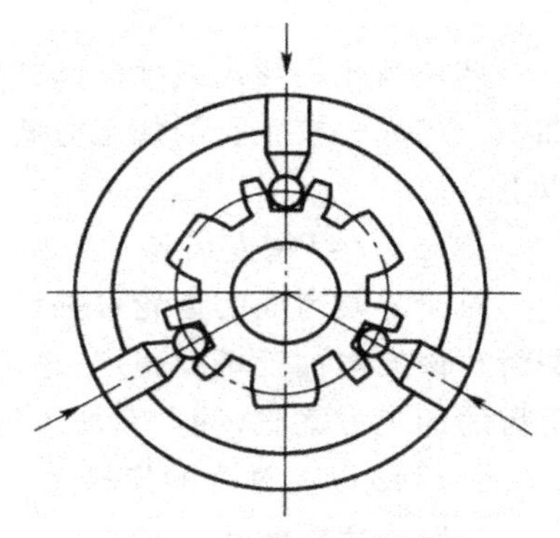

图 8-31 齿圈分度圆定心

8.4.4 圆柱齿轮的齿形加工方法

齿形加工方法可分为无屑加工和切削加工两类。无屑加工包括热轧、冷轧、压铸、注塑、粉末冶金等,无屑加工生产率高,材料消耗小,成本低,但由于受到材料塑性和加工精度低的影响,目前尚未广泛应用。齿形切削加工精度高、应用广,又可分为成形法和展成法两种。成形法采用有与被加工齿轮齿槽形状相同的刀刃的成形刀具来进行加工,常用的有模数铣刀铣齿、齿轮拉刀拉齿和成形砂轮磨齿。展成法的原理是使齿轮刀具和齿坯严格保持一对齿轮啮合的运动关系来进行加工,常见的有滚齿、插齿、剃齿、珩齿、挤齿和磨齿等,加工精度和生产率都较高,应用十分广泛。表 8-6 为常用的齿形加工方法及设备。

表 8-6 常用的齿形加工方法及设备

齿形加工方法		刀具	机床	加工精度和适用范围
成形法	成形铣刀	模数铣刀	铣床	加工精度和生产率均较低,精度等级为 IT9 以下
	拉齿	齿轮拉刀	拉床	加工精度和生产率均较高,拉刀多为专用工具,结构复杂,制造成本高,适用于大批量生产,宜于拉内齿轮

续表

齿形加工方法		刀具	机床	加工精度和适用范围
展成法	滚齿	齿轮滚刀	滚齿机	一般精度等级为 IT10～IT6，最高达 IT4，生产率较高，通用性好，常用于加工直齿齿轮、斜齿的外啮合圆柱齿轮和蜗轮
	插齿	插齿刀	插齿机	一般精度等级为 IT9～IT7，最高达 IT6，生产率较高，通用性好，常用于加工内外啮合齿轮、扇形齿轮、齿条等
	剃齿	剃齿刀	剃齿机	一般精度等级为 IT7～IT5，生产率较高，用于齿轮滚、插、预加工后淬火前的精加工
	磨齿	砂轮	磨齿机	一般精度等级为 IT7～IT3，生产率较低，加工成本较高，大多数用于淬硬齿形后的精加工
	珩齿	珩磨轮	珩磨机	一般精度等级为 IT7～IT6，多用于经过剃齿和高频淬火后齿形的精加工

1. 滚齿

滚齿加工原理即滚刀和工件相当于齿轮齿条啮合，齿轮滚刀是一个经过开槽和铲齿的蜗杆，具有切削刃和后角，其法向剖面近似于齿条，滚刀旋转时，就相当于齿条在连续地移动，被切齿轮的分度圆沿齿条节线作无滑动的纯滚动，滚刀切削刃的包络线就形成被切齿轮的齿廓曲线。

滚齿是齿形加工中生产率较高、应用最广的一种方法。

(1)滚刀

为了使滚刀能切出正确的齿形，滚刀切削刃必须在蜗杆的同一个表面上，这个蜗杆称为滚刀的基本蜗杆。滚刀的基本蜗杆有渐开线、阿基米德和法向直廓三种。

(2)滚齿的加工精度分析

滚齿加工中，由于机床、刀具、夹具和齿坯在制造、安装和调整中不可避免地存在一些误差，因而被加工齿轮在尺寸、形状和位置等方面也会产生一些误差。它们影响齿轮传动的准确性、平稳性、载荷分布的均匀性和齿侧间隙合理性。

①影响传动准确性的误差分析。影响传动准确性的主要原因是在加工中滚刀和被加工齿轮的相对位置和相对运动发生了变化。相对位置的变化(几何偏心)产生齿轮的径向误差；相对运动的变化(运动偏心)产生齿轮的切向误差。

· 齿轮径向误差。齿轮径向误差是指滚齿时，由于齿坯的实际回转中心与其定位基准中心不重合，使被切齿轮的轮齿发生径向位移而引起的齿距误差。

切齿时产生齿轮径向误差的主要原因有：安装调整夹具时，定位心轴与机床工作台回转中心不重合；齿坯内孔与心轴间有间隙，如图 8-32 安装几何偏心引起的径向误差；基准端面定位不好，夹紧后内孔相对工作台回转中心产生偏斜。

减少齿轮径向误差的措施有：提高齿坯加工精度；提高夹具制造精度；提高夹具安装调整精度；改进夹具结构，如用可胀心轴以消除配合间隙。

· 齿轮切向误差。齿轮切向误差是指加工时，由于机床工作台的不等速旋转，使被切齿轮的轮齿沿切向(即圆周方向)发生位移所引起的齿距累积误差。图 8-33 所示为齿轮的切向位移。

影响传动链误差的主要原因是工作台分度蜗轮本身齿距累积误差及安装偏心。

减少齿轮切向误差的措施有：提高分度蜗轮的制造精度和安装精度；采用校正装置去补偿蜗轮的分度误差。

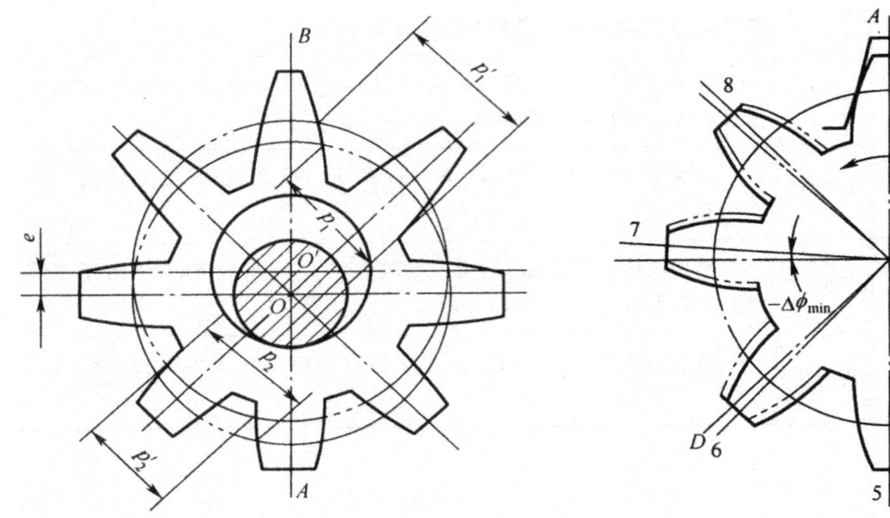

图 8-32 几何偏心引起的径向误差

图 8-33 齿轮的切向位移

②影响传动平稳性的加工误差分析。影响齿轮传动平稳性的主要因素是齿轮的基节偏差 Δf_{pb} 和齿形误差 Δf_f。滚齿时工件的基节等于滚刀的基节，基节偏差一般较小，而齿形误差通常较大。齿形误差是指被切齿廓偏离理论渐开线曲线而产生的误差，滚齿后常见的齿形误差有：齿面出棱、齿形不对称、齿形角误差、周期误差等，如图 8-34 所示。

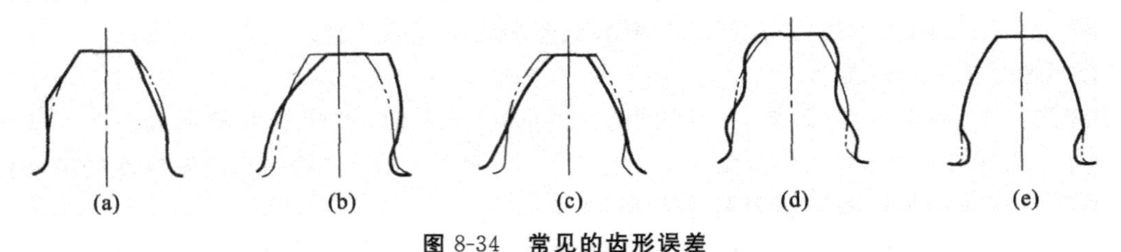

图 8-34 常见的齿形误差

(a)出棱 (b)不对称 (c)齿形角误差 (d)周期误差 (e)根切

③影响载荷均匀性的加工误差分析。齿轮齿面的接触状况直接影响齿轮传动中载荷的均匀性。齿轮齿高方向的接触精度，由齿形精度和基节精度来保证；齿宽方向的接触精度，主要受齿向误差 Δf_b 的影响。

齿向误差即轮齿齿向偏离理论位置。产生齿向误差的主要因素是滚刀进给方向与齿坯心轴不平行，包括齿坯定位心轴安装歪斜、刀架导轨相对工作台回转中心在齿坯径向或切向不平行。此外，差动交换齿轮传动比计算不够精确会引起斜齿轮的齿向误差。

减少齿向误差的措施有：提高夹具制造与安装精度；提高齿坯加工精度；导轨磨损后及时修刮；加工斜齿轮时，差动交换齿轮传动比计算应精确至小数点后 5～6 位。

(3)提高滚齿生产率的途径

①高速滚齿。目前受机床刚度和刀具耐用度的限制，滚齿的切削速度一般较低。

②采用多头滚刀和大直径滚刀。采用多头滚刀可提高工件圆周方向的进给量，从而提高生产率。

2. 插齿

(1)插齿的基本原理

插齿也是一种应用展成原理加工齿轮的方法。插齿刀相当于一个磨出前角(γ_0)和后角(α_0)而具有切削刃的盘形直齿圆柱齿轮，它具有与被加工齿轮相同的模数和齿形角。

(2)插齿的基本运动

插齿时的主要运动有主运动、展成运动、径向进给运动和让刀运动，如图 8-35 所示。

①主运动。插齿刀向下为切削行程，向上为空行程，其上下往复运动总称主运动。切削速度以插齿刀每分钟往复行程次数来表示。

②展成运动。插齿刀与齿坯之间必须保持一对齿轮正确的啮合关系，即传动比为

$$i=\frac{n}{n_0=\frac{z_0}{z}}$$

式中，n、n_0——齿坯、刀具的转速。

z_0、z——刀具、齿坯的齿数。

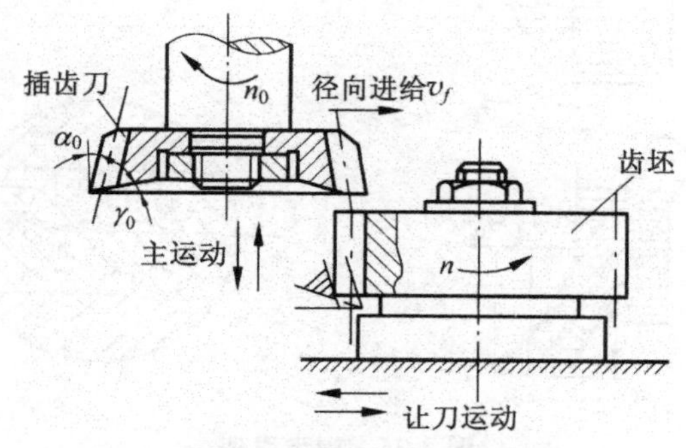

图 8-35　插齿时工作运动

插齿刀每往复运动一次，齿坯与刀具在分度圆上所转过的弧长为加工时的圆周进给量。齿坯旋转一周，插齿刀的各个刀齿便能逐渐地将工件的各个齿切出来。

③径向进给运动。插齿时，齿坯上的轮齿是逐渐被切至全齿深的，因此插齿刀应有径向进给，等到切至全齿深后才不再径向进给。插齿刀的径向进给运动有凸轮机构来控制。

④让刀运动。为避免刀具返回行程时擦伤已加工齿面和减少刀具的磨损，在插齿刀向上运动时，要使工作台带动工件有一个径向让刀运动。但在插齿刀向下作切削运动时，工作台又能很快回到原来的位置，以便使切削工作继续进行。

(3)插齿的加工范围

插齿不仅能加工单齿圈圆柱齿轮，而且还能加工间距较小的双联或多联齿轮、内齿轮及齿条等。它的加工范围比铣齿和滚齿要广。插齿时还能控制圆周进给量，可在 0.2～0.5 mm/双行程范围内选用，较小值用于精加工，较大值用于粗加工。

(4)插齿的加工精度

插刀精度分为 AA 级、A 级和 B 级，插齿时使用不同的刀具可分别加工出 IT8～IT6 级精度的齿轮，齿轮表面粗糙度值 Ra 为 1.6～0.4 μm。

3. 剃齿

剃齿加工是根据一对螺旋角不等的螺旋齿轮啮合的原理，剃齿刀与被切齿轮的轴线空间交叉一个角度，如图 8-36 所示，剃齿刀为主动轮 1，被切齿轮为从动轮 2，它们的啮合为无侧隙双面啮合的自由展成运动。

剃齿具有如下特点：

①剃齿加工精度一般为 IT7～IT6 级，表面粗糙度 Ra 为 0.8～0.4 μm，用于未淬火齿轮的精加工。

②剃齿加工的生产率高，加工一个中等尺寸的齿轮一般只需 2～4 min，与磨齿相比较，可提高生产率 10 倍以上。

③由于剃齿加工是自由啮合，机床无展成运动传动链，故机床结构简单，机床调整容易。

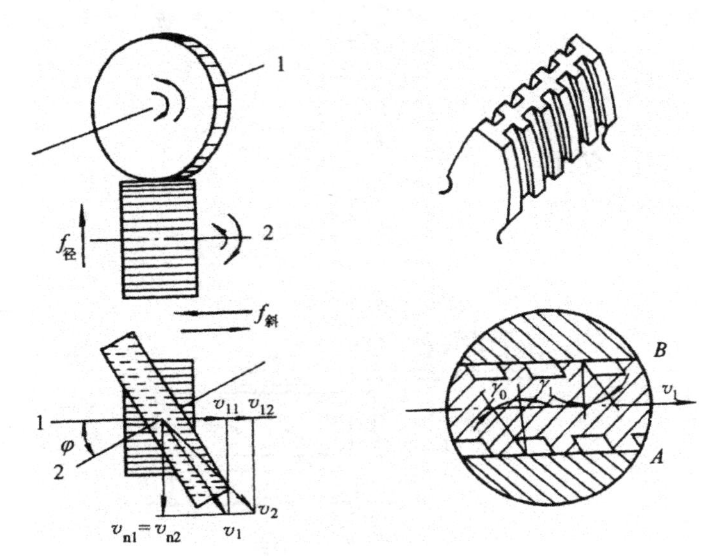

图 8-36 剃齿原理

4. 磨齿

按照齿轮加工的原理，磨齿也分为成形法和展成法两类，如图 8-37 所示。

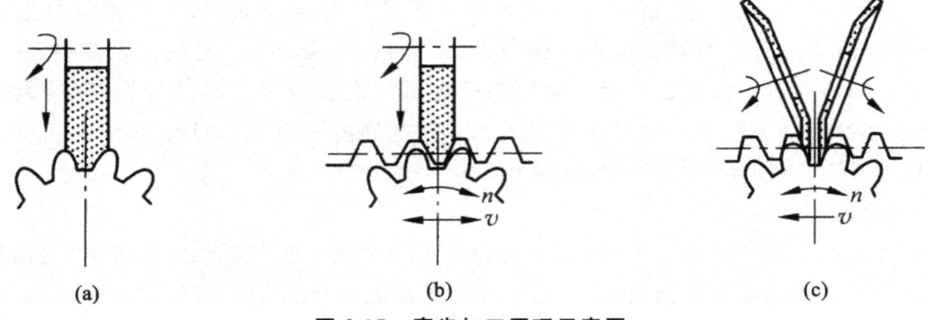

图 8-37 磨齿加工原理示意图

(a)用成形砂轮磨齿 (b)用双锥面砂轮磨齿 (c)用双叶片碟形砂轮磨齿

图 8-37(a)所示为成形法磨齿，砂轮的两侧面做成被磨齿轮的齿槽形状，用成形砂轮直接磨出渐开线齿形。由于砂轮与被磨齿轮齿面之间接触面积大，故生产效率高。但采用这种方法需

要修整砂轮的渐开线表面的专门机构，而且磨削面积大，砂轮磨损不均匀，容易烧伤齿面，加工精度也低，因此成形法磨齿应用不多。

图 8-37(b)、(c)所示是应用展成法原理进行磨齿的两种方法，并且都是利用齿轮齿条的啮合原理进行的。图 8-37(b)所示是双锥面砂轮磨齿，其砂轮截面呈锥形，相当于假想齿条的一个齿。磨齿时，砂轮一面旋转，一面沿齿向作快速往复运动，展成运动是通过被磨齿轮的旋转和相应的移动来实现的。由于砂轮修整和分齿运动精度较低，故多用于加工 IT6 级以下的直齿圆柱齿轮。图 8-37(c)所示是双叶片碟形砂轮磨齿，两片碟形砂轮倾斜安装后，即构成假想齿条的两个侧面，砂轮的端平面便代表齿条的表面，并且主要是靠砂轮端平面上的一条 0.5 mm 的环行窄边进行磨削的。它的加工精度不低于 IT5 级，是目前磨齿方法中加工精度较高的一种。

磨齿是精加工精密齿轮，尤其是加工淬硬精密齿轮的最常用方法，经过磨齿精度为 IT7～IT3 级，齿面粗糙度值 Ra 为 0.8～02 μm。

5. 珩齿

珩磨是一种齿面光整加工的方法，其工作原理与剃齿相同，都是应用交错轴斜齿轮啮合原理进行加工的，所不同的是以珩磨轮代替了剃齿刀。珩磨轮是将磨料和粘结剂等原料混合后，在轮芯(铸铁或钢材)上浇铸而成的螺旋齿轮。珩磨齿面上不做出容屑槽，只是靠磨粒本身进行研削加工。

珩齿时，珩磨轮与被加工齿轮的轮齿之间无侧隙紧密啮合，在一定的压力作用下，由珩磨轮带动被加工齿轮正反向转动，同时被加工齿轮沿轴向往复送进运动。被加工齿轮即工作台每往复一次，从而加工出齿轮的全长和两侧面。常见的珩齿方法有外啮合珩齿、内啮合珩齿和蜗杆状珩磨轮珩齿三种，如图 8-38 所示。

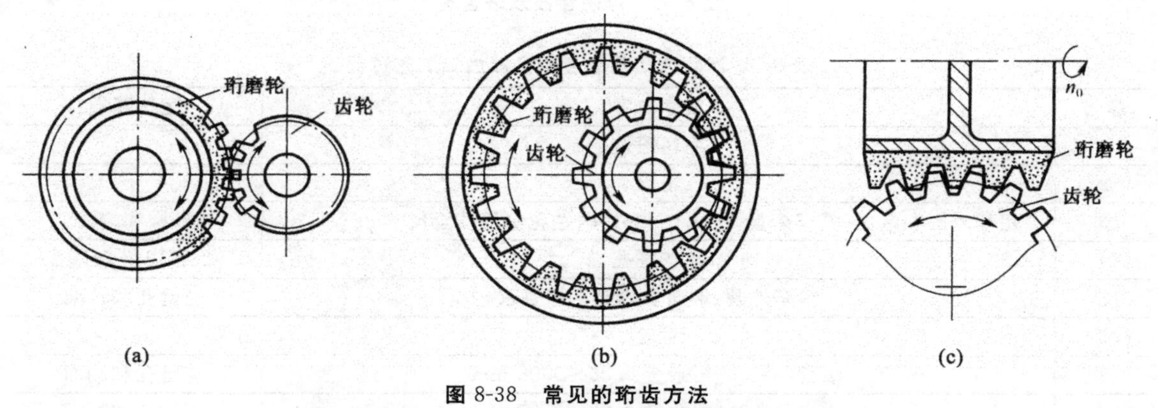

图 8-38　常见的珩齿方法

(a)外啮合珩齿　(b)内啮合珩齿　(c)蜗杆状珩磨轮珩齿

8.4.5　圆柱齿轮零件加工工艺过程示例

图 8-39 所示为一成批生产淬硬齿面双联齿轮(材料 40Cr，精度 7 级)的简图，表 8-7 列出了该齿轮机械加工工艺过程。

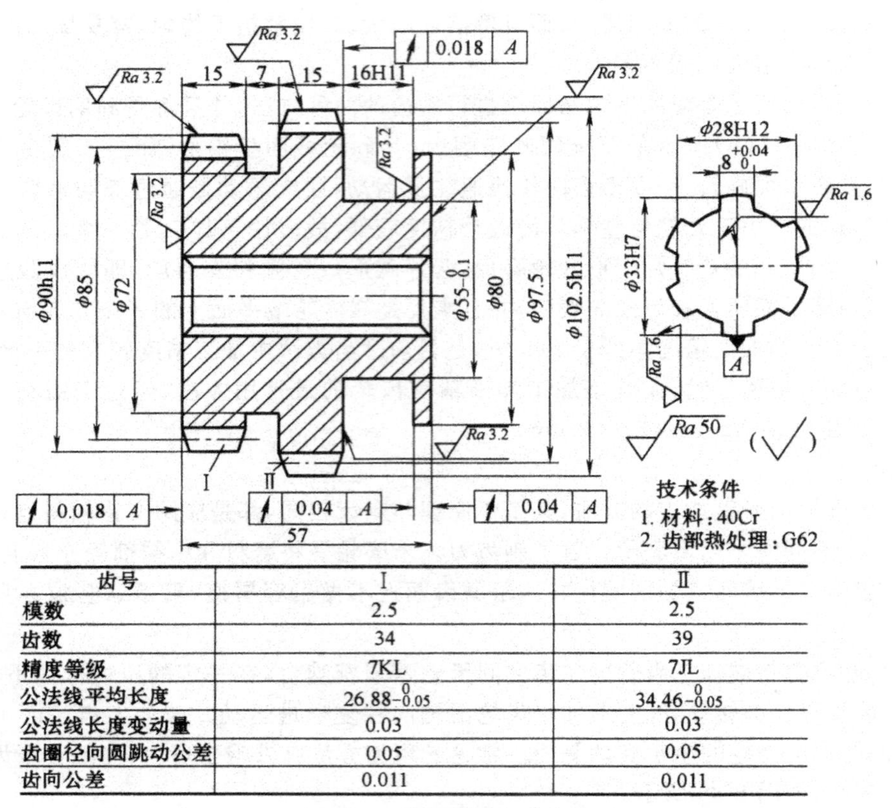

齿号	Ⅰ	Ⅱ
模数	2.5	2.5
齿数	34	39
精度等级	7KL	7JL
公法线平均长度	$26.88_{-0.05}^{0}$	$34.46_{-0.05}^{0}$
公法线长度变动量	0.03	0.03
齿圈径向圆跳动公差	0.05	0.05
齿向公差	0.011	0.011

图 8-39　淬硬齿面双联齿轮

表 8-7　淬硬齿面双联齿轮机械加工工艺过程

序号	工序内容	定位基准
1	毛坯锻造	
2	正火	
3	粗车外圆和端面(精车余量 1～1.5 mm)钻、镗花键底孔至尺寸 ϕ28H12	外圆和端面
4	拉花键孔	ϕ28H12 孔和端面
5	精车外圆、端面及槽至图样要求	花键孔和端面
6	检验	
7	滚齿(z=39)留余量 0.06～0.08 mm	花键孔和端面
8	插齿(z=34)留余量 0.03～0.05 mm	花键孔和端面
9	齿圈倒角	花键孔和端面
10	钳工去毛刺	
11	剃齿(z=39)	花键孔和端面
12	剃齿(z=34)	花键孔和端面
13	齿部高频感应淬火	
14	推孔	花键孔和端面
15	珩齿	花键孔和端面
16	检验	

8.5　其他典型零件加工工艺

8.5.1　微机械加工技术

1. 概况

微型机电系统(MEMS),是指可以批量制作的,集微型机构、微型传感器、微型执行器以及信号处理和控制电路,甚至外围接口、通讯电路和电源等于一体的微型器件或系统。其主要特点有:体积小,重量轻,耗能低,性能稳定;有利于大批量生产,降低生产成本;惯性小,谐振频率高,响应时间短;集成高技术成果,附加值高等。

微型机电系统由于体积小,能耗低,智能化程度高,其应用领域十分广泛。微机电系统的制造主要是靠微机械加工技术,它的出现和发展最早是和大规模集成电路密切相关的。集成电路要求在微小面积的半导体材料上能容纳更多的电子元件,以形成功能复杂而完善的电路。目前微型机械加工技术主要有基于从半导体集成电路细微加工工艺中发展起来的硅平面加工工艺和体加工工艺,20世纪80年代中期以后,在LIGA(光刻电铸)加工、准LIGA加工、超微细机械加工、微细电火花加工(EDM)、等离子体加工、激光加工、离子束加工、电子束加工、快速原型制造技术(RPM)以及键合技术等微细加工工艺方面取得了相当大的进展。

2. 微机械加工技术

微型机电系统涉及许多关键技术,当一个系统的特征尺寸达到微米和纳米量级时,将会产生许多新的问题。微机械加工技术是其中之一,它涉及微细加工技术、微型机械组装和封装技术、微系统的测试技术等。微细加工技术主要有半导体加工技术、LIGA技术、集成电路技术、特种精密加工、微细切削磨削加工、快速原型制造技术和键合技术等。

(1)半导体加工技术

半导体加工技术即半导体表面和立体的微细加工,指在以硅为主要材料的基片上进行沉积、光刻与腐蚀的工艺过程。半导体加工技术使微型系统的制作具有低成本、大批量生产的潜力。

①光刻加工技术。光刻加工可分为两个阶段,第一阶段为原版制作,生成工作原版或工作掩膜,为光刻时的模板,第二阶段为光刻。

②体微机械加工技术。体微机械加工是一种对硅衬底的某些部位用腐蚀技术有选择地去除一部分以形成微型机械结构的工艺,常用的主要有湿法腐蚀和干法腐蚀两种。

③面微机械加工技术。面微机械加工技术是在硅表面根据需要生长多层薄膜,如二氧化硅、多晶硅、氮化硅、磷硅玻璃膜层,在硅平面上形成所需要的形状,甚至是可动部件。该技术的优点是:在制造过程中所使用的材料和工艺与常规集成电路的生产有很强的兼容性,无需另投资;再者,只要在制膜上略加改动,就可以用同样的方法制造出大量的不同结构。其最大的优势在于把机械结构和电子电路集成一起的能力,从而使微产品具有更好的性能和更高的稳定性。

(2)LIGA技术和准LIGA技术

LIGA技术是一种由半导体光刻工艺派生出来的,采用光刻方法一次生成三维空间微型机械构件的方法,该技术的机理有由深层X射线光刻、电铸成形及注塑成形三个工艺组成。图8-40所示为LIGA技术制造器件的过程。

(3)集成电路(IC)技术

这是一种发展十分迅速且较成熟的制作大规模电路的加工技术,在微型机械加工中使用较为

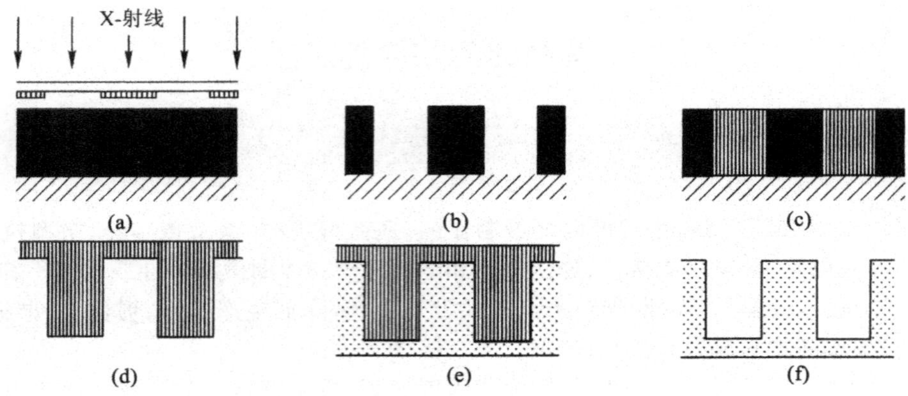

图 8-40 LIGA 技术制造器件过程

(a)光刻掩膜板 (b)X 光深光刻 (c)光刻胶显影 (d)电铸 (e)塑模制作 (f)脱模成形

普遍,是一种平面加工技术。但该技术的刻蚀深度只有数百纳米,且只限于制作硅材料的零部件。

(4)超微型机械加工和电火花线切割加工

用小型精密金属切削机床及电火花、线切割等加工方法,制作毫米级尺寸左右的微型机械零件,是一种二维实体加工技术,加工材料广泛,但多是单件加工、单件装配、费用较高。

(5)键合技术

键合技术是一种把两个固体部件在一定温度与电压下直接键合在一起的封装技术,期间不用任何粘接剂,在键合过程中始终处于固相状态。它可以是硅—玻璃静电键合,也可以是硅—硅直接键合。它可实现硅一体化微型机械结构,不存在界面失配问题,有利于提高器件性能。

8.5.2 连杆加工

1. 连杆的功用和结构特点

连杆是发动机的主要传力部件之一,在工作过程中承受剧烈的载荷变化。因此,连杆应具有足够的强度和刚度,还应尽量减少自身的质量,以减小惯性力的作用。

图 8-41 和图 8-42 所示为连杆的两种结构分别是剖分式和非剖分式。

非剖分式连杆,由于是整体结构,结构简单,便于制造,只能用于工作行程短、曲轴采用偏心结构的情况。

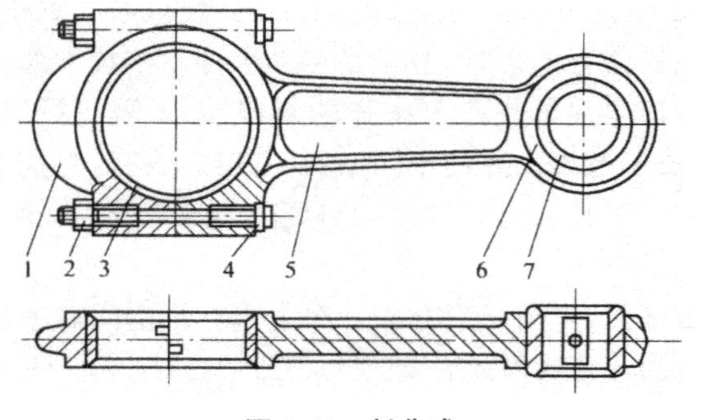

图 8-41 剖分式

1—连杆盖;2—连杆螺母;3—大头轴瓦;4—连杆螺栓

5—杆身;6—连杆小头;7—小头衬套

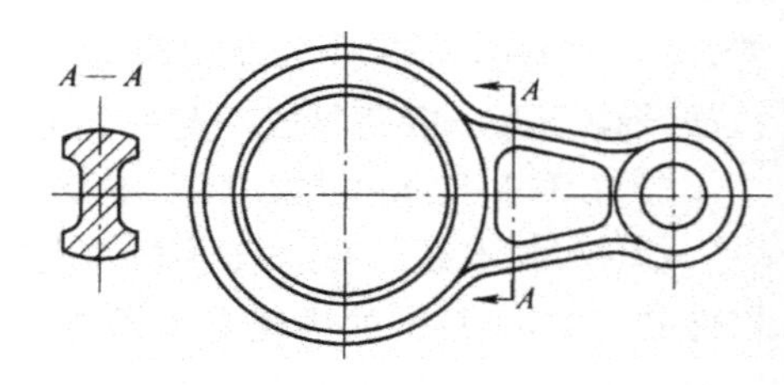

图 8-42 非剖分式

活塞工作行程较大时，则采用剖分式连杆。为了减少磨损并便于修理，在连杆小头压入青铜衬套，大头孔也衬有钢质基底的耐磨巴氏合金轴瓦。

2. 连杆的主要技术要求

(1)两螺栓孔中心线对结合面的不垂直度允差为100：0.25。

(2)大小头两孔中心线的不平行度允差为100：0.03。

(3)大头孔两端面对大头孔中心线的不垂直度允差为100：0.05。

(4)小头底孔的尺寸精度为IT7～IT8级，大头底孔的尺寸公差为IT6～IT7级，孔的形状误差一般在直径公差的1/2范围内。大、小头孔压入衬套进行滚压加工后，表面粗糙度值*Ra*为0.4 μm。

3. 连杆的材料和毛坯

连杆的材料一般都采用高强度碳钢和合金钢，如45钢、55钢、40Cr、40MnB等。

连杆毛坯一般采用锻造毛坯，成批生产采用模锻，单件小批生产采用自由锻。连杆毛坯必须经过外观缺陷、磁力探伤、毛坯尺寸及质量等的全面检查。

4. 连杆加工工艺过程

(1)连杆加工的主要问题和工艺措施

①剖分式连杆。连杆体、盖分别力IJS-后再合件加工。整体毛坯在加工过程中尚需切开，装成连杆总成后还需继续加工。重要表面应进行多次加工，在粗、精加工之间穿插一些其他工序，使内应力有充分时间重新分布，促使变形及早发生、及早纠正，最终保证连杆的各项技术要求。

②先加工定位面后加工其他面。一般从基面加工开始(大小头端面、小头孔、大头外侧的工艺凸台)，再加工主要面(大头孔、分开面、螺栓孔)，然后进行连杆总成的精加工(大、小头孔及端面)。

③各主要表面的粗精加工分开。

④为使活塞销和连杆小头孔的配合间隙小而均匀，采用分组选择装配。

(2)定位基准的选择

一般选择大、小头端面为主要定位基准。同时，选择小头孔和大头连杆体的外侧作为第二、第三定位基准。

在粗磨上下端面时，采用互为基准的原则进行加工。为了保持壁厚均匀，在钻、粗镗小头孔时，选择端面及小头外轮廓为粗基准。

精加工时，采用基准统一、自为基准及互为基准的原则进行加工，即以大、小头端面和大头外侧面为统一的精基准，小头孔加工以其自身为精基准，上下端面的磨削加工采用互为基准的原则。

(3)合理的夹紧

连杆的刚度差，应合理选择夹紧力的大小、方向和作用点，避免不必要的夹紧变形。夹紧力的方向应朝向主要定位面，即大、小头端面。

(4)加工路线

连杆各主要表面的加工顺序如下：

上下两端面：粗磨、半精磨、精磨。

大头孔：粗镗、半精镗、精镗、滚压。

小头孔：钻、粗镗、半精镗、精镗、滚压、压衬套、精镗衬套、滚压衬套。

其他次要表面的加工，可安排在工艺过程的中间或后面进行。

某柴油机生产企业连杆加工的工艺过程见图8-43所示的卡片，其中工序70粗磨上下面的工序卡片见图8-44所示。

工艺过程卡片	产品型号	4102	零件图号		编号	
	产品名称	柴油机	零件名称	连杆	共3页	第1页

材料牌号	40Cr	毛坯种类	锻件	单件用料	外协毛坯	单件净重	(1.6±0.1)kg
		材料消耗定额		下料尺寸		每毛坯可制件数	

生产部门	工序号	工种	工序内容	设备 型号	设备 名称	单件工时定额/min	备注
质量部	10		1. 按连杆毛坯图，检查锻件各部分尺寸，外形应光洁，不允许有裂纹、折痕、氧化皮等缺陷，分模面的飞边高度不大于0.8mm 2. 总剖面金属宏观组织其纤维方向应沿着连杆中心线并与连杆外形相符，不得有环曲及断裂，并且不允许有裂纹、气泡、气孔、夹灰及其他非金属杂物等缺陷存在				
质量部	20		1. 检查硬度，应为223～280HB，同一副连杆硬度差不超过30单位 2. 连杆的纤维组织应为均匀的细晶粒组织，铁素体只允许呈细小夹杂状存在				
铸造公司	40		喷瓦处理(处理后不得涂漆,立即送生产厂,防止生锈)				
金工二	50		毛坯检查			0.75	
金工二	60		磁粉探伤	CJW—2000	磁粉探伤机	0.2	
金工二	70	磨	粗磨上、下面，磨后退磁	M74125/1TCJ2	圆盘磨/退磁机	0.6	
金工二	80	钻	钻小头孔	EQZ535	钻孔专机	0.4	
金工二	90	镗	粗镗小头孔	EQZ536	镗孔专机	0.4	
金工二	100	钻	小头孔倒角	Z525WJ	立钻	0.1	
金工二	120	镗	镗大头两半圆孔	CS180	四轴镗床	0.4	
金工二	130	磨	半精磨上下面，磨后退磁	MA7480 M7475B TCJ—2	圆盘磨/退磁机	0.32	

					设计	校对	审核	标准化	会签	批准
标记	处数	更改文件号	签字	日期						

(一)

（二）

工艺过程卡片		产品型号	4102	零件图号		编号	
		产品名称	柴油机	零件名称	连杆	共3页	第2页
材料牌号	40Cr	毛坯种类	锻件	单件用料	外协毛坯	单件净重	(1.6±0.1)kg
		材料消耗定额		下料尺寸		每毛坯可制件数	
生产部门	工序号	工种	工序内容	设备 型号	设备 名称	单件工时定额/min	备注
金工二	140	镗	半精镗小头孔	T740	金刚镗	0.35	
金工二	145	车	小头孔两端倒角	C620	车床	0.3	
金工二	150	车	车大头两侧面	CA6140	车床	0.41	
金工二	160	钳	打标记	AQD	智能气动标记机	0.3	
金工二	170	铣	粗铣螺钉面	X6140	卧铣	0.36	
金工二	180	铣	体、盖切开	DU4402	切断专机	0.42	
金工二	200	磨	磨分开面	MS74100A	圆盘磨	1	
金工二	200A		精铣分开面，钻、铰、攻螺纹孔	E2—UX054—868	自动线	0.625	
金工二	210	铣	精铣盖螺钉面	X52K X5030	立铣	0.36	
金工二	220	钻	钻孔	DLU019	钻孔专机	1	
金工二	230	车	镗体窝	CW6140A	车床	0.38	
金工二	250	专机	扩、铰、攻螺纹	DU4403	专机	0.875	
金工二	260	钻	体盖螺纹孔倒角	ZQ4116	台钻	0.3	
金工二	270	洗	中间清洗	DHQX019	清洗机	0.2	
金工二	290	钳	合对	ESTIC036	转矩机	0.42	
金工二	300	镗	粗镗大头孔	CS183	四轴镗床	0.35	
金工二	310	车	大头孔两端倒角	C620	车床	0.4	

标记	处数	更改文件号	签字	日期	设计	校对	审核	标准化	会签	批准

工艺过程卡片		产品型号	4102	零件图号		编号	
		产品名称	柴油机	零件名称	连杆	共3页	第3页
材料牌号	40Cr	毛坯种类	锻件	单件用料	外协毛坯	单件净重	(1.6±0.1)kg
		材料消耗定额		下料尺寸		每毛坯可制件数	

生产部门	工序号	工种	工序内容	设备 型号	设备 名称	单件工时定额/min	备注
金工二	340	磨	精磨上下面，退磁	MA7480 TCJ2	圆盘磨退磁机	0.42	
金工二	350	镗	半精镗大头孔，精镗小头底孔	T760	金刚镗	0.46	
金工二	355	钻	滚压小头底孔	Z5150A	立钻	0.2	
金工二	360	压	压衬套	Y41—10A	滚压机	0.2	
金工二	370	钳	钻油孔	Z5150A	立钻	0.2	
金工二	390	镗	精镗大头孔及小头衬套孔	T760A T760	金刚镗	0.46	
金工二	400	磨	滚压大头孔	Z5150A	立钻	0.2	
金工二	410	钻	滚压小头衬套孔	Z5150A	立钻	0.2	
金工二	420	钳	称重，写数字	YLP或LWD—3 AQD	电子天平/重量分选仪/智能气动标记机	0.2	
金工二	430		检查	FJG05006	连杆检测仪	1	
金工二	440	钳	松对			0.15	
金工二	445	检	检查分开面、螺栓孔位置度			1.5	
金工二	450	铣	铣瓦片槽	X6130A	卧铣	0.2	
金工二	460	洗	清洗	DHQX014	清洗机	0.2	
金工二	470	钳	合对、分组，总检，转入总装厂			0.3	

					设计	校对	审核	标准化	会签	批准
标记	处数	更改文件号	签字	日期						

(三)

图8-43 连杆加工的工艺过程卡片

机械加工工序卡片	产品型号	4102	零件图号	4102. 04. $^{03}_{04}$	编号	11-2040-2004019
	产品名称	柴油机	零件名称	连杆	共 1 页	第 1 页

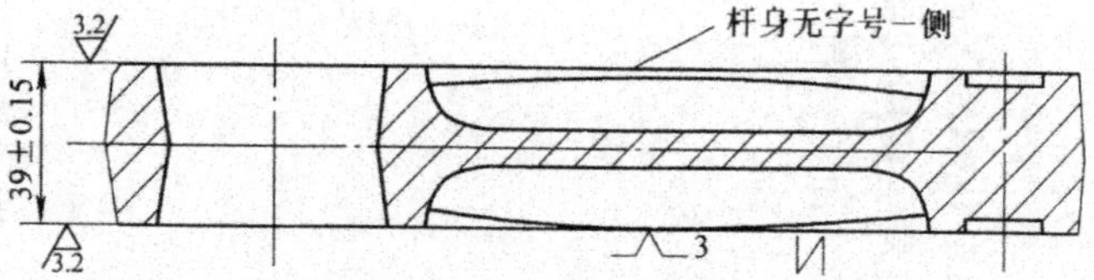

杆身无字号一侧

39 ± 0.15

3.2

3

技术要求：1. 大、小头(39±0.15)mm 所指两端面的对称中心线和杆身的对称中心线之间的偏移允差 0.6mm。

2. 退磁后剩磁量不大于 2×10^{-4} Wb/m²。

工序号	70
工序名称	粗磨上下面，磨后退磁
工时定额(分)	0. 6
设备名称	圆盘磨　退磁机
设备型号	M74125/1 TCJ—2
设备编号	
材料牌号	40Cr
工装代号	名称及规格
刀具	
GB/T 2488—1984	砂瓦 $^{WP150\times80\times25}_{A24K5B30}$
量具	
GB/T 1214. 2—1996	游标卡尺 0. 02 0—125
GB/T 1214. 3－1996	高度游标卡尺 0020—300
	磁强计 XCJ—A
辅料	
	乳化金属切削液

工步号	工 步 内 容	主轴转速/(r/min)	切削速度/(m/min)	进给量(mm/r)	背吃刀量/mm	进给次数
1	杆身有字号一侧大平面为基准磨另一侧大平面	750	1740	0. 13	约 1	自动
2	以磨好平面为基准，磨削杆身有字号一侧大平面	750	1740	0. 13	约 1	自动
3	退磁					

标 记	处 数	更改文件号	签 字	日 期	设 计	审 核	标 准 化	会 签	批 准

图 8-44　连杆加工工序卡片

5. 连杆加工的主要工序

(1)连杆大、小头端面的加工。在大批量生产时,连杆大、小头端面的加工,多采用磨削进行;在中小批生产时,可采用铣削。

铣削大、小头端面,可在专用的双面铣床上同时铣削两端面。若毛坯精度较高,可采用互为基准的方法加工。两端面的精加工采用磨削。为了不断改善定位基准的精度,在粗加工大、小头孔前粗磨端面,在精加工大、小头孔前精磨端面。

(2)连杆螺栓孔的加工。螺栓孔的加工安排在连杆体和连杆盖切开及分开面精铣后进行,经过钻、扩、铰工序达到加工要求。螺栓孔与分开面有垂直度要求,按基准重合的原则,应以分开面定位加工螺栓孔,但接合面面积很小,定位不可靠,装夹不方便。因此,可采用基准统一的原则,即连杆体以小头孔、侧定位面、杆身无字号一侧大平面为基准,连杆盖以螺钉面、侧定位面、与连杆体同侧大平面为基准,加工螺栓孔。

(3)连杆大、小头孔的加工。小头孔在作为定位基准之前,经过了钻和粗镗两工序;在车大头孔两侧的定位基面前,对小头孔进行修整(半精镗),以提高定位精度;在精镗小头孔及滚压小头衬套孔时,都采用了自为基准的方式,以提高小头孔的精度水平。

大头孔采用粗镗去除大部分余量,连杆体和连杆盖合对后,在金刚镗床上对大头孔进行半精镗和精镗,大头孔的最终工序是滚压加工。

8.5.3 机械零件特种加工

特种加工是指直接利用电能、热能、光能、声能、化学能及电化学能等进行加工的总称。特种加工与传统的切削加工的区别在于:不是主要依靠机械能,而是主要用其他能量(如电、化学、光、声、热等)去除金属材料;工具硬度可以低于被加工材料的硬度;加工过程中工具与工件之间不存在显著的机械切削力。

特种加工分类方法很多,一般按能量来源和作用原理可分为:

电、热—电火花加工、电子束加工、等离子束加工。

电、机械—离子束加工。

电化学—电解加工。

电化学、机械—电解磨削、阳极机械磨削。

声、机械—超声加工。

光、热激光加工。

流体、机械—磨料流动加工、磨料喷射加工。

化学—化学加工。

液流—液力加工。

在特种加工范围内还有一些属于改善表面粗糙度或表面性能的工艺,如电解抛光、化学抛光、电火花表面强化、镀覆、刻字等。

1. 电火花加工

(1)加工原理

电火花加工是利用脉冲放电对导电材料的腐蚀作用去除材料,以满足一定形状和尺寸要求的一种加工方法,其原理如图 8-45 所示。

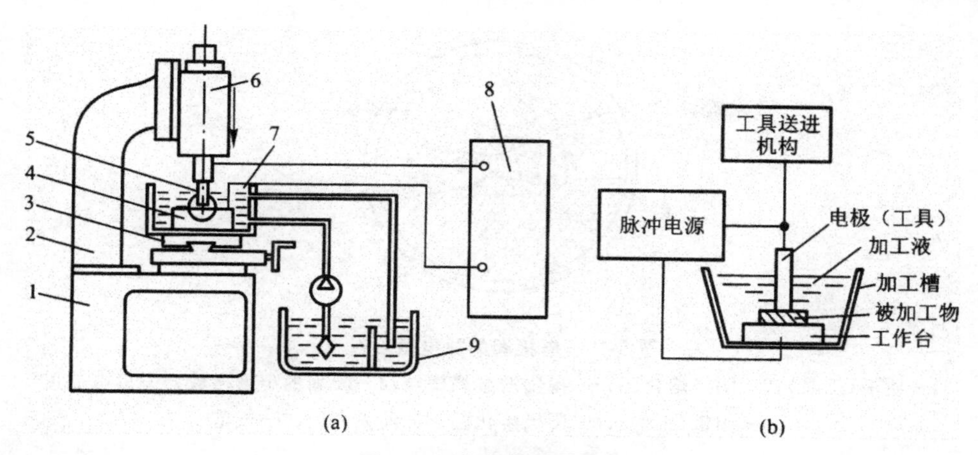

图 8-45　电火花加工原理

1—床身；2—立柱；3—工作台；4—工件电波；5—工具电极；6—进给结构及间隙调节器
7—工作液；8—脉冲电源；9—工作液箱

在充满液体介质的工具电极和工件之间很小间隙上（一般为 0.01～0.02 mm），施加脉冲电压，于是间隙中就产生很强的脉冲电压，使两极间的液体介质按脉冲电压的频率不断被电离击穿，产生脉冲放电。由于放电的时间很短，且发生在放电区的局部区域上，所以能量高度集中，使放电区的温度高达 10000℃～12000℃。于是工件上的这一小部分金属材料被迅速熔化和汽化。由于熔化和汽化的速度很高，故带有爆炸性质。在爆炸力的作用下将熔化了的金属微粒迅速抛出，被液体介质冷却、凝固并从间隙中冲走。每次放电后，在工件表面上形成一个小圆坑，放电过程多次重复进行，随着工具电极不断进给，材料逐渐被蚀除，工具电极的轮廓形状即可复印在工件上达到加工的目的。

(2)电火花放电过程

电火花放电加工的物理过程是非常复杂的，每个脉冲放电腐蚀都是电动力、电磁力、热动力及流体动力等综合作用的结果。这一过程大致分为介质击穿与通道放电、能量转换与传递、电极材料的抛出和极间介质消电离等几个连续阶段。

①介质击穿与通道形成。工具电极和工件电极浸在液体介质中。当脉冲电源发出脉冲电压施加在工具电极和工件电极之间时，将会在两极间产生电场。由于极间距离甚小及电极表面的微观不平，极间电场是不均匀的。当极间脉冲电压不断增大时，极间距离最小的尖端处（电场强度最大处电场强度将超过极间介质的介电强度。极间介质在此处被电离击穿，形成放电通道。此刻，极间电阻在瞬间从绝缘状态急速下降到几欧姆以下，而电流则急剧上升。

②能量转换与传递。在电场作用下，通道内的电子高速奔向阳极，正离子则奔向阴极，并对电极放电点处金属产生轰击作用，使电极放电点处金属温度急剧上升，通道内大量粒子相互碰撞，温度瞬间可达 10000℃以上。大量热量急速传向电极放电点，足以使电极下放电点附近的金属迅速熔化或汽化。

③电极材料的抛出。由于这一过程非常短促，金属的熔化和汽化具有爆炸特性，爆炸力把熔化和汽化的金属抛离电极表面进入液体介质并迅速冷却凝结成微小颗粒。加工时可以听到爆炸时产生的噼啪声，同时产生蓝白火花。每次火花放电后，工件表面即形成一个微小凹坑。这一现象的微观过程如图 8-46 所示。

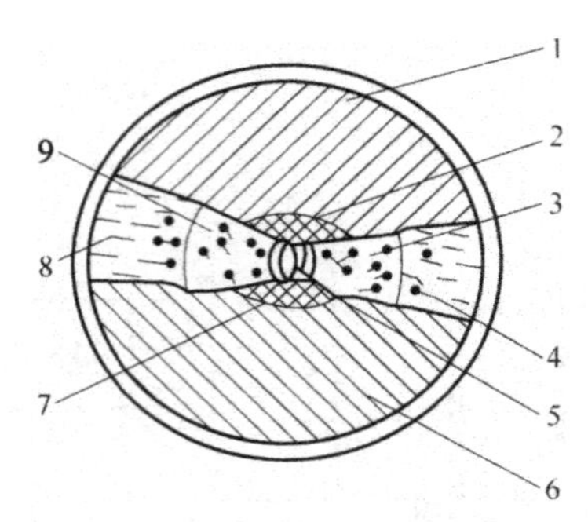

图 8-46　电极间的放电微观过程

1—阴极(工具);2—阴极熔化区;3—抛出的金属微粒;4—凝固的金属微粒;5—放电通道

6—阳极(工件);7—阳极熔化区;8—液体介质;9—气泡

④极间介质消电离。一个脉冲电压过去后,极间电场急剧减小到零。放电通道迅速闭合,火花放电结束。液体介质中的正负离子随即复合为中性,凝结的金属微粒被流动的液体介质从两极间冲走。工作液恢复绝缘。

综上可知,一个电脉冲产生的电火花加工过程大致经过液体介质电离击穿形成放电通道、带电粒子在电场作用下高速运动碰撞最终将电能转换成热能并传递给电极材料、电极放电点处金属获得热量瞬时熔化和汽化产生爆炸使熔化和汽化的金属被抛出、液体介质消电离恢复绝缘四个阶段,从而形成一个完整循环。

(3)电火花加工的工艺特点

①可以加工任何高硬度、难切削的导电材料。在一定条件下也可加工半导体材料和非导电材料。

②加工时,"无切削力",有利于小孔、薄壁、窄槽及各种复杂截面的型孔、曲线孔、型腔等零件的加工,也适用精密细微加工。

③由于脉冲参数可根据需要任意调节,因而粗、半精、精加工可以在同一台机床上连续进行。精加工时,表面粗糙度 Ra 值可达 1.6～0.8 μm;通孔加工精度可达 0.05～0.01 μm;型腔加工精度可达 0.1 mm 左右。

④电火花加工设备结构比较简单,操作比较容易掌握。

(4)电火花加工基本工艺规律

电火花加工速度是指单位时间内被蚀除的工件材料的体积或质量。影响电火花加工速度的主要因素有电参数、极性效应、工件材料、工作液与排屑条件等。

①电脉冲参数。电火花加工速度正比于单个脉冲能量和脉冲放电频率。增大放电电流、电压和脉冲宽度都能提高加工速度。矩形脉冲波时,加工速度正比于脉冲电流幅值和脉冲放电持续时间,亦即正比于平均放电电流。

②工件材料。电火花加工速度主要受工件材料热学常数的影响,工件材料的熔点、沸点、比热容、镕化热、汽化热等热学常数越高,加工速度越慢。工件材料的硬度、强度等力学性能对加工速度无明显影响。

③工作液。电火花加工中工作液的主要作用是介电作用、压缩放电通道、排出电蚀产物及冷却液与工件。流动性好、渗透性好的工作液有利于排出蚀除产物;介电性能好、密度和黏度大的工作液有利于压缩放电通道,提高放电能量黏度;但黏度大不利于蚀除产物的排出,影响正常加

工。目前,电火花成形加工普遍采用煤油作为工作液;电火花线切割加工普遍采用乳化液作为工作液。

在电火花加工中,工具电极和工件电极同时受到不同程度的电火花腐蚀,影响工具电极损耗的因素和规律在许多方面与影响加工速度的因素相近。降低工具电极的相对损耗的主要途径是正确选择加工极性、选用合适的工具材料。

①极性效应。电火花加工中,阳极和阴极表面都会受到电腐蚀。但两极的电蚀量并不相同,即使两极材料相同,电蚀量也不相同。实验结果表明:短脉冲时正极蚀除速度大于负极;长脉冲时负极蚀除速度大于正极。这种现象称为电火花加工的极性效应。我国通常把工件接脉冲电源正极时的加工称之为"正极性"加工;工件接脉冲电源负极时则称之为"负极性"加工。在电火花加工中,极性效应越显著越好,这样就可以把电蚀量小的一极作为工具电极,以减少工具损耗,保持工具形状。此外必须采用单向脉冲电源,否则极性效应将相互抵消。

②工具电极材料。电火花加工中,不同的电极材料其相对损耗有较大的不同。常用电极材料中紫铜、石墨损耗较小;黄铜、钢及铸铁损耗较大。

另外,在一定的条件下,电火花放电时工件放电点抛出的材料有一部分会溅射到工具电极表面,形成电喷镀效应,能部分地弥补工具的损耗。在使用煤油为上作液,负极性加工时,放电产生的高温会使工作液受热分解出带负电的碳化物微粒,并吸附在阳极工具表面,形成炭黑保护层,能对工具起到一定的保护和补偿作用。

2. 电解加工

(1)电解加工的原理

电解加工是利用金属在电解液中可以产生阳极溶解的电化学原理来进行尺寸加工的。这种电化学现象在机械工业中早已被用来实现电抛光和电镀。电解加工是在电抛光的基础上经过重大的革新而发展起来的,其加工原理如图 8-47 所示。加工时工件 3 连接于直流电源的正极(阳极),工具 2 连接于直流电源 1 的负极(阴极)。两极之间的电压一般为低电压(5～25 V)。两极之间保持一定的间隙(0.1～0.8 mm)。电解液 5 以较高的速度(5～60 m/s)流过,使两极间形成导电通路,并在电源电压下产生电流,于是工件被加工表面的金属材料将不断产生电化学反应而溶解到电解液中,电解的产物则被电解液带走。加工过程中工具阴极不断地向工件恒速进给,工件的金属不断熔解,使工件与工具各处的间隙趋于一致,工具阴极的形状尺寸将复制在工件上,从而得到所需要的零件形状。

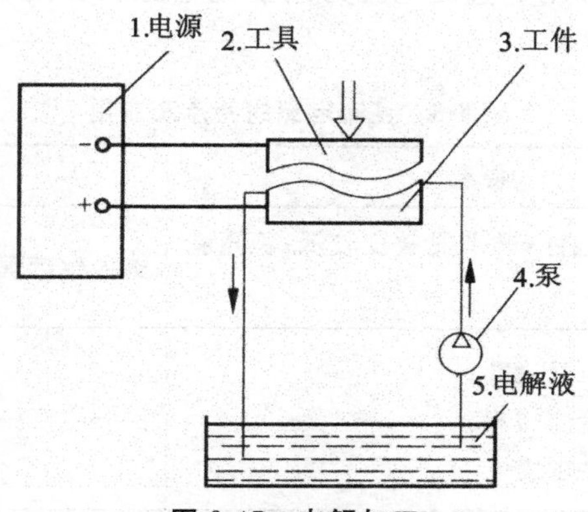

图 8-47　电解加工

电解加工成形的原理如图 8-48 所示。电解加工刚开始时工件毛坯的形状与工具形状不同，电极之间间隙不相等，如图 8-48(a)所示，间隙小的地方电场强度高，电流密度大(图中竖线密)，金属溶解速度也较快；反之，工具与工件较远处加工速度就慢。随着工具不断向工件进给，阳极表面的形状就逐渐与阴极形状相近，间隙大致相同，电流密度趋于一致，如图 8-48(b)所示。

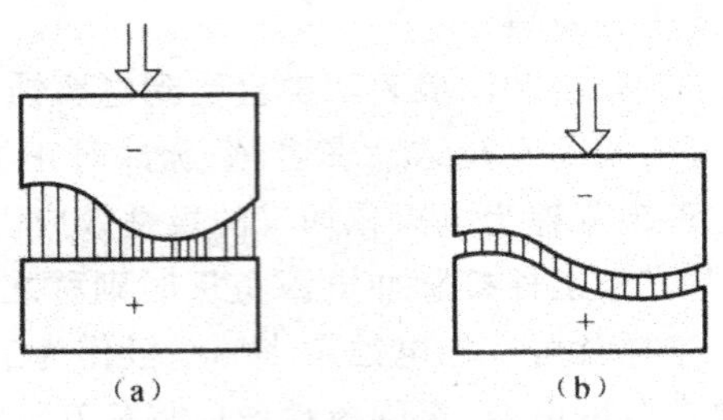

图 8-48　电解加工成形的原理

(2)电解加工的特点

①加工范围广，不受材料硬度与强度的限制，能加工任何高强度、高硬度、高韧性的导电材料，如硬质合金、淬火钢、不锈钢、耐热合金等难加工材料。

②加工过程中工具阴极基本无损耗，可保持工具的精度长期使用。

③电解加工不需要复杂的成形运动，可加工复杂的空间曲面。

④生产率高，是特种加工中材料去除速度最快的方法之一，约为电火花加工的 5～10 倍。

⑤只能加工导电的金属材料，对加工窄缝、小孔及棱角很尖的表面则比较困难，加工精度受到限制。

⑥对复杂加工表面的工具电极的设计和制造比较费时，因而在单件、小批生产中的应用受到限制。

⑦电解加工附属设备较多，占地面积大，投资大，电解液腐蚀机床，容易污染环境，需采取一定的防护措施。

⑧加工过程中无机械切削力和切削热，故没有因为力与热给工件带来的变形，可以加工刚性差的薄壁零件。加工表面残余应力和毛刺，能获得较细的表面粗糙度和一定的加工精度。

(3)电解加工设备

电解加工的基本设备包括直流电源、机床及电解液系统三大部分。

①直流电源。电解加工常用的直流电源为硅整流电源和晶闸管整流电源，其主要特点及应用如表 8-8 所示。

表 8-8　直流电源的特点及应用

分类	特点	应用场合
硅整流电源	可靠性、稳定性好；调节灵敏度较低；稳压精度不高	国内生产现场占一定比例
晶闸管电源	灵敏度高，稳压精度高； 效率高，节省金属材料； 稳定性、可靠性较差	国外生产中普遍采用，也占相当一部分比例

②机床。电解加工机床的任务是安装夹具、工件和阴极工具，并实现其相对运动，传送电和电解液。电解加工过程中虽没有机械切削力，但电解液对机床主轴和工作台的作用力很大，因此要求机床要有足够的刚性；要保证进给系统的稳定性，如果进给速度不稳定，阴极相对工件的各个截面的电解时间就不同，影响加工精度；电解加工机床经常与具有腐蚀性的工作液接触，因此机床要有好的防腐措施和安全措施。

③电解液系统。在电解加工过程中，电解液不仅作为导电介质传递电流，而且在电场的作用下进行化学反应，使阳极溶解能顺利而有效地进行，这一点与电火花加工的工作液的作用是不同的。同时电解液也担负着及时把加工间隙内产生的电解产物和热量带走的任务，起到更新和冷却的作用。

电解液可分为中性盐溶液、酸性盐溶液和碱性盐溶液三大类。其中中性盐溶液的腐蚀性较小，使用时较为安全，故应用最广。常用的电解液有 NaCl、$NaNO_3$、$NaClO_3$ 三种。

NaCl：电解液价廉易得，对大多数金属而言，其电流效率均很高，加工过程中损耗小并可在低浓度下使用，应用很广。其缺点是电解能力强，散腐蚀能力强，使得离阴极工具较远的工件表面也被电解，成形精度难于控制，复杂精度差；对机床设备腐蚀性大，故适用于加工速度快而精度要求不高的工件加工。

$NaNO_3$：电解液在浓度低于 30%时，对设备、机床腐蚀性很小，使用安全。但生产效率低，需较大电源功率，故适用于成形精度要求较高的工件加工。

$NaClO_3$：电解液的散腐蚀能力小，故加工精度高，对机床、设备等的腐蚀很小，广泛地应用于高精度零件的成形加工。然而，$NaClO_3$ 是一种强氧化剂，虽不自燃，但遇热分解的氧气能助燃，因此使用时要注意防火安全。

(4)电解加工应用

目前，电解加工主要应用在深孔加工、叶片(型面)加工、锻模(型腔)加工、管件内孔抛光、各种型孔的倒圆和去毛刺、整体叶轮的加工等方面。

图 8-49 是用电解加工整体叶轮，叶轮上的叶片是采用套料法逐个加工的。加工完一个叶片，退出阴极，经分度后再加工下一个叶片。

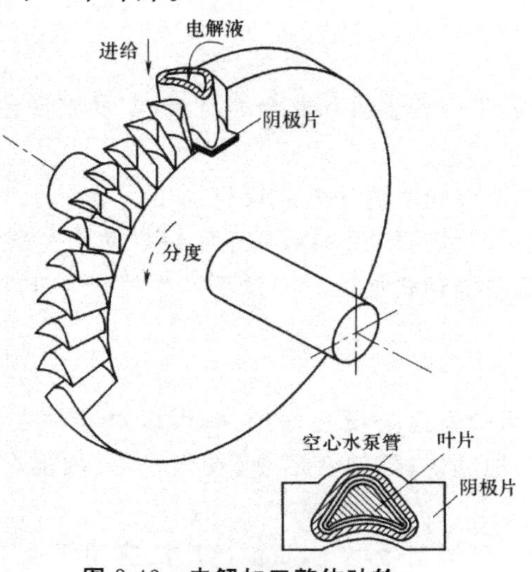

图 8-49　电解加工整体叶轮

3. 激光加工

(1)加工原理

激光是一种亮度高、方向性好、单色性好的相干光。由于激光发散角小和单色性好,在理论上可聚焦到尺寸与光的波长相近的小斑点上,加上亮度高,其焦点处的功率密度可达 $10^7 \sim 10^{11}$ W/cm^2,温度可高至万摄氏度度左右。在此高温下,坚硬的材料将瞬时急剧熔化和蒸发,并产生强烈的冲击波,使熔化物质爆炸式地喷射去除。

图 8-50 为利用固体激光器加工原理示意图。当激光工作物质受到光泵(即激励脉冲氙灯)的激发后,吸收特定波长的光,在一定条件下可形成工作物质中亚稳态粒子大于低能级粒子数的状态。这种现象称为粒子数反转。此时一旦有少量激发粒子产生受激辐射跃迁,造成光放大,并通过谐振腔中的全反射镜和部分反射镜的反馈作用产生振荡,由谐振腔一端输出激光。通过透镜将激光束聚焦到工件的加工表面上,即可对工件进行加工,常用的固体激光工作物质有红宝石、钕玻璃和掺钕钇铝石榴石等。

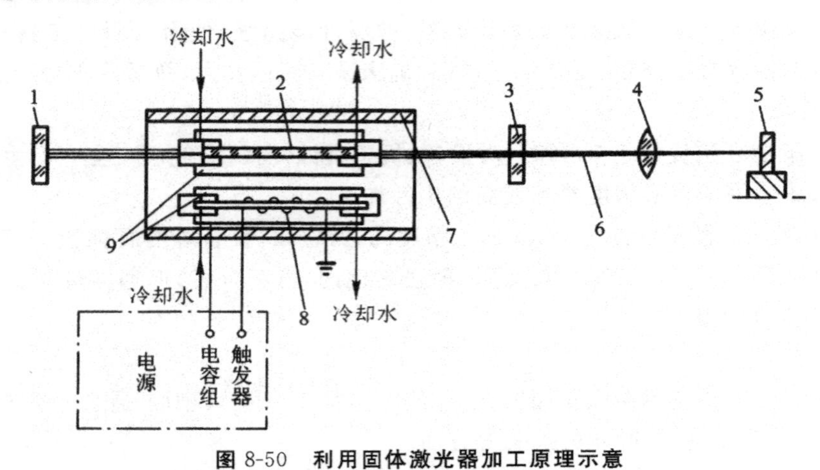

图 8-50 利用固体激光器加工原理示意

1—全反射镜;2—水泵;3—部分反射镜;4—透镜;5—工作;6—激光束;
7—聚光器;8—氙灯;9—冷却水

(2)加工的工艺特点

①激光加工几乎可以加工一切金属和非金属材料,如硬质合金、不锈钢、陶瓷玻璃、金刚石及宝石等。

②可通过空气、惰性气体或光学透明介质讲行加工。

③加工效率高,打一个孔只需要 0.001s,易于实现自动化生产和流水作业。

④加工时不用刀具,属非接触式加工。工件不产生机械加工变形,热变形极小,可加工十分精微的尺寸。

(3)加工应用

①激光表面处理。利用激光对金属表面扫描,可以对零件表面强化处理、表面合金化处理等。由于激光功率密度高、加热快、零件变形小、硬化均匀、硬度在 60HRC 以上,因而可实现零件精加工后的表面处理。

②激光打孔。利用激光可加工微小孔,目前已广泛应用于金刚石拉丝模、钟表宝石轴承、陶瓷、玻璃等非金属材料和硬质合金、不锈钢等金属材料的小孔加工,精度最高可达 IT7,表面粗糙

度 Ra 达 0.4～0.1 μm，深径比大于 50，加工最小孔径为 2 μm。

③激光焊接。激光焊接时不需要很高的能量密度，只要将工件的焊接区烧熔，使其粘合即可。适合于对热敏感很强的晶体管元件焊接或微型精密焊接。激光不仅能焊接同种材料，而且还可焊接不同种类的材料，甚至还可焊接金属与非金属材料，例如陶瓷作基体的集成电路激光焊接。激光焊接过程迅速，热影响区小，没有焊渣，也不用去除氧化膜。

④激光切割。激光切割时，工件与激光束要相对移动，一般都是移动工件。激光切割一般采用大功率的二氧化碳激光器，对于精细切割，如半导体硅板，也可采用掺钕钇铝石榴石固体激光器。激光切割的切缝宽度一般小于 0.5 mm，最小可达 0.025 mm。用大功率二氧化碳气体激光器输出的连续激光，可以切割钢板、铁板、石英、陶瓷以及塑料、木材、布匹、纸张等，其工艺效果都较好。

4. *超声加工*

超声加工是随着机械制造和仪器制造中，各种脆性材料和难加工材料的不断出现而得到应用和发展的。它较好弥补了在加工脆性材料方面的某些不足，并显示了其独特的优越性。

(1)超声加工的原理

超声加工也叫做超声波加工，是利用产生超声振动的工具，带动工件和工具间的磨料悬浮液，冲击和抛磨工件的被加工部位，使局部材料破坏而成粉末，以进行穿孔、切割和研磨等，如图 8-51 所示。加工中工具以一定的静压力压在工件上，在工具和工件之间送入磨料悬浮液（磨料和水或煤油的混合物），超声换能器产生 16 kHz 以上的超声频轴向振动，借助于变幅杆把振幅放大到 0.02～0.08 mm，迫使工作液中悬浮的磨粒以很大的速度不断地撞击、抛磨被加工表面，把加工区域的材料粉碎成很细的微粒，并从工件上去除下来。虽一次撞击去除的材料很少，但由于每秒钟撞击的次数多达 16000 次以上，所以仍有一定的加工速度。工作液受工具端面超声频振动作用而产生的高频、交变的液压冲击，使磨料悬浮液在加工间隙中强迫循环，将钝化了的磨料及时更新，并带走从工件上去除下来的微粒。随着工具的轴向进给，工具端部形状被复制在工件上。

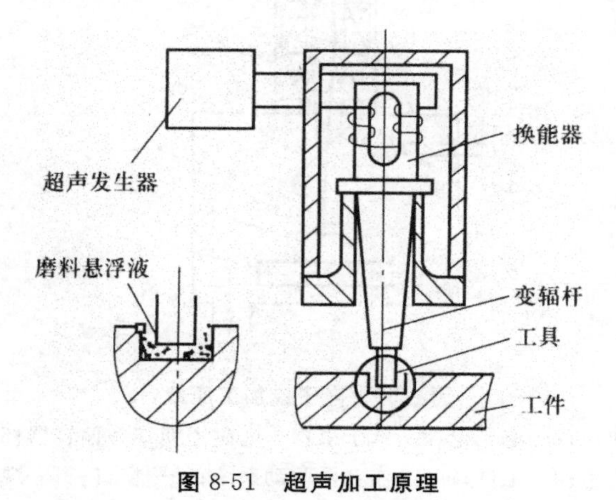

图 8-51　超声加工原理

由于超声波加工是基于高速撞击原理，因此越是硬脆材料，受冲击破坏的作用也越大，而韧性材料则由于它的缓冲作用而难以加工。

(2)超声加工特点

①适于加工硬脆材料(特别是不导电的硬脆材料),如玻璃、石英、陶瓷、宝石、金刚石、各种半导体材料、淬火钢、硬质合金等。

②由于是靠磨料悬浮液的冲击和抛磨作用去除加工余量,所以可以采用比工件软的材料作工具。加工时不需要使工具和工件做比较复杂的相对运动。因此,超声加较简单,操作维修也比较方便。

③由于去除加工余量是靠磨料的瞬时撞击,工具对表面的宏观作用力小,热影响小,不会引起变形和烧伤,因此适合于加工薄壁零件及工件的窄槽、小孔等。超声加工的精度,一般可达0.01~0.02 mm,表面粗糙度 Ra 值可达 0.63 μm 左右,在模具加工中用于加工某些冲模、拉丝模以及抛光模具工作零件的成形表面。

5. 电子束加工

(1)电子束加工原理

电于束加工是利用能量密度很高的高速电子流,在一定真空度的加工舱中使工件材料熔化、蒸发和汽化而予以去除的高能束加工。随着微电子技术、计算机技术等的发展,大量的元器件需要进行微细、亚微米乃至毫微米加工,目前比较适合的加工方法就是电子束加工,其他的加工方法则比较困难、甚至难以实现。

如图 8-52 所示,电子枪射出高速运动的电子束经电磁透镜聚焦后轰击工件表面,在轰击处形成局部高温,使材料瞬时熔化、汽化,喷射去除。电磁透镜实质上只是一个通直流电流的多匝线圈,其作用与光学玻璃透镜相似,当线圈通过电流后形成磁场,利用磁场,可迫使电子束按照加工的需要作相应的偏转。

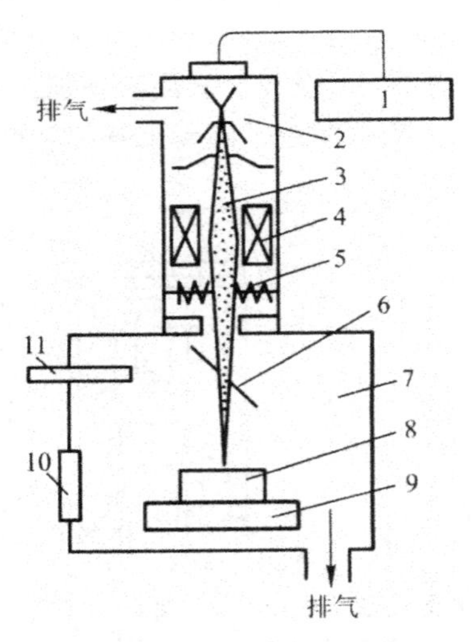

图 8-52　电子束加工原理

1—高速加压;2—电子枪;3—电子束;4—电磁透镜;5—偏转器;6—反射镜

7—加工室;8—工件;9—工作台及驱动系统;10—窗口;11—观察系统

(2)电子束加工特点

电子束加工的特点是局部可聚集极高的能量密度,能加工难加工材料。电子束加工热应力变形小,故适于热敏材料的加工。电子束可汇集成几微米的小斑点,适于加工精密微细孔和窄缝。电子束加工可以分割成很多细束，故能实现多束同时加工。在真空条件下加工，工件被污染少，适于加工易氧化的材料。它的缺点是必须有真空设备和 X 射线防护壁。因为有一小部分电子能量会转化成 X 射线能量，因此限制了它的使用范围。

(3)电子束加工的应用

①电子束打孔及型面加工高能电子束可以加工各种微细孔（孔径 0.003～0.02 ram)和型孔、斜孔、弯孔以及特殊表面。加工速率高，不受材料特性限制，且加工精度高，表面粗糙度值小。

②电子束焊接的可焊材料范围广，除能对普通碳钢、合金钢、不锈钢焊接外，更有利于高熔点金属（钛、钼、钨等及其合金)、活泼金属（锆、铌等)、异种金属（铜—不锈钢、银—白金等)、半导体材料和陶瓷等绝缘材料的焊接。

③蚀刻电子束可用来对陶瓷、半导体材料进行精细蚀刻，加工精细的沟槽和孔。

6. 化学腐蚀加工

(1)化学腐蚀加工的原理

化学腐蚀加工是将零件要加工的部位暴露在化学介质中，产生化学反应，使零件材料腐蚀溶解，以获得所需要的形状和尺寸的一种工艺方法。化学腐蚀加工时，应先将工件表面不加工的部位用抗腐蚀涂层覆盖起来，然后将工件浸渍于腐蚀液中或在工件表面涂覆腐蚀液，将裸露部位的余量去除，达到加工目的。常见的化学腐蚀加工有照相腐蚀、化学铣削和光刻等。

(2)化学腐蚀加工的特点

①加工后表面无毛刺、不变形、不产生加工硬化现象。

②加工时不需要用夹具和贵重装备。

③只要腐蚀液能浸入的表面都可以加工，故适合于加工难以进行机械加工的表面。

④可加工金属和非金属（如玻璃、石板等)材料，不受被加工材料的硬度影响，不发生物理变化。

⑤腐蚀液和蒸汽污染环境，对设备和人体有危害作用。需采用适当的防护措施。

化学腐蚀主要用来加工型腔表面上的花纹、图案和文字，应用较广的是照相腐蚀。

(3)照相腐蚀工艺

照相腐蚀加工是把所需图像摄影到照相底片上，再将底片上的图像经过光化学反应，复制到涂有感光胶（乳胶)的型腔工作表面上。经感光后的胶膜不仅不溶于水，而且还增强了抗腐蚀能力。未感光的胶膜能溶于水，用水清洗去除未感光胶膜后，部分金属便裸露出来，经腐蚀液的浸蚀，即能获得所需要的花纹、图案。

照相腐蚀的工艺过程如下：

原图→照相
模具表面处理→涂感光胶→贴照相底片→曝光→显影→坚膜及修补→腐蚀
去胶及修整←

图 8-53 所示为照相腐蚀主要工序示意图。

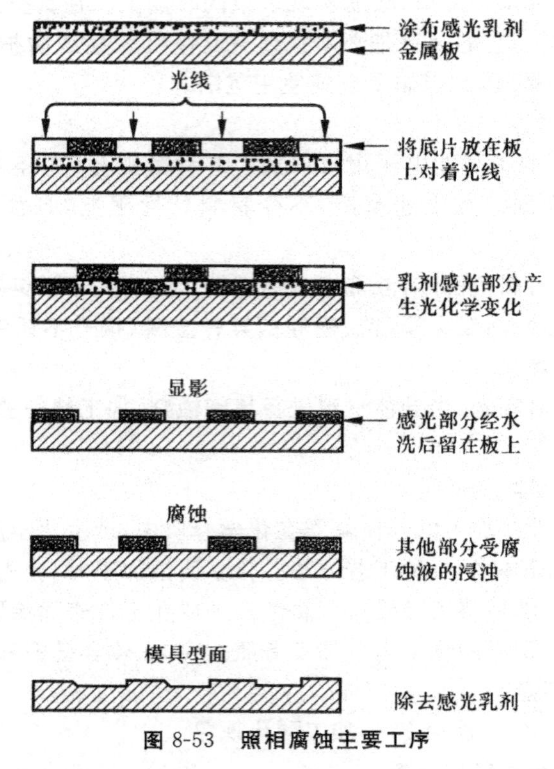

图 8-53 照相腐蚀主要工序

①原图和照相。将所需图形或文字按一定比例绘在图纸上即为原图。然后通过照相(专用照相设备),将原图缩小至所需大小的照相底片上。

②感光胶。感光胶的配方有很多种,现以聚乙烯醇感光胶为例,其成分为:

聚乙烯醇	45～60 g
重铬酸铵	10 g
水	1000 ml

感光胶的作用原理是:聚乙烯醇和重铬酸铵间不起化学反应。聚乙烯醇的特点是易溶于水,无色透明,有黏结作用,水分挥发后,形成一层薄膜,但用水冲洗、擦拭便可去掉。重铬酸铵是一种感光材料,经光照、感光、显影之后,不易溶于水,和聚乙烯醇的混合物共同形成一层薄膜,较牢固的附着在模具表面上。而未感光部分,仍是聚乙烯醇为主,经水冲洗,用脱脂棉擦拭便可去除。附着在模具表面的感光胶膜,经过同化后具有一定的抗腐蚀能力,能保护金属不被腐蚀。

③腐蚀面清洗和涂胶。涂胶前必须清洗模具表面。对小模具可将其放入10%的 NaOH 溶液中加热去除油污,然后取出用清水冲洗。对较大的模具,先用10%的 NaOH 溶液煮沸后,再用开水冲洗。模具清洗后经电炉烘烤后至50℃左右涂胶,否则图上的感光胶容易起皮脱落。涂胶可采用喷涂法在暗室红灯下进行。在需要感光成像的模具部位应反复喷涂多次,每次间隔时间根据室温情况而定,室温高,时间短;室温低,时间长。喷涂时要注意均匀一致。

④贴照相底片。在需要腐蚀的表面上,铺上制作好的照相底片,校平表面,用玻璃将底片压紧,垂直表面,用透明胶带将底片粘牢。对于圆角或曲面部位用白凡士林将底片黏结。型腔设计时应预先考虑到贴片是否方便,必要时可将型腔设计成镶块结构。贴片过程都应在暗室红灯下

进行。

⑤感光。将经涂胶和贴片处理后的工件部位，用紫外线光源（如水银灯）照射，使工件表面的感光胶膜按图像感光。在此过程中应调整光源的位置，让感光部分均匀感光。感光时间的长短根据实践经验确定。

⑥显影冲洗。将感光（曝光）后的工件放入 40℃～50℃的热水中浸 30s 左右，让未感光部分的胶膜溶解于水中，取出后滴上碱性紫 5BH 染料，涂匀显影，待出现清晰的花纹后，再用清水冲洗，并用脱脂棉将未感光部分擦掉。最后用热风吹干。

⑦坚膜及修补。将已显影的型腔模放入 150℃～200℃的电热恒温干燥箱内，烘焙 5～20 min，以提高胶膜的黏附强度及耐腐蚀性能。型腔表面若有未去净的胶膜，可用刀尖修除干净，缺膜部位用印刷油墨修补。不需进行腐蚀的部位，应涂汽油沥青溶液，待汽油挥发后，便留下一层薄薄的沥青层以便起抗酸、保护作用。

⑧腐蚀。腐蚀不同的材料应选用不同的腐蚀液。对于钢型腔，常用三氯化铁水溶液，可用浸蚀或喷洒的方法进行腐蚀。若在三氯化铁水溶液中加入适量的硫酸铜调成糊状，涂在型腔表面，可减少向侧面的渗透。为防止侧蚀，也可以在腐蚀剂中添加保护剂或用松香粉刷嵌在腐蚀露出的图形侧壁上。

腐蚀温度为 50℃～60℃，根据花纹和图形的密度及深度一般约需腐蚀 1～3 次，每次约 30～40 min。一般腐蚀深度为 0.3 mm。

⑨去胶、修整。将腐蚀好的型腔用漆溶剂和工业酒精擦洗。检查腐蚀效果，对于有缺陷的地方，进行局部修描后，再腐蚀或机械修补。腐蚀结束，表面附着的感光胶，应用火碱溶液冲洗，使保护层烧掉，最后用水冲洗若干遍。用热风吹干，涂一层油膜即完成全部加工。

8.5.4　快速成型制造技术

20 世纪 90 年代快速成型（RP）技术发展起来并应用于制造业，属于高新技术，它为制造工业开辟了一条全新的制造途径，不用刀具而制造各类零部件。其本质是用积分法通过材料逐层添加直接制造三维实体。

1. 概述

（1）产生

随着全球市场一体化的形成，制造业的竞争十分激烈，产品的开发速度日益成为市场竞争的主要矛盾。在这样的形势下，传统的大批量、刚性的生产方式及其制造技术已不能适应要求。另一方面，一个新产品在开发过程中，总是要经过对初始设计的多次修改，才能真正推向市场。因此，产品开发的速度和制造技术的柔性就变得十分关键了，客观上需要一种可以直接地将设计资料快速转化为三维实体的技术。

从技术发展角度，计算机、CAD、材料、激光等技术的发展和普及为新的制造技术的产生奠定了基础。

快速原型制造（Rapid Prototype Manufacturing，RPM）技术，也称快速成型技术，就是在这种社会背景下出现的。它于 20 世纪 80 年代后期产生于美国，很快扩展到日本及欧洲，并于 20 世纪 90 年代初期引进我国，是近 20 年来制造技术领域的一项重大突破。

它借助计算机、激光、精密传动、数控技术等现代手段，将 CAD 和 CAM 集成于一体，根据在计算机上构造的三维模型，能在很短的时间内直接制造出产品样品，无须传统的刀具、夹具、模具。RPM 技术创立了产品开发的新模式,使设计师以前所未有的直观方式体会设计的感觉,感性地、迅速地验证和检查所设计产品的结构和外形,从而使设计工作进入一种全新的境界,改善了设计过程中的人机交流,缩短了产品开发周期,加快了产品更新换代的速度,降低了企业投资新产品的风险。

(2)基本概念

快速原型制造技术(Rapid Prototype Manufacturing,RPM)是综合利用 CAD 技术、数控技术、材料科学、机械工程、电子技术及激光技术的技术集成以实现从零件设计到三维实体原型制造一体化的系统技术。它是一种基于离散堆积成型思想的新型成型技术,是由 CAD 模型直接驱动的快速完成任意复杂形状三维实体零件制造的技术的总称。

(3)基本原理及基本过程

①基本原理

传统的零件加工过程是先制造毛坯,然后经切削加工,从毛坯上去除多余的材料,从而达到设计所要求的形状、尺寸和公差,这种方法统称为材料去除制造。这类制造包括车、铣、刨、磨、镗、钻等工艺,这些工艺的大部分能量消耗在去除材料上,因此无功资源消耗多、成型周期长、材料浪费严重。

快速原型制造技术彻底摆脱了传统的“去除”加工法,而基于“材料逐层堆积”的制造理念,将复杂的三维加工分解为简单的材料二维添加的组合,它能在 CAD 模型的直接驱动下,快速制造任意复杂形状的三维实体,是一种全新的制造技术。

从成型角度看,零件可视为由点、线、面叠加而成。从 CAD 模型中离散得到点、线、面的几何信息,再与快速成型的工艺参数信息结合,控制材料有规律地、精确地由点、线到面,由面到体地逐步堆积成零件。从制造角度看,根据 CAD 造型生成零件三维几何信息,控制三维的自动化成型设备,通过激光束或其他方法将材料逐层堆积而形成模型或零件。

②基本过程

图 8-54 所示为快速原型制造技术的基本过程。

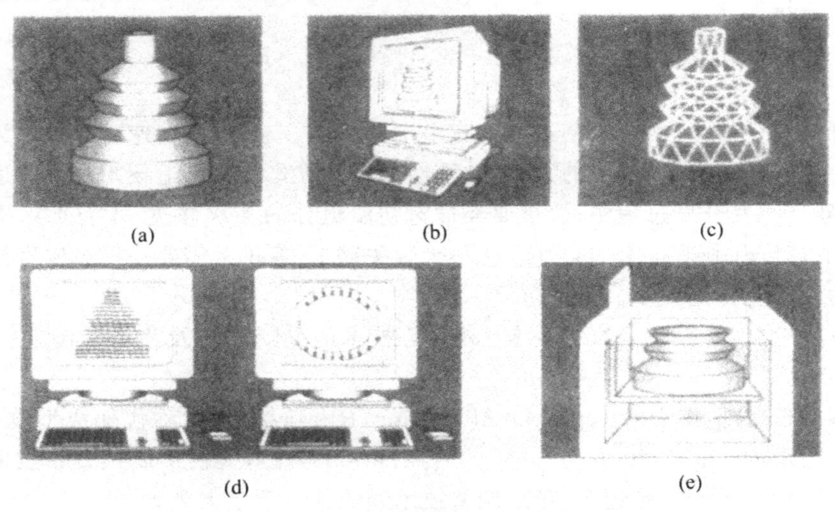

(a) (b) (c) (d) (e)

图 8-54　快速原型制造技术的基本过程

(a)零件设计　(b)CAD 模型　(c)模型近似处理(网络化)　(d)数据处理　(e)零件制造

其具体过程如下：

・产品的 CAD 建型。应用三维 CAD 软件，根据产品要求设计三维模型，或采用逆向工程技术获取产品的三维模型。

・三维模型的近似处理。用一系列小三角形平面来逼近模型上的不规则曲面，从而得到产品的近似模型。

・三维模型的 Z 向离散化（即分层处理）。将近似模型沿高度方向分成一系列具有一定厚度的薄片，提取层片的轮廓信息。

・处理层片信息，生成数控代码。根据层片几何信息，生成层片加工数控代码，用以控制成型机的加工运动。

・逐层堆积制造。在计算机的控制下，根据生成的数控指令，RP 系统中的成型头（如激光扫描头或喷头）在 $X-Y$ 平面内按截面轮廓进行扫描，固化液态树脂（或切割纸、烧结粉末材料、喷射热熔材料），从而堆积出当前的一个层片，并将当前层与已加工好的零件部分粘合。然后，成型机工作台面下降一个层厚的距离，再堆积新的一层。如此反复进行直到整个零件加工完毕。

・后处理。对完成的原型进行处理，如深度固化、去除支撑、修磨、着色等，使之达到要求。

图 8-55 所示为快速原型工艺流程。

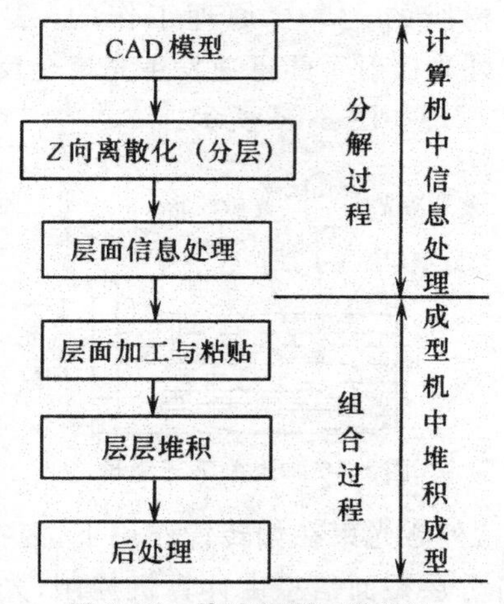

图 8-55　快速原型工艺流程

(4)特点

・高度柔性化。RPM 的一个显著特点就是高度柔性化。对整个制造过程，仅需改变 CAD 模型或反求数据结构模型，对成型设备进行适当的参数调整，即可在计算机的管理和控制下制造出不同形状的零件或模型。制造原理的相似性，使得快速原型制造系统其软硬件具有较高的相似性。

・技术高度集成化。快速成型技术是计算机技术、数控技术、控制技术、激光技术、材料技术和机械工程等多项交叉学科的综合集成。它以离散/堆积为方法，在计算机和数控技术的基础上，追求最大的柔性为目标。

・设计制造一体化。一个显著特点就是 CAD/CAM 一体化。由于采用了离散/堆积的分层制造工艺，能够很好地将 CAD、CAM 结合起来。

・大幅度缩短新产品的开发成本和周期。通常，采用 RPM 技术可减少产品开发成本 30%～

70%,减少开发时间50%,甚至更少。如开发光学照相机机体采用RPM技术仅3~5天(从CAD建模到原型制作),花费6000美元,而用传统的方法则至少需一个月的时间,花费约3.6万美元。

· 制造自由成型化。它可根据零件的形状,不受任何专用工具或模具的限制而自由成型,也不受零件任何复杂程度的限制,能够制造任意复杂形状与结构、不同材料复合的零件。RPM技术大大简化了工艺规程、工装设备、装配等过程,很容易实现由产品模型驱动的直接制造或称自由制造。

· 材料使用广泛性。金属、纸张、塑料、树脂、石蜡、陶瓷,甚至纤维等材料在快速原型制造领域已有很好的应用。

2. 快速原型制造技术的工艺方法

(1)光固化成型工艺

光固化成型工艺,也称立体光刻(Stereo Lithography Apparatus,SLA)或立体造型等,它于1984年由Charles Hull提出并获美国专利,1988年美国3D System公司推出世界上第一台商品化RP设备SLA-250,它以光敏树脂为原料,通过计算机控制紫外激光使其固化成型,自动制作出各种加工方法难以制作的复杂立体形状的零件,在制造领域具有划时代的意义。目前SLA工艺已成为世界上研究最深入、技术最成熟、应用最广泛的一种快速原型制造方法。

SLA工艺是基于液态光敏树脂的光聚合原理工作的。这种液态材料在一定波长($\lambda=325$nm)和功率($P=30$mW)的紫外光照射下能迅速发生光聚合反应,相对分子质量急剧增大,材料就从液态转变成固态。其工艺原理如图8-56所示。

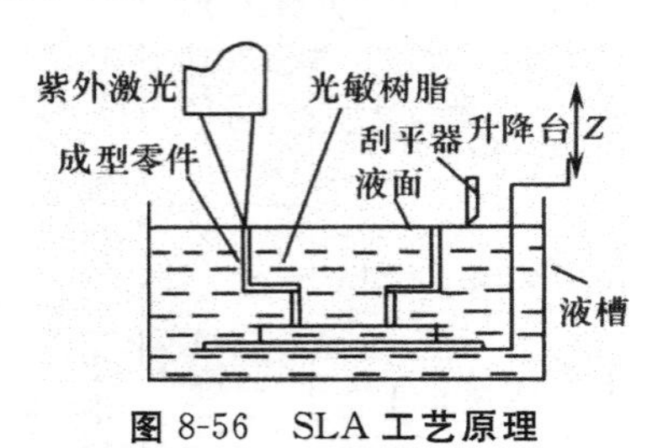

图8-56 SLA工艺原理

液槽中盛满液态光敏树脂,紫外激光束在偏转镜作用下,能在液体表面上进行扫描,扫描的轨迹及激光的有无均按零件的各分层截面信息由计算机控制,光点扫描到的地方,液体就固化。成型开始时,工作平台在液面下一个确定的深度,聚焦后的光斑在液面上按计算机的指令逐点扫描,即逐点固化。当一层扫描完成后,未被照射的地方仍是液态树脂。然后升降台带动工作台沿Z轴下降一层的高度(约0.1 mm),已成型的层面上又布满一层液态树脂,之后刮平器将黏度较大的树脂液面刮平,再进行下一层的扫描,新固化的一层牢固地粘在前一层上,如此重复直到整个零件制造完毕,得到一个三维实体原型。

光固化成型系统由激光器、激光束扫描装置、光敏树脂、液槽、升降台和控制系统等组成。

①激光器。激光器大多采用紫外光式。成型系统用的激光器主要有两种类型:一种是氦—镉激光器,它是一种低功率激光,以氦气和镉蒸气的复合气体作为工作物质,通过镉的电离化过程,使中性氦原子和镉原子激活,生成可见和紫外激光射线,输出功率通常为15~50 mW,输出波长为325 nm,激光器寿命为2000 h左右;另一种是氩离子激光器,这是另一种低功率激光光源,它用氩气作为工作物质,输出功率为100~500 mW,输出波长为351~365 nm,该激光是双重电离化氩气状态下获得的。激光束光斑直径一般为0.05~3.00 nm,激光位置精度可达0.008 nm,重

复精度可达 0.13 mm。

②激光束扫描装置。数字控制的激光束扫描装置也有两种形式：一种是电流计驱动式的扫描镜方式，最高扫描速度达 15m/s，适合于制造尺寸较小的原型件；另一种是 $X-Y$ 绘图仪方式，激光束在整个扫描过程中与树脂表面垂直，适合于制造大尺寸的原型件。

③光敏树脂。SLA 工艺的成型材料是液态光敏树脂，如环氧树脂、乙烯酸树脂、丙烯酸树脂等。要求 SLA 树脂在一定频率的单色光照射下迅速固化，并具有较小的临界曝光和较大的固化穿透深度。为保证原型精度，固化时树脂的收缩率要小，并应保证固化后的原型有足够的强度和良好的表面粗糙度，且成型时毒性要小。

④液槽。盛装液态光敏树脂的液槽采用不锈钢制作，其尺寸大小取决于成型系统设计的最大尺寸原型件或零件。升降工作台由步进电功机控制，最小步距应在 0.02 mm 以下，在 225nm 位移的工作范围内位置精度为±0.05 mm。刮平器保证新一层的光敏树脂能够迅速、均匀地涂敷在已固化层上，保持每一层厚度的一致性，从而提高原型件的精度。

⑤控制系统。控制系统主要由工控机、分层处理软件和控制软件等组成。激光能光束反射镜扫描驱动器、$X-Y$ 扫描系统、工作台 Z 方向上下移动和刮刀的往复移动都由控制软件来控制。

光固化成型工艺过程包括模型及支撑设计、分层处理、原型制作、后处理等步骤。

①模型及支撑设计。模型设计是应用三维 CAD 软件进行几何建模，并输出为 STL 格式文件。由于产品上往往有一些不规则的自由曲面，加工前必须对其进行近似处理。目前，常用的近似处理方法是：用一系列的小三角平面来逼近自由曲面。每一个小三角形由三个顶点和一个法矢量来表示，三角形的大小可以选择，从而得到不同的曲面近似精度，经过上述近似处理的三维模型文件称为 STL 文件。STL 文件记载了组成 STL 实体模型的所有三角形面。目前，典型的商品化 CAD 系统都有 STL 文件输出的数据接口，可以很方便地将 CAD 系统构造的三维模型转换成 STL 格式文件，并在屏幕上显示转换后的 STL 模型，是由一系列小三角形组成的三维模型。

②分层处理。采用专用的分层软件对 CAD 模型的 STL 格式文件进行分层处理，得到每一层截面图形及其有关的网格矢量数据，用于控制激光中的扫描轨迹。分层处理还包括层厚、建立模式、固化深度、扫描速度、网格间距、线宽补偿值、收缩补偿因子的选择与确定。这些参数和建立方式的不同选择，对建立时间和模型精度都有影响，因此要选择合适的参数和建立方式，才能得到理想的工件。

③原型制作。在计算机控制下，对液态光敏树脂逐层扫描、固化，完成原型的制作。

④后处理。原型制作完毕，需进行剥离，以便去除废料和支撑结构，有时还需进行后固化、修补、打磨、抛光、表面涂覆、表面强化处理等，这些工序统称为后处理。

SLA 原型制作完毕后，需从工作台上取下原型，然后小心地剥离支撑结构。由于刚制作的原型强度较低，需要通过进一步固化处理，才能达到需要的性能。后固化工序是采用很强的紫外光源使刚刚成型的原型件充分固化，这一工序可以在紫外烘干箱中进行。固化时间根据制件的尺寸大小、形状和树脂特性而定，一般不少于 30 min。

(2)叠层实体制造工艺

叠层实体制造(Laminated Object Manufacturing，LOM)工艺也称为层合实体制造或分层实体制造等。1984 年 Michael Feygin 提出了叠层实体制造工艺方法，并于 1985 年在美国加州托兰斯组建 Helisys 公司，1990 年 Helisys 公司开发了世界上第一台商业机型 LOM-1015。由于该工艺大多以纸为原料(故有些书籍上称之为纸片叠层法)，材料成本低，而且激光只需切割每一层片的轮廓，成型效率高，在制作较大原型件时有较大优势，因此近年来发展迅速。

LOM 工艺采用薄片材料，如纸、塑料薄膜等作为成型材料，片材表面事先涂覆上一层热熔胶。加工时，用 CO_2 激光器(或刀)在计算机控制下按照 CAD 分层模型轨迹切割片材，然后通过热压辊热压，使当前层与下面已成型的工件层粘接，从而堆积成型。

图 8-57 所示为 LOM 工艺的原理图。用 CO_2 激光器在刚粘接的新层上切割出零件截面轮廓和工件外框，并在截面轮廓与外框之间多余的区域内切割出后处理时便于剥离的网格；激光切割完成后，工作台带动已成型的工件下降，与带状片材(料带)分离；供料机构转动收料轴和供料轴带动料带移动，使新层移到加工区域；工作台上升到加工平面；热压辊热压，工件的层数增加一层，高度增加一个料厚；再在新层上切割截面轮廓。如此反复直至零件的所有截面切割、粘接完，这样层层叠加后得到一个块状物，最后将不属于原型的材料小块剥除，就获得所需的三维实体零件。

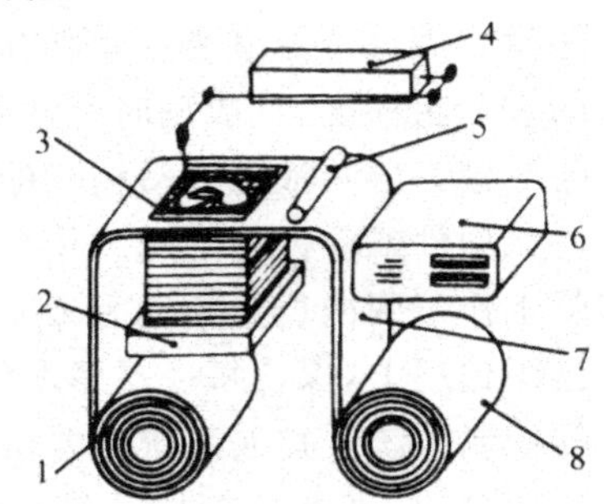

图 8-57　LOM 工艺原理

1—收料轴；2—升降台；3—加工平面
4—CO_2 激光器；5—热压辊
6—控制计算机；7—料带；8—供料轴

LOM 工艺过程也大致分为模型设计及分层处理、材料分层叠加、后处理三个主要阶段。其制作工艺过程大致如下：

①基底制作。由于叠层在制作过程中要由工作台带动频繁升降，为实现原型与工作台之间的连接，需要制作基底。为避免起件时破坏原型，基底应有一定的厚度，通常制作 3～5 层。为保证基底的牢固，在制作基底之前要将工作台预热，可使用外部热源，也可以让加热辊多走几遍来完成预热。

②原型制作。制作完基底后，即可由设备根据给定的工艺参数自动完成原型所有叠层的制作过程。LOM 原型制作的精度、速度以及质量都与选定的制作工艺参数有关，其中关键参数为激光切割速度、加热辊温度和压力、激光能量、碎网格尺寸等。

③余料去除。余料去除主要是将成型过程中产生的网状废料与工件剥离，通常采用手工剥离的方法。余料去除是一项较为复杂而细致的工作，为保证原型的完整和美观，要求工作人员熟悉原型并有一定的技巧。图 8-58 展示了该项工作的主要流程。

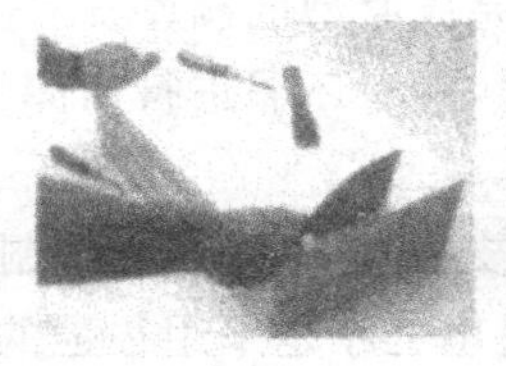   

图 8-58　LOM 工艺原型的取出过程

④后置处理。余料去除以后，为提高原型表面状况和机械强度，保证其尺寸稳定性、精度等方面的要求，需对原型进行后置处理，比如防水、防潮、加固和使其表面光滑等，通常采用的后置处理工艺包括修补、打磨、抛光、表面涂覆等，经处理的 LOM 原型表现出类似硬木的效果和性能。

叠层实体制造工艺特点如下：

①生产效率高。LOM 工艺只需在片材上切割出零件截面的轮廓，而不用对整个截面进行扫描，因此成型效率比其他 RP 工艺要高，非常适合于制作大型实体原型件。

②零件精度较高。LOM 工艺过程中不存在材料相变，因此不易引起翘曲变形，零件精度较高，小于 0.15 mm。

③无需设计和制作支撑结构。工件外框与截面轮廓之间的多余材料在加工中起到了支撑作用，所以 LOM 工艺无需加支撑。

④后处理工艺简单。成型后废料易于剥离，且不需后固化处理。

⑤原型制作成本低。LOM 工艺常用的原材料为纸、塑料薄膜等，这些材料价格便宜。

⑥制件能承受高达 200℃ 的高温，有较高的硬度和较好的力学性能，可以进行各种切削加工。

但 LOM 工艺也存在一些不足，如工件(尤其是薄壁件)的抗拉强度和弹性不够好；工件易吸湿膨胀，因此成型后应尽快做表面防潮处理。

(3)选择性激光烧结工艺

选择性激光烧结工艺(Selected Laser Sintering，SLS)由美国得克萨斯大学奥汀分校的 C. R. Dechard 于 1989 年研制成功，并首先由美国 DTM 公司商品化。它利用粉末状材料(金属粉末或非金属粉末，目前主要有塑料粉、蜡粉、金属粉、表面附有黏接剂的覆膜陶瓷粉、覆膜金属粉及覆膜沙等)在激光照射下烧结的原理，在计算机控制下层层堆积成型。选择性激光烧结工艺造型速度快，一般制品仅需 1～2 天即可完成。SLS 的原理与 SLA 十分相像，主要区别在于所使用的材料及其状态。SLA 使用液态光敏树脂，而 SLS 则使用各种粉末状材料。

研究 SLS 工艺的有美国的 DTM 公司、3D Systems 公司，德国的 EOS 公司以及我国的北京隆源自动成型系统有限公司和华中科技大学等。

如图 8-59 所示，此法采用 CO_2 激光器作能源。加工时，在工作台上均匀铺上一层很薄(0.1～0.2 mm)的粉末，再用平整辊将粉末滚平、压实，每层粉末的厚度均对应于 CAD 模型的切片厚度。激光束在刚铺的新层上以一定速度和能量密度在计算机的控制下按照零件分层轮廓有选择性地进行烧结，得到零件的截面，一层完成后，再铺上新的一层粉末，选择地再进行下一层烧结，并与下面已成型的部分连接，如此反复直到整个零件加工完毕。全部烧结完后去掉多余的粉末，再进行打磨、烘干等处理便获得零件。

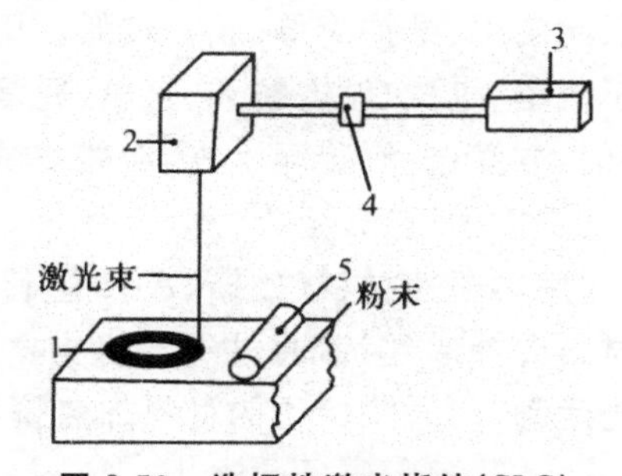

图 8-59　选择性激光烧结(SLS)

1—零件；2—扫描镜；3—激光器；4—透镜；5—平整辊

具体的成型工艺过程如下：

①成型参数选择。主要是合理确定分层参数和成型烧结参数。分层处理过程中需要控制的参数包括零件加工方向、分层厚度、扫描间距和扫描方式;成型烧结参数包括扫描速度、激光功率、预热温度、铺粉参数等。

②原型制作。SLS原型制作中无需加支撑,同为没有烧结的粉末起到了支撑的作用。成型后用铲等工具小心将制件从成型室取出。

③后处理。SLS原型从成型室取出后,用毛刷和专用工具将制件上多余的附粉去掉,进一步清理打磨之后,还需针对原型材料作进一步后处理。对于刚刚成型的树脂原型,由于零件内存在大量孔隙,密度和强度较低,须作强化处理,即利用SLS烧结体的多孔质产生的虹吸效应,将液体可固化树脂浸渗到烧结零件中,让其保温、固化而得到增强的零件。对增强的零件进行打磨和抛光处理,即可得到最终零件;对于陶瓷原型,需将其放在加热炉中烧除黏接剂,烧结陶瓷粉;当原型材料为金属与黏接剂的混合粉时,由于黏接剂的熔化温度较低,成型中施加热能和激光能后,黏接剂熔化并渗入金属粉粒之间,使之成型。此后,需将成型的制件置于加热炉中,烧去其中的黏接剂,烧结金属粉,此时的原型件虽已成型,但内部结构疏松,还需在加热炉中进行渗铜处理,以得到高密度的金属件。

选择性激光烧结工艺特点如下:

①制件具有较好的力学性能,可直接用作功能测试或小批量使用的产品。

②无需支撑。因为没有被烧结的粉末起到了支撑的作用,因此SLS工艺不需要支撑,这不仅简化了设计、制作过程,而且不会由于去除支撑操作而影响制件表面的品质。

③采用多种材料。从原理上讲,这种方法可采用加热时黏度降低的任何粉末材料,通过材料或各类含有黏接剂的涂层颗粒制造出任何造型,适应不同的需要,特别是可以直接制造金属零件,这使SLS工艺颇具吸引力。

④材料利用率高。未烧结的粉末可以重复利用,并且材料价格较便宜、成本低。

但是,不足之处在于SLS工艺成型速度比较慢、成型时精度和表面质量不太高,而且成型过程中能量消耗较高。

(4)熔融沉积造型工艺

熔融沉积造型(Fused Deposition Modeling,FDM)又称为熔化堆积法、熔融挤出成模(Melted Extrusion Manufacturing,MEM)等。FDM工艺由美国学者Dr. Scott Crump于1988年研制成功,并由美国Stratasys公司推出商品化的设备。

FDM工艺不用激光器件,因此使用、维护简单,成本较低。用蜡成型的零件可以直接用于失蜡铸造。该技术已被广泛应用于汽车、机械、航空航天、家电、通信、电子、建筑、医学、玩具等产品的设计开发过程,如产品外观评估、方案选择、装配检查、功能测试、用户看样订货、塑料件开模前校验设计以及少量产品制造等,发展极为迅速。

①工艺原理。FDM工艺是利用热塑性材料(如蜡、ABS塑料、尼龙等)的热熔性、粘接性,在计算机控制下层层堆积成型。材料先抽成丝状,通过送丝机构送进喷头,在喷头内被加热熔化,喷头沿零件截面轮廓和填充轨迹运动,同时将熔化的材料加热挤出,迅速固化并与周围的材料粘接,层层堆积成型。

②系统组成。FDM系统主要包括喷头、送丝机构、运动机构、加热成型室、工作台五个部分。

·喷头。喷头是最复杂的部分。材料在喷头中被加热熔化,喷头底部有一喷嘴供熔融的材料以一定的压力挤出,喷头沿零件截面轮廓和填充轨迹运动时挤出材料,与前一层粘接并在大气中迅速固化。如此反复进行即可得到实体零件。它的工艺过程决定了它在制造悬臂件时需要添加支撑。支撑可以用同一种材料建造,只需要一个喷头。

·送丝机构。送丝机构为喷头输送原料,进丝要求平稳可靠。原料丝一般直径为1~2 mm,而喷嘴直径只有0.2~0.3 mm,这个差别保证了喷头内一定的压力和熔融后的原料能以一定的速度(必须与喷头扫描速度相匹配)被挤出成型。进丝机构和喷头采用推—拉相结合的方式,以保证进丝稳定可靠,避免断丝或积瘤。

·运动机构。运动机构包括 X、Y、Z 个轴的运动。$X-Y$ 轴的联动完成喷头对截面轮廓的平面扫描,Z 轴则带动工作台实现高度方向的进给。

·加热成型室。加热成型室用来给成型过程提供一个恒温环境。熔融状态的丝挤出成型后如果骤然冷却,容易造成翘曲和开裂,适当的环境温度可最大限度地减小这种缺陷,提高成型质量和精度。

·工作台。工作台主要由台面和泡沫垫板组成,每完成一层成型,工作台便下降一层高度。

③工艺特点

·FDM 设备系统可以在办公室环境下使用。

·用蜡成型的零件原型可以直接用于失蜡铸造。

·原材料在成型过程中无化学变化,制件翘曲变形小。

·当使用水溶性支撑材料时,支撑去除方便快捷,且效果较好。

·由于该工艺无需激光系统,因此设备使用、维护简便,成本较低,其设备成本往往只是 SLA 设备成本的1/5。

不足之处在于成型精度比其他 RP 工艺的低,成型时间较长。

SLA 工艺使用的是遇到光照射便固化的液体材料(也称光敏树脂),当扫描器在计算机的控制下扫描光敏树脂液面时,扫描到的区域就发生聚合反应和固化,这样层层加工即完成了原型的制造。SLA 工艺所用激光器的激光波长有限制。采用这种工艺成型的零件有较高的精度且表面光洁,但其缺点是可用材料的范围较窄,材料成本较高,激光器价格昂贵,从而导致零件制作成本较高。

LOM 工艺的层面信息通过每一层的轮廓来表示,激光扫描器动作由这些轮廓信息控制,它采用的材料是具有厚度信息的片材。这种加工方法只需要加工轮廓信息,所以可以达到很高的加工速度。其缺点是材料范围很窄,每层厚度不可调整,每层轮廓被激光切割后会留下燃烧的灰烬,且燃烧时有较大的烟雾。

SLS 工艺使用固体粉末材料,该材料在激光的照射下吸收能量,发生熔融固化,从而完成每层信息的成型。这种工艺的材料运用范围很广,特别是在金属和陶瓷材料的成型方面有独特的优点。其缺点是所成型的零件精度较差,表面粗糙度较高。

FDM 工艺不采用激光作能源,而是用电能加热塑料丝,使其在挤出喷头前达到熔融状态,喷头在计算机的控制下将熔融的塑料丝喷涂到工作平台上,从而完成整个零件的加工过程。这种方法的能量传输和材料传输均不同于前面的三种工艺,系统成本较低。其缺点是:由于喷头的运动是机械运动,速度有一定限制,所以加工时间稍长;成型材料适用范围不广;喷头孔径不可能很小,因此原型的成型精度较低。

表 8-9 为上述几种典型的 RP 工艺优缺点比较。

表 8-9　几种典型的 RP 工艺优缺点比较

有关指标 / RP 快速成型工艺	精度	表面质量	材料质量	材料利用率	运行成本	生产成本	设备费用	市场占有率/%
SLA	好	优	较贵	接近 100%	较高	高	较贵	70
SLS	一般	一般	较贵	接近 100%	较高	一般	较贵	10
LOM	一般	较差	较便宜	较差	较低	高	较便宜	7
FDM	较差	较差	较贵	接近 100%	一般	较低	较便宜	6

3. 快速原型制造技术的应用

RPM 技术已在航空航天、汽车外形设计、玩具、电子仪表与家用电器塑料件制造、人体器官制造、建筑美工设计、工艺装饰设计制造、模具设计制造等领域展现出良好的应用前景。图 8-60 为其应用领域。

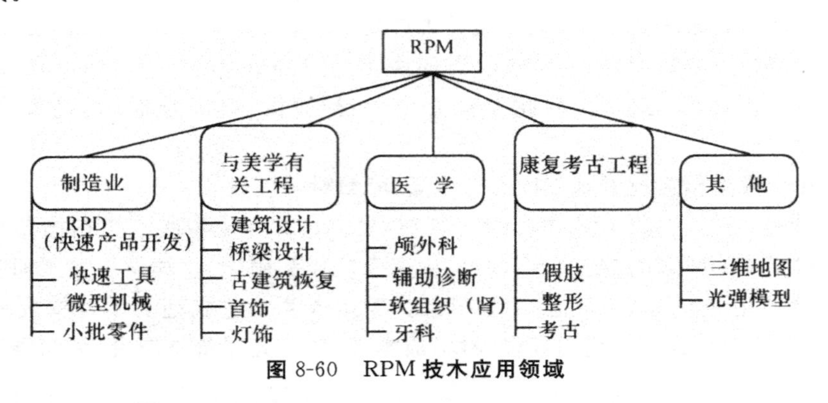

图 8-60　RPM 技术应用领域

RPM 技术在新产品开发中的应用主要表现在以下几个方面：

①新产品的开发应用

• 设计模型可视化及设计评价。在现代产品设计中，设计手段日趋先进，计算机辅助设计(CAD)使得产品设计快捷、直观，但由于软件和硬件的局限，设计人员仍无法直观地评估所设计产品的效果和结构的合理性以及生产工艺的可行性，而设计模型的可视化是设计人员修改和完善设计十分渴求而又十分必要的，能大大提高产品设计和决策的可靠性。

在新产品设计中，利用 RPM 技术制作产品样件，一般只需传统样件制作工时的 30%～50% 和成本的 20%～35%，而其精确性却是传统方法无法媲美的。利用 RPM 技术制作出来的产品样件是产品从设计到商品化各个环节中进行交流的有效手段，可作为新产品展示，进行市场调研、市场宣传和供货询价。

• 装配校核。进行装配校核和干涉检查对新产品开发，尤其是在有限空间内的复杂、昂贵系统(如卫星、导弹)的可制造性和可装配性检验尤为重要。如果一个产品的零件多而且复杂就需要作总体装配校核。在投产之前，先用 RPM 技术制作出全部零件原型，进行试安装，验证设计的合理性和安装工艺与装配要求，若发现有缺陷，便可以迅速、方便地进行纠正，使所有问题在投产之前得到解决。

·功能验证。快速原型除了可以进行设计评价和装配校核之外，还可以直接用于性能和功能参数试验与相应的研究，如机构运动分析、流动分析、应力分析、流体和空气动力学分析等。采用 RPM 技术可以严格地按照设计将模型迅速制造出来进行试验测试，对各种复杂的空间曲面更能体现 RPM 技术的优势。

②RPM 技术在铸造领域中的应用

RPM 技术自从出现以来，在典型铸造工艺和熔模铸造中为单件或小批量铸件的生产带来了显著的经济效益。在航空、航天、国防、汽车等重点制造行业，其基础的核心部件一般均为结构精细、复杂的铸件，其铸造环节复杂、周期长、耗资大，略有失误可能要全部返工，风险很大。如果借助 RPM 技术，使 RP 技术与传统工艺相结合，扬长避短，可收到事半功倍的效果。如某燃气发动机的 S 段，若按传统金属铸件方法制造，模具制造周期约需半年，费用几十万。而采用基于 RP 原型的快速铸造方法，快速成型铸造熔模 7 天(分 6 段组合)，拼装、组合、铸造 10 天，每件费用不超过 2 万(共 6 件)。

③RPM 技术在模具制造中的应用

RPM 技术在模具制造方面的应用可分为 RP 原型间接快速制模和 RP 系统直接快速制模，主要用于制造注塑类模具、冲压类模具和铸造类模具等。通过将精密铸造、中间软模过渡法以及金属喷涂、电火花加工、研磨等先进模具制造技术与快速成型制造结合，就可以快速地制造出各种金属型模具来。

直接快速制模技术其制造环节简单，能充分发挥 RP 技术的优势，特别是对于那些需要复杂形状的内流道冷却的模具，采用直接快速制模法有着其他方法不能替代的地位。但是，直接快速制模在模具精度和性能控制方面比较困难，特殊的后处理设备与工艺使成本有较大提高，模具的尺寸也受到较大的限制。与之相比，间接快速制模将 RP 技术与传统的模具翻制技术相结合，由于这些成熟的翻制技术的多样性，可以根据不同的应用要求，使用不同复杂程度和成本的工艺，一方面可以较好地控制模具的精度、表面质量、力学性能与使用寿命，另一方面也可以满足经济性的要求。因此，目前工业上多使用间接快速制模技术。

图 8-61 所示为基于 RP 的快速制模技术的分类及应用。

间接快速制模技术(Indirect Rapid Tooling，IRT)是将快速成型技术与传统的成型技术有效地相结合，实现模具的快速制造。

间接快速制模技术通常以非金属型材料为主(如纸、ABS 工程塑料、蜡、尼龙、树脂等)。通常情况下，非金属成型无法直接作为模具使用，需要以 RP 原型作母模，通过各种工艺转换来制造金属模具。而间接制模一般可使模具制造成本和周期下降一半，明显提高了生产效率。间接制造的特点是将 RP 技术与传统成型技术相结合，充分利用各自的技术优势，已成为目前应用研究的热点。

直接快速制模技术(Direct Rapid Tooling，DRT)是指利用 RP 技术直接制造出最终的零件或模具，然后对其进行一些必要的后处理即可达到所要求的力学性能、尺寸精度和表面质量。

直接快速制模技术 DRT 对于单件小批量生产，模具的成本占有很大的比重，而修模占近 1/3，因此小批量生产的成本较高。较好的解决方法就是采用快速成型直接制造模具，可在几天之内完成非常复杂的零部件模具的制造，而且越复杂越能显示其优越性。

直接制造工艺具有其独特的优点，如制造环节简单，能够较充分地发挥 RP 技术的优势，快

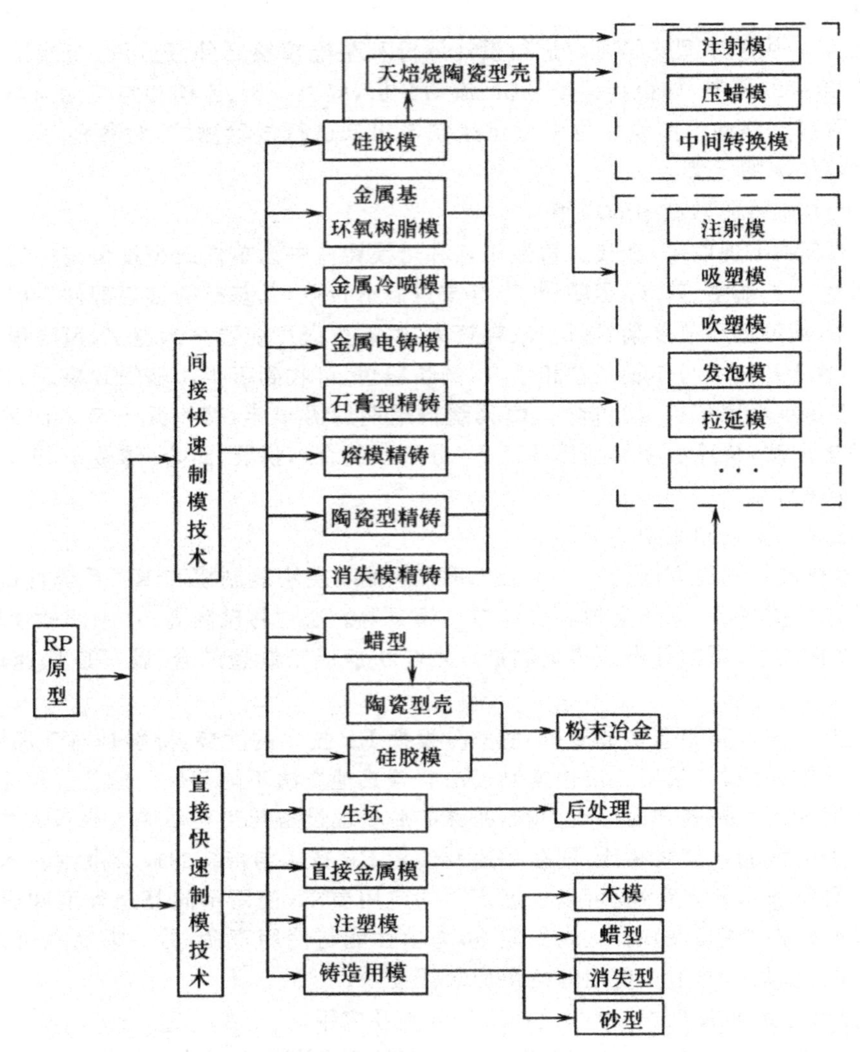

图 8-61　基于 RP 的快速模具技术的分类及应用

速完成产品制造。但它在模具精度和性能控制等方面比较困难，特殊的后处理设备与工艺使制造成本提高，成型尺寸也受到较大的限制。

④RPM 技术在医学领域中的应用

人体的骨骼和内部器官具有极其复杂的结构，要真实地复制人体内部的器官构造，反映病变特征，快速成型几乎是唯一的方法。以医学影像数据(CT 和 MRI)为基础，利用 RPM 方法制作人体器官模型有极大的应用价值，如可作为医疗专家组的可视模型进行模拟手术，还可作特殊病变部位的修补，如颅骨损伤、耳损伤等。虽然医学应用仅占 RP 市场的 10%，但却对 RPM 技术提出了更高的要求。

首先，RP 原型可以作为硬拷贝数据提供视觉和触觉的信息，以及作为诊断和治疗的文件，它能够促进医生与医生之间、医生与病人之间的沟通；其次，RP 原型可以作为复杂外科手术模拟的模型。由于用快速原型可以把模型做得和真实的人体器官一样(尺寸大小一样，并能用颜色区分各种不同组织)，有助于快速制定复杂外科手术的计划，如复杂的上颌面、头盖骨修补等外科手术。术前的模拟手术会大大增强医生进行手术的信心，大幅度减涉手术时间，同时也减少了病人的痛苦。再次，RP 原型能够直接制造成植入物植入人体，基于 RPM 的植入体具有相当准确的适配度，能够提高美观度、缩短手术时间、减少术后并发症。

4. 快速原型制造间技术的发展趋势

(1)面向制造的 RPM

快速原型制造工艺发展至今已出现了数十种不同的工艺方法和成型原理，基于 LOM 制造工艺的就达 30 多种。因此，研究新的成型工艺应与完善现有的技术同时并举。RPM 技术作为一种新型的制造技术，其实用性是未来发展的一个重要方向。要解决的主要问题是要提高制造精度、降低制造成本、缩短制造周期、提高零件的复杂程度，甚至可以直接制作最终的零件。

①提高制造速度。随着计算机的高速化、控制系统的精确化和新型材料的高性能化，预计将会大大缩短制造周期。

②与传统的制造工艺结合，形成快速的产品开发/制造系统。克服目前利用 RPM 技术制作的模形在物理性能上难以满足工程上要求的缺陷，如利用 RPM 制作的零件进行间接或直接制模；采用 RPM 与精密铸造技术相结合来快速制造金属零件。

③提高制造精度和表面质量。商用成型机的精度在 0.08 mm 左右，堆积厚度受到工艺条件的限制，直接影响了产品表面的粗糙度，离工程的实际需求仍有一定的距离，有待于进一步的提高；在离散方式上，不采用等厚分层，而是从曲面模型上直接进行截面分层、用曲线来描述边界条件等。

④研究新的成型工艺和完善现有的制造工艺。在强度、精度、性能和使用寿命等方面有所改善，如直接制造金属零件的 RPM 新工艺。

(2)研制更适合于 RPM 的新型材料

目前开发成功并商业化应用的成型材料，主要有丙烯酸基光固化树脂、环氧基光固化树脂、涂覆纸、纤维混纺料、精铸石蜡、聚脂石蜡、ABS、MABS(医学用 ABS)、纤细尼龙(Fine Nylon)、尼龙复合物(Nylon Composite)、存真塑料(True Form TM)、聚碳酸酯(Poly—carbonate)、金属粉末、覆膜陶瓷粉等。

快速原型技术的重要特征之一，是材料制备与材料成型过程的集成、离散堆积过程要求材料具有更严格的低收缩率、适当的流动性和黏性等性质。同时，还必须考虑材料本身的无残留物去除及直接作为小批量模具使用等因素，也必须考虑材料具有足够的机械性能和导热性能等。另外，特殊功能材料成型在生产生活中发挥着越来越重要的作用，如采用快速成型技术制作梯度功能材料，可以制造出具有特定电、磁学性能(如超导体、磁存储介质)的产品；组织工程材料快速成型在生物医学工程中的应用，将是 21 世纪继信息产业出现后最重要的科学研究和经济增长热点。

(3)功能强大的 RPM 软件的开发

随着 RPM 技术的不断发展，软件所面临的问题，特别是 STL 文件自身的缺陷和不足日益突出。所以开发一种功能强大且具备 RPM 数据处理(分层处理)方法的应用软件尤显重要。软件可以将目前平面等厚的分层方式拓宽为曲面分层、非均匀分层或直接从曲面模型中分层，此外可采用更精确、快速的数学算法来提高成型精度。

(4)RPM 技术的智能化、桌面化和网络化

随着计算机技术、信息技术、多媒体技术、机电一体化技术的不断发展，将会出现基于 RPM 技术的桌面制造系统(Desktop Manufacture System，DMS)。其将与打印机、绘图机一样作为计算机的外围设备来使用，真正成为三维立体打印机或三维传真机，逐步使 RPM 设备变成经济型、大众化、易使用、绿色环保、通用化的计算机外围设备。

RPM 技术网络化指的是通过信息高速公路的发展和普及，实现资源和设备的充分共享。一方面使得不具备产品开发能力的公司或者没有 RPM 设备的公司可以直接从网络上得到产品的 CAD 模型，利用自己的快速原型制造技术和设备迅速制出原型；另一方面可以通过网络将自己的设计结果传到其他公司或快速原型制造服务中心制造原型，从而实现远程制造(Remote Manufacturing)。

(5)生物制造和生长成型

21 世纪是生命科学的世纪，生物制造就是将生物技术、生物医学和制造科学相互结合从而解决人类的健康保健问题。生物制造研究的问题是如何制造能够改变或复现生命体或者一部分功能的“生命零件”。

快速原型非常适合生物制造的要求：“生物零件”应该为每个个体的人设计和制造，快速原型能够提供个性服务，成型任意复杂的形状；快速原型能够直接操纵材料状态，使之与物理位置匹配；快速原型能够直接操纵数字化的材料单元，为信息直接转换成物理实现提供最快的方式。

随着生物工程、基因工程、信息科学的发展，将会出现一种全新的信息制造过程，与制造物理过程相结合的、精美绝伦的生长型成型方式，制造即生产，生产也即制造，合为一体，密不可分。

探索与研究生长成型的机理与方法，借鉴生物工程中的基因工程、细胞工程的成果，创造仿生成型新方法。仿生成型的机理是由具有特定生长基因的生长胚胎，自行形成具有特定外形和功能的实体。其将信息过程和物理过程结合为一体，可提供智能制造的新模式，即以全息生长胚胎为基础的智能材料自主生长。

研究生物生长的原理在仿生成型方法中的应用，研究生物信息流和制造信息流的关系，尤其是信息如何像基因那样被赋予、传递和作用；在仿生成型原理研究的基础上，研究用于仿生成型的材料设计、全息生产元构建，到自发形成具有特定结构和功能的三维实体，即以全息生产元为基础的智能材料自主生长方式是快速原型制造技术的新里程碑。

第9章　机器装配工艺规程设计

9.1　概述

一部机械产品往往由成千上万个零件组成，装配就是把加工好的零件按一定的顺序和技术连接到一起，成为一件完整的机械产品，并且可靠地实现产品设计的功能。装配处于产品制造所必需的最后阶段，产品的质量（从产品设计、零件制造到产品装配）最终通过装配得到保证和检验。因此装配是决定产品质量的关键环节。研究制定合理的装配工艺，采用有效的保证装配精度的装配方法，对进一步提高产品质量有着十分重要的意义。

9.1.1　装配的概念

1. 装配的定义

零件是构成机器的最小单元。将若干个零件结合在一起组成机器的一部分，称为部件。直接进入机器（或产品）装配的部件称为组件。

任何机器都是由许多零件、组件和部件组成。根据规定的技术要求，将若干零件结合成组件和配件，并进一步将零件、组件和部件结合成机器的过程称为装配，前者称为部件装配，后者称为总装配。

2. 机械的组成

一台机械产品往往由上千至上万个零件所组成，为了便于组织装配工作，必须将产品分解为若干个可以独立进行装配的装配单元，以便按照单元次序进行装配并有利于缩短装配周期。装配单元通常可划分为五个等级。

(1)零件

零件是组成机械和参加装配的最基本单元。大部分零件都是预先装成合件、组件和部件再进入总装。

(2)合件

合件是比零件大一级的装配单元。下列情况皆属合件：

①两个以上零件，是由不可拆卸的连接方法（如铆、焊、热压装配等）连接在一起。

②少数零件组合后还需要合并加工，如齿轮减速箱体与箱盖、柴油机连杆与连杆盖，都是组合后镗孔的，零件之间对号入座，不能互换。

③以一个基准零件和少数零件组合在一起，如图9-1(a)属于合件，其中蜗轮为基准零件。

(3)组件

组件是一个或几个合件与若干个零件的组合。如图9-1(b)所示即属于组件，其中蜗轮与齿轮为一个先装好的合件，而后以阶梯轴为基准件，与合件和其他零件组合为组件。

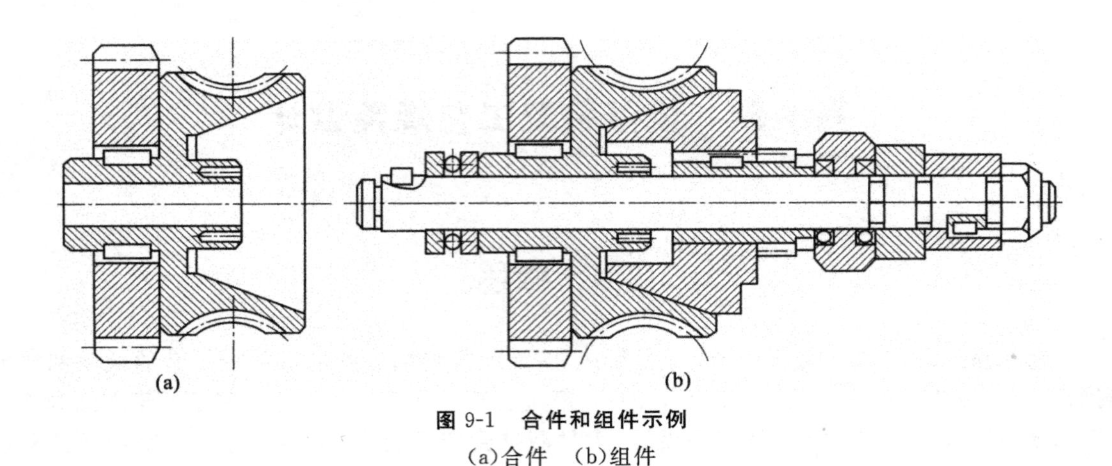

图 9-1 合件和组件示例

(a)合件 (b)组件

(4)部件

部件由一个基准件和若干个组件、合件和零件组成。如主轴箱、走刀箱等。

(5)机器

它是由上述全部装配单元组成的整体。

装配单元系统图表明了各有关装配单元间的从属关系,如图 9-2 所示。

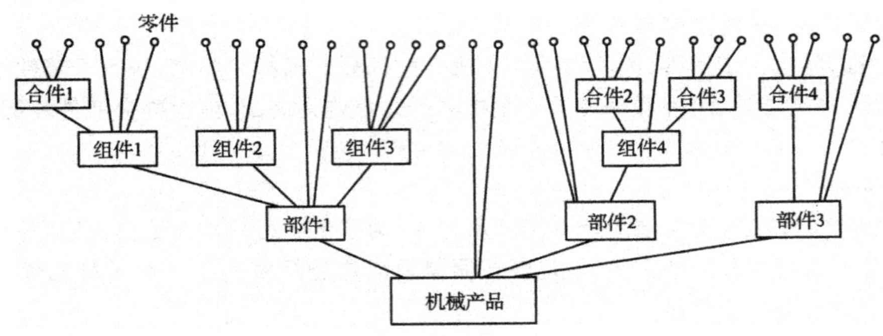

图 9-2 装配过程示意

3. 装配的意义

装配是整个机械制造工艺过程中的最后一个环节。装配工作对机械的质量影响很大。如果装配不当,即使所有零件加工合格,也不一定能够装配出合格的高质量的机械;反之,当零件制造质量不十分良好时,只要装配中采用合适的工艺方案,也能使机械达到规定的要求。因此,装配质量对保证机械质量起了极其重要的作用。

4. 机器装配的生产类型及其特点

机器装配根据生产批量大致可分为三种类型:大批大量生产、成批生产和单件小批生产。生产类型与装配工作的组织形式、装配工艺方法、工艺过程、工艺装备、手工操作要求等方面的联系如表 9-1 所示。

表 9-1　各种生产类型装配工作的特点

生产类型		大批大量生产	成批生产	单件小批生产
基本特性		产品固定,生产活动长期重复,生产周期一般较短	产品在系列化范围内变动,分批交替投产或多品种同时投产,生产活动在一定时期内重复	产品经常变换,不定期重复生产,生产周期一般较长
工作特点	组织形式	多采用流水装配线,有连续移动、间歇移动及可变节奏等移动方式,还可采用自动装配机或自动装配线	笨重、批量不大的产品多采用固定流水装配,批量较大时采用流水装配,多品种平行投产时可变节奏流水装配	多采用固定装配或固定式流水装配进行总装,同时对批量较大的部件亦可采用流水装配
	装配工艺方法	按互换法装配,允许有少量简单的调整,精密偶件成对供应或分组供应装配,无任何修配工作	主要采用互换法,但灵活运用其他保证装配精度的装配工艺方法,如调整法、修配法及合并法,以节约加工费用	以修配法及调整法为主,互换件比例较少
	工艺过程	工艺过程划分很细,力求达到高度的均衡性	工艺过程的划分须适合于批量的大小,尽量使生产均衡	一般不制定详细工艺文件,工序可适当调度,工艺也可灵活掌握
	工艺装备	专业化程度高,宜采用专用高效工艺装备,易于实现机械化、自动化	通用设备较多,但也采用一定数量的专用工、夹、量具,以保证装配质量和提高工效	一般为通用设备及通用工、夹、量具
	手工操作要求	手工操作比重小,熟练程度容易提高,便于培养新工人	手工操作比重较大,技术水平要求较高	手工操作比重大,要求工人有高的技术水平和多方面工艺知识
	应用实例	汽车、拖拉机、内燃机、滚动轴承、手表、缝纫机、电气开关	机床、机车车辆、中小型锅炉、矿山采掘机械	重型机床、重型机器、汽轮机、大型内燃机、大型锅炉

5. 零件连接类型

按照部件或零件连接方式的不同,连接可分为固定连接(零件之间没有相对运动)和活动连接(零件在工作时能按要求作相对运动)。这两类连接中都有可拆连接和不可拆连接之分,所以连接可以分为四个种类,见表 9-2 所示。

表 9-2　连接的种类

固定连接		活动连接	
可拆的	不可拆的	可拆的	不可拆的
螺纹、键、楔、销等	铆接、焊接、压合、胶合等	轴与轴承、丝杠与螺母、柱塞与套筒等配合	任何活动链接的铆合

可拆连接，在拆卸时不致损伤连接零件。不可拆连接，虽然有时也需要拆卸，但拆卸往往比较困难，并且必须使其中一个或几个零件受到损坏，在重装时不能重复使用原来的零件，或者需要专门的修理后才能重复使用。

6. 机器的组成和装配单元系统图

任何一台机器都由若干零件、组件和部件等组成，这些零件、组件和部件称为装配单元。零件是机器中最基本的单元。压缩机中的曲轴、活塞、气缸、缸盖、螺钉等都是一个个零件。组件则是由几个零件组合而成的单元，例如，已装上了排气阀片的上缸盖已经是一个组件。部件是由若干零件和组件组合而成的，例如，安装电动机转子前已经装配好的机械部分是部件。

为了便于组织生产和分析装配中的问题，机器的装配过程分为以下三个阶段。

①组件装配将零件连接组合成为组件的操作过程，称组件装配。

②部件装配将组件、零件连接组合成为独立的机构即部件的操作过程，称部件装配。

③总装配将部件、组件、零件连接组合成为整台机器的操作过程，称总装配。

下面以 CA6140 型卧式车床主轴箱中Ⅱ轴组件为例，介绍装配过程。如图 9-3 所示。

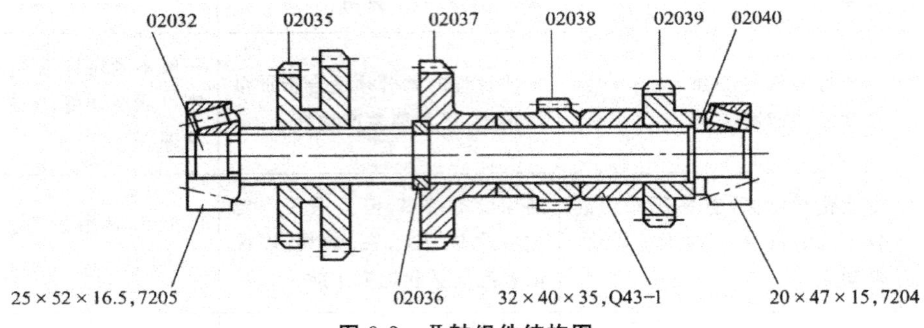

图 9-3　Ⅱ轴组件结构图

装配前须将准备工作做好。将构成组件的全部零件集中，清洗干净。

这一传动轴组件的装配过程可以应用图解的方法表示，称为装配单元系统图，绘制方法如下。

①先画一条横线。

②横线的左端画一个小长方格，代表基准件(在组件中用来装配其他零件的零件称为基准件)。在长方格中要注明装配单元的编号、名称和数量。

③横线的右端画一个小长方格，代表装配的成品。

④横线自左至右表示装配的顺序，直接进入装配的零件画在横线的上面，直接进入装配的组件画在横线的下面。

如图 9-4 所示为按照以上方法绘制的Ⅱ轴组件装配单元系统图。

由图 9-4 可见，装配单元系统图可以一目了然地表示出成品的装配过程，以及装配所需的零件名称、编号和数量，并且可以根据它来划分装配工序。因此，可以起到指导和组织装配作业的作用。同理，也可以画出部件和机器的装配单元系统图。

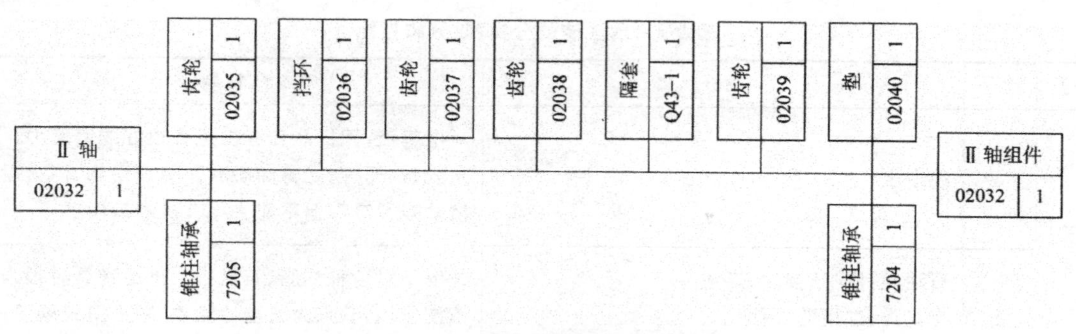

图 9-4　Ⅱ轴组装配单元系统图

有些机械产品的生产过程是相当复杂的。为了能够得到高质量的机械产品同时又可以利用专业化工厂的特定技术和效率，现代机械工业一般采取组织专业化生产的方法。此时，一种产品的生产是分散在若干个专业化工厂进行的。例如，毛坯的制造在某个专业化工厂进行，零件的机械加工在另一个专业化工厂进行，零件的热处理又在另一个专业化工厂进行，最后集中由一个工厂制成完整的机械产品。

9.1.2　装配的基本内容

机械装配是产品制造的最后阶段。装配阶段的主要工作有清洗、平衡、刮削、各种方式的连接、校正、检验、调整、试验、涂装、包装等。

1. 清洗

清洗的目的是去除零件表面或部件中的油污及机械杂质。零件进入装配前，必须清洗表面的各种浮物，如尘埃、金属粉尘、铁锈，油污等。否则可能会出现诸如“抱轴”、气缸“拉毛”、导轨“咬合”等现象，致使摩擦副、配合副过度磨损，产品精度丧失。清洗工作对保证和提高机器装配质量、延长产品使用寿命有着重要的意义。特别是对于机器的关键部分，如轴承、密封、润滑系统、精密偶件等更为重要。

(1)清洁度

清洗质量的主要评价指标是产品的清洁度。划分清洁度等级的依据是零件经清洗后在其表面残留污垢量的大小，其单位为 mg/cm^2（或 g/m^2）。我国至今尚未制定出完整统一的标准。

(2)清洗液

清洗时，应正确选择清洗液。金属清洗液，大多数按助剂(Builder，用 B 表示)、含表面活性剂的乳化剂(Emulsion，用 E 表示)、溶剂(Solvent，用 S 表示)、水(Water，用 W 表示)四种基本组分来配置。按基本组分的不同配置，常用清洗液的分类、成分和性能特点见表 9-3。

表 9-3　清洗液的分类、成分和性能

分类	代号	成分	性能
一组份	W	纯净水	对电解液，无机盐和有机盐有很好的溶解力。如灰尘、铁锈、抛光膏和研磨膏的残留物、淬火后的溶盐残留液。但不能去除有机物污垢
	S	石油类：汽油、柴油、煤油 有机类：二甲醇、丙醇 氯化类：三氯乙烯、氟里昂 113	常温下对各种油脂、石蜡等有机污物具有很强的清洗作用，缺点为安全性能差、防火防爆要求高，易污染及危害健康、能源耗费大
双组份	BS 和 ES	在 S 型溶液中加入少量的助剂和表面活性剂。其中以三氟三氯乙烷为主要组成的清洗液（氟里昂 TF）应用最广	具有特别强的脱脂和去污能力；不损伤清洗件；不燃、无毒、安全性好；易于回收重复使用；沸点低，气相清洗后迅速蒸发，清洗时间短。常适用于清洗流水线上使用
双组份	BW	属碱性清洗液，在水中加入氢氧化钠、碳酸钠、硅酸钠、磷酸钠等化合物组成	清洗油垢、浮渣、尘粒、积碳等。而配置成本低，使用时经加热（70%～90%），清洗后易锈蚀，故须加缓蚀剂
	EW	由一种或数种非离子型表面活性剂的金属清洗剂（<清洗液质量的 5%）和水（>清洗液质量的 95%）配置而成	除了能清洗工件表面的油污外，还能清除前道工序残留在工件表面上的切削液、研磨膏、抛光膏、盐浴残液等。如进行合理配置还可清除积碳和具有缓蚀作用
三组份	BEW	是在 EW 型的基础上加入一定的助剂配制而成，常用的助剂有无机盐类和有机盐类两类	能充分发挥表面活性剂的作用，提高清洗效果，增加清洗液的缓蚀、消泡、调节 HP 值以及增强化学稳定性，抗硬水性等功能
四组份	BESW	由 BEW 型清洗液加水配制，或在 BEW 型的基础上加所需要的助剂（B）配制而成	按所加助剂不同，其去污力、（对污垢的）分散力、消泡性、缓蚀性等可以分别获得提高。具有较好的综合功能

（3）清洗方法

清洗的方法主要取决于污垢的类型和与之相适应的清洗液种类；工件的材料、形状及尺寸、质量大小；生产批量、生产现场的条件等因素。常用的清洗方法有擦洗、浸洗、高压喷射清洗、气相清洗、电解清洗、超声波清洗等。

2．连接

连接是指将有关的零、部件固定在一起。装配工作的完成要依靠大量的连接，常用的连接方式一般有两种。

（1）可拆卸连接

可拆卸连接是指相互连接的零件拆卸时不受任何损坏，而且拆卸后还能重新装在一起，如螺纹连接、键连接、弹性环连接、楔连接、榫连接和销钉连接等。

(2)不可拆卸连接

不可拆卸连接是指相互连接的零件在使用过程中不拆卸,如果拆卸将损坏某些零件,如焊接、铆接、胶接、胀接、锁接及过盈连接等。

3. 校正、调整与配作

(1)校正

校正是指产品中相关零部件相互位置找正、校平及相应的调整工作,在产品总装和大型机械的基础件装配中应用较多。常用的校正工具有平尺、角尺、水平仪、光学准直仪及相应检具(如心棒和过桥)等。

(2)调整

调整是指在装配过程中对相关零部件相互位置的具体调节工作。它除了配合校正工作去调节零部件的位置精度以外,还用于调节运动副间的间隙。例如,轴承间隙、导轨副间隙及齿轮与齿条的啮合间隙等。

(3)配作

配作是指两个零件装配后确定其相互位置的加工,如配钻、配铰、配刮和配磨等,这是装配中附加的一些钳工和机械加工工作,并应与校正、调整工作结合起来进行。只有经过校正、调整,保证相关零件间的正确位置后,才能进行配作。

4. 平衡

旋转体的平衡是装配过程中一项重要的工作。对于转速高且运转平稳性要求高的机器,尤其应该严格要求回转零部件的平衡,并要求总装后在工作转速下进行整机平衡。在生产中常用静平衡法和动平衡法来消除由于质量分布不均匀而造成的旋转体的不平衡。对于盘类零件一般采用静平衡法消除静力不平衡。而对于长度较大的零件(如电动机转子和机床主轴等)则需采用动平衡法。平衡的办法有加重(采用铆、焊、胶接、压装、螺纹连接、喷涂等)、去重(采用钻、铣、刨、偏心车削、打磨、抛光、激光熔化等)、调节转子上预先设置的可调重块的位置等方法。

5. 验收试验

产品装配完毕,应按产品技术性能和验收技术条件制定检测和试验规范。它包括检测和试验的项目及检验质量指标;检测和试验的方法、条件与环境要求;检测和试验所需的工艺装备的选择或设计;质量问题的分析方法和处理措施。

性能检验是机械产品出厂前的最终检验工作。它是根据产品标准和规定,对其进行全面的检验和试验。各类产品的验收内容、步骤及方法各有不同。

例如,金属切削机床验收试验工作的主要步骤和内容分为:

(1)检查机床的几何精度

包括相对运动精度(如溜板在导轨上的移动精度、溜板移动对主轴轴线的平行度等)和相对位置精度(如距离精度、同轴度、平行度、垂直度等)。

(2)空运转试验

在不加负载的情况下,使机床完成设计规定的各种运动。对变速运动需逐级或选择低、中、高三级运转进行运转试验,在运转中检验各种运动及各种机构工作的准确性和可靠性,检验机床的噪声、温升及其电气、液压、气动、冷却润滑系统的工作情况等。

(3)机床负荷试验

在规定的切削力、转矩及功率的条件下使机床运转,在运转中所有机构应工作正常。

(4)机床工作精度试验

即对车床切削完成的工件进行加工精度检验,如螺纹的螺距精度、圆柱面的圆度、圆柱度、径向圆跳动等。

6. 涂装

除上述装配工作外,油漆、包装等也属于装配工作。通常情况下,机械产品在出厂前其非加工面也需要涂装。涂装是用涂料在金属和非金属基体材料表面形成有机覆层的材料保护技术。涂层光亮美观、色彩鲜艳,可改变基体的颜色,具有装饰的作用。涂层能将基体材料与空气、水、阳光及其他酸、碱、盐、二氧化硫等腐蚀介质隔离,免除化学腐蚀和锈蚀。涂层的硬膜可减轻外界物质对基体材料的摩擦和冲撞,具有一定的机械防护作用。另外,有些特殊的涂层还能降噪、吸振、抗红外线、抗电磁波、反光、导电、绝缘、杀虫、防污等,因此人们把涂装喻为“工业的盔甲”或“工业的外衣”。

涂装有多种方法,常见的有刷涂、辊涂、浸涂、淋涂、流涂、空气喷涂、静电喷涂、电泳涂覆、无气涂覆、高压无气喷涂、粉末涂装等。

9.1.3 机械产品结构的装配工艺性

产品结构工艺性是指所设计的产品在能满足使用要求的前提下,制造、维修的可行性和经济性。其中,装配工艺性对产品结构的要求,主要是装配时应保证装配精度、缩短生产周期、减少劳动量等。产品结构装配工艺性包括零部件一般装配工艺性和零部件自动装配工艺性等内容。

1. 零部件一般装配工艺性要求

①产品须划分成若干单独部件或装配单元,在装配时应避免有关组成部分的中间拆卸和再装配。

如图 9-5 所示传动轴的安装,箱体孔径 D_1 小于齿轮直径 d_2,装配时必须先在箱体内装配齿轮,再将其他零件逐个装在轴上,装配不方便。可适当增大箱体孔壁的直径,使 $D_1>d_2$。装配时,可将轴及其上零件组成独立组件后再装入箱体内,装配工艺性好。

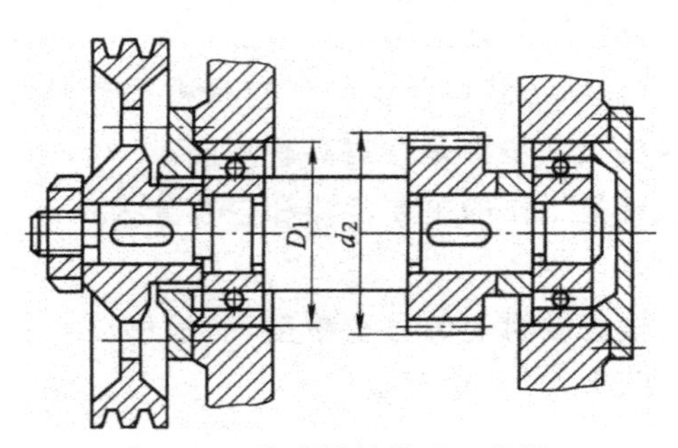

图 9-5 传动轴的装配工艺性

②装配件须有合理的装配基面,以保证它们之间的正确位置。例如,两个有同轴度要求的零件连接时,须有合理的装配基面,图 9-6(a)所示的结构不合理,而图 9-6(b)所示的结构合理。

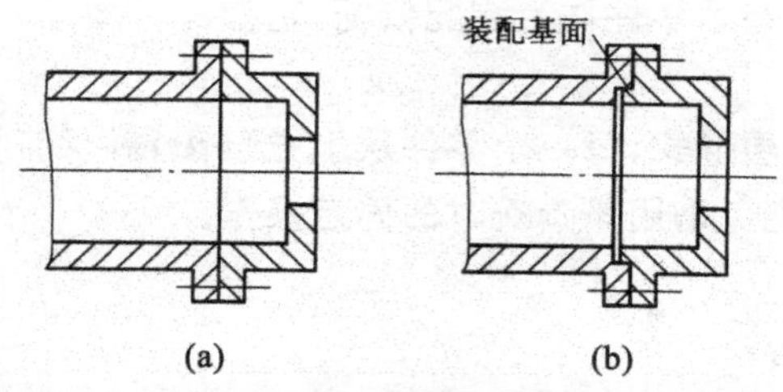

图 9-6　有轴度要求的连接件装配基面的结构图

③必须避免装配时的切削加工和手工修配;并避免装配时采用复杂工艺装备。

④便于装配、拆卸和调整;各组成部分的连接方法应尽量保证能用最少的工具快速装拆。例如,图 9-7(a)所示轴肩直径大于轴承内圈外径;图 9-7(c)所示内孔台肩轴肩小于轴承外圈内径,轴承将无法拆卸;如改为图 9-7(b)、图 9-7(d)所示的结构,轴承即可拆卸。

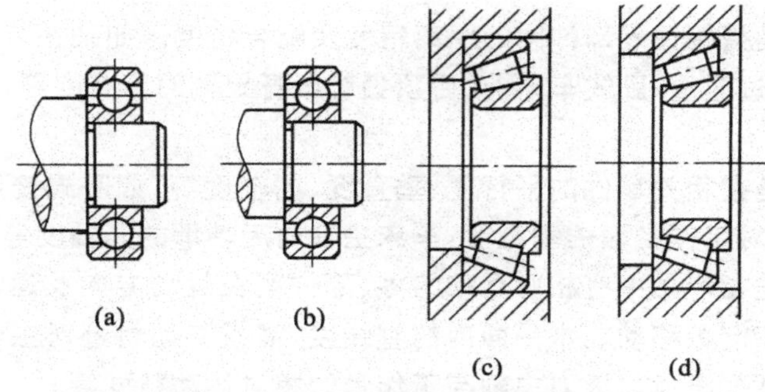

图 9-7　便于轴承拆卸的结构(一)

图 9-8 所示为泵体孔中镶嵌衬套的情况。图 9-8(a)所示的结构衬套更换时难以拆卸;如果改成图 9-8(b)所示的结构,在泵体上设置三个螺孔,拆卸衬套时可用螺钉顶出。

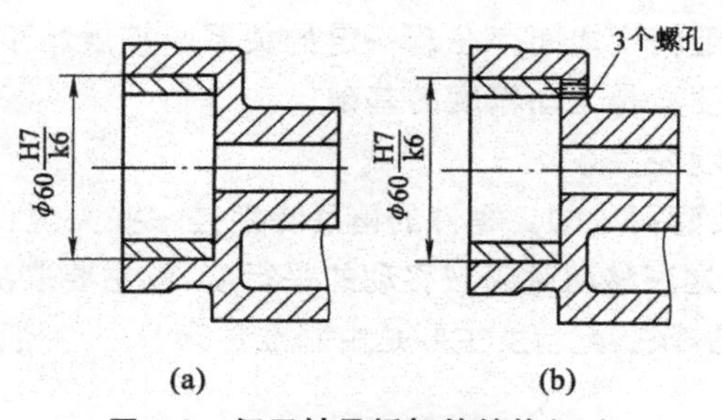

图 9-8　便于轴承拆卸的结构(二)

⑤工作特点、工艺特点,考虑结构合理性;质量大于 20 kg 的装配单元或其组成部分的结构中,须具有吊装的结构要素。

⑥各种连接结构形式需要便于装配工作的机械化和自动化。

2. 零部件自动装配工艺性要求

①最大程度地减少零件的数量,有助于减少装配线的设备。因为减少一个零件,就会减少自动装配过程中的一个完整工作站,包括送料器、工作头、传送装置等。

②便于识别,可以互换,易抓取和定向,有良好的装配基准,能以正确的空间位置就位,易于定位。

③产品需要一个合适的基础零件作为装配依托，基础零件要有一些在水平面上易于定位的特征。

④尽量将产品设计成叠层形式，每一个零件从上方装配；并保证定位，避免机器转体期间在水平力的作用下偏移；还应避免采用昂贵费时的固定操作。

3. 装配精度

(1)装配精度概念及内容

机械产品的装配精度，是指产品装配后实际达到的精度。装配精度是装配工艺的质量指标，是根据机器的工作性能来确定的。正确地规定机器和部件的装配精度是产品设计的重要环节之一，它不仅关系到产品质量，也影响产品制造的经济性。装配精度是制定装配工艺规程的主要依据，也是选择合理的装配方法和确定零件加工精度的依据。所以，应正确规定机器的装配精度。

为了保证产品的质量要求，装配精度一般包括：尺寸精度、位置精度、运动精度和接触精度等。

①尺寸精度。它是指相关零部件间的距离精度及配合精度。如某一装配体中有关零件间的间隙；相配合零件间的过盈量；卧式车床前、后顶尖对床身导轨的等高度等，它影响配合性质和配合质量。

②位置精度。它是指相关零件的平行度、垂直度、同轴度等，如卧式铣床刀轴与工作台面的平行度；立式钻床主轴对工作台面的垂直度；车床主轴前后轴承的同轴度等。

③运动精度。它是指产品中有相对运动的零、部件间在运动方向及运动位置上的精度。运动方向上的精度如车床溜板移动在水平面内的直线度，溜板移动轨迹对主轴回转中心的平行度等。运动位置上的精度如滚齿机滚刀主轴与工作台的相对运动精度等。

④接触精度。它是指产品中两配合表面、接触表面和连接表面间达到规定的接触面积大小和接触点的分布情况。如齿轮啮合、锥体配合以及导轨之间的接触精度等，影响接触刚度和配合质量的稳定性。

不难看出，上述各种装配精度之间存在着一定的关系。接触精度和配合精度是距离精度和位置精度的基础，而位置精度又是运动精度的基础。

(2)装配精度与零件精度的关系

机器和部件是由零件装配而成的。零件的精度特别是一些关键件的加工精度对装配精度有很大的影响。例如卧式车床尾座移动对床鞍移动的平行度，就主要取决于床身上两条导轨的平行度，如图 9-9 所示。由此可见，该装配精度主要是由基准件床身上导轨面间的位置精度来保证的。

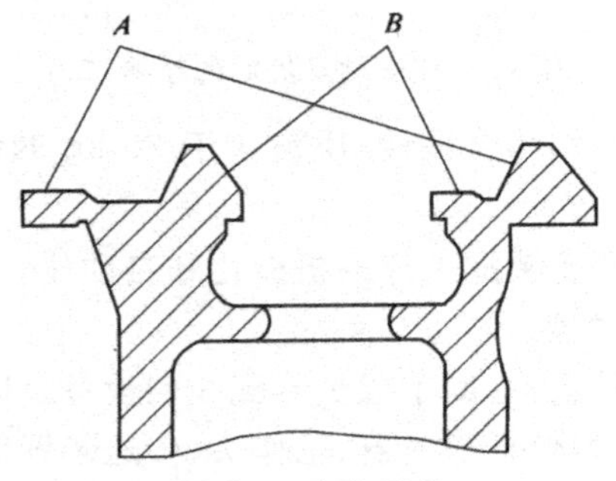

图 9-9　床身导轨

A—床鞍移动导轨；*B*—尾座移动导轨

又如车床主轴锥孔轴心线和尾座套筒锥孔轴心线的等高度(A_0)，其主要取决于主轴箱、尾座及座板所组成的尺寸 A_1、A_2、A_3的尺寸精度，如图 9-10 所示。

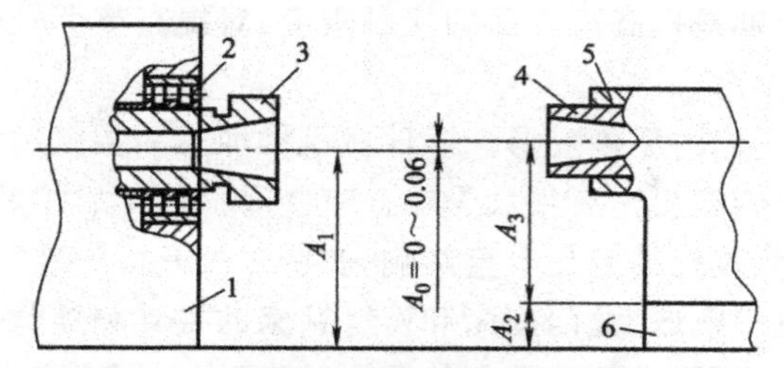

图 9-10　影响车床等高度要求的尺寸链图

1—主轴箱；2—主轴轴承；3—主轴；4—尾座套筒；5—尾座；6—尾座底板

从上述分析可以看出，机器的装配精度和零件精度的关系，即零件的精度决定了机器的装配精度，但是有了精度合格的零件，如果装配方法不当，也可能装配不出合格的机器。因此机器的装配精度不但决定于零件的精度，而且决定于装配方法；反过来，零件的精度要求取决于对机器装配精度的要求和装配方法。

所以，为了保证机器的装配精度，就要选择适当的装配方法并合理地规定零部件的加工精度。

(3)影响装配精度的主要因素

机械及其部件都是由零件所组成的，装配精度与相关零、部件制造误差的累积有关，特别是关键零件的加工精度。

①零件的加工精度直接影响着装配精度。一般来说，零件精度越高，装配精度则越易于保证，但并不是零件精度越高越好，这样会增加加工成本，造成一定浪费。因此，应根据装配精度要求科学分析，正确选择装配方法，合理地确定和控制零件的加工精度。

②装配精度取决于装配方法，在单件小批生产及装配精度要求较高时，装配方法尤为重要，如图 9-11 中所示的等高度要求是很高的。如果靠提高尺寸 A_1、A_2和 A_3的尺寸精度来保证是不经济的，甚至在技术上也是很困难的。比较合理的办法是采用修配底板的工艺措施保证装配精度，虽然增加了装配的劳动量，但从整个产品制造的全局分析，仍是经济可行的。

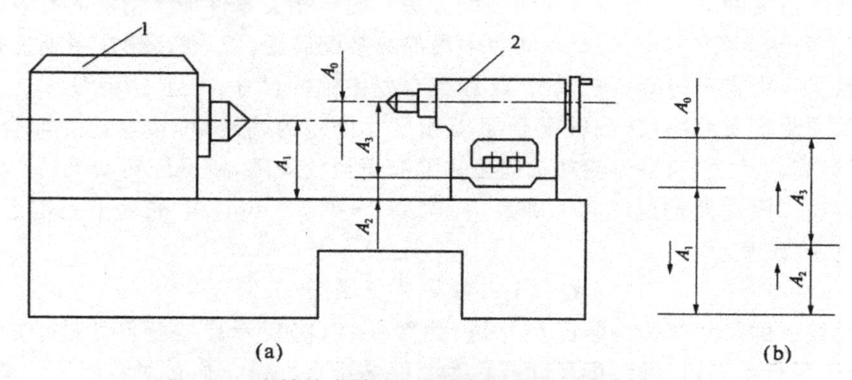

图 9-11　主轴箱主轴中心、尾座套筒中心等高示意图

1—主轴箱；2—主轴轴承；3—主轴；4—尾座套筒；5—尾座；6—尾座底板

③零件间的配合和接触质量。零件间的配合质量是指配合面间的间隙或过盈量，它决定了

配合性质。零件间的接触质量是指配合面或连接表面之间一定的接触面积及接触位置的要求，它主要影响接触刚度，即接触变形，也影响配合性质。提高配合质量和接触质量是现代机器装配中一个非常重要的问题，特别是提高配合面的接触刚度，对提高整个机械的精度、刚度、抗振性及寿命等都具有极其重要的作用。

④力、热、内应力等所引起的零件变形。零件在机械加工和装配过程中，由于力、热和内应力的影响而产生变形，从而对装配精度有很大影响。有些零件加工后检验合格，但由于有内应力等的影响，装配后发生变形，使装配精度受严重影响；有些零件是由于装配不当而产生变形，从而影响了装配精度；还有些如龙门铣床、龙门刨床和摇臂钻床的横梁和摇臂等重型零件因自重而产生变形；一些高精度的机床和仪器，由于装配和使用中，恒温控制不当产生热变形等，都会影响到装配精度。因此，为了减小零件变形对装配精度的影响，要从设计、工艺及使用等方面采取措施，例如零件加工后要通过适当的热处理工艺消除内应力；装配过程中要采用合理的装配工艺，防止零件的碰撞和装配变形等。

⑤回转零件的不平衡。如在高速转动时产生振动，会影响装配精度。高速回转的零件，不平衡往往会影响机器工作的平稳性，甚至会引起振动，从而影响装配精度。因此，对于高速转动的回转件一定要进行动平衡后再进行装配。

9.2 装配尺寸链

前已分析，产品或部件的装配精度与有关零件的精度有着密切关系，有些装配精度与两个零件有关，有些装配精度则与多个零件有关。产品或部件在装配过程中，由相关零件的有关尺寸（表面或轴线间距离）或相互位置关系（平行度、垂直度或同轴度等）所组成的封闭尺寸组，称为装配尺寸链。装配尺寸链中，其封闭环是装配后才形成的产品或部件的装配精度，组成环是对装配精度有直接影响的相关零件的尺寸或相互位置关系。

9.2.1 装配尺寸链的概念

机械产品的装配精度是由相关零件的加工精度和合理的装配方法共同保证的。装配尺寸链是查找影响装配精度的环节、选择合理的装配方法和确定相关零件加工精度的有效工具。

图 9-12(a)所示为 CA6140 卧式车床主轴局部的装配简图。双联齿轮在主轴上是空套的，其径向配合间隙 D_0，决定于衬套内径尺寸 D 和配合处主轴的尺寸 d，且 $D_0=D-d$。这三者构成了一个最简单的装配尺寸链，其孔轴配合要求和尺寸公差的确定，可按公差并配合国家标准选用，不必另行计算。其次，双联齿轮在轴向也需要有适当的间隙，以保证转动灵活，又不致于引起过大的轴向窜动。因此规定此轴向间隙量 A_0 为 0.1～0.35 mm，A_0 的大小决定于 A_1、A_2、A_3、A_4、A_5 各尺寸的数值，即

$$A_0=A_1-A_2-A_3-A_4-A_5$$

上述尺寸组成的尺寸链称为装配尺寸链，如图 9-12(b)所示。装配尺寸链中的尺寸均为长度尺寸，且处于平行状态，这种装配尺寸链称为直线装配尺寸链。通过对装配尺寸链的解算可确定 A_1、A_2、A_3、A_4、A_5 的尺寸和上下偏差，并保证 A_0 的要求。

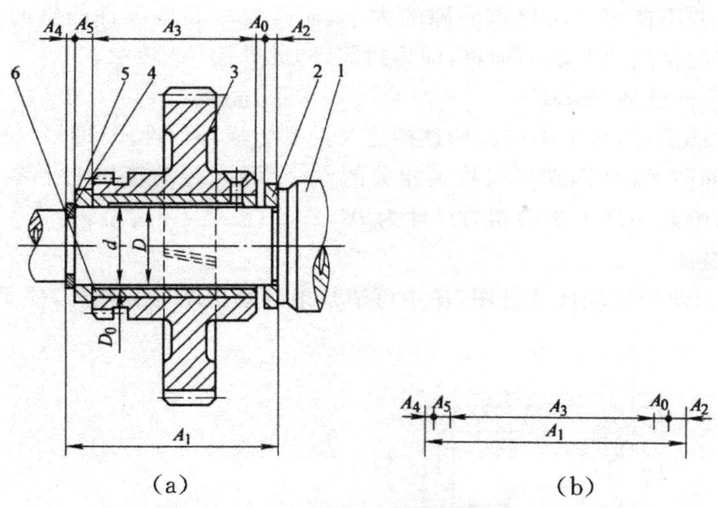

图 9-12　CA6140 卧式车床主轴局部的装配简图

(a)局部装配图　　(b)尺寸链图

1—主轴;2—隔套;3—双联齿轮;4—弹性挡圈;5—垫圈 ;6—轴套

装配尺寸链的基本特征是封闭图形,其中组成环由相关零件的尺寸或相互位置关系所组成。组成环可分为增环和减环,其定义与工艺尺寸链相同。封闭环为装配过程中最后形成的一环,即装配后获得的精度或技术要求。这种精度要求是装配完成后才最终形成和保证的。

9.2.2　装配尺寸链的建立

在装配尺寸链的分析和解决装配精度问题时,装配尺寸链的建立是分析和研究问题的第一步,只有建立正确的装配尺寸链,求解尺寸链才有意义。

1. *装配尺寸链的建立方法*

建立装配尺寸链,就是在装配图上根据装配精度的要求,找出与该项精度有关的零件及其相应的有关尺寸,并画出相应的尺寸链图。与该项精度有关的零件称为相关零件,其相应的有关尺寸称为相关尺寸。显然,在装配尺寸链中,最后形成的封闭环就是装配精度,组成环是相关零件的相关尺寸。

建立装配尺寸链时,应将装配精度要求确定为封闭环,然后通过对产品装配图作装配关系的分析,就可查明其相应的装配尺寸链的组成。具体方法为:取封闭环两端的零件为起始点,沿着装配精度要求的方向,以装配基准面为联系线索,分别查找出装配关系中影响装配精度要求的那些相关零件,直至找到同一个基准零件,甚至是同一个基准表面为止。这样,所有相关零件上直接连接两个装配基准面间的位置尺寸或位置关系,便是装配尺寸链的全部组成环。

例如,图 9-13(a)所示是传动箱的一部分。齿轮轴在两个滑动轴承中转动,因此两个轴承的端面处应留有间隙。为了保证获得规定的轴向间隙,在齿轮轴上装有一个垫圈(为便于检查将间隙均推向右侧)。

传动机构轴向间隙的装配尺寸链的建立可按下列步骤进行。

(1)确定封闭环

在装配过程中,要求保证的装配精度就是封闭环。传动机构要求有一定的轴向间隙,但传动轴本身的轴向尺寸并不能完全决定该间隙的大小，而是要由其他零件的轴向尺寸来共同决定。因此轴向间隙是装配精度所要求的项目，即为封闭环，此处用 A_0 表示。

(2)判别组成环的性质

画出装配尺寸链图后，按本书前面所述的定义判别组成环的性质，即增、减换。

传动箱中，沿间隙 A_0 的两端可以找到相关的六个零件(传动箱由七个零件组成，其中箱盖与封闭环无关)，影响封闭环大小的相关尺寸为 A_1、A_2、A_3、A_4、A_5、A_6。

(3)画出尺寸链图

图 9-13(b)所示即为装配尺寸链图，从中可清楚地判别出增环和减环，便于进行求解。

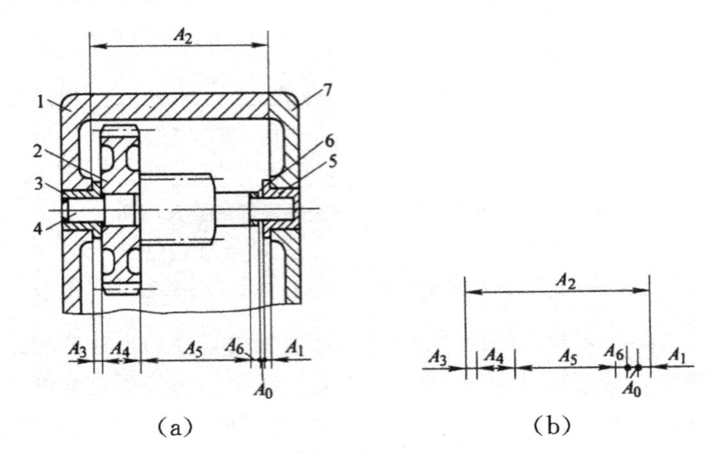

图 9-13　传动轴轴向装配尺寸链的建立

(a)结构简图　　(b)尺寸链图

1—传动箱体；2—大齿轮；3—左轴承；4—齿轮轴；5—右轴承；6—垫圈 ；7—箱盖

2. *建立装配尺寸链的最短路线原则*

建立装配尺寸链时，不能将与装配精度无直接关系的尺寸列为组成环。

当封闭环精度一定时，尺寸链的组成环越少，则每个环分配到的公差越大，这有利于降低加工难度和制造成本。因此，在结构设计时，应尽可能使影响封闭环精度的零件数量最少，做到结构简化；在结构既定的条件下，使每一个相关零件仅有一个组成环列入尺寸链。该尺寸无论在零件上或组件上，在装配之前均应能独立检查。

3. *装配尺寸链的计算方法*

装配尺寸链的计算方法有两种，即极值法和概率法。

9.3　保证装配精度的方法

机械的装配首先应当保证装配精度和提高经济效益。相关零件的制造误差必然要累积到封闭环上，构成了封闭环的误差。因此，装配精度越高，则相关零件的精度要求也越高。这对机械加工是很不经济的，有时甚至是不可能达到加工要求的。所以，对不同的生产条件，采取适当的装配方法，在不过高地提高相关零件制造精度的情况下来保证装配精度，是装配工艺的首要任务。

在长期的装配实践中，人们根据不同的机械、不同的生产类型条件，创造了许多巧妙的装配工艺方法，根据不同的情况采取适当的选择也是装配工艺的一部分。

9.3.1　装配方法

保证装配精度的方法归纳起来有互换装配法、分组法、选配法、修配法和调整法。

1. 互换装配法

零件按一定公差加工后，装配时不经任何修配和调整即能达到装配精度要求的装配方法称为互换法。这时产品的装配精度主要取决于零件的精度。互换法在确定零件的公差时有极值法和概度法两种方法，对应的装配方法称为“完全互换法”和“不完全互换法”。

(1)完全互换法

装配过程中，当各组成环误差都处于极值状态时，不需进行修配，选择或调整就可达到装配精度。各有关零件相关公差之和小于或等于装配精度，即满足下式

$$T_{\Sigma} \geqslant \sum_{i=1}^{n-1} T_i$$

所以完全互换法在解算装配尺寸链时，采用极值法公式计算。

完全互换法的优点：

①装配过程简单，生产率高。

②对工人技术水平要求不高。

③便于组织流水作业和实现自动化装配。

④容易实现零部件的专业协作，成本低。

⑤便于备件供应及机械维修工作。

由于具备以上优点，所以只要当组成环分得的公差满足经济精度要求时，无论何种生产类型都应尽量采用完全互换装配法进行装配。但是当装配精度要求较高，尤其组成环较多时，零件就难以按经济精度制造。因此，这种装配方法多用于高精度的少环尺寸链或低精度多换尺寸链中。

(2)不完全互换法(大数互换法)

当装配精度要求较高，尤其是组成环的数目较多时，如果应用极大极小法确定组成环的公差，则组成环的公差将会很小，这样就很难满足零件的经济精度要求。因此，在大批量生产的条件下，就可以考虑不完全互换装配法。

不完全互换法在解算装配尺寸链时采用概率法。根据概率现论，封闭环公差 $T_{\Sigma}=6\sigma_{\Sigma}$，从理论上讲，装配中将有 0.27%的产品达不到装配精度要求，所以不能完成互换。其原因是尺寸链中各组成环的误差都处于极值状态，这时只要在组成环中随意更换 1～2 个零件，即可改变极值误差集中的状态，达到装配精度要求。

不完全互换法与完全互换法相比，其组成环平均公差可扩大一倍，且组成环数目越多，扩大的倍数也越大，从而使零件加工容易，成本降低，也能达到互换性装配的目的，特别适用于装配节拍不严格的大批大量生产中。其缺点是将会有一部分产品的装配精度超差。这就需要采取补救措施或进行经济论证。

不完全互换法解算装配尺寸链(反算法)的步骤如下。

①根据概率法计算各组成环的平均公差：

$$T_{av}(A_i) = \frac{T(A_0)}{\sqrt{n-1}} \tag{9-1}$$

②选定相依环。

③调配公差并确定除相依环的各环公差。

④根据概率法公式计算相依环公差：

$$T(A_y)=\sqrt{T(A_0)^2-\sum_{i=1}^{n-2}T(A_i)^2} \tag{9-2}$$

⑤除相依环，各组成环公差按“入体原则”标注。

⑥根据概率法公式计算相依环的平均尺寸，并将公差用平均尺寸标注成对称分布形式。

2. 选配法

在大批大量生产中，当装配精度要求很高且组成环数目不多时，如果采用互换法装配，将对零件精度要求很高，给机械加工带来因难，甚至超过加工工艺实现的可能性，例如内燃机活塞与缸套的配合，滚动轴承内外环与滚动体的配合等，此时，就不宜只提高零件的加工精度，而应采用选配法来保证装配精度。

选配法是将配合中的各零件(组成环)按经济精度制造，即零件制造公差放大，然后选择合适的零件进行装配，以保证规定的装配精度要求，有三种形式：直接选配法、分组选配法、复合选配法。

(1)直接选配法

由装配工人在许多待装配的零件中凭经验挑选合适的零件装配在一起保证装配精度。其特点是装配简单，装配质量和生产率取决于工人的技术水平。此方法适用于装配零件(组成环)数目较少的产品，不适用于节拍较严的装配组织形式。

(2)分组装配法

此法是将被加工零件的制造公差放宽几倍(一般放宽 3～4 倍)，零件加工测量后分组(公差放宽几倍分几组)并按对应组进行装配以保证装配精度的方法。例如滚动轴承的装配，活塞与活塞销的装配均用此法。其优点是零件加工精度要求不高，而能获得很高的装配精度；同组零件可以互换。缺点是增加了零件的存储量，增加了零件的测量分组工作，使零件的存储运输工作复杂化。

图 9-14(a)是活塞与活塞销的连接情况，用分组法装配。

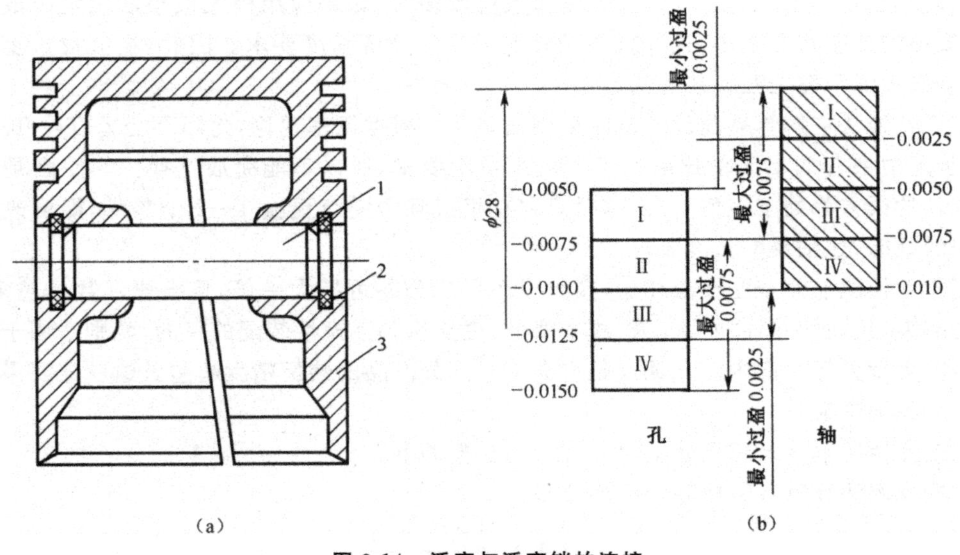

图 9-14 活塞与活塞销的连接

1—活塞销；2—挡圈；3—活塞

装配要求：活塞销孔与活塞销在冷态装配时应有 0.0025～0.0075 mm 的过盈量。根据这个要求，相应的配合公差为 0.005 mm。如果采用完全互换法装配，活塞销和销孔的公差(按"等公差配合")只有 0.0025 mm。如果此配合选用基轴制，则活塞销外径尺寸 $d=\phi28^{0}_{0.0025}$ mm；销孔 $D=\phi28^{0.0050}_{0.0075}$ mm，这样高的制造精度难以保证。所以生产中采用分组装配法，将销和销孔的公差在同方向上放大四倍，即活塞销 $d=\phi28^{0}_{0.01}$ mm，可以在无心磨床上加工；销孔 $D=\phi28^{0.005}_{0.015}$ mm，可以在金刚镗床上加工。然后用精密量仪测量，并按尺寸分成 4 组，涂上不同标记，以便同组进行装配，具体分组情况见表 9-4。

表 9-4　活塞销与活塞销孔直径分组

组别	标志颜色	活塞销直 d	活塞销孔直径刃	配合情况	
				最小过盈	最大过盈
Ⅰ	红	$\phi28^{0}_{0.0025}$	$\phi28^{0.0050}_{0.0075}$	0.0025	0.0075
Ⅱ	白	$\phi28^{0.0025}_{0.0050}$	$\phi28^{0.0075}_{0.0100}$		
Ⅲ	黄	$\phi28^{0.0050}_{0.0075}$	$\phi28^{0.0100}_{0.125}$		
Ⅳ	绿	$\phi28^{0.0075}_{0.0100}$	$\phi28^{0.0125}_{0.0150}$		

从表 9-4 中可以看出，各组的公差和配合性质与原装配要求相同，满足了装配精度。

采用分组装配时，应注意如下事项。

①为保证分组后各组的配合性质和配合精度与原装配精度要求相同，应当使配合件的公差相等，公差增大的方向相同，增大的倍数应等于以后的分组数。

②配合件的形状精度和相互位置精度及表面粗糙度，不能随尺寸公差放大而放大，应与分组公差相适应，以保证配合性质和配合精度要求。

③分组数不宜过多，否则就会因零件测量、分类、保管工作量的增加造成生产组织工作复杂化。

④制造零件时，应尽可能使各对应组零件的数量相等，满足配套要求，否则会造成某些尺寸零件的积压浪费现象。

⑤应严格组织对零件的精密测量、分组、识别、保管和运送等工作。

由上可知，分组装配法适用于配合精度要求很高、组成环(相配零件)数目少(一般只有两三个)的大批大量生产。

(3)复合选配法

它是上述两种方法的复合，即零件预先测量分组，装配时在对应各组中凭工人经验直接选配。这一方法实质仍是直接选配法，只是通过分组缩小了选配范围，提高了选配速度，能满足一定的装配节拍要求，该方法具有相配零件公差可以不相等，公差放大位数可以不相同，装配质量高等优点。发动机气缸与活塞的装配多采用这一方法。

3. 修配法

在单件小批生产中，对于产品中那些装配精度要求较高的多环尺寸链，各组成环按经济精度加工，选其中一环为修配环，并预留修配量，装配时通过手工锉、刮、磨修配环尺寸，使封闭环达到精度要求，这种方法称为修配法。修配法是在装配时修去指定零件上预留修配量以达到装配精度的方法。

优点是能利用较低的制造精度来获得很高的装配精度。缺点是修配劳动量大，要求工人技术水平高，不易预定工时，不便组织流流水作业。但在装配精度高而且组成环数目多时，采用修配法就显示出了优势。修配法装配主要用于单件小批量生产。

在装配中，被修配的组成环称为修配环，其零件称为修配件。修配件上留有修配量，修配尺寸的改变可通过刨削、铣削及刮研等方法来实现。

(1)修配的方法

①单件修配法。在装配时，选定某一固定的零件作为修配环，用去除修配环的部分材料，从而达到封闭环要求的方法称为单件修配法。例如，图 9-15 所示装配中，床身 1 与压板 3 之间的间隙 A_Σ 是靠修配压板 3 的 C 面或 D 面改变尺寸 A_2 来保证的。A_2 为修配环。装配时经过反复试装、测量、拆卸和修配 C 面(或 D 面)，最后保证装配间隙 A_2 的要求。

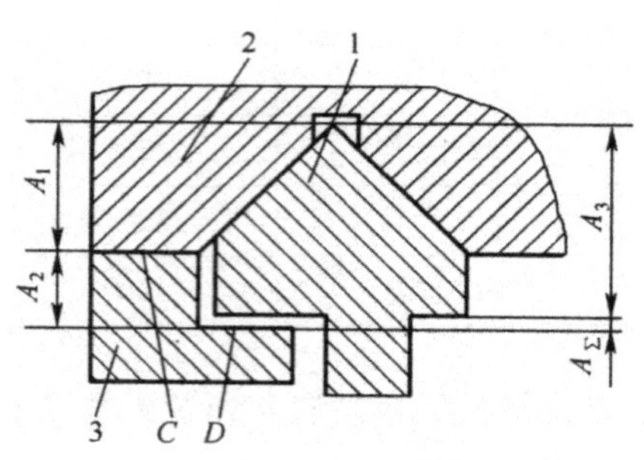

图 9-15 机床导轨间隙装配关系

②合并修配法。将两个或两个以上零件合并为一个环作为修配环进行修配的方法。它能减少组成环的数目，扩大了组成环的公差。如图 9-16 所示车床尾座装配，为了减少总装时对尾座底板的刮研量，一般先把尾座和底板的配合面分别加工好，并配刮横向小导轨，再把两零件装配为一体，然后以底板的底面为定位基准，镗削尾座套筒孔，直接控制尾座套筒孔至底板面的尺寸，这样组成环 A_2，A_3 合并成 $A_{2、3}$一个环，使原三个组成环减为两个，达到减少环数的目的。

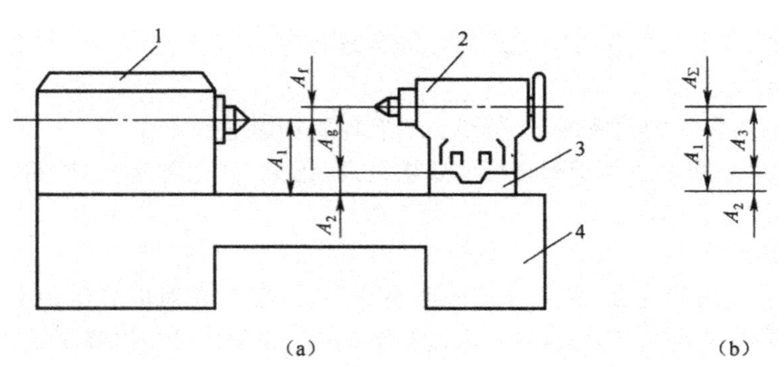

图 9-16 主轴箱主轴与尾座套筒中心线等高结构示意图

1—主轴箱；2—尾座；3—尾座底板；4—床身

合并加工修配法虽有上述优点，但此方法要求合并的零件对号入座(配对加工)，给加工、装配、组织生产带来了不便，因此多用于单件小批生产。

③自身加工修配法。在机床制造中，由于机床本身具有切削加工能力，装配时可自己加工自己来保证某些装配精度，也可以说是把所有组成环都合并起来进行修配，直接保证达到封闭环公

差要求的方法称为自身加工修配法。

例如，图9-17所示的转塔车床，在装配后，利用在车床主轴上安装的镗刀，依次镗削转塔上的六个刀具安装孔，经加工，主轴轴线与转塔各孔轴线的同轴度就可方便地获得。如果再在主轴上安装一个可以自动径向进给的专用刀架还可以分别加工转塔上的六个面，以保证其与端面的垂直度。

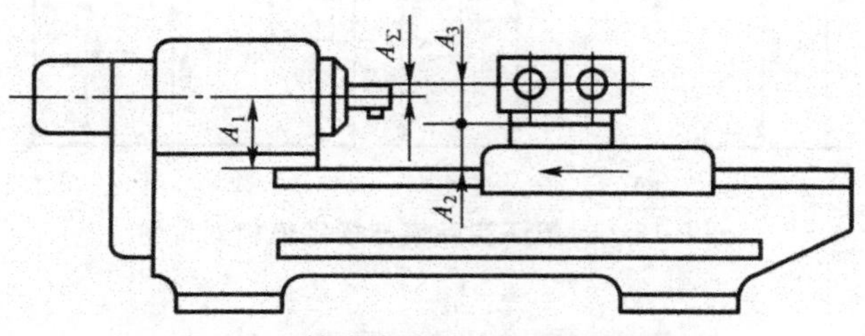

图9-17　转塔车床的自身加工修配法

(2)修配环的选择

采用修配法时，尺寸链中各尺寸均按经济加工精度制造。在装配时，累积在封闭环上的总误差必然超出其公差。为了达到规定的装配精度，必须对尺寸链中指定的组成环零件进行修配，以补偿超差部分的误差，这个组成环叫做修配环，也称补偿环。单件或成批生产中那些精度要求高、组成环数目又较多的部件适合于用修配法装配。

采用修配法装配时，首先应正确选定补偿环。作为补偿环的零件应满足以下要求。

①易于装配并且便于装卸。

②不要求进行表面处理的零件，以免修配后破坏表面处理层。要求形状简单，修配面小，修配方便。

③不是公共环。公共环是指那些同属几个尺寸链的组成环，它的尺寸变化会引起几个尺寸链中封闭环的变化。

(3)修配环尺寸与偏差的确定

确定修配环尺寸与偏差的原则是在保证装配精度的前提下，使修配量足够小且最小。采用修配法进行修配时，由于组成环(包括修配环)的公差放大到经济精度进行加工，故各组成环公差的累积误差即封闭环的实际公差 T'_Σ 超过规定封闭环公差 T_Σ，即 $T'_\Sigma > T_\Sigma$ 之差即为修配环的最大修配量

$$Z_{\max} = T'_\Sigma = T_\Sigma = \sum_{i=1}^{n=1} T_i = T_\Sigma$$

在确定修配环尺寸及偏差时，先要明确修配修配环时对封闭环尺寸的影响，主要有两种情况。如图9-18所示，图(a)为修配修配环时使封闭环实际值 $A'_{\Sigma\max}$ 变小，T'_Σ 趋近规定封闭环公差 T_Σ；图9-18(b)为修配修配环时使封闭环实际值 $A'_{\Sigma\min}$ 变大，T'_Σ 趋近规定封闭环公差 T_Σ。$A'_{\Sigma\max}$ 变小时，应保证修配前封闭环的实际尺寸最小值 $A_{\Sigma\min}$ 等于规定封闭环的最小值，如果 $A'_{\Sigma\max} > A_{\Sigma\min}$，则有一部分配件将无法修复。同理，$A'_{\Sigma\min}$ 变大时，应保证修配前封闭环的实际最大值 $A'_{\Sigma\max}$ 等于规定封闭环的最大值 $A_{\Sigma\max}$。

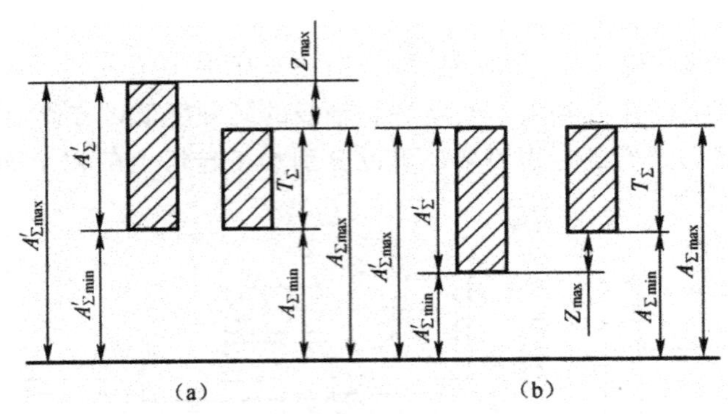

图 9-18　封闭环实际值与规定值相对位置

$$A_{\Sigma\max} = \sum_{i=1}^{m} \overrightarrow{A}_{i\max} - \sum_{i=m+1}^{n=1} \overleftarrow{A}_{i\min}$$

$$A_{\Sigma\min} = \sum_{i=1}^{m} \overrightarrow{A}_{i\min} - \sum_{i=m+1}^{n=1} \overleftarrow{A}_{i\max}$$

当封闭环实际最大值 $A'_{\Sigma\max}$ 变小时可有

$$A'_{\Sigma\min} = A_{\Sigma\min} = \sum_{i=1}^{m} \overrightarrow{A}_{i\min} - \sum_{i=m+1}^{n=1} \overleftarrow{A}_{i\max}$$

当封闭环实际最小值 $A'_{\Sigma\min}$ 变大时可有

$$A'_{\Sigma\max} = A_{\Sigma\max} = \sum_{i=1}^{m} \overrightarrow{A}_{i\max} - \sum_{i=m+1}^{n=1} \overleftarrow{A}_{i\min}$$

由公式可以计算出修配环的一个极限尺寸，再根据修配环的公差(按经济精度给出)，则修配环的另一个极限尺寸即可以确定。

(4)修配环尺寸计算实例

图 9-19 所示的装配尺寸链中，设各组成环的基本尺寸 $A_1=205$ mm；$A_2=49$ mm；$A_3=59$ mm；$A_\Sigma=0$。按卧式车床精度标准 $A_\Sigma=0.0\ 6$ mm。如果按完全互换法确定各组成环公差，其平均公差仅 0.02 mm；给加工带来很大困难，生产中宜采用修配法。本例采用合并加工修配法，即 A_2 和 A_3 合并为一个组成环 $A_{2、3}$，合并后尺寸链见图 9-19。各组成环公差按其经济精度来确定。设 $T_1=T_{2、3}=0.01$ mm，取 $A_{2、3}$ 为修配环，A_1 尺寸的公差可作对称分布，即 $A_1=205\pm0.05$ mm，则修配环 $A_{2、3}$ 的尺寸计算如下。

①基本尺寸。

$$A_{2、3}=A_2+A_3=(49+156)\ \text{mm}=205\ \text{mm}$$

②公差。按经济精度给出，为 0.1 mm。

③最大或最小尺寸。从图 9-19 可看出，$A_{2、3}$ 为增环，修配前封闭环实际最大值 $A'_{\Sigma\max}$ 大于规定最大值 $A_{\Sigma\max}$，修配时应便 $A'_{\Sigma\max}$ 变小，故

$$A_{\Sigma\min}=A_{2、3\min}-A_{1\max}$$

$$A_{2、3\min}=(0+205.05)\ \text{mm}=205.05\ \text{mm}$$

④另一极限尺寸。

$$A_{2、3\max}=A_{2、3\min}+T_{2、3}=(205.05+0.1)\ \text{mm}=205.15\ \text{mm}$$

⑤修配环 $A_{2、3}$ 的最大修配量。

$$Z_{\max} = \sum_{i=1}^{n=1} T_i - T_{\Sigma} = (0.1 + 0.1 = 0.06)\ \text{mm} = 0.14\ \text{mm}$$

考虑到车床总装时，为提高接触精度，尾座底板与床身配合的导轨面还要配刮，必须留有一定的刮研量，而求出的 $A_{2、3}$，其最大刮研量为 0.14 mm，可满足要求，但最小刮研量为 0 时，就不能达到要求，故必须再附加一最小的修配量。取最小刮研量为 0.15 mm，则合并加工后的尺寸 $A_{2、3} = (205^{+0.15}_{+0.05} + 0.15) = \text{mm} = 205^{+0.30}_{+0.20}$ mm。

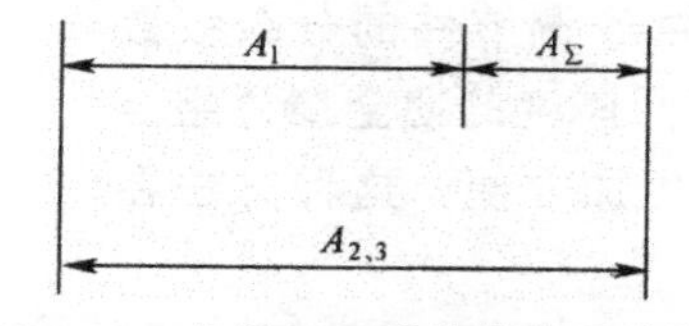

图 9-19　合并加工后的等高尺寸链

4. 调整法

调整法与修配法的实质相似，但具体方法不同。它们都是各组成环可以按经济精度加工，由此而引起的封闭环累积误差，在装配时通过调整某一零件位置或更换某一不同尺寸的组成环(调节环)来补偿，达到规定的装配精度。但调整法是在装配用改变产品中可调整件的相对位置或选用合适的调整件以达到装配精度的方法。常见的调整方法有以下三种。

(1)可动调整法

这种方法通过移动、转动或同时移动转动调整件，即改变调整件的位置来达到提高和保证装配精度的目的。这种方法调整方便，广泛应用于成批及大量生产中。常见的调节件有螺栓、斜面、挡环等。如图 9-20 所示，用改变调节件位置来满足装配精度的方法就称为可动调整装配法。

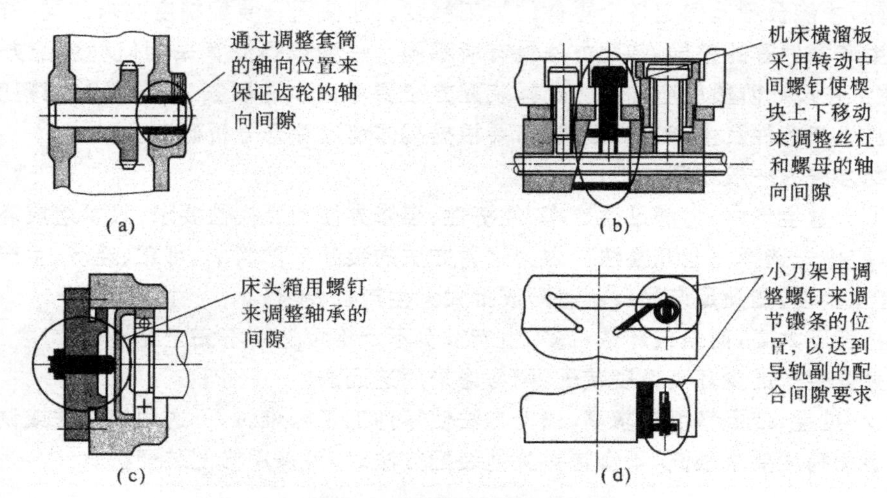

图 9-20　可动调整法应用实例

可动调整法还可以调整由于磨损、热变形、弹性变形等所引起的误差，适用于高精度装配和组成环在工作中易于变化的尺寸链。此法在生产中广泛应用。

(2)固定调整法

该法在装配尺寸链中选定一个或加入一个零件作为调整环。该零件是按一定尺寸间隔制成的零件组，装配时，根据实测在未装入该零件时的“空位”大小，对应选用某一尺寸级别的零件装入，从而保证所需要的装配精度。常用的调节件有垫圈，垫片，轴套等。

图 9-21 为固定调整法实例。装配时根据装配尺寸链中的要求，选择不同厚度的垫圈，来满足装配精度的需要。调节件预先按一尺寸间隔制做，如 3.1，3.2，3.3，…4.0 mm 等，以供装配时选用。

固定调整法装配适用于成批和大批大量生产。

在批量大、精度高的装配中，由于调节件的分级级数很多，则可采用一定厚度的垫片与不同厚度的薄金属片组合的方法，构成不同尺寸，使调解工作更加方便。这种方法在汽车、拖拉机等生产中应用很广泛。

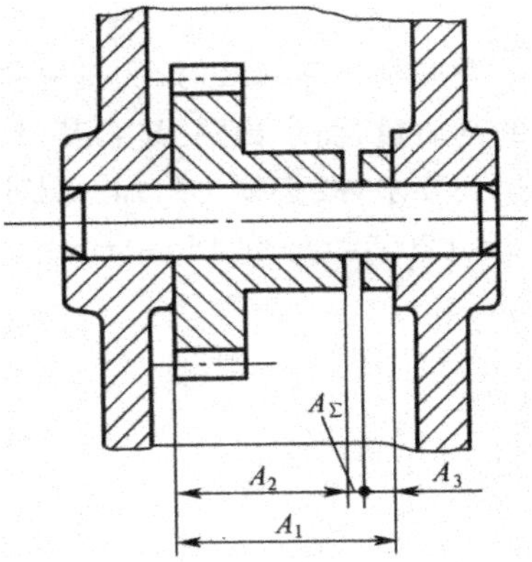

图 9-21　固定调整法应用实例

(3)误差抵消调整法

误差抵消调整法在机床装配中应用较多，在装配过程中通过调整相关零件之间的相互位置，利用误差的矢量特性，使其互相抵消，以保证封闭环精度的装配方法。

采用误差抵消调整法，在装配前需测出相关零部件误差的大小和方向，增加了辅助时间，对工人技术水平要求也较高，但这种装配方法可获得较高的装配精度，一般用在批量不大的机床装配中。

9.3.2　装配方法的选择

产品或部件的装配方法，通常在产品的设计阶段即应确定。只有在装配方法确定后，再通过尺寸链的解算，才能合理地确定各个零件的加工精度。即使同一装配精度要求的同一产品，由于生产规模和生产条件等的差异，装配方法也有所不同。一种产品究竟采用何种装配方法来保证装配精度，通常在设计阶段就应确定。选择装配方法要考虑多种因素，主要是装配精度、结构特点、生产类型、生产条件及生产组织形式等，要根据具体情况综合分析确定。

选择装配方法的一般原则如下。

①在大批大量生产中，为满足生产率、经济性、维修方便和互换性要求，只要组成环零件的加工经济可行，应优先选择完全互换法。因为这种方法的装配工作简单、可靠、经济、生产率高以及零、部件具有互换性，能满足产品(或部件)成批大量生产的要求。

②装配精度不太高，而组成环数目多，生产节奏不严格可选用不完全互换法。

③大批大量生产的少环高精度装配，则考虑采用选配法。

④单件、小批量，装配精度要求高，以上方法使零件加工困难时，可选用修配法或调整法。

⑤如果装配精度要求很高，不宜选择其他装配方法时，可采用修配装配法。

9.4　装配工艺规程的制定

装配工艺规程是指规定产品或部件装配工艺过程和装配方法的工艺文件。它是指导装配生产的主要技术文件和处理装配工作所发生的各种问题的依据。

制定装配工艺规程，是生产技术准备工作中的一项重要技术工作。装配工艺规程对产品的装配质量、生产效率、经济成本和劳动强度等都有重要的影响，合理而优化的装配工艺规程可以保证装配质量,提高装配生产率,缩短装配周期,降低装配劳动强度,缩小装配占地面积和降低装配成本。因此,要合理地制定装配工艺规程。

9.4.1　制定装配工艺规程的基本要求

(1)保证产品装配质量

保证装配质量是装配工作的首要任务。从机械加工和装配的全过程达到最佳效果下,选择合理而可靠的装配方法。

(2)提高装配生产率

合理安排装配顺序和工序,尽量减少装配的工作量,特别是手工劳动量,提高装配机械化和自动化程度,缩短装配周期,满足装配规定的进度计划要求。

(3)降低装配成本

要减少装配生产面积,减少工人的数量和降低对工人技术等级的要求,尽量采用通用设备,减少装配投资等。

9.4.2　制定装配工艺规程的内容及原始资料

1. 原始资料

①产品的总装图和部件装配图,以及主要零件图。

②产品验收技术条件,即产品质量标准和验收依据。

③产品的生产纲领。

④现有生产条件。

2. 制定装配工艺规程的主要工作内容

①分析产品样图,确定装配组织形式,划分装配单元,确定装配方法。

②拟定装配顺序,划分装配工序,编制装配工艺系统图和装配工艺规程卡片。

③选择和设计装配过程中所需要的工具、夹具和设备。

④规定总装配和部件装配的技术条件、检查方法和检查工具。

⑤确定合理的运输方法和运输工具。

⑥制定装配时间定额。

9.4.3　制定装配工艺规程的方法步骤

1. 进行产品分析

①分析产品图样,掌握装配的技术要求和验收标准。

②对产品的结构进行尺寸分析和工艺分析。在此基础上,结合产品的结构特点和生产批量,确定保证达到装配精度的装配方法。

③研究产品分解成“装配单元”的方案,以便组织平行、流水作业。

2. 确定装配方法与组织形式

装配方法与组织形式的确定主要取决于产品结构特点(尺寸和重量等)和生产纲领,以及装配技术要求和现场生产条件。

装配的组织形式确定以后,装配方式、工作点的布置、工序的分散与集中以及每道工序的具体内容也根据装配的组织形式而确定。固定式装配工序集中,移动式装配工序分散。

3. 划分装配单元,确定装配顺序

(1)划分装配单元

划分装配单元是制定工艺规程中最重要的一环,对于大批大量生产结构复杂的产品尤为重要。只有合理地将产品分解为可进行独立装配的单元后,才能合理安排装配顺序和划分装配工序,以组织平行或流水作业。

(2)选择装配基准件

每个装配单元都要选定某一零件或比它低一级的组件作为装配基准件。装配基准件通常应为产品的基体或主干零部件,应有较大的体积和重量,有足够的支承面,以满足陆续装入零件或部件时的稳定性要求。如床身零件是床身组件的装配基准零件;床身组件是机床产品的装配基准组件。

(3)确定装配顺序,绘制装配系统图

装配顺序是由产品结构和装配组织形式决定的。产品的装配总是从基准件开始,从零件到部件,从内到外,从下到上,以不影响下道工序为原则,并以装配系统图的形式表示出来。

安排装配顺序的一般原则为:先下后上,先内后外,先难后易,先重大后轻小,先精密后一般。

当结构比较简单、组成产品的零部件较少时,可以只绘制产品装配系统图;否则,需分别绘制各装配单元的装配系统图。装配单元系统图如图 9-22 所示。

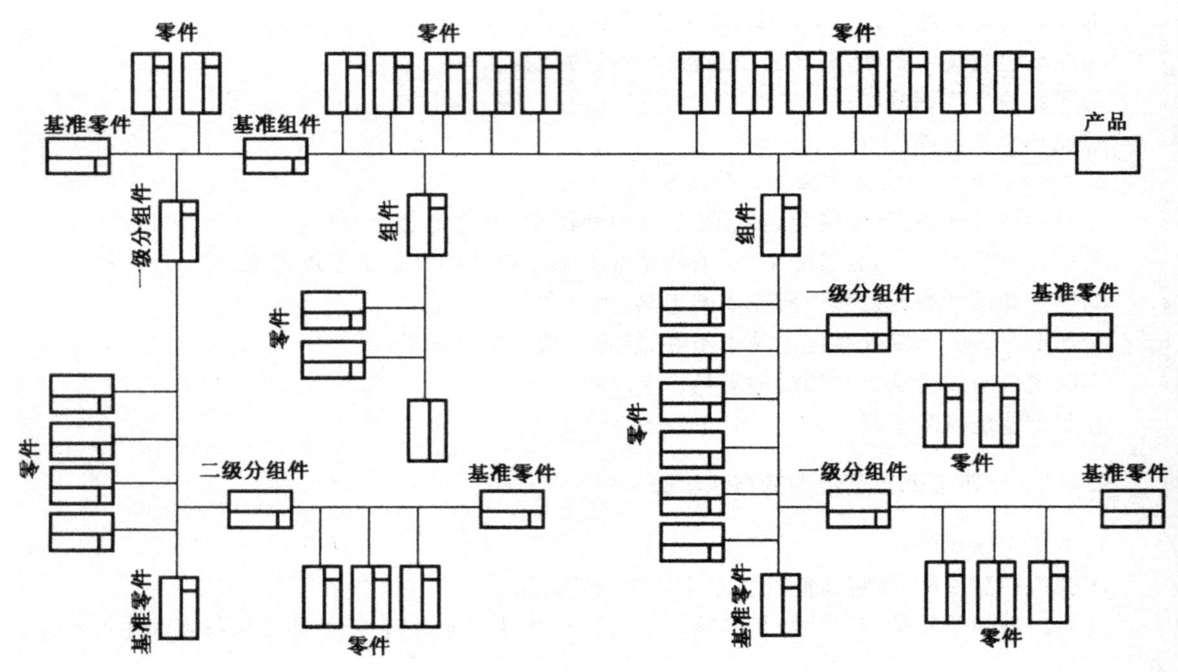

图 9-22 装配单元系统图

图中每一个零件、分组件或组件都用长方格表示,长方格上方注明装配单元、组件、零件的名称,左下方填写装配单元的编号,右下方填写数量。装配单元的编号必须和装配图及零件明细表中的编号一致。

绘制装配单元系统图时,先画出一条横线,左端画出代表基准件的长方格,右端画出代表部件或产品的长方格。然后按装配顺序由左至右,将代表直接装到基准件上的零件、零组件的长方格从横线中引出，零件画在横线下面。如果装在基准件上的组件不再是单独的装配单元，则在该装配单元系统图上应把组件的装配顺序表达清楚，具体画法是，在代表直接装在基准件的组件长方格下画一条竖线，线的下端面画出代表该组件装配的基准件长方格，然后按装配顺序，将代表直接装在该组件上的零件或下一级组件的长方格从竖线上引出，零件画在竖线的左边，组件画在竖线的右边。

如果装配过程中，需要进行一些必要的配件加工，如焊接、配刮、配钻、攻螺纹等，可在装配工艺系统图上加以注明，如图 9-23 所示。

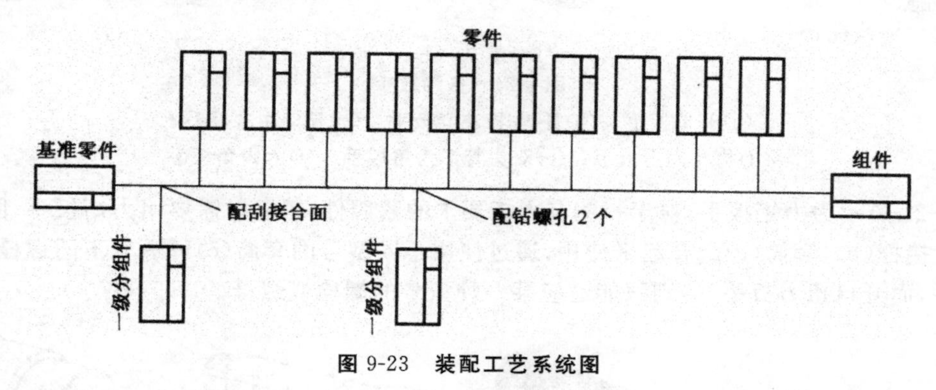

图 9-23　装配工艺系统图

(4)划分装配工序

确定工序内容、设备、工装及时间定额；制定各工序装配操作范围，如过盈配合的压入方法；温差法装配的装配温度；紧固螺栓连接的旋转扭矩；配作要求等。制定各工序装配质量要求及检测项目、检测方法等。在划分工序时要注意以下两点。

①在采用流水线装配形式时，整个装配工艺过程应划分为多少道工序，主要取决于装配节拍的长短。

②组件的重要部分，在装配工序完成后必须加以检查，以保证质量。在重要而又复杂的装配工序中，不易用文字明确表达时，还必须画出部件局部的指导性装配图样。

4. 编写装配工艺文件

装配工艺规程中的装配工艺过程卡片和装配工序卡片的编写方法与机械加工的工艺过程卡和工序卡基本相同。在单件小批生产中，一般只编写工艺过程卡，对关键工序才编写工序卡。在生产批量较大时，除编写工艺过程卡外还需编写详细的工序卡及工艺守则。

9.5　常用装配工具

机械装配离不开工具，在柴油机的装配过程中，除了使用一些通常用的工具外，还会经常用一些专用的工夹具，比如双头螺栓紧固器、液压拉伸器、活塞环扩张器等。

9.5.1　紧固工具

柴油机的零件装配，通常采用螺纹连接，因此经常用到紧固工具。常用装配通用工具有开口扳手、开口-梅花扳手、梅花扳手、冲击梅花扳手、内六角扳手、右角螺丝刀、扭力扳手等。

图 9-24 所示的是各种用来拧紧螺栓、螺母的扳手，(a)～(e)用于外六方的螺栓、螺母，(f)用

于六内方的螺栓。

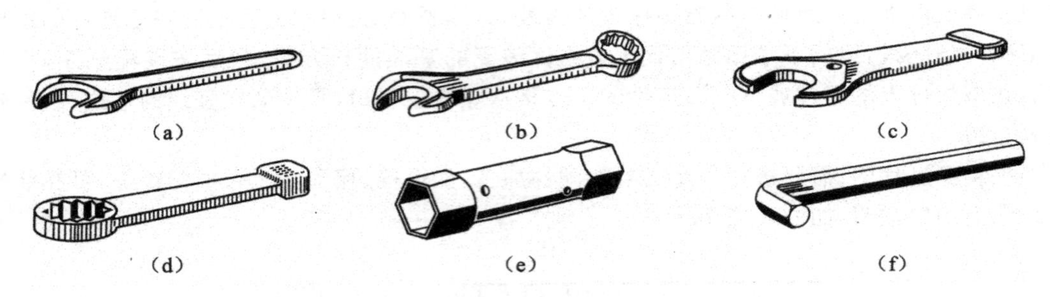

图 9-24　各种扳手

(a)开口扳手　(b)开口-梅花套扳手　(c)开口冲击扳手

(d)梅花冲击扳手　(e)双头管形六角扳手　(f)六内角扳手

图 9-25 所示为力矩扳手，对于一些有力矩要求的紧固件，紧固时需要用力矩扳手，图中扭力扳杆(a)、接杆(b)、套筒(c)组合起来使用，通过使用不同型号的套筒(c)可适应不同螺栓、螺母紧固的需要，而开口扭力扳手(d)则只能适应某一种型号的螺栓或螺母。

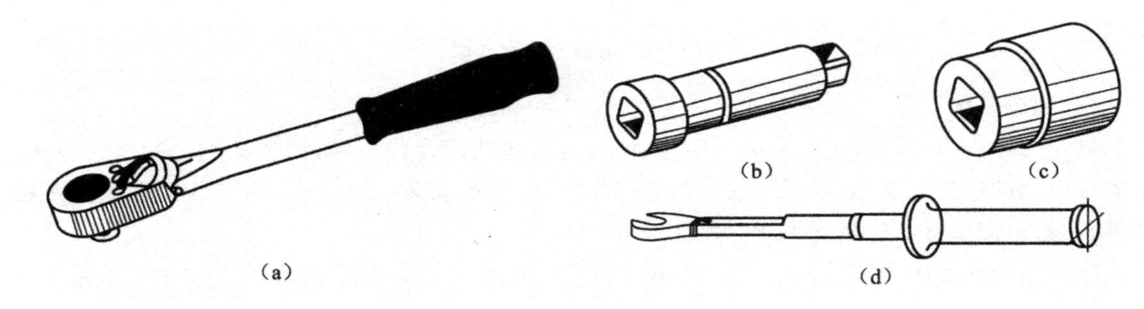

图 9-25　扭力扳手

(a)扭力扳手　(b)接杆　(c)套筒　(d)开口扭力扳手

在选择紧固用的工具时，可以尽可能使用梅花扳手或套筒，因为这类工具的刚性较好，不易造成六方的损伤，而开口扳手的刚度相对差一些，可尽量减少使用。

在种紧双头螺柱时，为紧固方便，一般采用双头螺柱紧固器来拧紧，如图 9-26 所示为其结构。双头螺柱紧固器由紧固螺母 2 和自锁螺钉 1 两个零件组成，两零件用左牙螺纹(反螺纹)连接，紧固螺母 2 下部的螺纹与所需种紧的双头螺柱相配，紧固螺母 2 和自锁螺钉 1 的上方都铣有六方，以便使用梅花扳手或套筒来拧紧或松开。

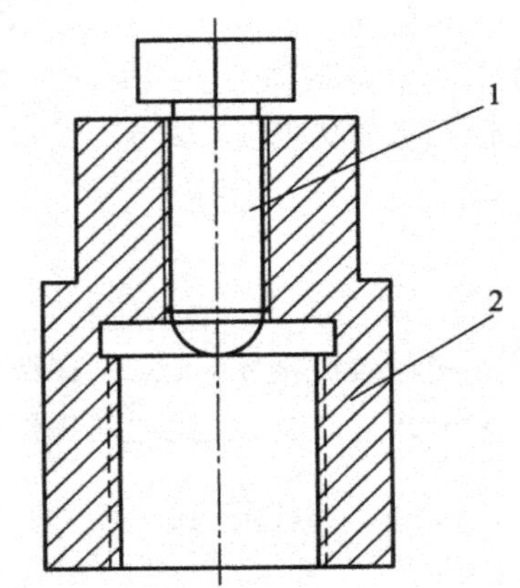

图 9-26　双头螺柱紧固器

1—紧固螺母；2—自锁螺钉

种紧双头螺柱时，先将自锁螺钉 1 拧到适当位置，然后将紧固螺母 2 拧入双头螺柱，当自锁螺钉 1 的圆头顶住双头螺柱的端面时，由于自锁螺钉 1 与紧固螺母 2 是反螺纹，所以紧固螺母 2 会使自锁螺钉 1 与双头螺柱顶紧，从而带动双头螺柱转动，将其拧紧。要拆除双头螺柱坚固器时，只需将自锁螺钉 1 顺着双头螺柱拧紧的方向转动，自锁螺钉 1 就会与双头螺柱的端面脱离，再用手反向转动紧固螺母 2，即可将双头螺柱坚固器拆下。

对于一些开槽的螺钉，在安装时则可使用如图 9-27 所示的螺丝刀来紧固。

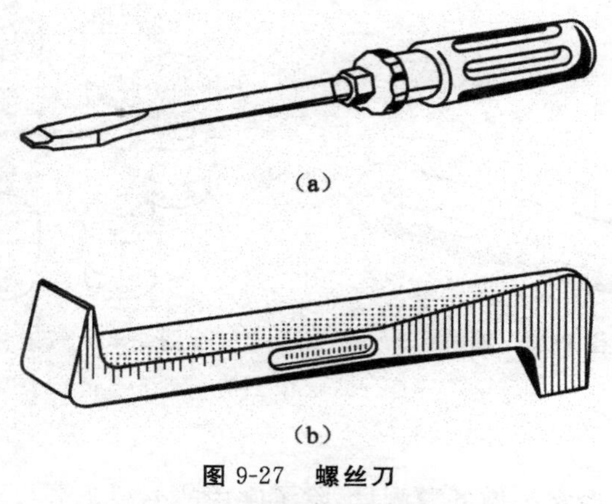

(a)

(b)

图 9-27　螺丝刀

(a)一字头螺丝刀　(b)右角螺丝刀

大型低速柴油机的装配中，很多零件尺寸重量都很大，紧固件的拧紧力矩也非常高，人力无法达到要求，因此一般采用液压拉伸的方法来紧固，其结构如图 9-28 所示。液压拉伸器就是一个液压油缸，当液压拉伸器内充入高压油时(液压压力可达 150 MPa)，油缸内的液压将双头螺柱拉长，此时，只需用圆棒(图 9-29)将圆螺母用手拧紧，即可达到所需的拧紧力矩。

在安装柴油机的零部件时，一般不单独使用液压拉伸器，而是成组使用，即几个液压拉伸器同时使用，将所需拧紧的螺柱同时泵压拉伸，然后拧紧圆螺母，这样可使各个螺柱受力均匀。根据不同的要求，每组的数量不一样，如图 9-30 所示，某气缸盖安装时，为六个液压拉伸器一起使用，将六个气缸盖螺栓同时绷紧。

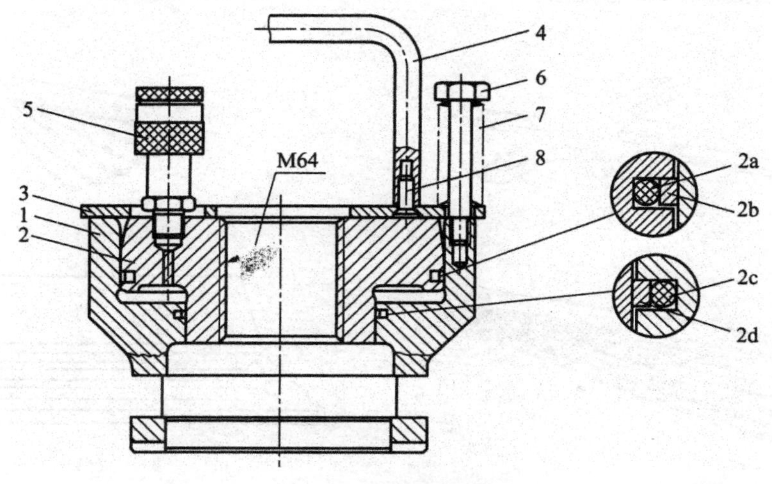

图 9-28　液压拉伸器

1—液压缸；2—活塞；2a—O 形密封环；2b—滑环；2c—O 形密封环；2d—滑环；3—盖

4—把手；5—液压油接头；6—螺钉；7—弹簧；8—沉头螺钉

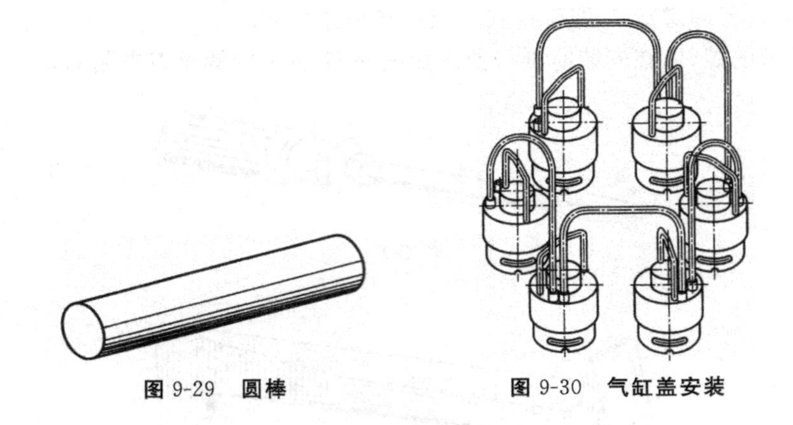

图 9-29 圆棒　　图 9-30 气缸盖安装

9.5.2 测量工具

在柴油机装配过程中经常要做各种测量，除了常用的外径千分尺、量缸表、游标卡尺外，还会使用到如图 9-31 所示的各种通用的测量工具。

除此之外，还有很多专用的测量工具或模板，如图 9-32 和图 9-33 所示。

图 9-32 是一套用于测试气动元件的装置，包括空气泵 a，压力表 b、c、d，高压软管 e，调整工具 f 和测量接头 g、h 等。

图 9-33 中，(a)为测规，用于检查排气阀杆盘的磨损；(b)为臂档表，用于检查曲柄臂的臂距差；(c)为样板，用于测量活塞头部形状。

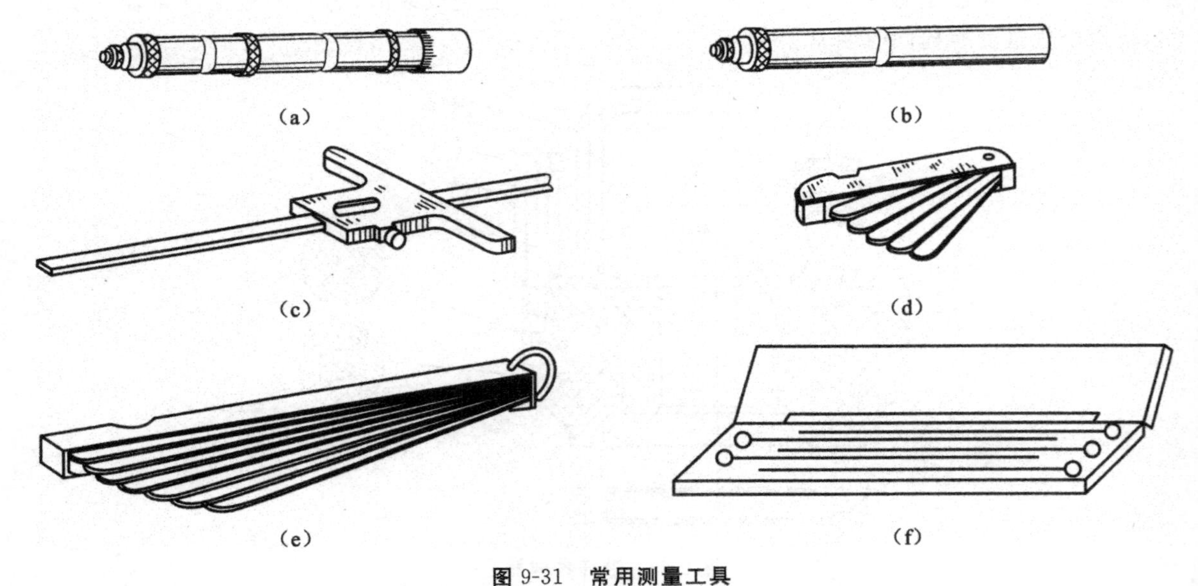

图 9-31 常用测量工具

(a)内径千分尺 (b)标准长度接杆 (c)深度尺 (d)短塞尺

(e)长塞尺 (f)主轴承间隙测量专用塞尺

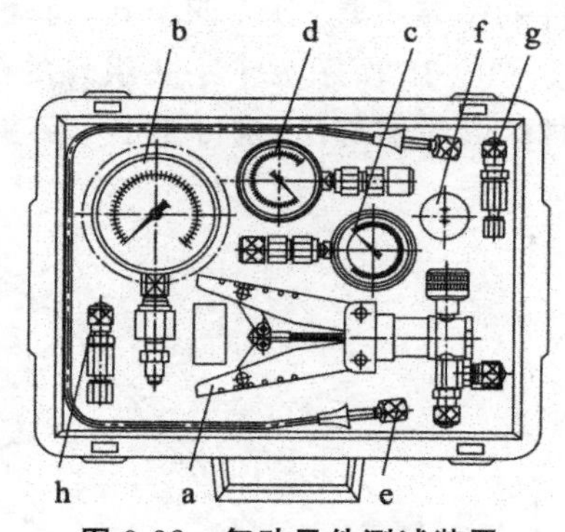

图 9-32　气动元件测试装置

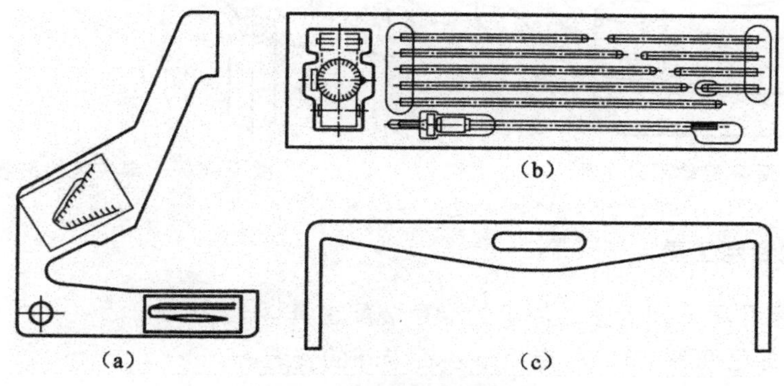

图 9-33　各种专用量具、样板

9.5.3 起吊工具

起吊工具主要用于大型船用低速柴油机的零件在人力难以搬动和装配的情况下，采用行车起吊的方式。

图 9-34 所示为常用的吊耳和钢丝绳。除了这些通用的吊具外，在柴油机的装配过程中，还要使用很多专用的吊具。

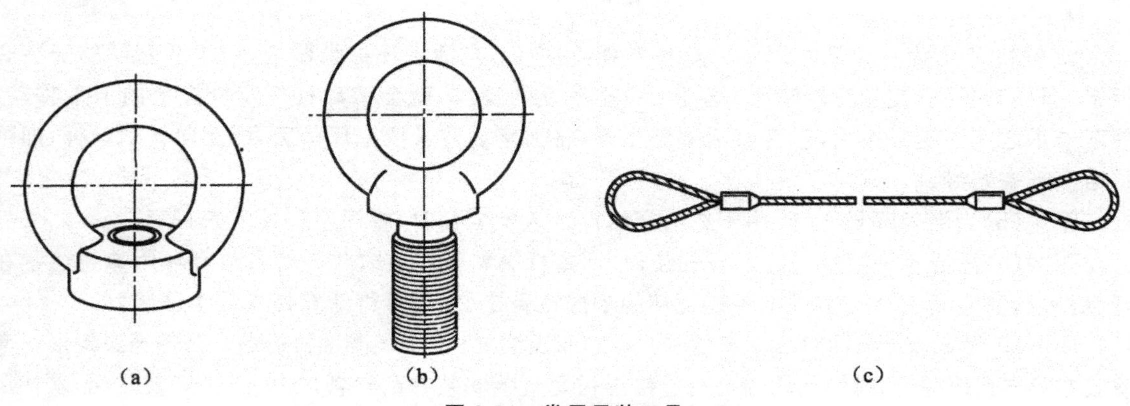

图 9-34　常用吊装工具

(a)内螺纹吊耳　(b)外螺纹吊耳　(c)钢丝绳

图 9-35 所示为一个活塞组件的吊装工具,分为四个孔,可通过螺栓与活塞顶部的螺纹孔相连,用于活塞组件的安装和拆卸。图 9-36 所示为十字头组件的吊装工具,安装在十字头与活塞杆连接的平面上,用于十字头组件组装时的起吊,也可用于十字头连杆组件在总装时的起吊。

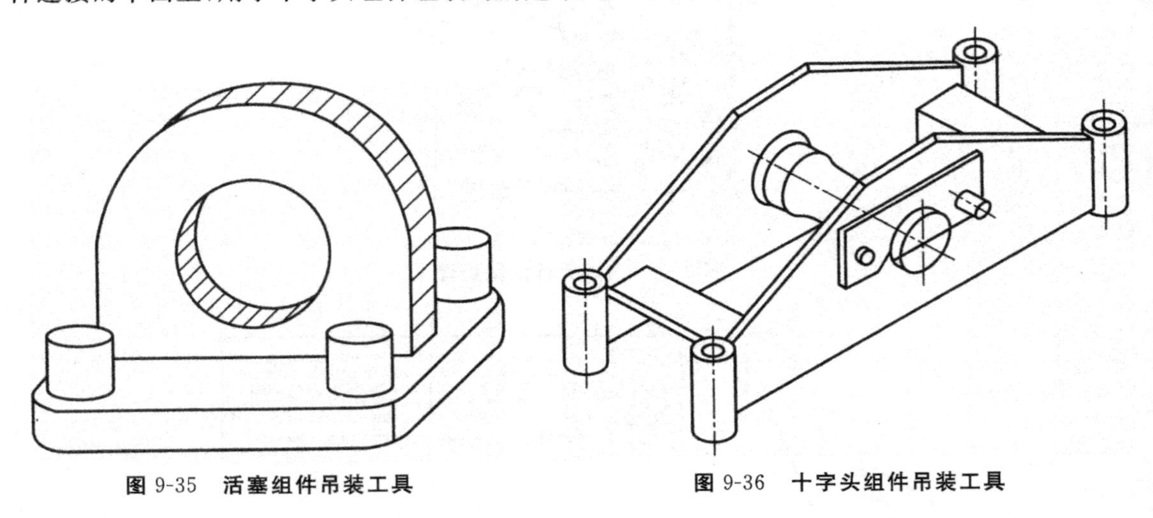

图 9-35　活塞组件吊装工具　　**图 9-36　十字头组件吊装工具**

9.5.4　其他专用工具

这里简单介绍几项大型低速柴油机的专用装配工具。

图 9-37 所示的是两种卡环钳,专用于各种卡环的安装。

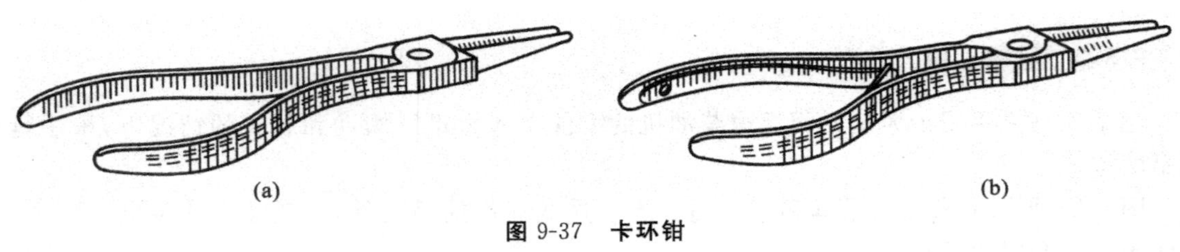

图 9-37　卡环钳

(a)内卡环钳　(b)外卡环钳

图 9-38 所示为一组活塞组件的安装工具,图中(a)是活塞环扩张器,专用于活塞环的安装和拆卸,当摇动摇把,使丝杆转动时,丝杆上一正一反的螺纹,就会带动杠杆及杠杆上的卡爪移动,使两卡爪之间的距离增大,从而将活塞环张开,将活塞环装入活塞环槽后,再反向转动丝杆,即可将活塞环安装好。

图中(b)为活塞环导入套,用于在活塞组件装入气缸套时,将活塞环导入气缸套。

图中(c)为活塞杆填料函的刮环安装规,活塞杆填料函安装时首先将各道刮环用弹簧箍紧在活塞杆上,然后用几个安装规将各道刮环的轴向位置定好,便可将活塞杆填料本体装好。

图 9-39 为 Sulzer 柴油机凸轮安装时所用的液压油缸。Sulzer 柴油机的燃油凸轮通过锥形衬套安装在换向伺服器上,排气凸轮则是通过锥形衬套直接安装在凸轮轴段上,凸轮安装时,必须使用图 9-39 所示的液压工具,产生一个轴向力,使得凸轮与衬套之间发生轴向位移,从而由于锥面配合的作用产生过盈量,利用过盈配合分别将燃油和排气凸轮安装在换向伺服器和凸轮轴上。

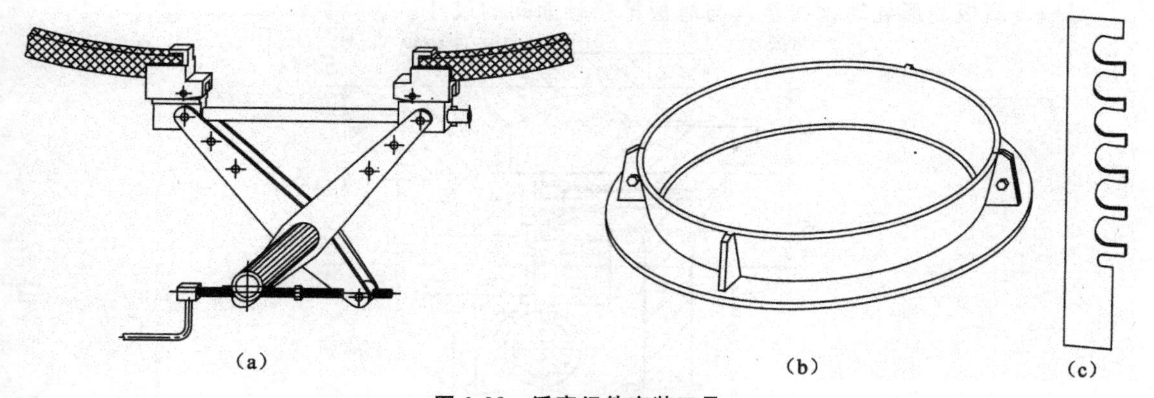

图 9-38　活塞组件安装工具

(a)活塞环扩张器　(b)活塞环导入套　(c)活塞杆填料函的挂环安装规

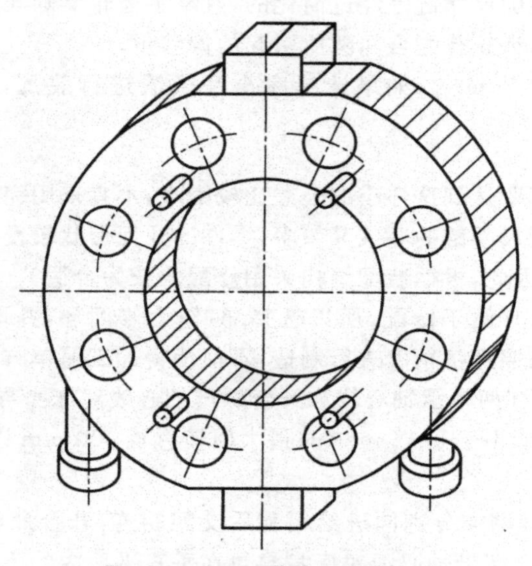

图 9-39　Sulzer 柴油机凸轮安装

9.6　典型传动装置的装配案例

例 1　普通车床溜板箱小齿轮与齿条啮合的装配尺寸链如图 9-40 所示。溜板的纵向移动是通过溜板箱内小齿轮和床身下面的齿条的啮合传动来实现的。为了保证正常的啮合传动，齿轮与齿条间应有一定的啮合间隙，因此，在装配溜板箱与齿条时就需要保证这一要求。

由图 9-40 可知，A_Σ 为装配尺寸链的封闭环，是齿轮与齿条的啮合间隙在垂直平面内的折算值。影响这个封闭环的组成环如下。

A_1——床身菱形导轨顶线至其与齿条接触面间的尺寸。

A_2——齿条节线至其底面间的尺寸。

A_3——小齿轮的节圆半径。

A_4——溜板箱齿轮孔轴心线至其与溜板接触面间的尺寸。

A_5——溜板菱形导轨顶线至其与溜板箱接触面间的尺寸。

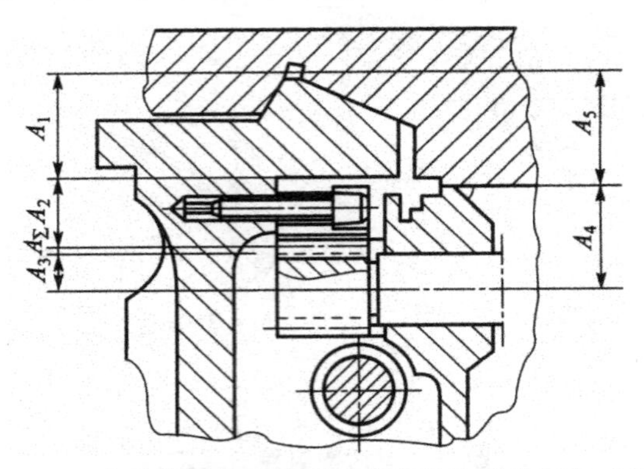

图 9-40 车床溜板箱小齿轮与齿条啮合的装配尺寸链

需要注意的是，上述装配尺寸链是经过简化的，忽略了齿轮节圆与其支承轴颈间的同轴度误差，以及支承轴颈与溜板箱齿轮孔配合间隙所引起的偏移量。

设封闭环 $A_\Sigma=0.17_{0}^{-0.11}$ mm。如果选择完全互换法进行装配，则各组成环的平均公差 $T_M=\frac{0.11}{5}=0.022$ mm。

由于齿轮、齿条的加工要达到这样小的公差比较困难，不宜采用完全互换法。机床生产一般属于中小批生产，而此装配尺寸链的环数又较多，零件的几何形状较复杂，装配精度要求又较高，也不宜采用选择装配法。因此，根据装配结构采用修配法较为合适。

因为齿条尺寸 A_2 装配时便于修配，所以选择 A_2 作为修配环，并取其底面为修配表面。这样，其余零件的公差可以按照经济精度进行制造，不但使得加工简单方便并且经济性好。

例 2 车床总装时，丝杠两轴承轴心线和开合螺母轴心线对床身导轨的不等距度，要求在垂直平面和水平平面内误差均小于 0.15 mm(对最大回转直径 400 mm 以下者)。本例仅讨论垂直平面内的不等距度问题。

如图 9-41 所示，丝杠的两端分别同进给箱和后支架相连，开合螺母位于溜板箱内。为了保证丝杠两轴承轴心线和开合螺母轴心线对床身导轨在垂直平面内的不等距度要求，车床总装时，须严格控制进给箱、溜板箱和后支架等三个部件在垂直平面内相对床身导轨的位置。以垂直平面内的不等距度为封闭环，在图 9-41 所示的结构中，可分别建立两个并联的装配尺寸链。尺寸链中各环的表示有如下含义。

$E_1=S_1$——溜板菱形导轨顶线至其与溜板箱接触面间的距离。

$E_2=S_2$——溜板箱的上平面至开合螺母轴心线间的距离。

E_3——进给箱的丝杠轴承轴心线至螺钉过孔轴心线间的距离。

E_4——进给箱上螺钉过孔与床身上相应螺钉孔轴心线间的偏移量。

E_5——床身上菱形导轨顶线至其螺钉孔轴心线间的距离。

E_Σ——进给箱的丝杠轴承轴心线至与开合螺母轴心线对床身导轨的不等距度。

S_3——后支架上丝杠轴承轴心线至其螺钉过孔轴心线间的距离。

S_4——后支架上螺钉过孔与床身上螺钉孔轴心线间的偏移量。

S_5——床身上菱形导轨顶线至其螺钉孔轴心线间的距离。

S_Σ——后支架的丝杠轴承轴心线与开合螺母轴心线对床身导轨的不等距度。

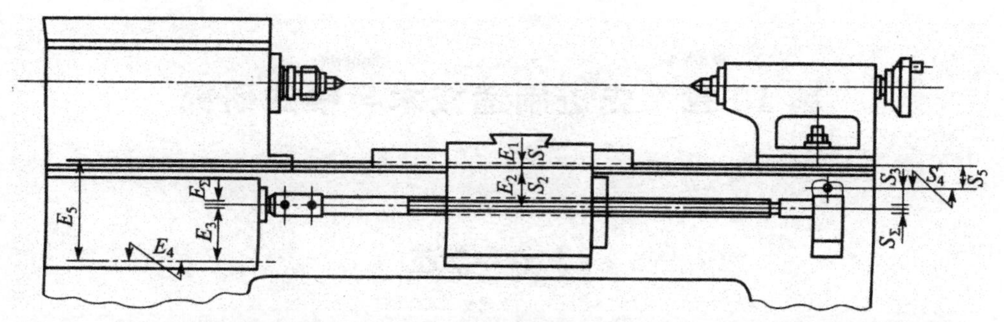

图 9-41　丝杠两轴承轴心线和开合螺母轴心线对床身导轨在垂直平面内不等距度尺寸链简图

在上述的并联尺寸链中，封闭环分别为 E_{Σ} 和 S_{Σ}。封闭环的公差与两轴承轴心线相对于开合螺母轴心线的偏移方向有关。当丝杠两端轴承轴心线相对于开合螺母轴心线向同一方向偏移（即同时向上或向下）时，E_{Σ} 和 S_{Σ} 可取标准规定的允差，如果偏移的方向相反（即一端向上，另一端向下），则两封闭环公差之和不得超过标准规定的允差。因此，总装时进给箱和后支架相对溜板箱的偏移方向须尽量相同。

在上述两装配尺寸链中，由于组成环较多，同时封闭环的公差又较小，因此总装时进给箱、溜板箱和后支架的装配不可采用完全互换法。根据图示的结构特点，批量较大时宜采用可动调节法。采用此方法时，各组成环先按经济精度加工，装配时先将溜板箱与溜板连接起来，再分别调整进给箱和后支架的上下位置，使不等距度符合标准规定的要求。调整时的调节环为 E_4 和 S_4，即进给箱和后支架上螺钉过孔轴心线相对床身上螺钉孔轴心线间的偏移量。偏移量的大小取决于各组成环的累积误差，但装配时实际允许的偏移量，则取决于螺钉过孔和螺钉间的径向间隙。对于批量较大的生产，通过一定的工艺装备（如钻镗具和刨规等），可以使各组成环的累积误差满足上述的要求。但是，对于批量较小的生产，各组成环的加工误差较大，上述要求难以保证。因此，生产中会采用就地加工法。这种方法是床身上的螺钉孔装配前暂不加工，装配时先按不等距度的要求去调整进给箱、溜板箱和后支架的相对位置，然后再按进给箱和后支架的螺钉过孔去配钻床身上的螺钉孔。虽然此种方法的装配工作比较复杂，装配的周期也比较长。但优点是使得螺钉孔与过孔的偏移问题不再存在。

第10章　先进制造技术与模式研究

10.1　概述

10.1.1　先进制造技术的内涵

先进制造技术作为一个专有名词提出后，至今没有一个明确的、公认的定义，经过近来对发展先进制造技术方面开展的工作，通过对其特征的分析研究，可以认为，“先进制造技术是制造业不断吸收信息技术及现代化管理等方面的成果，并将其综合应用于产品设计、制造、检测、管理、销售、使用、服务乃至回收的制造全过程，以实现优质、高效、低耗、清洁、灵活生产，提高对动态多变的产品市场的适应能力和竞争能力的制造技术的总称”。

上述先进制造技术的内涵的描述，反映了先进制造技术的形成过程、综合集成性能，也反映了它的实用性及应用整个产品制造周期的广泛性，描述了先进制造技术达到优质、高效、低耗、清洁、灵活生产的效果，强调了其最终目的是提高产品市场适应能力和竞争能力。

10.1.2　先进制造技术的特点

先进制造技术与传统制造技术相比，其显著的特点是：

①先进制造技术以实现优质、高效、低耗、清洁、灵活生产，提高产品对动态多变市场的适应能力和竞争力为目标。

②先进制造技术不局限于制造工艺，而是覆盖了市场分析、产品设计、加工和装配、销售、维修、服务，以及回收再生的全过程。

③强调技术、人、管理和信息的四维集成，不仅涉及物质流和能量流，还涉及信息流和知识流，即四维集成和四维交汇是先进制造技术的重要特点。

④先进制造技术更加重视制造过程组织和管理的合理化和革新，“它是硬件、软件、人与组织的系统集成”。

10.1.3　先进制造技术的发展趋势

在21世纪中，随着以信息技术为代表的高新技术的不断发展和市场需求的个性化与多样化，未来制造业发展的重要特征是全球化、网络化、虚拟化方向发展，未来先进制造技术发展的总趋势是向精密化、柔性化、虚拟化、网络化、智能化、敏捷化、清洁化、集成化及管理创新的方向发展。

当前先进制造技术的发展趋势大致有以下几个方面。

①信息技术对先进制造技术的发展起着越来越重要的作用。信息化是当今社会发展的趋势，信息技术与传统制造技术相结合，将使制造业的生产方式发生根本性变革。

信息技术促进着设计技术的现代化，成形与加工制造的精密化、快速化、数字化，自动化技术的柔性化、集成化、智能化，整个制造过程的虚拟化、网络化、全球化。各种先进生产模式的发展，如网络化制造、并行工程、精益生产、敏捷制造、虚拟企业与虚拟制造，也无不以信息技术的发展为支撑。

②设计技术的不断现代化。现代设计技术的主要发展趋势：一是设计方法和手段的现代化。二是新的设计思想和方法不断出现。如并行设计，面向“X”的设计 DFX(Design For X)、健壮设计(Robust Design)、反求工程技术(Reverse Englineering)等。三是向全寿命周期设计发展。四是设计过程、快速造型和设计验证，由单纯考虑技术因素转向综合考虑技术、经济和社会因素。

③成形技术向精密成形或称净成形的方向发展。展望 21 世纪，制造工件的毛坯正在从接近零件形状(Near Net Shape Process)向直接制成工件即精密成形或净成形(Net Shape Process)的方向发展。精密铸造技术、精密塑性成形技术、精密连接技术等精密成形技术将获飞速发展。

④加工技术向着超精密、超高速以及发展新一代制造装备的方向发展。目前，超精加工已实现亚微米级加工，并正在向纳米加工时代迈进，加工材料由金属扩大到非金属；超高速切削用于铝合金的切削速度已超过 1600 m/min，铸铁为 1500 m/min，可以近 10 倍地提高加工效率并提高加工件的性能。

⑤制造工艺、设备和工厂的柔性和可重构性将成为企业装备的显著特点。个性化需求和可重构性将成为 21 世纪企业装备的显著特点。先进的制造工艺、智能化的软件和柔性的自动化设备、企业的柔性发展战略，构成未来企业竞争的软、硬件资源。

⑥虚拟制造技术和网络制造技术将广泛应用。虚拟制造技术以计算机支持的仿真技术为前提，形成虚拟的环境、虚拟的制造过程、虚拟的产品、虚拟的企业，从而大大缩短产品开发周期，提高一次成功率。网络技术的高速发展推动了网络制造技术的发展和广泛应用，企业通过国际互联网、局域网和内部网，可以实现对世界上任何一地的用户订单而组建动态联盟企业，进行异地设计、异地制造，然后在最接近用户的生产基地制造成产品。

10.2　精密与超精密加工技术

10.2.1　概述

1. 超精密加工的内涵

精密和超精密加工已经成为全球市场竞争取胜的关键技术。发展尖端技术，发展国防工业，发展微电子工业等都需要精密和超精密加工制造出来的仪器设备。当代的精密工程、微细工程和纳米技术是现代制造技术的前沿，也是明天制造技术的基础。

超精密加工是一个十分广泛的领域，它包括了所有能使零件的形状、位置和尺寸精度达到微米和亚微米范围的机械加工方法。精密和超精密加工只是一个相对的概念，其界限随时间的推移而不断变化，图 10-1 为加工精度随时代发展的情况。由图示可见，昨天的所谓超精密加工，到今天只能作为精密加工甚至作为普通加工的范畴。

在当今技术条件下，普通加工、精密加工、超精密加工的加工精度可以作如下的划分。

(1)普通加工

加工精度在 1 μm、表面粗糙度 Ra 0.1 μm 以上的加工方法。在目前的工业发达国家中，一般工厂能稳定掌握这样的加工精度。

(2)精密加工

加工精度在 0.1～1 μm、表面粗糙度 Ra 为 0.01～0.1 μm 之间的加工方法，如金刚车、精

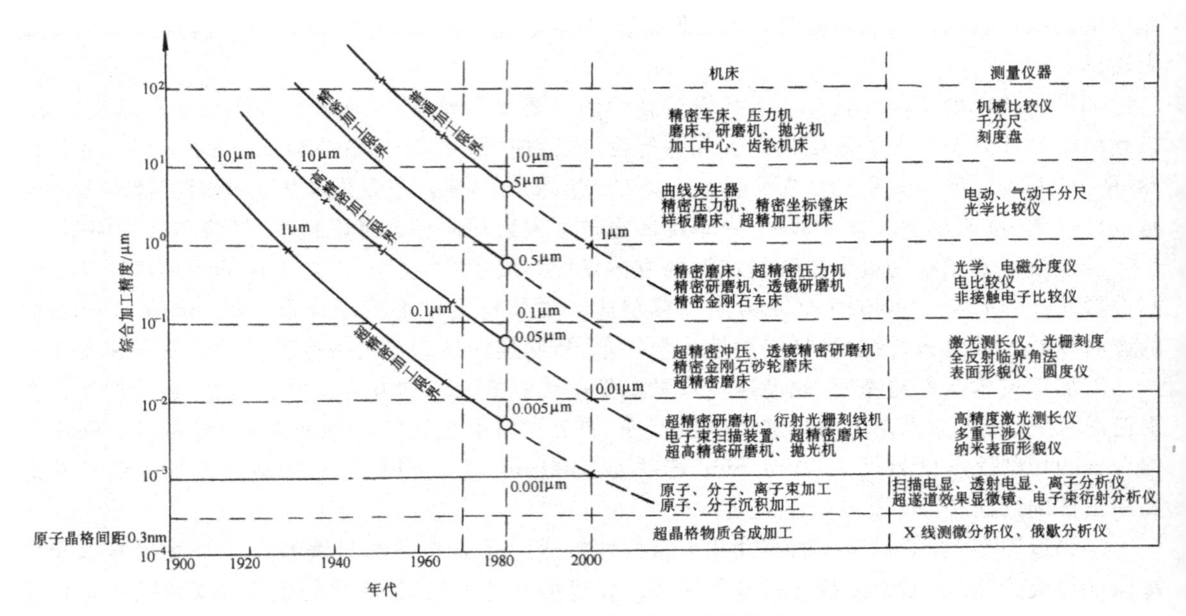

图 10-1　综合加工精度与年代的关系

镗、精磨、研磨、珩磨等加工等。

(3)超精密加工

加工精度高于 0.1 μm,表面粗糙度小于 *Ra* 0.01 μm 加工方法,如金刚石刀具超精密切削、超精密磨削加工、超精密特种加工和复合加工等。

2. 发展超精密加工技术的重要性

现代机械制造业之所以要致力于提高加工精度,其主要的原因在于,可提高产品的性能和质量,提高其稳定性和可靠性;促进产品的小型化;增强零件的互换性,提高装配生产率。

超精密加工技术在尖端产品和现代化武器的制造中占有非常重要的地位。例如,导弹的命中精度是由惯性仪表的精度决定的,而惯性仪表的关键部件是陀螺仪,如果 1 kg 重的陀螺转子,其质量中心偏离对称轴 0.5 nm,则会引起 100 m 的射程误差和 50 m 的轨道误差。美国民兵Ⅲ型洲际导弹系统陀螺仪的精度为 0.03°～0.05°,其命中精度的圆概率误差为 500 m;而 MX 战略导弹(可装载 10 个核弹头)制导系统陀螺仪精度比民兵Ⅲ型导弹高出一个数量级,从而保证命中精度的圆概率误差只有 50～150 m。

人造卫星的仪表轴承是真空无润滑轴承,其孔和轴的表面粗糙度达到 1 nm,其圆度和圆柱度均以 m 为单位。红外探测器中接收红外线的反射镜是红外导弹的关键性零件,其加工质量的好坏决定了导弹的命中率,要求反射镜表面的粗糙度达到 $Ra<0.01\sim0.015$ μm。

再如,若将飞机发动机转子叶片的加工精度由 60 μm 提高到 12 μm,而加工表面粗糙度 *Ra* 由 0.5 μm 减少到 0.2 μm,则发动机的压缩效率将从 89%提高到 94%。传动齿轮的齿形及齿距误差若能从目前的 3～6 μm 降低到 1 μm,则单位齿轮箱重量所能传递的扭矩将提高近一倍。

计算机磁盘的存储量在很大程度上取决于磁头与磁盘之间的距离(即所谓"飞行高度"),目前已达到 0.3 μm,近期内可争取达到 0.15 μm。为了实现如此微小的"飞行高度",要求加工出极其平坦、光滑的磁盘基片及涂层。

从上所述可以看出,只有采用超精密加工技术才能制造精密陀螺仪、精密雷达、超小型电子计算机及其他尖端产品。近十几年来，随着科学技术和人们生活水平的提高，精密和超精密加工不仅进入了国民经济和人民生活的各个领域，而且从单件小批量生产方式走向大批量的产品生产。在工业发达国家，已经改变了过去那种将精密机床放在后方车间仅用于加工工具、量具的陈规，已将精密机床搬到前方车间直接用于产品零件的加工。

3. 超精密加工所涉及的技术范围

超精密加工所涉及的技术领域包含以下几个方面。

(1)超精密加工机理

超精密加工是从被加工表面去除一层微量的表面层，包括超精密切削、超精密磨削和超精密特种加工等。当然，超精密加工也应服从一般加工方法的普遍规律，但也有不少其自身的特殊性，如刀具的磨损、积屑瘤的生成规律、磨削机理、加工参数对表面质量的影响等。

(2)超精密加工的刀具、磨具及其制备技术

包括金刚石刀具的制备和刃磨、超硬砂轮的修整等，是超精密加工的重要的关键技术。

(3)超精密加工机床设备

超精密加工对机床设备有高精度、高刚度、高的抗振性、高稳定性和高自动化的要求，具有微量进给机构。

(4)精密测量及补偿技术

超精密加工必须有相应级别的测量技术和装置，具有在线测量和误差补偿。

(5)严格的工作环境

超精密加工必须在超稳定的工作环境下进行，加工环境的极微小的变化都可能影响加工精度。因而，超精密加工必须具备各种物理效应恒定的工作环境，如恒温室、净化间、防振和隔振地基等。

10.2.2　超精密切削加工

超精密切削加工主要指金刚石刀具超精密车削，主要用于加工铜、铝等非铁金属及其合金，以及光学玻璃、大理石和碳素纤维等非金属材料。

1. 超精密切削对刀具的要求

为实现超精密切削，刀具应具有如下的性能。

①极高的硬度、耐用度和弹性模量，以保证刀具有很长的寿命和很高的尺寸耐用度。

②刃口能磨得极其锋锐，刃口半径 ρ 值极小，能实现超薄的切削厚度。

③刀刃无缺陷，因切削时刃形将复印在加工表面上，而不能得到超光滑的镜面。

④与工件材料的抗粘结性好、化学亲和性小、摩擦因数低，能得到极好的加工表面完整性。

2. 金刚石刀具的性能特征

目前，超精密切削刀具用的金刚石为大颗粒(0.5～1.5 克拉，1 克拉＝200 mg)、无杂质、无缺陷、浅色透明的优质天然单晶金刚石，具有如下的性能特征。

①具有极高的硬度，其硬度达到 6000～10000 HV；而 TiC 仅为 3200 HV；WC 为 2400 HV。

②能磨出极其锋锐的刃口，且切削刃没有缺口、崩刃等现象。普通切削刀具的刃口圆弧半径只能磨到 5～30 μm，而天然单晶金刚石刃口圆弧半径可小到数纳米，没有其他任何材料可以磨到如此锋利的程度。

③热化学性能优越，具有导热性能好，与有色金属间的摩擦因数低，亲和力小的特征。

④耐磨性好，刀刃强度高。金刚石摩擦因数小，和铝之间的摩擦因数仅为0.06～0.13，如切削条件正常，刀具磨损极慢，刀具耐用度极高。

因此，天然单晶金刚石虽然价值昂贵，但被一致公认为是理想的、不能代替的超精密切削的刀具材料。

3. 超精密切削时的最小切削厚度

超精密切削实际能达到的最小切削厚度是与金刚石刀具的锋锐度、使用的超精密机床的性能状态、切削时的环境条件等直接有关。1986年日本大阪大学和美国LLL实验室合作进行的“超精密切削的极限”实验研究可知：在LLL实验室的超精密金刚石车床上，切削厚度为1 nm时，仍能得到连续稳定的切屑，说明切削过程是连续、稳定和正常的。

极限最小切削厚度h_{Dmin}与刀具刀刃锋锐度（即刃口半径ρ）关系可由图10-2(a)所示。A为极限临界点，在A点以上被加工材料将堆积起来形成切屑，而在A以下，加工材料经弹性变形形成加工表面。A点的位置可由切削变形剪切角θ确定，剪切角θ又与刀具材料的摩擦因数μ有关：

当$\mu=0.12$时，可得：$h_{Dmin}=0.322\rho$

当$\mu=0.26$时，可得：$h_{Dmin}=0.249\rho$

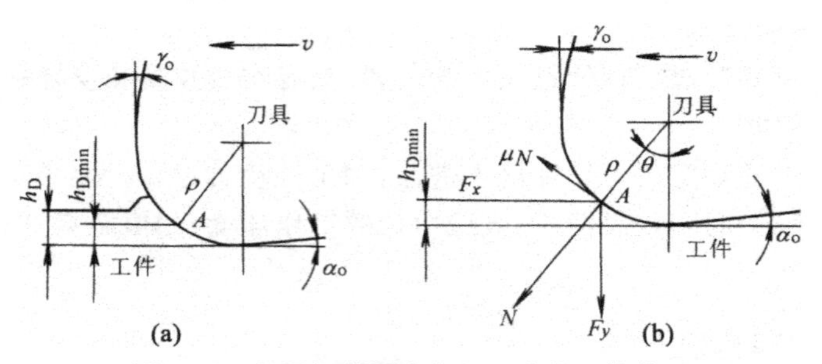

图10-2 极限切削厚度与刃口半径ρ的关系

由最小切削厚度h_{Dmin}与刃口半径ρ关系式可知，若能正常切削$h_{Dmin}=1$ nm，要求所用金刚石刀具的刃口半径ρ应为3～4 nm。国外报道研磨质量最好的金刚石刀具，刃口半径可以小到数纳米的水平；而国内生产中使用的金刚石刀具，刃口半径$p=0.2$～0.5 μm，特殊精心研磨可以达到$\rho=0.1$ μm。

10.2.3 超精密磨削加工

对于铜、铝及其合金等软金属，用金刚石刀具进行超精密车削是十分有效的；而对于黑色金属、硬脆材料等，用精密和超精密磨削加工在当前是最主要的精密加工手段。磨削加工可分为砂轮磨削、砂带磨削，以及研磨、珩磨和抛光等加工方法，这里仅介绍超精密砂轮磨削加工。

超精密磨削，是指加工精度达到或高于0.1 μm、表面粗糙度低于Ra 0.025 μm的一种亚微米级加工方法，并正向纳米级发展。超精密磨削的关键在于砂轮的选择、砂轮的修整、磨削用量和高精度的磨削机床。

1. 超精密磨削砂轮

在超精密磨削中所使用的砂轮，其材料多为金刚石、立方氮化硼磨料，因其硬度极高，故一般称为超硬磨料砂轮。金刚石砂轮有较强的磨削能力和较高的磨削效率，在加工非金属硬脆材料、硬质合金、有色金属及其合金方面有较大的优势。由于金刚石易与铁族元素产生化学反应和亲和作用，故对于硬而韧的、高温硬度高、热导率低的钢铁材料，则用立方氮化硼砂轮磨削较好。立方氮化硼较金刚石有较好的热稳定性和较强的化学惰性，其热稳定性可达1250℃～1350℃，而金刚石磨料只有700℃～800℃，虽然当前立方氮化硼磨料的应用不如金刚石磨料广，且价格也比较贵，但它是一种很有发展前途的磨具磨料。

超硬磨料砂轮通常采用如下几种结合剂形式。

(1)树脂结合剂

树脂结合剂砂轮能够保持良好的锋利性，可加工出较好的工件表面，但耐磨性差，磨粒的保持力小。

(2)金属结合剂

金属结合剂砂轮有很好的耐磨性，磨粒保持力大，形状保持性好，磨削性能好，但自锐性差，砂轮修整困难。常用的结合剂材料有青铜、电镀金属和铸铁纤维等。

(3)陶瓷结合剂

它是以硅酸钠作为主要成分的玻璃质结合剂，具有化学稳定性高、耐热、耐酸碱功能，脆性较大。

用金刚石砂轮磨削石材、玻璃、陶瓷等材料时，选择金属结合剂，砂轮的锋利性和寿命都好；对于硬质合金和金属陶瓷等难磨材料，选用树脂结合剂，具有较好的自锐性。CBN砂轮一般用树脂结合剂和陶瓷结合剂。

2. 超精密磨削砂轮的修整

砂轮的修整是超硬磨料砂轮使用中的一个技术难题，它直接影响被磨工件的加工质量、生产效率和生产成本。砂轮修整通常包括修形和修锐两个过程。所谓修形，是砂轮达到一定精度要求的几何形状；修锐是去除磨粒间的结合剂，使磨粒突出结合剂一定高度，形成足够的切削刃和容屑空间。普通砂轮的修形与修锐一般是同步进行的，而超硬磨料砂轮的修形和修锐一般是分为先后两步进行。修形要求砂轮有精确的几何形状，修锐要求砂轮有好的磨削性能。超硬磨料砂轮，如金刚石和立方氮化硼，都比较坚硬，很难用别的磨料磨削以形成新的切削刃，故通过去除磨粒间的结合剂方法，使磨粒突出结合剂一定高度，形成新的磨粒。

超硬磨料砂轮修整的方法很多，可归纳为以下几类。

(1)车削法

用单点、聚晶金刚石笔、修整片等车削金刚石砂轮以达到修整目的。这种方法的修整精度和效率都比较高；但修整后的砂轮表面平滑，切削能力低，同时修整成本也高。

(2)磨削法

用普通磨料砂轮或砂块与超硬磨料砂轮进行对磨修整。普通砂轮磨料如碳化硅、刚玉等磨粒被破碎，对超硬磨料砂轮结合剂起到切削作用，失去结合剂后磨粒就会脱落，从而达到修整的目的。这种方法的效率和质量都较好，是目前较常用的修整方法，但普通砂轮的磨损消耗量较大。

(3)喷射法

将碳化硅、刚玉磨粒从高速喷嘴喷射到转动的砂轮表面，从而去除部分结合剂，使超硬磨粒突出，这种方法主要用于修锐。

(4)电解在线修锐法(ELID,Electrolytic in-process dressing)

ELID是由日本大森整等人在1987年推出的超硬磨料砂轮修锐新方法。该法是用于铸铁纤维为结合剂的金刚石砂轮,应用电解加工原理完成砂轮的修锐过程。如图10-3所示,将超硬磨料砂轮接电源正极,石墨电极接电源负极,在砂轮与电极之间通以电解液,通过电解腐蚀作用去除超硬磨料砂轮的结合剂,从而达到修锐效果。在这种电解修锐过程中,被腐蚀的砂轮铸铁结合剂表面逐渐形成钝化膜,这种不导电的钝化膜将阻止电解的进一步进行,只有当突出的磨粒磨损后,钝化膜被破坏,电解修锐作用才会继续进行,这样可使金刚石砂轮能够保持长时间的切削能力。

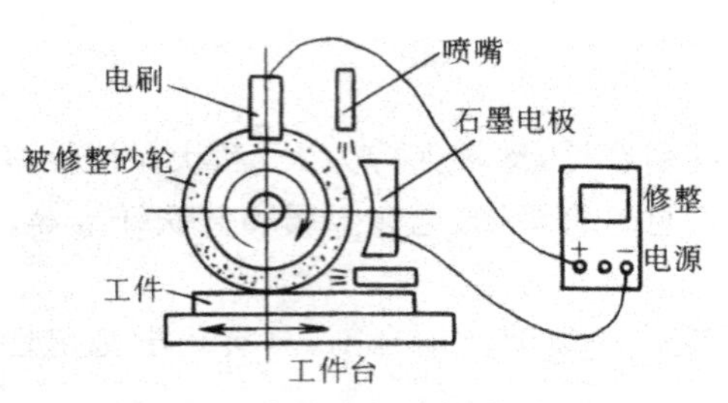

图10-3　在线电解修锐法原理图

(5)电火花修整法

如图10-4所示,将电源的正、负极分别接于被修整超硬磨料砂轮和修整器(石墨电极),其原理是电火花放电加工。这种方法适用于各种金属结合剂砂轮,既可修形又可修锐,效率较高;若在结合剂中加入石墨粉,也可用于树脂、陶瓷结合剂砂轮的修整。

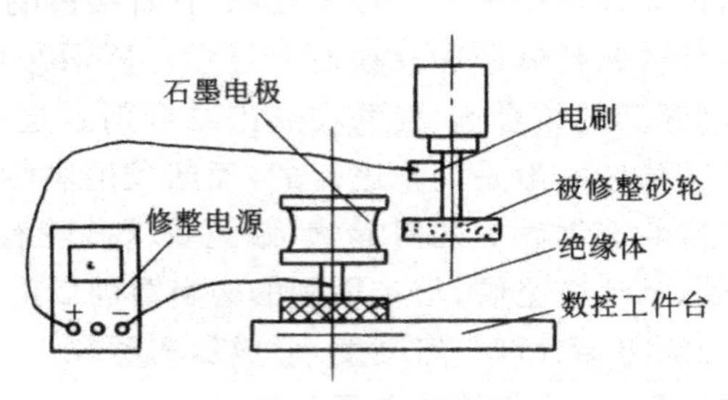

图10-4　电火花修整法

此外,尚有超声波修整法、激光修整法等,有待进一步研究开发。

3. *磨削速度和磨削液*

金刚石砂轮磨削速度一般不能很高,根据磨削方式、砂轮结合剂和冷却情况的不同,其磨削速度为12～30 m/s。磨削速度太低,单颗磨粒的切屑厚度过大,不但使工件表面粗糙度值增加,而且也使金刚石砂轮磨损增加;磨削速度提高,可使工件表面粗糙度值降低,但磨削温度将随之升高,而金刚石的热稳定性只有700℃～800℃,因此金刚石砂轮的磨损也会增加。所以,应根据具体情况选择合适磨削速度,一般陶瓷结合剂、树脂结合剂的金刚石砂轮其磨削速度可选高些,金属结合剂的金刚石砂轮磨削速度可选低些。

立方氮化硼砂轮的磨削速度可比金刚石砂轮高得多,可达80～100 m/s,主要是因为立方氮化硼磨料的热稳定性好。

超硬磨料砂轮磨削时,磨削液的使用与否对砂轮的寿命影响很大,如树脂结合剂超硬磨料砂轮湿磨可比干磨提高砂轮寿命40%左右。磨削液除了具有润滑、冷却、清洗功能之外,还有渗透性、防锈、提高切削性功能。磨削液被分为油性液和水溶性液两大类，油性液主要成分是矿物油，其润滑性能好，主要有全损耗系统用油（机油）、煤油、轻质柴油等；水溶性液主要成分是水，其冷却性能好，主要有乳化液、无机盐水溶液、化学合成液等。

磨削液的使用应视具体情况合理选择。金刚石砂轮磨削硬质合金时，普遍采用煤油，而不宜采用乳化液；树脂结合剂砂轮不宜使用苏打水。立方氮化硼砂轮磨削时宜采用油性的磨削液，一般不用水溶性液，因为在高温状态下，CBN 砂轮与水会起化学反应，称水解作用，会加剧砂轮磨损。若不得不使用水溶性磨削液时，可加极压添加剂，以减弱水解作用。

10.2.4　超精密加工的机床设备

超精密机床是实现超精密加工的首要基础条件，随着加工精度要求的提高和超精密加工技术的发展，超精密机床也获得了迅速的发展。现在美国和日本均有 20 多家工厂和研究所生产超精密机床；英国、荷兰、德国等也都有工厂研究所生产和研究开发超精密机床，均已达到较高的水平。近年来，我国超精密机床的研究也上了一个新台阶，如在 2001 年北京第七届国际机床展览会上北京机床研究所展出一台纳米超精密车床，采用气浮主轴轴承和纳米级光栅全闭环控制，光栅最小分辨率为 5 nm，加工表面粗糙度可达 Ra 0.008 μm，主轴回转精度为 0.05 μm。

超精密加工机床应具有高精度、高刚度、高加工稳定性和高度自动化的要求，超精密机床的质量主要取决于机床的主轴部件、床身导轨以及驱动部件等关键部件的质量。

1. 精密主轴部件

精密主轴部件是超精密机床的圆度基准，也是保证机床加工精度的核心。主轴要求达到极高的回转精度，其关键在于所用的精密轴承。早期的精密主轴采用超精密级的滚动轴承，如瑞士 Shaublin 精密车床，采用滚动轴承，其加工精度可达 1 μm，表面粗糙度 Ra 0.04～0.02 μm。制造如此高精度的滚动轴承主轴是极为不易的，希望更进一步提高主轴精度更是困难。目前，超精密机床的主轴广泛采用液体静压轴承和空气静压轴承。

液体静压轴承回转精度很高（≤0.1 μm），且刚度和阻尼大，因此转动平稳，无振动。图 10-5 所示为典型的液体静压轴承主轴结构原理图，压力油通过节流孔进入轴承偶合面间的油腔，使轴在轴套内悬浮，不产生固体摩擦。当轴受力偏歪时，偶合面间泄油的间隙改变，造成相对油腔中油压不等，油的压力差将推动轴回向原来的中心位置。液体静压轴承也有明显的缺陷：如工作时油温会升高，将造成热变形，影响主轴精度；会将空气带入油源，将降低液体静压轴承的刚度。液体静压轴承一般用于大型超精密机床。

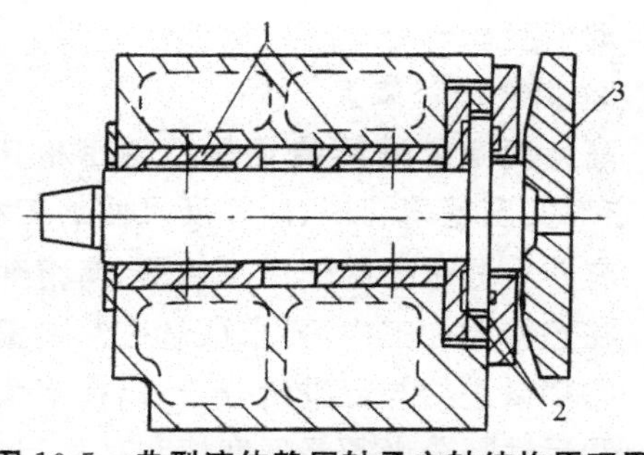

图 10-5　典型液体静压轴承主轴结构原理图

1—径向轴承；2—推力轴承；3—真空吸盘

空气静压轴承的工作原理与液体静压轴承类似。由于空气静压轴承具有很高的回转精度、工作平稳，在高速转动时温升甚小，虽然刚度较低，承载能力不高，但由于在超精密切削时切削力甚小，故在超精密机床中得到广泛的应用。图 10-6 为一种双半球结构空气静压轴承主轴，其前后轴承均采用半球状，既是径向轴承又是推力轴承。由于轴承的气浮面是球面，有自动调心作用，可提高前后轴承的同心度和主轴的回转精度。

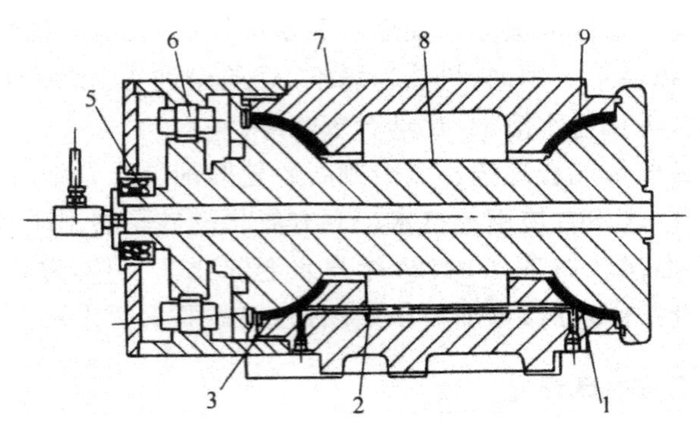

图 10-6　双半球空气静压轴承主轴

1—前轴承；2—供气孔；3—后轴承；4—定位环；5—旋转变压器；6—无刷电动机；7—外壳；8—轴；9—多孔石墨

2. 床身和精密导轨

床身是机床的基础部件，应具有抗振衰减能力强、热膨胀系数低、尺寸稳定性好的要求。目前，超精密机床床身多采用人造花岗岩材料制造。人造花岗岩是由花岗岩碎粒用树脂粘结而成，它不仅具有花岗岩材料的尺寸稳定性好、热膨胀系数低、硬度高、耐磨且不生锈的特点，又可铸造成形，克服了天然花岗岩有吸湿性的不足，并加强了对振动的衰减能力。

超精密机床导轨部件要求有极高的直线运动精度，不能有爬行，导轨偶合面不能有磨损，因而液体静压导轨、气浮导轨和空气静压导轨，均具有运动平稳、无爬行、摩擦因数接近于零的特点，在超精密机床中得到广泛的使用。

图 10-7 所示为日本日立精工的超精密机床所用的空气静压导轨，其导轨的上下、左右均在静压空气的约束下，整个导轨浮在中间，基本没有摩擦力，有较好的刚度和运动精度。

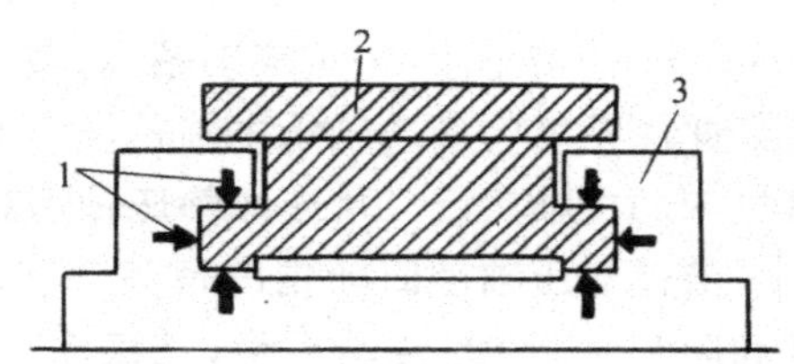

图 10-7　平面型空气静压导轨

1—静压空气；2—移动工作台；3—底座

3. 微量进给装置

高精度微量进给装置是超精密机床的一个关键装置，它对实现超薄切削、高精度尺寸加工和实现在线误差补偿有着十分重要的作用。目前，高精度微量进给装置分辨率已可达到 0.001～0.01 μm。

在超精密加工中，要求微量进给装置满足如下的要求。

①精微进给与粗进给分开，以提高微位移的精度、分辨率和稳定性。

②运动部分必须是低摩擦和高稳定性，以便实现很高的重复精度。

③末级传动元件必须有很高的刚度，即夹固刀具处必须是高刚度的。

④工艺性好，容易制造。

⑤应能实现微进给的自动控制，动态性能好。

微量进给装置有机械或液压传动式、弹性变形式、热变形式、流体膜变形式、磁致伸缩式、压电陶瓷式等多种结构形式。

如图 10-8 所示是一种双 T 形弹性变形式微进给装置的工作原理图。当驱动螺钉 4 前进时，迫使两个 T 形弹簧 2、3 变直伸长，从而可使位移刀夹前进。该微量进给装置分辨率为 0.01 μm，最大输出位移为 20 μm，输出位移方向的静刚度为 70 N/μm，满足切削负荷要求。

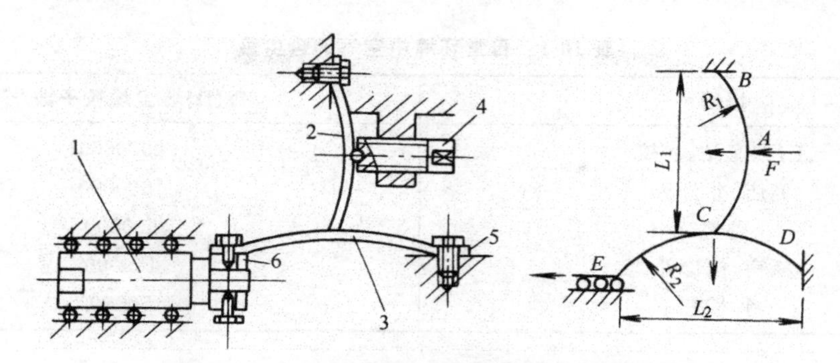

图 10-8　双 T 形弹性变形式微进给装置原理图

1—微位移刀夹；2、3—T 形弹簧；4—驱动螺钉；5—固定端；6—动端

如图 10-9 所示为一种压电陶瓷式微进给装置。压电陶瓷器件在预压应力状态下与刀夹和后垫块弹性变形载体粘结安装，在电压作用下陶瓷伸长，推动刀夹作微位移。此微位移装置最大位移为 15～16 μm，分辨率为 0.01 μm，静刚度 60N/μm。压电陶瓷式微进给装置能够实现高刚度无间隙位移，能够实现极精细位移，变形系数大，具有很高的响应频率。

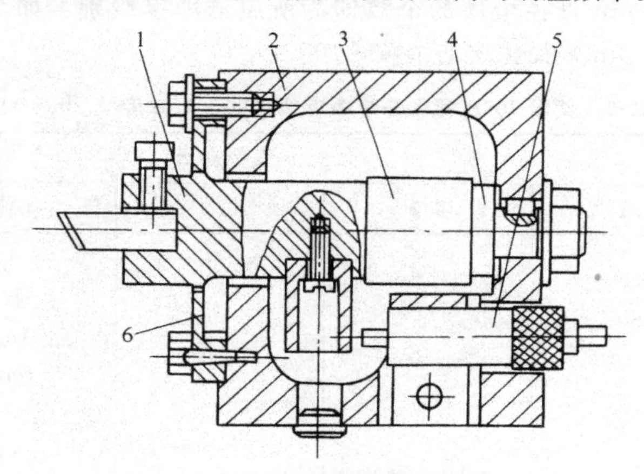

图 10-9　压电陶瓷式微进给装置

1—刀架；2—机座；3—压电陶瓷；4—后垫块；5—电感测头；6—弹性支承

10.2.5　超精密加工的支撑环境

为了适应精密和超精密加工的需要，达到微米甚至纳米级的加工精度，必须对它的支撑环境加以严格的控制，包括空气环境、热环境、振动环境、电磁环境等。

1. 净化的空气环境

在我们的日常生活环境与普通车间环境下，空气中存在大量尘埃和微粒等物质（表 10-1）。对于普通精度的加工，这些尘埃和微粒不会有什么不良的影响，但对于精密和超精密加工将会引起加工精度的下降，已经成为不可忽视的因素了。例如精密加工计算机硬磁盘表面时，1 μm 直径的尘埃将会拉伤加工表面而不能正确记录信息。

表 10-1 日常环境中空气的含尘量

场所	每$(ft)^3$①尘埃粒子数/个
工厂、车站、学校	2000000
商店、办公室	1000000
住宅	600000
病房、门诊部	150000
手术室	50000

①$1(ft)^3 = 0.028\ m^3$。

为了保证精密和超精密加工产品的质量，必须对周围的空气环境进行净化处理，减少空气中的尘埃含量，提高空气的洁净度。所谓空气洁净度是指空气中含尘埃量多少程度，含尘浓度越低，则空气洁净度越高。随着超精密加工技术的快速发展，对空气洁净度提出了更加苛刻的要求，被控制的微粒直径从 0.5 μm 减小到 0.3 μm，有的甚至减小到 0.1 μm 或 0.01 μm。表 10-2 给出了美国联邦标准 209D 各洁净度级别对于不同直径微粒浓度限定值。从该表可以看出，每$(ft)^3$空气中所含≥0.5 μm 直径尘埃的个数即为所属洁净度级别。如 100 级洁净度，即指在 $1(ft)^3$空气中所含≥0.5 μm 直径尘埃的个数≤100 个。

表 10-2 美国 209D 标准各洁净度级别的上限浓度 [个/$(ft)^3$]

级别	直径/μm				
	0.1	0.2	0.3	0.5	5
1	35	7.5	3	1	
10	350	75	30	10	
100		750	300	100	
1000				1000	7
10000				10000	70
100000				100000	700

2. 恒定的温度环境

精密加工和超精密加工所处的温度环境与加工精度有着密切的关系，当环境温度发生变化时会影响机床的几何精度和工件的加工精度。据文献报导，精密加工中机床热变形和工件温升引起的加工误差占总误差的 40%～70%。如磨削 ϕ100 mm 的钢质零件，磨削液温升 10℃将产生 11 μm 的误差；精密加工铝合金零件 100 mm 长时，每温度变化 1℃，将产生 2.25 μm 的误差，若要求确保 0.1 μm 的加工精度，环境温度需要控制在±0.05℃范围内。因此，严格控制的恒温环境是精密和超精密加工的重要条件之一。

恒温环境有两个重要指标：一是恒温基数，即空气的平均温度，我国规定的恒温基数为 20℃；二是恒温精度，指对于平均温度所允许的偏差值。恒温精度主要取决于不同的精密和超精密加工的精度和工艺要求，加工精度要求越高，对温度波动范围的要求越严格。如对一般精度的坐标镗床的调整和校验环境可以取±1℃，而对于高精密度的微型滚动轴承的装配和调整工序的环境就可取±0.5℃。

随着现代工业技术的发展与超精密加工工艺的不断提高，对恒温精度也提出了越来越高的要求。当前,已经出现了±0.01℃的恒温环境,它的维持需要采用许多特殊措施,如把整个设备浸入恒温油槽之中或加工区域增加保温罩等。

3. 较好的抗振动干扰环境

超精密加工对振动环境的要求越来越高,限制越来越严格。这是因为工艺系统内部和外部的振动干扰,会使加工和被加工物体之间产生多余的相对运动而无法达到需要的加工精度和表面质量。例如在精密磨削时,只有将磨削时振幅控制在 1～2 μm 时,才能获得 Ra 0.01 μm 以下的表面粗糙度。

为保证精密和超精密加工的正常进行,必须采取有效措施以消除振动干扰,其途径包括如下两个方面。

(1)防振

主要消除工艺系统内部自身产生的振动干扰,措施有:

①精密动平衡各运动部件,消灭或减少工艺系统内部的振源。

②采用合理优化的系统结构,提高系统的抗振性。

③对易振动部分人为加入阻尼,减小振动。

④采用振动衰减能力强的材料制造系统结构件。

(2)隔振

外界振动干扰常常是独立存在而不可控制的,只能采取各种隔离振动干扰的措施,阻止外部振动传播到工艺系统中来。最基本的隔振措施是采取远离振动源的办法,事先对场地外的铁路、公路等振动源进行调查,必须保持相当的距离。对系统附近的振源,如空压机、泵等应尽量移走;若实在无法移走时,应采用单独地基,加隔振材料等措施,使这些振源所产生的振动对精加工的影响尽量减小。现代超精密机床和精密测量平台的底下都用能自动找水平的空气隔振垫,图 10-10 所示为美国 LLL 实验室 LODTM 大型超精密机床用四个很大的空气隔振垫将机床架起来,并自动保持机床水平。

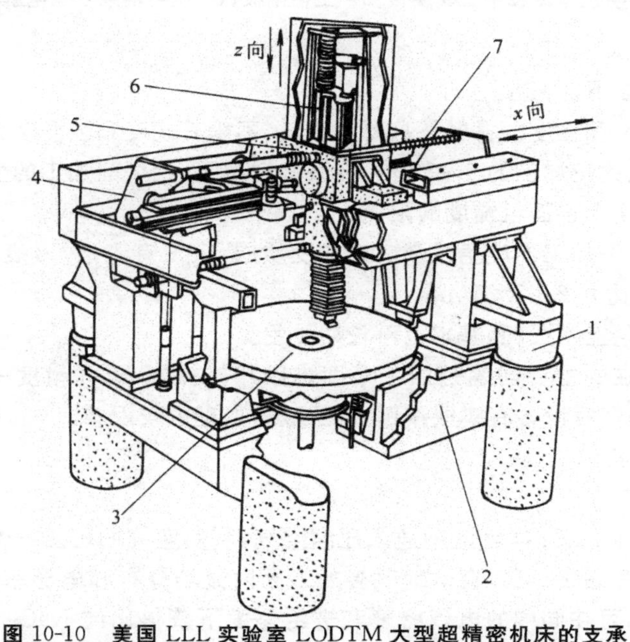

图 10-10　美国 LLL 实验室 LODTM 大型超精密机床的支承

1—隔振空气弹簧;2—床身;3—工作台(直径 1.5 m);4—测量基准架

5—溜板箱;6—刀座(有重量平衡)行程 0.5 m;7—激光通路波纹管

10.3 特种加工技术

10.3.1 电解加工

1. 电解加工的工作原理

电解加工(Electrochemical Machining)是电化学加工的一种，其原理如图 10-11 所示，在工件(阳极)与工具(阴极)之间接上直流电源，使工具阴极与工件阳极间保持较小的加工间隙(0.1～0.8 mm)，间隙中通过高速流动的电解液。这时工件阳极开始溶解。开始时两极之间的间隙大小不等，间隙小处电流密度大，阳极金属去除速度快；而间隙大处电流密度小，阳极金属去除速度慢。随着工件表面金属材料的不断溶解，工具阴极不断地向工件进给，溶解的电解产物不断地被电解液冲走，工件表面也就逐渐被加工成接近于工具电极的形状，如此下去直至将工具的形状复制到工件上。

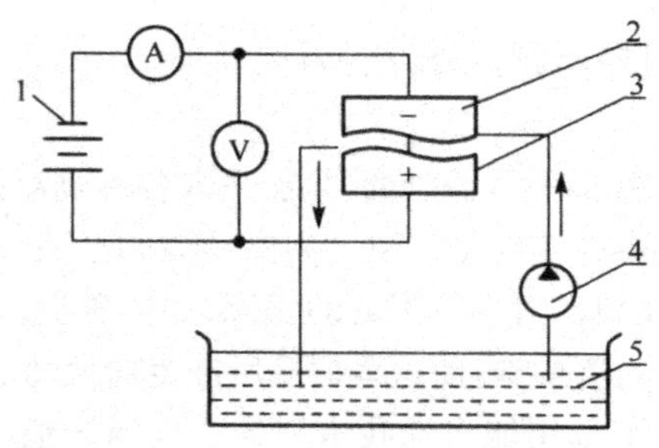

图 10-11 电解加工原理图

1—直流电源；2—工具阴极；3—工件阳极；4—电解液泵；5—电解液

2. 电解加工的特点

电解加工的特点如下。

①能加工各种硬度和强度的材料。只要是金属，不管其硬度和强度多大，都可加工。

②生产率高，为电火花加工的 5～10 倍，在某些情况下，比切削加工的生产率还高，且加工生产率不直接受加工精度和表面粗糙度的限制。

③表面质量好，电解加工不产生残余应力和变质层，又没有飞边、刀痕和毛刺。在正常情况下，表面粗糙度 Ra 可达 0.2～1.25 μm。

④阴极工具在理论上不损耗，基本上可长期使用。

电解加工当前存在的主要问题是加工精度难以严格控制，尺寸精度一般只能达到 0.15～0.30 mm。此外，电解液对设备有腐蚀作用，电解液的处理也较困难。

3. 电解加工的新技术

(1)混气电解加工

混气电解加工是在 NaCl 电解液中通入压缩空气，利用空气的可压缩性、高的电阻率以及比电解液低得多的密度和黏度，可以有效地改善加工区内流场分布和电导率的分布。通过适当增加气液混合比和气压，可在同样的电流密度和进给速度下获得比纯 NaCl 电解液小得多的端面平衡间隙，其端面和侧面的间隙也大为缩小，故其复制精度比不混合时要高很多。

(2)脉冲电解加工

脉冲电流电解加工的基本原理就是以周期间歇性地供电代替传统的连续供电,使工件阳极在电解液中发生周期断续的电化学阳极溶解,以利用脉冲间隔的断电时间内,使间隙的电化学特性、流场、电场恢复到起始状态,并通过电解液的流动与冲刷,使间隙内电解液的电导率分布基本均匀,可提高加工稳定性、生产率和加工精度。

(3)数控展成电解加工

数控展成电解加工是以简单形状的工具阴极,按计算机控制指令,通过展成成形运动,以电解"切削"方式加工型腔和型面,它类似于数控铣削加工,只是将铣刀换成电解加工的阴极工具而进行展成加工,是国内外竞相研究、日趋实用化的一种新型电解加工技术。

4. 电解加工的应用

目前,电解加工主要应用在深孔加工、叶片(型面)加工、锻模(型腔)加工、管件内孔抛光、各种型孔倒圆和去毛刺、整体叶轮加工等方面。

10.3.2　电火花加工

1. 电火花加工机床

常见的电火花成形加工机床由机床主体、脉冲电源、伺服进给系统、工作液循环过滤系统等几个部分组成。

(1)机床主体

包括床身、工作台、立柱、主轴头及润滑系统。用于夹持工具电极及支承工件,保证它们的相对位置,并实现电极在加工过程中的稳定进给运动。

(2)脉冲电源

把工频的交流电转换成一定频率的单向脉冲电流。电火花加工的脉冲电源有多种形式,目前常用晶体管放电回路来做脉冲电源,如图 10-12 所示。晶体管的基极电流可由脉冲发生器的信号控制,使电源回路产生开、关两种状态。脉冲发生器常采用多谐振荡器。由于脉冲的开、关周期与放电间隙的状态无关,可以独立地进行调整,所以这种方式常称为独立脉冲方式。在晶体管放电回路脉冲电源中,由于有开关电路强制断开电流,放电消失以后,电极间隙的绝缘容易恢复,因此,放电间隔可以缩短,脉冲宽度(放电持续时间)可以增大,放电停止时间能够减小,大大提高了加工效率。此外,由于放电电流的峰值、脉冲宽度可由改变多谐振荡器输出的波形来控制,所以能够在很宽的范围内选择加工条件。

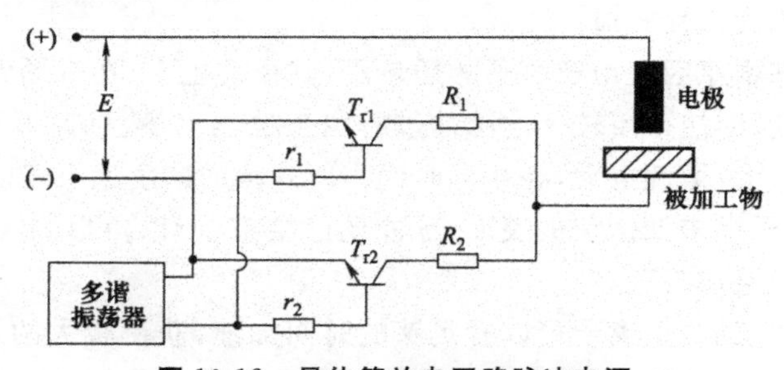

图 10-12　晶体管放电回路脉冲电源

(3)伺服进给系统

使主轴作伺服运动。

(4)工作液循环过滤系统

提供清洁的、有一定压力的工作液。

2. 电火花成形加工的原理

图 10-13 是电火花原理示意图,电火花成形加工的基本原理是基于工具和工件(正、负电极)之间脉冲火花放电时的电腐蚀现象来蚀除多余的金属,以达到对零件的尺寸、形状及表面质量预定的加工要求。为了要达到这一目的,必须创造下列条件。

①必须使接在不同极性上的工具和工件之间保持一定的距离以形成放电间隙。一般为 0.01～0.1 mm 左右。

②脉冲波形是单向的。

③放电必须在具有一定绝缘性能的液体介质中进行。

④有足够的脉冲放电能量,以保证放电部位的金属熔化或汽化。

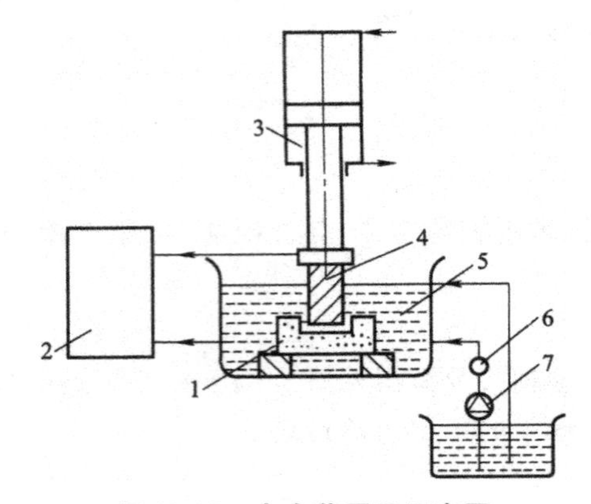

图 10-13　**电火花原理示意图**

1—加工工件;2—脉冲电源;3—自动进给调节装置

4—工具电极;5—工作液;6—过滤器;7—液压泵

自动进给调节装置能使工件和工具电极保持给定的放电间隙。脉冲电源输出的电压加在液体介质中的工件和工具电极(以下简称电极)上。当电压升高到间隙中介质的击穿电压时,会使介质在绝缘强度最低处被击穿,产生火花放电。瞬间高温使工件和电极表面都被蚀除掉一小块材料,形成小的凹坑。

在脉冲放电过程中。工件和电极都要受到电腐蚀,但正、负两极的蚀除速度不同,这种两极蚀除速度不同的现象称为极性效应。

产生极性效应的基本原因是由于电子的质量小,其惯性也小,在电场力作用下容易在短时间内获得较大的运动速度,即使采用较短的脉冲进行加工也能大量、迅速地到达阳极,轰击阳极表面。而正离子由于质量大,惯性也大,在相同时间内所获得的速度远小于电子。当采用短脉冲进行加工时,大部分正离子尚未到达负极表面,脉冲便已结束,所以负极的蚀除量小于正极。这时工件接正极,称为"正极性加工"。

当用较长的脉冲加工时,正离子可以有足够的时间加速,获得较大的运动速度,并有足够的时间到达负极表面,加上它的质量大,因而正离子对负极的轰击作用远大于电子对正极的轰击,负极的蚀除量则大于正极。这时工件接负极,称为"负极性加工"。

3. 极性效应在电火花加工过程中的作用

在电火花加工过程中，工件加工得快，电极损耗小是最好的，所以极性效应愈显著愈好。

4. 电火花加工的特点

电火花加工的特点主要表现在适合于机械加工方法难于对加工的材料的加工，如淬火钢、硬质合金、耐热合金。可加工特小孔、深孔、窄缝及复杂形状的零件，如各种型孔、立体曲面等。电火花加工只能加工导电工件且加工速度慢。由于存在电极损耗，加工精度受限制。

5. 影响电火花成形的加工因素

影响加工速度的因素：增加矩形脉冲的峰值电流和脉冲宽度，减小脉间，合理选择工件材料、工作液，改善工作液循环等能提高加工速度。

影响加工精度的因素：工件的加工精度除受机床精度、工件的装夹精度、电极制造及装夹精度影响之外，主要受放电间隙和电极损耗的影响。

①电极损耗对加工精度的影响。在电火花加工过程中，电极会受到电腐蚀而损耗。在电极的不同部位，其损耗不同。

②放电间隙对加工精度的影响。由于放电间隙的存在，加工出的工件型孔（或型腔）尺寸和电极尺寸相比，沿加工轮廓要相差一个放电间隙（单边间隙）。

实际加工过程中放电间隙是变化的，加工精度因此受到一定程度的影响。

10.3.3　超声波加工

1. 超声波加工的工作原理

图 10-14 所示为超声波加工（Ultrasonic Machining）原理图。超声波发生器将工频交流电能转变为有一定功率输出的超声频电振荡，通过换能器将超声频电振荡转变为超声机械振动。此时振幅一般较小，再通过振幅扩大棒（变幅杆），使固定在变幅杆端部的工具振幅增大到 0.01～0.10 mm。利用工具端面的超声（16～25 kHz）振动，使工作液中的悬浮磨粒（碳化硅、氧化铝等）对工件表面产生撞击抛磨，实现加工。

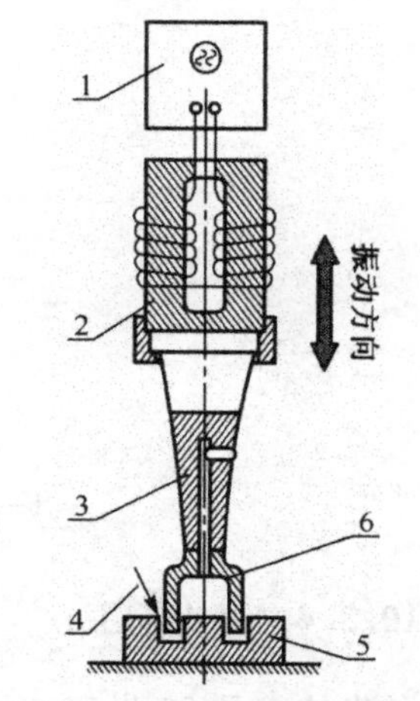

图 10-14　声波加工原理图

1—超声波发生器；2—换能器
3—变幅杆；4—磨料悬浮液注入
5—工件；6—工具

超声波加工时，工件材料的去除机理是：

①磨料的冲击作用。工具端面作超声振动时，带动磨料悬浮液中的磨料颗粒高速冲击被加工工件，实现工件材料的去除，这是实现超声加工的主要因素。

②磨料的抛磨作用。由于工具端面的振动引起磨料悬浮液的扰动，使得磨料以很大速度对工件表面进行抛磨加工。

③液体的空化作用。当声波在水中传播时，液体的某一部位处在负压区时会产生空腔，但随之又处在高压区使空腔闭合，此时产生的瞬时冲击波的压强可达上百个大气压。这种空化作用可使脆性材料表面产生局部疲劳和引起显微裂纹，或使原有裂纹扩大相互贯通从而引起材料去除。

2. 超声波加工的特点及应用

超声波加工的特点及应用如下。

①适用于加工各种脆性金属材料和非金属材料，如玻璃、陶瓷、半导体、宝石、金刚石等。

②可加工各种复杂形状的型孔、型腔、型面。

③被加工表面无残余应力，无破坏层，加工精度较高，尺寸精度可达 0.01～0.0 5 mm。

④加工过程受力小，热影响小，可加工薄壁、薄片等易变形零件。

⑤单纯的超声波加工，加工效率较低。采用超声复合加工如超声波辅助车削、超声波辅助磨削、超声波电解加工、超声波线切割等，可显著提高加工效率。

在实际生产中，超声波广泛用于型(腔)孔加工(图 10-15)、切割加工(图 10-16)等方面。

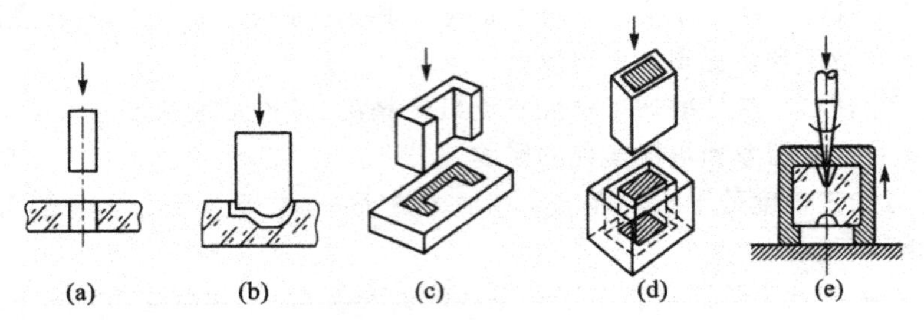

图 10-15　超声波加工的型孔、腔孔类型

(a)加工圆孔　(b)加工型腔　(c)加工异形孔　(d)套料加工　(e)加工微细孔

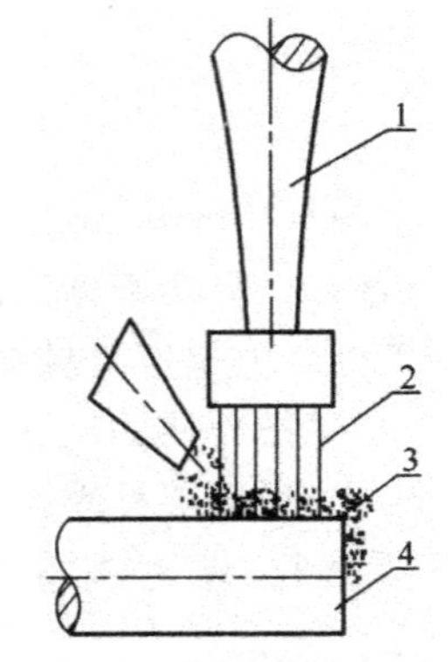

图 10-16　超声波切割单晶硅示意图

1—变幅杆；2—工具(薄钢片)；3—磨料液；4—单晶硅

10.3.4　激光加工

激光技术是 20 世纪 60 年代初发展起来的一门新兴科学。激光加工可以用于打孔、切割、电子器件的微调、焊接、热处理、激光存储、激光制导等各个领域。由于激光加工速度快、变形小，可以加工各种材料，在生产实践中愈来愈显示其优越性，愈来愈受人们的重视。

1. 工作原理

激光加工是利用光能量进行加工的一种方法。由于激光具有准值性好、功率大等特点，所以在聚焦后，可以形成平行度很高的细微光束，有很大的功率密度。激光光束照射到工件表面时，部分光能量被表面吸收转变为热能。对不透明的物质，因为光的吸收深度非常小(在 100 μm 以下)，所以热能的转换发生在表面的极浅层，使照射斑点的局部区域温度迅速升高到使被加工材料熔化甚至汽化的温度。同时由于热扩散，斑点周围的金属熔化，随着光能的继续被吸收，被加工区域中金属蒸气迅速膨胀，产生一次“微型爆炸”，把熔融物高速喷射出来。

激光加工装置由激光器、聚焦光学系统、电源、光学系统监视器等组成，如图 10-17 所示。

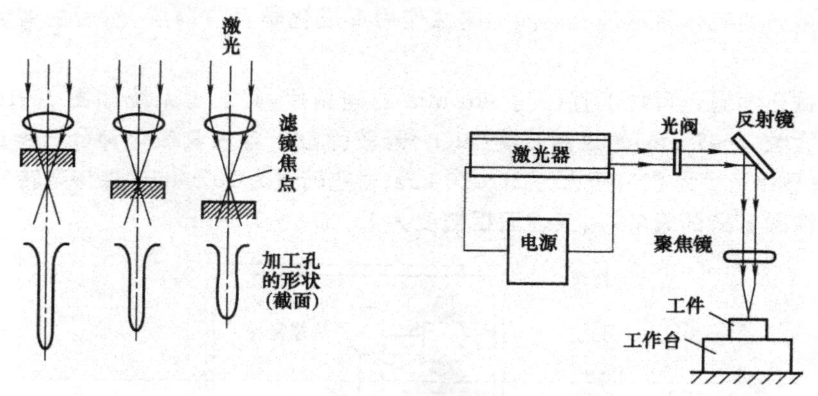

图 10-17　激光加工

2. 激光加工的特点

①激光的瞬时功率密度高达 $10^5 \sim 10^{10}$ W/cm²，几乎可以加工任何高硬度、耐热的材料。

②激光光斑大小可以聚焦到微米级，输出功率可以调节，因此可用于精密微细加工。

③激光束接触工件，没有明显的机械力，没有工具损耗。加工速度快、热影响区小，容易实现加工过程自动化。还能通过透明体进行加工，如对真空管内部进行焊接加工等。

④与电子束、离子束相比，工艺装置相对简单，不需抽真空装置。

⑤光加工是一种热加工，影响因素很多。因此，精微加工时，精度尤其是重复精度和表面粗糙度不易保证。加工精度主要取决于焦点能量分布，打孔的形状与激光能量分布之间基本遵从于“倒影”效应。由于光的反射作用，表面光洁或透明材料必须预先进行色化或打毛处理才能加工。

⑥靠聚焦点去除材料，激光打孔和切割的激光深度受限。目前的切割、打孔厚(深)度一般不超过 10 mm，因而主要用于薄件加工。

10.3.5　复合加工

复合加工是指用多种能源合理组合在一起，进行材料去除的工艺方法，以便能提高加工效率或获得很高的尺寸精度、形状精度和表面完整性。下面介绍几种复合加工。

1. 化学机械复合加工

化学机械复合加工是指化学加工和机械加工的复合。它主要用于进行脆性材料的精密加工和表层及亚表层无损伤的加工。所谓化学加工是指利用酸、碱和盐等化学溶液在金属或某些非金属工件表面产生化学反应，腐蚀溶解而改变工件尺寸和形状的加工方法。化学机械复合加工是一种超精密的精整加工方法，可有效地加工陶瓷、单晶蓝宝石和半导体晶片，它可防止通常机械加工用硬磨粉引起的表面脆性裂纹和凹痕，避免磨粒的耕犁引起的隆起以及擦划引起的划痕，可获得光滑无缺陷的表面。

化学机械复合加工中常用的有下列两种：机械化学抛光(Chemical-Mechanical Polis-hing，CMP)和化学机械抛光。

机械化学抛光(CMP)的加工原理是利用比工件材料软的磨料，由于运动的磨粒本身的活性以及因磨粒与工件间在微观接触度的摩擦产生的高压、高温，使能在很短的接触时间内出现固相反应，随后这种反应生成物被运动的机械磨擦作用去除，其去除量约可微小至 0.1 nm 级。

化学机械抛光的工作原理是由溶液的腐蚀作用形成化学反应薄层，然后由磨粒的机械摩擦作用去除。

如采用机械化学抛光可加工直径达 300 mm 的硅晶片，其加工系统如图 10-18 所示。采用的抛光剂为超微粒（5～7 nm）的烘制石英（SiO_2）悬胶弥散于含水氢氧化钾（pH≈10.3）中，分布于抛光衬垫上；晶片尺寸为 200，压力为 27～76 kPa；衬垫转速为 20 r/min，保持架转速为 50 r/min；衬垫材料为浸渍聚氨酯的聚酯；加工表面粗糙度为 Ra 1.3～1.9 nm。

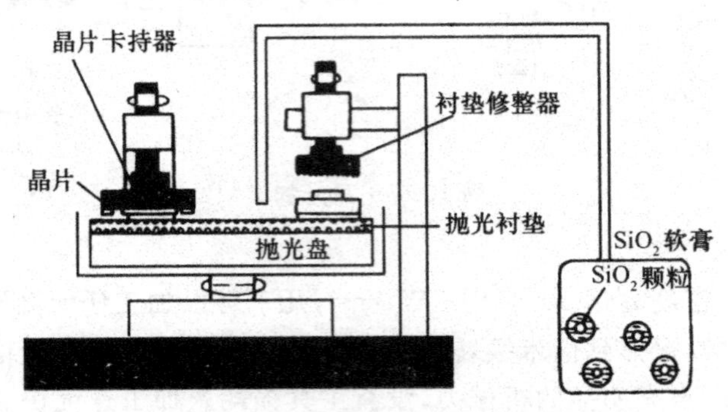

图 10-18 用 CMP 法加工硅晶片的简图

2. *磁场辅助加工*

磁场辅助加工主要用于解决精密加工的高效性问题。它通过在磁场作用下形成的磁流体使悬浮其中的非磁性磨粒能在磁流体的流动力和浮力作用下压向旋转的工件进行研磨和抛光，从而能提高精整加工的质量和效率。它可以获得 $Ra<0.01\ \mu m$ 的无变质层的加工表面，并能研抛表面形状复杂的工件。由于磁场的磁力线及由其形成的磁流体本身不直接参与材料的去除，故称之为磁场辅助加工。

常用的磁场辅助的精整加工有磁性浮动抛光（Magnetic Float Polishing，MFP）和磁性磨料精整加工（Magnetic Abrasive Fin，MAF）。

（1）磁性浮动抛光（MFP）

它是利用磁流体向强磁场方向移动，而非磁性磨粒被排斥向磁感应强度较弱的方向的特性，使悬浮于磁流体中的磨料分离出来富集在一起。磨料在磁浮力作用下，上浮压向运动的工件。有的设备在磁极与工件间放置聚丙烯弹性材料的浮体，使磁流体的压力经浮体挤压磨料和工件，它可使磁极附近的很大浮力经弹性浮体而均匀化，并可增大抛光的压力。

图 10-19 为应用 MFP 法精加工高精度陶瓷球的设备示意图。该设备用以抛光直径为 9.5 mm 的 Si_3N_4 球。

高速高精度的抛光轴支承于空气轴承上，最高转速达 10000 r/min。钕铁硼（Nd-Fe-B）永磁体以 N 和 S 极交替地排列在铝容器内，磁流体是由 10～15 nm 的 Fe_3O_4 以胶体散布在水基载体液中，加入体积分数为 5%～10%的磨料。抛光过程中水不仅起冷却液的作用，也能与工件表面起化学反应。用压电传感器测量垂向压力，并使每球压力控制在 1 N。由于高的抛光速度，它的材料去除率比传统的采用的低速转动的 V 形槽研磨要高数十倍，其表面粗糙度可达 Ra 4 nm（R_{max} 40 nm），陶瓷球的球度可达 0.15～0.21 μm，且表面基本上无裂纹和刻痕等损伤。

(2)磁性磨料精整加工(MAF)

图 10-20 为 MAF 法的加工简图。

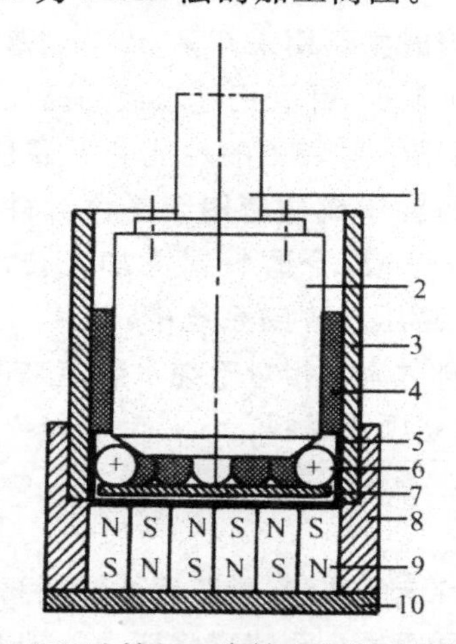

图 10-19　MFP 法精加工高精度陶瓷球的设备示意图

1—主轴;2—驱动轴;3—导向环;4—磁流体和磨料

5—橡胶环;6—陶瓷球;7—浮体;8—铝座

9—磁铁;10—钢磁轭

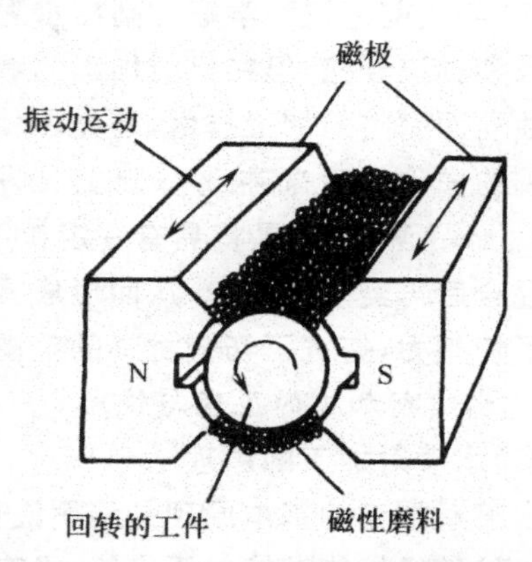

图 10-20　MAF 法加工非磁性的陶瓷滚柱的简图

磁性磨料在磁极 N-S 之间沿着磁力线有序地相互链接在一起,聚集成一层弹性的磁性磨粉刷,当工件与它做相对运动时,就进行研抛加工。MAF 法可不用抛光液,磁性磨料是在铁磁材料中加入粒度为 1～10 μm 的磨料,聚集的磁性磨,料刷的厚度约为 50～100 μm。图示的装置可以加工磁性或非磁性材料的圆柱形工件,如陶瓷轴承滚柱或钢滚柱。

3. 激光辅助车削

激光辅助车削(LAT)是应用激光将金属工件局部加热,以改善其车削加工性,它是加热车削的一种新的形式,主要用于改善难切材料的切削加工性。

典型的 LAT 装置如图 10-21 所示。激光束经可转动的反射镜 M1 的反射,沿着与车床主轴回转轴线平行的方向射向床鞍上的反射镜 M2,再经横滑鞍上的反射镜 M3 及邻近工件的反射镜 M4,最后聚射于工件上。其聚焦点始终位于车刀切削刃上方如图中距 δ 处,局部加热位于切屑形成区的剪切面上的材料。

激光加热的优点是可加热大部分剪切面处的材料,而不会对刀刃或刀具前面上的切屑显著地加热,因而不会使刀具加热而降低耐用度。通过激光的局部加热可使切削力降低,并可获得流线的连续切屑,减少形成积屑瘤的可能性,改善被加工表面的表面粗糙度、残余应力和微观缺陷等。

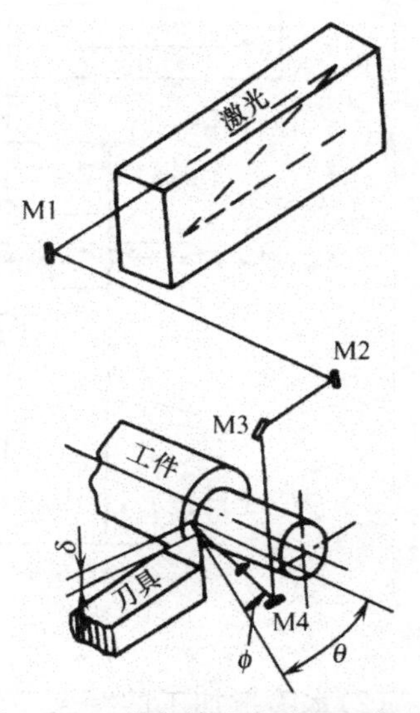

图 10-21　激光辅助车装置示意图

10.3.6　水喷射加工

水喷射加工(Water Jet Machining)又称水射流加工、水力加工或水刀加工，它是利用超高压（数十至数百兆帕）水射流对各种材料进行切割、穿孔和工件表层材料去除等加工。

人们利用高压水服务于生产始于19世纪70年代，当时主要用来开采金矿、剥落树皮等。20世纪50年代前苏联科学家对高压水射流加工技术进行了研究，并利用纯水液的高压射流进行煤层开采和隧道开挖，但在机械加工领域，还是在解决了高压喷射装置的性能和可靠性后，才作为一项独立而完整的加工技术，首先在美国的飞机和汽车行业中成功应用于复合材料的切割和缸体毛刺的去除。后来在此基础上又发展起一项新技术——混合磨料射流加工技术（Abrasive Water Jet，AWJ），它是将具有一定粒度的磨料粒子加入高压水管路系统中，使其与高压水进行充分混合后再经喷嘴喷出，从而形成具有极高速度的磨料射流。相对于纯水射流来说，它成倍地提高了切割力，拓宽了切割材料的范围，几乎可以切割一切硬质材料。

1. 水喷射加工的原理与特点

（1）水喷射加工的原理

水喷射加工的基本原理是利用液体增压原理，通过特定的装置（增压器或高压泵），将动力源（电动机）的机械能转换成压力能，具有巨大压力能的水再通过小孔喷嘴将压力能转变成动能，从而形成高速射流，喷射到工件表面，从而达到去除材料的加工目的。

如图10-22所示，储存在水箱中的水经过滤器2处理后，由水泵抽出送至由液压机构驱动的增压器增压，水压增高，然后将高压水通过蓄能器，使脉动水流平滑化，高压水与磨料在混合腔内混合后，由具有精细小孔的喷嘴（一般由蓝宝石制成）喷射到由工作台固定的工件表面上，射流速度可达300～900 m/s（约为声速的1～3倍），可产生如头发丝细的射流，从而对工件进行切割、打孔等。

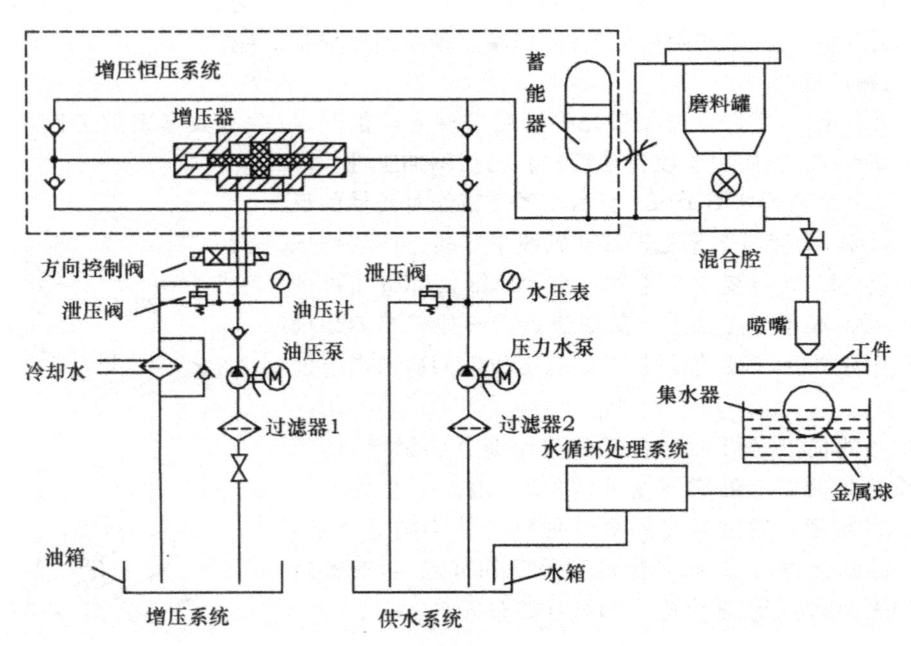

图10-22　水喷射加工原理示意图

（2）水喷射加工的特点

①适用范围广。既可用来加工金属材料，也可以加工非金属材料。

②加工质量高。切缝窄(约为 0.075～0.38 mm),可提高材料利用率;切口质量好,几乎无飞边、毛刺,切割面垂直、平整,粗糙度低。

③加工时对材料无热影响。加工时工件不会产生热变形和热影响区,对加工热敏感材料如钛合金尤为有利;切削无火花,由于水的冷却作用,工件温度较低,非常适合对易燃易爆物件如木材、纸张等的加工。

④加工清洁。不产生有害人体健康的有毒气体和粉尘等,对环境无污染,提高了操作人员的安全性。

⑤加工无刀具损耗。加工"刀具"为高速高压水流,加工过程中不会变钝,减少了刀具准备、刃磨等时间,生产效率高。

2. 水喷射加工系统的组成

水喷射加工系统主要由增压系统、供水系统、增压恒压系统、喷嘴管路系统、数控工作台系统、集水系统和水循环处理系统等构成。如果是磨料射流加工装置,则还有磨料与水的混合系统。

3. 水喷射加工的应用

下面简单介绍水喷射加工在机械领域的应用。

(1)切割加工

水喷射加工技术应用于切割,从某种意义上来说是切割领域的一次革命,随着技术的成熟及某些局限的克服,水射流切割对其他切割工艺是一种完善的补充。

水射流切割所加工的材料品种很多,主要是一般切割方法不易加工或不能加工的非金属或金属材料,特别是一些新型和合成材料,如陶瓷、硬质合金、模具钢、钛合金、钨钼钴合金、复合材料[如以金属为基体的纤维增强金属(FRM)、纤维增强橡胶(FRR)等]、不锈钢、高硅铸铁及可锻铸铁等的加工。

以汽车制造业为例,汽车内部装饰材料的加工占水射流加工的 40%,此外,还用于汽车后架、车轮罩和隔热材料等的切割。

(2)去毛刺

各种小型精密零件上交叉孔、内螺纹、窄槽、盲孔等毛刺的去除,用其他一般加工方法就十分困难甚至于无法完成,而利用水喷射加工技术(稍降低压力或增大喷距等),就十分方便且质量好,具有独特的效果。

(3)打孔

水射流可用于在各种材料上打孔以代替钻头钻孔,不仅质量好,而且加工速度快。例如,在厚 25 mm 铝板上打一个孔仅需 30 s。不过水射流所能加工的孔径大小,尤其是孔径的最小值受喷嘴孔径和磨料粒度的限制。

(4)开槽

加磨料的水射流可用来在各种金属零件上开凹槽,如用于堆焊的凹槽及用于固定另一个零件的槽道等。

(5)清焊根和清除焊接缺陷

利用水射流加工不产生热量、不损伤工件材质的特点,对热敏感金属的焊接接头进行背面清根、清除焊缝中的裂纹等缺陷。

10.4 自动化加工技术

10.4.1 自动化加工技术的概述

1. 自动化技术内涵

自动化(Automation)是美国通用汽车公司D・S・Harder先生于1936年提出来的,其核心含义是"自动地去完成特定的作业"。当时Harder先生所说的特定作业,是指零件在机器之间转移的自动搬运,自动化功能目标是代替人的体力劳动。

随着技术的进步,自动化的功能目标在不断地随着自动化手段的提高、时代的进步而变化。在计算机用于自动化之前,自动化的功能目标是以省力为主要目的,以代替人的体力劳动。随着计算机和信息技术的发展,计算机和信息技术作为自动化技术的重要手段,使自动化的视野大大扩展,自动化的功能目标不再仅仅是代替人的体力劳动,而且还须代替人的部分脑力劳动。

制造自动化是人类在长期的生产活动中不断追求的目标。在"狭义制造"概念下,制造自动化的含义是生产车间内产品的机械加工和装配检验过程的自动化,包括切削加工自动化、工件装卸自动化、工件储运自动化、零件与产品清洁及检验自动化、断屑与排屑自动化、装配自动化、机器故障诊断自动化等。而在"广义制造"概念下,制造自动化则包含了产品设计自动化、企业管理自动化、加工过程自动化和质量控制自动化等产品制造全过程以及各个环节综合集成自动化,以使产品制造过程实现高效、优质、低耗、及时、洁净的目标。

制造自动化促使制造业逐渐由劳动密集型产业向技术密集型和知识密集型产业转变。制造自动化技术是制造业发展的重要标志,代表着先进制造技术的水平,也体现了一个国家科技水平的高低。采用制造自动化技术不仅显著地提高劳动生产率,大幅度提高产品质量,降低制造成本,提高经济效益,还有效地改善劳动条件,提高劳动者的素质,有利于产品更新,带动相关技术的发展,大大提高企业的市场竞争能力。

2. 制造自动化技术的兴起及现状

制造自动化的发展经历了一个漫长的发展过程。回顾历史,可将制造自动化的发展历程分为刚性自动化、柔性自动化和综合自动化三个发展阶段。

刚性自动化:主要表现在半自动和自动机床、组合机床、组合机床自动线出现,解决了单一品种大批量生产自动化问题,其主要特点是生产效率高、加工品种单一。这个阶段于20世纪50年代达到了顶峰。

柔性自动化:为满足多品种小批量甚至单件生产自动化的需要,出现了一系列柔性制造自动化技术,如数控技术(NC)、计算机数控(CNC)、柔性制造单元(FMC)、柔性制造系统(FMS)等。

综合自动化:随着计算机及其应用技术的迅速发展,各项单元自动化技术的逐渐成熟,为充分利用资源,发挥综合效益,自20世纪80年代以来以计算机为中心的综合自动化得到了发展,如计算机集成制造系统(CIMS)、并行工程(CE)、精益生产(LP)、敏捷制造(AM)等模式得到了发展和应用。

制造自动化技术是先进制造技术中的重要组成部分,也是当今制造工程中涉及面广、研究十分活跃的技术。综合而言,制造自动化技术目前的研究主要表现在以下几个方面。

(1)制造系统中的集成技术和系统技术已成为研究热点

近年来,在单元技术如计算机辅助技术(CAD、CAPP、CAM、CAE等)、数控技术、过程控制与监控技术等继续发展的同时，制造系统中的集成技术和系统技术的研究已成为制造自动化研究的热点。集成技术包括制造系统的信息集成技术（如 CIMS）、过程集成技术（如并行工程 CE）、企业集成技术（如敏捷制造 AM）等；系统技术包括制造系统分析技术、制造系统建模技术、制造系统运筹技术、制造系统管理技术和制造系统优化技术等。

（2）更加注重制造自动化系统中人因作用的研究

在过去一段时期，人们曾经认为全盘自动化工厂是制造自动化发展的目标。随着一些无人化工厂的实践和实施的失败，人们对无人化制造自动化问题进行了反思，并对人在制造自动化系统中的重要作用进行了重新认识，提出了“人机一体化制造系统”“以人为中心的制造系统”等新思想，其内涵就是要发挥人的核心作用，将人作为系统结构中的有机组成部分，使人与机器处于合作优化的地位，实现制造系统中人与机器一体化的人机集成的决策机制，以取得制造系统的最佳效益。

（3）数控单元系统的研究仍然占有重要的位置

以一台或多台数控加工设备和物料储运系统为主体的数控单元系统，在计算机统一控制管理下，可进行多品种、中小批量零件自动化加工生产，它是现代集成制造系统（CIMS）的重要组成部分，是车间作业计划的分解决策层和具体执行机构。国内外制造业在数控单元系统的理论和技术研究方面投入了大量的人力物力，无论是软件还是硬件均有迅速的发展。美国杂志《Manufacturing Engineering》高级编辑 Aronson R·B·在“CNC Cell Update”综述论文中指出：“数控单元系统目前已经开始影响和支配着美国制造业”。近年来，基于多主体（Multi-Agent）的单元制造系统的研究正在兴起。

（4）制造过程的计划和调度研究十分活跃

在制造厂从原材料进厂到产品出厂的制造过程中，机械零件只有 5%的时间是在机床上加工，而其余的 95%时间零件是在不同地点和不同机床之间运输或等待。减少这 95%的时间是提高制造生产率的重要方向。优化制造过程的计划和调度是减少 95%时间的主要手段。有鉴于此，国内外对制造过程的计划和调度的研究非常活跃，发表了大量的研究论文和成果。但由于制造过程的复杂性和随机性，使得能进入实用化，特别是适用面较大的研究成果很少，大量的研究还有待于进一步深化。

（5）柔性制造技术的研究向着深度和广度发展

FMS 的研究已有较长历史，但至今仍有大量学者对此进行研究。目前的研究主要是围绕 FMS 系统结构、控制、管理和优化运行等方面进行。DNC 技术近年来得到了很大发展。DNC 有两种不同的含义：一是 Directed Numerical Control，即计算机直接数控；二是 Distributed Numerical Control，即分布式数控。分布式数控强调信息的集成与信息流的自动化，物流的控制与执行可大量介入人机交互。相对 FMS 来说，DNC 具有投资小、见效快、柔性好和可靠性高的特点，因而近年来对 DNC 的研究非常活跃。

（6）适应现代生产模式制造环境的研究正在兴起

当前，并行工程（CE）、精益生产（LP）、敏捷制造（AM）、仿生制造（BM）等现代制造模式的提出和研究，推动了制造自动化技术研究和应用的发展，以适应现代制造模式应用的需要。围绕敏捷制造模式的研究，主要包括敏捷制造模式下的制造自动化系统体系结构、高效柔性制造系统的建模与重构、制造能力测量、评价与控制和制造加工过程的虚拟制造等。

(7)底层加工系统的智能化和集成化研究越来越活跃

目前,在世界上智能制造系统(IMS)计划中提出了智能完备制造系统(Holonic Manu—facturing System,HMS)。HMS是由智能完备单元复合而成,其底层设备具有开放、自律、合作、可知、适应柔性、易集成和鲁棒性好特性。另外,近年来推出的虚拟轴机床,变革了传统机床的工作原理,其性能上有许多独特优势,特别有利于实现车间内各虚拟轴机床的控制和集成。又如快速原型制造(RPM)是一种有利于实现集成制造的新技术,近年来各种快速原型新工艺的研究非常活跃。

3. 制造自动化技术发展趋势

纵观21世纪的制造自动化技术发展趋势,可用六化来概括,即敏捷化、网络化、虚拟化、智能化、全球化、绿色化。

(1)制造敏捷化

敏捷化制造环境和制造过程是21世纪制造活动的必然趋势,其核心是使企业对面临市场竞争作出快速响应,利用企业内外各方面的优势,形成动态联盟,缩短产品开发周期,尽快抢占市场。

(2)制造网络化

基于Internet/Intranet的制造已成为当今制造业的重要发展趋势,包括企业制造环境的网络化和企业与企业之间的网络化。通过制造环境的网络化,实现制造过程的集成,实现企业的经营管理、工程设计和制造控制等各子系统的集成;通过企业与企业间的网络化,可实现异地制造、远程协调作业。

(3)制造虚拟化

包括设计过程的拟实技术和加工制造过程的虚拟技术,前者是面向产品的结构和性能的分析,以优化产品本身性能和成本为目标;后者是面向产品生产过程的模拟和检验,检验产品的可加工性、加工工艺的合理性。制造虚拟化的核心是计算机仿真,通过仿真来模拟真实系统,发现设计与生产中可避免的缺陷和错误,保证产品的制造过程一次成功。

(4)制造智能化

智能制造技术的宗旨在于扩大、延伸以及部分取代人类专家在制造过程中的脑力劳动,以实现优化的制造过程。智能制造包含智能计算机、智能机器人、智能加工设备、智能生产线等。智能制造系统是制造系统发展的最高阶段,即从柔性制造系统、集成制造系统向智能制造系统发展。

(5)制造全球化

制造网络化和敏捷化策略的实施,促进了制造全球化的研究和发展。这其中包括市场的国际化,目前产品销售的全球网络正在形成;产品设计和开发的国际合作及产品制造的跨国化;制造企业在世界范围内的重组与集成,制造资源的跨地区、跨国家的协调、共享和优化利用;全球制造的体系结构将会形成。

(6)制造绿色化

制造业是创造人类财富的支柱产业,但同时又是环境污染的主要源头,因而产生了绿色制造的新概念。绿色制造是一个综合考虑环境影响和资源效率的现代制造模式,其目标是使产品从设计、制造、包装、运输、使用到报废处理的整个产品生命周期中,对环境的影响最小、资源利用效率最高。绿色制造已成为全球可持续发展战略对制造业的具体要求和体现。

10.4.2　机床数控技术

1. 机床数控系统

(1)机床数控系统的组成及功能原理

如图 10-23 所示，CNC 机床数控系统由数控装置、可编程控制器(PLC)、进给伺服驱动装置、主轴伺服驱动装置、输入输出接口，以及机床控制面板和人机界面等部分组成。其中数控装置为机床数控系统的核心，其主要功能有：运动轴控制和多轴联动控制功能；准备功能，即用来设定机床动作方式，包括基本移动、程序暂停、平面选择、坐标设定、刀具补偿、固定循环等；插补功能，包括直线插补、圆弧插补、抛物线插补等；辅助功能，即用来规定主轴的启停、转向，冷却润滑的通断、刀库的启停等；补偿功能，包括刀具半径补偿、刀具长度补偿、反向间隙补偿、螺距补偿、温度补偿等。此外，还有字符图形显示、故障诊断、系统通信、程序编辑等功能。

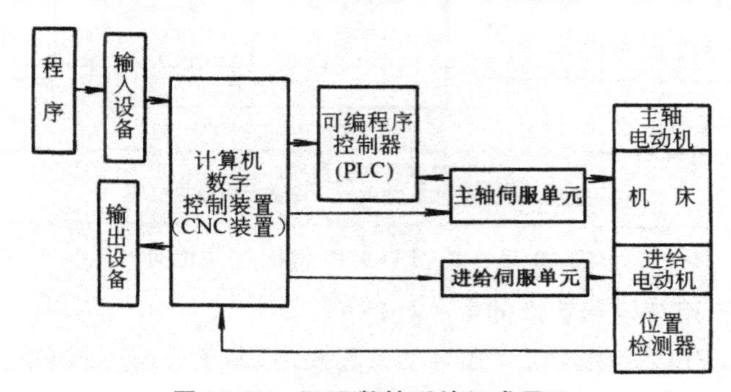

图 10-23　CNC 数控系统组成原理

数控系统中的 PLC 主要用于开关量的输入和控制，包括控制面板的输入、机床主轴的停启与换向、刀具的更换、冷却润滑的启停、工件的夹紧与松开、工作台分度等开关量的控制。

数控系统的工作过程：首先从零件程序存储区逐段读出数控程序；对读出的程序段进行译码，将程序段中的数据依据各自的地址送到相应的缓冲区，同时完成对程序段的语法检查；然后进行数据预处理，包括刀具半径补偿、刀具长度补偿、象限及进给方向判断、进给速度换算以及机床辅助功能判断，将预处理数据直接送入工作寄存器，提供给系统进行后续的插补运算；接着进行插补运算，根据数控程序 G 代码提供的插补类型及所在象限、作用平面等进行相应的插补运算，并逐次以增量坐标值或脉冲序列形式输出，使伺服电机以给定速度移动，控制刀具按预定的轨迹加 3X；数控程序中的 M、S、T 等辅助功能代码经过 PLC 逻辑运算后控制机床继电器、电磁阀、主轴控制器等执行元件动作；位置检测元件将坐标轴的实际位置和工作速度实时反馈给数控装置或伺服装置，并与机床指令进行比较后对系统的控制量进行修正和调节。

(2)数控系统的硬件结构

数控系统从硬件结构上可分为单 CPU 结构、多 CPU 结构及直接采用 PC 计算机的系统结构。

①单 CPU 结构。单 CPU 数控装置是以一个 CPU 为核心，CPU 通过总线与存储器以及各种接口相连接，采用集中控制、分时处理的工作方式完成数控加工中各项控制任务。

②多 CPU 结构。多 CPU 数控装置配置多个 CPU 处理器，通过公用地址与数据总线进行相互连接，每个 CPU 共享系统公用存储器与 I/O 接口，各自完成系统所分配的功能，从而将单

CPU 系统中的集中控制、分时处理作业方式转变为多 CPU 多任务并行处理方式，使整个系统的计算速度和处理能力得到大大提高，图 10-24 为一种典型的多 CPU 结构的 CNC 系统框图。多 CPU 结构的 CNC 装置以系统总线为中心，把各个模块有效地连接在一起，按照系统总体要求交换各种数据和控制信息，实现各种预定的控制功能。这种结构的基本功能模块可分为以下几类。

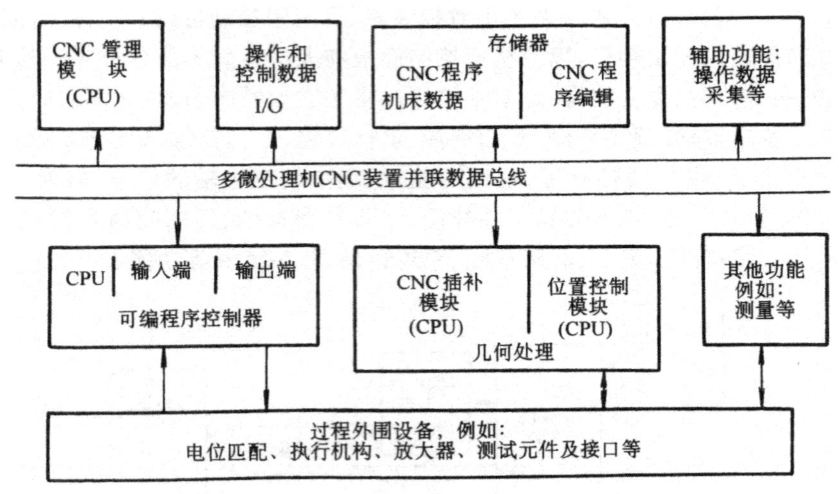

图 10-24 多 CPU 结构 CNC 系统框图

· CNC 管理模块，用于控制管理的中央处理机。

· 位置控制模块、PLC 模块及对话式自动编程模块，用于处理不同的控制任务。

· 存储器模块，存储各类控制数据和机床数据。

· CNC 插补模块，对零件程序进行译码、刀具半径补偿、坐标位移量计算、进给速度处理等插补前的预处理，完成插补计算，为各坐标轴提供精确的给定位置。

· 输入/输出和显示模块，用于工艺数据处理的二进制输入/输出接口、外围设备耦合的串行接口，以及处理结构输出显示。

多 CPU 结构的 CNC 系统具有良好的适应性、扩展性和可靠性，性能价格比高，被众多数控系统所采用。

③基于 PC 微机的 CNC 系统。基于 PC 微机的 CNC 系统是当前数控系统的一种发展趋势，它得益于 PC 微机的飞速发展和软件控制技术的日益完善。利用 PC 微机丰富的软硬件资源可将许多现代控制技术融入数控系统；借助 PC 微机友好的人机交互界面，可为数控系统增添多媒体功能和网络功能。

图 10-25 为基于 PC 微机和美国 Delta Tau 公司 PMAC 多轴运动卡所构造的 CNC 系统，它包括工控机 IPC、多轴运动卡 PMAC、双端 RAM、带光隔的 I/O 接口、永磁同步式交流伺服电机、变频调速主轴电机、接线器等。PMAC 与 IPC 之间的通信可通过 PC 总线和双端口 RAM 两种方式进行：当 IPC 向 PMAC 写数据时，双端 RAM 能够在实时状态下快速地将位置指令或程序信息进行下载；若从 PMAC 中读取数据时，IPC 通过双端口 RAM 可以快速地获取系统的状态、电动机的位置、速度、跟随误差等各种数据。利用双端口 RAM 大大提高了数控系统的响应能力和加工精度，同时也方便了用户的系统开发。

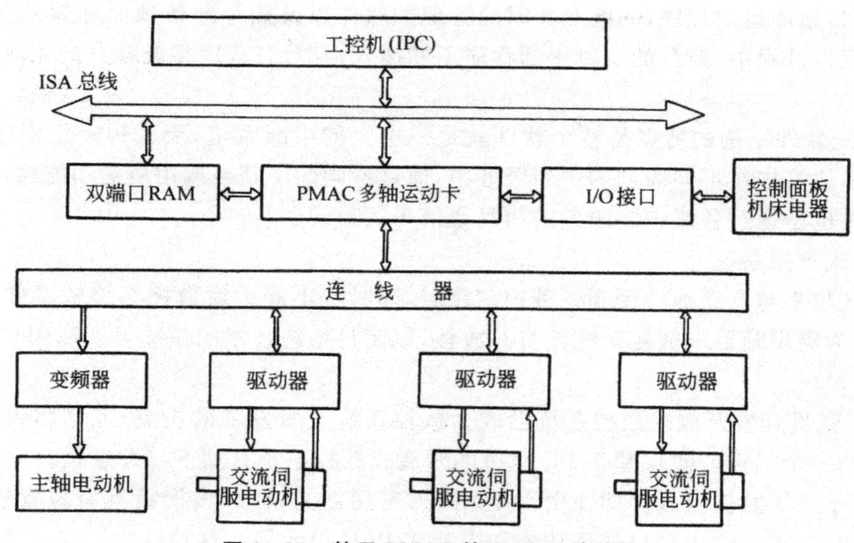

图 10-25　基于 PMAC 的 CNC 系统结构

(3)数控系统的软件组成

CNC 系统是一个多任务系统,它通常作为一个独立的控制单元用在自动化生产中。CNC 系统的软件结构由一个主控模块与若干功能模块组成。主控模块为用户提供一个友好的系统操作界面,在此界面下系统的各功能模块以菜单的形式被调用。系统的功能模块分为实时控制类模块和非实时管理类模块两大类,如图 10-26 所示。实时控制类模块是控制机床运动和动作的软件模块,具有毫秒级甚至更高要求的时间响应;非实时管理类模块没有具体的时间响应要求。

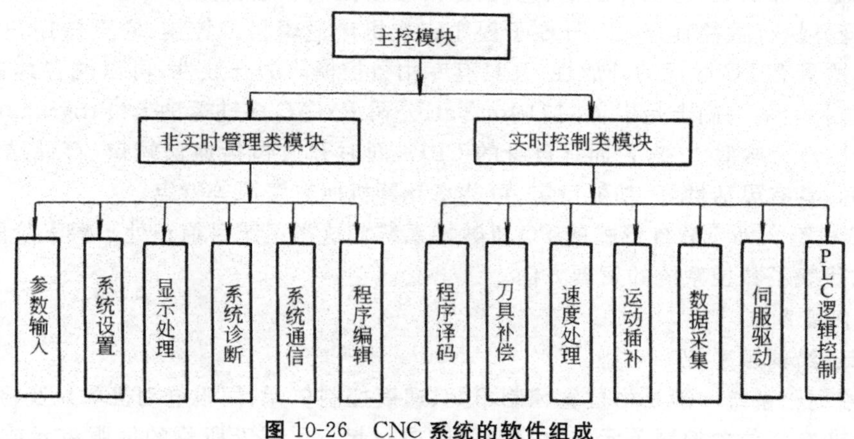

图 10-26　CNC 系统的软件组成

非实时管理类软件模块包括参数输入、系统设置、系统诊断、系统通信、显示处理以及程序编辑等,这类软件模块可利用 PC 微机所提供的计算机语言和软件工具来实现。

实时控制类软件模块包括程序译码、刀具补偿、速度处理、运动插补、数据采集以及 PLC 逻辑控制等。在这些实时控制软件模块中,有些多轴运动卡以硬件形式已提供了许多基本功能,如运动插补、刀具补偿、速度处理等,这就大大方便了系统软件的开发。

CNC 系统软件又有前后台型软件结构与中断型软件结构之分。

在前后台型 CNC 系统软件结构中,前台程序为中断服务程序,完成系统的全部实时控制功能;后台程序为循环运动程序,一些非实时的管理类软件以及插补准备预处理软件在后台完成。在后台程序运行过程中,前台的实时中断程序不断插入,与后台程序相配合共同完成零件加工的控制任务。

CNC 系统软件结构的特点是整个软件就是一个大的中断系统,除了初始化程序外,整个系统各个软件模块安排在不同级别的中断服务中,通过不同的中断来调用所需功能模块。同样,管理类软件模块也是通过各级中断服务的相互通信来运行的。

(4)开放式数控系统

数控系统越来越广泛地应用到各种控制领域,同时也不断地对数控系统软硬件提出了新的要求,其中较为突出是要求数控系统具有开放性,以满足系统技术的快速发展和用户自主开发的需要。

采用 PC 微机开发开放式数控系统已成为数控系统技术发展的主流,也是国内外开放式数控系统研究的一个热点。实现基于 PC 微机的开放式数控系统有如下三种途径。

①PC 机+专用数控模板。即在 PC 机上嵌入专用数控模板,该模板具有位置控制功能、实时信息采集功能、输入输出接口处理功能和内装式 PLC 单元等。这种结构形式使整个系统可以共享 PC 机的硬件资源,利用其丰富的支撑软件可以直接与网络和 CAD/CAM 系统连接。与传统 CNC 系统相比,它具有软硬件资源的丰富性、透明性和通享性,便于系统的升级换代。然而,这种结构型式数控系统的开放性只限于 PC 微机部分,其专用的数控部分仍处于封闭状态,只能说是有限的开放。

②PC 机+运动控制卡。这种基于开放式运动控制卡的系统结构是以通用微机为平台,以 PC 机标准插件形式的开放式运动控制卡为控制核心。通用 PC 机负责如数控程序编辑、人机界面管理、外部通信等功能,运动控制卡负责机床的运动控制和逻辑控制。这种运动控制卡以子程序的方式解释并执行数控程序,以 PLC 子程序完成机床逻辑量的控制;它支持用户的二次开发和自主扩展,既具有 PC 微机的开放性,又具有专用数控模块的开放性,可以说它具有上、下两级的开放性。这种运动控制卡是以美国 Delta Tau 公司 PMAC 多轴运动卡(Programmable Multi-Axes Controller)为典型代表,它拥有自身的 CPU,同时开放包括通信端口、存储结构在内的大部分地址空间,具有灵活性好、功能稳定、可共享计算机所有资源等特点。

③纯 PC 机型。即全软件形式的 PC 机数控系统。这类系统目前正处于探索阶段,还未能形成产品,但它代表了数控系统的发展方向。

2. 机床伺服系统

(1)机床进给伺服系统

机床进给伺服系统一般是由位置控制单元、速度控制单元、伺服电动机单元及检测反馈单元四部分组成,通常将位置控制单元与数控装置做在一起。习惯上所称的伺服单元或驱动器仅包含速度控制单元。

按照伺服系统的结构特点,有开环系统、闭环系统、半闭环系统及混合闭环四种基本结构类型。在机床中应用最为广泛的是半闭环结构。在这种结构环路中非线性因素较少,容易整定,可以通过各类补偿使控制精度达到较高的水平,而且电气控制部分与执行机械相对独立,系统通用性强。

机床进给伺服系统在经历了开环步进伺服、直流伺服两个阶段之后,现已进入了交流伺服系统阶段。交流电动机具有结构简单、坚固耐用的特点。随着电子器件的小型化和高性能化,以及计算机技术的迅速发展，过去在技术上和经济上都难以实现的交流电动机控制问题都迎刃而解，从而使交流伺服系统取得了主导地位，在市场上现已很少见到在数控机床上再有使用直流伺服了。

目前，交流伺服系统的交流电动机主要采用异步电动机和永磁同步电动机两种。一般来说，异步电动机多用在功率较大、精度较低、投资费用要求低的场合；而永磁同步电动机则用在精度要求高、容量较小的场合。所以，在机床进给伺服系统中多采用永磁同步电动机。

永磁同步电动机按其内部结构、工作原理、驱动电流波形和控制方式的不同又可分为矩形波电流驱动的永磁电动机，即无刷直流电动机（BDCM），和正弦波电流驱动的永磁电动机（PMSM）。BDCM 的功率密度高，系统成本低，但低速转矩脉动大，高速时矩形波电流易产生畸变，并引起转矩下降，所以 BDCM 一般用于低速且性能要求不高的场合；而 PMSM 则更多地用于要求较高的速度或位置伺服的场合。永磁同步电动机所采用的永磁材料，目前已从铁氧体发展到具有高居里点的钐钴（SmCo）材料和高矫顽力、高磁能积、相对价格较低的钕铁硼（NdFeB）材料。

交流伺服驱动器有模拟式和数字式之分。模拟式伺服驱动器工作速度较快，系统的频率可以做得很宽；但存在着体积大、器件多、不易调试，有零点漂移的缺陷。数字式伺服驱动器的优点是用软件编程，易于实现复杂的算法，柔性好，控制方式的改变只需改变软件即可实现，而不需做硬件上的改动，硬件电路一般比较简单，可以设计得相当紧凑；另外，参数的设定和调节仅需通过输入数字量便可实现，不必通过调节电位器进行，因而重复性能好。

目前，数字式伺服驱动器已得到广泛使用，价格也在大幅度地下降。如松下公司的 MINAS 系列交流伺服单元、西门子 SIMODRIVE611 系列的交流伺服单元均为全数字式伺服单元，其中松下 1 kW 交流伺服系统在每轴 1 万元以下。图 10-27 为 MINAS 交流伺服系统的总体接线图：伺服驱动器可通过 RS232C 接口与计算机相联，可由计算机对伺服驱动器直接进行参数设置和修改，也可以通过计算机的 CRT 来监视伺服单元的工作状态；伺服单元通过输出电缆驱动交流伺服电动机，电动机的转动情况通过安装在电动机轴上的增量式脉冲编码器进行检测，并由电缆反馈到控制系统。

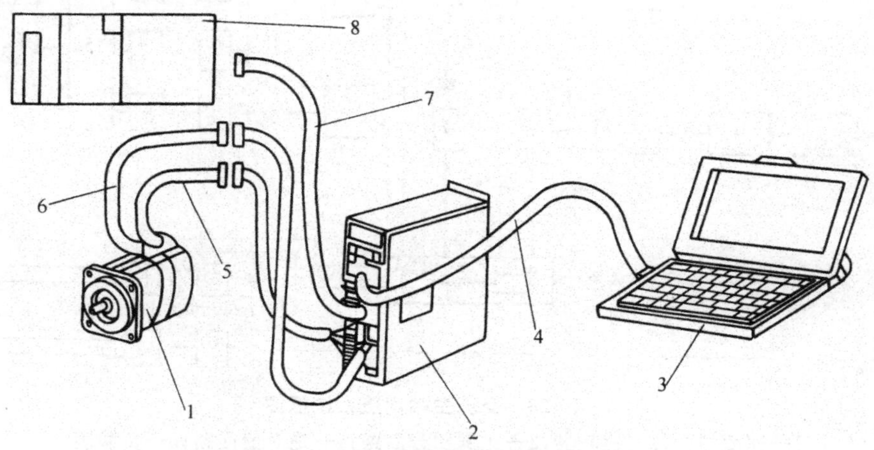

图 10-27　MINAS 交流伺服系统的总体接线图

1—MINIS 交流伺服电动机；2—配套驱动单元；3—检测、控制计算机；4—计算机联接电缆
5—检测联接电缆；6—动力联接电缆；7—PLC 联接电缆；8—PLC 控制器

机床进给伺服系统所用的检测元件主要有旋转变压器和脉冲编码器。

旋转变压器是一种输出的电压与角位移量成连续函数关系的感应式微型电动机，它由定子与转子组成，其初、次级绕组分别设置在定、转子上，初、次级绕组之间的电磁耦合与转角有关。因此，当在初级绕组上施加单相交流电压励磁时，次级绕组输出电压的幅值将与转子的转角有关。

脉冲编码器又叫光电编码器，这是目前机床上应用最多的传感器。它是通过光电原理将机械位移量转换成脉冲信号或数字量的一种传感器。按其所产生的脉冲方式不同，又可将其分为增量式、绝对式及混合式三种不同形式，其中增量式脉冲编码器应用较为普遍。增量式脉冲编码器工作原理和结构均较简单，平均寿命高达几万小时以上，抗干扰能力强，可靠性高，适合于长距离传输。

(2)机床主轴伺服系统

对机床主轴传动的要求与进给传动比较还是有较大区别的，它要求主轴电动机有较大的驱动功率、大的无级调速范围、定向停位控制及角度分度控制功能等。

数控机床主轴传动系统和进给传动一样，经历了从普通三相异步电动机传动到直流伺服电动机传动，到目前普遍进入了交流主轴伺服系统的时代。正如上节所述，交流伺服电动机有笼型异步电动机和永磁式同步电动机两种结构形式，而笼型异步电动机是交流主轴伺服电动机的常用结构形式。这是因为：一方面受永磁体的限制，当电动机功率很大时，电动机的成本会很高，这对数控机床来讲是无法接收的；另一方面，数控机床主轴传动系统性能不必像进给伺服系统那样的高，采用成本低的异步电动机进行矢量闭环控制可完全满足数控机床主轴驱动的要求。但交流主轴电动机的性能要比普通异步电动机高，它要求交流主轴电动机的输出特性曲线(功率与转速关系)在基本速度以下时位于恒转矩区域，而在基本速度以上时位于恒功率区域。

交流主轴控制单元与进给系统一样，也分为模拟式和数字式两种，现在所见到的国外交流主轴控制单元大多数是数字式的。图10-28为交流主轴伺服系统框图，其工作过程简述如下。

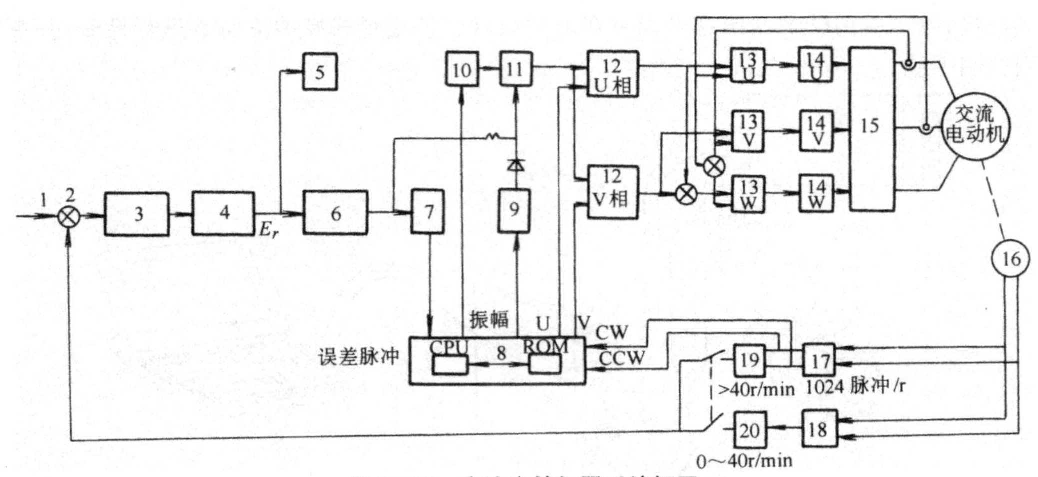

图10-28　交流主轴伺服系统框图

1—速度指令；2—比较器；3—比例积分回路；4—绝对值回路；5—负载表
6—函数发生器；7—V/F变换器；8—微处理器；9—DA强励磁；10—DA振幅器；11—乘法器
12—电流指令回路；13—电流控制回路；14—PWM控制回路；15—变换器；16—脉冲发生器
17—四倍回路；18—微分回路；19—F/V变换器；20—同步整流电路

由数控系统来的速度指令在比较器 2 中与检测器的信号相遇后，经比例积分回路 3 将速度误差信号放大作为转矩指令电压输出，再经绝对值回路 4 使转矩指令永远为正。然后经函数发生器 6 送到 V/F(电压/频率)变换器 7，变成误差脉冲。该误差脉冲送到微处理器 8 并与四倍回路 17 送来的速度反馈脉冲进行运算。在此同时，将预先写在微处理器 ROM 中的信息读出，分别送出振幅和相位信号，送到 DA 强励磁 9 和 DA 振幅器 10。DA 强励磁回路用于增加定子电流的振幅，而 DA 振幅器用于产生与转矩指令相对应的电动机定子电流的振幅。这两个输出值经乘法器 11 之后形成定子电流的振幅，送到 U 相和 V 相的电流指令回路 12。另外，从微处理器输出的 U、V 两相的相位也被送到 U 相和 V 相的电流指令回路 12，它实际上也是一个乘法器，通过它形成了 U 相和 V 相的电流指令。这个电流指令与电动机电流反馈信号相遇之后的误差，经放大后送至脉宽调制器(PWM)控制回路 14，变成频率为 3 kHz 的脉宽信号。而 W 相信号则由 I_u、I_v 两信号合成产生。上述脉冲信号经脉宽调制器(PWM)、变换器 15 控制电动机的三相交流电流。脉冲发生器 16 是一个速度检测器，用来产生每转 256 个脉冲的正、余弦波形，然后经四倍回路 17 变成 1024 脉冲/r。它一方面送微处理器；另一方面经 F/V(频率/电压)变换器 19 作为速度反馈送到比较器 2，并与速度指令进行比较。但在低速时，由于 F/V 变换器的线性度较差，所以此时的速度反馈信号由微分回路 18 和同步整流电路 20 产生。

10.4.3　工业机器人技术

1. 工业机器人的组成

现代工业机器人一般由机械系统(执行机构)、控制系统、驱动系统、智能系统四大部分组成，如图 10-29 所示。

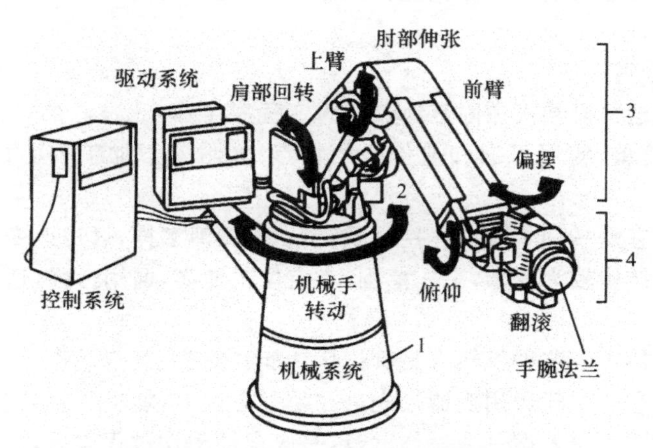

图 10-29　工业机器人的组成示意图

1—基座；2—腰部；3—臂部；4—腕部

(1)机械系统

机械系统是工业机器人的执行机构(即操作机)，是一种具有和人手相似的动作功能，可在空间抓放物体或执行其他操作的机械装置，通常由手部、腕部、臂部、腰部和基座组成。

①手部。手部又称为末端执行器或夹持器，是工业机器人对目标直接进行操作的部分，在手部可安装某些专用工具，如焊枪、喷枪、电钻、电动螺钉(母)拧紧器，这些可视为专用的特殊手部。

②腕部。腕部是连接手部和臂部的部分，主要功能是调整手部的姿态和方位。

③臂部。用以连接腰部和腕部,是支撑腕部和手部的部件,由动力关节和连杆组成。用以承受工件或工具的负荷,改变工件或工具的空间位置,并将它们送至预定的位置。

④腰部。腰部是连接臂和基座的部件,通常可以回转。臂部和腰部的共同作用使得机器人的腕部可以作空间运动。

⑤基座。基座是整个机器人的支撑部分,有固定式和移动式两种。

(2)控制系统

控制系统是机器人的大脑,支配着机器人按规定的程序运动,并记忆人给予的指令信息(如动作顺序、运动轨迹、运动速度等),同时按其控制系统的信息对执行机构发出执行指令。控制系统一般由控制计算机和伺服控制器组成,前者协调各关节驱动器之间的运动,后者控制各关节驱动器,使各个杆件按一定的速度、加速度和位置要求进行运动。

(3)驱动系统

驱动系统是按照控制系统发来的控制指令进行信息放大,驱动执行机构运动的传动装置。驱动系统包括驱动器和传动机构,常和执行机构连成一体,驱动臂杆完成指定的运动。常用的驱动器有液压、气压、电气和机械等四种传动形式,目前使用最多的是交流伺服电动机。传动机构常用的有谐波减速器、RV 减速器、丝杆、链、带以及其他各种齿轮轮系。

(4)智能系统

智能系统是机器人的感受系统,由感知和决策两部分组成。前者主要靠硬件(如各类传感器)实现,后者则主要靠软件(如专家系统)实现。

2. 工业机器人的分类

工业机器人分类的方法很多,这里仅按机器人的系统功能、驱动方式、控制方式以及机器人的结构形式进行分类。

(1)按系统功能分类

①专用机器人。这种机器人在固定地点以固定程序工作,无独立的控制系统,具有动作少、工作对象单一、结构简单、实用可靠和造价低的特点,如附属于加工中心机床上的自动换刀机械手。

②通用机器人。它是一种具有独立控制系统、动作灵活多样,通过改变控制程序能完成多种作业的机器人。它的结构较为复杂,工作范围大,定位精度高,通用性强,适用于不断变换生产品种的柔性制造系统。

③示教再现式机器人。这种机器人具有记忆功能,能完成复杂动作,适用于多工位和经常变换工作路线的作业。它比一般通用机器人先进在编程方法上,能采用示教法进行编程,即由操作者通过手动控制“示教”机器人做一遍操作示范,完成全部动作过程以后,其存储装置便能记忆所有这些工作的顺序。此后,机器人便能“再现”操作者教给它的动作。

④智能机器人。这种机器人具有视觉、听觉、触觉等各种感觉功能,能够通过比较识别作出决策,自动进行反馈补偿,完成预定的工作。它采用计算机控制,是一种具有人工智能的工业机器人。

(2)按驱动方式分类

①气压传动机器人。它是一种以压缩空气来驱动执行机构运动的机器人,具有动作迅速、结构简单、成本低的特点。但因空气具有可压缩性,往往会造成工作速度稳定性差,加之气源压力较低,一般抓重不超过 30 kg,适用在高速轻载、高温和粉尘大的环境中作业。

②液压传动机器人。这种机器人抓重可达几百千克以上，传动平稳、结构紧凑、动作灵敏，因此使用极为广泛。若采用液压伺服控制机构，还能实现连续轨迹控制。然而，这种机器人要求有严格的密封和油液过滤，以及较高的液压元件制造精度，且不宜于在高温和低温环境下工作。

③电力传动机器人。它是由交、直流伺服电动机、直线电动机或功率步进电动机驱动的机器人。它不需要中间转换机构，故机械结构简单。电力传动是目前工业机器人中应用最为广泛的一种驱动方式。

(3)按控制方式分类

①固定程序控制机器人。采用固定程序的继电器控制器或固定逻辑控制器组成控制系统，按预先设定的顺序、条件和位置，逐次执行各阶段动作，但不能用编程的方法改变已设定的信息。

②可编程控制机器人。可利用编程方法改变机器人的动作顺序和位置。控制系统用程序选择环节来调用存储系统中相应的程序。它适用于比较复杂的工作场合，并能随着工作对象的不同需要在较大范围内调整机器人的动作。可以实现点位控制和连续轨迹控制，这方面的功能与 NC 机床类似。

此外还有传感器控制、非自适应控制、自适应控制、智能控制等类型的机器人。

(4)按结构形式分

①直角坐标型机器人。直角坐标型机器人的主机架由三个相互正交的平移轴组成[图 10-30(a)]，其结构简单、定位精度高，但操作灵活性差，运动速度较低，操作范围较小而占据的空间相对较大。

②圆柱坐标型机器人。圆柱坐标型机器人由立柱和一个安装在立柱上的水平臂组成。立柱安装在回转机座上，水平臂可以伸缩，它的滑鞍可沿立柱上下移动。因而，它具有一个旋转轴和两个平移轴[图 10-30(b)]。其操作范围较大，运动速度较高，但随着水平臂沿水平方向伸长，基线位移分辨精度越来越低。

③球坐标型机器人。也称为极坐标型机器人，它由回转机座、俯仰铰链和伸缩臂组成，具有两个旋转轴和一个平移轴[图 10-30(c)]。可伸缩摇臂的运动结构与坦克的转塔相类似，可实现旋转和俯仰。其操作比圆柱坐标型机器人更为灵活。

④关节型机器人。关节型机器人手臂的运动类似于人的手臂，由大小两臂和立柱等机构组成。大小臂之间用铰链连接形成肘关节，大臂和立柱连接形成肩关节，可实现三个方向旋转运动[图 10-30(d)]。它能够抓取靠近机座的物件，也能绕过机体和目标间的障碍物去抓取物件，具有较高的运动速度和极好的灵活性，成为最通用的机器人。

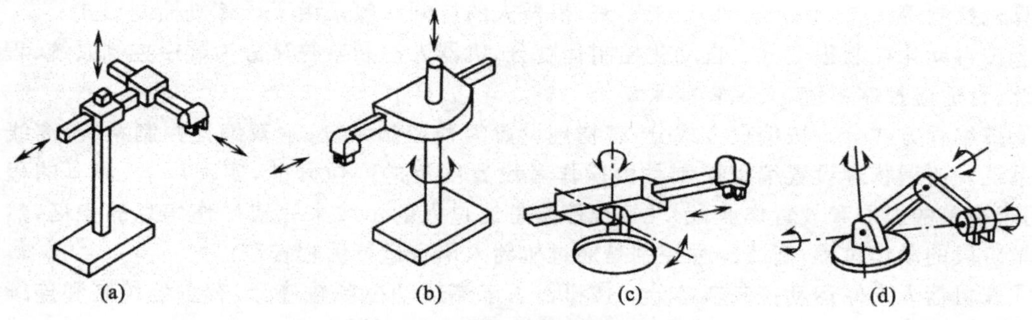

图 10-30 机器人基本结构形式

(a)直角坐标型 (b)圆柱坐标型 (c)球坐标型 (d)关节型

此外，还可按基座形式分为固定式和移动式机器人；按用途分为焊接机器人、搬运机器人、喷涂机器人、装配机器人以及其他用途的机器人等。

3. 工业机器人的控制技术

控制系统是机器人的重要组成部分，使机器人按照指令要求去完成所希望的作业任务。如图 10-31 所示，机器人控制系统通常由控制计算机、示教盒、操作面板、存储器、检测传感器、输入输出接口、通信接口等部分组成。

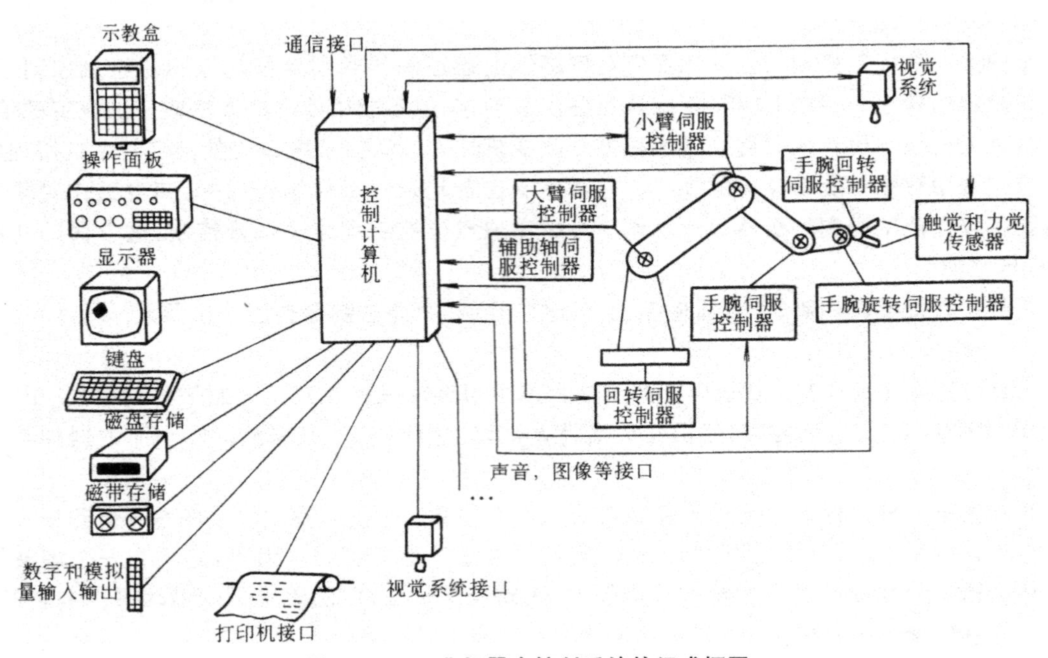

图 10-31　工业机器人控制系统的组成框图

(1)工业机器人控制系统的分类

①按控制回路的不同分。按控制回路的不同，可将机器人控制系统分为开环系统和闭环系统。这里的开环和闭环的概念与数控系统类似，闭环系统比开环系统多了一个检测反馈装置。对于闭环系统而言，由系统发出一个位置控制指令，它与来自位置传感器的反馈信号进行比较，得到一个位置差值，将其差值加以放大驱动伺服电动机，控制机器人完成相应的运动和动作。

②按控制系统的硬件分。按控制系统的硬件分，有机械控制、液压控制、射流控制、顺序控制和计算机控制等。自 20 世纪 80 年来以来，机器人的控制一般采用了计算机控制形式。

③按自动化控制程度分。自动化控制程度分，机器人控制系统又分为顺序控制系统、程序控制系统、自适应控制系统、人工智能系统。

④按编程方式分。按编程方式分，有物理设置编程控制系统、示教编程控制系统、离线编程控制系统。所谓物理设置编程控制是由操作者设置固定的限位开关，实现启动、停车的程序操作，用于简单的抓取和放置作业；示教编程控制是通过人的示教来完成操作信息的记忆，然后再现示教阶段的动作过程；离线编程控制是通过机器人语言进行编程控制。

⑤按机器人末端运动控制轨迹分。按机器人末端运动控制轨迹分，有点位控制和连续轮廓控制之分。在点位控制中，机器人每个运动轴单独驱动，不对机器人末端操作的速度和运动轨迹作出要求，仅要求实现各个坐标的精确控制。机器人的轮廓控制与 CNC 系统有所不同，在机器

人控制系统中没有插补器，在示教编程时要求将机器人轮廓轨迹运动中的各个离散坐标点以及运动速度同时存储于控制系统存储器，再现时按照存储的坐标点和速度控制机器人完成规定的动作。

(2)工业机器人的位置伺服控制

图 10-32 给出机器人位置伺服控制系统的构成示意图。对于机器人运动，常关注的是手臂末端的运动，而末端运动往往又是以各关节的合成来实现的，因而必须关注手臂末端的位置和姿态与各关节位移的关系。在控制装置中，手臂末端运动的指令值与手臂的反馈信息作为伺服系统的输入，不论机器人采用什么样的结构形式，其控制装置都是以各关节当前位置 q 和速度 q' 作为检测反馈信号，直接或间接地决定伺服电动机的电压或电流向量，通过各种驱动机构达到位置矢量厂控制的目的。

(3)工业机器人的自适应控制

自适应控制是由 Dubowsky 等于 1979 年用于机器人的。至 20 世纪 80 年代中期，在机器人控制领域基本形成了模型参考自适应控制和自校正适应控制两种流派。

①模型参考自适应控制。这种方法控制器的作用是使得系统的输出响应趋近于某指定的参考模型，因而必须设计相应的参数调节机构(图 10-32)。Dubowsky 等在这个参考系统中采用二维弱衰减模型，然后采用最陡下降法调整局部比例和微分伺服可变增益，使实际系统的输出和参考模型的输出之差为最小。然而，该方法从本质上忽略了实际机器人系统的非线性项和耦合项，是对单自由度的单输入单输出系统进行设计的。此外，该方法也不能保证用于实际系统时调整律的稳定性。

②自校正适应控制。在自适应控制方法中，除模型参考自适应之外，还有自校正方法。如图 10-33 所示，这种方法由表现机器人动力学离散时间模型各参数的估计机构与用其结果来决定控制器增益或控制输入的部分组成，采用输入输出数与机器人自由度相同的模型，把自校正适应控制法用于机器人。

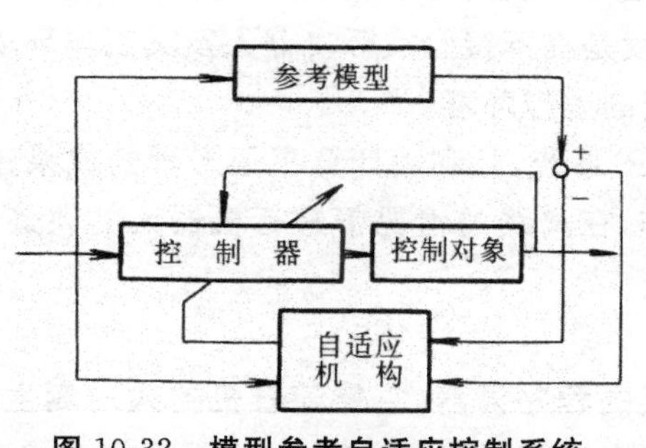

图 10-32　模型参考自适应控制系统

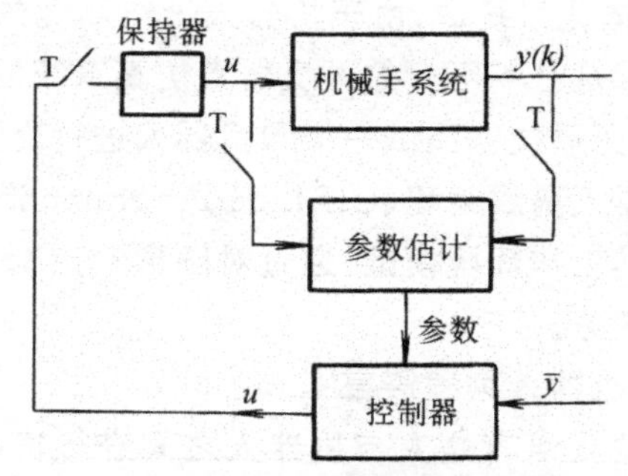

图 10-33　自校正适应控制系统

4. 工业机器人的编程技术

工业机器人的编程方法是与机器人所采用的控制系统相一致的，因而机器人运行程序的编制也有不同的方法。常用的机器人编程方法有示教编程法和离线编程法。

(1)示教编程

示教编程是一种最简单、最常用的编程方法。示教再现式机器人控制系统的工作原理如图 10-34，其工作过程分为“示教”和“再现”两个阶段。在示教阶段，由操作者拨动示教盒上的开关按钮或手握机器人的手臂来操作机器人，使它按需要的姿势、顺序和路线进行工作。在该阶段机器人一边工作一边将示教的各种信息存储在记忆装置中。在再现阶段，机器人从记忆装置中依次调用所存储的信息，利用这些信息去控制机器人再现示教阶段的动作。

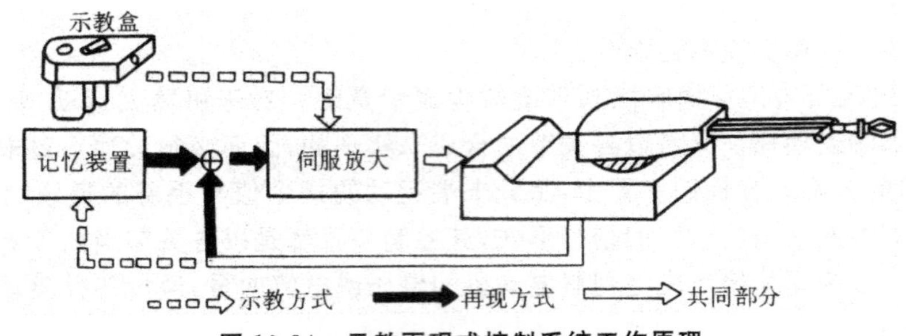

图 10-34 示教再现式控制系统工作原理

点位控制机器人与轮廓控制机器人有着不同的示教方法。点位控制机器人示教编程时，是通过示教盒上的按钮，逐一使机器人的每个运动轴动作，同时记忆该轴的运动速度、运动角度或距离，直至相关运动轴达到需要编程点位置，这样完成每个控制点的编程工作。而轮廓控制机器人的示教编程，需要附设一个没有驱动元件但装有反馈装置的示教臂，在示教编程时，操作者握住示教臂的手部，以要求的速度通过需要的路线进行示教，同时将每个运动轴的移动信息按一定的频率进行采样，并将采样信息处理后存入计算机。

示教编程是通过示教直接产生机器人的控制程序，无须操作者手工编写程序指令，较为简单方便；但也有运动轨迹精确度不高、不能得到正确的运动速度、需要相当大的存储容量等不足。

(2)离线编程

早期的机器人主要应用于大批量生产，如自动线上的电焊、喷涂等，编程所花费的时间相对比较少，示教编程可以满足这些机器人作业的要求。随着计算机应用范围的扩大，所完成的任务复杂程度的增加，在中小批量生产中，用示教方式编程就很难满足要求。在 CAD/CAM/ROBOT 一体化系统中，由于机器人工作环境的复杂性，对机器人及其工作环境乃至生产过程的计算机仿真是必不可少的。机器人仿真系统的任务就是在不接触实际机器人及其工作环境的情况下，通过图形技术提供一个和机器人进行交互作用的虚拟环境。

机器人离线编程(Off-Line Programming，OLP)系统，是利用计算机图形学的成果建立起机器人及其工作环境模型，通过对图形的控制和操作，在离线的情况下进行机器人的轨迹规划，完成编程任务。

(3)机器人编程语言

机器人语言是人与机器人之间进行信息交换的程序语言，它伴随着机器人的诞生而问世。目前，世界上已有众多的机器人语言在应用。机器人语言尽管种类很多，但根据作业描述水平的高低，通常可将机器人语言分为如下三个不同的级别。

①动作级语言。这种语言是以机器人的运动作为描述的对象，是由控制手爪从一个位置到另一位置的一系列命令组成，每一个命令对应一个动作。如定义运动序列的基本语句格式为：MOVE TO＜destination＞动作级语言的代表是 VAL 语言，其语句简单，易于编程。动作级语言的缺点是：不能进行复杂的数学计算；仅能接受传感器的开关信号，不能接受复杂的传感器信息；和其他计算机通信能力很差。

②对象级语言。该类语言解决了动作级语言的不足，是以描述操作物体之间的关系为中心

的语言,通过对操作物体之间关系的描述使机器人动作。这类语言典型代表有AML、AUTO-PASS等。

③任务级语言。任务级语言是比较高级的机器人语言,这类语言允许使用者对工作任务所要求得到的目标直接下命令,不需要规定机器人所做的每一个动作的细节。只要按某种原则给出最初的环境模型和最终的工作状态,机器人可自动进行推理、计算,最后自动生成机器人的动作。任务级语言编程系统必须有能力自动地完成许多规划方面的任务。例如,当发出“抓住螺栓”的指令时,任务级语言系统能规划一条运动的路径,并做到与周围任何一个障碍物不发生碰撞,然后自动地在螺栓上选择一个很好的抓取点,并且能够抓住它。到目前为止,还未见真正的任务级语言编程系统报导。

10.5 先进制造生产模式

10.5.1 计算机集成制造

1. CIM和CIMS的概念

计算机集成制造(CIM)。人们在研究和实践计算机集成制造的过程中,对之提出了多种不同的定义,表达了对CIM的不同认识和看法。国际标准化组织(ISO)将CIM定义为:CIM是将企业所有的人员、功能、信息和组织等诸方面集成为一个整体的生产方式。我国863/CIMS主题认为:CIM是一种组织管理企业的新理念,它将传统的制造技术与现代信息技术、管理技术、自动化技术、系统工程技术等有机地结合,将企业生产全过程中有关人/机构、经营管理和技术三要素,及其信息流、物质流和能量流有机地集成并优化运行,以实现产品上市快、高质、低耗、服务好,从而使企业赢得市场竞争。

计算机集成制造系统(CIMS),则是基于CIM理念而组成的系统,是CIM的具体实现。如果说CIM是组织现代化企业的一种哲理,而CIMS则应理解为是基于该哲理的一种工程集成系统。CIMS的核心在于集成,不仅是综合集成企业内各生产环节的有关技术,如计算机辅助经营决策与生产管理技术(MIS、OA、MRPⅡ)、计算机辅助设计和分析技术(CAD、CAE、CAPP、CAM)、计算机辅助制造技术(CNC、DNC、FMC、FMS)、计算机辅助质量管理与控制技术等,更重要的是将企业内的人/机构、经营管理和技术称为CIMS三要素的有效集成,以保证企业内的工作流、物质流和信息流畅通无阻。

2. CIMS的组成

从系统的功能角度考虑,一般认为CIMS可由经营管理信息系统、工程设计自动化系统、制造自动化系统和质量保证信息系统四个功能分系统,以及计算机网络和数据库管理两个支撑分系统组成。然而,CIMS这种组成结构并不意味着任何一个企业在实施CIMS时都必须同时实现所有的六个分系统。由于每个企业原有的基础不同,各自所处的环境不同,因此应根据企业的具体需求和条件,在CIM思想指导下进行局部实施或分步实施,逐步延伸,最终实现CIMS的建设目标。

(1)经营管理信息分系统

经营管理信息分系统是将企业生产经营过程中产、供、销、人、财、物等进行统一管理的计算机应用系统,是CIMS的神经中枢,指挥与控制着CIMS其他各部分有条不紊地工作。

(2)工程设计自动化分系统

工程设计自动化分系统实质上是指在产品设计开发过程中引用计算机技术,使产品设计开发工作更有效、更优质、更自动地进行。产品设计开发活动包含有产品概念设计、工程结构分析、详细设计、工艺设计,以及数控编程等产品设计和制造准备阶段中的一系列工作。工程设计自动化分系统包括通常人们所熟悉的CAD/CAPP/CAM系统。

(3)制造自动化分系统

制造自动化分系统位于企业制造环境的底层,是直接完成制造活动的基本环节,它是CIMS的信息流和物料流的结合点,是CIMS最终产生经济效益的聚集地。

通常,制造自动化分系统由机械加工系统、控制系统、物流系统、监控系统组成。机械加工系统用于对零件或产品的各种加工和装配,包含有数控机床、加工中心、柔性制造单元和柔性制造系统等加工设备、测量设备和装配设备。控制系统用以实现对机械加工系统的操作过程控制,是制造自动化系统集成信息流、决策流的基础,保证CIMS从车间层到设备层协调可靠的运行。物流系统是制造自动化系统物流集成的基础,它完成对工件和工具的存储、搬运、装卸等操作功能。监控系统是制造自动化系统工作质量保证的基础,它完成制造过程中对加工对象、加工设备及加工工具的在线自动监控。

(4)质量保证分系统

质量保证分系统是以提高企业产品制造质量和企业工作管理质量为目标,通过质量保证规划、工况监控采集、质量分析评价和控制,以达到预定的质量要求。

(5)数据库管理分系统

数据库管理分系统是CIMS的一个支撑分系统,它是CIMS信息集成的关键之一。在CIMS环境下的经营管理数据、工程技术数据、制造控制和质量保证等各类数据需要在一个结构合理的数据库系统里进行存储和调用,以满足各分系统信息的交换和共享。

(6)CIMS计算机网络分系统

计算机网络分系统是CIMS的又一主要支撑技术,是CIMS重要的信息集成工具。计算机网络是以共享资源为目的而由多台计算机、终端设备、数据传输设备以及通信控制处理等设备的集合,它们在统一的通信协议的控制下具有独立自治的能力,具有硬件、软件和数据共享的功能。

3. CIMS递阶控制结构

CIMS是一个复杂庞大的工程系统,通常采用递阶控制体系结构。所谓递阶控制,即将一个复杂的控制系统按照其功能分解成若干层次,各层次进行独立的控制处理,完成各自的功能;层与层之间保持信息交换,上层对下层发出命令,下层向上层回送命令执行结果,通过通信联系构成一个完整的控制系统。这种控制模式减小了系统的开发和维护难度,已成为当今复杂系统的主流控制模式。

根据目前制造型企业多级管理的结构层次,美国国家标准与技术局(NIST)将CIMS分为五层递阶控制结构,即工厂层、车间层、单元层、工作站层和设备层(图10-35)。这种控制模式包容了制造业的全部功能和活动,体现了集中和分散相结合的控制原理,已被国际社会广泛认可和引用。在这种递阶控制结构中,各层分别由独立的计算机进行控制处理,功能单一,易于实现;其层次越高,控制功能越强,计算机所处理的任务越多;而层次越低,则实时处理要求越高,控制回路内部的信息流速度越快。

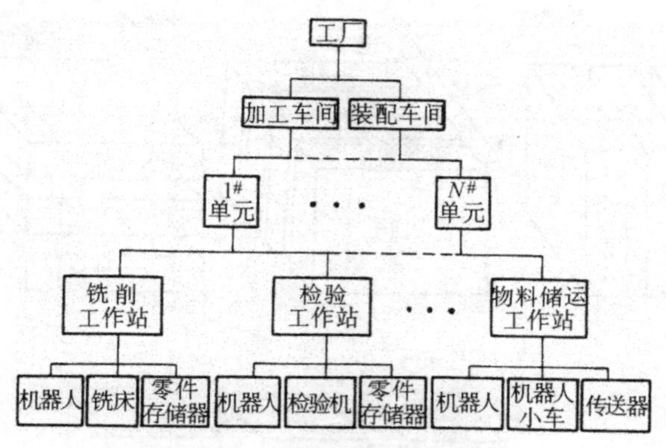

图 10-35 CIMS 递阶控制结构

4. CIMS 的体系结构

CIMS 是为获取制造型企业最佳的整体效益而设计和建造的系统，为保证系统目标的实现，需要一套方法、工具及适合的参考模型。CIMS 体系结构的研究，其目的就是通过 CIMS 各组成部分及其相互间的关系，提出一套标准的、实用的系统参考模型，包括建模机理、方法和工具，用以指导 CIMS 的设计、实施和运行。因此，世界各国比较重视对 CIMS 体系结构的研究，其中由欧共体 ESPRIT 计划中的 AMICE 专题所提出的 CIMS/OSA 体系结构具有一定的代表性。CIMS/OSA 是一个开放式的体系结构，它为制造业 CIMS 提供了一种参考模型，已作为对 CIMS 进行规划、设计、实施和运行的系统工具。

欧共体 CIMS/OSA 体系结构的基本思想是，将复杂的 CIMS 系统的设计实施过程，沿结构方向、建模方向和视图方向分别作为通用程度维、生命周期维和视图维三维坐标，对应于从一般到特殊、推导求解和逐步生成的三个过程，以形成 CIMS 开放式体系结构的总体框架。图 10-36 所示的结构模型，被称为 CIMS/OSA 方体。

(1)CIMS/OSA 的结构层次

在 CIMS/OSA 的结构框架中的通用程度维包含有三个不同的结构层次，即通用层、部分通用层和专用层，其中的通用层和部分通用层组成了制造企业 CIMS/OSA 结构层次的参考结构。

通用层包含各种 CIMS/OSA 的结构模块，包括组件、约束规划、服务功能和协议等系统的基本构成，包含各种企业的共同需求和处理方法。部分通用层有一整套适用于各类制造企业(如机械制造、航空、电子等)的部分通用模型，包括按照工业类型、不同行业、企业规模等不同分类的各类典型结构，是建立企业专用模型的工具。专用层的专用结构是在参考结构(由通用层和部分通用层组成)的基础上根据特定企业运行需求而选定和建立的系统和结构。专用层仅适用于一个特定企业，一个企业只能通过一种专用结构来描述。企业在部分通用层的帮助下，从通用层选择自己需要的部分，组成自己的 CIMS。从通用层到专用层的构成是一个逐步抽取或具体化的过程。

(2)CIMS/OSA 的建模层次

CIMS/OSA 的生命周期维用于说明 CIMS 生命周期的不同阶段，它包含有需求定义、设计说明和实施描述三个不同的建模层次。

需求定义层是按照用户的准则描述一个企业的需求定义模型；设计说明层是根据企业经营业务的需求和系统的有限能力，对用户的需求进行重构和优化；实施描述层在设计说明层的基础

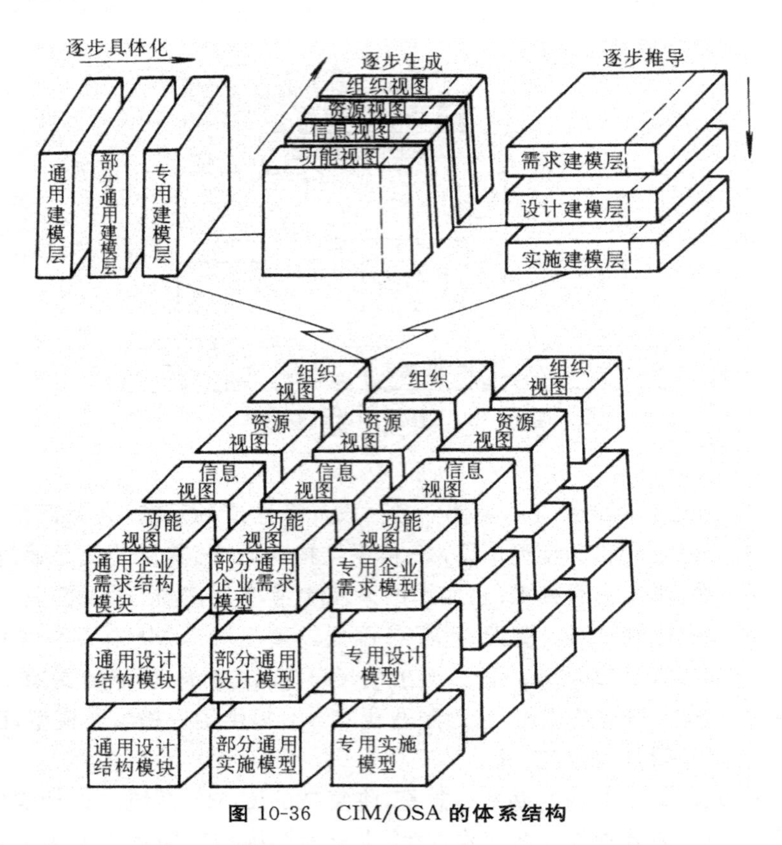

图 10-36　CIM/OSA 的体系结构

上，对企业生产活动实际过程及系统的物理元件进行描述。物理元件包括制造技术元件和信息技术元件两类。制造技术元件是转换、运输、储存和检验原材料、零部件和产品所需要的元件，包括 CAD、CAQ、MRP、CAM、DNC、FMC、机器人、包装机、传送机等，信息技术元件是用于转换、输送、储存和检验企业各项活动的有关数据文件，包括计算机硬件、通信网络、系统软件、数据库系统、系统服务器以及各类专门用途的应用软件。

(3)CIMS/OSA 的视图层

CIMS/OSA 的视图层用于描述企业 CIMS 的不同方面，有功能视图、信息视图、资源视图和组织视图。功能视图是用来获取企业用户对 CIMS 内部运行过程的需求，反映系统的基本活动规律，指导用户确定和选用相应的功能模块；信息视图是用来帮助企业用户确定其信息需求，建立基本的信息关系和确定数据库的结构；资源视图帮助企业用户确定其资源需求，建立优化的资源结构；组织视图用于确定 CIMS 内部的多级多维职责体系，建立 CIMS 的多级组织结构，从而可以改善企业的决策过程并提高企业的适应性和柔性。

由此可以看出，CIMS/OSA 是一种可供任何企业使用，可描述系统生命周期的各个阶段，包括企业各方面要求的通用完备的体系结构。

10.5.2　并行工程

1. 并行工程的产生

20 世纪 70 年代中期以来，世界工业市场竞争不断加剧，给企业带来巨大的压力，迫使企业纷纷寻求有效的方法，最大限度地提高产品质量，降低生产成本，缩短产品开发周期，以便更有力地参与竞争。竞争的焦点就是以最短的时间开发出高质量、低成本的产品投放市场，并提供用户好的服务，这些焦点可以概括为 TQCS，即短时间（Time）、高质量（Quality）、低成本（Cost）、好服务（Service），而时间是核心。

许多企业通过应用信息技术实现了柔性化、集成化，从而使企业获得了显著的经济效益，在激烈的市场竞争中有了一席之地，但是设计、制造技术向前发展的趋势依然蓬勃。实践证明，改进产品开发过程会比单纯改进生产过程获得更大的效益。

然而，传统的产品开发模式已不能满足激烈的市场竞争要求。传统的产品开发过程就像接力赛一样，产品总是从一个部门递交给下一个部门，每次都根据各自需要进行修改。市场调研部门根据市场调研结果提出新产品设想，传给设计部门；设计部门利用现有技术完成设计图样，把信息传给供应部门；供应部门订购必须的原材料和制造设备，然后传给生产部门；由生产部门完成最终产品生产。这种“抛过墙”（Throw It Over The Wall）式的开发模式如图 10-37 所示。

图 10-37　“抛过墙”式的严品

这种产品开发模式存在不少缺点：部门之间信息共享存在障碍；操作流程的串行实行，使得设计早期不能全面考虑产品生命周期中的各种因素，不能综合考虑产品的可制造性、可装配性和质量可靠性等因素，导致产品质量不能达到最优；各个部门对产品开发的独立修改导致产品开发出现各种反复，总体开发时间延长；基于图样以手工设计为主，设计表达存在二义性，缺少先进的计算机平台，不足以支持协同化产品开发。

促使 CE（Concurrent Engineering）产生的一个重要因素是 1986 年 Packard Commission 最终报告（A Quest For Excellence：Final Report To The President By The President's Blue Ribbon Commission On Defense Management）。该报告认为目前的武器系统开发周期太长，生产成本过高，并且常常满足不了需求。CE 一开始就是针对产品开发领域而提出的解决方案。

与传统的产品开发模式不同，并行工程是一种企业组织、管理和运行的先进设计、制造模式；是采用多学科团队和并行过程的集成化产品开发模式。它把传统的制造技术与计算机技术、系统工程技术和自动化技术相结合，在产品开发的早期阶段全面考虑产品生命周期中的各种因素，力争使产品开发能够一次获得成功，从而缩短产品开发周期，提高产品质量，降低产品成本。

CE 摒弃传统的“反复做，直到满意”的思想，强调“一次就达到目的”，这虽然提高了市场分析和设计阶段的成本，但却大大降低了所有其他相关环节中的成本，产品的总成本仍是大为降低。尽管在产品开发前期投入的成本，比传统的串行工程相比要高，但由于并行工程后期投入成本的减少，使得总体成本比传统的串行工程要低。

传统产品开发过程信息流向单一、固定，以信息集成为特征的 CIMS 可以支持、满足这种产品开发模式的需求。并行产品的设计过程是并发式的，信息流向是多方向的。

2. 并行工程的定义及特点

CE 的定义，目前国际上普遍采用的有两种。一种是美国 R. I. Winner 于 1988 年在 IDA 的 R-388 研究报告中提出的定义：并行工程是一种系统的集成方法，它用并行方法对产品及其相关过程（制造过程和支持过程）进行设计。它使产品开发人员从一开始就能考虑到产品全生命周期从概念形成到产品报废的所有因素，包括质量、成本、进度及用户需求。另一种是国际生产工程学会（CIRP）执行成员、瑞典 G. Sohlenius 教授于 1992 年在 CIRP 年会上所做的大会主题报告“并行工程”提出的：并行工程指的是一种工作模式，即在产品开发和生产的全过程中涉及的各种各样的工程行为被集成在一起并且尽可能并行地统筹考虑和实施。

从并行工程的定义和实际实践来看，并行工程具有以下特点。

（1）强调团队工作（Team Work）精神和工作方式

产品开发由传统的部门制或专业组变成以产品（型号）为主线的多功能集成产品开发团队（Integrated Product Team，IPT），团队由掌握不同学科的成员组成，并行工程的顺利展开需要团队成员之间的通力协作。

（2）强调设计过程的并行性

在产品设计期间，并行地处理整个产品生命周期中的关系，通过并行规划、并行处理，缩短产品的开发周期。

（3）强调设计过程的系统性

在设计一开始就考虑到影响产品质量的所有因素，可以在开发过程中早期发现不同工程学科设计人员、功能、可制造性、可装配性及可维修性等因素之间的冲突关系，从整体出发考虑产品设计开发。

（4）强调设计过程的快速“短”反馈

强调用户与销售者在产品设计开发阶段参与工作，对他们的反映做出快速的反映，并对产品设计进行及时修正，确保最后一次设计成功。

3. 关键技术支持

传统的 CIMS 中的基础技术，如信息集成、STEP、CAD/CAPP/CAM、数据库、网络通信等，在并行工程中仍然扮演着重要的角色。然而，在 CIMS 信息技术的基础上实施并行工程还需要组织管理、过程改进、并行化设计方法学等新的关键技术支持。下面对并行工程的关键技术进行简要的介绍。

（1）过程管理与集成技术

并行工程与传统生产方式的本质区别在于它把产品开发的各个活动作为一个集成的、并行的产品开发过程，强调下游过程在产品开发早期参与设计过程；对产品开发过程进行管理和控制，不断改善产品开发过程。具体技术包括过程建模技术、过程管理技术、过程评估技术、过程分析技术和过程集成技术。

（2）团队技术

产品开发由传统的部门制或专业组变成以产品（型号）为主线的多功能集成产品开发团队（IPT—Integrated Product Team）。其中具体涉及到 IPT 的组建，角色定义，管理模式和决策模式等内容。

(3)协同工作环境

在并行工程产品开发模式下，产品开发是由分布在异地的采用异种计算机软件工作的多学科小组完成的。多学科小组之间及多学科小组内部各组成人员之间存在着大量相互依赖的关系，并行工程协同工作环境支持 IPT 的异地协同工作。协调系统用于各类设计人员协调和修改设计，传递设计信息，以便做出有效的群体决策，解决各小组间的矛盾。PDM 系统构造的 IPT 产品数据共享平台，在正确的时间将正确的信息以正确的方式传递给正确的人；基于 Client/server 结构的计算机系统和广域的网络环境，使异地分布的产品开发队伍能够通过 PDM 和群组协同工作系统进行并行协作产品开发。协同工作环境的具体关键技术包括约束管理技术、冲突仲裁技术、多智能体(Multi-agent)技术、CSCW(Conputer-supported Cooperative Work)技术、分布式人工智能(Distrlbuted Artificial Intelligence)技术。

(4)并行工程关键使能技术及工具

基于一定的数据标准，建立产品生命周期中的数字化产品模型，特别是建立基于 STEP 标准的特征模型。产品设计主模型是产品开发过程中唯一的数据源，用于定义覆盖产品开发各个环节的信息模型，各环节的信息接口采用标准数据交换接口进行信息交换。数字化工具定义是指广义的计算机辅助工具集。最典型的有 CAD、CAE、CAPP、CAM、CAFD(计算机辅助工装系统设计)、DFA(面向装配的设计)、DFM(面向制造的设计)、MPS(加工过程仿真)、DFC(面向成本的设计)、PDM(产品数据管理技术)等。这些 CAx/DFx 的集成被广泛用于 CE 产品开发的各个环节，在 STEP 标准的支持下，实现集成的、并行的产品开发。

(5)并行工程集成框架

一个集成框架系统可以包括两个层次：集成框架环境层和系统平台层。集成框架环境层提供系统集成的技术规范和标准，以支持异构环境和系统的集成与互联，它是整个集成框架实现的技术基础和环境。目前 CORBA 已成为集成框架的主流标准规范。系统平台层是基于集成框架环境层所提供的技术支持，提供软硬件支撑平台和集成软件接口，建立各分系统之间信息集成与共享、过程集成和生命周期数据管理的软总线，使各应用工具按照面向对象的思想能够更方便地即插即用。

4. 并行工程的发展和应用研究

并行工程作为制造业自动化发展进程中的重要一步，在先进制造技术中具有承上启下的作用。这主要体现在两个方面：①并行工程是在 CAD、CAM、CAPP 等技术支持下，将原来分别进行的工作在时间和空间上交叉、重叠，充分利用了原有技术，并吸收了当前迅速发展的计算机技术、信息技术的优秀成果，使其成为先进制造技术中的基础。②在并行工程中为了达到并行的目的，必须建立高度集成的主模型，通过它来实现不同部门人员的协同工作；为了达到产品的一次设计成功，减少反复，它在许多部分应用了仿真技术；主模型的建立、局部仿真的应用等都包含在虚拟制造技术中，可以说并行工程的发展为虚拟制造技术的诞生创造了条件，虚拟制造技术则是以并行工程为基础的，并行工程的进一步发展方向是虚拟制造(VM——Virtual Manufactuning)。

10.5.3　敏捷制造

敏捷制造，又称为灵捷制造(Agile Manufacturing，AM)，是由里海(Leigh)大学雅柯卡(Iacocca)研究所与美国通用汽车公司等企业进行联合研究，于1991年正式提出来的一种新型生产模式。该生产模式一经公开后，立即受到世界各国的关注和重视。

何谓敏捷制造？其创始人Rick Dove认为：敏捷制造是指企业快速调整自己，以适应当今市场持续多变的能力；以任何方式来高速、低耗地完成它所需要的任何调整，依靠不断开拓创新来引导市场，赢得竞争。

敏捷制造是在“竞争—合作—协同”机制下，实现对市场需求作出灵活快速反应的一种生产制造新模式。敏捷制造企业通过采用现代通信技术，以敏捷、动态、优化的形式，组织新产品开发。通过动态联盟、先进生产技术和高素质员工的全面集成，迅速响应客户需求，及时将开发的新产品投放市场，提高企业竞争能力，从而赢得竞争的优势。

如图10-38所示，敏捷制造企业主要在市场/用户、企业能力和合作伙伴这三方面反映自身的敏捷性。

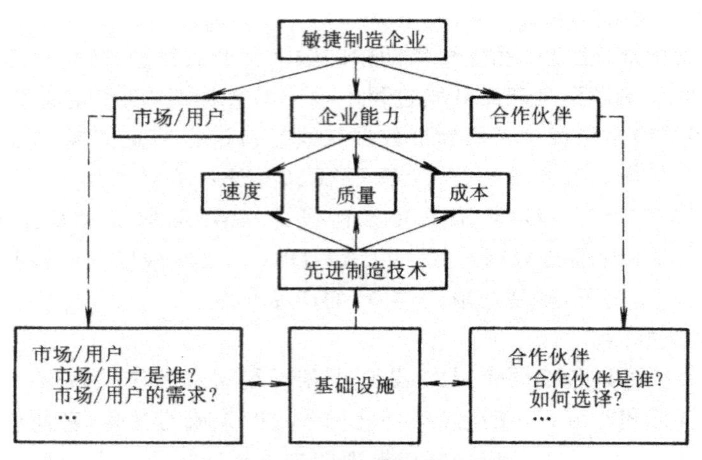

图10-38　敏捷制造概念示意图

1. 敏捷制造的战略着眼点在于快速响应市场/用户的需求

敏捷制造要求在整个产品生命周期内满足用户不断提高的需求：在产品设计过程，让用户参与产品的设计，根据自己的喜好提出设计要求；制造过程对用户透明，使用户获得可靠性最高的产品；产品进入市场，使用户在购买、使用、维护、报废所需总费用最低；在售后服务阶段，不断向用户提供各种产品信息和服务。

2. 敏捷制造企业的关键因素是企业的应变能力

衡量企业的应变能力需要综合考虑市场响应速度、产品质量和生产成本，这是企业在市场竞争中取得生存和领先能力的综合表现，而企业的应变能力又需要由先进制造技术的支撑。敏捷制造企业采用先进制造技术和具有高度柔性的生产设备组织生产，这些具有高度柔性、可重组的设备可用于多种产品生产，产品变换容易，并在较长时间内获得经济效益。因而，敏捷制造可使生产成本与批量无关，可充分把握市场中的每一个获利时机，使企业长期获取经济利益。

3. 敏捷制造强调“竞争与合作”，采用灵活多变的动态组织结构

一旦发现机遇，将以最快的速度从企业内部的某些部门和企业外部的不同公司中选出设计、制造该产品的优势群体，组成一个功能单一的经营实体。

企业制造的敏捷性不主张借助大规模的技术改造来刚性地扩充企业的生产能力，不主张构造拥

有一切生产要素、独霸市场的巨型公司，制造的敏捷性提出了一条在市场竞争中获利的新思路。

10.5.4 智能制造

1. 智能制造的定义

智能制造应当包含智能制造技术和智能制造系统。

(1)智能制造技术

智能制造技术(Intelligent Manufacturing Technology,IMT)是指利用计算机模拟制造业人类专家的分析、判断、推理、构思和决策等智能活动，并将这些智能活动与智能机器有机地融合起来，将其贯穿应用于整个制造企业的各个子系统，以实现整个制造企业经营运作的高度柔性化和高度集成化，从而取代或延伸制造环境中人类专家的部分脑力劳动，并对制造业人类专家的智能信息进行搜集、存储、完善、共享、继承与发展。

(2)智能制造系统

智能制造系统(Intelligent Manufacturing System,IMS)是一种智能化的制造系统，是由智能机器和人类专家共同组成的人机一体化的智能系统，它将智能技术融入制造系统的各个环节，通过模拟人类的智能活动，取代人类专家的部分智能活动，使系统具有智能特征。

智能制造系统基于智能制造技术，综合应用人工智能技术、信息技术、自动化技术、制造技术、并行工程、生命科学、现代管理技术和系统工程理论与方法，在国际标准化和互换性的基础上，使得整个企业制造系统中的各个子系统分别智能化，并使制造系统成为网络集成的高度自动化的制造系统。

智能制造系统是智能技术集成应用的环境，也是智能制造模式展现的载体。IMS理念建立在自组织、分布自治和社会生态学机理上，目的是通过设备柔性和计算机人工智能控制，自动地完成设计、加工、控制管理过程，旨在解决适应高度变化环境的制造的有效性。

由于这种制造模式突出了知识在制造活动中的价值地位，而知识经济又是继工业经济后的主体经济形式，所以智能制造就成为影响未来经济发展过程的制造业的重要生产模式。

2. 智能制造系统的构成及典型结构

从智能组成方面考虑，IMS是一个复杂的智能系统，它由各种智能子系统按层次递阶组成，从而构成智能递阶层次模型。该模型最基本的结构称为元智能系统(Meta-Intelligent System,M-IS)，其结构如图10-39所示，大致分为学习维护级、决策组织级和调度执行级三级。

学习维护级，通过对环境的识别和感知，实现对M-IS进行更新和维护，包括更新知识库、更新知识源、更新推理规则以及更新规则可信度因子等。决策组织级，主要接受上层M-IS下达的任务，根据自身的作业和环境状况，进行规划和决策，提出控制策略。在IMS中的每个M-IS的行为都是上层M-IS的规划调度和自身自律共同作用的结果，上层M-IS的规划调度是为了确保整个系统能有机协同地工作，而M-IS自身的自律控制则是为了根据自身状况和复杂多变的环境，寻求最佳途径完成工作任务。因此，决策组织级要求有较强的推理决策能力；调度执行级，完成由决策组织级下达的任务，并调度下一层的若干个M-IS并行协同作业。

M-IS是智能系统的基本框架，各种具体的智能系统是在此M-IS基础之上对其扩充。

具备这种框架的智能系统具有以下特点。

①决策智能化。

②可构成分布式并行智能系统。

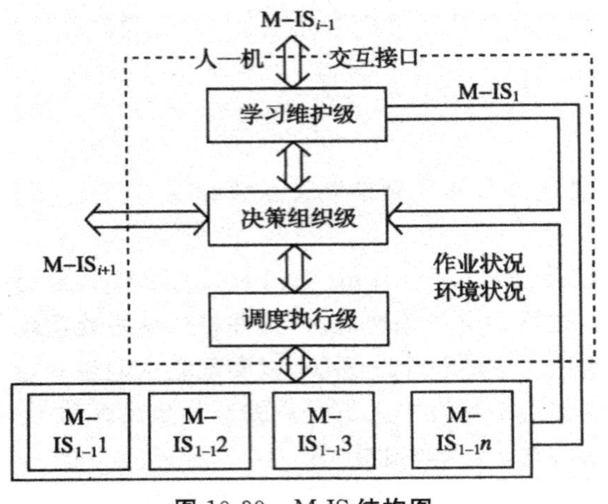

图 10-39　M-IS 结构图

③具有参与集成的能力。

④具有可组织性和自学习、自维护能力。

从智能制造的系统结构方面来考虑，未来智能制造系统应为分布或自主制造系统（Distributed Autonomous Manufacturing System），该系统由若干个智能施主（Intelligent Agent）组成。根据生产任务细化层次的不同，智能施主可以分为不同的级别。如一个智能车间可称为一个施主，它调度管理车间的加工设备，它以车间级施主身份参与整个生产活动；同时对于一个智能车间而言，它们直接承担加工任务。无论哪一级别的施主，它与上层控制系统之间通过网络实现信息的连接，各智能加工设备之间通过自动引导小车（AGV）实现物质传递。

在这样的制造环境中，产品的生产过程为：通过并行智能设计出的产品，经过 IMS 智能规划，将产品的加工任务分解成一个个子任务，控制系统将于任务通过网络向相关施主“广播”。若某个施主具有完成此任务的能力，而且当前空闲，则该施主通过网络向控制系统投出一份“标书”。“标书”中包含了该施主完成此任务的有关技术指标，如加工所需时间，加工所能达到的精度等内容。如果同时有多个施主投出“标书”，那么，控制系统将对各个投标者从加工效率、加工质量等方面加以仲裁，以决定“中标”施主。“中标”施主若为底层施主（加工设备），则施主申请，由 AGV 将被加工工件送向“中标”的加工设备，否则，“中标”施主还将子任务进一步细分，重复以上过程，直至任务到达底层施主。这样，整个加工过程，通过任务广播、投标、仲裁、中标，实现生产结构的自组织。

3. 智能制造系统的主要支撑技术

(1)人工智能技术

IMS 离不开人工智能技术。IMS 智能水平的提高依赖着人工智能技术的发展。同时，人工智能技术是解决制造业人才短缺的一种有效方法，在现阶段，IMS 中的智能主要是人（各领域专家）的智能。但随着人们对生命科学研究的深入，人工智能技术一定会有新的突破，将 IMS 推向更高阶段。

(2)并行工程

针对制造业而言，并行工程作为一种重要的技术方法学，应用于 IMS 中，将最大限度地减少产品设计的盲目性和设计的重复性。

(3)虚拟制造技术

用虚拟制造技术在产品设计阶段就模拟出该产品的整个生命周期,从而更有效、更经济、更灵活地组织生产,达到产品开发周期最短、产品成本最低、产品质量最优、生产效率最高的目的。虚拟制造技术应用于IMS,为并行工程的实施提供了必要的保证。

(4)信息网络技术

信息网络技术是制造过程的系统和各个环节"智能集成"化的支撑。信息网络是制造信息及知识流动的通道。因此,此项技术在IMS研究和实施中占有重要地位。

第11章　柔性制造系统技术

11.1　柔性制造系统概述

11.1.1　柔性制造系统的定义

目前对柔性制造系统还没有统一的定义，它作为一种先进制造技术的代表，不局限于零件的加工，在与加工和装配相关的领域里也得到越来越广泛的应用。所以，有关柔性制造系统的定义和描述有多种。

根据“中华人民共和国国家军用标准”有关“武器装备柔性制造系统术语”的定义，柔性制造系统是数控加工设备、物料运储装置和计算机控制系统组成的自动化制造系统。它包括多个柔性制造单元，能根据制造任务或生产环境的变化迅速进行调整，适用于多品种、中等批量生产。

美国制造工程师协会的计算机辅助系统和应用协会把柔性制造系统定义为：使用计算机控制柔性工作站和集成物料运储装置来控制并完成零件族某一系列工序的，或一系列工序的一种集成制造系统。

为方便对柔性制造系统的理解，更为直观的定义为：柔性制造系统是由两台以上的机床、一套物料运输系统（从装载到卸载具有高度自动化）和一套控制系统的计算机所组成的制造系统。它采用简单地改变软件的方法便能制造出某些部件中的任何零件。

国际生产工程研究协会、欧共体机床工业委员会等组织对柔性制造系统都有自己的描述。各种定义的描述方法虽然不同，但反映了柔性制造系统应具备的一些特点。

11.1.2　柔性制造系统的组成

1. 柔性制造系统的硬件组成部分

两台以上的数控机床或加工中心以及其他的加工设备，包括测量机、清洗机、动平衡机、各种特种加工设备等；一套能自动装卸的运储系统，包括刀具的运储和工件原材料的运储，具体结构可采用传送带、有轨小车、无轨小车、搬运机器人、上下料托盘、交换工作站等；一套计算机控制系统。

2. 柔性制造系统的软件组成部分

柔性制造系统的运行控制；柔性制造系统的质量保证；柔性制造系统的数据管理和通信网络。

11.1.3　柔性制造系统的功能

其功能包括能自动进行零件的批量生产；简单地改变软件，便能制造出某一零件族的任何零件；物料的运输和储存必须是自动的（包括刀具工装和工件）；能解决多台设备状态下零件的混合比，且无需额外增加费用。

11.1.4　柔性制造系统的工作过程

柔性制造系统的工作过程如下：在装卸站将毛坯安装在早已固定在托盘上的夹具中。然后物料传送系统把毛坯连同夹具和托盘输送到进行第一道加工工序的加工中心旁边排队等候，一旦加工中心空闲，零件就立即送到加工中心加工。每道工序加工完毕后，物料传输系统还要将该加工中心完成的半成品取出并送至执行下一工序的加工中心旁边排队等候。如此不停地进行至最后一道加工工序。在完成零件的整个加工过程中，除进行加工工序外，若有必要还要进行清洗、检验以及压套组装等工序。

11.1.5　柔性制造系统的类型

柔性制造系统适用于中小批量的生产，既要兼顾对生产率和柔性的要求，也要考虑系统的可靠性和机床的负荷率。因此，就产生了三种类型的柔性制造系统，它们分别是配备互补机床的柔性制造系统、配备可互相替换机床的柔性制造系统和混合式的柔性制造系统。

1. 配备互补机床的柔性制造系统

在这类柔性制造系统中，通过物料运储系统将数台 NC 机床连接起来，不同机床的工艺能力可以互补，工件通过安装站进入系统，然后在计算机控制下从一台机床到另一台机床，按顺序加工，如图 11-1 所示。工件通过系统的路径是固定的。这种类型的柔性制造系统是非常经济的，生产率较高。从系统的输入和输出的角度看，互补机床是串联环节，它减少了系统的可靠性，即当一台机床发生故障时，全系统将瘫痪。

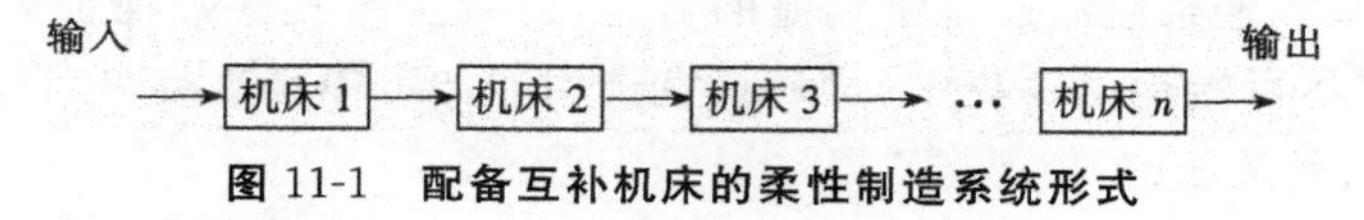

图 11-1　配备互补机床的柔性制造系统形式

2. 配备可互相替换机床的柔性制造系统

这种类型的柔性制造系统，纳入系统的机床是可以互相代替的，工件可以被送到适合加工它的任一台加工中心上。计算机的存储器存有每台机床的工作情况，可以对机床分配加工零件。一台加工中心可以完成部分或全部加工工序，如图 11-2 所示。从系统的输出和输入看，它们是并联环节，因而增加了系统的可靠性，即当某一台机床发生故障时，系统仍能正常工作。

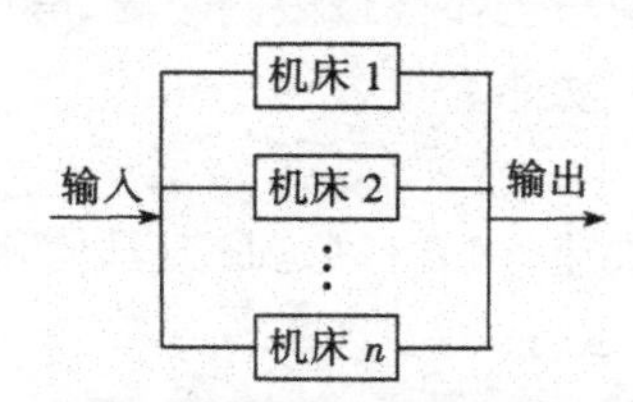

图 11-2　配备可互相替换机床的柔性制造系统形式

3. 混合式的柔性制造系统

这类柔性制造系统是互补式柔性制造系统和替换式柔性制造系统的综合，即柔性制造系统中有一些机床按替换式布置，而另一些机床按互补式安排，以发挥各自的优点。大多数柔性制造系统采用这种形式，如图 11-3 所示。

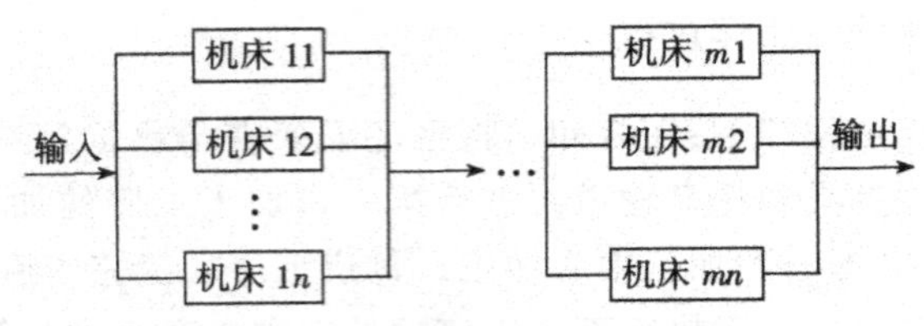

图 11-3 混合式柔性制造系统形式

11.2 柔性制造系统的加工系统

11.2.1 加工系统的功能与要求

在柔性制造系统中，用于把原材料转变为最后产品的机床设备与夹具、托盘和自动上下料机构等机床附件一道共同构成了柔性制造系统的加工系统。加工系统是柔性制造系统最基本的组成部分，柔性制造系统的加工能力的高低在很大程度上是由其加工系统所决定的。

加工系统的结构形式以及所配备的机床数量、规格、类型，取决于工件的形状、尺寸和精度要求，同时也取决于生产的批量及加工自动化程度。由于柔性制造系统所加工的零件多种多样，因此所需的柔性制造系统加工机床类型也是多样化的。无论采用怎样形式的加工系统，柔性制造系统运行的加工机床都应当是可靠的、自动化的、高效率的加工设备，它应满足如下的性能要求。

1. 工序集中

以减少工位数来减轻柔性制造系统物流的负担，以减少装夹次数保证柔性制造系统加工质量，所选用的机床应尽可能地工序集中。因而，宜选用如加工中心这类多功能机床。

2. 控制功能强、扩展性好

选用模块化的机床结构，其外部通信功能和内部管理功能强，有内装的可编程控制器，易于与辅助装置连接，方便系统的调整与扩展，减轻网络通信和上级控制器的负载。

3. 高刚度、高精度、高速度

选用切削功能强，加工质量稳定，生产效率高的机床。

4. 自保护与自维护性好

应设有过载保护装置，设有行程与工作区域限制装置，导轨和各相对运动件等无需润滑或能自动加注润滑，具有故障诊断和预警功能。

5. 使用经济性好

如导轨油可回收，断排屑处理快速、彻底，以延长刀具使用寿命，节省运行费用，保证系统能安全、稳定、长时间无人值守而自动运行。

6. 对环境的适应性与保护性好

对工作环境的温度、湿度、粉尘等要求不高，各种密封件性能可靠、无渗透，能及时排除烟雾和异味，噪声、振动小，能保证良好的生产环境。

11.2.2　加工系统常用配置形式

目前，在柔性制造系统上加工的零件主要有两大类：一是棱体类零件，如箱体、框架、平板等；另一是回转体类零件。

对于加工棱体类零件的柔性制造系统，其机床设备一般选用立式、卧式或立卧两用的加工中心。加工中心机床是一种带有刀库和自动换刀装置的多工序数控机床，工件经一次装夹后能自动完成铣、镗、钻、铰等多工序加工，减少了工件装夹次数，避免了工件因多次装夹所造成的累积误差，其自动化程度高，加工质量好。图 11-4 所示的是典型的适应柔性制造系统要求的卧式加工中心机床，它由主轴头、立柱、立柱底座、回转工作台、工作台底座、刀库及其换刀机构等六大部件组成，具有自动换刀、刀具半径和刀具长度自动补偿等功能。

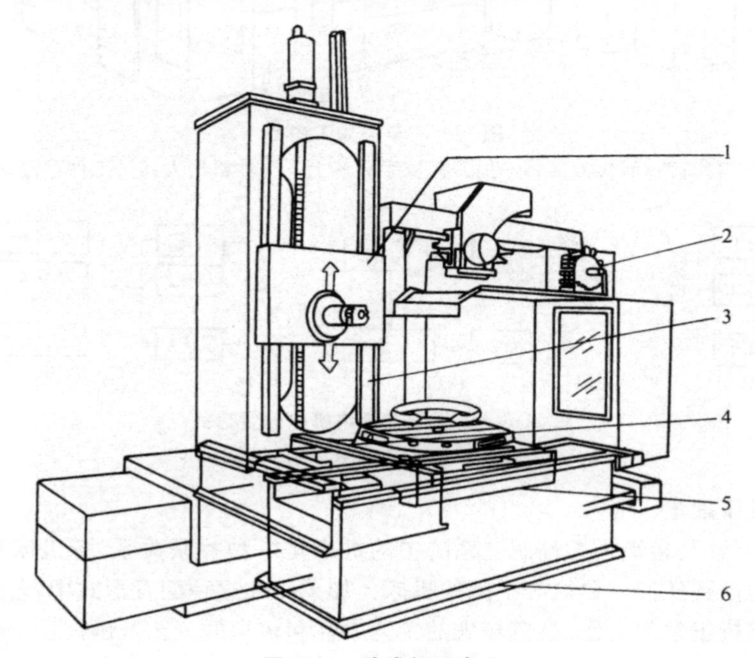

图 11-4　卧式加工中心

1—主轴头；2—刀库；3—立柱；4—立柱底座；5—回转工作台；6—工作台底座

用于加工回转体零件的柔性制造系统，通常选用数控车床或车削加工中心机床。图 11-5 为一台车削加工中心，它有一个回转刀架，在机床的右端，设有一个小刀库；位于机床上端的换刀机械手，用于交换刀库与回转刀架中的刀具；在机床左端配备一个上下工件的机器人，以供上下工件所用；待加工的工件毛坯存放在机床左前方的转盘内。

柔性制造系统中机床设备的配置有互替式、互补式以及混合式等多种形式（图 11-6），以满足柔性制造系统柔性和高效率的生产要求。

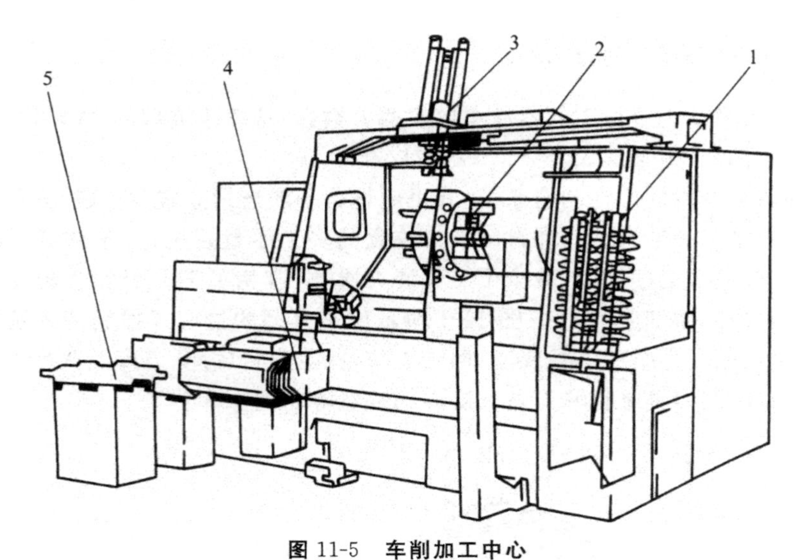

图 11-5　车削加工中心

1—刀库；2—回转刀架；3—换刀机械手；4—上下工件机器人；5—工件存储站

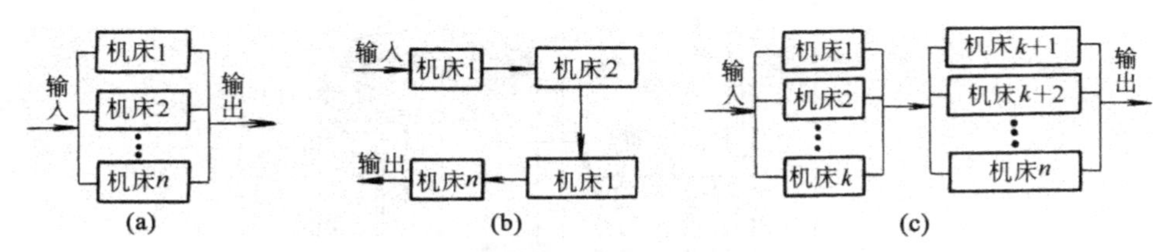

图 11-6　柔性制造系统机床配置形式

(a)互替式　(b)互补式　(c)混合式

(1)互替式机床配置

互替式机床配置是指纳入柔性制造系统中的机床是一种并联关系，各机床功能可以互相代替，工件可随机输送到任何一台恰好空闲的机床上加工。在这种配置形式中，若某台机床发生了故障，系统仍能维持正常的工作，具有较大的工艺柔性和较宽的工艺范围。

(2)互补式配置

互补式配置是指纳入柔性制造系统中各机床功能是互相补充的，各自完成特定的加工任务，工件在一定程度上必须按顺序经过各台加工机床。这种机床配置形式的特点是具有较高的生产率，能充分发挥机床的性能，但由于是属串联配置形式，因而降低了系统的可靠性，即当某台机床发生故障时，系统就不再能正常的工作。

(3)混合式配置

即在柔性制造系统中，有些机床按互替形式布置，有些则按互补形式布置，以发挥各自的优点。

11.2.3　加工系统的辅助装置

加工系统的辅助装置包括机床夹具、托盘、自动上下料装置等。

1. 机床夹具

夹具是一种直接用来夹持工件的机床辅具。由于柔性制造系统所加工的零件类型多，其夹具的结构种类也多种多样。柔性制造系统机床夹具的合理选用,不仅仅影响加工的精度和可靠性,还直接影响工件装夹时间、加工循环周期、机床的数量、工件输运系统的类型和速度以及整个系统的投资成本。柔性制造系统夹具要求尽可能一次装夹便能完成工件所有部位的加工,以减少装夹定位次数,避免不必要的累积误差。在允许的情况下,还应尽可能考虑单一夹具能安装多个工件,这可大大减少托盘和刀具的更换次数,节省辅助工作时间,提高机床的利用率。

目前,用于柔性制造系统的夹具有两个重要的发展趋势:其一,大量使用组合夹具(图 11-7),使夹具零部件标准化,可针对不同的服务对象快速拼装出所需的夹具,提高夹具的重复利用率;其二,开发柔性夹具,使一部夹具能为多个加工对象服务,图 11-8 所示为德国斯图加特大学机床研究所利用双向旋转原理所研制的柔性夹具。

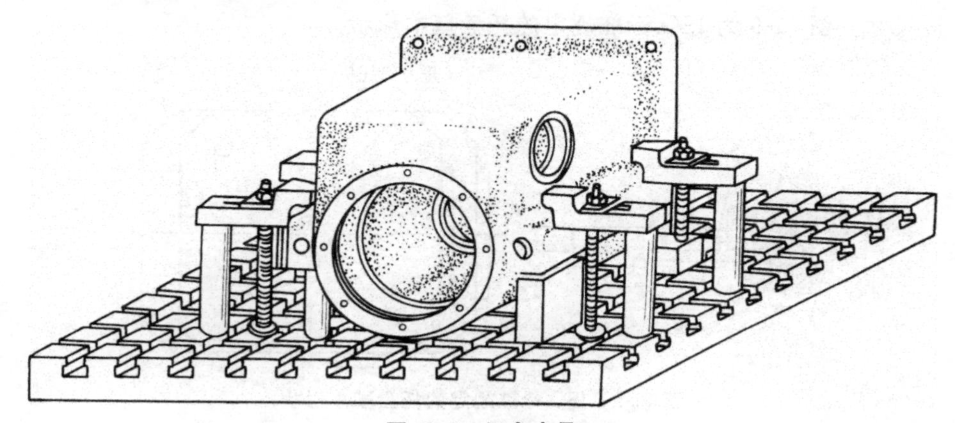

图 11-7　组合夹具

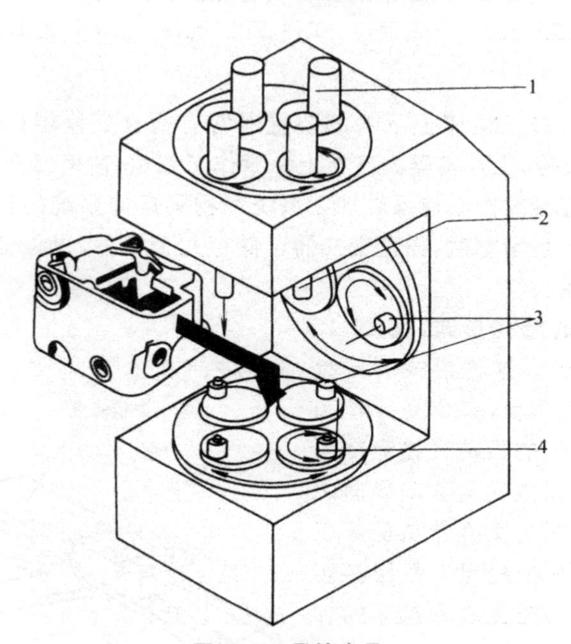

图 11-8　柔性夹具

1—液压缸;2—夹紧元件;3—支撑元件;4—定位元件

2. 托盘

托盘(Pallet)是柔性制造系统加工系统中重要的配套件。在柔性制造系统中,工件通常是用夹具安装在托盘上。当工件在机床上加工时,托盘成为机床工作台支撑着工件完成加工任务;当工件输送时,托盘又承载着工件和夹具在机床之间进行传送。因而从某种意义上说,托盘既是工件承载体,也是各加工单元间的硬件接口。因此在柔性制造系统中,不论各机床各自形式如何,都必须采用这种统一的接口,才能使所有加工单元连接成为一个系统整体。这就要求柔性制造系统中的所有托盘必须采用统一的结构形式。

为了保证托盘在不同厂家的加工设备和运储设备上能互用,国际标准化组织制定了托盘标准(ISO/DIS8526),规定了与工件安装直接有关的托盘顶面结构尺寸和与自动化运储装置有关的底面结构尺寸。图 11-9 为 ISO 标准规定的托盘基本形状。

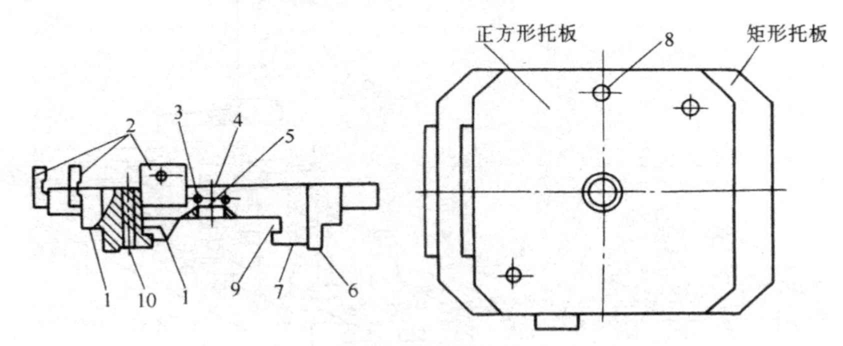

图 11-9 ISO 标准规定的托盘基本形状

1—托盘导向面;2—侧面定位块;3—安装锁定机构螺孔;4—工件安装面

5—中心孔;6—托盘搁置面;7—底面;8—工件(固定)孔;9—托盘夹紧面;10—托盘定位面

3. 自动上下料装置

在柔性制造系统中为加工机床上下料的装置通常有托盘交换器(Automated Pallet Changing,APC)和工业机器人等,工业机器人已在上一章作了叙述,这里仅介绍托盘交换器。

托盘交换器可作为连接柔性制造系统加工系统和物料运储系统的桥梁,还可作为工件的暂时储存器。当物料系统产生堵塞时,托盘交换器可储存几个工件,以保证加工单元的正常运行,对系统起到一个缓冲作用。

托盘交换器有不同的结构形式,图 11-10 所示为回转式托盘交换器。这种形式的托盘交换器类似于机床回转工作台,有 2 位、4 位和多位形式,图示为一个 2 位的回转式托盘交换器,其上有两条平行导轨以供托盘移动导向之用。当机床加工完毕后,托盘交换器从机床工作台上移出已加工工件的托盘,然后旋转 180°,将装有待加工工件的托盘送到机床的加工位置。

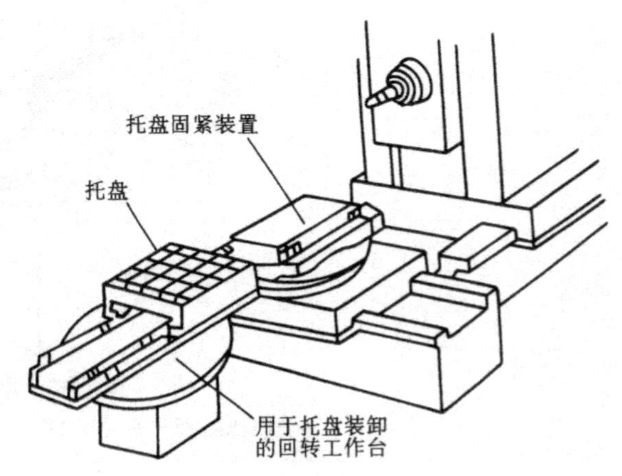

图 11-10 回转式托盘交换器

图 11-11 是一个多托盘的往复式托盘交换器。它由一个托盘库和一个托盘交换装置

组成,托盘库可以存放5个托盘。当机床加工完毕后,工作台横向移动到卸料位置,将已加工的工件托盘移至托盘库的空位上;然后工作台横移至装料位置,托盘交换装置再将待加工的工件托盘移至工作台上。带有托盘库的托盘交换装置在机床前形成一个小小的待加工工件队列,起到了小型中间储料库的作用,补偿随机或非同步加工单元的生产节拍差异。

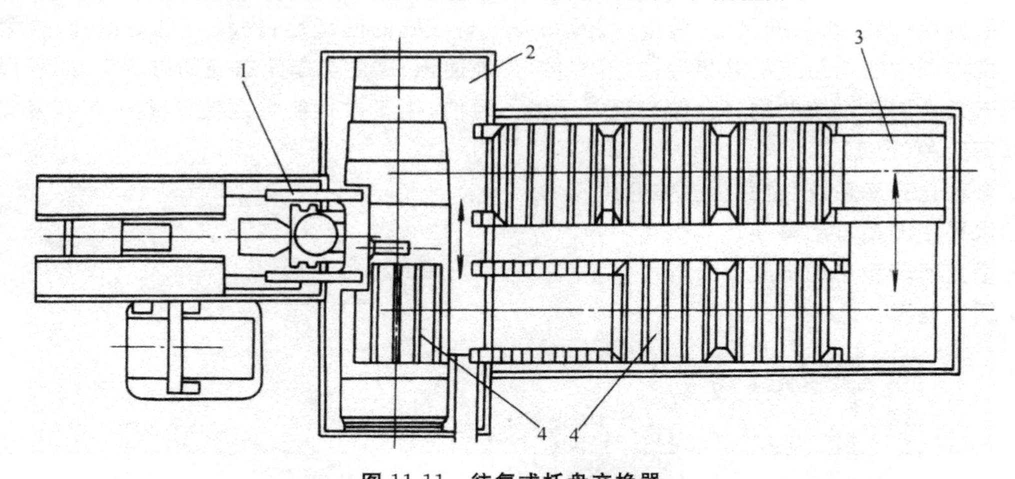

图11-11　往复式托盘交换器

1—加工中心;2—工作台;3—托盘库;4—托盘

11.3　柔性制造系统的物料运储系统

一个工件从毛坯到成品的整个生产过程中,只有相当小的一部分时间是用于机床的切削加工,而大部分时间则消耗于物料的运储过程。在柔性制造系统中流动的物料主要有工件、刀具、夹具、切屑及切削液等。物料运储系统是柔性制造系统中的一个重要组成部分。合理地选择柔性制造系统的物料运储系统,可以大大减少物料的运送时间;提高整个制造系统的柔性和效率。

11.3.1　物料运储系统的组成

柔性制造系统的物料运储系统一般由工件装卸站、托盘缓冲站、物料存储装置和物料运送装置等几个部分组成,主要用来完成工件、刀具、托盘以及其他辅助设备与材料的装卸、储存和运输工作。

1. 工件装卸站

工件装卸站设在柔性制造系统的入口处,用于完成工件的装卸工作。由于装卸操作比较复杂,通常由人工完成对毛坯和待加工零件的装卸。为了方便工件的传送以及在各台机床上进行准确的定位和夹紧,通常先将工件装夹在专用的夹具中;再将夹具夹持在托盘上。这样,完成装夹的工件将与夹具和托盘组合成为一个整体在系统中进行传送。

2. 托盘缓冲站

托盘缓冲站也称为托盘库,是一种待加工零件的中间存储站。由于柔性制造系统不可能像单一的流水线/自动线那样达到各机床工作站的节拍完全相等,因而避免不了会产生加工工作站前的排队现象,托盘缓冲站正是为此目的而设置的,起着缓冲物料的作用。托盘缓冲站一般设置在加工机床的附近，有环形和往复直线形等多种形式，可存储若干个工件/托盘组合体。若机床发出已准备好接受工件信号时，通过托盘交换器便可将工件从托盘缓冲站送到机床上进行加工。

3. 物料存储装置

由于柔性制造系统的物料存储装置有下列要求：其自动化机构与整个系统中的物料流动过程的可衔接性；存放物料的尺寸、重量、数量和姿势与系统的匹配性；物料的自动识别、检索方法和计算机控制方法与系统的兼容性；放置方位，占地面积、高度与车间布局的协调性等，所以真正适合用于柔性制造系统的物料存储装置并不多。目前，用于柔性制造系统的物料存储装置基本上有以下四种(图 11-12)。

①自动化仓库系统(也称为立体仓库)。

②水平回转型自动料架。

③垂直回转型自动料架。

④缓冲料架。

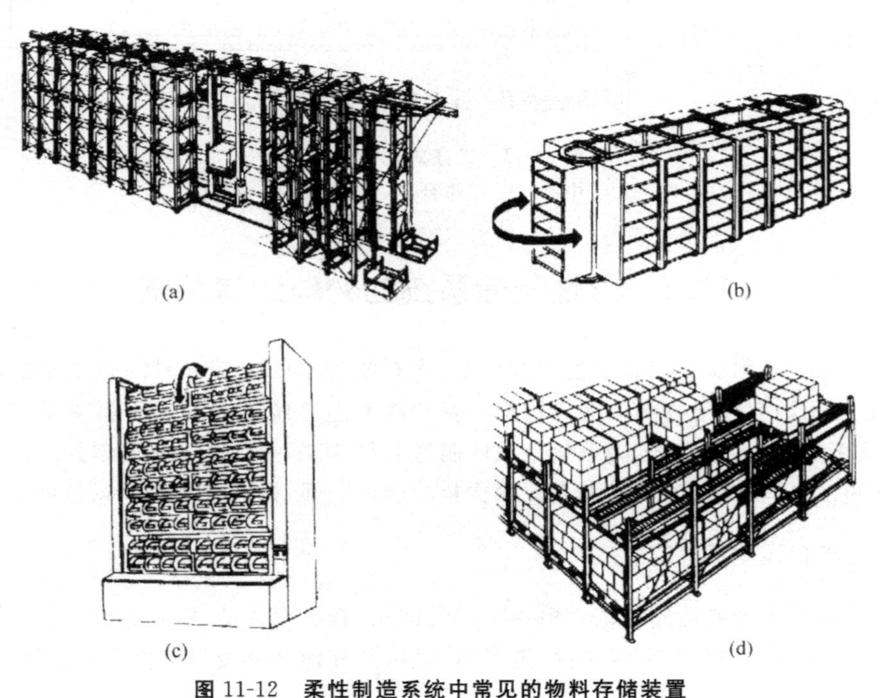

图 11-12 柔性制造系统中常见的物料存储装置

(a)立体仓库 (b)水平回转型自动料架 (c)垂直回转型自动料架 (d)缓冲料架

自动化仓库系统(Automated Storage and Retrieval System，AS/RS)由库房、堆垛机、控制计算机和物料识别装置等组成。它具有下列优点：自动化程度高；料位额定存放重量大，常为1～3 t，大的可到几十吨；料位空间尺寸大；料位总数量没有严格的限制因素，可根据实际需求扩展；占地面积小等，在柔性制造系统中得到了广泛应用。

4. 物料运送装置

物料运送装置直接担负着工件、刀具以及其他物料的运输，包括物料在加工机床之间、自动仓库与托盘存储站之间以及托盘存储站与机床之间的输送与搬运。柔性制造系统中常见的物料运送装置有传送带、自动运输小车和搬运机器人等。

传送带结构简单,输送量大,多为单向运行,受刚性生产线的影响,在早期的柔性制造系统中用得较多,一般用于小零件加工系统中的短程传送。传送带分为动力型和无动力型;从结构方式上有辊式、链式、带式之分;从空间位置和输送物料的方式上又有台式和悬挂式之分。用于柔性制造系统中的传送带通常采用有动力型的电力驱动方式,电动机经减速后带动传送带运行。因传送带占据空间位置大,机械结构易磨损和失灵,而一旦发生故障,整个输送系统都将停止运行,因而传送带在新设计的系统中用得越来越少。

自动运输小车发展较快,形式也是多种多样,大体上可分成有轨小车和无轨小车两大类。所谓有轨是指有地面或空间的机械式导向轨道。有轨小车有的采用地轨,像火车的铁轨一样,这种结构牢固、承载力大、造价低廉、技术成熟、可靠性好、定位精度高。地面有轨小车多采用直线或环线双向运行,广泛应用于中小规模的箱体类工件柔性制造系统中;也有的采用天轨(或称为高架轨道),运输小车吊在两条高架轨道上进行移动。这种有轨小车相对于地面有轨小车而言,车间利用率高、结构紧凑、速度高,有利于把人和输送装置的活动范围分开,安全性好,但承载力小。高架有轨小车较多地用于回转体工件或刀具的输送,以及有人工介入的工件安装和产品装配的输送系统中。有轨小车由于需要机械式导轨,其系统的变更性、扩展性和灵活性不够理想。

无轨小车也称为自动导向小车(Automatic Guided Vehicle,AGV),是一种利用计算机控制的,能按照一定的程序自动沿规定的引导路径行驶,并具有停车选择装置、安全保护装置等的输送小车。因为它没有固定式机械轨道,相对于有轨小车而被称为无轨小车。无轨小车因导向方法的不同,又可分为有线导向、光电导向、激光导向和无线电遥控等多种形式。在柔性制造系统发展的初期,多采用有轨小车,随着柔性制造系统控制技术的成熟,采用自动导向的无轨小车也越来越多。

搬运机器人是FMS中非常重要的一种设备,具有较高的柔性和较强的控制水平,因而成为柔性制造系统中不可缺少的一员。

除了上述三种常用的物料运载装置之外,在柔性制造系统中往往还采用如支架式起重机、物料及车等物料运送工具。

11.3.2 物料运储系统的形式

物料运储系统是为柔性制造系统服务的,它决定着柔性制造系统的布局及运行方式,其形式分为以下五种。

1. *直线运输形式*

直线运输形式如图11-13(a)所示。运输工具只能沿线路单向移动,顺序地在各个工作站装卸物料。运输工具不能反向移动。

2. *环形运输形式*

环形运输形式如图11-13(b)所示。运输工具只能沿环形线路单向移动,顺序到达各个工作站。

3. *带支路的直线运输形式*

带支路的直线运输形式如图11-13(c)所示。运输工具具备随机改变运动方向的能力,且包含有支路,运输工具可随机地进入其他的支路。这种运输方式便于实现随机存取,具有较大的柔件。

4. 带支路的环形运输形式

带支路的环形运输形式如图 11-13(d)所示。它是以一个环形回路作为基础,含有若干支路。运输工具随机存取。

5. 网络型运输形式

网络型运输形式如图 11-13(e)所示。这种运输形式是随着各类自动导向小车的研制和应用而发展的,由于它在地面布线,输送线路的安排具有很大的柔性,而且机床敞开性好,零件运输灵活高等优点,在中、小批量多品种生产的柔性制造系统中应用越来越多。

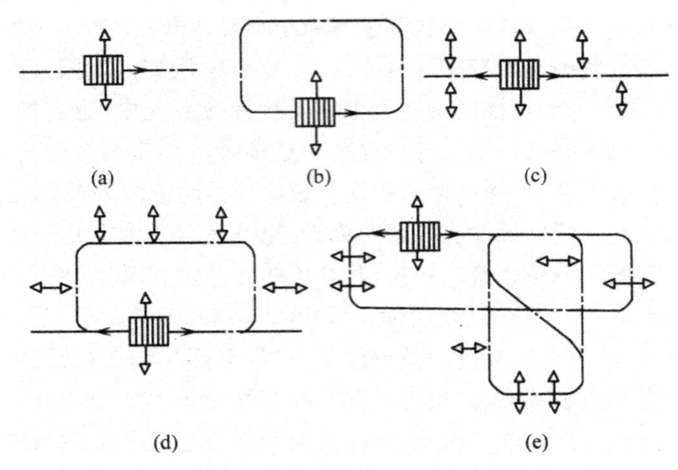

图 11-13 柔性制造系统物料运储系统的基本形式

(a)直线运输形式 (b)环形运输形式 (c)带支路的直线运输形式

(d)带支路的环形运输形式 (e)网络型运输形式

11.3.3 自动化仓库系统

在激烈的市场竞争中,为实现现代化管理、加速资金周转、保证均衡及柔性生产,提出了自动化仓库的概念。在柔性制造系统中,以自动化仓库为中心组成一个毛坯、半成品、配套件或成品的自动存储、自动检索系统,在管理信息系统的支持下实现自动存取。

1. 自动化仓库系统的职能

(1)实现物料的自动储存/自动检索

物料的自动储存/自动检索是自动仓库的主要职能,为此它必须有一个能够合理存放物料的场所和一个自动储存/自动检索控制系统。这个控制系统不仅负责仓库的出入库管理,而且能与上层控制系统进行通信联系:一方面向上层系统报告物料出入库情况,另一方面接受上层控制系统的命令进行物料的出入库操作。

(2)形成物料信息网

以自动仓库为源可形成整个柔性制造系统的物料信息网。所有到达柔性制造系统的物料,首先要在仓库的自动储存/自动检索系统中进行登记;此后,随着物料的流动处理,生成各种新的物料信息向各个工作站点传输;最后物料以成品入库时,又重新在自动储存/自动检索系统中登记,从而获得物料流中的成品、半成品和废品的全部信息,而这些信息可供其他数据管理系统的查询和调用。

(3)支持物料需求计划(MRP)的执行

自动储存/自动检索系统不仅是一个仓库管理和方便检索的系统，它还具有监督执行物料需求计划的作用，并利用它的完善的管理功能及时向加工单元供应物料，以使整个柔性制造系统协调地工作，将生产过程中的停顿现象减小到最低程度，并使库存量保持在一个合理的水平。

2. 自动化仓库系统的组成

自动化仓库系统主要由库房、堆垛起重机、控制计算机、状态检测器等组成。自动化仓库如图 11-14 所示。

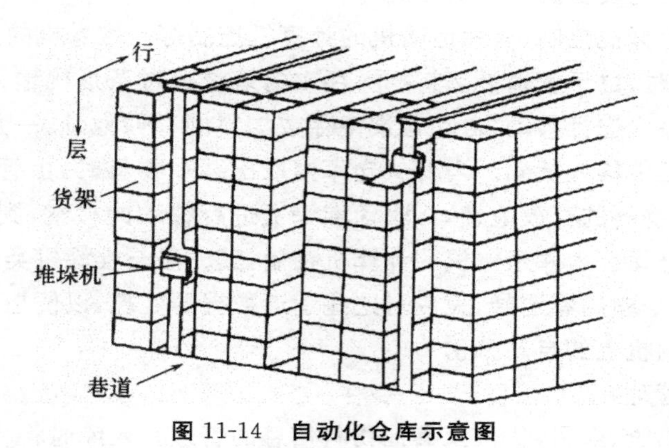

图 11-14　自动化仓库示意图

(1)库房

库房由一些货架组成，货架之间留有巷道，根据需要可以有一条或多条巷道，一般情况下入库和出库都布置在巷道的某一端，有时也可以设计成由巷道的两端入库和出库，每个巷道都有自己专有的堆垛起重机负责物料的存取。

货架的材料一般采用金属结构，货架上的托板有时也可以用木格(仅适用于轻型零件)。

(2)堆垛机

堆垛机一般由托架、升降台、电动机、上下导轨及位置传感器等组成，如图 11-15 所示。

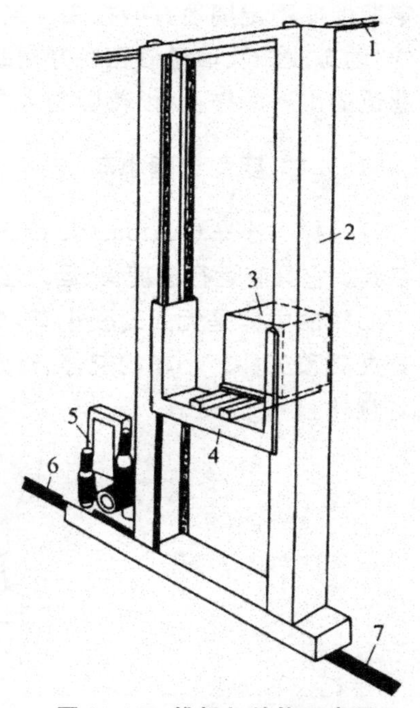

图 11-15　堆垛机结构示意图

1—顶部导轨；2—支柱

3—物料；4—托架

5—移动电动机；6—定位传感器

7—底部导轨

堆垛机上的电动机带动堆垛机移动和托盘的升降，一旦堆垛机找到需要的货位，就可以将零件或货箱自动堆入货架，或将零件或货箱从货架中拉出。

堆垛机上有检测横向移动和起升高度的传感器，以辨认货位的位置和高度，有时还可以阅读箱内零件的名称以及其他有关零件的信息。

(3)计算机控制系统

自动化仓库的计算机控制主要担负以下几项工作。

①信息的输入及预处理

这项工作包括对货箱零件条形码的识别、认址检测器、货格状态检测器输入的信息，以及对这些信息的预处理。

在货箱或零件的适当部位贴有条形码。当货箱通过入库运输机轨道时，用条形码扫描器自动扫描条形码，将货箱零件的有关信息自动录入计算机中。在有干扰的工业环境下，条形码有一定的容错能力，工作可靠。认址检测器通常采用脉冲调制式光源的光电传感器。为了提高可靠性，可采用三路组合，向控制机发出的认址信号以三取二的方式准确判断后，再判断堆垛机停车、正反方向和点动等动作；货格状态检测器，可采用光电检测方法；利用货箱零件表面对光的反射作用，探测货格内有无货箱。这种探测方法反应速度快、非接触方式、抗干扰能力强、准确可靠。

②自动化仓库各机电设备的计算机控制

它包括堆垛机的计算机控制、入库运输机的计算机控制等。堆垛机的主要工作方式是入库、搬库、出库。物料入库时，由于管理员已将物料存放的地址通过条形码输入到计算机，因而计算机便可方便地控制堆垛机进行移动，自动检索待存放物料的存储地址，一旦到达指定地址后，堆垛机便停止移动并将工件推入货架。当要从仓库内取出某一物料时，由管理员输入待取的物料代码，由计算机查找出物料的存放地址，再驱动堆垛机进行移动的检索，到指定地址的货架内取出所需的物料并送出仓库。入库运输机的计算机控制，其方法与堆垛机类似，当接受到一批作业命令以后，取出作业命令中的巷道号，完成对这些巷道数据的处理，以便控制分岔点的停止器，最终实现货箱在入库运输机上的自动分岔。

③信息的计算机管理

它对全仓库进行物资、账目、货位及其他物料信息的管理。入库时将货箱"合理分配"分配各个巷道作业区，以提高入库速度；出库时能按"先进后出"的原则，或其他排队原则出库。同时还要定期地或不定期地打印报表。当系统出现故障时，还可以通过总控制台的操作按钮进行运动中的"动态改账及信息修正"，并判断出发生故障的巷道，及时对发生故障的巷道进行封锁，暂停该巷道的出入库作业，以待管理人员从事修复工作。

11.3.4 自动导向小车

自动导向小车(Automatic Guided Vehicle，AGV)是柔性制造系统实际工作中广泛使用的运输工具。它具有运行速度快、运载能力强、定位精度高、安全可靠、维修方便等优点。如图 11-16 所示，AGV 的主体是无人驾驶小车，小车的上部为一平台，平台上装备有托盘交换装置，托盘上夹持着夹具和工件。小车的起停、行走和导向均由计算机控制，小车的两端装有自动刹车缓冲器，以防意外。

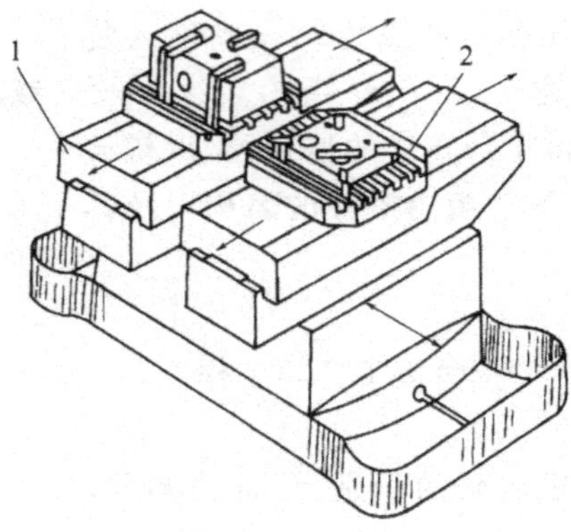

图 11-16 自动导向小车(AGV)

1—托盘装卸机构；2—装夹工件的托盘

1. 自动导向小车的特点

自动导向小车之所以能在柔性制造系统中得到广泛的应用，主要因为它具备以下几个特点。

(1)较高的柔性

只要改变导向程序，就可以很容易地改变、修改和扩充 AGV 的运输路线。与改变传送带的运输路线或有轨小车的轨道相比，其运输轨道的改变工作量要小得多。

(2)实时监视和扩展

由于计算机能够及时地对 AGV 进行监视和控制，不管小车在何处或处于何种状态，是运动还是静止，计算机都可以用调频法通过它的发送器向任一特定的小车发出命令，只有频率相同的那一台小车才能响应这个命令，并根据命令完成由某一点到另一点的移动、停止、装卸、再充电等一系列的动作。另外，小车也能向计算机反馈信息，报告小车的运行状态、蓄电池状态等。

(3)安全可靠

AGV 能以低速运行，运行速度一般为 10～70 m/min。一般 AGV 备有自身的微处理器控制系统，能与本区的其他控制系统进行通信，以防止相互之间的碰撞。有的 AGV 上面还安装了定位传感器或定中心装置，以保证准确定位，避免在装卸站或在运输过程中小车与小车之间发生碰撞以及工件卡死的现象。AGV 也可装报警信号灯、扬声器、紧停按钮、防火安全联锁装置，以保证运输的安全。

(4)维护方便

小车维护工作包括对蓄电池的再充电，以及对电动机、车上控制器、通信装置、安全报警装置的常规检测等内容。

2. 自动导向小车的类型

(1)线导小车

线导小车是利用电磁感应制导原理进行导向的，如图 11-17 所示。小车除有驱动系统以外，在前部还装有一对扫描线圈。当埋入地沟内的导线通以低频率变电流时，在导线周围便形成一个环形磁场。当导线从小车前部两个扫描线圈中间通过时，两个扫描线圈中的感应电势相等。当小车偏离轨道时，扫描线圈就会产生感应电动势差，其中势差经过放大后给转向制导电动机，使 AGV 朝向减少误差的方向偏转，直至电动势差消除为止，从而保证小车始终沿着导线方向进行。

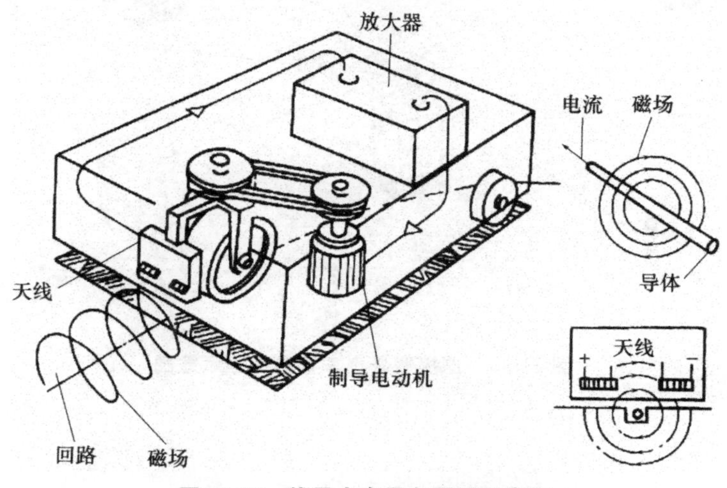

图 11-17　线导小车导向原理示意图

(2)光导小车

光导小车是采用光电制导原理进行导向的,其导向原理如图 11-18 所示。沿小车预定路径在地面上粘贴易反光的反光带(铝带或尼龙带),还安装有发光器和受光器。发出的光经反光带反射后由受光器接受,并将该光信号转换成电信号控制小车的舵轮。反光带有连续粘贴和断续粘贴两种方法,柔性制造系统中常采用连续粘贴法。这种制导方式的优点是对于改变小车的预定路径很方便,只要重新粘贴反光带即可,但反光带易污染和破损,对环境的要求比较严格,不适合油雾重、粉尘多、环境差的车间。

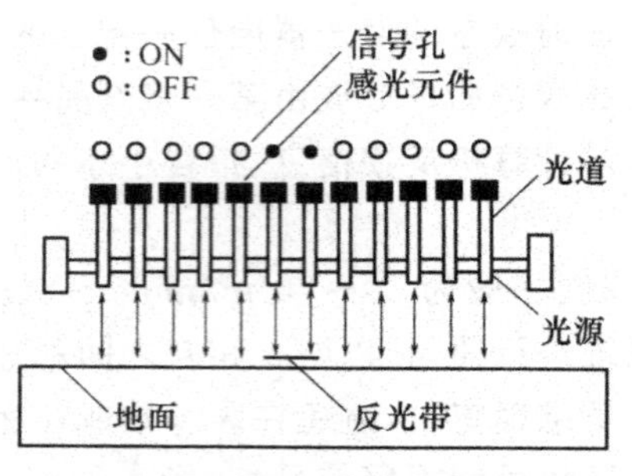

图 11-18　光导小车导向原理示意图

(3)遥控制导小车

这种小车没有传送信息的电缆,而是使用无线电或激光发送和接收设备来传送控制命令和信息。图 11-19 为采用激光的遥控制导小车导向原理示意图。小车的顶部装有一个可沿 360°按一定频率发射激光的装置,同时在小车运行范围的四周一些固定位置上放置反射镜片。当小车运行时,不断接受到从已知位置反射来的激光束,经过运算后确定小车的位置,从而实现导航引导。这种小车活动范围和路线基本不受限制,具有柔性度高、扩展性好,对环境要求不高等优点。但其控制系统和操纵系统较为复杂,目前还处于试验研究阶段。

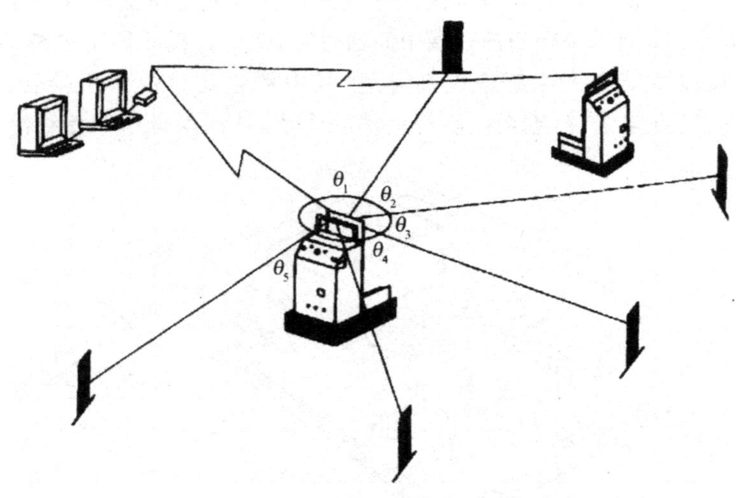

图 11-19　遥控制导小车导向原理示意图

11.4　柔性制造系统的刀具自动运输系统

11.4.1　刀具运输系统的组成

刀具自动运输系统包括刀具自动运输和刀具管理系统两部分。它完成加工单元所需刀具的自动运输和储存刀具的任务。它的柔性程度直接影响到整个柔性制造系统的柔性，所以在柔性制造系统中占有重要的地位。

柔性制造系统的刀具自动运输系统是非常复杂的，由于柔性制造系统加工的工件种类繁多，加工工艺以及加工工序的集成度高等特点，柔性制造系统运行时需要的刀具种类和数量是很多的，而且这些刀具频繁地在柔性制造系统中各机床之间、机床和刀库之间、中央刀库与刀库之间进行变换。另外刀具磨损、破损换新造成的强制性或适应性换刀，使得刀具的管理和刀具监控变得异常复杂。

柔性制造系统的刀具自动运输系统主要有两种形式。一种是在加工中心配置一定容量的刀库。这种配置形式的缺点是每台加工中心的刀库存容量有限，当柔性制造系统加工的工件种类增加时，加工单元必须停下来更换刀具，不能有效地、长时间地连续生产。另一种形式是设置独立的中央刀库，采用换刀机器人或刀具输送小车，为若干台加工中心进行刀具交换服务。采用这种形式的自动运输系统，刀库容量可以扩充。不同的加工中心，可以共享中央刀库的资源，以保证加工中心连续加工，提高系统的柔性程序。这种形式是刀具自动运输系统发展的方向。

典型的柔性制造系统刀具自动运输系统由刀库系统、刀具预调及刀具装卸站、刀具交换装置以及管理和控制刀具流的刀具工作站计算机组成，如图 11-20 所示。

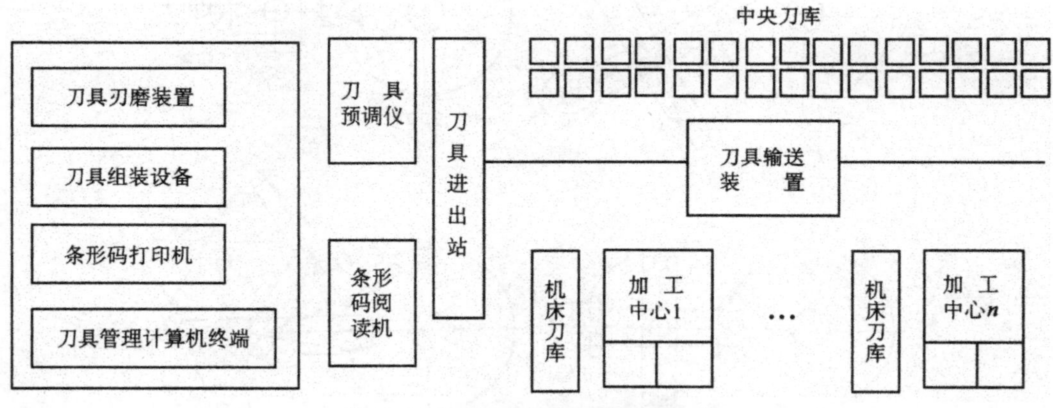

图 11-20　刀具自动化运输系统组成

刀库系统由中央刀库和加工中心刀库组成。刀库预调站一般设置在柔性制造系统之外，用于对加工中使用的刀具按规定要求进行预先调整。刀具装卸站是刀具进出柔性制造系统的站台，其结构多为框架式，是一种专用的刀具排架。刀具交换装置是一种在刀具装卸站、中央刀库和加工中心刀库之间进行刀具传递和搬运的工具。

刀具交换装置一般由换刀机器人或刀具运送小车来实现其功能。它们负责完成在刀具装卸站、中央刀库以及各加工中心之间的刀具交换。刀具在刀具装卸站上只是暂存一下，根据刀具管理计算机的命令，刀具交换装置将刀具从刀具装卸站搬移到中央刀库，以供加工时调用；同时再根据生产计划和工艺规程的要求，刀具交换装置从中央刀库将各加工中心需求的刀具取出，送至各加工中心的刀库中，准备加工。工件加工完成后，如发现刀具需要刃磨或某些刀具暂时不再使用，根据刀具管理计算机的命令，刀具交换装置再将这些已使用过的刀具从各个加工中心刀库中取出，送回到中央刀库。如有一些需要重磨、需要重新调整以及一些断裂报废的刀具，刀具交换装置可直接将它们送至刀具装卸站进行更换和重磨。

进入柔性制造系统的刀具需经过一系列准备方可使用。首先由人工将刀具与标准刀柄刀套进行组装，然后在刀具预调站由人工通过对刀及对刀具进行预调，测量有关参数，再将刀具的几何参数、刀具代码以及其他有关信息输入到刀具管理计算机。预调好的刀具，一般是由人工搬运到刀具装卸站，准备进入系统。

11.4.2 刀具交换

1. 加工中心的自动换刀

自动换刀装置应当满足换刀时间短、刀具重复定位精度高、足够的刀具储存量、刀库占地面积小以及安全可靠等基本要求。机械手是一种常见的自动换刀装置，因为它灵活性大、换刀时间短。换刀机械手一般具有一个或两个刀具夹持器，因而又可称为单臂式机械手和双臂式机械手。图 11-21 所示的为双臂式机械手，这些机械手都能够完成抓刀、拔刀、回转、换刀以及返回等全部动作过程。有些加工中心为降低成本，不用机械手而是直接利用主轴头的运动机能换刀。

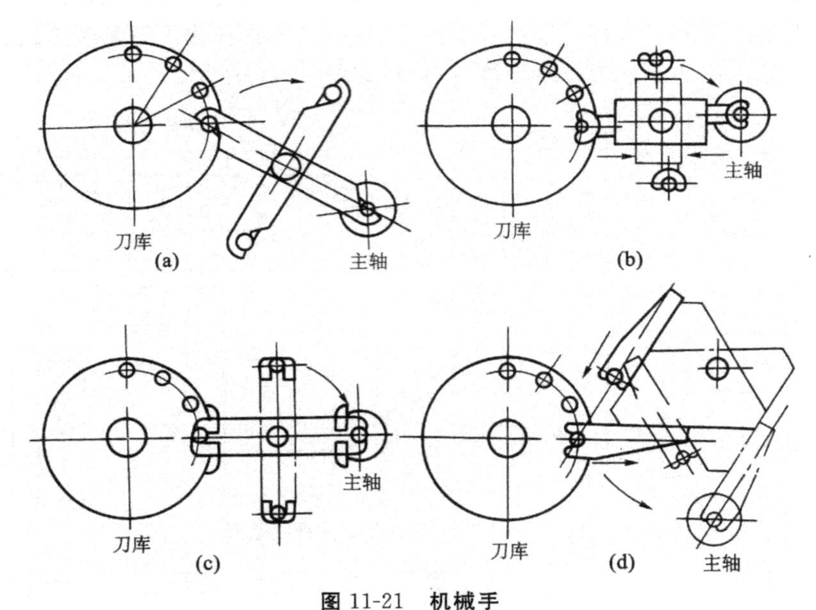

图 11-21 机械手

(a)钩手 (c)伸缩手 (b)抱手 (d)叉手

2. 自动换刀方式

自动换刀有三种换刀方式。

(1)顺序选刀方式

这种顺序选择刀具的方式是将刀具按加工顺序，依次放入刀库的每个刀座内。每次换刀时，刀座按顺序转动一个刀座的位置，并取出所需的刀具。已经使用过的刀具可以放回原来的刀座，也可以顺序放入下一个刀座内。采用这种方式换刀不需要刀具识别装置，而且驱动控制也比较简单，可以直接由刀库的分度机构来实现。它的缺点是刀具在不同工序中不能重复使用，因而必须增加相同刀具的数量和刀库容量。另一缺点是装刀顺序不能错，否则将产生严重的事故。这种换刀方式已较少使用。

(2)刀座编码方式

刀座编码方式是对刀库的刀座进行编码，并将与刀座编码相对应的刀具一一放入指定的刀座中，然后根据刀座编码选取刀具。这种方法可以使刀柄结构简化，刀具识别装置可以放在合适的位置。与顺序选刀方式相比较，其突出的优点是刀具可以在加工过程中重复多次使用。但用完的刀具必须放回原来的刀座内，增加了刀库动作的复杂性。若放错了仍然会造成事故。这种换刀方式使用较普遍。

(3)刀具编码方式

这种方式采用特殊结构的刀柄，并对每把刀具进行编码。换刀时通过编码识别装置，根据数控系统发出的换刀指令代码，在刀库中寻找所需要的刀具。由于每把刀具都有代码，因而刀具可放入刀库中任何一个刀座内，这样不仅刀库中的刀具可以在不同的工序中多次重复使用，而且换下的刀具不必放回原来的刀座。这种装刀换刀方便，刀库容量减小，还可避免因刀具顺序的差错所造成的事故。

3. *刀库*

加工中心的刀库形状通常为转塔式、盘式(又称斗笠式)和链式三种。

(1)转塔式刀库

转塔式刀库包括水平转塔头和垂直转塔头两种，如图 11-22 所示。

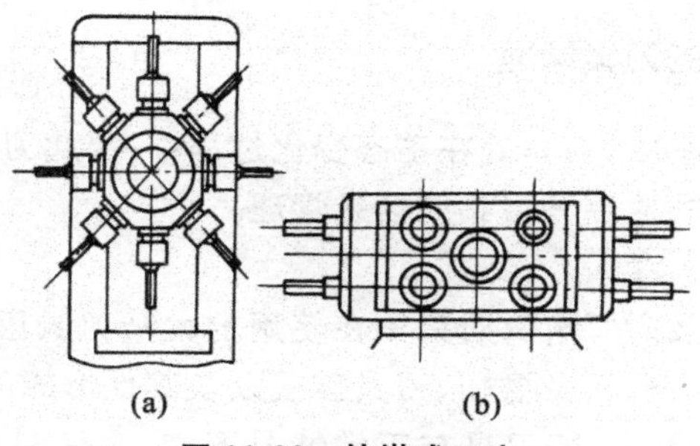

图 11-22　转塔式刀库

这种刀库的特点是所有刀具固定在同一转塔上，无换刀臂，储刀数量有限，通常为 68 把。一般仅用于轻便而简单的机型。常见于车削中心和钻削中心。在钻削中心储刀位置即主轴，其外部结构紧凑但内部构造复杂，精度要求高。

(2)盘式刀库(又称斗笠式刀库)

这种刀库中的刀具沿盘面垂直排列(包括径向取刀和轴向取刀)、沿盘面径向排列或成锐角排列，刀库结构简单紧凑，应用较多，但刀具单环排列，空间的利用率低，如图 11-23 所示。如增加刀库容量必须使刀库的外径增大，那么转动惯量也相应增大，选刀运动时间长。刀具数量一般不多于 32 把。刀具呈多环排列的刀库的空间利用率高，但必然使得取刀机构复杂，适用于机床空间受限制而刀库容量又较大的场合。双盘式结构是两个较小容量的刀库分置于主轴两侧，布局较紧凑，储刀数量也相应增大，适用于中小型加工中心。

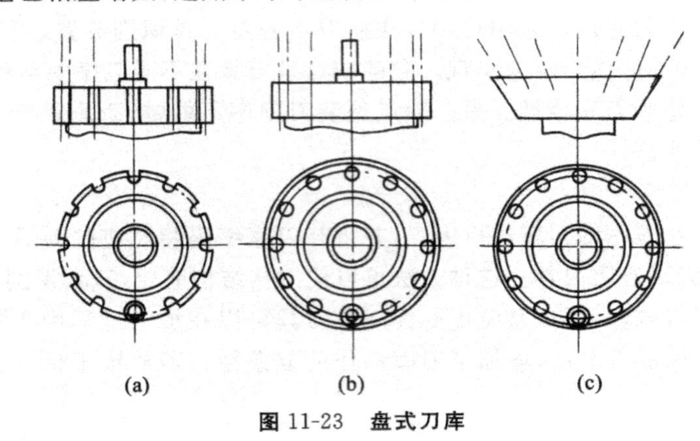

图 11-23　盘式刀库

(3)链式刀库

如图 11-24 所示，包括单环链和多环链。链式刀库储存的刀具数目多，选刀、取刀动作简便，大型刀库通常采用链式刀库，一般适用于刀具数在 30～120 把。仅增加链条长度即可增加刀具数。当链条较长时，可以增加链轮的数目使链条折迭回绕，因此刀库结构有较大的灵活性。

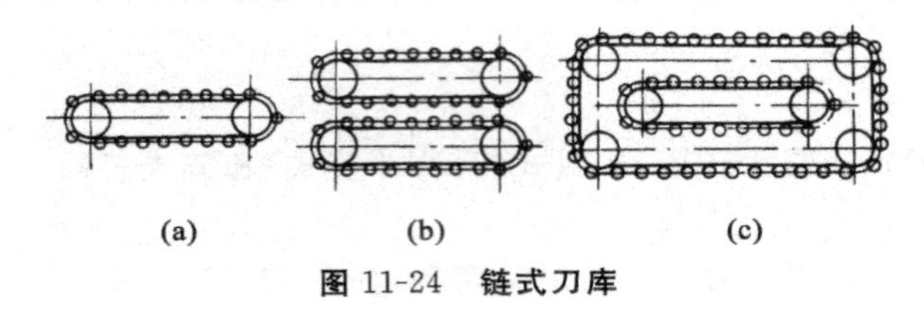

图 11-24　链式刀库

11.4.3　柔性制造系统的刀具管理

柔性制造系统在加工过程中，刀具处在动态变化过程中，因此刀具的管理就显得十分必要和复杂。刀具的管理包括刀具的监控和刀具的信息管理。

1. 刀具的监控

刀具的监控主要是为了及时了解每时每刻在使用的大量刀具因磨损、破损而发生的性质变化。目前，监控主要从刀具寿命、刀具磨损、刀具破损以及其他形式的刀具故障等方面进行。

刀具寿命是指刀具的耐用度，即刀具在正常情况下，磨损量到达磨钝标准为止的总切削时间。刀具寿命值可以用计算法或试验法求得，求得的寿命值记录在各刀具文件中。当刀具装入机床后，通过计算机监控系统统计各刀具的实际工作时间，并将这个值适时地记录在刀具文件内。当班管理员可通过计算机查询刀具的使用情况，由计算机检索刀具文件，并经过分析向管理员提供刀具使用情况报告，其中包括各机床工作站缺漏刀具表和刀具寿命现状表。管理员根据这些报告，查询有关刀具的供应情况，并决定当前刀具的更换计划。

刀具磨损或破损的监测，需要用专门的监测装置。在柔性制造系统中有较好发展前景的监测方法为电动机功率与电流方法、切削力方法、声发射方法和光学方法。电动机功率与电流方法通过检测机床电动机功率或电流的变化来监测刀具的工作状态，已在一些加工中心上应用。其主要优点是传感器的安装简单易行，且可靠性高。切削力方法通过测量切削力信号，对刀具的磨损、破损监测，这种监测较直接，但传感器安装困难。声发射方法是利用 AE 传感器检测刀具破损时释放的弹性波来监测刀具的工作状态，其最大的优点是抗干扰能力较强，受切削参数和刀具几何参数的影响较小，对刀具破损非常敏感。其应用难点在于信息处理方法和传感器的安装。光学方法包括光导纤维、CCD 等多种方法，是借刀具磨损后刀面反光条件的变化来识别刀具的磨损程度的，也可用光电开关检测刀具是否破损。其优点在于可靠性较高，且可以检测磨损量。这种监测方法对刀头清洁状态要求较高。

2. *刀具的信息管理系统*

柔性制造系统中的刀具信息可以分为动态信息和静态信息两大部分。所谓动态信息是指在使用过程中不断变化的一些刀具参数，如刀具寿命、工作直径、工作长度以及参与切削加工的其他几何参数。这些信息随加工过程的延续，不断发生变化，直接反映了刀具使用时间的长短、磨损量的大小、对工件加工精度和表面质量的影响。而静态信息是一些加工过程中固定不变的信息，如刀具的编码、类型、属性、几何形状以及一些结构参数等。

为了便于刀具的输入、检索、修改和输出控制，柔性制造系统以数据库形式对刀具信息进行集中的管理，其数据库模式一般采用层次式结构。按照刀具信息的性质和组成特点，将之分为四个不同的层次，每一层次都是由若干个数据文件组成，如图 11-25 所示。

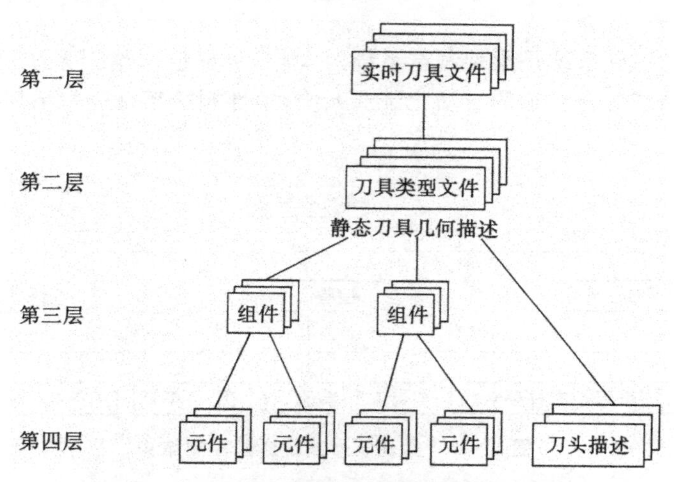

图 11-25　柔性制造系统的刀具数据库层次结构

第一层为刀具的实时动态信息。它由一系列实时数据文件组成，每一把投入使用的刀具都有一个相应的文件进行描述。在每个文件中，除了标识符（刀具名）外，均为刀具的实时动态数据，包括刀具几何尺寸、工作长度、工作直径和刀具寿命等。例如，固定直径铣刀的几何尺寸主要为刀具长度和刀尖圆弧半径，它是在刀具调整刃磨时产生的，每次刃磨后都可能发生变化，其数值由刀具调整员输入计算机；而刀具寿命值则随机床加工过程发生变化。

第二层为静态的刀具类型文件。它提供了一般性的刀具几何描述，如刀具的元件组成、结构参数等。这一层的刀具类型文件既能表示刀具数据库中存在的刀具，又能表示利用相关的组件和元件需要进行装配的刀具。当刀具管理员接受到刀具装配命令后，将按刀具类型文件中所描述的刀具结构组成组装所需要的刀具。

该层次的数据文件与第一层刀具文件的重要区别是：第一层实时动态刀具文件描述的是实际投入柔性制造系统使用的刀具，而第二层刀具类型文件描述的是数据库中可提供使用的刀具；在第二层中，如同一刀具类型有若干把，仅需编制一个类型文件。而在第一层中，每把刀具均需编制一个实时动态文件。

第三、第四层分别为刀具组件和元件文件。它们为刀具的组装提供了必要的描述信息。

刀具数据库的四层次结构形式给刀具的信息管理带来了很大的方便，简化了数据处理工作。例如，对整把刀具的描述，只需将组件和元件逻辑地连接在一起；分开来可方便地检索有关刀具的组件和元件的详细信息；对于时间投入使用的刀具，仅需在第一层次便可快速地获取各刀具的各种动态数据。

上述的刀具信息除了为刀具管理服务外，还可作为信息源，向实时过程控制系统、生产调度系统、库存管理系统、物料采购和订货系统、刀具装配站、刀具维修站等部门提供有价值的信息和资料。例如，刀具装配人员可根据刀具类型文件所描述的刀具组成进行所需刀具的装配；采购人员可根据组件和元件文件所描述的规格标准进行采购；生产调度系统可根据刀具实时动态文件，了解柔性制造系统中拥有的刀具类型、位置分布以及刀具的使用寿命，合理地进行生产的管理和调度。

11.5　柔性制造系统的控制结构

柔性制造系统的控制系统是柔性制造系统的大脑，负责控制整个系统协调、优化、高效地运行。对于柔性制造系统这样复杂的自动化制造系统，柔性制造系统通常采用递阶控制结构，如图11-26所示。

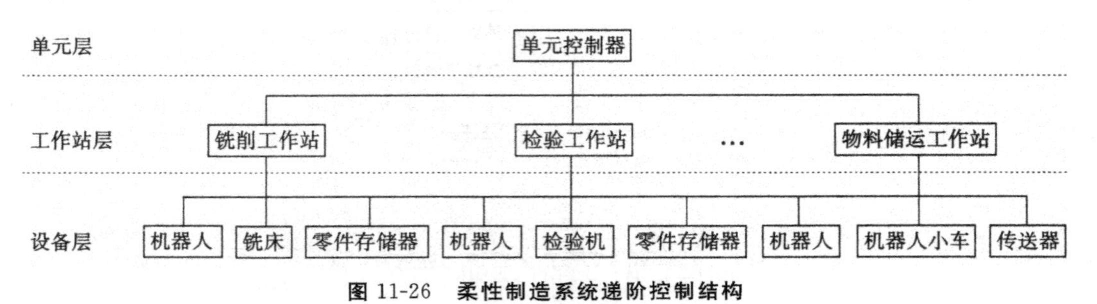

图 11-26　柔性制造系统递阶控制结构

柔性制造系统分三层，即单元层、工作站层和设备层。在工厂的经营管理、工程设计、制造三大功能中，柔性制造系统负责制造功能的实施，所有产品的物理转换都是由制造单元完成的。工厂的经营管理所制定的经营目标，设计部门所完成的产品设计、工艺设计等都要由制造单元来实现。可见制造单元的运行特性对整个工厂具有举足轻重的作用。

柔性制造系统控制系统是一个多级递阶控制系统。它的第一级是设备级控制器，是各种设备机器人、机床、坐标测量机、小车、传送装置以及储存/检索系统等的控制器。其规划的时间范围可以从几毫秒到几分钟。这一级控制系统向上与工作站控制系统用接口连接，向下与设备连接。设备控制器的功能是把工作站控制命令转换成可操作的、有次序的简单任务，并通过各种传感器监控这些任务的执行。第二级是工作站控制器。这一级控制系统负责指挥和协调车间中一个设备小组的活动。它的规划时间范围可以从几分钟到几小时。例如，一个典型的加工工作站可由 1 台机器人、1 台机床、1 个物料储运器和 1 台控制计算机组成。加工工作站负责处理由物料储运系统交来的零件托盘。工作站控制器通过工件调整、零件夹紧、切削加工、切屑清除、加工过程中检验，卸下工件以及清洗工件等对设备级各子系统调度。

柔性制造系统控制系统的第三级是单元控制器，通常也称为柔性制造系统控制器。它的规划时间范围可以从几小时到几周。单元控制器作为制造单元的最高一级控制器，是柔性制造系统全部生产活动的总体控制系统，全面管理、协调和控制单元内的制造活动。同时它还是承上启下、沟通与上级（车间）控制器信息联系的桥梁。因此，单元控制器对实现底三层有效的集成控制，提高集成制造系统的经济效益，特别是生产能力，具有十分重要的意义。

单元控制器的主要任务是实现给定生产任务的优化分批，实施单元内工作站和设备资源的合理分配和利用，控制并调度单元内所有资源的活动，按规定的生产控制和管理目标高效益到完成给定的全部生产任务。

11.6 开放式单元控制器的功能模型

11.6.1 开放式单元控制器的特征

开放式单元控制器应具有下列四个特征。

1. 时间和空间上具有开放性

即单元控制器能集成不断更新的加工设备和离散的、功能各异的不同厂商制造的数控设备。

2. 功能结构上具有柔性

即能根据制造任务和生产品种的变化迅速进行调整，方便地增、减单元控制器的功能。其柔性的内涵表现为：可重组、可重用、可扩充。

3. 敏捷制造的反应能力

为使企业在无法预测、快速变化的市场竞争中赢得胜机，必须缩短产品的制造周期，单元控制器必须要满足用户个性化的需求，具有快速响应性。

4. 遵守ISO/OSI开放式系统参考模型

在接口、服务和支持方式上充分采用规范和标准。

11.6.2 基于开放式单元控制器的特征分析

用IDEF建立的开放式单元控制器的功能模型如图11-27所示。

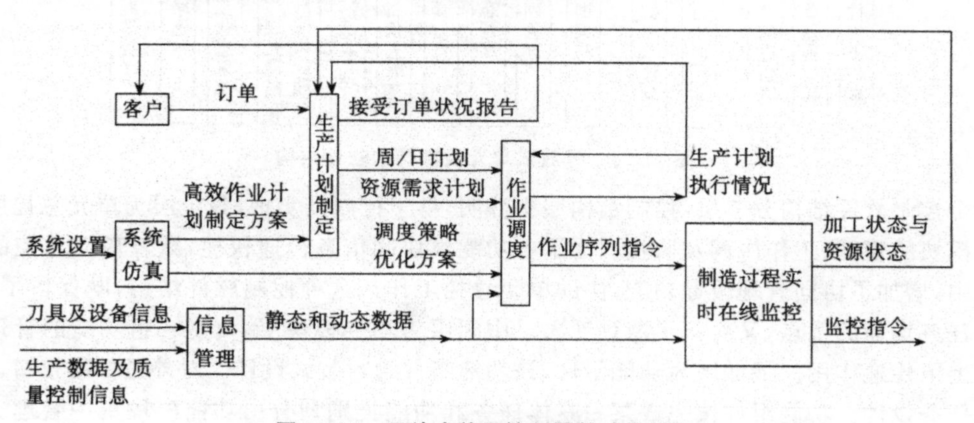

图11-27 开放式单元控制器的功能模型

该模型由五个模块组成：

①系统仿真模块。

通过仿真对制造过程、零件加工、零件装配的性能作出评判，支持新设备的加入，并且制定出高效作业计划方案和优化调度策略方案。该模块包括制造过程仿真、零件加工仿真、零件装配仿真等。

②生产计划制定模块。

在制造过程中，客户通过 Internet 网发订单给制造企业，企业管理部门下达任务给单元控制器，由生产计划制定模块，根据本制造系统的生产能力作出判断，给出向客户接受订单的反馈信息。若接受订单，则制定出详细的周/日生产计划和生成资源需求计划。

③作业调度模块。

调度是动态的、实时的。其任务是合理安排系统的具体加工事件，将资源需求计划给制造系统中的各个加工设备，使工件按照合理作业序列，在系统中流动。

④信息管理模块。

包括刀具信息管理、设备信息管理、生产数据和质量控制管理。在数据库管理系统（DBMS）的支持下为调度和实时在线监控提供静态和动态数据。

⑤实时在线监控模块。

该模块是单元控制器的核心。根据作业系列指令和系统静态和动态数据产生监控指令控制子系统内各加工设备的活动，并且接受底层设备和现场操作员反馈的信息，形成加工状态及资源状态文件，供其他模块使用。

依据所建立的开放式单元控制器功能模型，采用协同递阶控制结构建立开放式单元控制器的控制软件结构，如图 11-28 所示。

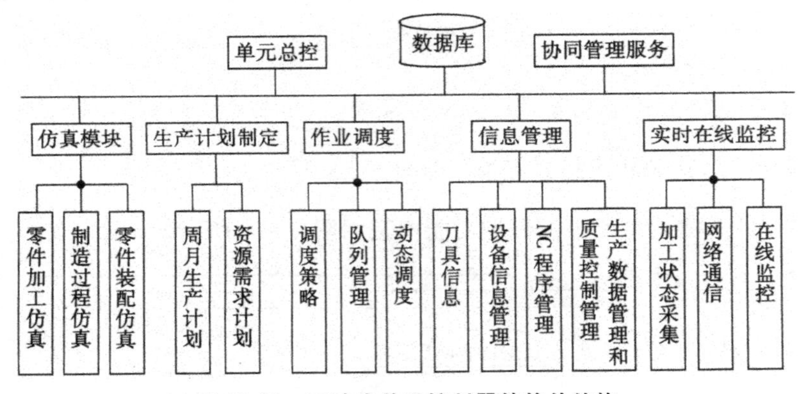

图 11-28　开放式单元控制器的软件结构

整个控制软件结构分三层，控制结构层次分明，易于控制及实现，最上层为单元总控层，负责各功能模块的管理、工作协调及监控。为了各功能模块间信息传递快捷，减轻单元总控的负担，在设计中，增加了协同管理服务功能，协助单元总控工作。这种控制软件结构，既保留了递阶控制结构任务均衡的优点，又克服了瓶颈现象。中间层为功能模块层，负责一组功能的管理、控制及信息上下传递作用。最低层为功能组件，该功能组件为封装式设计。对外是标准接口，内部针对具体任务设计。功能组件按完成某一具体任务和功能类别划分由功能模块集中管理。例如，新增加一台加工设备，只要在实时在线监控功能模块中将网络通信组建的准入参数修改即可。

11.7　柔性制造系统的计划与调度

柔性制造系统的生产计划与调度技术是决定柔性制造系统能否取得预期经济效益的关键技术之一。因此生产计划调度系统是柔性制造系统单元控制器的核心功能软件。计划与调度的目的是保证按期交货，保证均衡生产，提高设备利用率，缩短生产周期。

单元控制器的计划与调度是指根据车间控制器下达给单元的周生产计划，制定日/班作业计划，并对系统内资源实施调度，使系统能够以最优的方式运行，完成当天的生产任务。单元生产作业计划并不是每天都需要进行的，一般是在接收到上级下达的新的生产计划的时候才需执行。它将这些任务进行分组并分配到每天，确定零件的加工先后顺序，确定每个零件的加工路径，对加工资源进行最优负荷分配。其目标是尽量提高设备资源的利用率，减少系统调整时间。实时动态调度是在系统加工过程中进行的，每当系统开始加工的时候它就开始工作，直到生产结束才停止。它的调度对象是系统内在线的和在装卸站前排队等待加工的一组零件以及系统的加工资源。它的任务是根据系统当前状态动态地安排零件的加工顺序，调度、管理系统资源，保证零件加工过程的实现，提高系统资源的利用率，降低制造成本。

柔性制造系统控制的任务是根据调度指令，为执行作业而控制设备的起停和运转。因此，在制造单元的底三层中，单元控制器的功能是以计划调度为主，而工作站控制器则以控制为主。当然这也不是绝对的分工。

11.7.1　柔性制造系统的生产作业计划

车间下达给单元的周生产作业计划是零件级的作业计划，即一周内要完成加工的零件种类和数量。编制车间的作业计划时，首先要考虑的问题是保证零件的交货期。而 FMS 的日或班作业计划是工序级作业计划，即不仅要决定每日/班要完成的零件和数量，而且要决定零件进入系统的先后顺序，每个零件的加工路径以及所需的设备及其他资源。制定单元的作业计划时，着重要考虑的问题是在保证交货期的前提下，如何优化使用系统内资源。

制定单元每日或双日作业计划时首先要把周作业计划的生产任务分批，应使每批的零件搭配均衡，就是要均匀地、有效地使用柔性制造系统内的各项资源。零件必须分批的主要原因是单元加工资源的限制，如有限数量的托盘和夹具、加工中心的刀具库容量等。例如生产某些零件所需的刀具比在机床上能装的还多，零件程序必须分成几批，在各批之间进行刀具更换。此外，或者由于零件的交货日期参差不齐，只好将零件分批。由此将产生分几批，每批应包含哪些零件的问题。满足分批要求的主要标准是：加工全部零件所用的总时间最少。这个标准可以转换为下述两个条件：首先，加工全部零件所需的批量最少（变换批次耗用的时间最少）；其次，全部机床的平均利用率最高（加工一个批量所需的时间最短）。

在零件分批以后，还要考虑的问题是在完成每批的生产任务中，应当优化利用系统内的各项资源，即平衡工作负荷。所谓负荷，就是加工设备所承担的加工工作量。从经济上考虑不能让昂贵的机床空闲，必须将工作负荷均衡，使各机床都能大体上同时完成这批零件的加工任务，并能立即开始加工新的一批零件。影响给机床分配零件和刀具的典型制约因素有刀库容量、刀具成本、夹具的限制、工序中在制品数量、系统的工作负荷、机床的故障数。

均衡过程中应处理的两个主要问题是：首先，使分配给不同机床的工作量所需的加工时间差别最小;其次,使每批所有的加工任务确已分配到系统的各台机床,也就是解决如何将零件的工序分配到不同的设备。

上述分批与均衡是很复杂的问题,人工处理将是既困难又费时,如果采用决策辅助软件就可以高效地完成这一任务。

总结应用工厂的实践经验,单元的每日作业计划可以按以下步骤制定。

①根据车间下达的周生产作业计划 CAPP 工艺文件,将零件分批并生成工序计划。

②根据工序计划和单元内设备状态信息,按照负荷均衡原则把各项作业任务分配各加工工作站(设备),因此也确定了零件的加工路径。

③对各加工工作站(设备)的作业进行排序,得到零件引入系统的顺序并计算每台设备上各工序的开工和完工时间。

④根据车间日历及各工序开工和完工时间生成每日作业计划。

⑤生成资源需求计划。

柔性制造系统生产作业计划因为涉及到零件和设备资源的具体分配,所以也有人将它称为静态调度,而把下面要介绍的柔性制造系统调度称为动态调度或再调度。

11.7.2 柔性制造系统的调度

FM 调度主要包括两方面的内容,即被加工工件的动态排序和对系统资源生产活动的实时动态调度。

在柔性制造系统中,众多的作业形成两种序列:从纵向看,一个零件的制造过程是由一系列作业来完成的,每个零件对应一个作业系列。从横向看,一个设备有多个在等待,按照作业的优先级形成系列,每个设备对应一个作业系列。由于制造系统随时都会产生一些不可预见的扰动,例如机床发生故障、紧急加工件的插入等,这些扰动都可能会打乱原先单元作业计划(静态调度)所做出的零件排序和负荷平衡(即加工路径选择)的安排。这时就要根据系统的实际状态作出适当的调整,改变零件的加工顺序和工艺路径。同时在一台加工设备有多个零件排队等待加工的情况下,调度系统也要根据系统的状态和预定的优化目标确定这些零件加工的先后顺序。加工工件的动态排序就是指根据系统的当前状态,实时动态地调度安排零件在系统内的流动过程。

前面所述的单元作业计划中所做的零件分批(组)、负荷分配和零件引入系统的排序以及上面所述的零件动态排序都是针对工件在系统中的流动而做的,其目的在于合理调度安排被加工工件在系统中的流动。但是零件在系统内的流动和加工必须依靠系统资源的活动来实现。这些系统资源包括机床、物料输送装置、缓冲存储站、刀具、夹具、机器人以及操作人员等。它们的活动都要服从控制系统的调度安排才能和谐地、高效率地完成加工任务。虽然在单元作业计划中对系统内的资源做了分配,但是这种分配并不意味着就一定可以得到这些设备资源。在加工过程中系统状态千变万化,有许多情况是无法预先估计的,因此需要在加工过程中对系统资源进行实时动态调度。

参考文献

[1]王信义等．机械制造工艺学．北京:北京理工大学出版社,1990.

[2]朱换池．机械制造工艺学．北京:机械工业出版社,1995.

[3]孙学强,贾建华．机械加工技术．北京:机械工业出版社,1998.

[4]李华．机械制造技术．北京:高等教育出版社,2000.

[5]曾家驹．机械制造技术(现代技术部分).北京:机械工业出版社,1999.

[6]朱正心．机械制造技术(常规技术部分).北京:机械工业出版社,1999.

[7]薛源顺．机床夹具设计．北京:机械工业出版社,1995.

[8]薛源顺．机床夹具设计图册．北京:机械工业出版社,1998.

[9]刘友才,肖继德．机床夹具设计．北京:机械工业出版社,1991.

[10]戴曙．金属切削机床．北京:机械工业出版社,1996.

[11]张普礼．机械加工设备．北京:机械工业出版社,1996.

[12]王雅然．金属工艺学综合性训练与实验指导书．北京:机械工业出版社,2000.

[13]双元制培训机械专业实习教材编委会．机械切削工技能．北京:机械工业出版社,2000.

[14]吉卫喜．机械制造技术．北京:机械工业出版社,2001.

[15]吴拓．机械制造工艺与机床夹具．北京:机械工业出版社,2006.

[16]张兆隆．数控加工工艺与编程．北京:机械工业出版社,2008.

[17]朱晓春．先进制造技术．北京:机械工业出版社,2004.

[18]李伟．先进制造技术．北京:机械工业出版社,2007.

[19]卢小平．现代制造技术．北京:清华大学出版社,2003.

[20]袁哲俊,王先逵．精密和超精密加工技术．北京:机械工业出版社,2007.

[21]李旦．机械制造工艺学．北京:机械工业出版社,1995.

[22]吉卫喜．机械制造技术．北京:机械工业出版社,2001.

[23]张世昌．机械制造技术基础．北京:高等教育出版社,2002.

[24]顾京．现代机床设备．北京:化学工业出版社,2001.

[25]陈于萍．互换性与测量技术基础．北京:机械工业出版社,2000.

[26]齿轮手册编委会．齿轮手册．北京:机械工业出版社,2002.